U0743489

电力工程设计手册

电力工程设计手册

循环流化床锅炉附属系统设计

中国电力工程顾问集团有限公司
中国能源建设集团规划设计有限公司　编著

Power
Engineering
Design Manual

中国电力出版社

内 容 提 要

本书是《电力工程设计手册》系列手册中的一个分册，是循环流化床锅炉机组设计的实用性工具书。本书主要内容包括一次风系统、二次风系统、高压流化风系统、烟气系统、燃煤筛分破碎系统、锅炉给煤系统、煤泥输送系统、石灰石粉制备系统、石灰石粉输送系统、床料系统、底渣系统、点火助燃油系统、锅炉紧急补水系统的设计原则、设计要点、设计计算、系统确定、控制要求、设备选型及其布置等。

本书是依据最新标准的要求编写的，充分吸纳了 21 世纪新型火力发电厂建设的先进理念和成熟技术，广泛收集了循环流化床锅炉系统设计的成熟先进案例，全面反映了近年来在循环流化床电厂建设中使用的新技术、新设备、新工艺。

本书是供循环流化床锅炉机组设计、施工和运行管理人员使用的工具书，也可作为高等院校相关专业师生、电力企业运行管理人员的参考书。

图书在版编目（CIP）数据

电力工程设计手册. 循环流化床锅炉附属系统设计 / 中国电力工程顾问集团有限公司，中国能源建设集团规划设计有限公司编著. —北京：中国电力出版社，2019.6
　ISBN 978-7-5198-2623-9

　Ⅰ. ①电…　Ⅱ. ①中…　②中…　Ⅲ. ①火电厂–循环流化床锅炉–系统设计–手册　Ⅳ. ①TM7-62 ②TM621.2-62

　中国版本图书馆 CIP 数据核字（2018）第 258565 号

出版发行：中国电力出版社
地　　址：北京市东城区北京站西街 19 号（邮政编码 100005）
网　　址：http://www.cepp.sgcc.com.cn
印　　刷：北京盛通印刷股份有限公司
版　　次：2019 年 6 月第一版
印　　次：2019 年 6 月北京第一次印刷
开　　本：787 毫米×1092 毫米　16 开本
印　　张：22.25
字　　数：794 千字
印　　数：0001—1500 册
定　　价：150.00 元

《循环流化床锅炉附属系统设计》
编 写 组

主　编　杨　强

参编人员　（按姓氏笔画排序）

王仕能　卢　游　冯　颖　冯哲军　刘延林　许　华

李蓉生　张加蓉　张露璐　范勇刚　金　征　柏　荣

党　楠

《循环流化床锅炉附属系统设计》
编辑出版人员

编审人员　孙建英　董艳荣　张运东　胡顺增　黄晓华

出版人员　王建华　邹树群　黄　蓓　朱丽芳　闫秀英　陈丽梅

安同贺　王红柳　左　铭　单　玲

序 言

改革开放以来，我国电力建设开启了新篇章，经过 40 年的快速发展，电网规模、发电装机容量和发电量均居世界首位，电力工业技术水平跻身世界先进行列，新技术、新方法、新工艺和新材料得到广泛应用，信息化水平显著提升。广大电力工程技术人员在多年的工程实践中，解决了许多关键性的技术难题，积累了大量成功的经验，电力工程设计能力有了质的飞跃。

电力工程设计是电力工程建设的龙头，在响应国家号召，传播节能、环保和可持续发展的电力工程设计理念，推广电力工程领域技术创新成果，促进电力行业结构优化和转型升级等方面，起到了积极的推动作用。为了培养优秀电力勘察设计人才，规范指导电力工程设计，进一步提高电力工程建设水平，助力电力工业又好又快发展，中国电力工程顾问集团有限公司、中国能源建设集团规划设计有限公司编撰了《电力工程设计手册》系列手册。这是一项光荣的事业，也是一项重大的文化工程，彰显了企业的社会责任和公益意识。

作为中国电力工程服务行业的"排头兵"和"国家队"，中国电力工程顾问集团有限公司、中国能源建设集团规划设计有限公司在电力勘察设计技术上处于国际先进和国内领先地位，尤其在百万千瓦级超超临界燃煤机组、核电常规岛、洁净煤发电、空冷机组、特高压交直流输变电、新能源发电等领域的勘察设计方面具有技术领先优势；另外还在中国电力勘察设计行业的科研、标准化工作中发挥着主导作用，承担着电力新技术的研究、推广和国外先进技术的引进、消化和创新等工作。编撰《电力工程设计手册》，不仅系统总结了电力工程设计经验，而且能促进工程设计经验向生产力的有效转化，意义重大。

　　这套设计手册获得了国家出版基金资助，是一套全面反映我国电力工程设计领域自有知识产权和重大创新成果的出版物，代表了我国电力勘察设计行业的水平和发展方向，希望这套设计手册能为我国电力工业的发展作出贡献，成为电力行业从业人员的良师益友。

汪建平

2019 年 1 月 18 日

电力工业是国民经济和社会发展的基础产业和公用事业。电力工程勘察设计是带动电力工业发展的龙头，是电力工程项目建设不可或缺的重要环节，是科学技术转化为生产力的纽带。新中国成立以来，尤其是改革开放以来，我国电力工业发展迅速，电网规模、发电装机容量和发电量已跃居世界首位，电力工程勘察设计能力和水平跻身世界先进行列。

随着科学技术的发展，电力工程勘察设计的理念、技术和手段有了全面的变化和进步，信息化和现代化水平显著提升，极大地提高了工程设计中处理复杂问题的效率和能力，特别是在特高压交直流输变电工程设计、超超临界机组设计、洁净煤发电设计等领域取得了一系列创新成果。"创新、协调、绿色、开放、共享"的发展理念和全面建成小康社会的奋斗目标，对电力工程勘察设计工作提出了新要求。作为电力建设的龙头，电力工程勘察设计应积极践行创新和可持续发展理念，更加关注生态和环境保护问题，更加注重电力工程全寿命周期的综合效益。

作为电力工程服务行业的"排头兵"和"国家队"，中国电力工程顾问集团有限公司、中国能源建设集团规划设计有限公司（以下统称"编著单位"）是我国特高压输变电工程勘察设计的主要承担者，完成了包括世界第一个商业运行的 1000kV 特高压交流输变电工程、世界第一个 ±800kV 特高压直流输电工程在内的输变电工程勘察设计工作；是我国百万千瓦级超超临界燃煤机组工程建设的主力军，完成了我国 70% 以上的百万千瓦级超超临界燃煤机组的勘察设计工作，创造了多项"国内第一"，包括第一台百万千瓦级超超临界燃煤机组、第一台百万千瓦级超超临界空冷燃煤机组、第一台百万千瓦级超超临界二次再热燃煤机组等。

在电力工业发展过程中，电力工程勘察设计工作者攻克了许多关键技术难题，形成了一整套先进设计理念，积累了大量的成熟设计经验，取得了一系列丰硕的设计成果。编撰《电力工程设计手册》系列手册旨在通过全面总结、充实和完善，引导电力工程勘察设计工作规范、健康发展，推动电力工程勘察设计行业技术水平提升，助力电力工程勘察设计从业人员提高业务水平和设计能力，以适应新时期我国电力工业发展的需要。

2014 年 12 月，编著单位正式启动了《电力工程设计手册》系列手册的编撰工作。《电力工程设计手册》的编撰是一项光荣的事业，也是一项艰巨和富有挑战性的任务。为此，编著单位和中国电力出版社抽调专人成立了编辑委员会和秘书组，投入专项资金，为系列手册编撰工作的顺利开展提供强有力的保障。在手册编辑委员会的统一组织和领导下，700 多位电力勘察设计行业的专家学者和技术骨干，以高度的责任心和历史使命感，坚持充分讨论、深入研究、博采众长、集思广益、达成共识的原则，以内容完整实用、资料翔实准确、体例规范合理、表达简明扼要、使用方便快捷、经得起实践检验为目标，参阅大量的国内外资料，归纳和总结了勘察设计经验，经过几年的反复斟酌和锤炼，终于编撰完成《电力工程设计手册》。

《电力工程设计手册》依托大型电力工程设计实践，以国家和行业设计标准、规程规范为准绳，反映了我国在特高压交直流输变电、百万千瓦级超超临界燃煤机组、洁净煤发电、空冷机组等领域的最新设计技术和科研成果。手册分为火力发电工程、输变电工程和通用三类，共 31 个分册，3000 多万字。其中，火力发电工程类包括 19 个分册，内容分别涉及火力发电厂总图运输、热机通用部分、锅炉及辅助系统、汽轮机及辅助系统、燃气-蒸汽联合循环机组及附属系统、循环流化床锅炉附属系统、电气一次、电气二次、仪表与控制、结构、建筑、运煤、除灰、水工、化学、供暖通风与空气调节、消防、节能、烟气治理等领域；输变电工程类包括 4 个分册，内容分别涉及架空输电线路、电缆输电线路、换流站、变电站等领域；通用类包括 8 个分册，内容分别涉及电力系统规划、岩土工程勘察、工程测绘、工程水文气象、集中供热、技术经济、环境保护与水土保持、职业安全与职业卫生等领域。目前新能源发电蓬勃发展，编著单位将适时总结相关勘察设计经验，编撰有关新能源发电方面的系列设计手册。

《电力工程设计手册》全面总结了现代电力工程设计的理论和实践成果，系统介绍了近年来电力工程设计的新理念、新技术、新材料、新方法，充分反映了当前国内外电力工程设计领域的重要科研成果，汇集了相关的基础理论、专业知识、常用算法和设计方法。全套书注重科学性、体现时代性、强调针对性、突出实用性，可供从事电力工程投资、建设、设计、制造、施工、监理、调试、运行、科研等工作的人员使用，也可供电力和能源相关教学及管理工作者参考。

《电力工程设计手册》的编撰和出版，凝聚了电力工程设计工作者的集体智慧，展现了当今我国电力勘察设计行业的先进设计理念和深厚技术底蕴。《电力工程设计手册》是我国第一部全面反映电力工程勘察设计成果的系列手册，且内容浩繁，编撰复杂，其中难免存在疏漏与不足之处，诚恳希望广大读者和专家批评指正，以期再版时修订完善。

在此，向所有关心、支持、参与编撰的领导、专家、学者、编辑出版人员表示衷心的感谢！

《电力工程设计手册》编辑委员会

2019 年 1 月 10 日

前　言

《循环流化床锅炉附属系统设计》是《电力工程设计手册》系列手册之一。

本书是在总结新中国成立以来,特别是 2000 年以后循环流化床机组设计、施工、运行管理经验的基础上,充分吸收了 21 世纪循环流化床机组建设和运行管理的先进理念和成熟技术,广泛收集了循环流化床锅炉系统设计的成熟先进案例,对提高循环流化床电厂设计水平,实现循环流化床锅炉系统设计的标准化、规范化将起到指导作用。

本书以实用性为主,按照现行相关规范、标准的内容规定,结合循环流化床锅炉系统的特点,分别论述了循环流化床锅炉附属系统的设计原则、设计要点、设计计算、系统确定、控制要求、设备选型及其布置等内容。

本书主编单位为中国电力工程顾问集团西南电力设计院有限公司。本书由杨强担任主编,负责总体框架设计、全书校核等统筹性工作。刘延林、杨强编写第一章;范勇刚编写第二章和第三章;张加蓉编写第四章和第五章;冯颖、柏荣编写第六章;张露璐编写第七章;党楠、冯哲军、柏荣编写第八章;李蓉生、王仕能、许华编写第九章;党楠、许华编写第十章;党楠、张加蓉编写第十一章;张露璐、王仕能编写第十二章;金征编写第十三章;卢游编写第十四章。

本书是供循环流化床锅炉机组设计、施工和运行管理人员使用的工具书,也可作为高等院校相关专业师生、电力企业运行管理人员的参考书。

《循环流化床锅炉附属系统设计》编写组

2019 年 1 月

目　录

第一章

综　　述

循环流化床（Circulating Fluidized Bed）工艺的历史可追溯到 20 世纪二三十年代的一些实验台研究成果，随后，循环流化床工艺在化学工业和冶金工业上得到了广泛应用。将循环流化床工艺应用于煤燃烧设备的设想最早产生于 20 世纪 60 年代，十多年后，芬兰奥斯龙（Ahlstrom）公司的 20t/h 循环流化床锅炉（1979 年）和德国鲁奇（Lurgi）公司的 50t/h 循环流化床锅炉（1981 年）相继投运，标志着循环流化床锅炉技术正式进入应用阶段。1995 年 11 月，采用鲁奇循环流化床工艺，由法国通用电气阿尔斯通斯坦因工业公司（GASI）设计、制造的法国普罗旺斯（Provence）电站 250MW 循环流化床锅炉投入商业运行。

我国的循环流化床锅炉研制进程晚于西方。20 世纪 90 年代之前，我国主要进行的还是小型循环流化床锅炉的研究开发，90 年代中期，我国锅炉制造企业分别在前期技术积累的基础上引进国外技术或与国外合作生产了中等容量（220～440t）循环流化床锅炉，90 年代末期，我国采用技贸结合的方式引进了 200～350MW 亚临界循环流化床锅炉设计、制造技术。

经过近 20 年的消化吸收和自主研发，我国已经完成了从高压、超高压、亚临界到超临界循环流化床锅炉技术的发展，随着各型自主开发的循环流化床锅炉投运，我国已经全面掌握了循环流化床锅炉的核心技术，在循环流化床发电技术方面，我国已经处于世界领先水平。

第一节　循环流化床锅炉原理及特点

一、循环流化床原理

1. 燃烧原理

按燃烧方式不同，燃烧设备可以分为三类：

（1）层燃燃烧：层燃燃烧又称火床燃烧，是将燃料置于固定或移动的炉排上，形成均匀的、有一定厚度的料层，空气从炉排底部通入，通过燃料层进行燃烧反应。层燃燃烧仅适用于固体燃料燃烧，但对燃料颗粒的大小无特殊要求。它一般适用于小型锅炉，像固定炉排、链条炉排、往复炉排、振动炉排等都属于层燃燃烧设备。

（2）流化燃烧：流化燃烧又称沸腾燃烧，燃料在适当流速空气的作用下，在沸腾床上呈流化沸腾状态燃烧。沸腾燃烧方式主要适用于燃烧颗粒状固体燃料。现代用的沸腾炉，为提高燃烧效率及减轻污染，在炉膛出口将烟气中较大的固体颗粒通过分离器收集起来，送回炉膛继续燃烧，故又称循环流化床锅炉。

（3）室燃燃烧：室燃燃烧又称悬浮燃烧，燃料与空气一起由燃烧器送入炉膛，在炉膛空间边运动边燃烧。室燃燃烧可以适用于粉状固体燃料、液体燃料和气体燃料。燃煤煤粉锅炉、燃油锅炉、燃气锅炉等都属于室燃燃烧方式。

2. 流化原理

固体燃料颗粒不能像流体一样流动的主要原因是颗粒间存在内摩擦力。由于内摩擦的存在，在一定的受力范围内，散状物料可以承受切向应力。在切向应力超过一定限度后，散状物料可以与黏性流体一样，产生剪切运动，并表现出一定的黏性。在散料层内，正应力的传递方式与流体相差很大，它不具备散料层内任意点上各方向应力相等且数值上正比于散料层压降和层高的线性关系。流化床燃烧技术是建立在物料流化状态基础上的，燃料在流化状态中进行强烈的传热与传质，完成燃烧过程。

对于给定的固体物料和流化介质，流化速度是决定流化状态的主要因素。

在一个上部开口，底部为布风板的容器内放入一定粒径的固体散料，由下部供入气体或液体，随着流速的增加，会发生以下变化：

（1）固定床。气体流速很低时，气流只穿过静止颗粒之间的空隙向上流动，气流对颗粒的作用力无法克服重力以及固体颗粒间摩擦力，固体颗粒保持静止，床料的孔隙率保持不变，这种状态称为固定床状态。随着流速的增加，颗粒开始互相离开，并可看到有少量颗粒在一定区域内振动和游动。

（2）临界流化状态。继续提高流体速度，当其达到某一值时，所有颗粒都刚好悬浮在流体中。此时，颗粒与流体间的摩擦力与其重量相平衡。相邻颗粒间挤压力的垂直分量等于零，而且通过这一床层任一截面的压降大致等于该截面上物料与流体的重量。床层处于刚刚流化状态，称初始流化床，或称处于临界流化状态。达到流化态的临界气体流速，称为流化速度。

（3）流化床。达到流化速度后，继续增加气体流速，物料层先是均匀膨胀，当流速达到一定范围后，物料层就会出现气泡，随流速增加，气泡增大增多，使物料层剧烈翻腾，宏观上像液体的沸腾，因此称为鼓泡床或沸腾床。在鼓泡床之后，如果气体流速继续增加，气泡被撕裂破坏，形成湍流床。湍流流态化条件下进一步增大流速至输送速度时，颗粒夹带速率达到输送速度对应的颗粒携带能力。此时，当床料补充速率大于颗粒携带能力时，床层进入快速流态化，称为快速床，物料层的界面变得弥散，需要不断补充物料，否则物料层的颗粒会被气流全部带走。循环流化床锅炉的物料流化状态属于快速床。

（4）气力输送。当气体流速继续增加，气体对颗粒携带能力超过床料补充速率时，床层进入稀相流态化，即进入气力输送状态。

固体燃料颗粒随着燃烧室内区域风速的增大，燃料颗粒间的空隙率也在逐步增加，形成不同的流化状态，见图1-1。

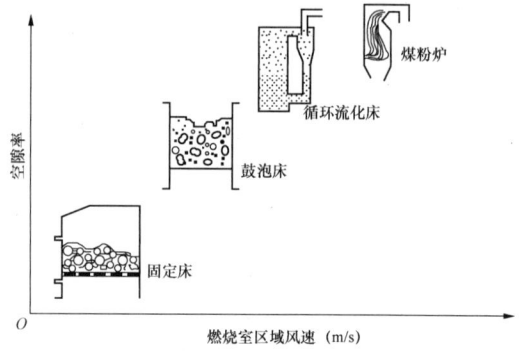

图1-1 流化状态与流化风速示意图

二、循环流化床锅炉特点

循环流化床锅炉是从鼓泡床沸腾炉发展而来，早期的流化燃烧技术采取沸腾炉（鼓泡床）方案，对难以着火的劣质燃料适应性能好，在小容量锅炉上得到了广泛应用。由于鼓泡床锅炉截面热负荷小，不利于大型化，同时炉内脱硫效率相对较低，因此，大容量流化燃烧的锅炉均采用循环流化床技术。

循环流化床锅炉工作流程见图1-2，燃料和脱硫剂（石灰石）被送入炉膛后，迅速被炉膛内存在的大量惰性高温物料（床料）包围，着火燃烧所需的一次风和二次风分别从炉膛的底部和侧墙送入。物料在炉膛内呈流态化沸腾燃烧，在上升气流的作用下向炉膛上部运动，对水冷壁和炉内布置的其他受热面放热。大颗

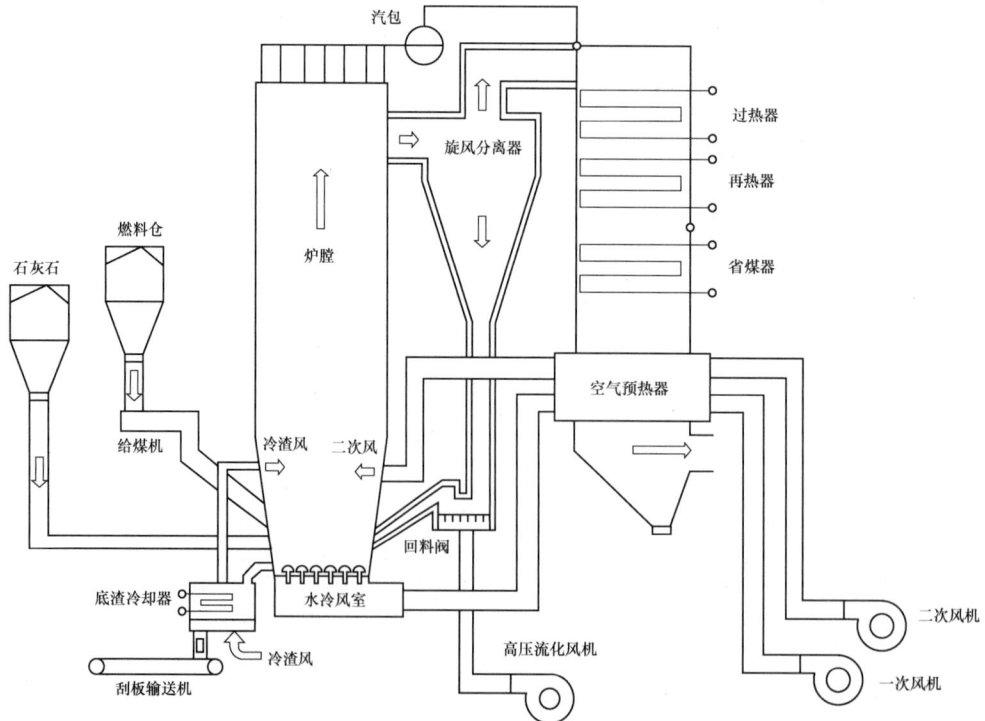

图1-2 循环流化床锅炉工作流程示意图

粒物料被上升气流带入悬浮区后，在重力及其他外力作用下不断减速并偏离主气流，最终形成附壁下降粒子流，被气流夹带出炉膛的固体物料在气固分离装置中被收集并通过返料装置送回炉膛循环燃烧直至燃尽。未被分离的极细粒子随烟气进入尾部烟道，进一步对受热面、空气预热器等放热冷却，经除尘器后，由引风机送入烟囱排入大气。

循环流化床燃烧技术是一种介于层燃燃烧与悬浮燃烧之间的燃烧方式，有别于其他燃烧方式的最突出的特点主要是燃烧温度低，燃料在炉内停留时间长，湍流混合强烈。循环流化床与其他燃烧方式特性对比见表1-1。

表1-1 循环流化床与层燃、悬浮燃烧的特性对比

燃烧特性	层燃	煤粉燃烧（悬浮燃烧）	循环流化床
燃烧温度（℃）	1100～1300	1200～1500	850～920
燃料尺寸（mm）	0～50	0～0.2	0～20
截面烟气流速	低	高	中
燃料停留时间	较长	极短	极长
挥发分燃尽时间	长	极短	较长
混合强度	差	差	强

循环流化床锅炉自诞生以来，因其燃料适应性广、低 NO_x 排放、炉内脱硫、负荷调节比大、燃料制备系统简单、灰渣综合利用性能好等优点，表现出了旺盛的生命力，不仅在中小型锅炉的商业竞争中占有了相当的市场份额，并且在技术日趋成熟的同时，迅速向大型燃煤锅炉的商业市场迈进。循环流化床锅炉的主要技术特点总结如下：

（1）燃料适应性广。循环流化床锅炉中，新加入燃料仅占床料总重的 1%～3%，其余为未燃尽焦炭和不可燃的固体物料，如脱硫剂、灰渣或砂。炽热的床料为新加入的燃料提供了稳定充足的点火热源。流化床中，气-固、固-固混合非常好，燃料进入炉膛后很快与大量炽热床料混合，燃料被迅速加热至着火温度。流化床锅炉既可燃用优质煤，也可燃用各种劣质燃料，适用燃料范围包括且不限于高灰高硫煤、高水分煤、低挥发分煤、煤矸石、煤泥、石油焦、尾矿、煤渣、树皮、废木头、垃圾等。

（2）燃料预处理及给煤系统简单。循环流化床锅炉的给煤粒度一般小于 20mm（具体粒径根据煤质不同调整），与煤粉炉相比，燃料制备系统大为简化。此外，流化床锅炉能直接燃用高水分煤（水分可达到 50%以上甚至更高），不需要专门的处理系统。

（3）负荷调节速度快，调节范围大，最低稳燃负荷低。循环流化床锅炉负荷变化时，只需调节给煤量、空气量和物料循环量。由于截面风速高和吸热控制容易，循环流化床锅炉的负荷调节速率可达每分钟 4%～5%MCR（锅炉最大连续负荷）。循环流化床锅炉的负荷调节比可达（3～4):1，能更好地适应调峰机组的要求。针对最难燃烧的无烟煤，循环流化床锅炉最低稳燃负荷也可以保持在 40%BMCR（锅炉最大连续蒸发量）以下，这点是普通煤粉炉无法做到的。

（4）燃烧效率高。循环流化床锅炉的燃烧效率可达 90%以上，效率高的主要原因是煤粒燃尽率高。循环流化床锅炉炉膛内较小颗粒（<0.04mm）随烟气一起流动，在飞出炉膛前有足够的燃尽时间，较大煤粒（>0.6mm），其终端速度高，只有当通过燃烧或相互摩擦而碎裂，其直径减小时，才能随烟气逸出，一般停留在炉膛内燃烧。对于中等粒度颗粒，循环流化床锅炉通过分离装置将这些颗粒分离下来，送回炉膛循环燃烧，为颗粒燃尽提供了足够时间。

（5）环保特性好。循环流化床锅炉的环保特性主要体现在可以进行炉内脱硫以及低 NO_x 排放。循环流化床锅炉的运行温度与石灰石的最佳脱硫温度基本一致。与燃烧过程相比，脱硫反应进行得较慢，为了使氧化钙充分转化为硫酸钙，烟气中的二氧化硫必须与脱硫剂有充分的接触时间和尽可能大的反应表面积。在循环流化床锅炉中，气体在燃烧区域的平均停留时间为 3～4s，石灰石颗粒粒径通常为 0.1～0.5mm，甚至更细，石灰石颗粒也参与物料循环，循环流化床的这些特点皆有利于炉内脱硫反应的进行，因此，循环流化床锅炉在 Ca/S 摩尔比为 1.5～2.5 时，可以达到 90%的脱硫效率，最高可到 95%以上。循环流化床锅炉的 NO_x 排放低主要得益于低温燃烧。循环流化床锅炉燃烧温度一般控制在 850～920℃，同时通过分段燃烧控制，抑制燃料中的氮转化为 NO_x，并使部分已生成的 NO_x 得到还原，因此，在燃烧控制较好的情况下，循环流化床锅炉的 NO_x 排放水平要远低于常规煤粉锅炉。

第二节 循环流化床锅炉主要结构特点

应用于发电的大中型循环流化床锅炉主要包括125MW 等级高压循环流化床锅炉、300MW 等级亚临界循环流化床锅炉、350MW 等级超临界循环流化床锅炉、600MW 等级超临界循环流化床锅炉。

一、125MW 级循环流化床锅炉

125MW 级循环流化床锅炉覆盖范围包括 125、135、150MW 容量循环流化床锅炉，参数为超高压参数。典型 125MW 级循环流化床锅炉结构型式大同小

异，基本都由炉膛、分离器、尾部受热面三部分组成。锅炉主要部件包括锅筒、悬吊式全膜式水冷壁炉膛、水冷式（或绝热式）旋风分离器、U 形返料回路以及后烟井对流受热面等。不同型式锅炉的特点对比见表 1-2。

表 1-2　　　　　　　　　　125MW 级循环流化床锅炉技术对比表

序号	项目	型式一	型式二	型式三
1	炉膛型式	单布风板炉膛	单布风板炉膛	单布风板炉膛
2	水冷风室进风方式	炉底两路进风	炉侧两路进风	炉底两路进风
3	冷渣器布置方式	炉膛左右两侧、炉前排渣	炉膛后部排渣，冷渣器炉后方向布置	炉膛中部排渣，冷渣器炉前方向布置
4	外置床	无	无	无
5	旋风分离器	两个绝热式旋风分离器	两个汽冷（或绝热）式旋风分离器	两个水冷式旋风分离器
6	给煤方式	回料阀后墙给煤	炉前给煤、气力播煤	炉前给煤、气力播煤
7	再热器调温	双烟道挡板+事故喷水	双烟道挡板+事故喷水	双烟道挡板+事故喷水
8	空气预热器	管式空气预热器	管式空气预热器	管式空气预热器
9	辅机配备	1. 两台一次风机 2. 两台二次风机 3. 两台引风机 4. 三台高压流化风机 5. 无紧急补水系统（可选配）	1. 两台一次风机 2. 两台二次风机 3. 两台引风机 4. 三台高压流化风机 5. 无紧急补水系统（可选配）	1. 两台一次风机 2. 两台二次风机 3. 两台引风机 4. 三台高压流化风机 5. 无紧急补水系统（可选配）

二、300MW 级循环流化床锅炉

300MW 级循环流化床锅炉包括 300MW 亚临界循环流化床锅炉和 350MW 超临界循环流化床锅炉。

1. 300MW 亚临界循环流化床锅炉

目前国内形成了引进型和自主型两种不同的

300MW 等级循环流化床锅炉方案，各锅炉制造厂引进型炉型基本格局相同，国产自主型与引进型最大的区别为取消了外置床，在此基础上，国内主要锅炉制造厂自主型炉型风格各异，主要锅炉方案特点对比见表 1-3。

表 1-3　　　　　　　　　　300MW 亚临界循环流化床锅炉特性对比表

序号	项目	引进型	自主开发型		
			型式一	型式二	型式三
1	炉膛形式	裤衩形炉膛（双布风板）	裤衩形炉膛（双布风板）	单布风板炉膛	单布风板炉膛
2	水冷风室进风方式	炉底两路进风	炉底两路进风	炉侧两路进风	炉底四路进风
3	冷渣器布置方式	炉膛左右两侧排渣	炉膛左右两侧排渣	炉膛后部排渣，冷渣器炉后方向布置	炉膛中部排渣，冷渣器炉前方向布置
4	外置床	有	无	无	无
5	旋风分离器	四个绝热式旋风分离器 H 形布置	四个汽冷式旋风分离器 H 形布置	三个汽冷式旋风分离器 M 形布置	三个水冷式旋风分离器 M 形布置

序号	项目	引进型	自主开发型		
			型式一	型式二	型式三
6	给煤方式	回料阀后给煤	回料阀后给煤	炉前给煤、气力播煤	炉前或炉前和炉后联合给煤、气力播煤
7	炉内受热面布置	不布置屏式再热器、屏式过热器，布置扩展水冷壁	布置屏式再热器、屏式过热器、水冷屏	布置屏式再热器、屏式过热器、水冷屏	布置屏式再热器、屏式过热器、水冷屏
8	尾部烟道布置	单烟道	双烟道	双烟道	双烟道
9	过、再热器调温	外置床+事故喷水	双烟道挡板+事故喷水	双烟道挡板+事故喷水	双烟道挡板+事故喷水
10	流化速度	6m/s 左右	5m/s 左右	5m/s 左右	5m/s 左右
11	空气预热器	四分仓回转式空气预热器	管式、四分仓回转式空气预热器	管式或四分仓回转式空气预热器	管式或四分仓回转式空气预热器
12	辅机配备	1. 两台一次风机 2. 两台二次风机 3. 两台引风机 4. 五台高压流化风机 5. 配备紧急补水系统	1. 两台一次风机 2. 两台二次风机 3. 两台引风机 4. 三台高压流化风机 5. 无紧急补水系统	1. 两台一次风机 2. 两台二次风机 3. 两台引风机 4. 三台高压流化风机 5. 无紧急补水系统	1. 两台一次风机 2. 两台二次风机 3. 两台引风机 4. 三台高压流化风机 5. 无紧急补水系统

2. 350MW 超临界循环流化床锅炉

国内锅炉制造厂 350MW 超临界锅炉结构基本上都是基于自主型 300MW 亚临界循环流化床锅炉的基础上开发的，总体结构型式差别不大，为超临界直流炉，单炉膛、M 形布置、平衡通风、一次中间再热、循环流化床燃烧方式，采用高温冷却式旋风分离器进行气固分离。锅炉整体支吊在锅炉钢架上，锅炉外形示意见图 1-3。

国产 350MW 超临界循环流化床锅炉基本结构型式与 300MW 亚临界循环流化床锅炉结构型式变化不大，国内锅炉制造厂重点关注点在水动力安全方面，并开发了各自特色的水动力和受热面系统，各厂家的 350MW 超临界锅炉方案特点对比见表 1-4。

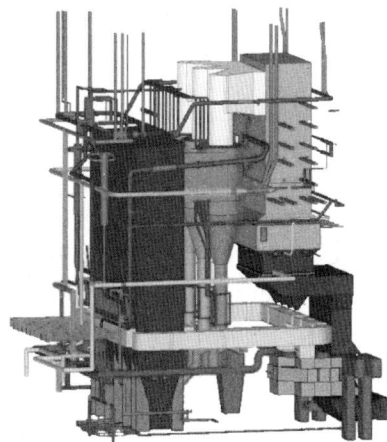

图 1-3　350MW 循环流化床锅炉外形示意图

表 1-4　　　　　　　　350MW 超临界循环流化床锅炉特点对比表

序号	项目	型式一	型式二	型式三
1	炉膛型式	单布风板炉膛	单布风板炉膛	单布风板炉膛
2	水冷风室进风方式	炉侧两路进风	炉侧两路进风或炉底四路进风	炉底四路进风
3	冷渣器布置方式	炉膛后部排渣，冷渣器炉后方向布置	炉膛后部排渣，冷渣器炉后方向布置	炉膛中部排渣，冷渣器炉前方向布置
4	外置床	无	无	无
5	旋风分离器	三个汽冷式旋风分离器 M 形布置	三个汽冷式旋风分离器 M 形布置	三个汽冷式旋风分离器 M 形布置

续表

序号	项目	型式一	型式二	型式三
6	给煤方式	炉前给煤、气力播煤	炉前给煤、气力播煤	炉前、炉后联合给煤、气力播煤
7	炉内受热面布置	高温屏式再热器、高温屏式过热器、水冷屏	高温屏式再热器、高温屏式过热器、水冷隔墙	水冷屏、高温屏式再热器、中温屏式过热器、高温屏式过热器交叉布置在炉内
8	水冷屏（隔墙）与水冷壁连接方式	水冷屏与炉膛四周水冷壁采用串联方式	水冷隔墙与炉膛四周水冷壁采用并联方式	水冷屏与炉膛四周水冷壁采用串联方式，水冷屏采用两级串联布置
9	尾部烟道布置	双烟道	双烟道	双烟道
10	过、再热器调温	双烟道挡板+事故喷水	双烟道挡板+事故喷水	双烟道挡板+事故喷水
11	流化速度	5m/s 左右	5m/s 左右	5m/s 左右
12	空气预热器	四分仓回转式空气预热器	四分仓回转式空气预热器	四分仓回转式空气预热器
13	辅机配备	1. 两台一次风机 2. 两台二次风机 3. 两台引风机 4. 三台高压流化风机 5. 无紧急补水系统	1. 两台一次风机 2. 两台二次风机 3. 两台引风机 4. 三台高压流化风机 5. 无紧急补水系统	1. 两台一次风机 2. 两台二次风机 3. 两台引风机 4. 三台高压流化风机 5. 无紧急补水系统

三、600MW 级循环流化床锅炉

600MW 级循环流化床锅炉容量包括 600MW 和 660MW，参数为超临界参数。

目前投运的 600MW 超临界循环流化床锅炉结构由三部分组成，第一部分布置有主循环回路，包括炉膛、冷却式旋风分离器、回料器以及外置式换热器、冷渣器以及二次风系统等；第二部分布置尾部烟道，包括低温过热器、低温再热器和省煤器；第三部分为单独布置的两台四分仓回转式空气预热器。

下炉膛一分为二，布置两个布风板，布风板之下为由水冷壁管弯制围成的水冷风室。燃料从布置在六个回料器上及六个外置式换热器返料管的给煤口送入炉膛。石灰石采用气力输送，六个石灰石给料口布置在回料腿上。

每台炉设置有两个床下点火风道，分别从分体炉膛的一侧进入风室。每个床下点火风道配有四个油燃烧器，能高效地加热一次流化风，进而加热床料。另外，在炉膛下部还设置有床上助燃油枪，用于锅炉启动点火和低负荷稳燃。六台滚筒式冷渣器被分为两组布置在炉膛两侧。

六台冷却式旋风分离器布置在炉膛两侧的钢架副跨内，在旋风分离器下各布置一台回料器。由旋风分离器分离下来的物料一部分经回料器直接返回炉膛，另一部分则经过布置在炉膛两侧的外置换热器后再返

回炉膛。外置式换热器内布置有受热面，靠炉前的两个外置床中布置的是高温再热器，通过控制其间的固体粒子流量来控制再热蒸汽的出口温度；中间的两个外置床中布置的是中间过热器 2，作为喷水减温的辅助手段，可以通过控制其间的固体粒子流量来控制中间过热器 2 出口汽温；靠炉后的两个外置床中布置的是中间过热器 1，通过控制其间的固体粒子流量来调节床温。

汽冷包墙包覆的尾部烟道内从上到下依次布置有低温过热器、低温再热器和省煤器。

空气预热器采用两台四分仓回转式空气预热器。

第三节　主要附属系统

循环流化床锅炉附属系统主要包括燃料制备及输送系统、石灰石制备及输送系统、燃烧系统、排渣系统、点火系统、汽水系统，对于某些特定炉型，还包括配套紧急补水系统。循环流化床锅炉配套汽水系统与常规煤粉锅炉配套汽水系统配置基本一致，本手册不作介绍。

根据各附属系统的功能，循环流化床锅炉附属系统可以进一步细化为一次风系统、二次风系统、高压流化风系统、烟气系统、燃煤筛分破碎系统、锅炉给煤系统、煤泥输送系统、石灰石粉制备系统、石灰石粉输送系统、床料系统、底渣系统、点火助燃油系统

以及锅炉紧急补水系统。

1. 一次风系统

一次风主要是作为炉膛的物料流化风,使循环物料在不同负荷下维持预期的流化速度。除流化作用外,一次风还需要承担密封介质功能,其中一次冷风可以为给煤机提供密封风,一次热风为给煤口提供播煤密封风。一次风经过一次风机增压和空气预热器升温后,通过风道燃烧器(如有)后进入炉膛下部的水冷风室,最终通过风帽进入炉膛。

2. 二次风系统

二次风主要是作为燃料燃烧的助燃风。二次风经过二次风机增压和空气预热器升温后进入炉膛。为减少NO_x的排放,二次风分上下两层喷入炉膛,形成分级燃烧。

3. 高压流化风系统

流化风系统是向外置床热交换器(若有)、旋风分离器回料腿提供一定流量的流化空气。流化空气经过高压流化风机增压后,经各自的流量调节风门后进入锅炉各用风点。

4. 烟气系统

烟气系统负责将炉膛里燃烧产生的烟气从炉膛、旋风分离器、空气预热器、除尘器、烟囱排往大气。炉膛里燃烧产生的烟气从炉膛里出来后先经过旋风分离器。在旋风分离器里,较粗的灰被分离出来,烟气夹带较细的灰进入尾部受热面,经过省煤器、空气预热器、除尘器和引风机,在排入大气之前,烟气还需经过脱硫、脱硝等净化处理流程,满足环保排放标准后,由烟囱排入大气。

5. 燃煤筛分破碎系统

根据不同炉型、不同煤种,循环流化床锅炉对进入炉膛的燃料粒度有不同的要求,大致在0～20mm范围内,燃煤筛分破碎系统负责为循环流化床锅炉提供满足粒度要求的燃煤颗粒。当发电厂燃料的进厂粒度介于50～300mm时,运煤系统宜采用两级筛碎设施进行分段破碎。当入料粒度小于或等于50mm时,可设置一级细筛碎设施。

6. 锅炉给煤系统

给煤系统将主厂房内煤仓中的煤按照锅炉负荷的要求,将适量的煤送入燃烧室燃烧。根据锅炉型式的不同,给煤方式也存在较大的差异。

7. 煤泥输送系统

火力发电厂掺烧的煤泥具有灰分高、颗粒细、黏度高等特点,具有剪切变稀的特性,是一种典型的非牛顿流体。煤泥管道输送系统的作用是将煤泥利用煤泥料仓中转、制膏设备制膏后,通过柱塞式煤泥泵以管道输送的方式送至炉膛燃烧,调节柱塞的气缸冲程频率可控制入炉煤泥流量。

8. 石灰石粉制备系统

循环流化床锅炉对进入炉膛的石灰石粒度范围、平均粒度大小、粒度分布有着较严格的要求,石灰石粉制备系统负责为循环流化床锅炉提供满足粒度要求的石灰石颗粒。

9. 石灰石粉输送系统

循环流化床锅炉石灰石粉输送系统是向锅炉提供石灰石粉的重要辅助系统,其功能是将细度合格的石灰石粉库内的石灰石粉通过气力输送至炉膛作为脱硫剂进行炉内燃烧脱硫,主要由输送设备、输送管道、密封风系统、控制系统和气源系统等组成。

10. 床料系统

在锅炉首次启动或锅炉放空床料检修以后再次启动时,需要向燃烧室和外置床热交换器内注入启动床料,使锅炉的物料循环能够形成。对于部分灰分很低的煤种,随着燃烧的进行,床料也在逐渐流失,需要在运行过程中通过床料添加系统补充床料从而保持物料平衡。

11. 底渣系统

底渣系统负责将锅炉中过量的床料排放出来,以满足锅炉物料平衡的要求。从锅炉排放出的底渣经过冷渣器冷却后,通过链式传送机、斗提机进入底灰库。

12. 点火助燃油系统

点火助燃油系统为锅炉点火及低负荷助燃提供燃料。对于设置了点火风道的锅炉,在锅炉点火时,在风道燃烧器内通过燃油加热一次风,一次热风加热炉膛内的物料,使炉膛内的物料温度达到设定值,以启动助燃油枪,进一步提高床温,达到许可的煤加入温度。对于未设置风道燃烧器的锅炉,通过直接点燃床上燃烧器加热床料以达到投煤点火。在低负荷时,采用助燃油枪以稳定燃烧。

13. 锅炉紧急补水系统

循环流化床锅炉炉内床料及耐火材料存在大量蓄热,在全厂失电或者其他情况引起锅炉给水失去的情况下,炉内的工质仍会不断被加热蒸发,锅炉受热面和受辐射热较强的受热面管子材料将可能因为超温而损坏甚至烧毁,紧急补水系统的功能为通过设置紧急补水泵,在主给水系统失效的情况下,通过紧急补水泵为锅炉提供补水,从而保护锅炉受热面。

第二章

一 次 风 系 统

第一节 系 统 说 明

一、系统功能

循环流化床（CFB）锅炉燃烧需要的空气由一次风和二次风提供，一次风同时作为炉内物料颗粒的流化风，一次风另外还可作为播煤风、密封风、快速冷却风、吹扫风等。一次风系统概述图见图 2-1。

冷空气经一次风机升压后送到空气预热器与烟气换热，空气预热器出口的热一次风进入炉膛底部的布风板，由风帽分配后作为炉内颗粒的流化介质，同时提供着火所需要的空气。

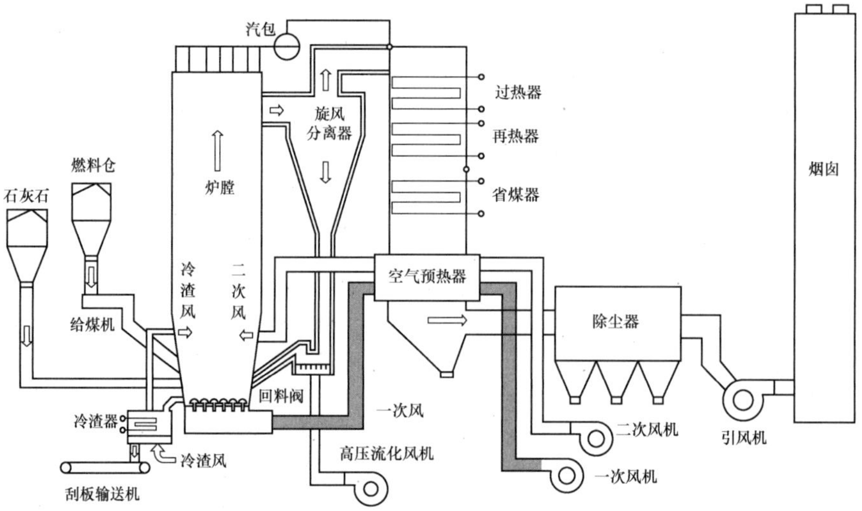

图 2-1　一次风系统概述图

二、设计范围

一次风系统设计范围从一次风机吸风口至锅炉各用风点的设备及风道。一次风用风点主要包括：

（1）燃料燃烧所需的空气。

（2）炉膛物料的流化风，使循环物料在不同负荷下维持预期的流化速度。

（3）炉膛落煤管道的播煤风。

（4）给煤机的密封风。

（5）炉膛快速冷却风。

（6）外置床至炉膛灰道（如有）的吹扫风。

三、系统主要设备

一次风系统的主要设备包括：

（1）一次风机。

（2）消音器。

（3）暖风器（如有）。

（4）播煤增压风机（如有）。

四、设计内容

一次风系统的主要设计内容包括：

（1）系统拟定。

（2）设备选型；

1) 一次风机选型;

2) 暖风器选型;

3) 消音器选型;

4) 播煤增压风机选型。

（3）一次风道设计。

（4）一次风系统控制设计。

第二节 设 计 方 案

一、设计原则

（1）系统拟定应满足锅炉物料流化和燃烧对一次风的要求，以及设备密封、冷却等用风要求。

（2）一次风机型式、台数和调速方式选择应根据锅炉容量、炉型等因素综合分析确定。一次风机宜采用调速离心式风机，每台锅炉宜配置两台50%容量的一次风机。

（3）播煤增压风机设置原则应根据煤质和炉型分析确定，一般适用于高水分燃煤。当设置播煤增压风机时，每台锅炉宜设置一台100%容量的离心式播煤增压风机。

（4）设计风道时应使压力损失尽可能低并且要保证流量在机组各个部件之间的分配均匀。一次冷风流速宜取10～12m/s，一次热风流速宜取15～25m/s。

二、常用设计方案

CFB锅炉的容量和炉型等因素不同，一次风系统常用设计方案也不同。

（一）125MW级锅炉

125MW级CFB锅炉一次风系统按炉膛一次风进风方式，可分为炉侧两路进风或炉后两路进风，在设备密封、冷却风等来源方面还有所差异。125MW级锅炉一次风系统，通常配置2台50%容量的单吸离心式一次风机，风机出口设置联络风道，一次风系统主要提供床料流化风，也可提供播煤风、设备密封风等。

1. 方案一

该方案一次风采用炉侧两路进风。

（1）系统流程。

该方案一次风系统流程如图2-2所示。

该方案主要特点如下:

1) 每台锅炉设置两台50%容量的离心式一次风机。

2) 空气预热器采用管式空气预热器。

3) 两台一次风机出口冷风道、空气预热器出口热风道设置联络风道。

4) 一次热风的用风点如下:

炉底床料流化风（经床下风道燃烧器）;

落煤管道播煤风;

床上助燃油枪冷却风;

与高压流化风道相连，作为高压流化风泄压去处，以维持流化风压和风量稳定。

5) 一次冷风的用风点如下:

给煤机密封风;

油枪密封风。

注:油枪密封风也可采用高压流化风。

（2）布置。

该方案一次风系统布置如图2-3所示。该图主要表示了以下设备和风道:

1) 两台一次风机对称布置在炉后烟道支架下部零米层。

2) 一次风机出口冷风道和空气预热器出口一次热风道分别设置联络风道。

3) 空气预热器出口两侧一次热风道分别接入炉膛底部两侧的点火风道。

4) 一次热风至助燃油枪冷却风道。

5) 炉前落煤管道播煤风道。

2. 方案二

该方案一次风采用炉后两路进风。

（1）系统流程。

该方案一次风系统流程如图2-4所示。

该方案主要特点如下:

1) 每台锅炉设置两台50%容量的一次风机。

2) 空气预热器采用管式空气预热器。

3) 风机出口设置暖风器。

4) 两台一次风机出口冷风道至启动燃烧器风道设置联络风道。

5) 一次热风的用风点如下:炉底床料流化风（含炉底启动燃烧器和下环形风箱）;与高压流化泄压风道相连，以维持流化风压和风量稳定。

6) 一次冷风的用风点如下:启动燃烧器点火调温风。

（2）布置。

该方案一次风系统布置如图2-5所示。该图主要表示了以下设备和风道:

1) 两台一次风机对称布置在炉后支架下部零米层。

2) 一次风机出口冷风道至启动燃烧器风道分别设置联络风道。

3) 空气预热器出口两侧一次热风道分别接入炉后两台启动燃烧器。

4) 一次热风道接入下环形风箱的支管。

5) 流化风至一次热风的泄压风道。

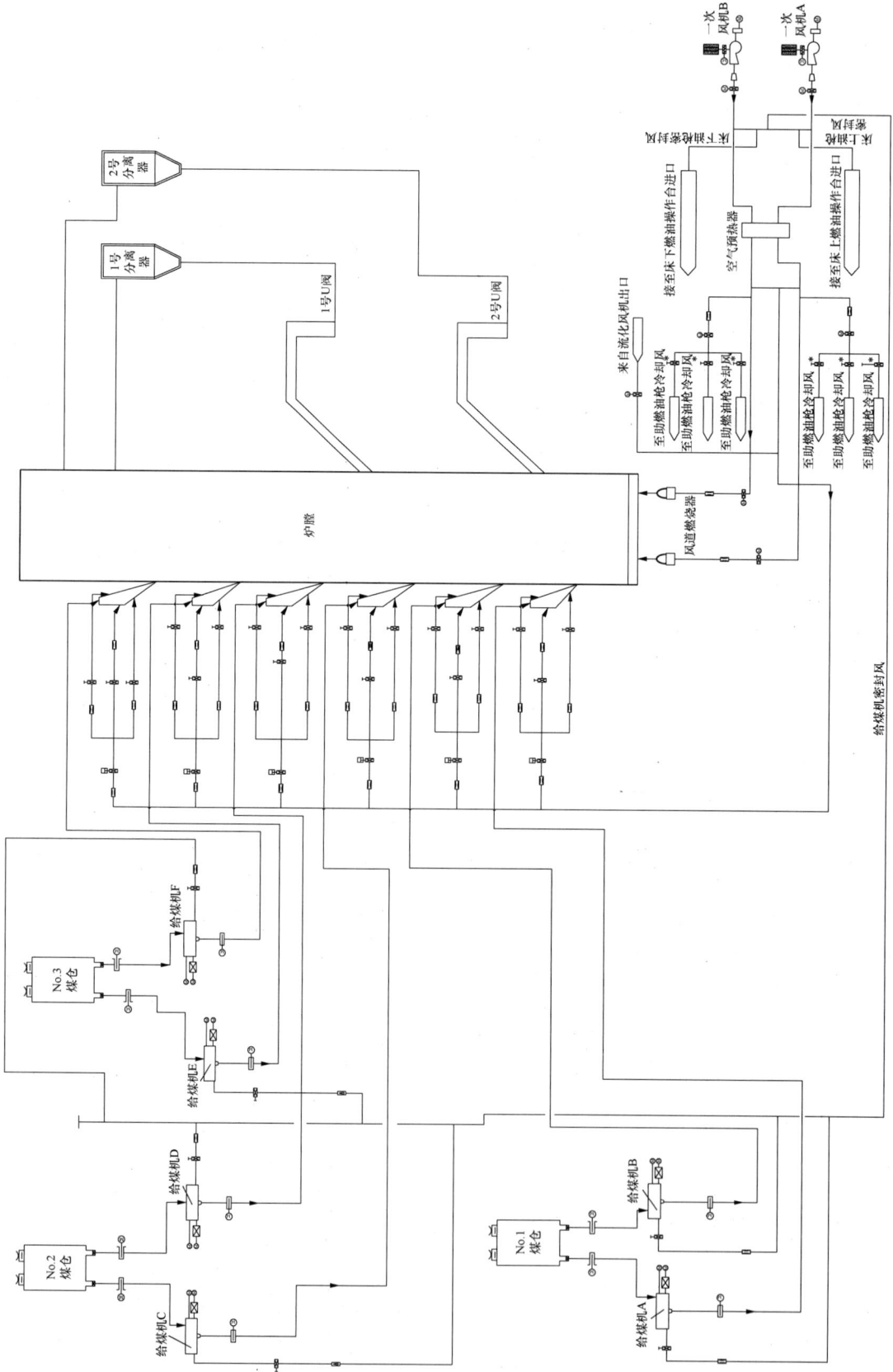

图 2-2 125MW 级锅炉一次风系统流程图（方案一）

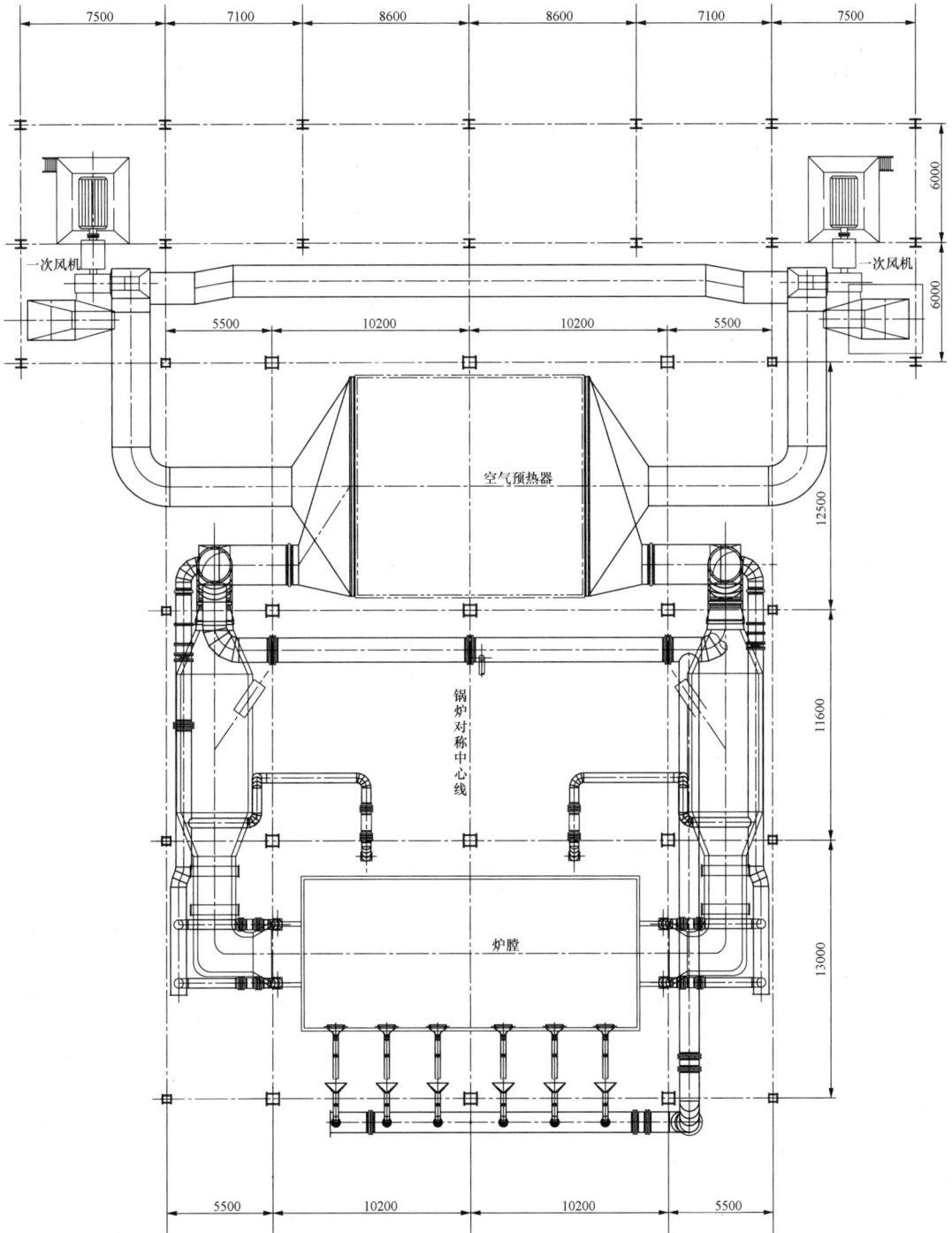

图 2-3　125MW 级锅炉一次风系统布置图（方案一）

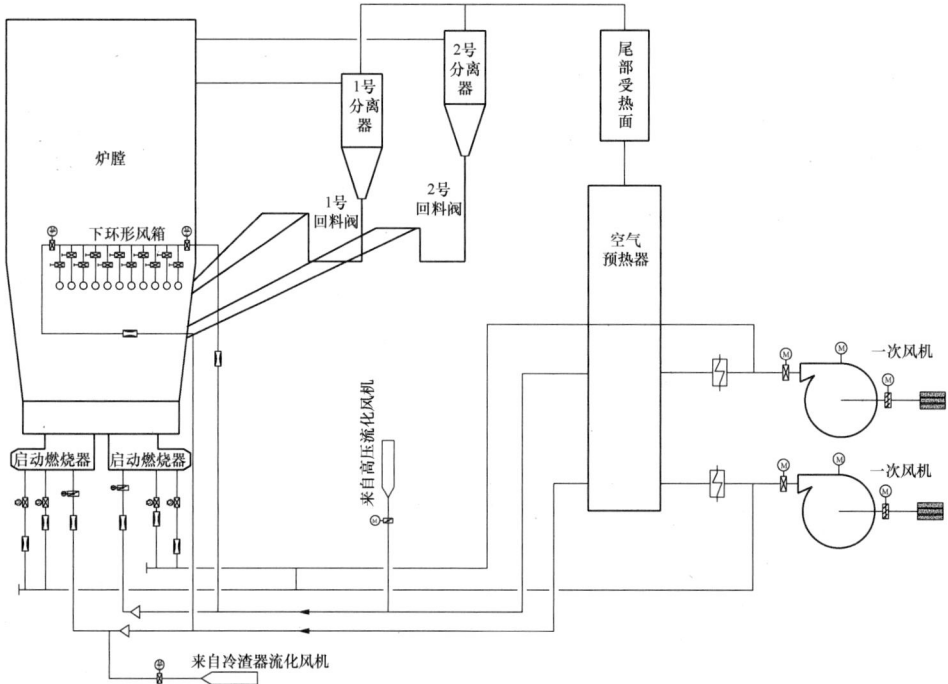

图 2-4 125MW 级锅炉一次风系统流程图（方案二）

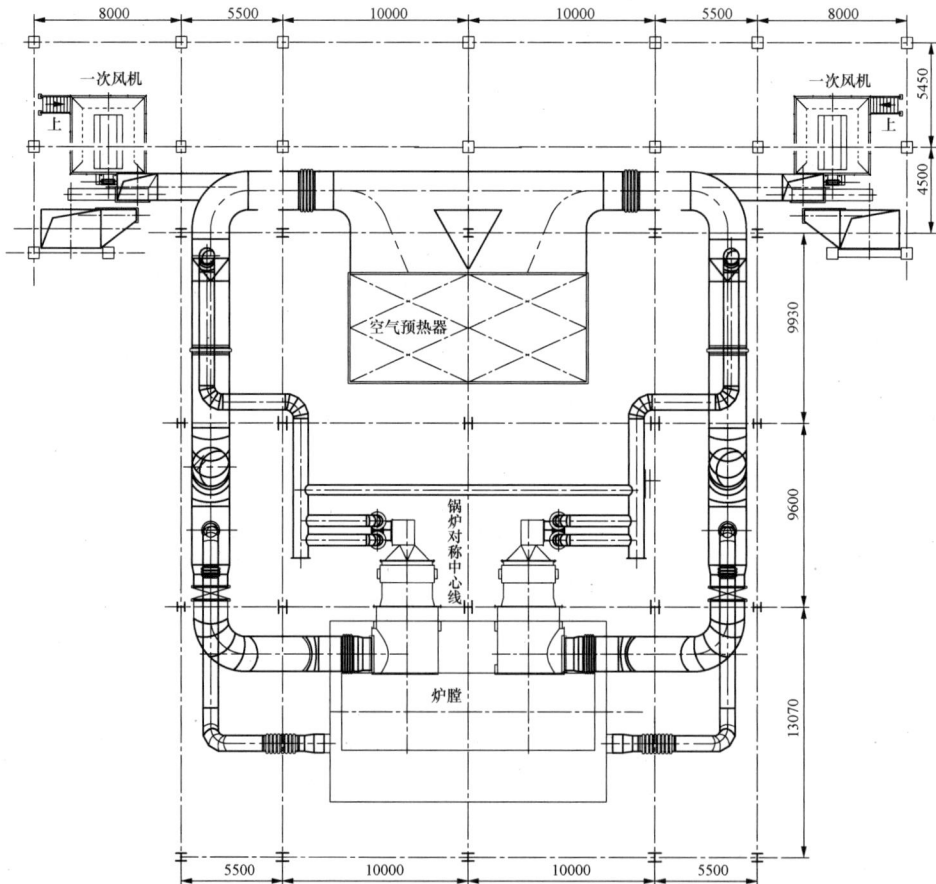

图 2-5 125MW 级锅炉一次风系统布置图（方案二）

（二）300MW 级锅炉

300MW 级 CFB 锅炉的一次风系统可以根据炉型和进风方式分类，即炉膛采用单布风板或双布风板，炉底一次风进风采用两路或四路。300MW 级 CFB 锅炉一次风系统，通常配置 2 台 50%容量的双吸离心式一次风机，风机出口设置联络风道，一次风系统主要提供床料流化风，也可提供播煤风、设备密封风等。以下为六个常用的一次风系统方案，其特点见表 2-1。

表 2-1 一次风系统分类对比表

方案序号	炉膛型式	炉膛一次风进风方式	其他特点
方案一	裤衩形炉膛（双布风板）	炉后两路进风	四分仓空气预热器
方案二	单布风板炉膛	炉侧两路进风	管式空气预热器

续表

方案序号	炉膛型式	炉膛一次风进风方式	其他特点
方案三	单布风板炉膛	炉侧两路进风	四分仓空气预热器
方案四	裤衩形炉膛（双布风板）	炉后两路进风	四分仓空气预热器
方案五	单布风板炉膛	炉后四路进风	四分仓空气预热器
方案六	单布风板炉膛	炉底两路进风	四分仓空气预热器

1. 方案一

该方案锅炉炉膛采用裤衩形双布风板，炉后两路进一次风。

（1）系统流程。

该方案一次风系统流程如图 2-6 所示。

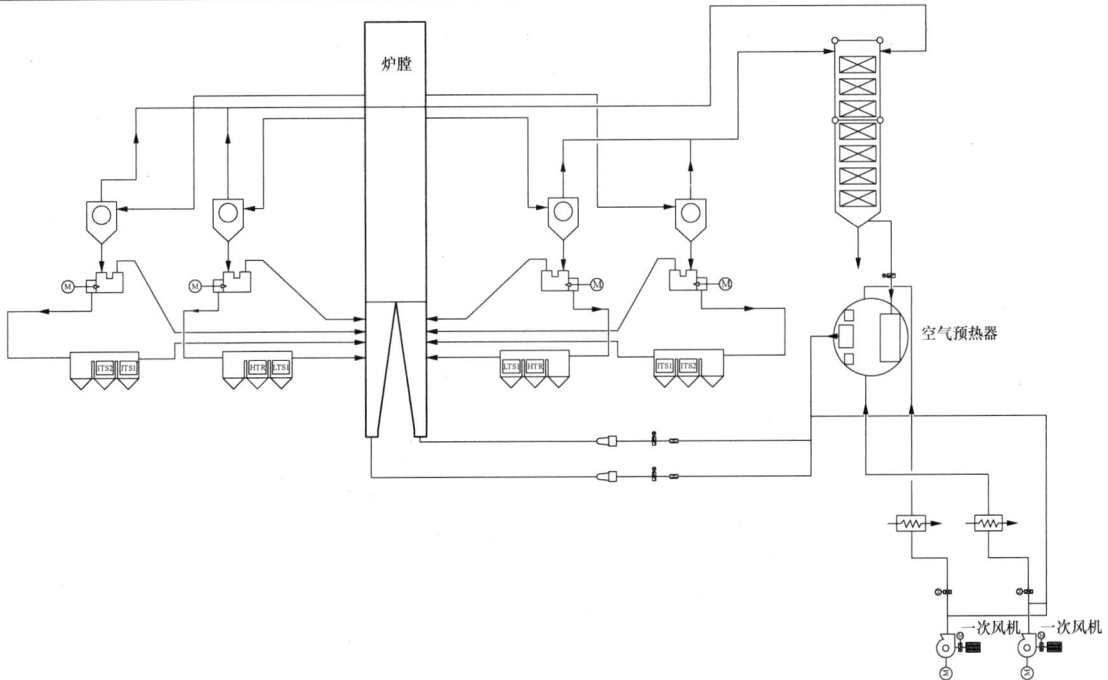

图 2-6 300MW 级锅炉一次风系统流程图（方案一）

该方案的主要特点如下：

1）每台锅炉设置两台 50%容量的离心式一次风机。

2）每台锅炉设置一台四分仓回转式空气预热器。

3）风机出口设置暖风器。

4）两台一次风机出口设置至一次热风的炉膛快速冷却风道。

5）一次热风的用风点如下：炉底床料流化风。

6）一次冷风的用风点如下：接至一次热风的炉膛快速冷却风道。

（2）布置。

该方案一次风系统布置如图 2-7 所示。该图主要表示了以下设备和风道：

1）两台一次风机对称布置在炉后两侧烟风道钢架下部零米层。

2）空气预热器出口两侧一次热风道分别经风道燃烧器接入炉膛底部两侧的点火风道。

3）一次风机出口至一次热风的炉膛快速冷却风道。

2. 方案二

该方案锅炉炉膛采用单布风板，炉侧两路进一次风。

（1）系统流程。

该方案一次风系统流程如图 2-8 所示。

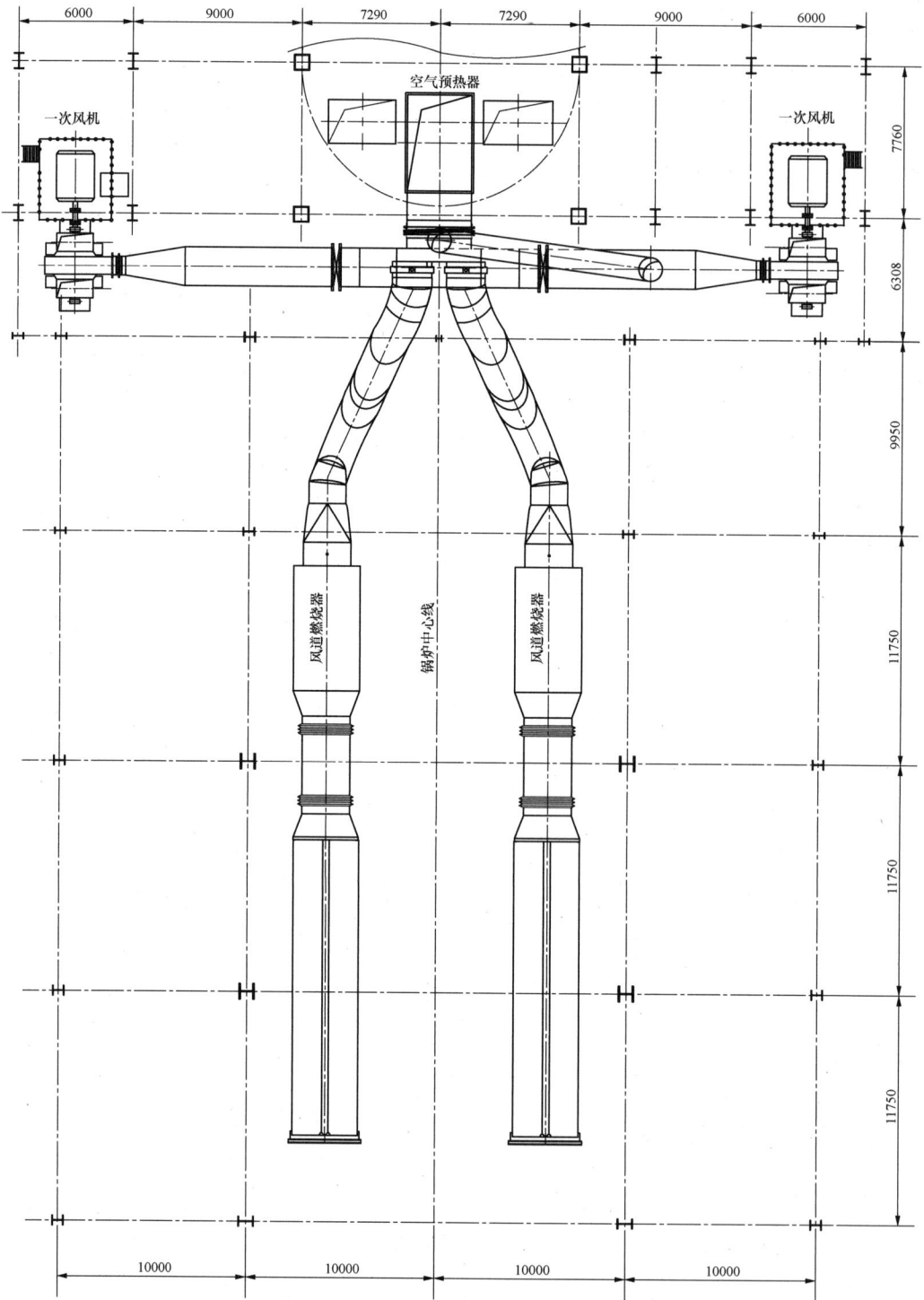

图 2-7 300MW 级锅炉一次风系统布置图（方案一）

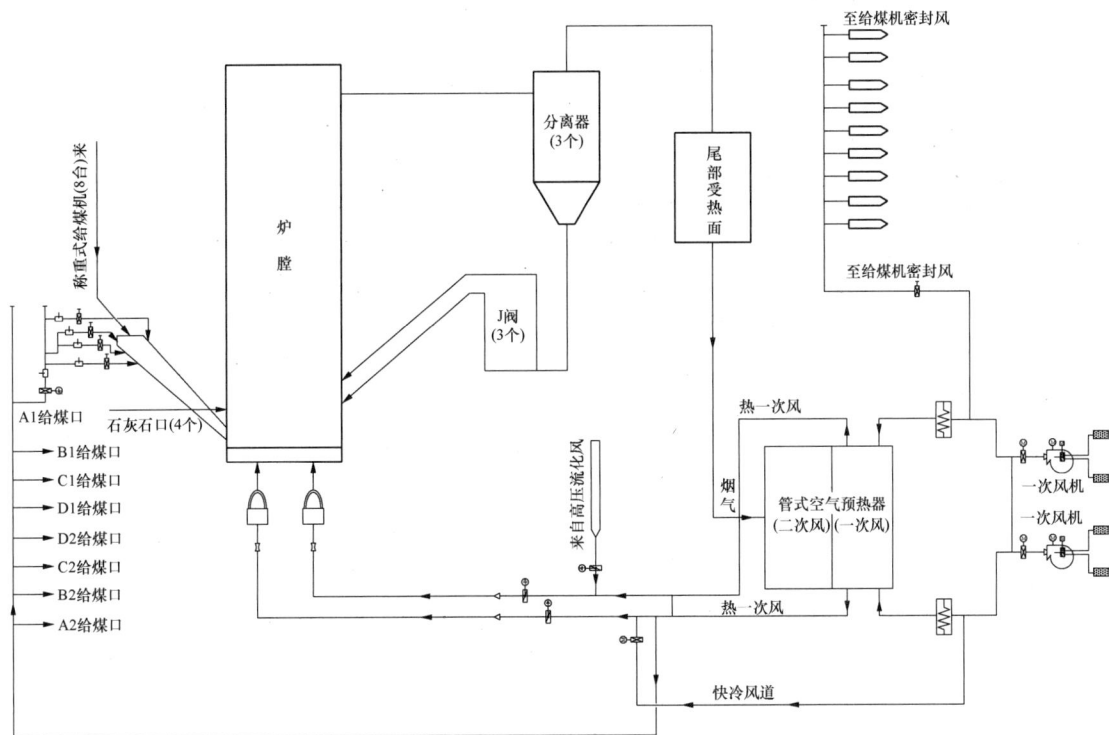

图 2-8 300MW 级锅炉一次风系统流程图（方案二）

该方案的主要特点如下：

1）每台锅炉设置两台 50%容量的离心式一次风机。

2）空气预热器采用管式空气预热器。

3）风机出口设置暖风器。

4）两台一次风机出口冷风道、空气预热器出口热风道设置联络风道。

5）一次风机出口设置至一次热风的炉膛快速冷却风道。

6）一次热风的用风点如下：炉底床料流化风（经风道燃烧器）；炉前落煤管道播煤风；与高压流化风道相连，以维持流化风压和风量稳定。

7）一次冷风的用风点如下：给煤机密封风；接至一次热风的炉膛快速冷却风道。

（2）布置。

该方案一次风系统布置如图 2-9 所示。该图主要表示了以下设备和风道：

1）两台一次风机对称布置在炉后两侧烟风道钢架下部零米层。

2）一次风机出口冷风道和空气预热器出口一次热风道分别设置联络风道。

3）空气预热器出口两侧一次热风道分别经风道燃烧器接入炉膛底部两侧的点火风道。

4）炉前落煤管道播煤风道。

5）一次风机出口至一次热风的炉膛快速冷却风道。

6）流化风至一次热风的泄压风道。

7）一次冷风至给煤机密封风风道。

3. 方案三

该方案锅炉炉膛采用单布风板，炉侧两路进一次风。

（1）系统流程。

该方案一次风系统流程如图 2-10 所示。

该方案的主要特点如下：

1）每台锅炉设置两台 50%容量的离心式一次风机。

2）每台锅炉设置一台四分仓回转式空气预热器。

3）两台一次风机出口冷风道设置联络风道。

4）一次风机出口设置至一次热风的炉膛快速冷却风道。

5）炉底一次热风道设置风道燃烧器旁路。

6）一次热风的用风点如下：炉底床料流化风；炉前落煤管道播煤风。

7）一次冷风的用风点如下：给煤机密封风；接至一次热风的炉膛快速冷却风道。

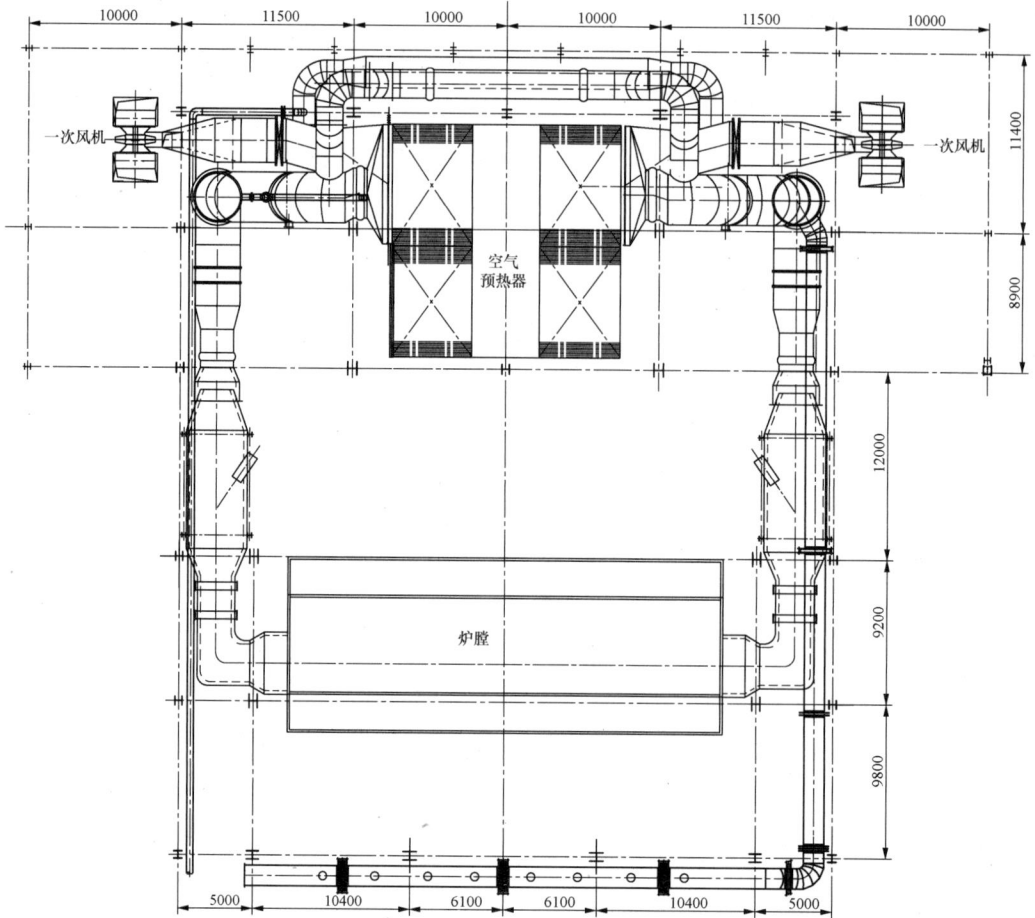

图 2-9　300MW 级锅炉一次风系统布置图（方案二）

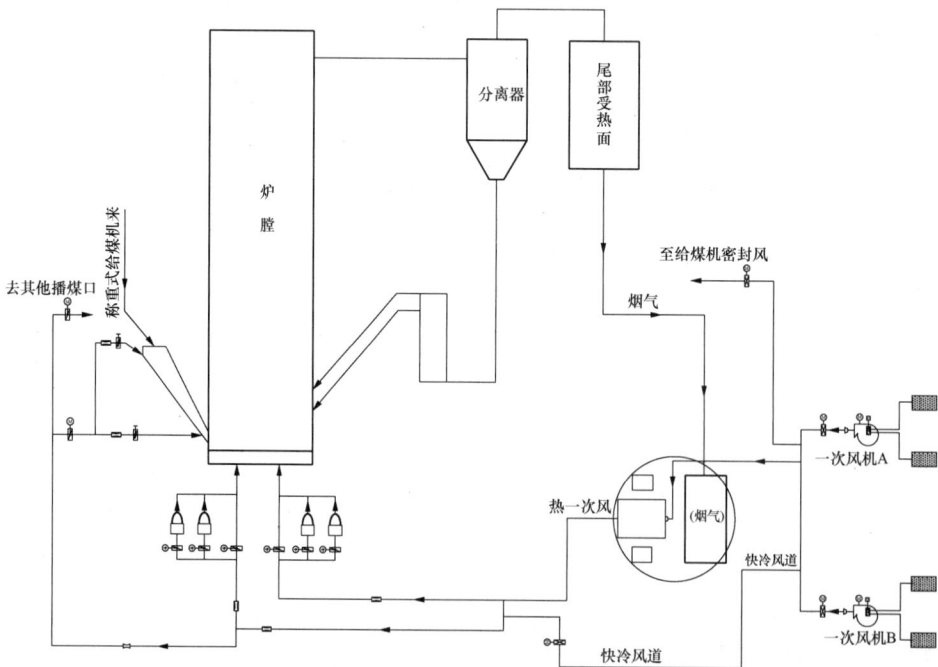

图 2-10　300MW 级锅炉一次风系统流程图（方案三）

（2）布置。

该方案一次风系统布置如图 2-11 所示。该图主要表示了以下设备和风道：

1）两台一次风机对称布置在炉后两侧烟风道钢架下部零米层。

2）两台一次风机出口冷风道合并后接入空气预热器。

3）空气预热器出口两侧一次热风道分别接入炉膛底部两侧的风箱。

4）一次热风至炉前落煤管道播煤风道。

5）一次风机出口至一次热风的炉膛快速冷却风道。

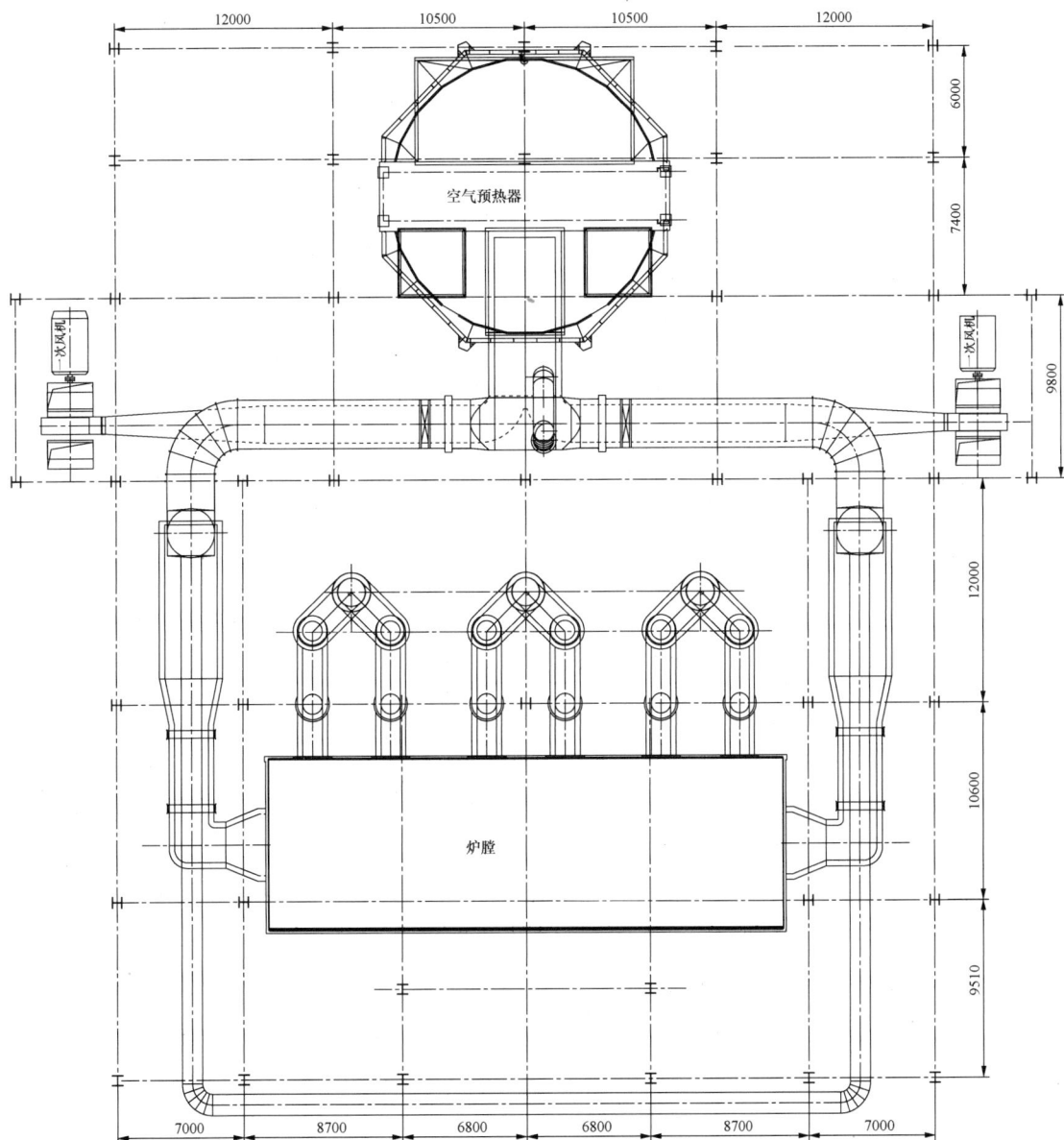

图 2-11　300MW 级锅炉一次风系统布置图（方案三）

4. 方案四

该方案锅炉炉膛采用裤衩形双布风板，炉后两路进一次风。该方案燃料为煤泥、矸石和中煤的混煤，

一次热风作为煤泥密封风。

（1）系统流程。

该方案一次风系统流程如图 2-12 所示。

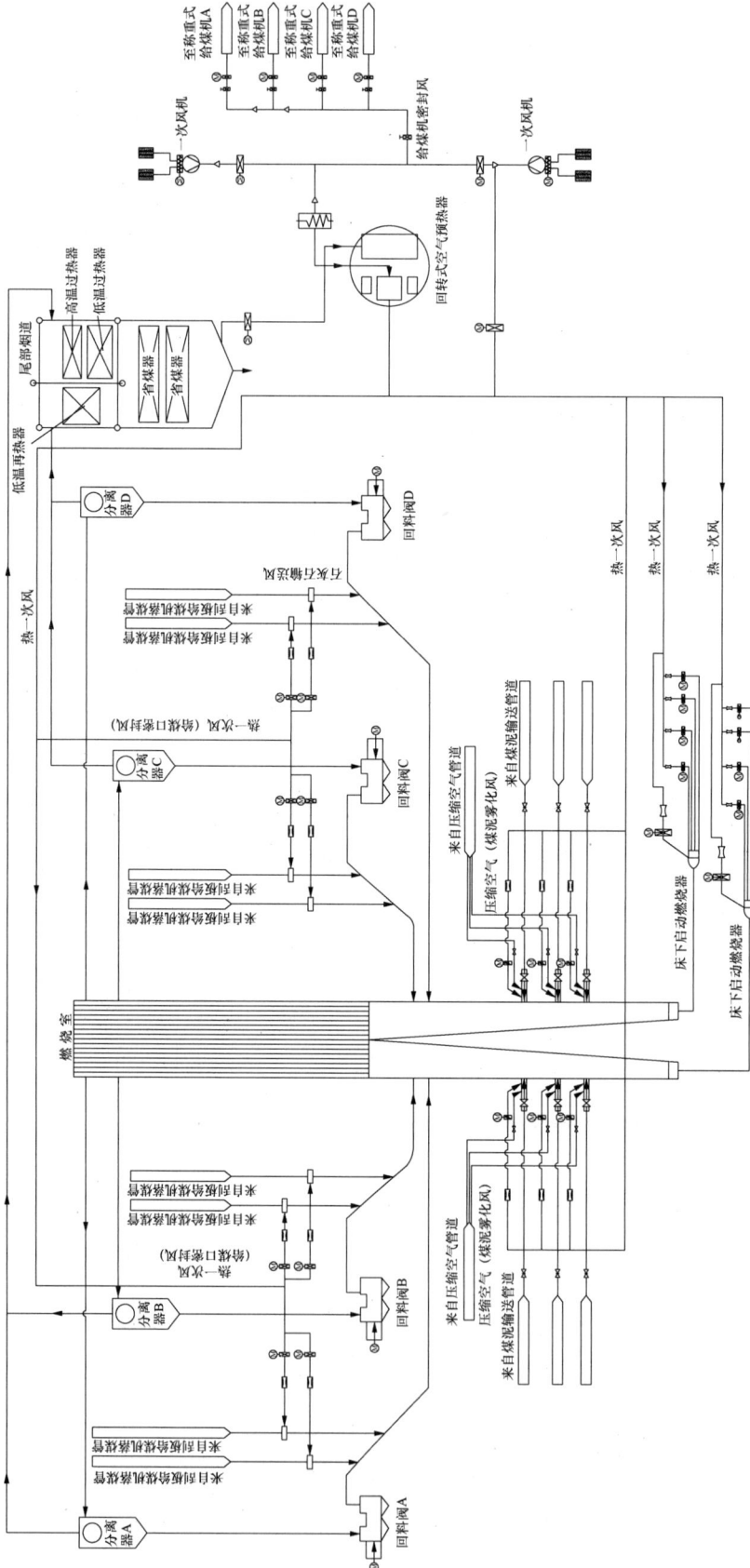

图 2-12　300MW 级锅炉一次风系统流程图（方案四）

该方案的主要特点如下：

1）每台锅炉设置两台 50%容量的离心式一次风机，不设备用。

2）每台锅炉设置一台 100%四分仓回转式空气预热器。

3）两台一次风机合并后接入空气预热器。

4）一次风机出口设置至一次热风的炉膛快速冷却风道。

5）一次热风的用风点如下：炉底床料流化风（经启动燃烧器）；落煤管道密封风；煤泥输送密封风。

6）一次冷风的用风点如下：给煤机密封风；接至

一次热风的炉膛快速冷却风道。

（2）布置。

该方案一次风系统布置如图 2-13 所示。该图主要表示了以下设备和风道：

1）两台一次风机对称布置在炉后两侧烟道支架下部零米层。

2）两台一次风机出口冷风道合并后接入空气预热器。

3）一次热风道分两路经床下启动燃烧器进入炉膛。

4）一次冷风至一次热风的炉膛快冷风道。

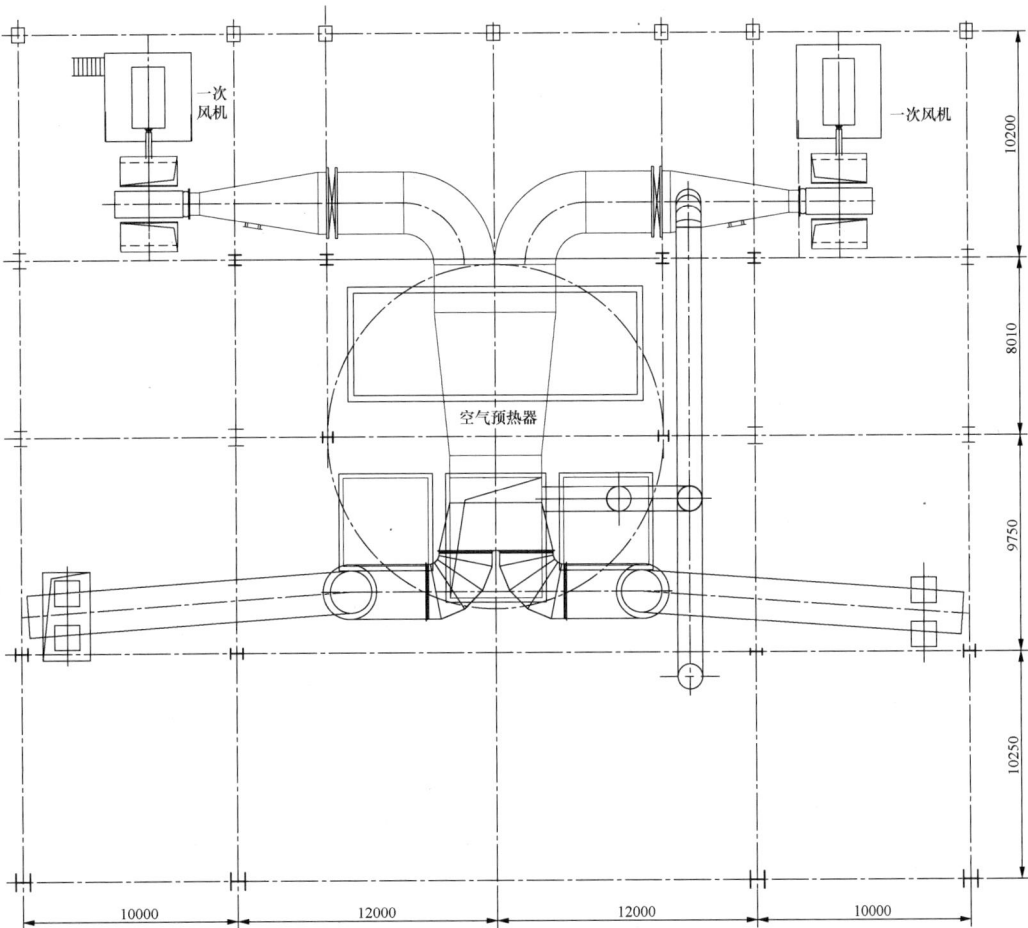

图 2-13 300MW 级锅炉一次风系统布置图（方案四）

5. 方案五

该方案锅炉炉膛采用单布风板，炉后四路进一次风。

（1）系统流程。

该方案一次风系统流程如图 2-14 所示。

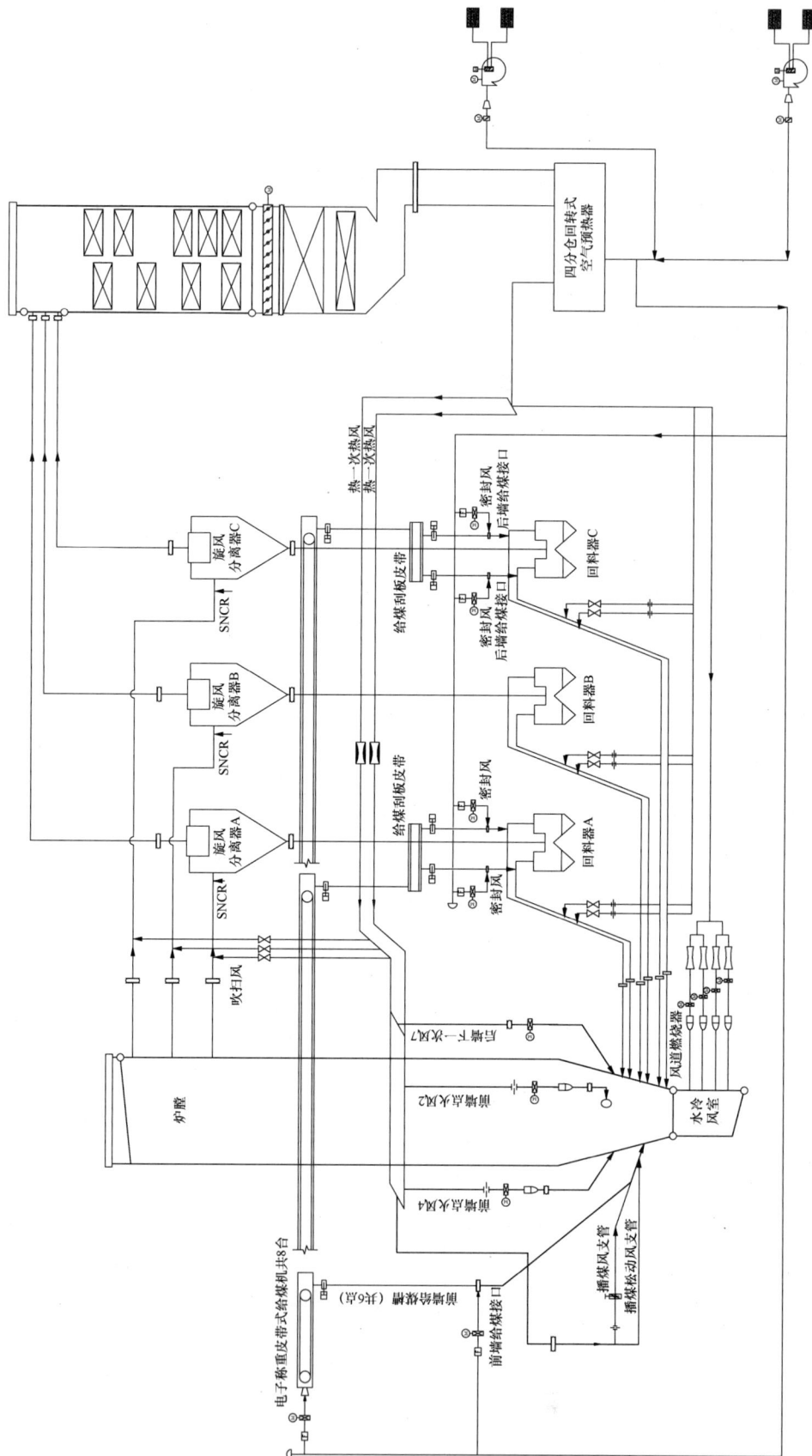

图 2-14　300MW 级锅炉一次风系统流程图（方案五）

该方案的主要特点如下：

1）每台锅炉设置两台 50%容量的离心式一次风机。

2）每台锅炉设置一台 100%四分仓回转式空气预热器。

3）两台一次风机出口冷风道合并后进入空气预热器。

4）一次热风至风道燃烧器分四路接入炉后底部。

5）一次热风至炉膛点火风道形成环路，分别接入炉前、炉后和炉侧。

6）一次热风的用风点如下：炉底床料流化风（通过风道燃烧器）；炉膛点火风；炉膛至旋风分离器水平烟道吹扫风；回料器密封风；炉前给煤播煤风。

7）一次冷风的用风点如下：给煤机密封风；炉膛给煤口密封风。

（2）布置。

该方案一次风系统布置如图 2-15 所示。该图主要表示了以下设备和风道：

1）两台一次风机对称布置在炉后两侧烟风道支架下部零米层。

2）两台一次风机出口冷风道合并后接入空气预热器。

3）一次热风道分四路进入炉后床下风道燃烧器。

4）一次热风至炉膛前、后、侧点火风道。

5）一次冷风至给煤机和回料器落煤管密封风风道。

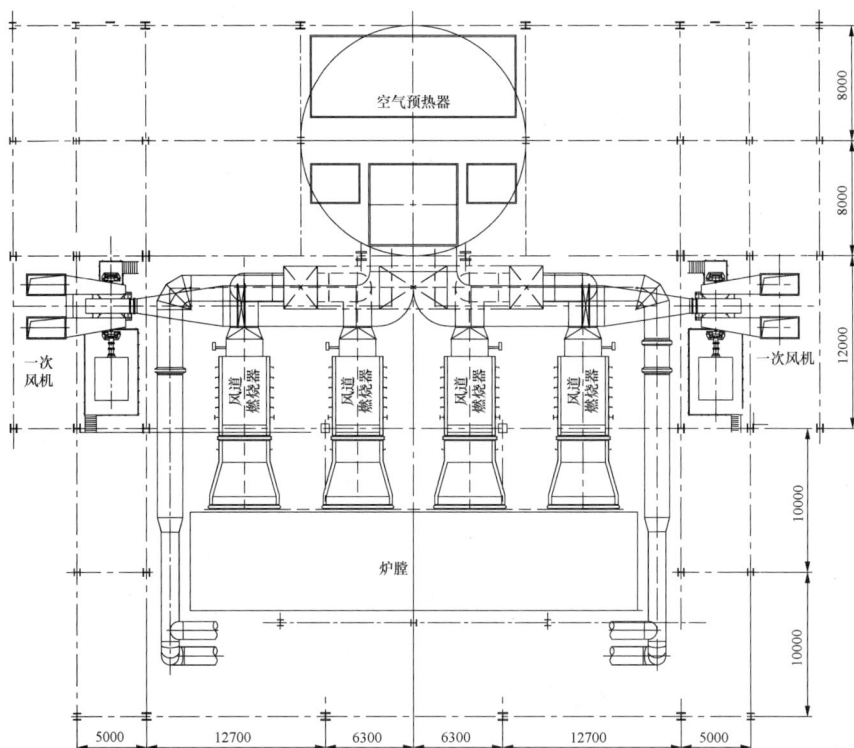

图 2-15　300MW 级锅炉一次风系统布置图（方案五）

6. 方案六

该方案锅炉炉膛采用单布风板，炉底两路进一次风。

（1）系统流程。

该方案一次风系统流程如图 2-16 所示。

该方案的主要特点如下：

1）每台锅炉设置两台 50%容量的离心式一次风机，不设备用。

2）每台锅炉设置一台 100%四分仓回转式空气预热器。

3）两台一次风机出口冷风道合并后进入空气预热器。

4）一次热风至风道燃烧器分两路接入炉膛底部。

5）一次热风与高压流化风道相连，以维持流化风压和风量稳定。

6）两台一次风机出口设置至一次热风的炉膛快速冷却风道。

7）一次热风的用风点如下：炉底床料流化风。

8）一次冷风的用风点如下：接至一次热风的炉膛快速冷却风道。

（2）布置。

该方案一次风系统布置如图 2-17 所示。该图主要表示了以下设备和风道：

1）两台一次风机对称布置在炉后两侧下部零米层。

2）两台一次风机出口冷风道合并后接入空气预热器。

3）一次热风道分两路从炉后方向可进入炉底。

（三）600MW 级锅炉

600MW 级 CFB 锅炉采用裤衩形双布风板，炉后两路进一次风。

（1）系统流程。

600MW 级锅炉一次风系统流程如图 2-18 所示。

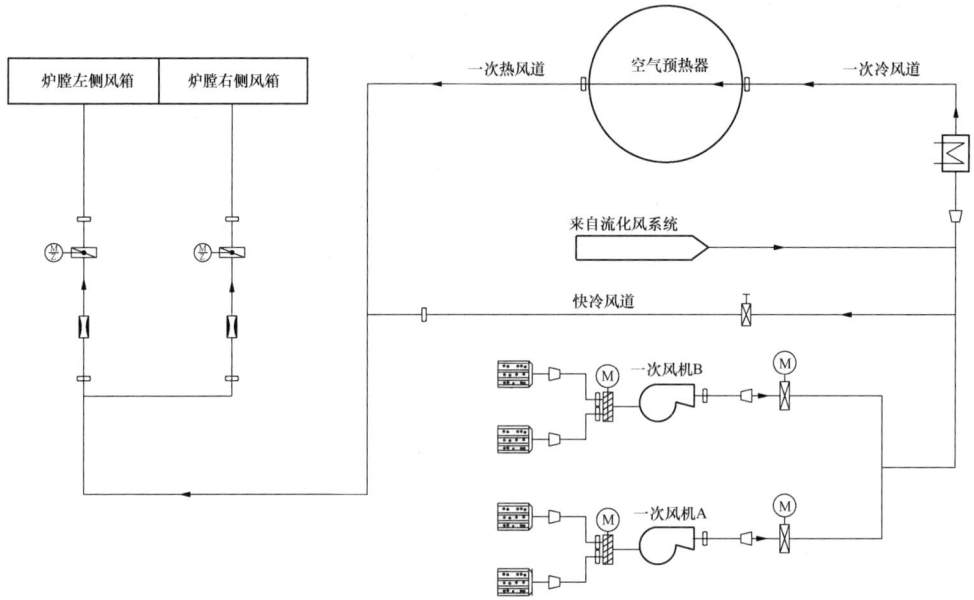

图 2-16　300MW 级锅炉一次风系统流程图（方案六）

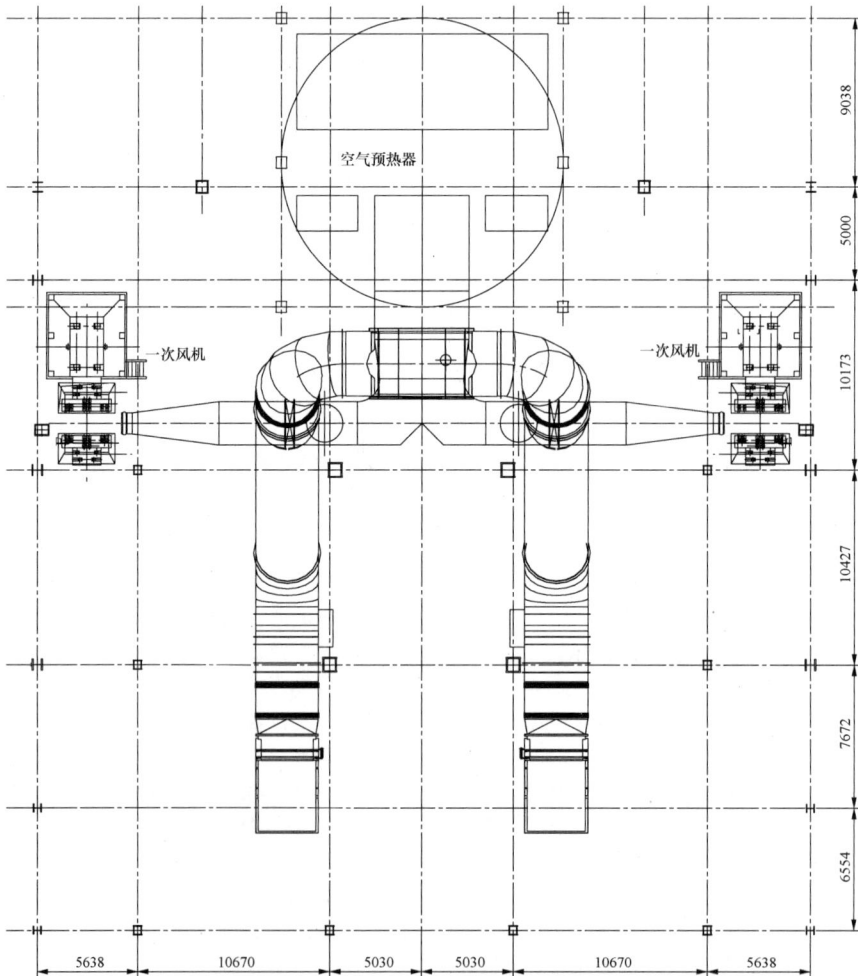

图 2-17　300MW 级锅炉一次风系统布置图（方案六）

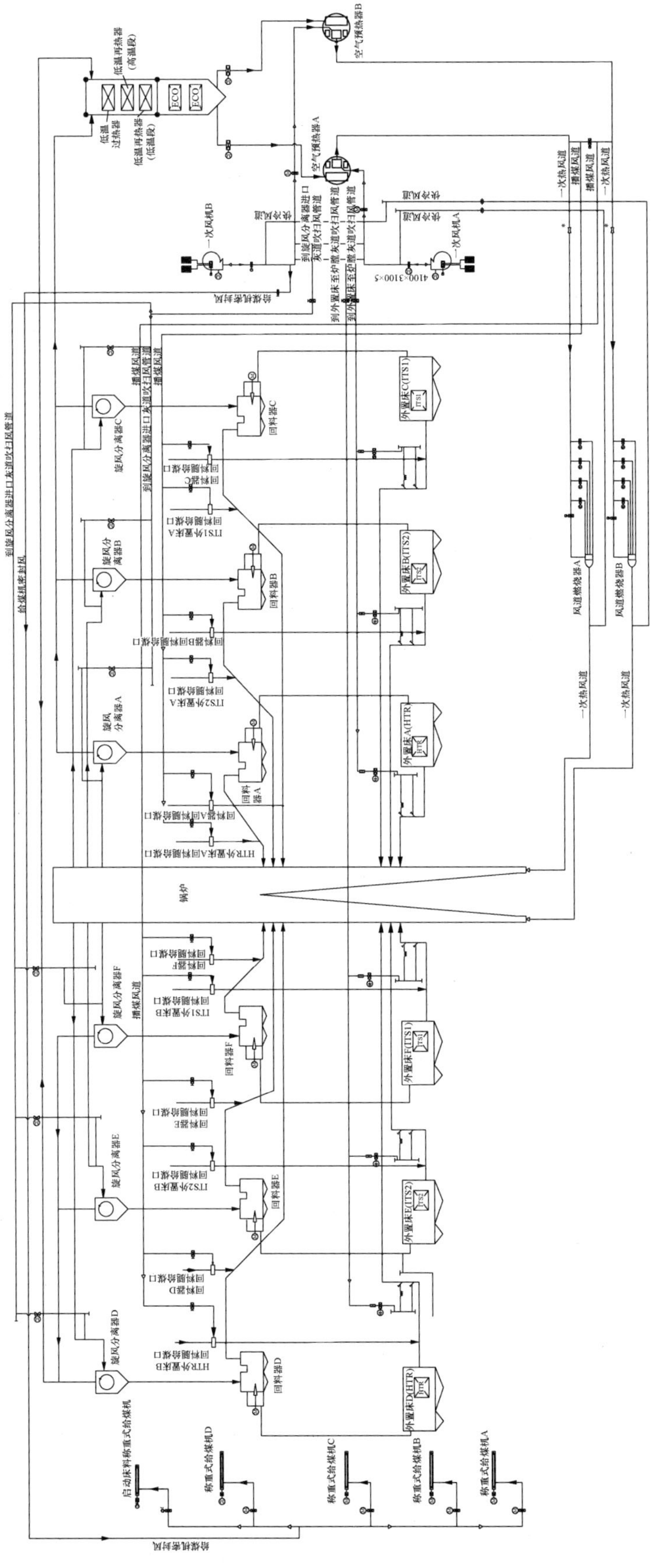

图 2-18 600MW 级锅炉一次风系统流程图

600MW 级锅炉一次风系统的主要特点如下：

1）每台锅炉设置两台 50%容量的离心式一次风机，不设备用。

2）每台锅炉设置两台四分仓回转式空气预热器。

3）两台一次风机出口冷风道、空气预热器出口热风道均设置联络风道。

4）一次热风的用风点如下：炉底床料流化风（经风道燃烧器）；外置床和回料腿给煤管道播煤风。

5）一次冷风的用风点如下：给煤机密封风；外置床至炉膛灰道吹扫风管道；旋风分离器进口灰道吹扫风管道。

（2）布置。

600MW 级锅炉一次风系统布置如图 2-19 所示。该图主要表示了以下设备和风道：

1）两台一次风机对称布置在炉后支架下部零米层。

2）一次风机出口冷风道和空气预热器出口一次热风道分别设置联络风道。

3）空气预热器出口两侧一次热风道分别接入炉膛底部两侧的点火风道。

4）一次热风至外置床和回料腿给煤管道的播煤风道。

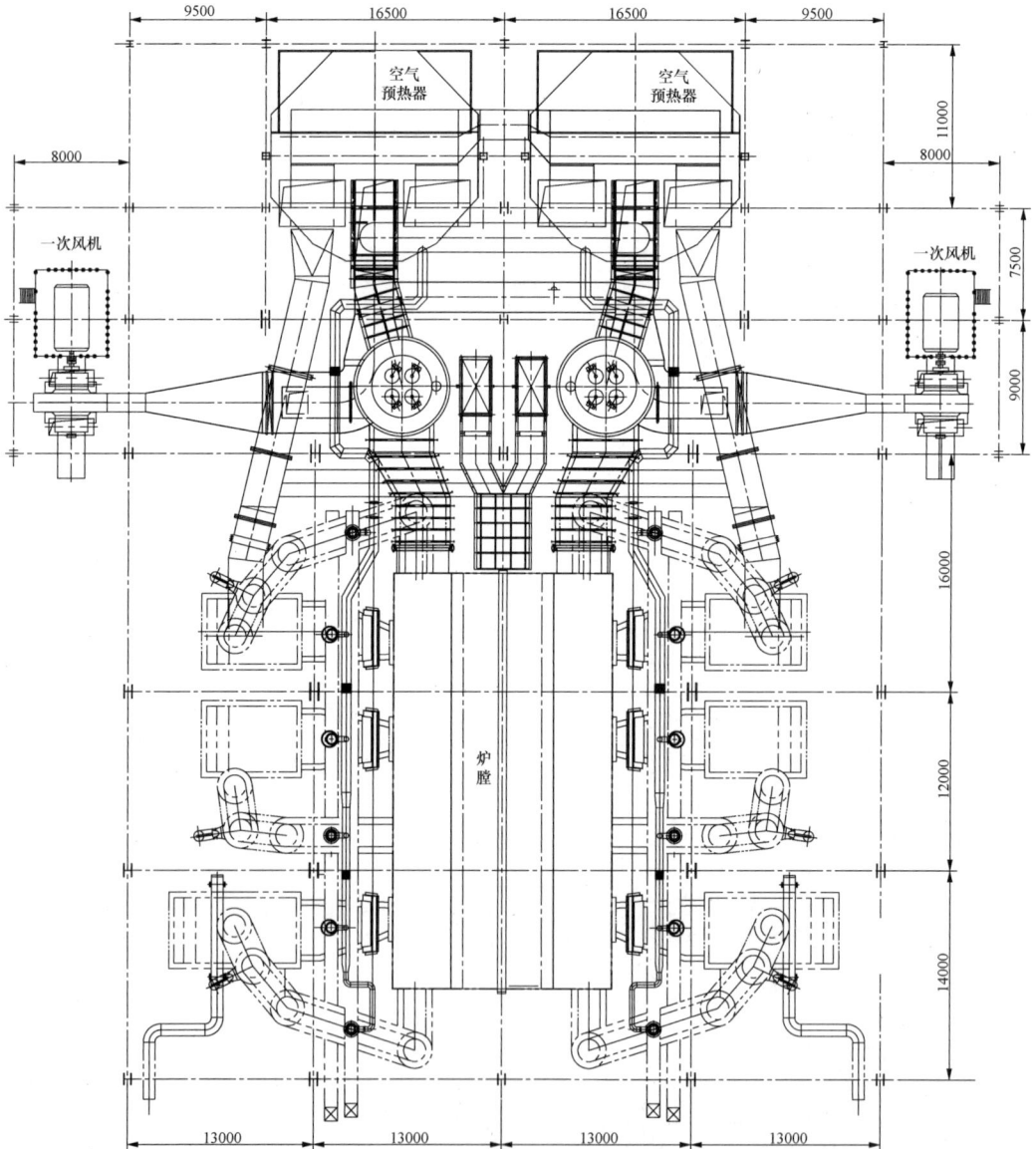

图 2-19　600MW 级锅炉一次风系统布置图

第三节 控 制 要 求

一次风系统应纳入分散控制系统（DCS）进行监控，可按设备及配置要求，设置相应的联锁和远方控制。对应不同工况，控制要求如下：

1. 启动工况

启动前，一次风机应具备启动条件，各风机启动顺序依次为：引风机和流化风机，再顺次启动二次风机、一次风机。一次风机启动后，风机入口导叶投入出口压力控制模式。

2. 正常运行工况

一次风机运行时，入口导叶控制空气预热器出口一次风压力在设定值，维持足够背压以保持床压的平衡和床料的正常流化；调整调节风门开度或风机转速以控制至各一次风箱的风量。一次风系统与其他烟风、给煤系统、排渣系统等配合调节，维持稳定的锅炉床温、床压、负荷，并使污染物排放达到设计值。锅炉负荷的调节是主要通过改变给燃料量和风量，风煤的调整应少量多次、交叉调整，以避免床温、汽温、汽压的波动。

3. 停运工况

风机停运顺序与启动顺序相反，首先停运一次风机，再顺次停运二次风机、引风机和流化风机。一台一次风机跳闸时将可能引起主燃料跳闸（MFT），如果没有发生 MFT，应立即关闭跳闸风机入口导叶和出口风门，防止倒风，同时开启风机出口联络风道风门，开大另一台风机风量，保证一次风量在临界流化风量以上，调节引风机，维持炉膛负压。

4. 风门调节

对于需要经常调节的管路上应设置流量测量装置和电动或气动调节风门，风门开度可以根据流量测量装置反馈信号进行自动调节，以满足用风点流量和压力需求。对于不常调节的管路，可设置手动风门，在调试期间调整好位置，满足用风点需求。

一次风系统可根据炉型等工程具体情况设置以下调节风门：

（1）至风道燃烧器一次热风道的电动调节风门，用于调节入炉床料流化风量；

（2）至助燃油枪冷却用一次热风道的电动调节风门；

（3）至炉膛落煤管播煤风道的气动调节风门；

（4）外置床至炉膛灰道吹扫用一次冷风道电动调节风门等。

第四节 设 计 计 算

一、一次风机参数计算

一次风机选型参数工况宜包括多个工况，主要有锅炉最大连续蒸发量（BMCR）工况、50%BMCR 工况、锅炉启动工况、油枪最大负荷工况等，以适应 CFB 锅炉一次风特点。一次风机参数计算应满足现行有关标准的规定，如 GB 50660《大中型火力发电厂设计规范》。

（一）基本风量

一次风的基本风量应按锅炉燃用设计燃料计算，应包括锅炉 BMCR 工况所需风量一次风量，含至炉底的一次风量，和用于播煤、密封、冷却等的间接一次风量，及制造厂保证的空气预热器运行一年后一次风侧的净漏风量。

单台一次风机基本风量按式（2-1）计算：

$$Q = \frac{Q_1 + Q_2 + Q_3 + Q_r + Q_{bt}}{n} \quad (2-1)$$

式中　Q ——一次风机基本风量（标准状态），m^3/h；

　　　Q_1 ——炉底一次风量（标准状态），m^3/h，根据锅炉风平衡图取值；

　　　Q_2 ——空气预热器一次风侧的净漏风量（标准状态），m^3/h；对于三分仓回转式空气预热器，一次风净漏风量应为一次风分别向烟气侧和二次风侧漏风量之和；对于四分仓回转式空气预热器，一次风净漏风量为向二次风侧漏风量；

　　　Q_3 ——各设备密封风量（标准状态），m^3/h；

　　　Q_r ——其他风量（标准状态），m^3/h；

　　　Q_{bt} ——播煤风量（如果有）（标准状态），m^3/h，根据锅炉风平衡图取值；

　　　n ——一次风机台数。

炉底一次风量也可用一次风率来估算。一次风率是指从布风板进入炉膛的一次风量与燃料燃烧需要的总风量比例，进入炉膛的总风量包括：一次风、二次风、高压流化风、播煤风、密封风等。一次风率主要与煤质特性和锅炉型式有关，一般为 45%～55%。对于难燃燃料，其一次风率应选高值，因为一次风率过小会增加不完全燃烧损失，对于高挥发分燃料，其一次风率应选低值；不同锅炉型式的一次风率也有差异，带外置床锅炉的一次风率一般高于不带外置床锅炉。

一次风率选取应根据燃料燃烧单位烟气量释放的热值，并根据燃料中挥发分含量确定，对于煤，建议一次风率按式（2-2）计算：

$$\varphi_1 = (0.66 - 0.33 V_{\text{daf}}) \times 100\% \qquad (2\text{-}2)$$

式中　φ_1——一次风率，%；

　　　V_{daf}——燃料干燥无灰基挥发分。

（二）选型风量

一次风机选型风量，即 TB（TEST BLCOK）点风量，应为风机基本风量加上风量裕量。一次风机选型风量裕量不宜低于基本风量的 20%，宜另加温度裕量，温度裕量可按夏季通风室外计算温度确定。一次风机选型风量按式（2-3）计算：

$$Q_{\text{TB}} = 1.2 Q \times \frac{(273 + t_m + \Delta t)}{273} \times \frac{101.3}{p_m} \qquad (2\text{-}3)$$

式中　Q_{TB}——一次风机选型风量，m³/h；

　　　t_m——夏季通风室外计算温度，℃；

　　　p_m——年平均大气压，kPa。

　　　Δt——温度裕量，℃（可按夏季通风室外计算温度确定）。

（三）基本风压

一次风的基本压头应按锅炉燃用设计燃料计算，包括锅炉 BMCR 工况从风机吸风口至锅炉一次风喷嘴出口的阻力与锅炉炉膛阻力之和。

一次风基本风压按式（2-4）计算：

$$p = \Delta p_1 + \Delta p_2 + \Delta p_3 + \Delta p_4 + \Delta p_{51} + \Delta p_{52} + \Delta p_{cv} + \Delta p_r \qquad (2\text{-}4)$$

式中　p——一次风基本风压，Pa；

　　　Δp_1——炉膛阻力，Pa，根据锅炉风平衡图取值；

　　　Δp_2——布风板阻力，Pa，根据锅炉风平衡图取值；

　　　Δp_3——空气预热器阻力，Pa；

　　　Δp_4——消音器阻力，Pa；

　　　Δp_{51}——一次风热风道沿程阻力，Pa；

　　　Δp_{52}——一次风冷风道沿程阻力，Pa；

　　　Δp_{cv}——空气预热器至炉膛一次热风道的调节风门阻力，Pa；

　　　Δp_r——其他阻力，Pa。

（四）选型风压

一次风机选型压头，即 TB（TEST BLCOK）点风压，应为基本压头加上压头裕量。一次风机的压头裕量宜分段选取：①炉膛阻力裕量应由锅炉厂提供；②至炉膛一次热风道的调节风门阻力裕量宜由锅炉厂提供，但对于裤衩形双布风板型式锅炉的系统，空气预热器后一次风箱前调节风门的阻力不宜另加裕量；③从风机吸风口至一次风喷嘴出口的风道沿程（含空气预热器和消音器）阻力裕量宜取44%。

风机选型风压按式（2-5）计算：

$$p_{\text{TB}} = (\Delta p_1 + \Delta p_{bf}) + 1.44(\Delta p_2 + \Delta p_3 + \Delta p_4 + \Delta p_{51} + \Delta p_{52} + \Delta p_{cv}) + \Delta p' \qquad (2\text{-}5)$$

式中　p_{TB}——风机选型压头，Pa；

　　　Δp_{bf}——炉膛阻力裕量，Pa；

　　　$\Delta p'$——其他裕量，Pa。

（五）计算示例

一次风机选型列举两个示例，即锅炉带外置床和不带外置床两种情况，其最大差异是，随着锅炉负荷降低，带外置床锅炉的一次风阻力（背压）不降反升，而不带外置床锅炉的一次风阻力逐步下降。

1. 带外置床锅炉

以某 600MW 级循环流化床锅炉为例，一次风机风量和风压参数计算示例如表 2-2 所示。

表 2-2　　　　　　　　　　带外置床锅炉一次风机风量和风压参数计算示例

序号	项目	符号	计算公式或依据	BMCR	BRL	TB	75%THA	50%THA	启动值	点火值	单位
一	基础数据										
1	环境温度	t_m		17.6	17.6	17.6	17.6	17.6	17.6	17.6	℃
2	当地大气压	p_m		97.31	97.31	97.31	97.31	97.31	97.31	97.31	kPa
二	一次风机参数计算										
（一）	风量计算										
1	炉底一次风量	Q_1	锅炉厂提供，TB 点风量 =1.2×BMCR 风量	704508	685988	845410	493156	493156	0	291040	Nm³/h
2	空气预热器漏风量	Q_2	锅炉厂提供，TB 点风量 =1.2×BMCR 风量	176340	173438	211608	161603	164302	0	92412	Nm³/h
3	给料风（给煤口密封）	Q_3	锅炉厂提供，TB 点风量 =1.2×BMCR 风量	30000	30000	36000	30000	30000	30000	30000	Nm³/h

序号	项目	符号	计算公式或依据	BMCR	BRL	TB	75%THA	50%THA	启动值	点火值	单位
4	给煤机密封风	Q_3	给煤机厂提供，TB 点风量 =1.2×BMCR 风量	2400	2400	2880	2400	2400	2400	2400	Nm³/h
5	至 FBHE（流化床热交换器）回料管风量	Q_r	锅炉厂提供，TB 点风量 =1.2×BMCR 风量	6150	6150	7380	6150	6150	6150	6150	Nm³/h
6	每台风机基本风量	Q	$\dfrac{Q_1+Q_2+Q_3+Q_r}{2}$	459699	448988	551639	346655	348004	38550	211001	Nm³/h
7	每台风机实际风量	Q'	$\dfrac{Q}{3600}\times\dfrac{273+t_m}{273}\times\dfrac{101.3}{p_m}$	141.5	138.2		106.7	107.1	11.9	64.9	m³/s
8	每台风机选型风量	Q_{TB}	$1.2Q\times\dfrac{(273+t_m+\Delta t)}{273}\times\dfrac{101.3}{p_m}$			175.6					m³/s
（二）	风压计算										
1	炉膛阻力	Δp_1	锅炉厂提供，TB 点风压= BMCR 风压+3000	11000	11000	14000	19500	19500	0	19500	Pa
2	布风板阻力	Δp_2	锅炉厂提供，TB 点风压= 1.44×BMCR 风压	5500	5214	7920	2700	2700	0	1040	Pa
3	调节风门阻力	Δp_{cv}	锅炉厂提供，TB 点风压= BMCR 风压+2300	2500	2500	4800	8000	8000	0	8000	Pa
4	空气预热器阻力	Δp_3	锅炉厂提供，TB 点风压= 1.44×BMCR 风压	1000	958	1440	520	390	0	179	Pa
5	消音器阻力	Δp_4	消音器厂家提供，TB 点风压 =1.44×BMCR 风压	300	300	432	160	160	0	160	Pa
6	空气预热器出口至风室热风道阻力	Δp_{51}	TB 点风压=1.44×BMCR 风压	500	474	720	250	250	0	85	Pa
7	空气预热器入口冷风风道阻力	Δp_{52}	TB 点风压=1.44×BMCR 风压	440	420	634	265	265	0	265	Pa
8	油枪阻力	Δp_r	锅炉厂提供	0	0	0	0	0	0	3670	Pa
9	低负荷裕量	$\Delta p'$	锅炉厂提供	—	—	—	2000	2000	—	2000	Pa
10	风机总压降	p	$\Delta p_1+\Delta p_2+\Delta p_3+\Delta p_4+\Delta p_{51}+\Delta p_{52}+\Delta p_{cv}+\Delta p_r$	21240	20866	29946	33395	33265	30000	34899	Pa

注　1. BMCR：锅炉最大连续蒸发量工况；BRL：锅炉额定负荷工况；TB：风机选型点；THA：汽轮机热耗保证工况。
　　2. 设计者应根据实际工程进行校核验算。

2. 不带外置床锅炉

以某 300MW 级锅炉为例，一次风机风量和风压参数计算示例如表 2-3 所示。

表 2-3　　　　　　　不带外置床锅炉一次风机风量和风压参数计算示例

序号	项目	符号	计算公式或依据	BMCR	TB	BRL	THA	75%THA	50%THA	35%BMCR	单位
一	基础数据										
1	环境温度	t_m		21.5	21.5	21.5	21.5	21.5	21.5	21.5	℃
2	当地大气压	p_m		99.96	99.96	99.96	99.96	99.96	99.96	99.96	kPa
3	风机台数	n	2								

续表

序号	项目	符号	计算公式或依据	BMCR	TB	BRL	THA	75%THA	50%THA	35%BMCR	单位
二	一次风机参数计算										
（一）	风量计算										
1	炉底一次风量	Q_1	锅炉厂提供，TB点风量=1.2×BMCR风量	389680	467616	358300	343830	272780	272780	272780	Nm³/h
2	预热器漏风量	Q_2	锅炉厂提供，TB点风量=1.4×BMCR风量	38670	54138	36380	35560	32210	34960	43050	Nm³/h
3	给煤机密封风量	Q_3	给煤机厂提供，TB点风量=1.2×BMCR风量	5040	6048	5040	5040	5040	5040	5040	Nm³/h
4	床上油枪密封风	Q_3	正常运行不投入	0	0	0	0	0	0	0	Nm³/h
5	播煤风量	Q_{bt}	锅炉厂提供，TB点风量=1.2×BMCR风量	49000	58800	49000	49000	49000	49000	49000	Nm³/h
6	每台风机基本风量	Q	$\dfrac{Q_1+Q_2+Q_3+Q_{bt}}{2}$	241195	293301	224360	216715	179515	180890	184935	Nm³/h
7	每台风机实际风量	Q'	$\dfrac{Q}{3600}\times\dfrac{273+t_m}{273}\times\dfrac{101.3}{p_m}$	73.2		67.2	64.9	53.8	54.2	55.4	m³/s
8	每台风机选型风量	Q_{TB}	$1.2Q\times\dfrac{273+t_m}{273}\times\dfrac{101.3}{p_m}$		92.5						m³/s
（二）	风压计算										
1	炉膛阻力	Δp_1	锅炉厂提供，TB点风压=BMCR风压+2000	7965	9965	7965	7965	7965	7965	7965	Pa
2	布风板阻力	Δp_2	锅炉厂提供，TB点风压=1.44×BMCR风压	5500	7920	4650	4282	2695	2695	2695	Pa
3	空气预热器阻力	Δp_3	锅炉厂提供，TB点风压=1.44×BMCR风压	1250	1800	1057	973	613	613	613	Pa
4	消音器阻力	Δp_4	消音器厂家提供，TB点风压=1.44×BMCR风压	300	432	300	300	300	300	300	Pa
5	空气预热器出口至风室热风道阻力	Δp_{51}	TB点风压=1.44×BMCR风压	1000	1440	845	779	490	490	490	Pa
6	点火风道阻力	Δp_{51}	锅炉厂提供，TB点风压=1.44×BMCR风压	1100	1584	930	856	539	539	539	Pa
7	空气预热器入口冷风风道阻力	Δp_{52}	TB点风压=1.44×BMCR风压	500	720	450	450	450	450	450	Pa
8	风机总压降	p	$\Delta p_1+\Delta p_2+\Delta p_3+\Delta p_4+\Delta p_{51}+\Delta p_{52}$	17615	23861	16197	15605	13052	13052	13052	Pa

注 1. 空气预热器至炉膛一次热风道的调节风门阻力已经包含在点火风道阻力中。
2. 设计者应根据实际工程进行校核验算。

二、播煤风机参数计算

播煤风基本风量和基本风压应由锅炉厂提供。

每台锅炉播煤风机宜设置一台，并设置风机旁路风道。

播煤风机的选型风量，即 TB 点风量，应为 BMCR 工况风机基本风量加上风量裕量，风量裕量系数宜为 10%；播煤风机的选型风压，即 TB 点风压，应为风机 BMCR 工况基本风压加上风压裕量，风压裕量系数宜为 20%。播煤风机选型应分别按式（2-6）和式（2-7）计算：

$$Q_{bt\text{-}TB}=1.1Q_{bt} \qquad (2\text{-}6)$$

$$p_{bt\text{-}TB} = 1.2 p_{bt} \qquad (2\text{-}7)$$

式中　$Q_{bt\text{-}TB}$——播煤风机选型风量，Nm³/h；

Q_{bt}——播煤风机 BMCR 工况基本风量，Nm³/h；

$p_{bt\text{-}TB}$——播煤风机选型风压，Pa；

p_{bt}——播煤风机 BMCR 工况基本风压，Pa。

三、风道设计计算

一次风道的设计应符合 DL/T 5121《火力发电厂烟风煤粉管道设计技术规程》的有关规定，同时考虑到循环流化床锅炉的一次风压力比煤粉炉高，其风道设计还应符合下列规定：

（1）一次风机出口风道及支吊架设计应采取避免风道振动的措施，如：风机出口应设计足够的扩散直段、适当放大风道壁厚和加固肋型号。

（2）一次风机出口冷风道宜采用圆形风道。

一次风道规格选取与锅炉容量、风道设计参数（风压、风量和风温）和风道布置情况有关，圆形和矩形风道分别可参考表2-4和表2-5。

表 2-4　　圆形风道规格系列　　（mm）

公称通径 DN	外径	公称通径 DN	外径
200	219	1800	1820
250	273	2000	2020
300	325	2200	2220
350	377	2400	2420
400	426	2600	2620
450	480	2800	2820
500	530	3000	3020
600	630	3200	3220
700	720	3400	3420
800	820	3600	3620
900	920	3800	3820
1000	1020	4000	4020
1100	1120	4200	4220
1200	1220	4400	4420
1300	1320	4600	4620
1400	1420	4800	4820
1500	1520	5000	5020
1600	1620	5400	5420

表 2-5　　矩形管道规格系列　　（mm）

公称通径 DN			
300×400	1000×600	1800×1200	2800×2200
300×500	1000×700	1800×1400	2800×2400
300×600	1000×800	1800×1800	3000×2000
300×700	1000×1000	2000×1000	3000×2400
400×500	1200×600	2000×1300	3000×2600
400×600	1200×700	2000×1600	3200×2200
400×700	1200×800	2000×1800	3200×2600
400×800	1200×1000	2000×2000	3200×3000
500×600	1200×1200	2200×1200	3600×2400
500×800	1400×700	2200×1400	3600×2800
500×900	1400×800	2200×1600	3600×3200
500×1000	1400×900	2200×1800	4000×2800
600×700	1400×1000	2200×2000	4000×3000
600×800	1400×1200	2400×1200	4000×3200
600×900	1500×800	2400×1400	4500×3000
700×500	1500×900	2400×1600	4500×3400
700×700	1500×1000	2400×1800	4500×4000
700×800	1500×1200	2400×2000	5000×3400
800×800	1600×1000	2600×1600	5000×3800
800×1200	1600×1200	2600×1800	5000×4200
800×1600	1600×1400	2600×2000	5500×3600
900×400	1600×1600	2600×2200	5500×4200
900×700	1800×900	2800×1800	5500×4800
900×1200	1800×1000	2800×2000	6000×4000

第五节　设　备　选　型

一、一次风机

一次风机主要担负提供锅炉炉膛流化用风的功能，其压头要求较高：常规 125MW 级锅炉配套一次风机压头一般为 23～25kPa，国内 300MW 级循环流化床锅炉配套一次风机压头一般为 24～28kPa，采用了双布风板炉膛的 300MW 循环流化床锅炉，其配套一次风机压头更高，可能超过 30kPa。因此，循环流化床锅炉一次风机的参数特点是压力高，风机比转速低，对此类低比转速风机需要选择离心式风机才能满足要求。

离心式风机在工作中，气流由风机轴向进入叶片空间，然后在叶轮的驱动下随叶轮旋转，同时在惯性的作用下提高能量，沿半径方向离开叶轮，是靠产生的离心力来做功的风机。离心式风机是根据动能转换为势能的原理，利用高速旋转的叶轮将气体加速，然后减速、改变流向，使动能转换成势能（压力）。

（一）结构和特点

1. 结构

离心式风机由机壳、叶轮、、转子、传动部分等组成。

（1）机壳：由钢板制成坚固可靠，可为分整体式和半开式，半开式便于检修。

（2）叶轮：由叶片、曲线型前盘和平板后盘组成。

（3）转子：应做过静平衡和动平衡试验，保证转动平稳，性能良好。

（4）传动部分：由主轴、轴承箱、滚动轴承及联轴器组成。

2. 主要技术特点

离心式风机与轴流式风机相比，具有以下主要技术特点：

（1）离心式风机改变了风管内介质的流向，而轴流式风机的介质与轴是平行的。

（2）离心式风机的风压高、风量小，特别适合循环流化床高风压的一次风机。轴流式风机的风压低、风量大。

（3）离心式风机的体积大，安装较复杂，轴流式风机则相反。

（4）离心式风机的结构简单，检修维护方便，轴流式风机则相反。

（5）离心式风机通过入口导叶调节来满足风量随负荷变化的要求。轴流式风机则通过静叶或动叶调节来调节风机负荷。两种风机在设计负荷时效率相差无几，但是随负荷降低，离心式风机效率下降较快，低负荷时，离心式风机效率大大低于轴流式风机。

离心式风机一般采用单级单吸或单级双吸叶轮，且机组呈卧式布置。

双吸离心式风机对比单吸离心式风机，具有以下优点：

（1）在相同性能参数要求的情况下，由于双吸风机的流量系数 ϕ 较大，所以它的叶轮直径比单吸风机小；转子回转力矩 GD^2 也随之减小，这样可降低启动电机的功率和缩短风机的启动时间。

（2）双吸式离心通风机的叶轮直径较小，使制造、运输和安装都比较方便。

（3）空气是从叶轮两侧流入双吸叶轮，两面的轴承负荷相同，基本上可以消除叶轮上的轴向力。

（4）双吸式离心通风机都采用双支承结构，运行可靠性较高。

根据工程实践，300MW级及以上循环流化床锅炉

的一次风机通常采用双吸离心式风机。

（二）主要性能指标

（1）风量和全压升满足设计要求。

（2）风机全压效率（BMCR工况时）。

（3）风机轴功率（BMCR工况时）。

（4）工作点（BMCR工况时）对失速线的偏离值。

（5）风机的第一临界转速。

（6）风机轴承振动速度均方根值。

（7）导叶调节全过程的动作时间。

（8）噪声水平（距风机外壳1m处）。

（9）风机轴承温升。

（10）风机动平衡最终评价等级。

二、播煤增压风机

循环流化床锅炉的播煤风系统应根据煤质及炉型确定。播煤增压风机一般用于燃煤水分较高的情况，风机入口风源通常来自空气预热器出口一次热风道，高温热风利于炉膛落煤管中煤的干燥和输送，同时防止炉膛烟气反串进入给煤系统。

（一）型式和特点

通常情况下，播煤增压风机的参数和运行条件具有以下特点：

（1）风量小，风压高，其风压一般在20kPa左右，风机比转速低，只能选择离心式风机。

（2）风源来自一次热风时，风机入口温度与一次热风温度相同，而因为升压风机出口风温进一步提高。

（3）风源来自一次热风时，风机入口会带入一定量的粉尘，它们来自烟气与一次热风换热时烟气侧的粉尘。

通常情况下，由于输送介质为高温高压含尘空气，播煤增压风机选型应注意以下事项：

（1）选择离心式风机。

（2）风机高温介质接触部分应采用耐温材料。

（3）风机降温结构应可靠。

（4）风机轴承应选择在高温含尘环境下能长期可靠运行的产品。

（二）主要性能指标

（1）风量和全压升满足设计要求。

（2）风机全压效率（BMCR工况时）。

（3）风机轴功率（BMCR工况时）。

（4）工作点（BMCR工况时）对失速线的偏离值。

（5）风机的第一临界转速。

（6）风机轴承振动速度均方根值。

（7）导叶调节全过程的动作时间。

（8）噪声水平（距风机外壳1m处）。

（9）风机轴承温升。

（10）风机动平衡最终评价等级。

三、一次风机调节方式

火力发电厂应具有带基本负荷并参与调峰的能力，因此作为厂用电耗大户的一次风机也应具有一定的调节能力。目前，风机调节方式主要有以下几种：①风机入口导叶调节；②节流调节，可分为风机出口和入口挡板调节两种；③风机调速，主要采用液力耦合器调速、变频调速。

（一）调节方式种类

1. 入口导叶调节

风机入口导叶调节方式，通过改变风机入口导向叶片的角度，使风机叶片进口气流的切向分速度发生变化，从而使风机的特性曲线得到改变。当外界系统阻力未变时，由于风机特性曲线的改变，使风机的运行工作点位置相应改变，从而达到风量调节的目的，如图2-20所示。尽管采用导向叶片会使风机效率降低，但在70%～100%调节范围内，它的经济性比节流调节要高得多，而且导向叶片结构简单、调节性能较好、维护方便，所以这种调节方式在离心式风机中应用比较广泛。

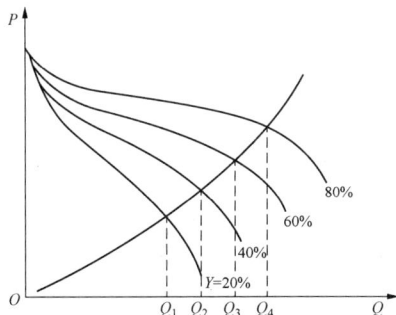

图2-20 风机入口导叶调节示意图

2. 节流调节

节流调节是利用设置在风机进口或出口管路上的节流挡板，通过改变其开度来改变风机工作点的位置，达到调节风机风量的目的。

（1）出口节流调节。

出口节流调节是指节流挡板设置在风机出口管路上的调节方式。

在该方式下如需减少风量，则可通过关小节流挡板，增大系统阻力的方法来实现，如图2-21所示。当系统阻力特性曲线由 OA 变成 OB 时，风机的工作点也相应从 A 点移至 B 点，从而使风机的流量由 Q_A 减小至 Q_B。采用这种方法调节时，随着风量的减少，风机出口压力（节流挡板前风压）将相应上升。这种调节方法，由于是通过改变系统阻力来实现的，因而在关小节流挡板时将使局部阻力增加，运行经济性下降；此外，对于具有驼峰状流量—风压曲线的风机，当挡

板关得过小即系统阻力增加较多时，风机的工作点便有可能落入不稳定工况区域运行，如图2-22中的 B 点，使风机发生喘振现象。风机发生喘振时风压及流量将出现剧烈的波动，气流发生猛烈撞击，使风机产生强烈的振动和噪声，对锅炉的燃烧工况及风机本身的安全运行都带来严重的威胁。因此一般不采用这种调节方式。

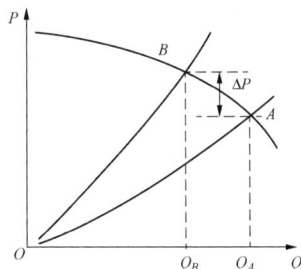

图2-21 风机出口节流调节示意图

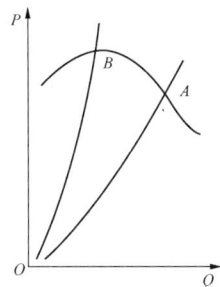

图2-22 风机的不稳定工况图

（2）进口节流调节。

进口节流调节是指节流挡板设置在风机进口管路上的调节方式。

这种调节方法是通过改变风机进口节流挡板的开度，使风机进口阻力改变，从而改变了风机进口压力和性能，使风机工作点相应位移，达到调节风量的目的，如图2-23所示。采用这种调节方式时，如需减少风量，则可关小节流挡板。由于风机进口阻力增大使风机进口压力下降，在风机转速不变的情况下，进口压力下降必将引起出口压力也按比例下降，造成风机的特性曲线由原 CA 变为 CB。由于风机出口管路特性未变，故系统阻力特性曲线不变，当风机的特性曲线由 CA 变为 CB 时，风机的工作点便将由 A 点移至 B 点，使风机的流量由 Q_A 减少至 Q_B。采用该种方式进行减小风量的调节时，风机的风量、风压及所消耗的功率将同时下降，因而比出口节流调节方式的运行经济性要好。但节流挡板的开度与风量变化不成线性关系，调节性能较差，尤其不适宜采用自动调节，因而目前大容量的风机一般不采用这种调节方式。

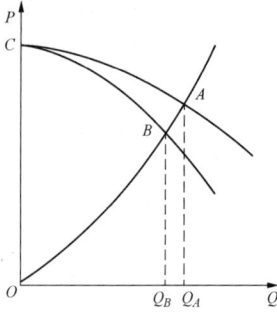

图 2-23　风机进口节流调节示意图

3. 变速调节

变速调节，通过改变风机叶轮的工作转速，使风机的特性曲线发生变化，从而达到改变风机运行的工作点和调节风量的目的，如图 2-24 所示，图中的 n_1、n_2、n_3 分别为三种不同的转速。在机组部分负荷时，如果风量下降，风压也相应降低，此时采用变速调节方式，调节挡板风门开度接近全开，风机的运行经济性最好。

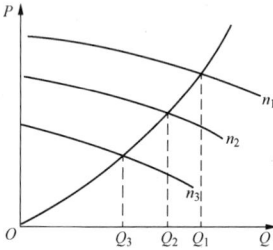

图 2-24　变速调节示意图

改变风机的转速，通常采用以下方法来实现：

（1）液力耦合器。

液力耦合器又称液力联轴器，是以液体为工作介质，利用液体动能的变化来传递能量的叶片式传动机械。液力耦合器主要组成部件有泵轮、涡轮、转动外壳及勺管，泵轮与输入轴相连接，涡轮与输出轴相连接。泵轮和涡轮组成一个可使液体循环流动的密闭工作腔。原动机（如电动机）带动输入轴旋转时，液体被离心式泵轮甩出，这种高速液体进入涡轮后即推动涡轮旋转，将从泵轮获得的能量传递给输出轴，最后液体返回泵轮，形成周而复始的流动，同时利用勺管来控制进入工作腔内参与能量传递的工作油量，以控制输出轴的转速。

液力耦合器主要具有以下优点：①可实现无极变速，当转速变化较大时，与节流调节相比较，有显著的节能效果；②可实现电动机的空载启动，降低启动电流；③可隔离震动；④可过载保护；⑤可靠性高，运行维护方便；⑥能用于大容量风机与水泵的变速调节，目前单台液力耦合器传递的功率已超过 20MW。

液力耦合器也有缺点：①增加初投资；②设备安装空间要求大；③损失较大，包括转差损失等，属于低效调速装置；④当转速比小于 0.4 时，会使工作不稳定；⑤液力耦合器故障时，风机也必须停机；⑥国产大功率液力耦合器故障较多；⑦结构不易改造，如改为变频器的难度较大。

（2）变频器。

变频器（Variable-frequency Drive，VFD）是应用变频技术与微电子技术，通过改变电机工作电源频率的方式来控制交流电动机的电力控制设备，它是把电压和频率固定不变的工频交流电变换为电压或频率可变的交流电的装置。

变频器主要由整流（交流变直流）、滤波、逆变（直流变交流）、制动单元、驱动单元、检测单元微处理单元等组成的。

变频调速的主要优点：

1）可实现平滑的无级调速，且调速精度高，转速（频率）分辨率高。

2）调速效率高，变频调速是一种高效调速方式。

3）调速范围宽，一般可达 10:1（50～5Hz）或 20:1（50～2.5Hz），并在整个调速范围内均具有较高的调速装置效率 η，所以变频调速方式适用于调速范围宽，且经常处于低转速状态下运行的负载。

4）功率因数高。

5）变频装置故障时可以退出运行，改由电网直接供电（工频旁路）。

6）变频装置可以兼作软启动设备。

变频调速的主要缺点：

1）高压大功率变频调速装置技术含量高、难度大，因而投入也高。

2）发电厂辅机电动机供电电压高（3～10kV），而功率开关器件耐压水平不够，造成电压匹配上的问题。

3）高次谐波对电动机和供电电源会产生种种不良影响。

（3）两种调速方式效率比较。

图 2-25 示意了液力耦合器和变频器两种调速方式的效率—转速曲线。从曲线数据看，当输出转速降低时，液力耦合器的效率比变频调速的效率下降快得多，液力耦合器的效率基本上正比于转速降低，而变频器在输出转速下降时效率仍然较高，20% 以上转速比时效率仍大于 0.9。因此变频调速的低速特性优于液力耦合器。

（二）调节方式选择

1. 调节方式的组合

工程实践中，为了运行中调节灵活，经济节能，

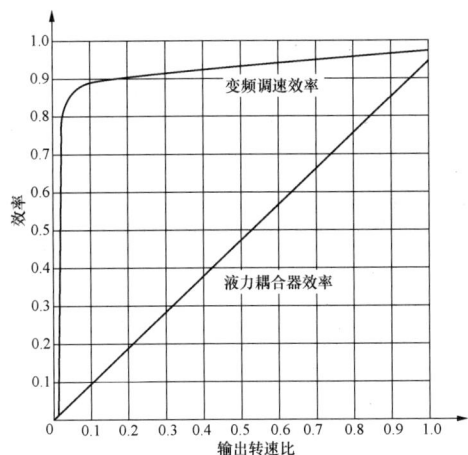

图 2-25 两种调节方式效率—转速曲线示意图

一次风系统调节方式一般采用两种或多种调节方式的组合，比如：

（1）风机入口导叶调节+一次热风调节挡板。

（2）风机入口导叶调节+一次热风调节挡板+风机变速调节。

其中风机变速调节包括液力耦合器和变频器两种方式。

2. 调节方式的选择

一次风系统调节方式选择的影响因素主要有以下几点：

（1）一次风机参数特点，包括各工况下风量和风压要求。

（2）机组运行模式，即全年各种负荷的运行时间。

（3）液力耦合器和变频器市场价格变化情况。

当机组按调峰模式运行，经技术经济比较后，一次风机调速装置宜采用变频器，此时仍然需要保留离心式一次风机入口导叶调节和一次热风挡板调节。

第三章

二 次 风 系 统

第一节　系　统　说　明

一、系统功能

循环流化床锅炉的二次风用作燃料燃烧的助燃风，也可向回料腿、落煤管和燃料供应回路提供密封风等。二次风系统概述图见图3-1。

二、设计范围

二次风系统设计范围从二次风机吸风口至锅炉各用风点，用风点主要包括：

（1）燃料燃烧助燃风。

（2）油枪冷却风。

（3）给煤机密封风。

（4）回料腿给煤密封风。

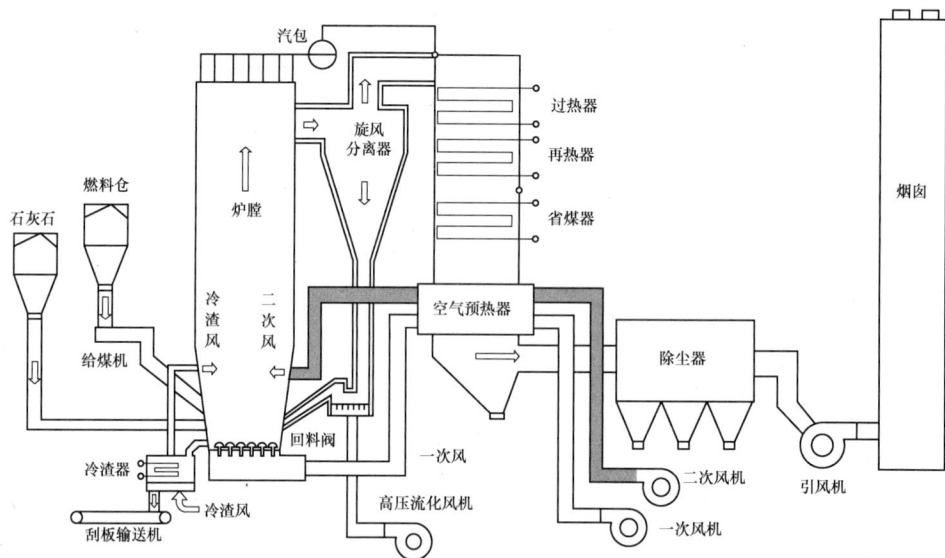

图3-1　二次风系统概述图

（5）落煤管播煤风。

（6）回料腿给石灰石密封风。

三、系统主要设备

二次风系统的主要设备包括：

（1）二次风机。

（2）消音器。

（3）暖风器（如有）。

四、设计内容

二次风系统的主要设计内容包括：

（1）系统拟定。

（2）设备选型：

1）二次风机选型；

2）暖风器选型；

3）消音器选型。

（3）二次风道设计。

（4）二次风系统控制设计。

第二节 设 计 方 案

一、设计原则

二次风系统主要设计原则如下：

（1）系统拟定应满足锅炉燃烧对二次风的要求，以及设备密封、冷却等用风要求。

（2）二次风机型式、台数和调速方式选择应根据锅炉容量、炉型等因素综合分析确定。二次风机宜采用调速离心式风机，在技术条件允许情况下，也可采用动叶可调轴流式风机，每台锅炉宜配置两台50%容量的二次风机。

（3）设计风道时应使压力损失降到尽可能低并且要保证流量在机组各个部件之间的分配均匀。二次冷风流速宜取 10～12m/s，二次热风流速宜取 15～25m/s。

二、常用设计方案

CFB 锅炉的容量和炉型等因素不同，二次风系统常用设计方案也不尽相同，除向炉膛提供助燃风外，在设备密封、冷却等来源方面还有所差异。

（一）125MW 级锅炉

125MW 级 CFB 锅炉二次风系统，通常配置 2 台50%容量的单吸离心式二次风机，风机出口设置联络风道，二次风系统主要提供燃料燃烧的助燃风，也可提供给料密封风等。

1. 方案一

该方案锅炉炉膛上下两层进二次风。

（1）系统流程。

该方案二次风系统流程如图 3-2 所示。

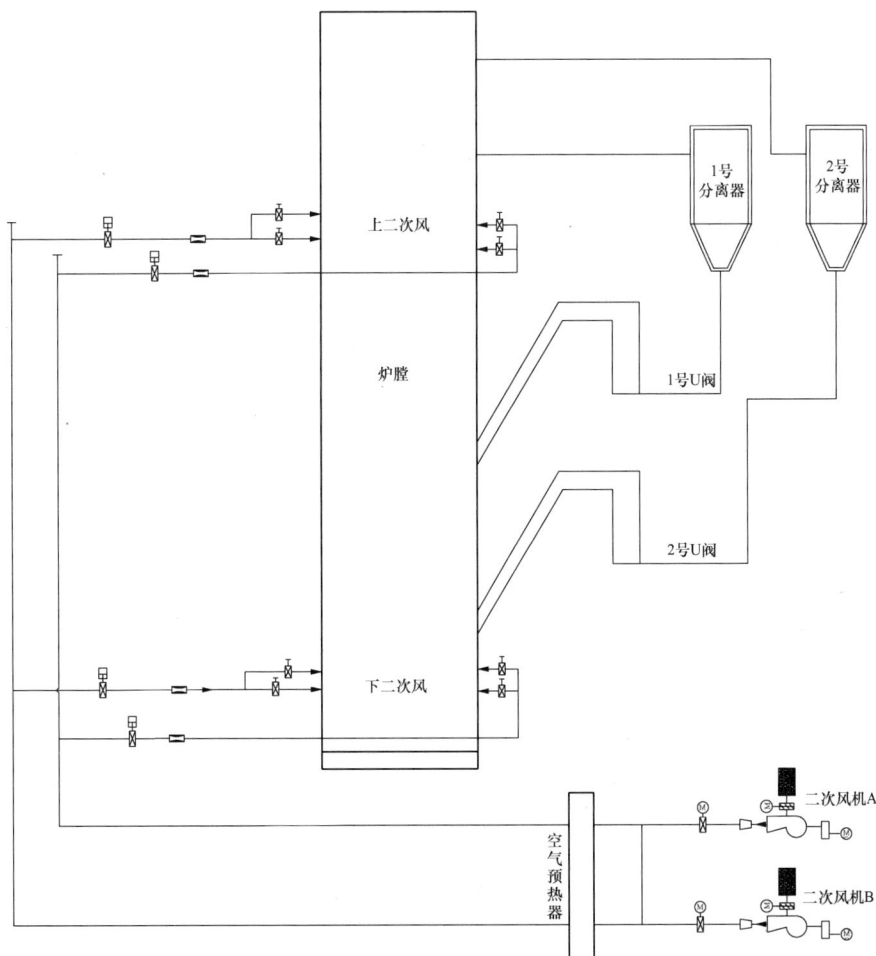

图 3-2　125MW 级锅炉二次风系统流程图（方案一）

该方案的主要特点如下：

1）每台锅炉设置两台 50% 容量的离心式二次风机。

2）空气预热器采用管式空气预热器。

3）两台二次风机出口冷风道设置联络风道。

4）二次热风的用风点：燃料燃烧助燃风。

（2）布置。

该方案二次风系统布置如图 3-3 所示。该图主要表示了以下设备和风道：

1）两台二次风机对称布置在炉后烟道支架下部零米层。

2）二次风机出口冷风道分别设置联络风道。

3）空气预热器出口两侧二次热风道分别接入炉膛两侧的上下层二次风箱。

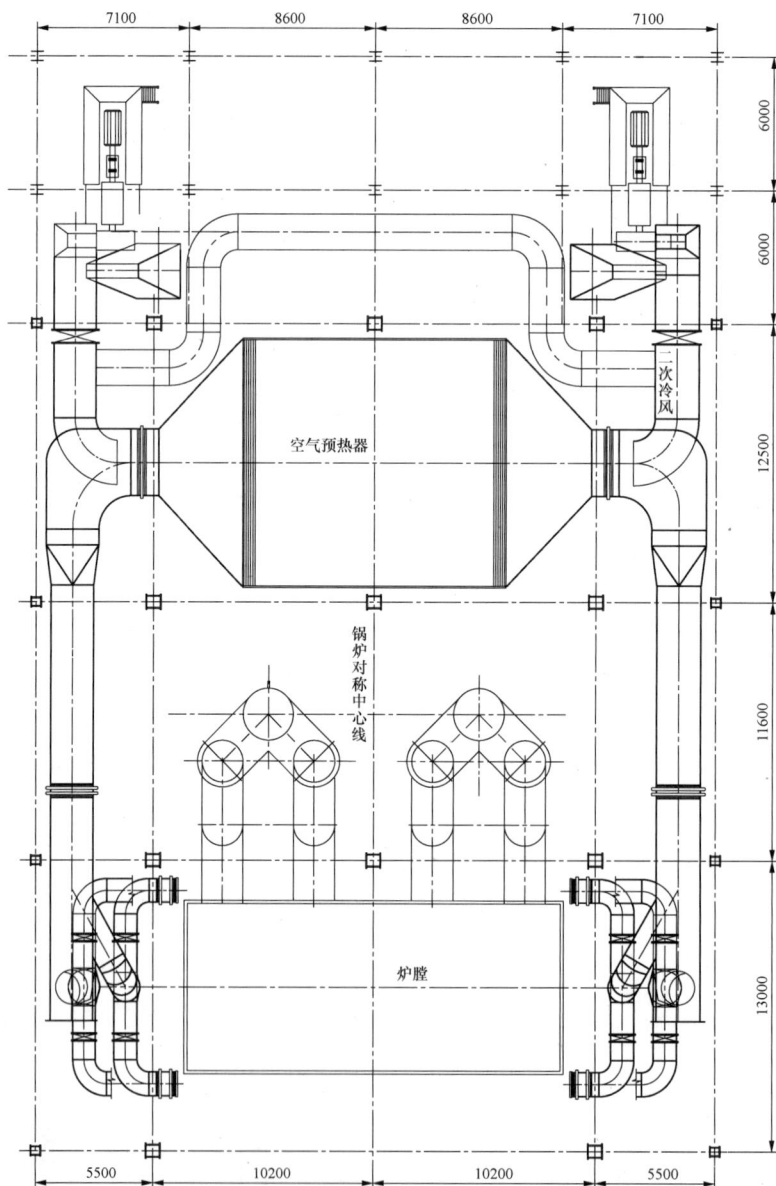

图 3-3　125MW 级锅炉二次风系统布置图（方案一）

2. 方案二

该方案二次风采用上环形风箱进风，并向床上启动燃烧器、给煤机、回料腿落煤管、回料腿石灰石给料提供冷却或密封风。

（1）系统流程。

该方案二次风系统流程如图 3-4 所示。

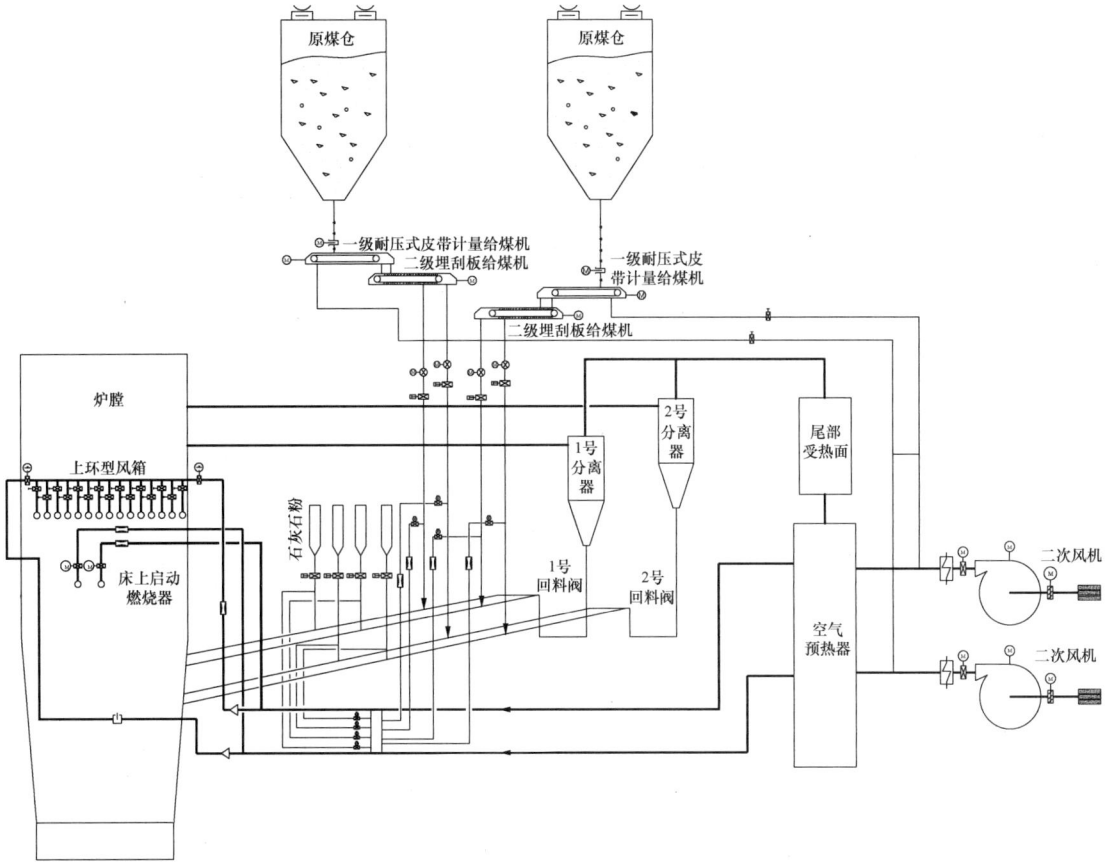

图 3-4   125MW 级锅炉二次风系统流程图（方案二）

该方案的主要特点如下：

1）每台锅炉设置两台 50%容量的离心式二次风机。

2）空气预热器采用管式空气预热器。

3）两台二次风机出口冷风道设置联络风道。

4）二次热风的用风点：燃料燃烧助燃风；床上启动燃烧器冷却风；回料腿落煤管、回料腿石灰石给料密封风。

5）二次冷风的用风点：给煤机密封风。

（2）布置。

该方案二次风系统布置如图 3-5 所示。该图主要表示了以下设备和风道：

1）两台二次风机对称布置在炉后烟道支架下部零米层。

2）二次风机出口冷风道设置联络风道。

3）空气预热器出口两侧二次热风道分别接入炉膛两侧上环形风箱。

4）空气预热器出口两侧二次热风道分别接入支管至床上启动燃烧器冷却风管。

（二）300MW 级锅炉

300MW 级 CFB 锅炉二次风系统，通常配置 2 台 50%容量的双吸离心式二次风机，风机出口设置联络风道，二次风系统主要提供燃料燃烧的助燃风，也可提供给料密封风等。以下为六个常用的二次风系统方案，其分类对比见表 3-1。

表 3-1   二次风系统分类对比表

方案序号	炉膛型式	炉膛二次风进风方式	其他特点
方案一	裤衩形炉膛（双布风板）	炉底内侧进风	四分仓空气预热器
方案二	单布风板炉膛	炉两侧进风	管式空气预热器
方案三	单布风板炉膛	炉两侧进风	四分仓空气预热器
方案四	裤衩形炉膛（双布风板）	炉两侧和炉底内侧进风	四分仓空气预热器
方案五	单布风板炉膛	炉两侧进风	四分仓空气预热器
方案六	单布风板炉膛	炉前后墙进风	四分仓空气预热器

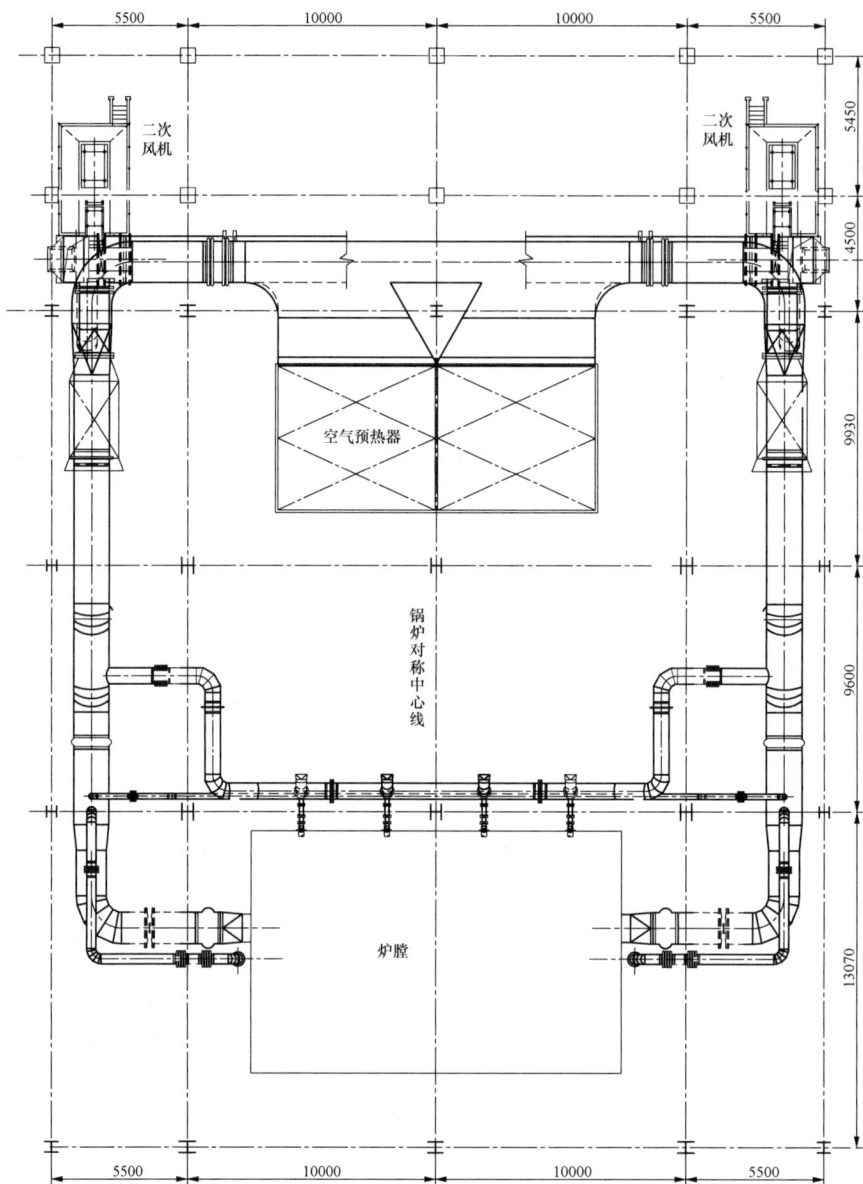

图 3-5　125MW 级锅炉二次风系统布置图（方案二）

1. 方案一

该方案二次热风向炉膛提供上下两级助燃风、床上助燃油枪冷却风，以及设备密封风。

（1）系统流程。

该方案二次风系统流程如图 3-6 所示。

该方案主要特点如下：

1）系统设置两台 50%容量的离心式二次风机。

2）每台锅炉设置一台四分仓回转空气预热器。

3）二次热风的用风点：燃料燃烧助燃风；床上助燃油枪冷却风。

4）二次冷风的用风点如下：给煤机密封风；回料腿落煤管密封风；回料腿石灰石给料密封风。

（2）布置。

该方案二次风系统布置如图 3-7 所示。该图主要表示了以下设备和风道：

1）两台二次风机对称布置在炉后两侧烟风道钢架下部零米层。

2）二次风机出口冷风道设置联络风道。

3）空气预热器出口两侧二次热风道分别接入两侧炉膛的二次风箱。

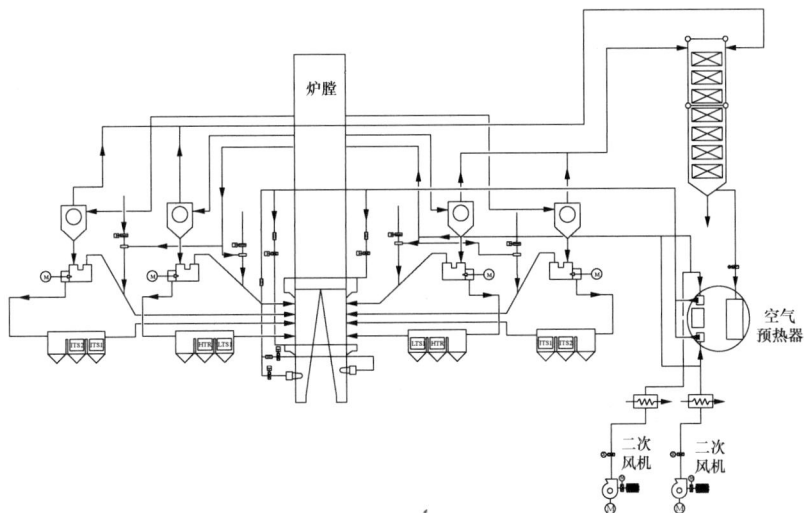

图 3-6　300MW 级锅炉二次风系统流程图（方案一）

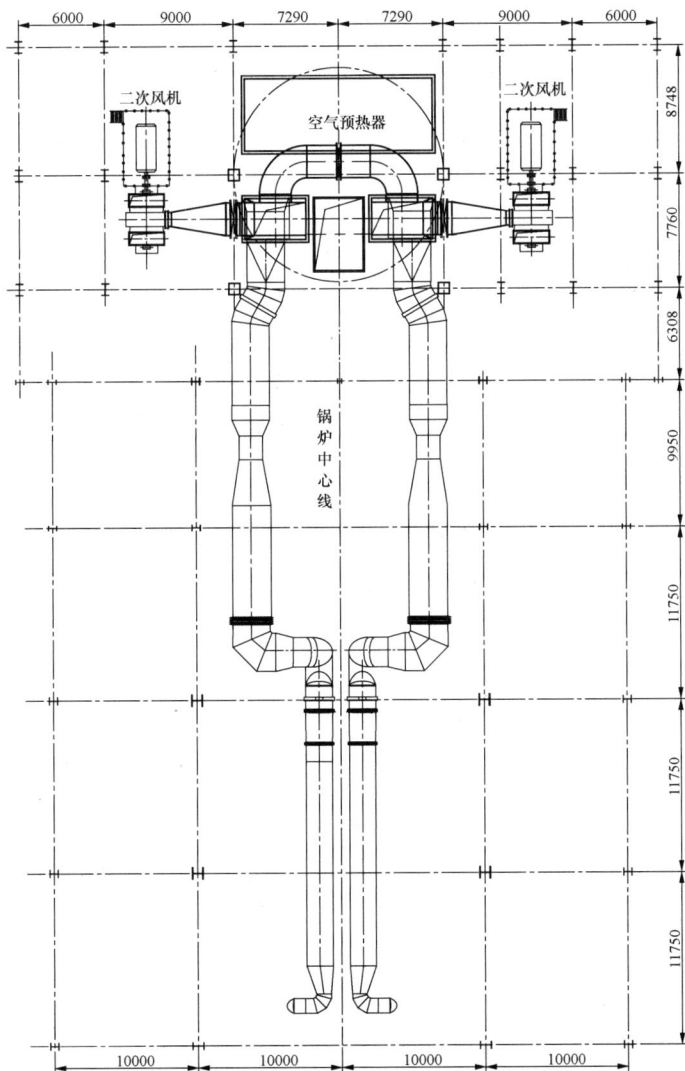

图 3-7　300MW 级锅炉二次风系统布置图（方案一）

2. 方案二

该方案二次热风向炉膛提供上下两级助燃风。

（1）系统流程。

该方案二次风系统流程示意如图 3-8 所示。

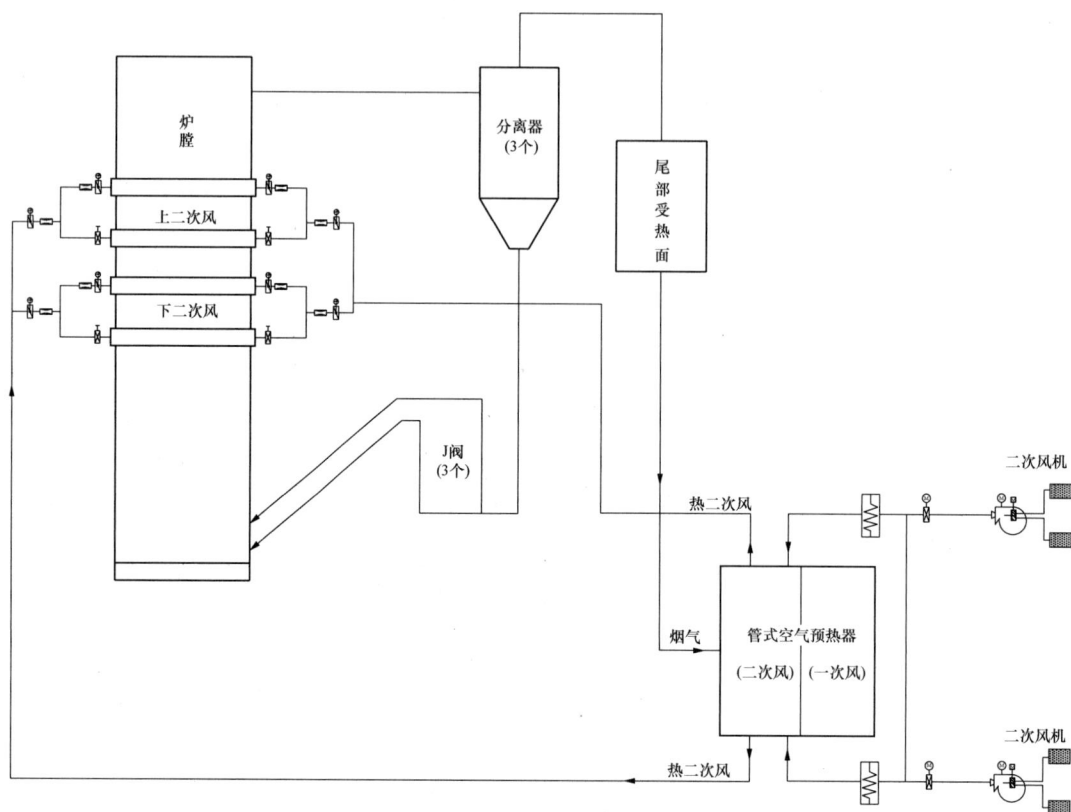

图 3-8　300MW 级锅炉二次风系统流程图（方案二）

该方案主要特点如下：

1）每台锅炉设置两台 50%容量的离心式二次风机。

2）空气预热器采用管式空气预热器。

3）两台二次风机出口冷风道设置联络风道。

4）二次热风的用风点：燃料燃烧助燃风。

（2）布置。

该方案二次风系统布置如图 3-9 所示。该图主要表示了以下设备和风道：

1）两台二次风机对称布置在炉后两侧烟风道钢架下部零米层。

2）二次风机出口冷风道设置联络风道。

3）空气预热器出口两侧二次热风道分别接入炉膛两侧的上下两层二次风箱。

3. 方案三

该方案二次热风向炉膛提供上下两级助燃风。

（1）系统流程。

该方案二次风系统流程如图 3-10 所示。

该方案主要特点如下：

1）每台锅炉设置两台 50%容量的离心式二次风机。

2）每台锅炉设置一台四分仓回转式空气预热器。

3）两台二次风机出口冷风道设置联络风道。

4）二次热风的用风点：燃料燃烧助燃风。

（2）布置。

该方案二次风系统布置如图 3-11 所示。该图主要表示了以下设备和风道：

1）两台二次风机对称布置在炉后两侧烟风道钢架下部零米层。

2）二次风机出口冷风道设置联络风道。

3）空气预热器出口两侧二次热风道分别接入炉膛前后墙两侧的上下两层二次风箱。

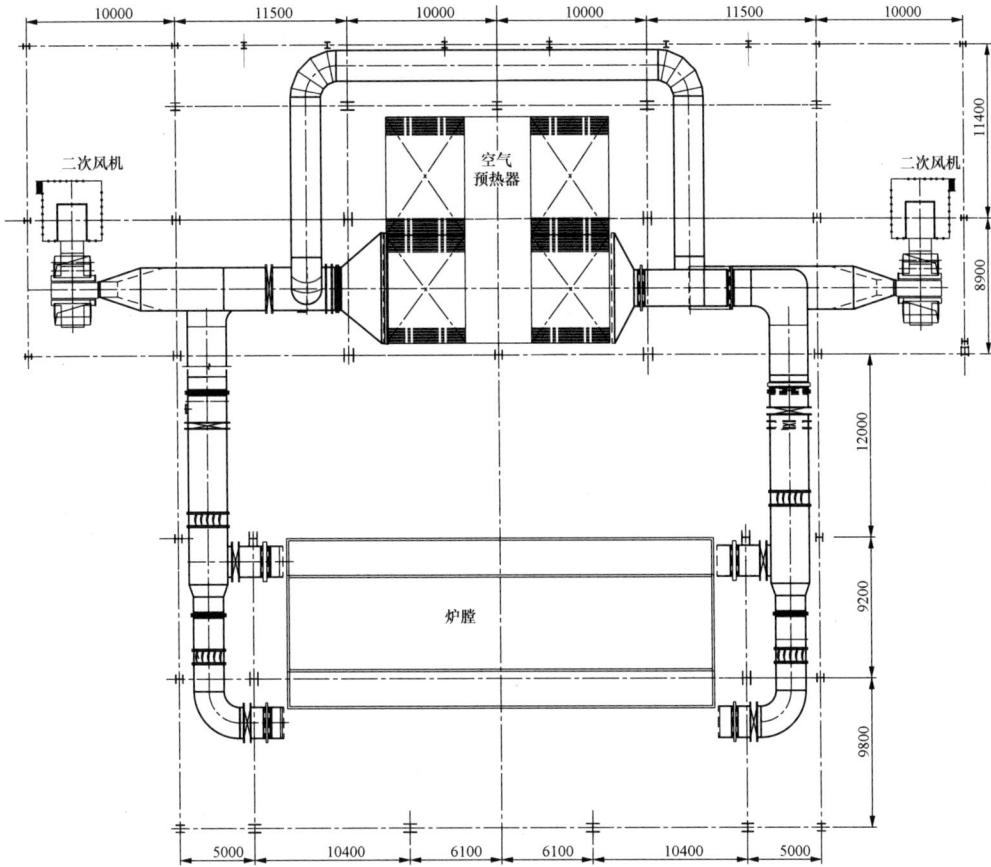

图 3-9　300MW 级锅炉二次风系统布置图（方案二）

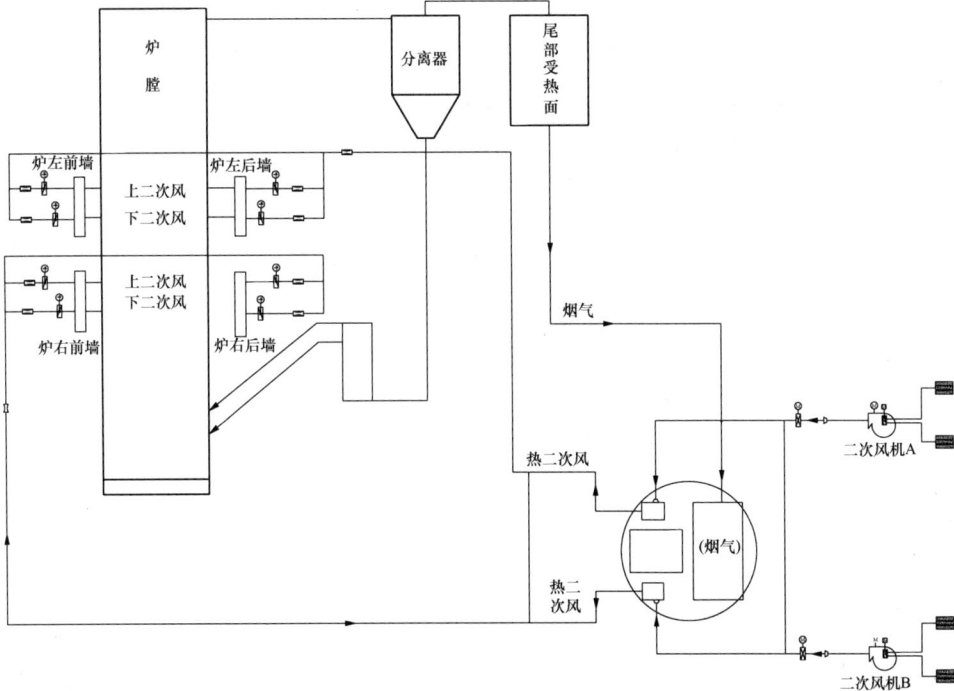

图 3-10　300MW 级锅炉二次风系统流程图（方案三）

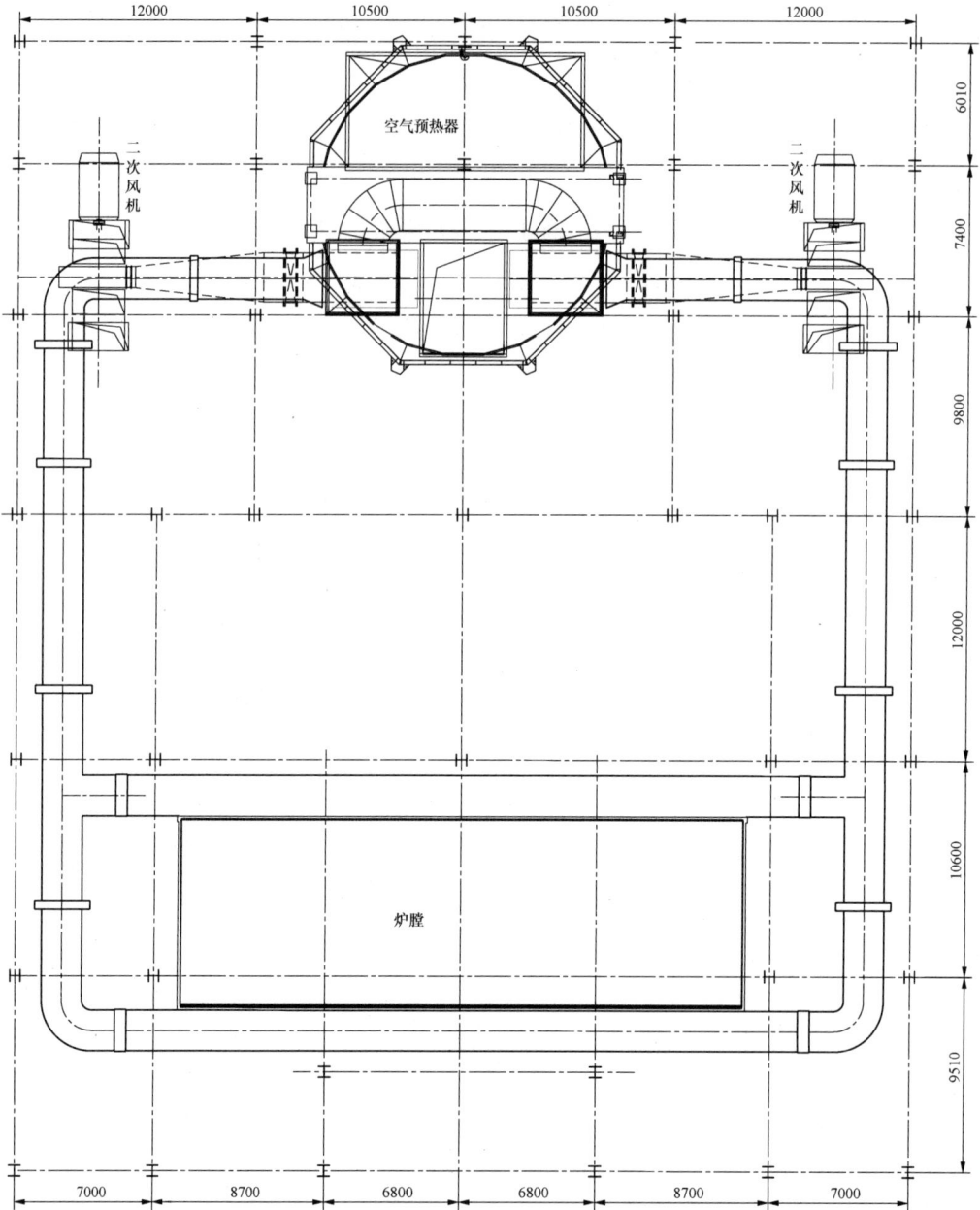

图 3-11　300MW 级锅炉二次风系统布置图（方案三）

4. 方案四

该方案二次热风向炉膛提供上下两级助燃风，床上燃烧器冷却风以及石灰石输送密封风。

（1）系统流程。

该方案二次风系统流程如图 3-12 所示。

该方案主要特点如下：

1）每台锅炉设置两台 50%容量的离心式二次风机。

2）每台锅炉设置一台四分仓回转式空气预热器。

3）两台二次风机出口冷风道设置联络风道。

4）二次热风的用风点：燃料燃烧助燃风；床上燃烧器冷却风；石灰石输送密封风。

（2）布置。

该方案二次风系统布置如图 3-13 所示。该图主要表示了以下设备和风道：

1）两台二次风机对称布置在炉后两侧烟道支架下部零米层。

2）两台二次风机出口冷风道设置联络风道。

3）二次热风道分别进入两个裤衩腿的两侧风道。

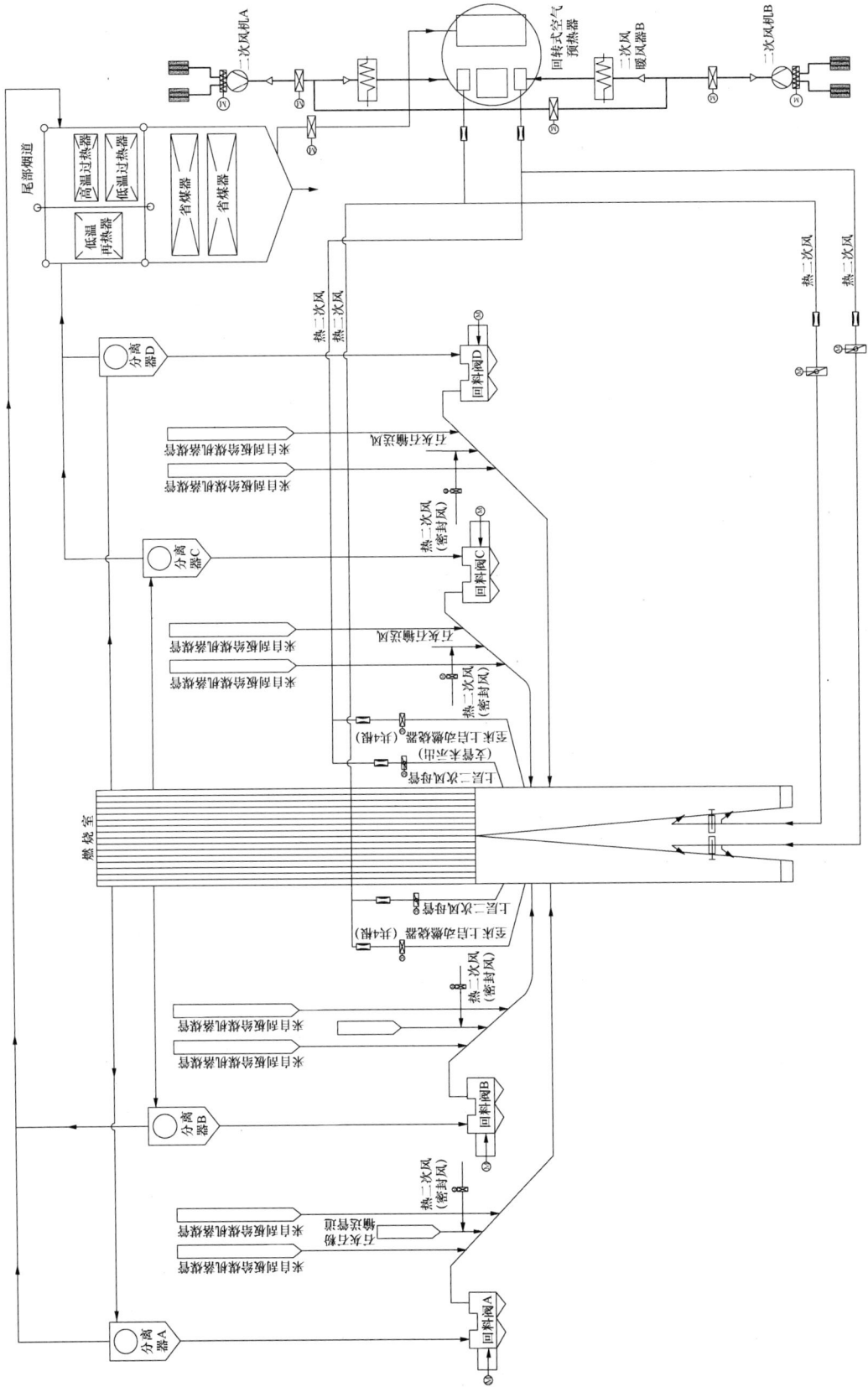

图 3-12 300MW 级锅炉二次风系统流程图（方案四）

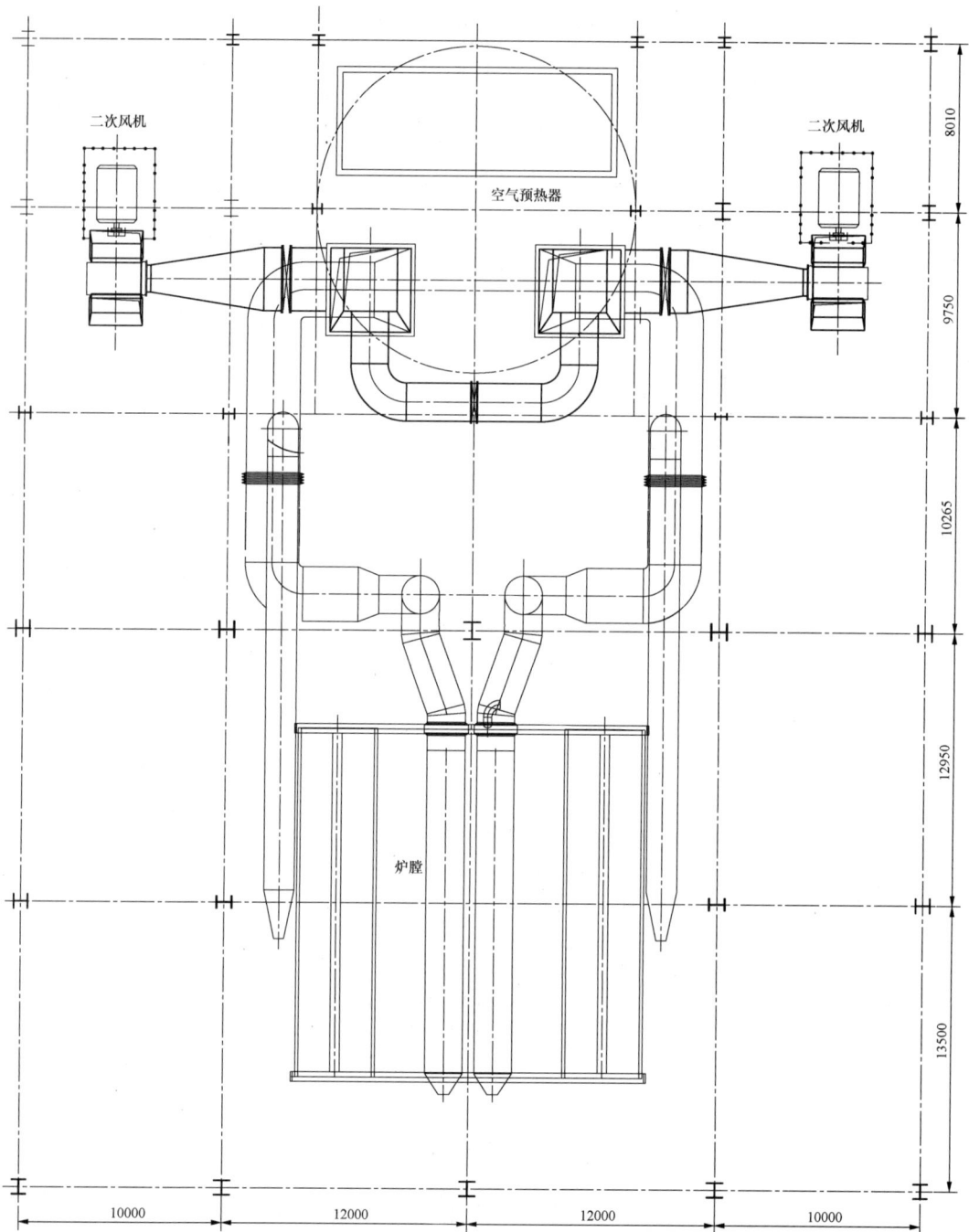

图 3-13　300MW 级锅炉二次风系统布置图（方案四）

5. 方案五

该方案二次热风向炉膛四周提供助燃风。

（1）系统流程。

该方案二次风系统流程如图 3-14 所示。

该方案主要特点如下：

1）每台锅炉设置两台 50%容量的离心式二次风机。

2）每台锅炉设置一台四分仓回转式空气预热器。

3）两台二次风机出口冷风道设置联络风道。

4）二次热风至炉膛形成环路，分别接入炉前、炉后和炉侧。

5）二次热风的用风点：燃料燃烧助燃风。

（2）布置。

该方案二次风系统布置如图 3-15 所示。该图主要表示了以下设备和风道：

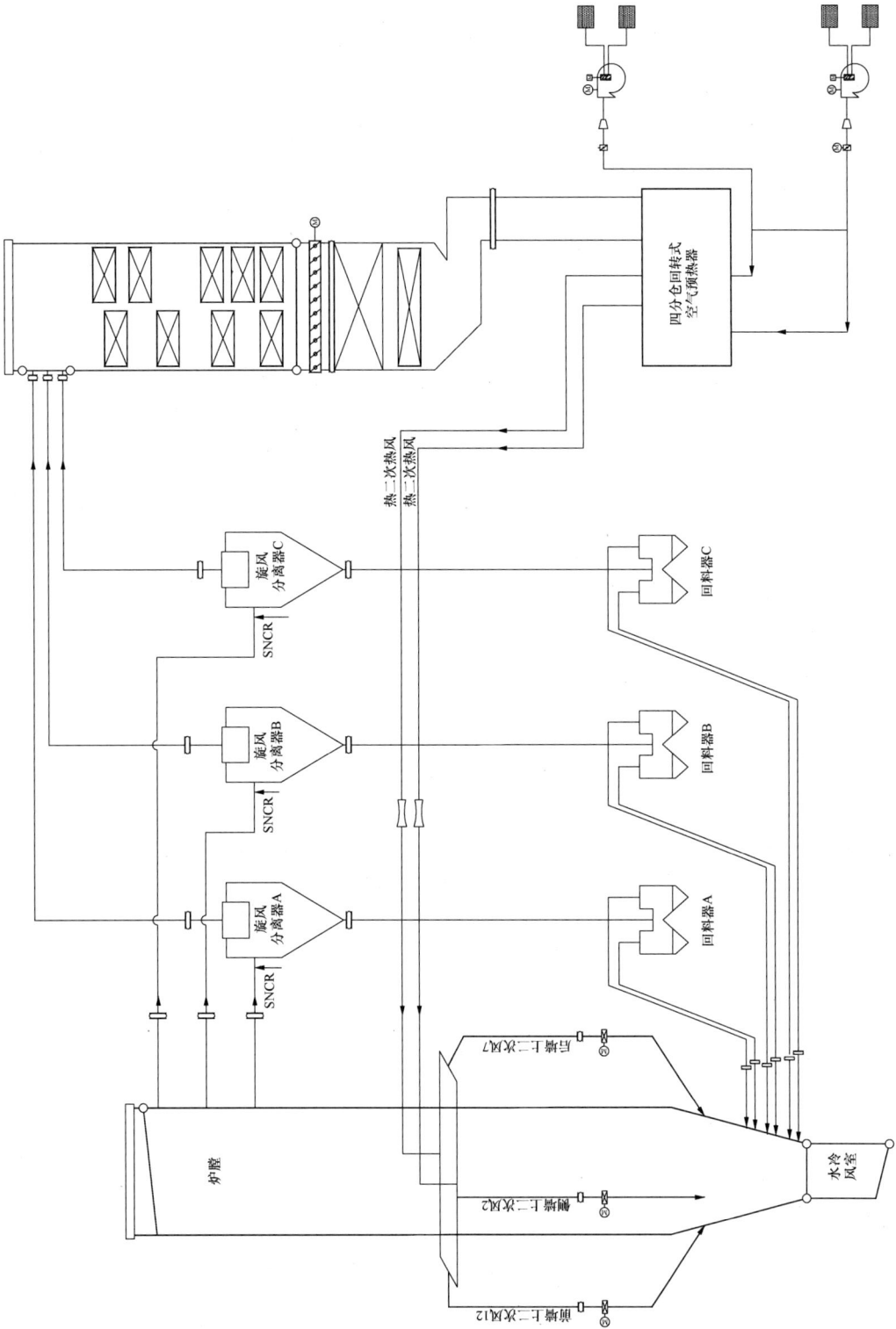

图 3-14 300MW 级锅炉二次风系统流程图（方案五）

1）两台二次风机对称布置在炉后两侧烟风道支架下部零米层。

2）两台二次风机出口冷风道设置联络风道。

3）二次热风接至炉膛环形风道。

6. 方案六

该方案二次热风向炉膛提供助燃风、启动燃烧器冷却风，以及给煤机密封风。

（1）系统流程。

该方案二次风系统流程如图3-16所示。

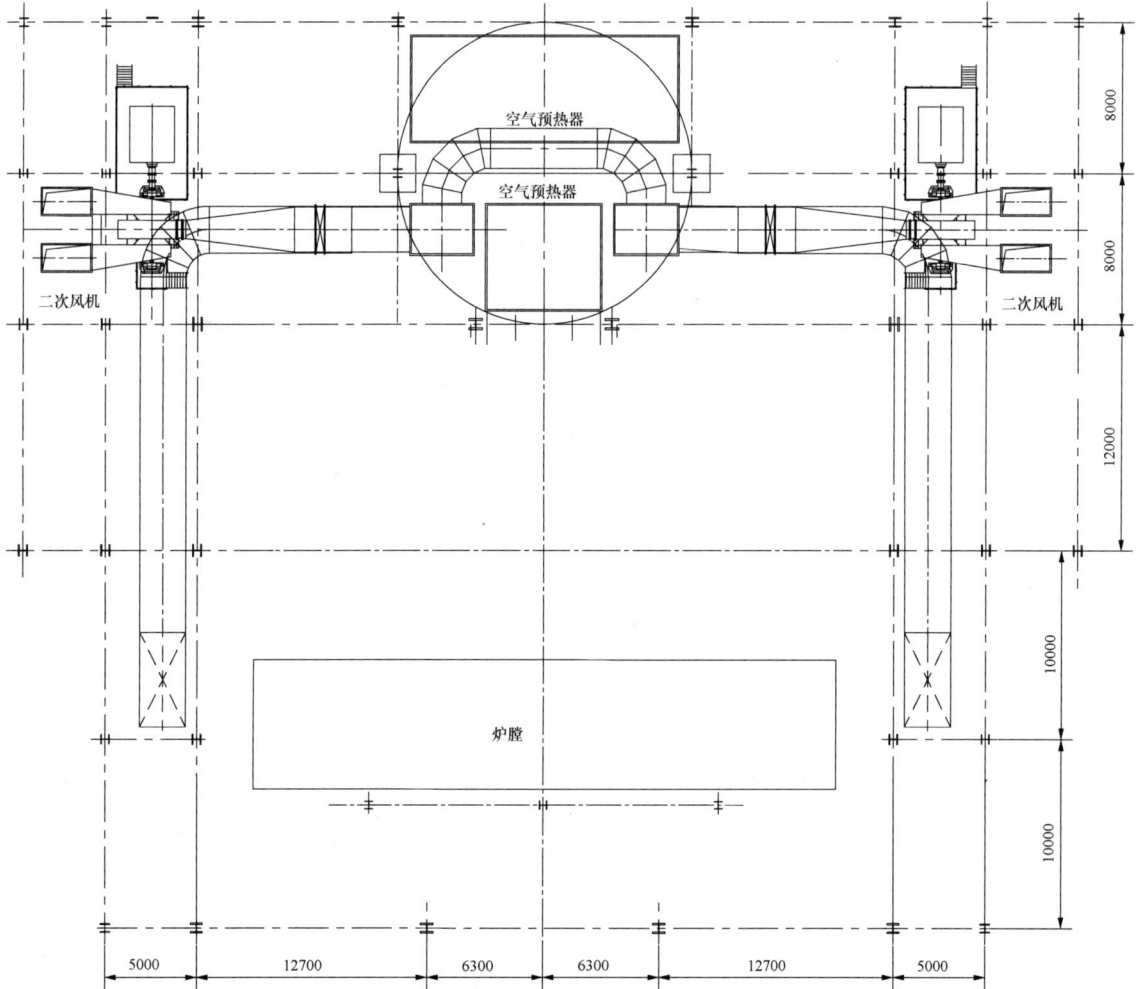

图3-15　300MW级锅炉二次风系统布置图（方案五）

该方案主要特点如下：

1）每台锅炉设置两台 50%容量的离心式二次风机。

2）每台锅炉设置一台四分仓回转式空气预热器。

3）两台二次风机出口冷风道和空气预热器出口热风道分别设置联络风道。

4）二次热风的用风点：燃料燃烧助燃风；至启动燃烧器油枪助燃风；前墙给煤口播煤风。

5）二次冷风的用风点如下：给煤机密封风。

（2）布置。

该方案二次风系统布置如图3-17所示。该图主要表示了以下设备和风道：

1）两台二次风机对称布置在炉后两侧下部零米层。

2）两台二次风机出口冷风道和空气预热器出口热风道分别设置联络风道。

3）二次热风道至炉膛的助燃风。

4）二次热风道至启动燃烧器油枪助燃风。

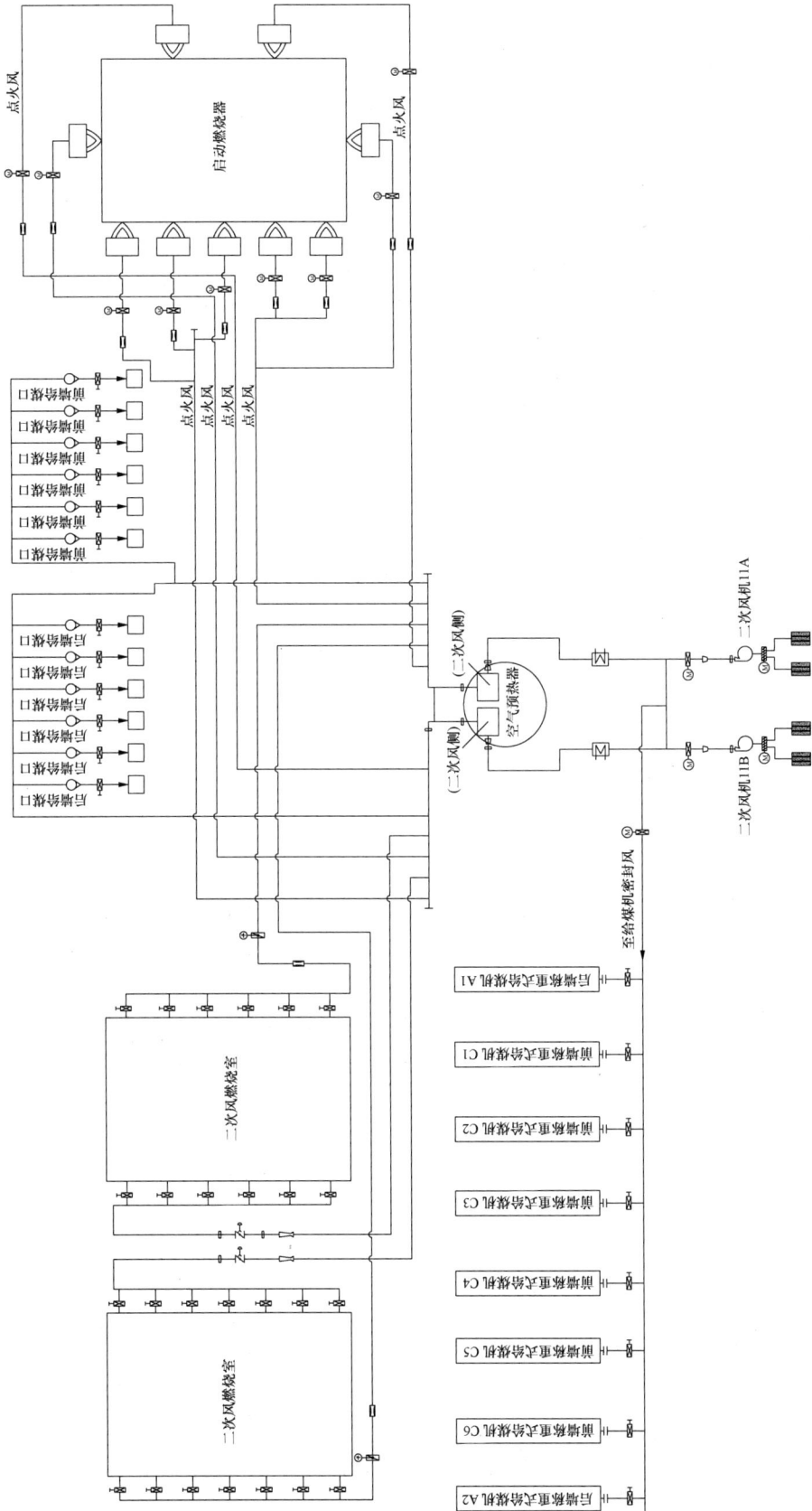

图 3-16 300MW 级锅炉二次风系统流程图（方案六）

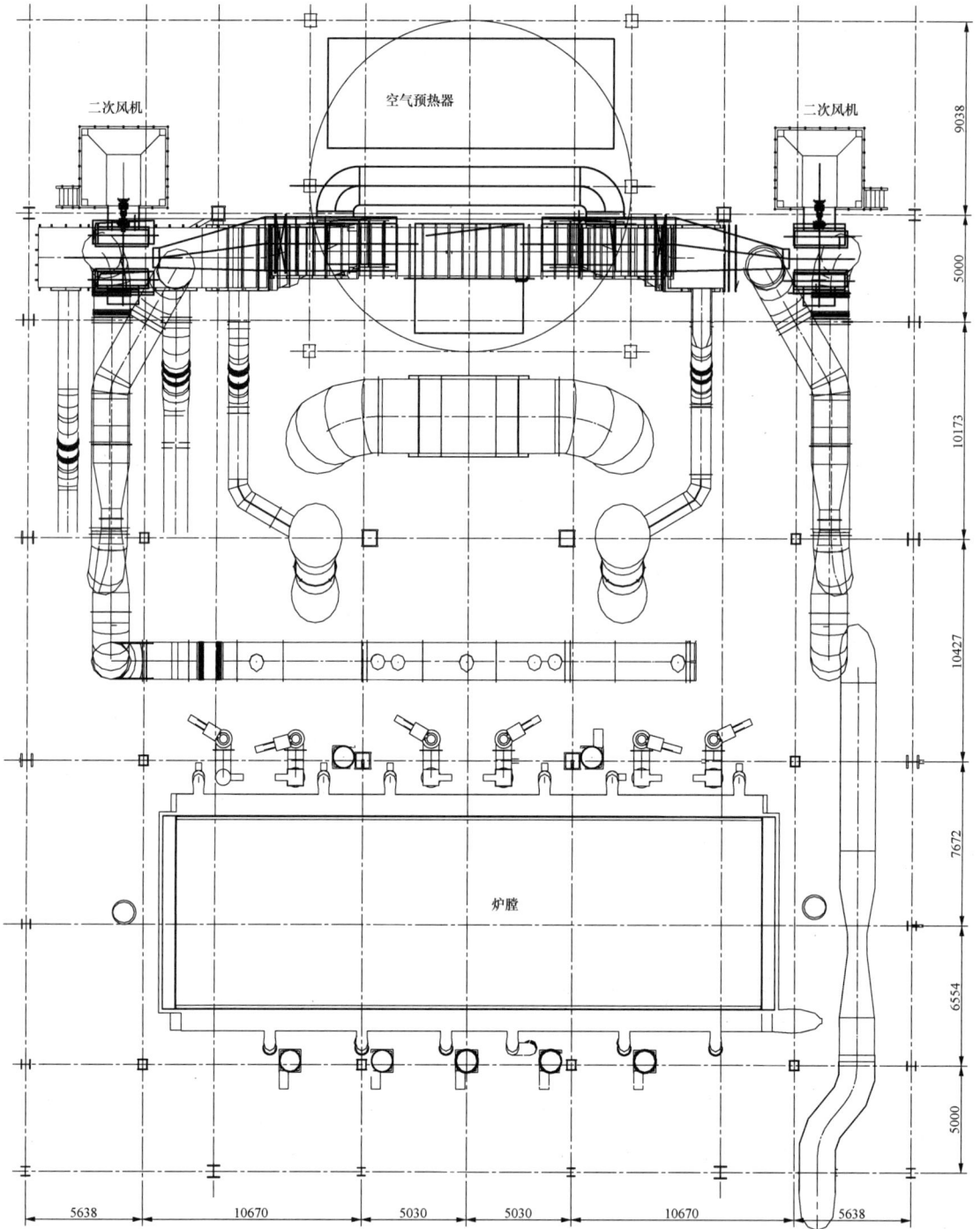

图 3-17　300MW 级锅炉二次风系统布置图（方案六）

（三）600MW 级锅炉

600MW 级 CFB 锅炉二次风系统的二次热风向炉膛提供助燃。

（1）系统流程。

600MW 级锅炉二次风系统流程图如图 3-18 所示。

600MW 级锅炉二次风系统方案的主要特点如下：

1）每台锅炉设置两台 50%容量的离心式二次风机。

2）每台锅炉设置两台四分仓回转式空气预热器。

3）两台二次风机出口冷风道、空气预热器出口热风道均设置联络风道。

4）二次热风的用风点：燃料燃烧助燃风。

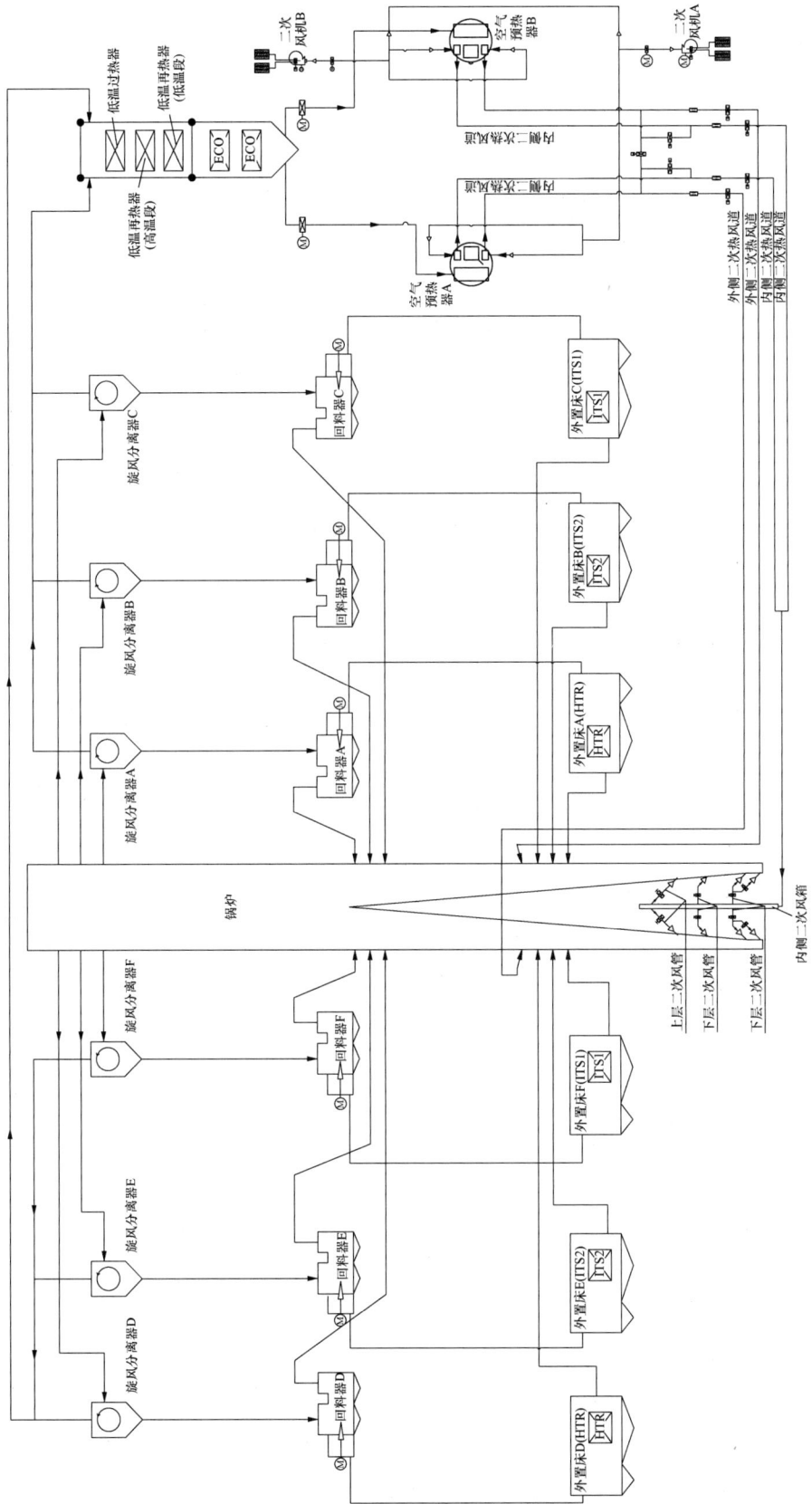

图 3-18 600MW 级锅炉二次风系统流程图

（2）布置。

600MW 级锅炉二次风系统布置如图 3-19 所示。该图主要表示了以下设备和风道：

1）两台二次风机对称布置在炉后支架下部零米层。

2）二次风机出口冷风道和空气预热器出口热风道分别设置联络风道。

3）空气预热器出口两侧二次热风道分别接入炉膛两裤衩腿两侧的助燃风道。

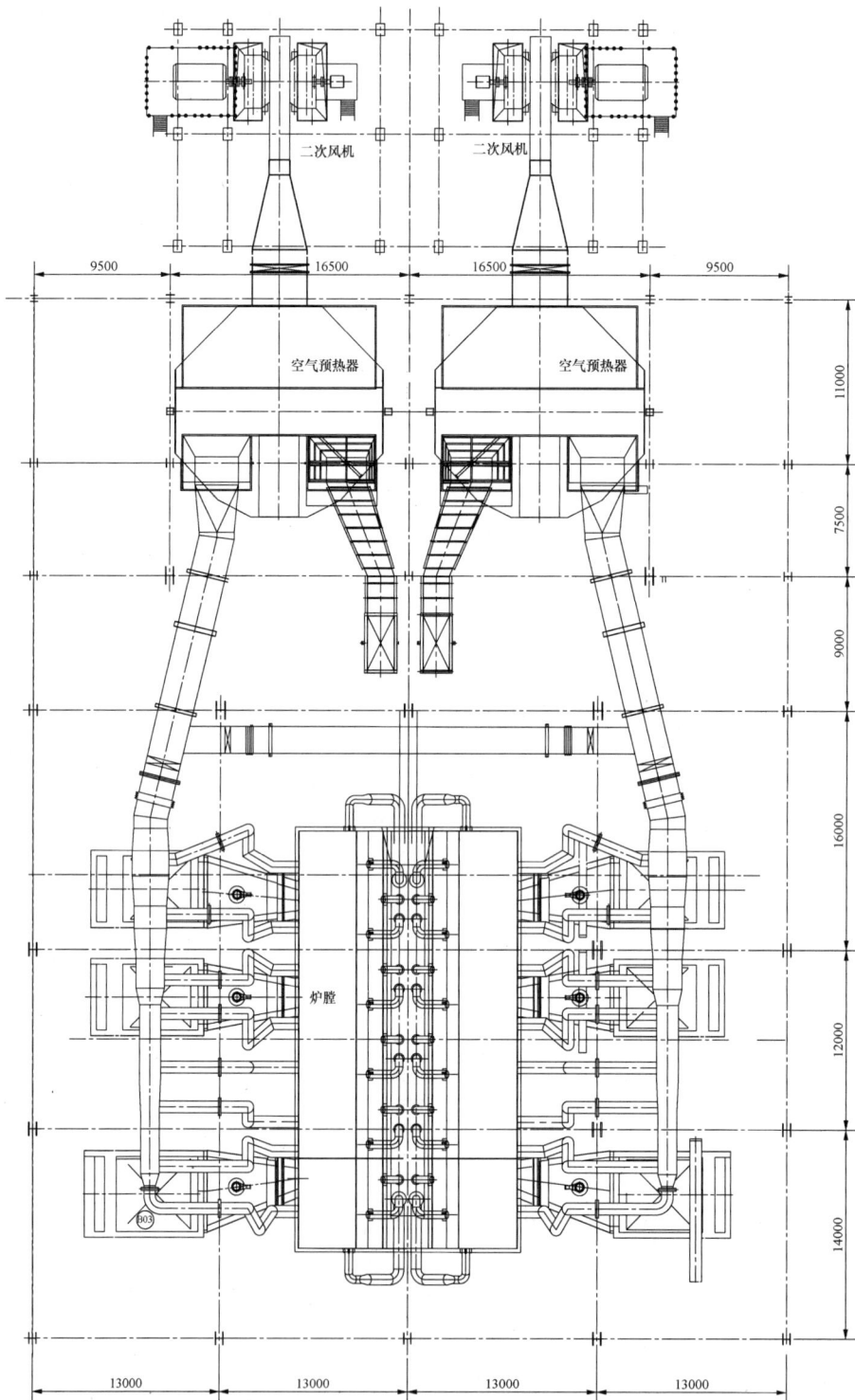

图 3-19　600MW 级锅炉二次风系统布置图

$$Q = \frac{(Q_1 + Q_2 + Q_3 + Q_3 + Q_4 + Q_5)}{n} \quad (3\text{-}1)$$

式中 Q——二次风机基本风量（标准状态），m^3/h；
　　Q_1——炉膛二次风量（标准状态），m^3/h，根据锅炉风平衡图取值；
　　Q_2——空气预热器二次风侧的净漏风量（标准状态），m^3/h，对于回转式空气预热器净漏风量按式（3-2）计算；
　　Q_3——吹扫风量（如有）（标准状态），m^3/h，根据锅炉风平衡图取值；
　　Q_4——密封风量（如有）（标准状况），m^3/h；
　　Q_5——设备冷却风（如有）（标准状况），m^3/h；
　　n——二次风机台数。

回转式空气预热器二次风侧净漏风量按式（3-2）计算：

$$Q_2 = Q_{21} - Q_{22} \quad (3\text{-}2)$$

式中 Q_{21}——二次风向烟气侧漏风量（标准状况），m^3/h；
　　Q_{22}——一次风向二次风侧漏风量（标准状况），m^3/h。

（二）选型风量

二次风机选型风量 Q_{TB}，即 TB 点风量，应为风机基本风量加上风量裕量。二次风机选型风量裕量不宜低于基本风量的20%，宜另加温度裕量，温度裕量可按夏季通风室外计算温度确定。二次风机选型风量按式（3-3）计算：

$$Q_{TB} = 1.2Q \times \frac{273 + t_m + \Delta t}{273} \times \frac{101.3}{p_m} \quad (3\text{-}3)$$

式中 Q_{TB}——二次风机选型风量，m^3/h；
　　t_m——夏季通风室外计算温度，℃；
　　p_m——年平均大气压，kPa；
　　Δt——温度裕量，可按夏季通风室外计算温度确定，℃。

（三）基本风压

二次风的基本压头应按锅炉燃用设计燃料计算，应包括锅炉 BMCR 工况从风机吸风口至锅炉二次风喷嘴出口的阻力与锅炉炉膛阻力之和。

二次风基本风压按式（3-4）计算：

$$p = \Delta p_1 + \Delta p_2 + \Delta p_3 + \Delta p_4 + \Delta p_{51} + \Delta p_{52} + \Delta p_{cv} + \Delta p_r \quad (3\text{-}4)$$

式中 p——二次风基本风压，Pa；
　　Δp_1——炉膛阻力，Pa，根据锅炉风平衡图取值；
　　Δp_2——二次风喷口阻力，Pa，根据锅炉风平衡图取值；
　　Δp_3——空气预热器阻力，Pa；
　　Δp_4——消音器阻力，Pa；

第三节 控 制 要 求

二次风系统应纳入 DCS 控制系统进行监控，可按设备及配置要求，设置相应的联锁和远方控制。对应不同工况，控制要求如下：

1. 启动工况

启动前，二次风机应具备启动条件，各风机启动顺序依次为：引风机和流化风机，再顺次启动二次风机、一次风机。

2. 正常运行工况

二次风机运行时，入口导叶控制空气预热器出口二次风压力在设定值；调整二次热风调节风门开度或风机转速以控制至各二次风箱的风量。二次风系统与其他烟风、给煤系统、排渣系统等配合调节，维持稳定的锅炉床温、床压、负荷，并使污染物排放达到设计值。锅炉负荷的调节是主要通过改变给燃料量和风量，风煤的调整应少量多次、交叉调整，以避免床温、汽温、汽压的波动。

3. 停运工况

风机停运顺序与启动顺序相反，首先停运一次风机，再顺次停运二次风机、引风机和流化风机。一台二次风机跳闸时将可能引起辅机故障减负荷（RUNBACK）。

4. 调节风门

对于需要经常调节的管路上应设置流量测量装置和电动或气动调节风门，风门开度可以根据流量测量装置反馈信号进行自动调节，以满足用风点流量和压力需求。对于不常调节的管路，可设置手动风门，在调试期间调整好位置，满足用风点需求。

二次风系统可根据炉型等工程具体情况设置以下调节风门：

（1）至炉膛上下二次热风道的电动调节风门，用于调节入炉助燃风量；

（2）至启动燃烧器油枪助燃风道设置气动调节风门；

（3）前后墙给煤口播煤风道调节风门等。

第四节 设 计 计 算

一、风机参数计算

（一）基本风量

二次风的基本风量应按锅炉燃用设计燃料计算，应包括BMCR工况所需风量二次风量，及制造厂保证的空气预热器运行一年后二次风侧的净漏风量。

单台二次风机基本风量按式（3-1）计算：

Δp_{51}——二次风热风道沿程阻力，Pa；

Δp_{52}——二次风冷风道沿程阻力，Pa；

Δp_{cv}——空气预热器至炉膛二次热风道的调节风门阻力，Pa；

Δp_r——其他阻力，Pa。

（四）选型风压

二次风机选型压头，即 TB 点风压，应为基本压头加上压头裕量。二次风机的压头裕量宜分段选取：①炉膛阻力裕量应由锅炉厂提供；②从风机吸风口至二次风喷嘴出口的风道阻力裕量宜取44%。

风机选型风压按式（3-5）计算：

$$p_{TB} = (\Delta p_1 + \Delta p_{bf}) + 1.44(\Delta p_2 + \Delta p_3 + \Delta p_4 + \Delta p_{51} + \Delta p_{52}) + \Delta p' \quad (3-5)$$

式中　p_{TB}——风机选型压头，Pa；

Δp_{bf}——炉膛阻力裕量，Pa；

$\Delta p'$——其他裕量，Pa。

（五）计算示例

二次风机选型列举两个示例，即锅炉带外置床和不带外置床两种情况，其最大差异是，随着锅炉负荷降低，带外置床锅炉的二次风阻力（背压）不降反升，而不带外置床锅炉的二次风阻力逐步下降，见表 3-2 和表 3-3。

1. 带外置床锅炉

以某 600MW 级锅炉为例，二次风机风量和风压参数计算示例如表 3-2 所示。

表 3-2　　　　　　　二次风机风量和风压参数计算示例

序号	项目	符号	计算公式或依据	BMCR	BRL	TB	75%THA	50%THA	单位
一	基础数据								
1	环境温度	t_m		17.6	17.6	17.6	17.6	17.6	℃
2	当地大气压	p_m		973.1	973.1	973.1	973.1	973.1	kPa
3	风机台数	n	2						
二	二次风机参数计算								
（一）	风量计算								
1	入炉二次风量	Q_1	锅炉厂提供，TB点风量=1.2×BMCR风量	912522	885042	1095026	588384	243124	Nm³/h
2	空气预热器漏风	Q_2	锅炉厂提供，TB点风量=1.2×BMCR风量	−23765	−25515	−28518	−41364	−77113	Nm³/h
3	分离器入口烟道吹扫风	Q_3	正常运行时不投	0	0	0	0	0	Nm³/h
4	石灰石密封风	Q_4	正常运行时不投	0	0	0	0	0	Nm³/h
5	每台风机基本风量	Q	$\frac{Q_1+Q_2+Q_3+Q_4}{2}$	444379	429764	533254	273510	166011	Nm³/h
6	每台风机实际风量	Q'	$\frac{Q}{3600}\times\frac{273+t_m}{273}\times\frac{101.3}{p_m}$	136.8	132.3		84.2	51.1	m³/s
7	每台风机选型风量	Q_{TB}	$1.2Q\times\frac{273+t_m+\Delta t}{273}\times\frac{101.3}{p_m}$			169.8			m³/s
（二）	风压计算								
1	炉膛阻力（下二次风）	Δp_1	锅炉厂提供，TB点风压=BMCR风压+1500	5000	5000	6500	13500	13500	Pa
2	二次风喷口阻力	Δp_2	锅炉厂提供，TB点风压=1.44×BMCR风压	1970	1963	2837	819	140	Pa

序号	项目	符号	计算公式或依据	BMCR	BRL	TB	75%THA	50%THA	单位
3	挡板阻力	Δp_{cv}	锅炉厂提供，TB 点风压=1.44×BMCR 风压	1100	1100	1584	523	192	Pa
4	空气预热器阻力	Δp_3	锅炉厂提供，TB 点风压=1.44×BMCR 风压	640	646	922	423	274	Pa
5	消音器阻力	Δp_4	消音器厂提供，TB 点风压=1.44×BMCR 风压	300	300	432	150	150	Pa
6	二次热风道阻力（空气预热器至二次风喷口）	Δp_{51}	TB 点风压=1.44×BMCR 风压	1083	1080	1560	451	77	Pa
7	二次冷风道阻力（吸风口至空气预热器）	Δp_{52}	TB 点风压=1.44×BMCR 风压	657	614	946	250	250	Pa
8	风机总压降	p	$\Delta p_1 + \Delta p_2 + \Delta p_3 + \Delta p_4 + \Delta p_{51} + \Delta p_{52} + \Delta p_{cv}$	10750	10703	14780	16116	14583	Pa

注 设计者应根据实际工程进行校核验算。

2. 不带外置床锅炉

以某 300MW 级锅炉为例，二次风机风量和风压参数计算示例如表 3-3 所示。

表 3-3　　　　　　不带外置床锅炉二次风机风量和风压参数计算示例

序号	项目	符号	计算公式或依据	BMCR	TB	BRL	THA	75%THA	50%THA	35%BMCR	单位
一	基础数据										
1	环境温度	t_m		21.5	21.5	21.5	21.5	21.5	21.5	21.5	℃
2	当地大气压	p_m		99.96	99.96	99.96	99.96	99.96	99.96	99.96	kPa
3	风机台数	n	2								
二	二次风机参数计算										
（一）	风量计算										
1	入炉二次风量	Q_1	锅炉厂提供，TB 点风量=1.2×BMCR 风量	591660	709992	538230	513580	362200	295990	164040	Nm³/h
2	空气预热器漏风	Q_2	锅炉厂提供，TB 点风量=1.2×BMCR 风量	41940	74184	38380	37220	32120	29700	18990	Nm³/h
3	每台风机基本风量	Q	$\dfrac{Q_1 + Q_2}{2}$	316800	392088	288305	275400	197160	162845	91515	Nm³/h
4	每台风机实际风量	Q'	$\dfrac{Q}{3600} \times \dfrac{273 + t_m}{273} \times \dfrac{101.3}{p_m}$	96.2		86.4		59.1	48.8	27.4	m³/s
5	每台风机选型风量	Q_{TB}	$1.2Q \times \dfrac{273 + t_m + \Delta t}{273} \times \dfrac{101.3}{p_m}$		123.6						m³/s
（二）	风压计算										
1	炉膛阻力（下二次风）	Δp_1	锅炉厂提供，TB 点风压=BMCR 风压+1000	6500	7500	6500	6500	6500	6500	6500	Pa
2	二次风喷口阻力	Δp_2	锅炉厂提供，TB 点风压=1.44×BMCR 风压	1680	2419	1390	1266	630	420	129	Pa
3	二次风箱及支管阻力	Δp_{51}	锅炉厂提供，TB 点风压=1.44×BMCR 风压	780	1123	645	588	292	195	60	Pa

续表

序号	项目	符号	计算公式或依据	BMCR	TB	BRL	THA	75%THA	50%THA	35%BMCR	单位
4	空气预热器阻力	Δp_3	锅炉厂提供，TB点风压=$1.44 \times$ BMCR风压	1300	1872	1076	980	487	325	100	Pa
5	消音器阻力	Δp_4	消音器厂家提供，TB点风压=$1.44 \times$ BMCR风压	300	432	300	300	300	300	300	Pa
6	二次冷风道阻力（吸风口至空气预热器）	Δp_{52}	TB点风压 = $1.44 \times$ BMCR风压	500	720	450	450	450	450	450	Pa
7	二次热风道阻力（空气预热器至风箱）	Δp_{51}	TB点风压 = $1.44 \times$ BMCR风压	1100	1584	910	829	412	275	85	Pa
8	风机总压降	p	$\Delta p_1 + \Delta p_2 + \Delta p_3 + \Delta p_4 + \Delta p_{51} + \Delta p_{52}$	12160	15650	11271	10913	9071	8465	7624	Pa

注 1. 空气预热器至炉膛二次热风道的调节风门阻力已经包含在二次风箱及支管阻力中。

2. 设计者应根据实际工程进行校核验算。

二、风道规格计算

二次风道的设计应符合 DL/T 5121《火力发电厂烟风煤粉管道设计技术规程》的有关规定，同时考虑到循环流化床锅炉的二次风压力比煤粉炉高，其风道设计还应符合下列规定：

（1）二次风机出口风道及支吊架设计应采取避免风道振动的措施，如：风机出口应设计足够的扩散直段、适当放大风道壁厚和加固肋型号。

（2）二次风机出口冷风道宜采用圆形风道。

二次风道规格选取与锅炉容量、风道设计参数（风压、风量和风温）和风道布置情况有关，圆形和矩形风道分别可参考本手册表 2-4 和表 2-5。

第五节 设 备 选 型

一、风机选型

二次风机主要担负提供锅炉燃烧助燃用风的功能，由于炉膛压力较高，其风机选型压头比常规煤粉锅炉的风机压头要求更高，常规大中型循环流化床锅炉配套二次风机压头一般为 15～17kPa。因此，循环流化床锅炉二次风机的参数特点是压力高，风机比转速低，对此类较低比转速风机宜离心式风机，在技术条件允许的情况下，也可选择动叶可调轴流式风机。

（一）离心式风机

离心式风机的定义、构造、主要技术特点和结构型式介绍见第二章一次风系统的一次风机选型有关内容。

（二）轴流式风机

二次风机与一次风机相比，风量相近，但是风压却低很多，选择高效的两级动叶可调轴流式风机成为可能。

轴流式风机在工作中，气流由集流器进入轴流式风机，经前导叶获得预旋后，在叶轮动叶中获得能量，再经后导叶，将一部分偏转的气流动能转变为静压能，最后气体流经扩散筒，将一部分轴向气流的动能转变为静压能后输入到管路中。

1. 结构特点

轴流式风机由进气室、导叶、叶轮、扩压器等组成。

（1）进气室：由钢板制成坚固可靠，进气室为光滑的渐缩形流道，将气体均匀地导入叶轮，减少入口流动的阻力损失。

（2）叶轮：叶轮和轴一起组成了风机的回转部件，叶轮旋转时，叶片冲击气体，使空气获得一定的速度和风压。叶轮由轮毂和叶片组成。

（3）导叶：分前导叶和后导叶。

（4）扩压器：其作用是将一部分轴向气体动能转化为静压能。

2. 型式及特点

根据轴流式风机风压、风量调节方式不同，可分为静叶可调和动叶可调轴流式风机。

静叶可调，是指风机的导叶角度可调，以实现流量和压力的调节，调节机构比动叶可调风机简单，该导叶是连接在风机外壳上，是不转动的。

动叶可调，是指与轮毂连接的叶片角度在风机转动的时候可以调节，以实现流量和压力的调节，调节机构复杂，叶片是连接在轮毂上，随转子转动。

按动叶可调轴流式风机叶轮的数量分，可分为单级风机和双级风机。

与单级动叶可调轴流引风机相比,双级动叶可调轴流引风机具有以下优势:

(1)从叶片可靠性上来讲,双级风机应力较低,可靠性相对较高。

(2)双级风机轴承箱两侧受力基本相等,轴承受力比较均匀,同时双级风机轴向力相对较小,使得风机调节速度快,能跟上变负荷工况,对锅炉防爆更有利。

(3)双级风机直径较小,质量较轻,转动惯量较小,因此启动时间较短,启动电流较小。

(4)双级风机的效率通常高于单级风机效率。

3. 主要技术特点

轴流式风机与离心式风机的比较详见第二章一次风系统的一次风机选型部分,其主要技术特点包括:

(1)轴流式风机适合风压低、风量大的情况,当采用双级动叶时也可用于较高风压。

(2)轴流式风机体积较小,安装简单。

(3)轴流式风机检修维护复杂。

(4)轴流式风机则通过静叶或动叶调节来调节风机负荷,随着风机负荷减小,风机效率降低的幅度较小,且动叶可调轴流式风机优于静叶可调轴流式风机。

二、风机主要性能指标

(1)风量和全压升满足设计要求。

(2)风机全压效率(BMCR 工况时)。

(3)风机轴功率(BMCR 工况时)。

(4)工作点(BMCR 工况时)对失速线的偏离值。

(5)风机的第一临界转速。

(6)风机轴承振动速度均方根值。

(7)导叶调节全过程的动作时间。

(8)噪声水平(距风机外壳 1m 处)。

(9)风机轴承温升。

(10)风机动平衡最终评价等级。

三、风机调节方式

目前,风机调节方式主要有以下几种:①风机入口导叶调节;②节流调节,可分为风机出口和入口挡板调节两种;③风机调速,主要采用液力耦合器调速、变频调速。

各种风机调节方式的特点见第二章一次风系统的一次风机调节方式有关介绍。

1. 调节方式的组合

工程实践中,为了运行中调节灵活,经济节能,二次风系统调节方式一般采用两种或多种调节方式的组合,比如:

(1)风机入口导叶调节+二次热风调节挡板。

(2)风机入口导叶调节+二次热风调节挡板+风机变速调节。

其中风机变速调节包括液力耦合器和变频器两种方式。

2. 调节方式的选择

二次风系统调节方式选择的影响因素主要有以下几点:

(1)二次风机参数特点,包括各工况下风量和风压要求。

(2)机组运行模式,即全年各种负荷的运行时间。

(3)液力耦合器和变频器市场价格变化情况。

(4)二次风机型式。如果能选择到双级动调轴流式风机,则可不配变速装置。

当机组按调峰模式运行,经技术经济比较后,离心式二次风机调速装置宜采用变频器,此时仍然需要保留离心式二次风机入口导叶调节和二次热风挡板调节。

第四章

高压流化风系统

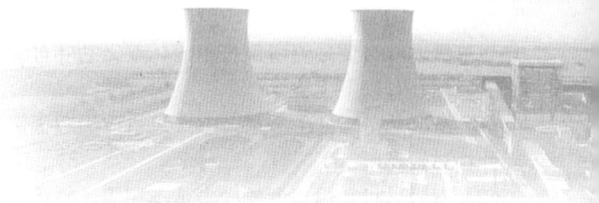

第一节　系　统　说　明

一、系统功能

高压流化风系统主要就是为密封回料器等处物料

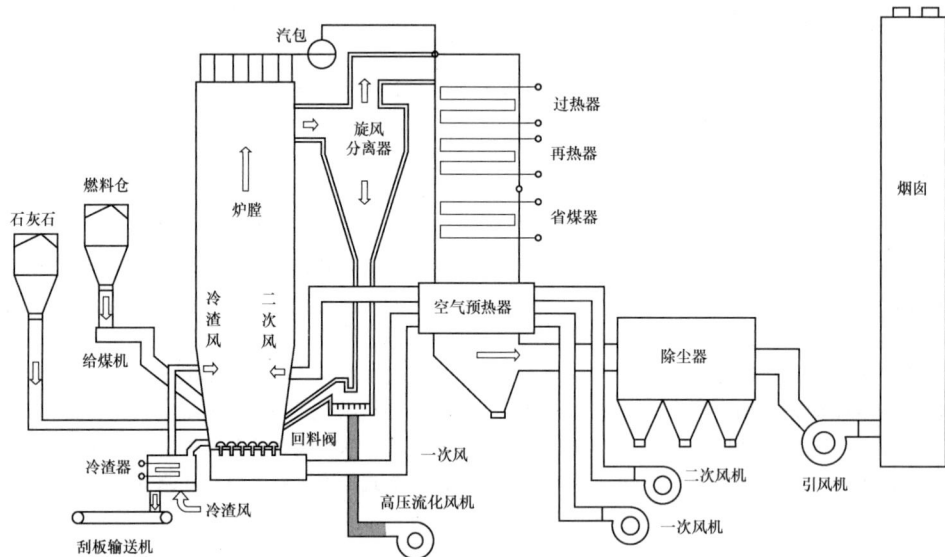

提供流化风，为物料返回炉膛提供助力的系统，是循环流化床锅炉特有的系统。

高压流化风系统示意如图4-1所示。

图4-1　高压流化风系统示意图

高压流化风系统主要功能包括：

（1）为旋风分离器下的密封回料器中物料提供流化空气，并为物料返回炉膛提供循环助力。回料器高压流化风示意如图4-2所示。

（2）为外置床或流化床式冷渣器等处物料提供流化空气，使其形成流化态，参与物料循环。

（3）为风道燃烧器、床枪或锥形阀等提供冷却用风。

二、设计范围

高压流化风系统是将大气中的冷空气经过高压流化风机升压后，通过管路分配到各用风点，主要由高

压流化风机、风道、阀门和控制系统等组成。该系统的设计范围包括流化风机入口到锅炉各用风点的设备、部件和风道。高压流化风用风点主要是回料器、分离器、带外置床炉型的外置床、流化床式冷渣器，以及锥形阀、床枪、风道燃烧器等。

三、系统主要设备

高压流化风系统设备主要是高压流化风机。流化风机容量远小于三大风机，但却是实现循环流化床锅炉物料循环的重要设备。其特点是流量小、扬程高。

高压流化风系统的主要设备包括：

（1）高压流化风机。

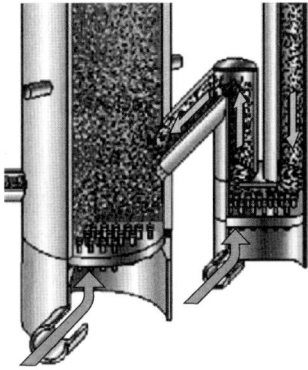

图 4-2　回料器高压流化风示意图

（2）消音器。

四、系统设计内容

高压流化风系统设计内容包括：

（1）系统方案拟定。

（2）管路布置设计。

（3）设计计算。包括风机参数计算、风道设计计算等。

（4）设备选型。主要是高压流化风机选型，包括形式、参数确定，提出主要性能指标和技术要求等。

（5）提出系统运行控制联锁要求。

第二节　设　计　方　案

一、设计原则

高压流化风系统及布置设计原则和要求如下：

（1）高压流化风系统宜每台炉设置一套。

（2）系统的拟定应满足锅炉用风点或各部件对流化和冷却用风的要求。

（3）高压流化风机的数量应根据锅炉高压流化风量、风机形式，经技术、经济比较后确定，并应配置一台同容量的备用风机，且总数量不宜少于 3 台。

（4）设计风道时应使压力损失降到尽可能低并且要保证流量在机组各个部件之间的分配均匀。

（5）流化风机宜集中布置在锅炉房零米，可布置在锅炉构架内，也可布置在空气预热器出口烟道支架内。

（6）流化风机配置多于 3 台时，风机布置和风管连接应考虑并机时防止反转的措施。

（7）风机出口进入系统总管，管道走向应顺应气流方向。

（8）当锅炉的接口朝下时，流化风支管宜采用 U 形布置。

（9）风道进、出口流速宜在 10～20m/s。

（10）风机进口宜设置消音器和空气滤清器。

（11）容积式流化风机出口应设计安全阀管路。

（12）离心式流化风机出口应设计排空管，用于风机启动和并风机工况调节风机出口管路压力。

二、常用设计方案

高压流化风系统作为循环流化床锅炉特有的系统，主要提供流化风以流化外置床、流化床式冷渣器、回料器和回料腿等处的物料，下面针对不同容量机组分别说明常用设计方案。

（一）125MW 级锅炉

1. 系统流程

125MW 级 CFB（循环流化床）锅炉机组高压流化风系统流程示意如图 4-3 所示。

125MW 级 CFB 锅炉机组高压流化风系统特点如下：

（1）配置 3 台罗茨风机，其中 2 台正常运行，1 台备用，风机出口首先接入 1 根风道母管，然后再分多路接入各用气点。

（2）该容量机组高压流化风机由于流量很小，压头较高，一般仅能选用罗茨风机，风机入口采用就地吸风，入口风道设置消音器，达到消音目的。

（3）由于流化风机出口风压较高，其出口设置有止回阀和关断蝶阀，同时在风机出口，止回阀之前设置安全阀或者启动排空旁路，以防止出口管路超压以及启动并管时。风机出口设置止回阀也是作为多台风机并联启机时防止反转的措施。

（4）由于罗茨风机为容积式风机，无法实现节流调节风量，所以设置一路从出口风道母管到热一次风的旁路风道，旁路风道上设可调风门，通过可调风门调到热一次风的风量来调节到各用风点的总风量。

（5）至各用风点支管上设置手动或电动风门，以调节各用风点风压。

（6）125MW 级 CFB 锅炉一般为国产自主型炉型，不带外置床，其主要用气点及管路包括：

1）至密封回料器的流化风管路。

2）至风道燃烧器的冷却风管路。

3）从流化风母管到热一次风的泄压旁路管路。

4）至其他流化风用风点管路（若有）。

2. 布置

125MW 级 CFB 锅炉机组高压流化风道布置示意如图 4-4 所示。图 4-4 主要表示了以下设备和风道：

（1）3 台高压流化风机集中布置在锅炉构架尾部左侧外部零米层。

（2）每台风机出口支管顺气流方向斜插接入母管。

（3）风机出口母管布置到旋风分离器下部的回料器下部，便于引接支管。

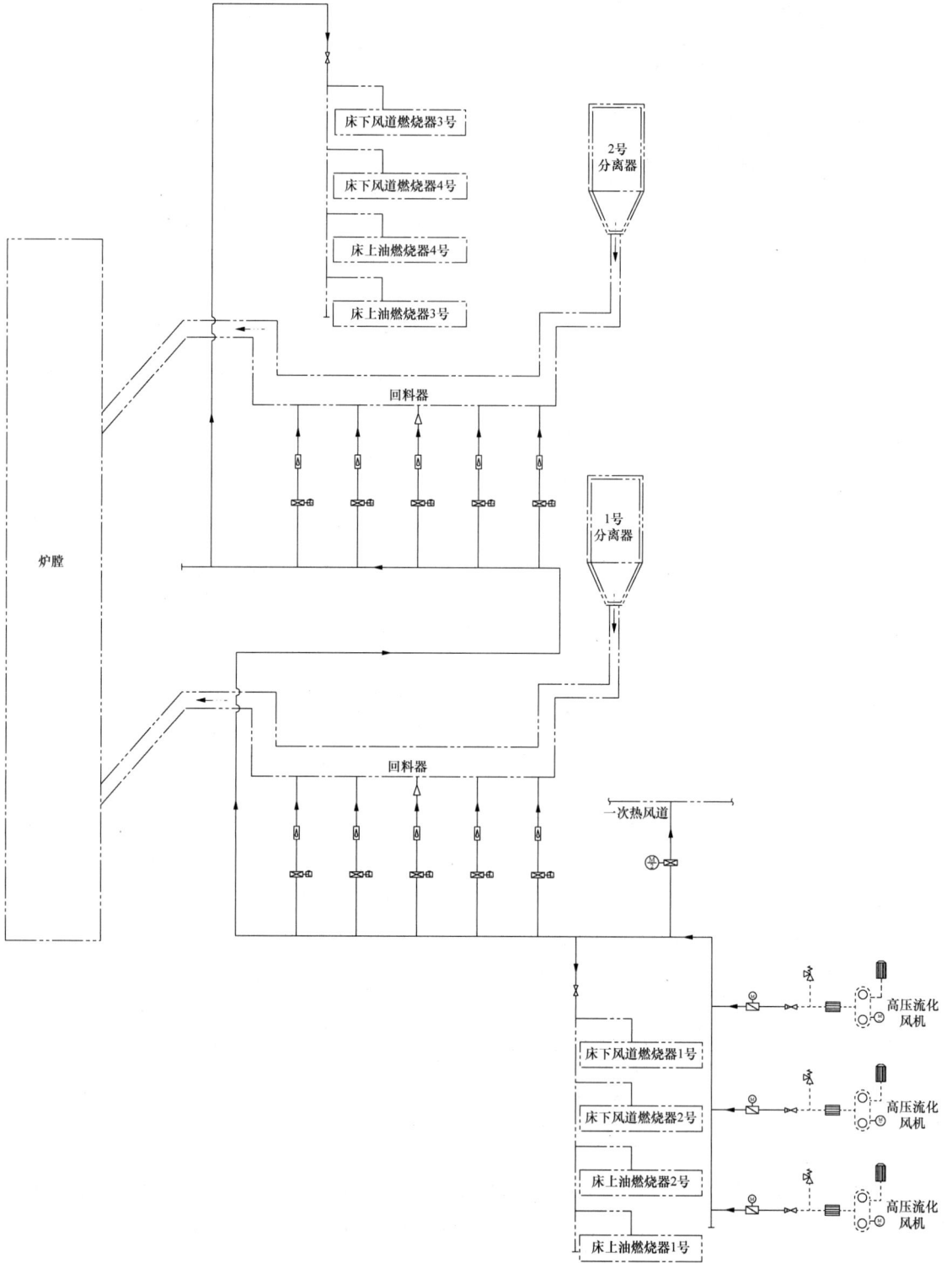

图 4-3　125MW 级 CFB 锅炉机组高压流化风系统流程示意图

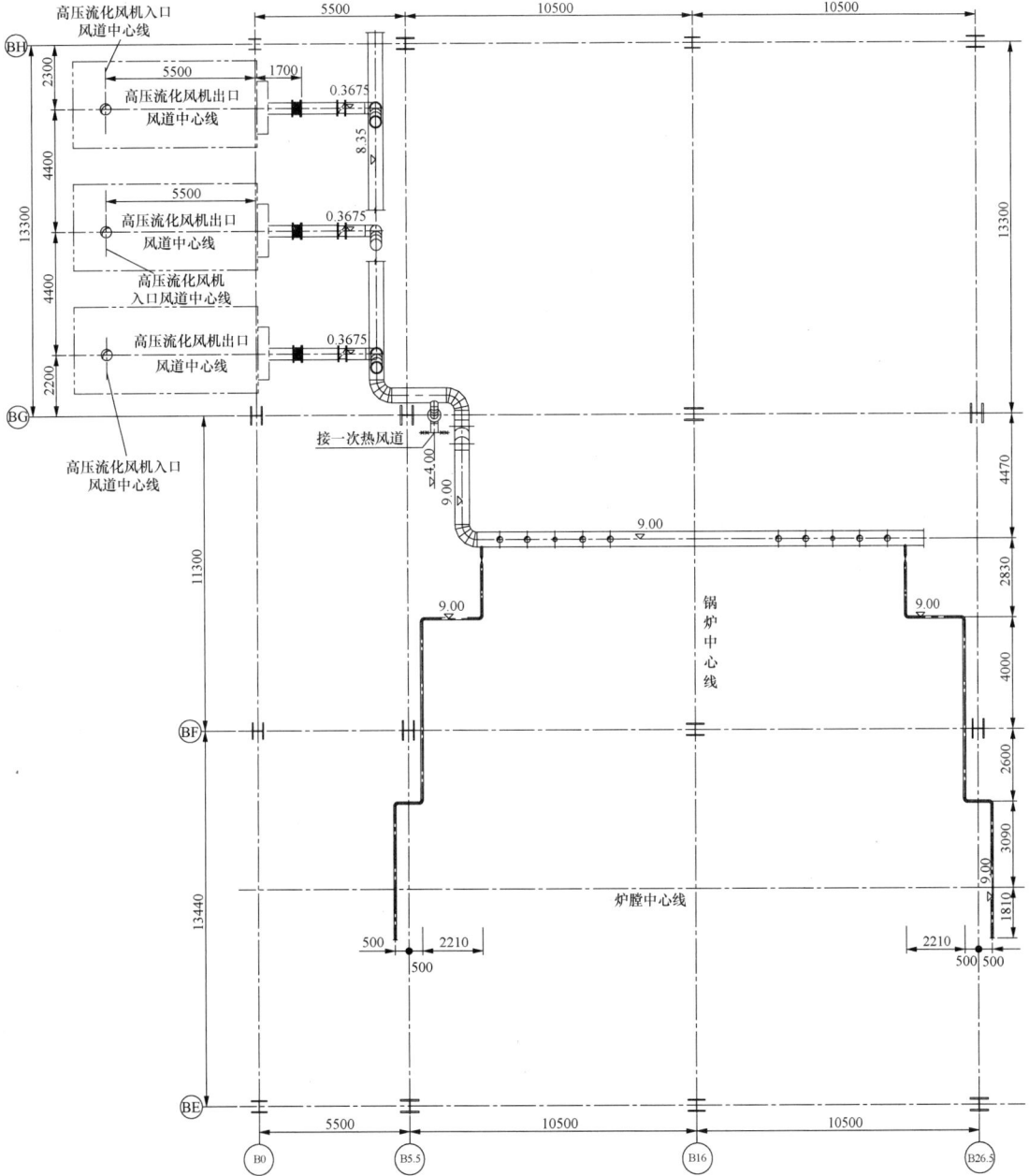

图 4-4 125MW 级 CFB 锅炉机组高压流化风道布置示意图

（4）从母管引两个支管分别到锅炉两侧的风道燃烧器附近，为风道燃烧器提供冷却风。

（二）300MW 级锅炉

300MW 级 CFB 锅炉高压流化风系统由于炉型的差异而不同，因此该容量机组高压流化风系统主要设计方案有带外置床炉型和不带外置床炉型两个方案。

1. 不带外置床

（1）系统流程。300MW 级 CFB 锅炉（不带外置床）机组高压流化风流程示意如图 4-5 所示。

300MW 级 CFB 锅炉（不带外置床）机组高压流化风系统与 125MW 级 CFB 锅炉机组的高压流化风系统基本一致。只是对 300MW 级机组，流化风量相对增大，风机可以采用多级离心式风机，风机流量可以通过风机入口导叶进行调节，因此，不需要设置从流化风母管到热一次风道的旁路风道。

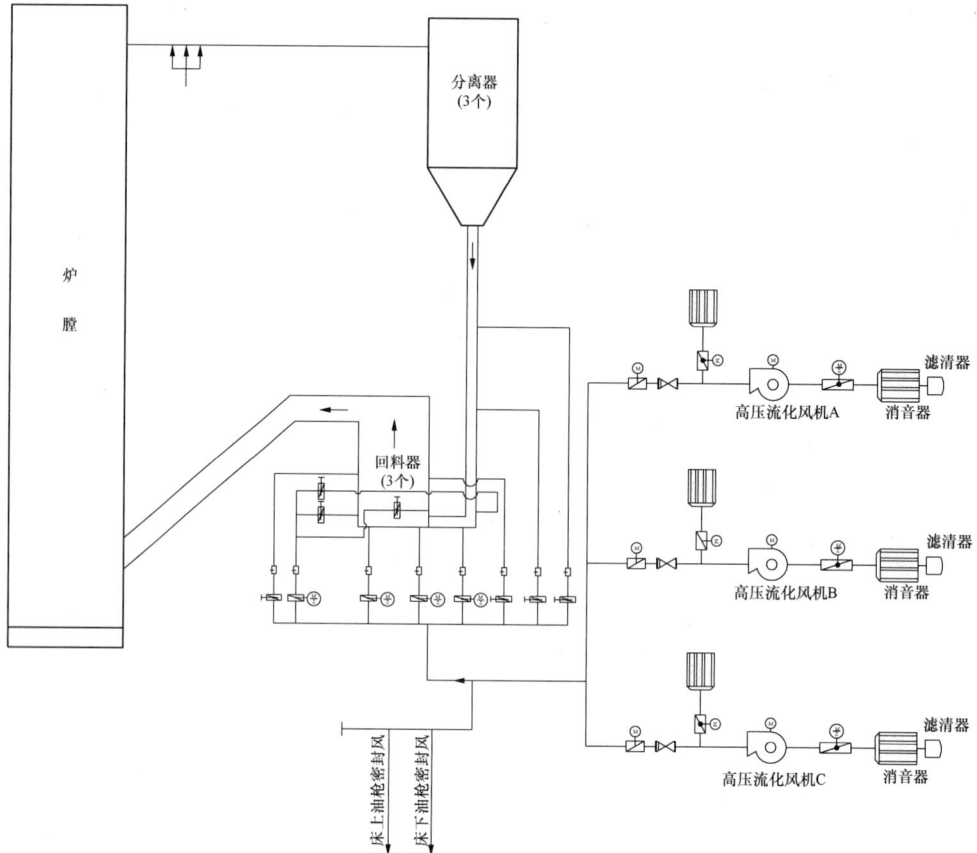

图 4-5　300MW 级 CFB 锅炉（不带外置床）机组高压流化风流程示意图

（2）布置。300MW 级 CFB 锅炉（不带外置床）机组流化风道布置示意如图 4-6 所示。图 4-6 主要表示了以下设备和风道：

1）3 台高压流化风机集中布置在炉后前烟道之间下方零米层。

2）每台风机出口支管顺气流方向斜插接入母管。

3）风机出口母管布置到旋风分离器下部的回料器下部，便于引接支管。

2. 带外置床

（1）系统流程。300MW 级 CFB 锅炉（带外置床）机组典型高压流化风系统流程如图 4-7 所示。

300MW 级 CFB 锅炉（带外置床）机组典型高压流化风系统一般配置 4 台离心式流化风机，其中 3 台运行，1 台备用。采用流化床式冷渣器的带外置床的机组，通常配置 5 台离心式流化风机，其中 4 台运行，1 台备用。

流化风机入口设吸风道，吸风道上设消音器和滤清器，风机出口首先接入 1 根风道母管，然后再分多路接入各用气点，主要包括：

1）至回料器的流化风管路。

2）至外置床的流化风管路。

3）至回料器到冷渣器落渣管的流化风管路。

4）至回料器到外置床的循环灰管道的流化风管路。

5）至旋风分离器的流化风管路。

6）至流化床冷渣器流化风管路（采用流化床式冷渣器适用）。

7）床上油枪冷却风管路（若有）。

8）至风道燃烧器冷却风管路（若有）。

9）至其他流化风用风点管路（若有）。

（2）布置。300MW 级 CFB 锅炉（带外置床）机组流化风道布置示意如图 4-8 所示。图 4-8 主要表示了以下设备和风道：

1）4 台高压流化风机两两对称布置在炉后零米层两侧。

2）每台风机出口支管顺气流方向斜插接入母管。

3）风机出口母管在炉前汇合，母管布置到锅炉两侧的各两台旋风分离器下的回料器下部，以及外置床附近，便于设备引接支管。

4）从母管引接两根支管到炉膛两侧做床枪冷却风。

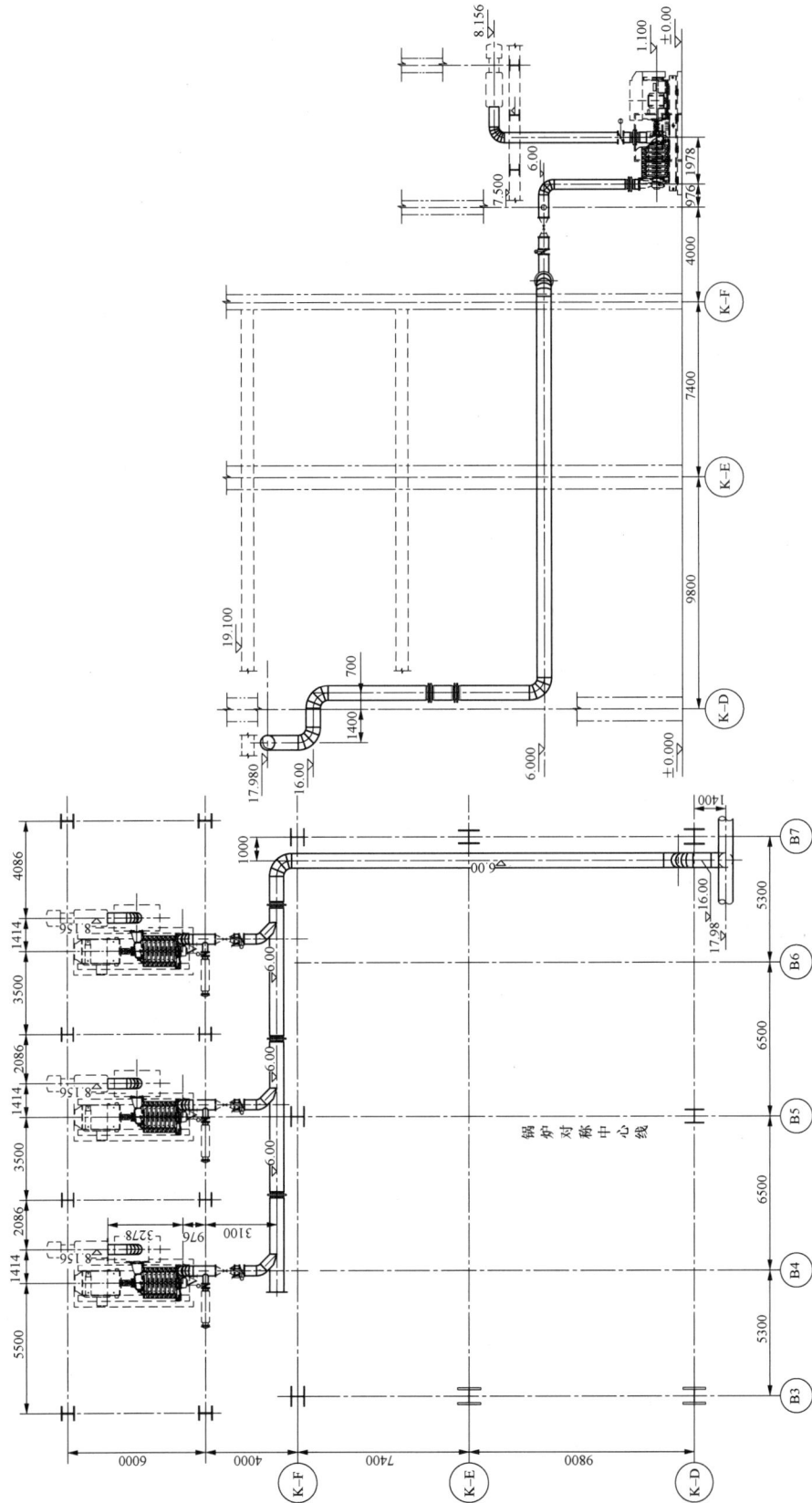

图 4-6 300MW 级 CFB 锅炉（不带外置床）机组流化风道布置示意图

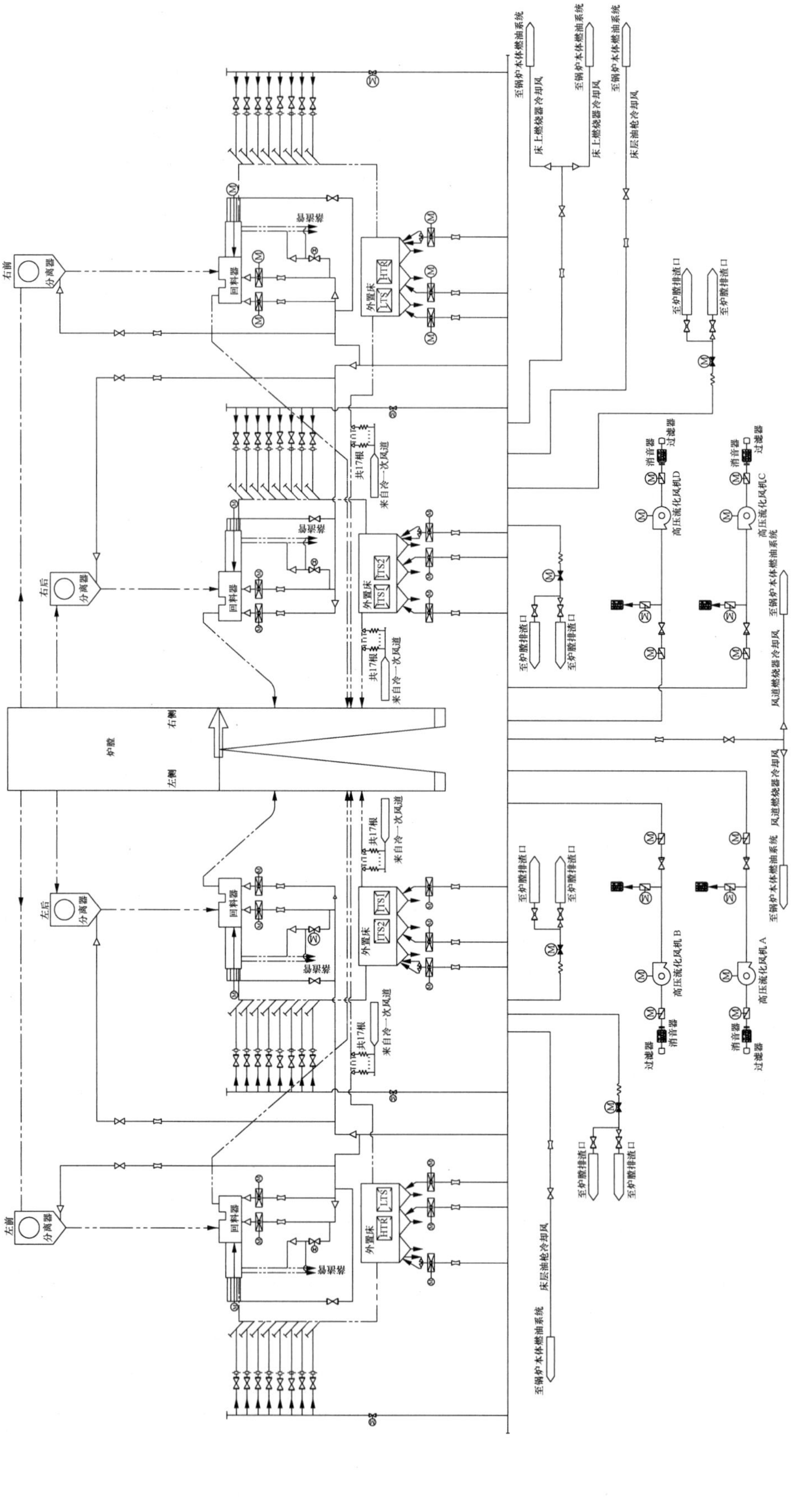

图 4-7　300MW 级 CFB 锅炉（带外置床）机组典型高压流化风系统流程

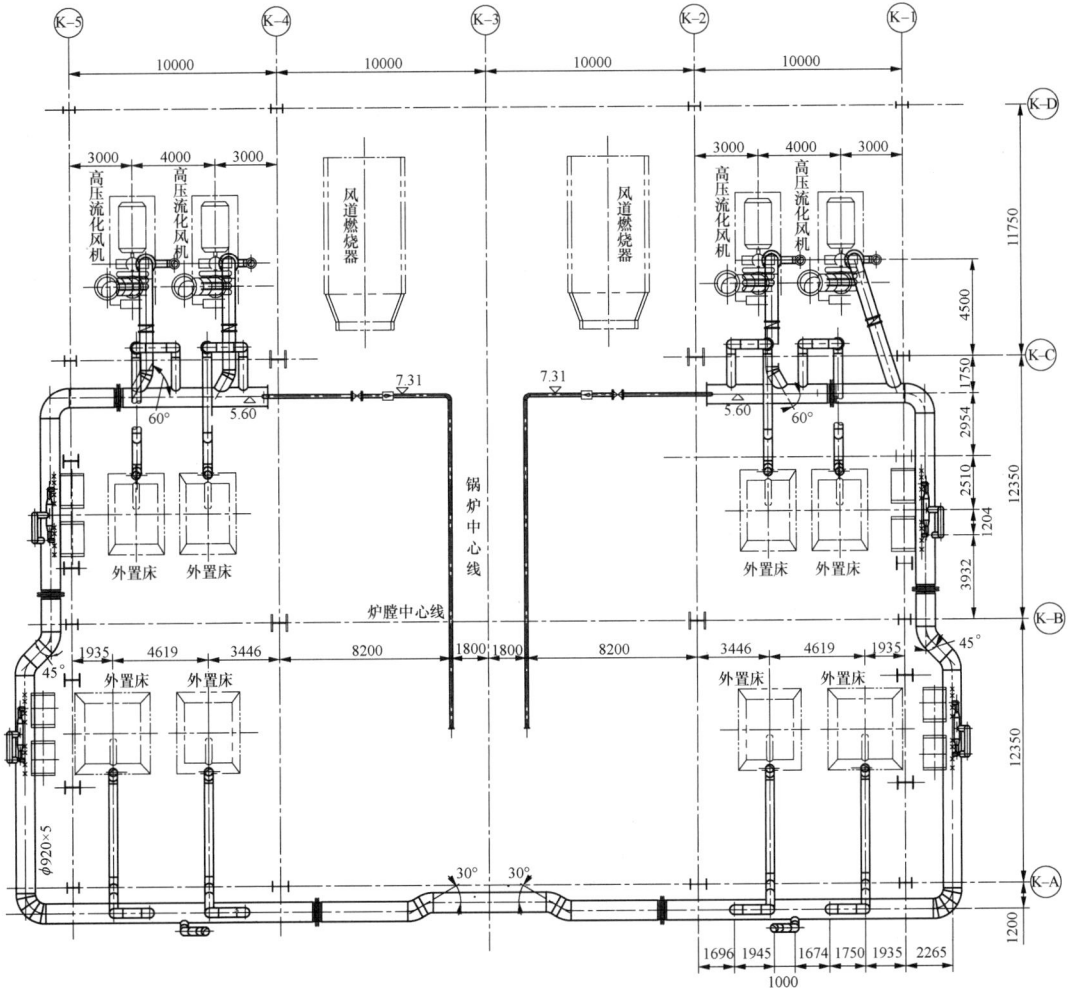

图 4-8 300MW 级 CFB 锅炉（带外置床）机组流化风道布置图（4 台风机）

配 5 台风机的 300MW 级锅炉机组流化风道布置示意如图 4-9 所示。图 4-9 主要特点是 5 台流化风机布置在炉后零米层两侧，一侧布置 2 台风机，一侧布置 3 台风机。其余布置与 4 台风机的系统布置基本一致。

（三）600MW 级锅炉

1. 系统流程

600MW 级 CFB 锅炉机组高压流化风系统流程如图 4-10 所示。

对 600MW 超临界 CFB 锅炉机组，主要是带外置床的裤衩形双布风板炉型，高压流化风系统通常配置 5 台离心式流化风机，其中 4 台运行，1 台备用，风机入口设吸风道，吸风道上设消音器和滤清器，风机出口首先接入 1 根风道母管，然后再分多路接入各用气点，各主要用风点与带外置床的 300MW 级 CFB 锅炉机组高压流化风系统相近，主要包括：

（1）高压流化风道母管至回料器的流化风管路。

（2）高压流化风道母管至外置床的流化风管路。

（3）至外置床进口仓流化风管路。

（4）至外置床高温仓流化风管路。

（5）至回料器到冷渣器落渣管锥形阀流化风管路。

（6）至回料器到外置床的循环灰管道的流化风管路。

（7）至炉膛裤衩腿的流化风管路。

（8）至其他流化风用风点管路（若有）。

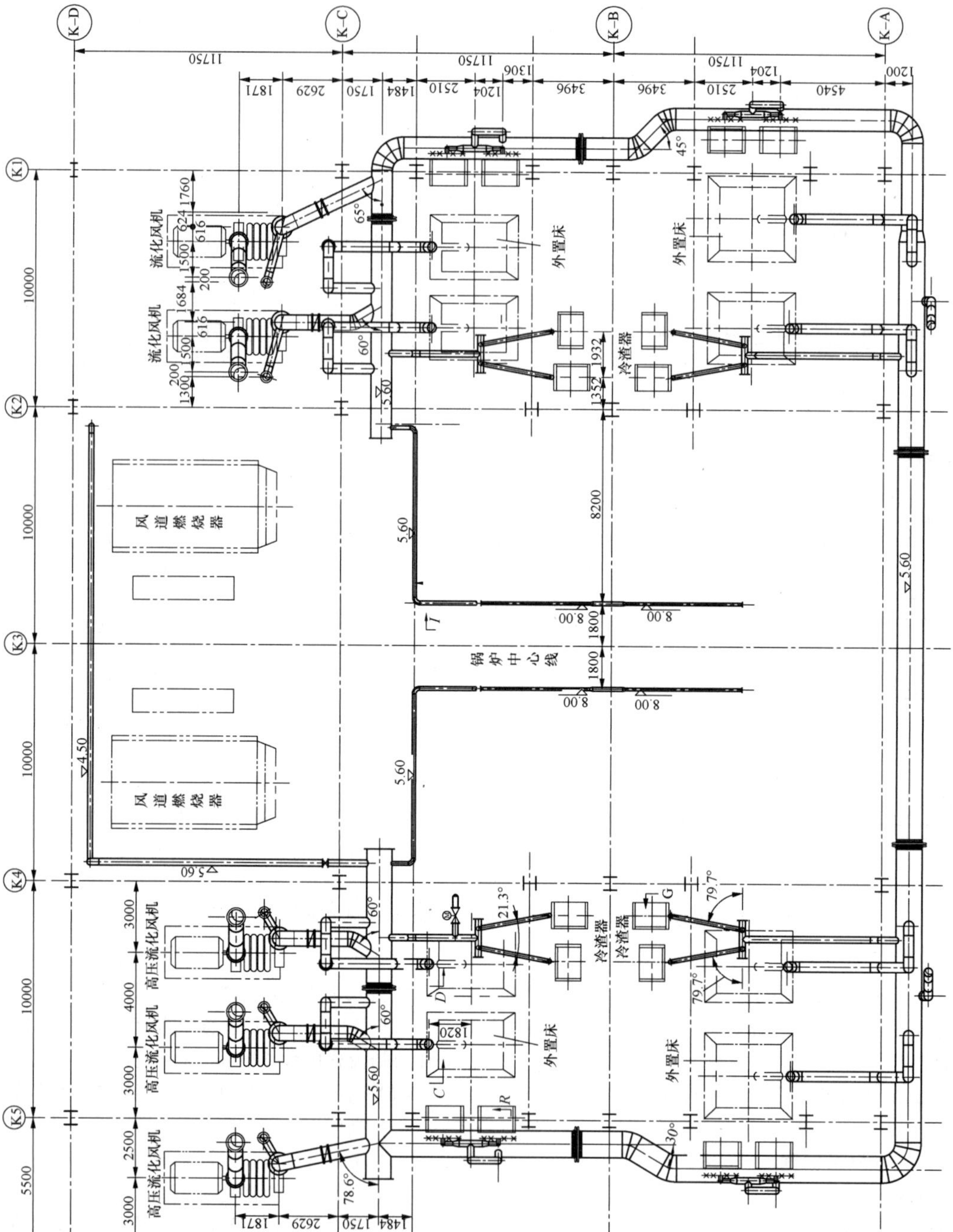

图 4-9　300MW 级 CFB 锅炉（带外置床）机组流化风道布置图（5 台风机）

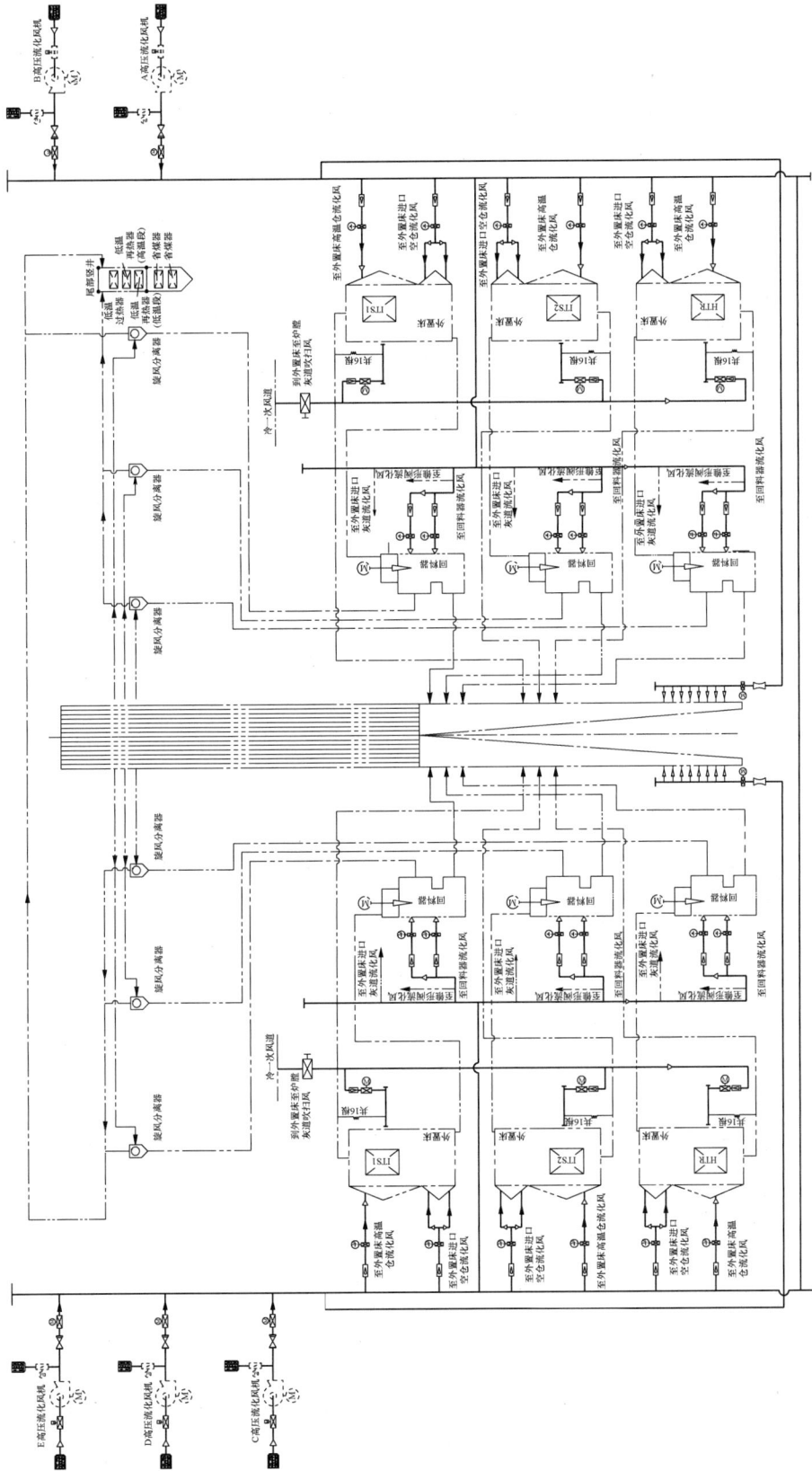

图 4-10　600MW 级 CFB 锅炉机组高压流化风系统

2. 布置

600MW 级 CFB 锅炉高压流化风道布置示意如图 4-11 所示。图 4-11 主要表示了以下设备和风道：

（1）5 台高压流化风机布置在炉后零米层构架两侧。

（2）每台风机出口支管顺气流方向斜插接入母管。

（3）风机出口母管在炉前汇合，母管布置到锅炉两侧的各 3 台旋风分离器下的回料器下部，以及外置床附近，便于设备引接支管。

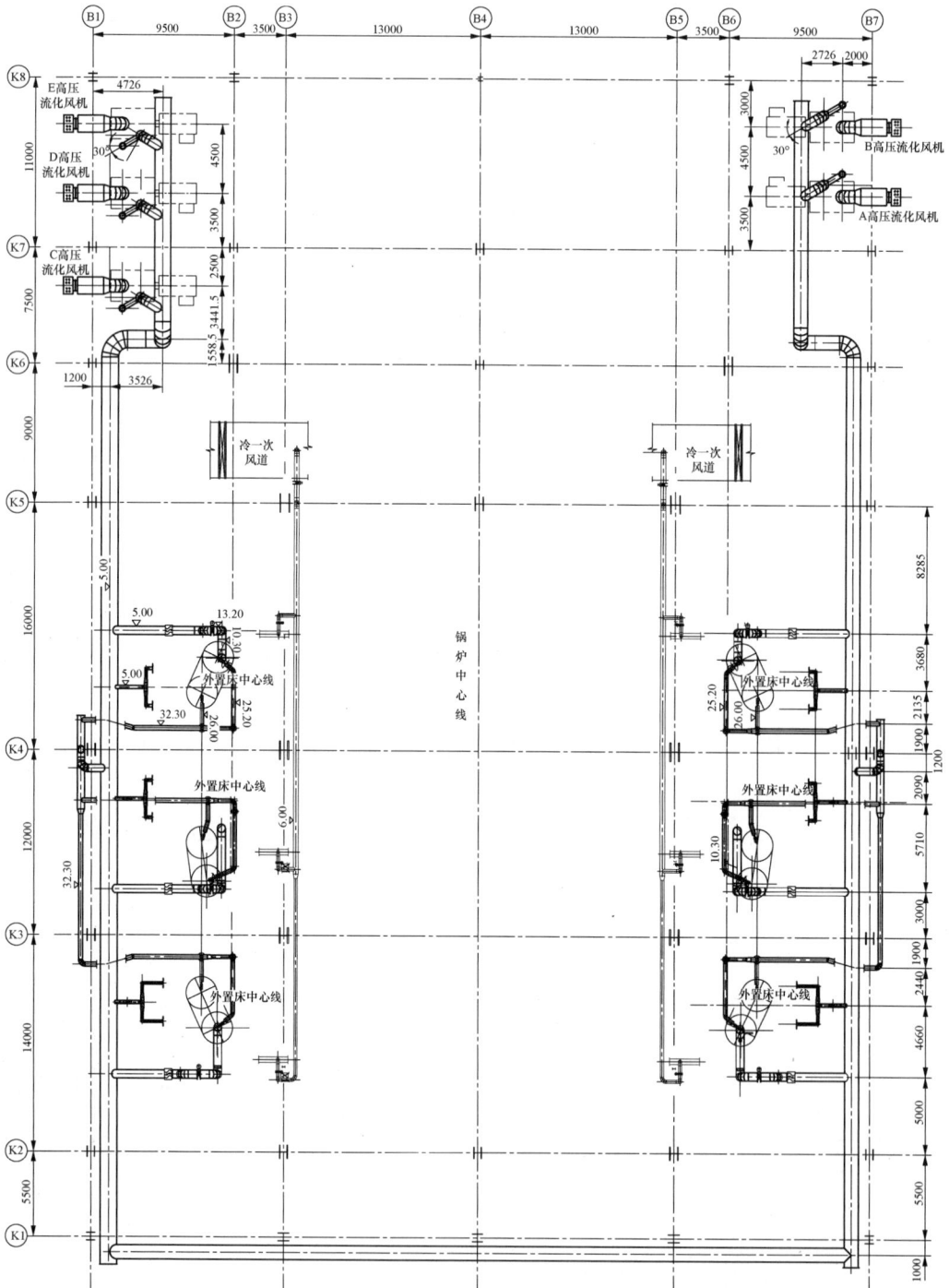

图 4-11　600MW 级 CFB 锅炉机组流化风道布置示意图

第三节　控　制　要　求

高压流化风系统应纳入 DCS 控制系统进行监控，可按设备及配置要求，设置联锁和远方控制。

流化风机运行过程中不允许关闭相应流化风机出口电动挡板门，该阀门在流化风机运行过程中应自动闭锁；当该风机停运后出口电动挡板门的"闭锁"自动解除。

对应不同工况，控制要求如下：

一、正常运行工况

当锅炉正常运行时（所有的外置床和冷渣器运行），$N+1$ 台风机中的 N 台在运行，1 台风机处于备用，风机入口叶片处于压力调节回路控制之下。

二、停运工况（以配 5 台风机带外置床300MW 级 CFB 锅炉机组为例）

当 1 台风机请求停运时，风机相应出口挡板和入口叶片会被要求关闭。运行人员可设定每台风机自动关闭顺序（或优先等级）。

停运工况包括：

（1）锅炉停运：当锅炉停运时，风机和相应的润滑油系统停运。

（2）主燃料跳闸：主燃料跳闸时，所有的外置床关闭，2 台风机延时关闭。

（3）1 台风机跳闸：1 台风机停运时，连接到再热器的冷渣器自动关闭。如果 4 台运行中的风机 1 台跳闸，备用的 1 台风机自动启动。如果少于 4 台风机运行，操作人员应启动其他 1 台备用风机运行。运行人员可在控制室选择或指定 1 台风机作为备用。

（4）风机出力不足：在严重出力不足时，风机必须关闭。判断风机出力不足的标准是风机负荷（入口叶片）的设定点。如果设定点未达到某个极限，2 台风机保持运转。

（5）流量不能保证：当 4 台外置床运行时，2 台风机跳闸，主燃料应跳闸。

三、启动工况

1. 第 1 台风机启动

（1）密封回料器（回料腿）流量调节阀自动开启到预先设定的接近运行状态的位置。

（2）当风机出口与入口差压高于设定值延时 5s 时，出口挡板开启。

（3）出口挡板开启同时，风机入口叶片投入压力调节回路的控制。

（4）出口挡板开启 10s 后，密封回料器（回料腿）

流量调节阀投入流量调节回路。

（5）风机启动后，如果出口挡板没有开启，延时1min，风机应停运。

注：该启动顺序不适用于锅炉停运时对冷渣器的流化。DCS 可不考虑这种例外的运行工况。

2. 其他风机的启动

流化风机按照预先设定的启动顺序启动。运行的流化风机台数必须适应用户的用风量（包括外置床、冷渣器等）。

3. 应设置的指示

为在启动顺序中帮助操作人员，应设置以下指示：

对流化风总用量和所有风机产生的总风量的比较应始终在控制室内有显示。如果总风量太接近风机最大总风量时，应报警提醒操作人员。

风机入口叶片位置设定点与风机出力对应的指示。当位置设定点太低或太高时，应报警提醒操作人员。

四、调节风门

根据常用设计方案可知，到各用风点的流化风管路上设置了调节风门，对于不常调节的管路，设置手动风门，可以在调试期间调整好位置，满足风点需求。但对于需要经常调节的管路上宜设置流量测量装置和电动或气动调节风门，风门开度可以根据流量测量装置反馈信号进行自动调节，以满足用风点流量压力的需求。

第四节　设　计　计　算

一、风机参数计算

（一）基本风量

高压流化风机基本风量应为锅炉燃烧设计煤 BMCR（锅炉最大连续蒸发量）工况各用风点所需风量之和，各用风点用风量一般由锅炉厂提供。对不带外置床的 CFB 锅炉，高压流化风量占锅炉总风量的1%～3%；对带外置床的 CFB 锅炉，高压流化风量增加较多，可达锅炉总风量的 6%～9%。

单台高压流化风机基本风量按式（4-1）计算，即

$$Q = \frac{\sum Q_m}{n-1} \qquad (4\text{-}1)$$

式中　Q——风机基本风量（标准状态），m^3/s；

　　　Q_m——各用风点用风量（标准状态），m^3/s；

　　　n——高压流化风机台数，宜 $n \geqslant 3$。

（二）基本风压

高压流化风机基本风压包括设备压降和风道压降。设备压降由制造厂提供，包括流化风喷嘴后的炉膛阻力、流化风喷嘴压降、消音器压降等；风道压降

通过计算得出。高压流化风的用风点较多，不同用风点对应的炉膛总阻力有可能不同，在计算时应选用阻力最高的一路。基本风压按式（4-2）计算，即

$$p = \Delta p_b + \Delta p_t + \Delta p_s + \Delta p_v + \Delta p_p \qquad (4-2)$$

式中　p ——风机基本风压，Pa；

Δp_b ——最大的流化风喷嘴后的炉膛阻力，Pa；

Δp_t ——流化风喷嘴压降，Pa；

Δp_s ——消音器阻力，Pa；

Δp_v ——调节风门阻力，Pa；

Δp_p ——风道压降，Pa。

（三）选型风量

高压流化风机选型风量，即 TB 点风量，应根据风机基本风量加上风量裕量确定。基本风量为设计煤 BMCR 工况所需风量。为了避免将风机裕量人为加大，风机选型风量裕量按两种工况考虑：工况一，裕量取 10%；工况二，裕量取 20%。

选型风量按式（4-3）和式（4-4）计算，即

$$Q_{TB1} = 1.1Q \times \frac{(273 + t_m)}{273} \times \frac{101.3}{p_m} \qquad (4-3)$$

$$Q_{TB2} = 1.2Q \times \frac{(273 + t_m)}{273} \times \frac{101.3}{p_m} \qquad (4-4)$$

式中　Q_{TB1} ——工况一选型风量，m³/h；

t_m ——环境温度，℃；

Q_{TB2} ——工况二选型风量，m³/h；

p_m ——年平均大气压，kPa。

（四）选型风压

高压流化风机选型压头，即 TB 点风压，应根据风机基本风压加上风压裕量确定。风机压头裕量分段选取，且按与风量裕量对应的两种工况：

工况一：背压裕量取绝对值（由锅炉厂提供），从风机进口至流化风喷嘴出口（不包括调节风门）的阻力裕量取 21%，其他不考虑裕量。

工况二：从风机进口至流化风喷嘴出口（不包括调节风门）的阻力裕量取 44%，其他不考虑裕量。

选型风压按式（4-5）和式（4-6）计算，即

$$p_{TB1} = \Delta p_b + \Delta p_{bf} + 1.21(\Delta p_t + \Delta p_s + \Delta p_p) + \Delta p_v \qquad (4-5)$$

$$p_{TB2} = \Delta p_b + 1.44(\Delta p_t + \Delta p_s + \Delta p_p) + \Delta p_v \qquad (4-6)$$

式中　p_{TB1} ——工况一选型风压，Pa；

Δp_{bf} ——炉膛背压裕量，Pa；

p_{TB2} ——工况二选型风压，Pa。

二、风道设计计算

高压流化风道的设计要求应符合 DL/T 5121《火力发电厂烟风煤粉管道设计技术规程》的有关规定，同时还应符合下列规定：

（1）流化风道及其零部件和加固肋材料一般可采用 Q235-A/B 号钢制作，对应寒冷地区的室外布置的风道材料应根据具体温度进行选择。

高压流化风道宜采用圆形管道，壁厚宜按 4～5mm 选取。

（2）高压流化风道的设计风速不宜大于 20m/s。

（3）流化风机风压较高，风机出口气流温升较大，流化风机出口风道流速计算应考虑风机温升和出口风压的影响，流化风机温升为 55～70℃。

圆形风道管径按式（4-7）和式（4-8）计算，即

$$D_i = 18.81\sqrt{\frac{Q_P}{v}} \qquad (4-7)$$

$$Q_P = Q_{in} \times \frac{(273 + t_m + \Delta t)}{273} \times \frac{101.3}{(p_m + p_{in})} \qquad (4-8)$$

式中　D_i ——风道内径，mm；

Q_P ——风管内风量，m³/h；

v ——介质流速，$v \leqslant 20$ m/s；

Q_{in} ——风管进口风量（标准状态），m³/h；

Δt ——温升，风机进口取 0℃；风机出口取 55～70℃；

p_{in} ——风管内风压，kPa。

三、计算案例

以某 350MW 超临界循环流化床锅炉为例，高压流化风系统计算示例见表 4-1。

表 4-1　　　　　　　　　　　　　高压流化风系统计算示例

序号	项目	代号	公式	单位	BMCR 工况	工况一	工况二
一			基础数据				
1	环境温度	t_m		℃	21.5	21.5	21.5
2	当地大气压	p_m		kPa	99.96	99.96	99.96
3	风机台数	n			3	3	3

续表

序号	项目	代号	公式	单位	BMCR工况	工况一	工况二
二	高压流化风机参数计算						
(一)	风量计算						
1	回料器用风（标准状态）	Q_1		m^3/h	21060		
2	床上及床上油枪密封风（标准状态）	Q_2		m^3/h	1800		
3	每台风机基本风量（标准状态）	Q	$\dfrac{(Q_1+Q_2)}{n-1}$	m^3/h	11430		
4	每台风机入口实际风量	Q'	$\dfrac{Q}{3600}\times\dfrac{(273+t_\mathrm{m})}{273}\times\dfrac{101.3}{p_\mathrm{m}}$	m^3/s	3.47		
5	风机选型风量	Q_{TB1}	$\dfrac{1.1Q}{3600}\times\dfrac{(273+t_\mathrm{m})}{273}\times\dfrac{101.3}{p_\mathrm{m}}$	m^3/s		3.96	
		Q_{TB2}	$\dfrac{1.2Q}{3600}\times\dfrac{(273+t_\mathrm{m})}{273}\times\dfrac{101.3}{p_\mathrm{m}}$	m^3/s			4.32
(二)	风压计算						
1	炉膛背压裕量	Δp_bf		Pa		4500	
2	炉膛阻力	Δp_b		Pa	47760		
3	流化风喷嘴压降	Δp_t		Pa	4300		
4	调节风门阻力	Δp_v		Pa	3000		
5	风道阻力	Δp_p		Pa	1000		
6	风机基本风压	p	$\Delta p_\mathrm{b}+\Delta p_\mathrm{t}+\Delta p_\mathrm{v}+\Delta p_\mathrm{p}$	Pa	56060		
7	风机选型风压	p_{TB1}	$\Delta p_\mathrm{b}+\Delta p_\mathrm{bf}+1.21(\Delta p_\mathrm{t}+\Delta p_\mathrm{p})+\Delta p_\mathrm{v}$	Pa		61673	
		p_{TB2}	$\Delta p_\mathrm{b}+1.44(\Delta p_\mathrm{t}+\Delta p_\mathrm{p})+\Delta p_\mathrm{v}$	Pa			58392
三	风道规格（流速 v 取 20m/s）						
(一)	风机入口风道						
1	风量	Q_P	$Q\times\dfrac{(273+t_\mathrm{m})}{273}\times\dfrac{101.3}{p_\mathrm{m}}$	m^3/h	12495		
2	规格	D_i	$18.81\sqrt{\dfrac{Q_\mathrm{P}}{v}}$	mm	479		
	选型：$\phi480\times5mm$						
(二)	风机出口风道（温升 Δt 为 60℃，风管内风压 p_in 为 56.95kPa）						
1	风量	Q_P	$Q\times\dfrac{(273+t_\mathrm{m}+\Delta t)}{273}\times\dfrac{101.3}{p_\mathrm{m}+p_\mathrm{in}}$	m^3/h	12495		
2	规格	D_i	$18.81\sqrt{\dfrac{Q_\mathrm{P}}{v}}$	mm	411		
	选型：$\phi426\times5mm$						

第五节 设 备 选 型

一、风机选型

高压流化风机是循环流化床锅炉机组特有的设备，该风机参数特点是流量小、压头高，如某 350MW 的 CFB 锅炉机组高压流化风机选型流量约为 4m³/s，选型压力约为 60kPa。对这种小流量、高压头的风机可选形式目前主要有三类：罗茨风机、多级离心风机和单级高速风机。

（一）罗茨风机

罗茨风机为容积式风机，分为二叶型、三叶型等，转子之间没有直接接触，靠转子旋转改变气腔空间来压缩气体。罗茨风机输送的风量与转速成正比，三叶型叶轮每转动一次进行 3 次吸、排气，与较早的二叶型相比，气体脉动小，振动也小，噪声低。风机内腔不需要润滑油，结构简单，运转平稳，性能稳定，适应多种用途，已经广泛用于很多领域。罗茨风机工作原理示意图如图4-12所示。罗茨风机叶轮有二叶型和三叶型，目前电厂一般选用三叶型。

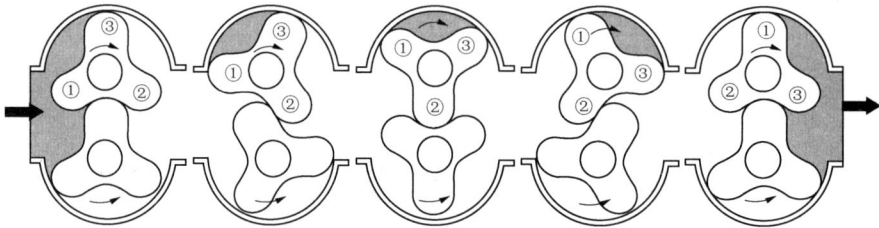

图 4-12 罗茨风机工作原理示意图

三叶罗茨风机的主要特点如下：

（1）由于采用了三叶转子结构形式及合理的壳体内进、出风口处的结构，所以风机的振动小，噪声低。

（2）叶轮和轴为整体结构且叶轮无磨损，风机性能稳定，可以长期连续运转。

（3）风机容积利用率大，容积效率高，且结构紧凑，安装方式灵活。

（4）轴承选用合理，各轴承使用寿命均匀，从而延长风机的寿命。

（5）风机油封采用进口氟橡胶材料，耐高温，耐磨，使用寿命长。

罗茨风机主要技术参数见表4-2。

表 4-2 罗茨风机主要技术参数表

口径	转速	理论流量	进口流量 Q_s（m³/min），所需轴动率 L_a（kW）及所配电动机功率 P_o（kW）												电动机极数
			49.0kPa			58.8kPa			68.6kPa			78.4kPa			
mm	r/min	m³/min													
	n	Q_{th}	Q_s	L_a	P_o	Q_s	L_a	P_o	Q_s	L_a	P_o	Q_s	L_a	P_o	P
250	730	78.61	62.6	70.3	90	61.1	83.4	110	59.7	96.5	110	58.3	110	132	8
	800	86.15	70.1	77.1	90	68.6	91.4	110	67.2	106	132	65.9	120	132	6
	880	94.77	78.7	84.8	110	77.2	101	110	75.8	116	132	74.5	132	160	6
	980	105.54	89.5	94.4	110	88.0	112	132	86.6	130	160	85.3	147	185	6
250	730	97.83	78.4	87.1	110	76.6	103	132	74.9	120	160	73.3	136	160	8
	800	107.21	87.8	95.5	110	86.0	113	132	84.3	131	160	82.7	149	185	6
	880	117.93	98.5	105	132	96.7	125	160	95.0	144	160	93.4	164	185	6
	980	131.34	112.0	117	132	110.1	139	160	108.4	161	185	106.8	183	200	6
300	730	115.30	93.6	102	132	91.5	121	132	89.6	140	160	87.8	160	185	8
	800	126.36	104.6	112	132	102.9	133	160	100.6	154	185	98.8	175	200	6
	880	138.99	117.2	123	160	115.2	146	160	113.3	169	185	111.5	192	220	6
	980	154.79	133.0	137	160	131.0	163	185	129.1	188	220	127.3	214	250	6

续表

口径	转速	理论流量	进口流量 Q_s（m³/min），所需轴动率 L_a（kW）及所配电动机功率 P_o（kW）												电动机极数
			49.0kPa			58.8kPa			68.6kPa			78.4kPa			
mm	r/min	m³/min	Q_s	L_a	P_o	Q_s	L_a	P_o	Q_s	L_a	P_o	Q_s	L_a	P_o	
	n	Q_{th}													P
300	730	122.29	99.2	108	132	97.0	128	160	95.0	148	185	93.1	169	185	8
	800	134.02	110.9	118	132	108.8	140	160	106.7	163	185	104.8	185	200	6
	880	147.42	124.4	130	160	122.2	154	185	120.1	179	200	118.2	204	220	6
	980	164.17	141.1	145	160	138.9	172	185	136.9	199	220	135.0	227	250	6
300	730	150.24	124.5	132	160	122.0	157	185	119.8	182	200	117.6	207	250	8
	800	164.65	138.9	144	160	136.4	172	200	134.2	199	220	132.1	226	250	6
	880	181.11	155.4	159	185	152.9	189	220	150.6	219	250	148.5	249	280	6
	980	201.69	175.9	177	200	173.5	210	250	171.2	244	280	169.1	277	315	6
350	730	178.19	148.3	156	185	145.5	186	200	142.8	215	250				8
	800	195.28	165.4	171	185	162.6	204	220							6
	880	214.81	184.9	188	220	182.1	224	250							6
	980	239.22	209.3	209	250	206.5	249	280	203.9	289	315				6
300	730	139.14	114	123	160	112	146	160	110	169	185	108	193	220	8
	980	186.79	162	165	185	159	196	220	157	227	250	155	258	280	6
350	730	173.37	143	152	185	140	181	200	138	210	250	135	239	280	8
	980	232.74	203	204	220	200	243	280	197	282	315	195	320	355	6
400	730	198.77	165	174	200	162	207	250	159	240	280	156	273	315	8
	980	266.84	233	233	250	230	278	315	227	322	355	224	367	400	6
400	730	220.85	184	193	220	181	229	250	178	266	280				6
	980	296.48	260	258	280	256	308	355	253	357	400				6
350	590	197.35	170	175	200	167	208	250	165	241	280	163	274	315	10
	740	247.52	220	220	250	217	261	280	215	303	355	213	344	400	8

注 本表仅供参考，具体数据需由设计者根据实际工程进行校核验算。

（二）离心风机

单级和多级离心风机都属于叶片式风机，所不同的是，单级离心风机只有一组叶轮，空气的压缩是一次压缩完成，而多级离心风机是在一根主轴上串联多组叶轮，空气的压缩是在多组叶轮间逐步完成的。由于离心风机是依靠提高空气的流动速度即空气动能来压缩空气、提高压力的，所以要获得同样的压力，单级离心风机的叶轮转速要比多级离心风机的高数倍。

由于压力的提供很大程度上依靠转速的提高，而转速的提高受到平衡、润滑及材料性能等多方面的限制，所以单级离心风机更多使用于低压力场合，而高

压力工况更多使用多级离心风机。单级高速离心风机一般是依靠齿轮箱获得极高转速的，由于转速特别高，所以风机的控制和维护保养特别重要，必须同时配套单独的润滑油站，同时由于高转速带来诸多部件如叶片等磨损较大，所以单级风机的寿命较多级离心风机低，高转速也带来了振动大和噪声高问题。

大型循环流化床锅炉高压流化风机多采用多级离心风机，可满足风量大、压头高、调节性能好、噪声低、运行成本小的要求。但是通过对多级离心风机自身的性能和并联使用的运行特点进行分析，可知风机级数越多、并联台数越多，风机的稳定工作范围越小，

如果再加上管网波动大，风机就极易进入喘振区，这将导致比较严重的后果，如风机的转子和静子因承受交变应力而损坏、风机因级间压力失常而引起强烈振动、风机密封和推力轴承损坏等问题。

因为多级离心风机特点，所以在风机设计选型时要尽可能使风机具有较宽的稳定工作区域，同时，为了使风机并联运行稳定、可靠，风机的外部管网特性也应得到优化，风机选型和管网设计建议如下：

（1）合理掌握风机设计裕量，尽量采用风机级数少、并联运行台数少的设计方案，使风机有较宽的稳定工作范围。

（2）高压流化风机应避免在入口蝶阀开度小于50%情况下运行。

（3）风机入口蝶阀的位置要远离风机进口，安装位置距风机进口法兰的距离大于3倍以上进口管道通径。

（4）为避免风机在运行调节时产生不稳定运行工况，要求在每台风机出口管道处，单独加装排气管道和排气阀。

（5）风机出口进入系统总管，管道走向应顺应气流方向。

（6）设置风机出口压力和轴承振动的在线监测，出现异常及时检查原因，以便加以调整。

根据各容量机组的流化风机选型参数来看，135MW级CFB锅炉机组选用罗茨风机较多，300MW级及600MW级的CFB锅炉机组一般选用多级离心风机。

多级离心风机主要技术参数见表4-3～表4-5。

表4-3 多级离心风机主要技术参数一

流量 （m³/min）	压头 （kPa）	进口温度 （℃）	出口温度 （℃）	轴功率 （kW）	转速 （r/min）	功率 （kW）	电压 （V）	质量 （t）
180	55	20	60	203	2960	250	380	4.5
210	55	20	62	232	2960	280	380	4.8
240	55	20	64	261	2960	315	6000	5
270	55	20	66	290	2960	355	6000	5.2
300	55	20	68	319	2960	400	6000	5.6
360	55	20	71	376	2960	450	6000	5.9
420	55	20	74	434	2960	560	6000	6.2
480	55	20	77	492	2960	630	6000	6.5
540	55	20	80	550	2960	710	6000	6.8
600	55	20	83	608	2960	710	6000	7.1
660	55	20	86	665	2960	800	6000	7.2
720	55	20	89	723	2960	900	6000	7.3

表4-4 多级离心风机主要技术参数二

流量 （m³/min）	压头 （kPa）	进口温度 （℃）	出口温度 （℃）	轴功率 （kW）	转速 （r/min）	功率 （kW）	电压 （V）	质量 （t）
180	60	20	72	217	2960	280	380	4.8
210	60	20	74	248	2960	315	6000	5
240	60	20	76	279	2960	355	6000	5.2
270	60	20	78	310	2960	400	6000	5.6
300	60	20	80	342	2960	400	6000	5.9
360	60	20	83	404	2960	500	6000	6.2
420	60	20	86	466	2960	560	6000	6.5
480	60	20	89	528	2960	630	6000	6.8
540	60	20	92	591	2960	710	6000	7.1

续表

流量 (m³/min)	压头 (kPa)	进口温度 (℃)	出口温度 (℃)	轴功率 (kW)	转速 (r/min)	功率 (kW)	电压 (V)	质量 (t)
600	60	20	96	653	2960	800	6000	7.2
660	60	20	100	715	2960	900	6000	7.3
720	60	20	104	778	2960	900	6000	7.4

表 4-5 　　　　　　　　　　　　多级离心风机主要技术参数三

流量 (m³/min)	压头 (kPa)	进口温度 (℃)	出口温度 (℃)	轴功率 (kW)	转速 (r/min)	功率 (kW)	电压 (V)	质量 (t)
180	65	20	76	230	2960	280	380	5.4
210	65	20	78	264	2960	315	6000	5.6
240	65	20	80	297	2960	355	6000	5.8
270	65	20	83	330	2960	400	6000	6
300	65	20	86	364	2960	450	6000	6.2
360	65	20	89	431	2960	560	6000	6.6
420	65	20	92	497	2960	630	6000	7
480	65	20	95	564	2960	710	6000	7.4
540	65	20	98	631	2960	800	6000	7.6
600	65	20	101	697	2960	800	6000	8
660	65	20	103	764	2960	900	6000	8.5
720	65	20	105	831	2960	1000	6000	9

注　上表仅供参考，具体数据需由设计者根据实际工程进行校核、验算。

部分投运电厂的流化风系统选型列表见表 4-6。

表 4-6 　　　　　　　　　　　　部分投运电厂的流化风系统选型列表

序号	项目	A 厂 (135MW)	B 厂 (300MW)	C 厂 (300MW)	D 厂 (300MW)	F 厂 (350MW)	G 厂 (600MW)
1	锅炉特点	单布风板、无外置床、两台旋风分离器	裤衩形双布风板、4 台旋风分离器及外置床	裤衩形双布风板、4 台旋风分离器及外置床	单布风板、无外置床、3 台旋风分离器	单布风板、无外置床、3 台旋风分离器	裤衩形双布风板、6 台旋风分离器及外置床
2	系统配置	3 台，其中 2 台运行，1 台备用	5 台，其中 4 台运行，1 台备用	4 台，其中 3 台运行，1 台备用	3 台，其中 2 台运行，1 台备用	3 台，其中 2 台运行，1 台备用	5 台，其中 4 台运行，1 台备用
3	流化风主要用风点	回料器	外置床、冷渣器、回料器	外置床、回料器	回料器	回料器	外置床、回料器
4	风机形式	罗茨风机	多级离心	多级离心	多级离心	多级离心	多级离心
5	选型参数	Q_{TB}=1.89m³/s，p_{TB}=65.273kPa，电动机功率为 200kW	Q_{TB}=10.15Nm³/s，p_{TB}=61.15kPa，电动机功率为 800kW	Q_{TB}=10.5m³/s，p_{TB}=65.1kPa，电动机功率为 900kW	Q_{TB}=4.2m³/s，p_{TB}=65.52kPa，电动机功率为 450kW	Q_{TB}=4.1m³/s(TB)，p_{TB}=63.153kPa，电动机功率为 400kW	Q_{TB}=10.4m³/s，p_{TB}=63.5kPa，电动机功率为 900kW

注　1. Q_{TB}—风机选型点风量。

2. p_{TB}—风机选型点压力。

二、风机主要性能指标

在风机选型和采购时，应特别关注高压流化风机以下各项性能指标：

（1）各工况风量、风压。

（2）风机效率。

（3）风机轴功率：由风量、风压和效率确定。

（4）出口风温升。

（5）工作点对失速线的偏离值。

（6）风机的第一临界转速。

（7）风机轴承振动均方根值。

（8）导叶调节全过程的动作时间。

（9）噪声水平（距风机外壳 1m 处）。

（10）风机轴承温升。

（11）转子动平衡最终评价等级。

三、风机调节方式

离心风机的调节方式有进口挡板调节、进口导叶调节和变转速调节，其中变转速调节包括液力耦合器调节和变频器调节。因流化风机风量、风压随工况变化很小，不推荐采用变转速调节。

容积式风机不能采用节流调节来调节风量，一般采用分流旁路调节。若流化风机选用罗茨风机，需在流化风母管上设置一路调节旁路到一次风或二次风，通过调节旁路流量来控制母管流量。

第五章

烟 气 系 统

第一节　系 统 说 明

煤在循环流化床锅炉炉膛燃烧后产生的烟气，进入旋风分离器进行粗细尘分离，较粗的粉尘被分离出来，经过旋风分离器下部密封回料器返回炉膛，烟气则夹带较细的粉尘进入尾部受热面、省煤器、脱硝装置，经空气预热器降温后，进入除尘器进行除尘处理，

之后由引风机增压后排入脱硫装置进一步脱硫，然后排入烟囱，最终排向大气。CFB 锅炉的烟气在尾部的流程与常规炉基本一致，只是经过炉内脱硫的烟气特性稍有别于常规锅炉，本章将结合 CFB 锅炉烟气特性说明基本设计方案，而烟气的脱硫和脱硝的净化处理将单独介绍适合 CFB 的技术，并与基本方案进行技术路线组合。

烟气系统示意见图 5-1。

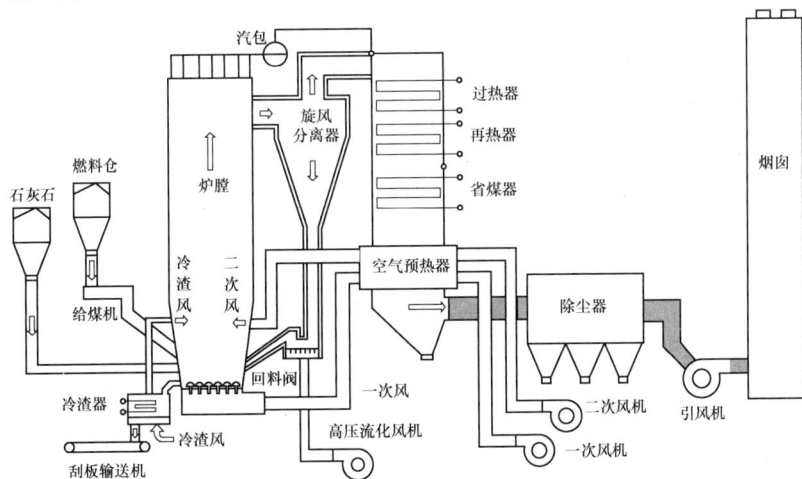

图 5-1　烟气系统示意图

一、系统功能

烟气系统功能是将锅炉产生的烟气通过降温、除尘、脱硫、脱硝等处理后排入大气。

CFB 锅炉烟气典型流程如下：炉膛→旋风分离器［含 SNCR（非选择性还原）脱硝，如有］→尾部受热面→SCR（选择性还原）脱硝（如有）→空气预热器→半干法脱硫（如有）→除尘器→引风机→湿法脱硫（如有）→烟囱。

烟气系统流程示意见图 5-2。

二、系统范围

锅炉炉膛出口至空气预热器出口的烟气管路属于

锅炉本体范围，本章烟气系统范围包括从空气预热器出口到烟囱的设备、烟道等。因空气预热器选型一般由设计单位在锅炉规范中提出要求，本章在设备选型中增加了空气预热器的选型相关内容，供设计人员参考。

三、系统主要设备

烟气系统及其净化系统主要设备包括：

（1）空气预热器：空气预热器是将锅炉烟、风进行换热的设备，形式包括管式空气预热器和回转式空气预热器。

（2）除尘器：除尘器是将烟气进行除尘处理的设备，形式包括静电除尘器、电袋除尘器、布袋除尘器。

（3）引风机：引风机是将烟气从锅炉引出，并升压排出至大气的设备，CFB 锅炉机组中采用较多的形式主要是离心式、动叶可调轴流式、静叶可调轴流式。

（4）脱硝装置：脱硝装置是将烟气进行脱硝处理

的设备，包括脱硝 SNCR 和 SCR 相关的设备系统。

（5）脱硫装置：脱硫装置是将烟气进行脱硫、除尘处理的设备，包括脱硫工艺相关的设备系统。

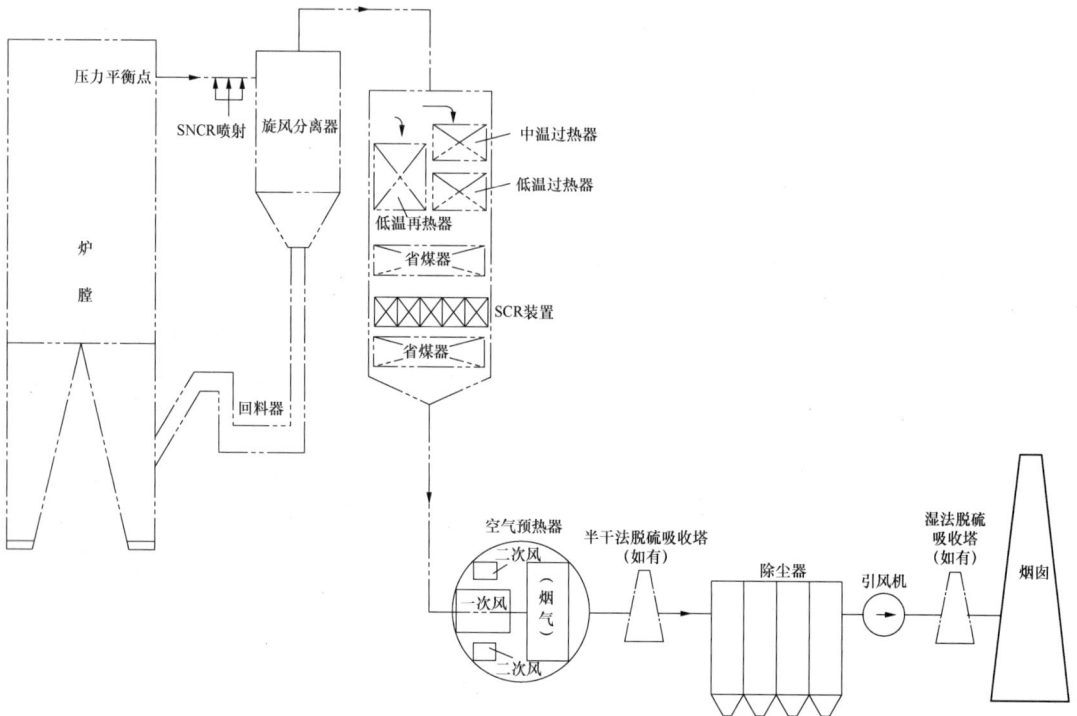

图 5-2　烟气系统流程示意图

四、系统设计内容

烟气系统的设计内容包括：

（1）系统方案拟定。

（2）烟道布置设计。

（3）设计计算。包括引风机、除尘器选型参数计算，烟道设计计算等。

（4）设备选型。

1）空气预热器选型。

2）除尘器选型。

3）引风机选型。

4）脱硝系统设备选型。

5）脱硫系统设备选型。

（5）提出系统运行控制要求。

第二节　设　计　方　案

一、设计原则

烟气系统常用基本设计方案系统及布置设计原则如下：

（1）烟气系统常用设计方案按不含脱硫、脱硝工艺的基本方案拟定，脱硫、脱硝工艺模块另外单独组合。

（2）空气预热器按管式或回转式配置。

（3）引风机按 2×50% 容量配置。

（4）CFB 锅炉由于炉内喷钙脱硫，相对于同等灰分煤质的常规炉而言，其烟气中灰分会更高一些，除尘器的选择应考虑该因素的影响。除尘器按静电除尘器或袋式除尘器配置。

（5）在除尘器出口设置联络烟道，联络烟道通流量按 30%～35%BMCR 烟气量设计。

（6）引风机进、出口设隔断风门，在风机停运或检修时隔断风机。

（7）烟道布置应按烟气流场均匀、顺畅、积灰少、磨损小、阻力小的原则设计，特别是除尘器入口烟道布置应保证进入除尘器的烟气流场合理，同时应尽量保证各支路的阻力相当，烟气分配均匀。

（8）对单台空气预热器的系统，袋式除尘器需设置喷淋措施，防止在空气预热器故障时烟气温度高导致袋式除尘器烧袋。

二、常用设计方案

不同容量的 CFB 锅炉机组烟气系统配置有少许差异，下面针对不同容量机组分别说明各设计方案。

（一）125MW 级锅炉

1. 系统流程

125MW 级 CFB 锅炉机组烟气系统流程见图 5-3。采用 1 台管式空气预热器、1 台除尘器、2 台 50%容量离心式引风机。锅炉配置 2 台旋风分离器，燃烧后的烟气经过分离器后进入尾部受热面，然后经过管式空气预热器后排入除尘器，之后再由引风机增压后排入烟囱。

2. 布置

125MW 级 CFB 锅炉机组烟道布置示意如图 5-4 所示。图 5-4 主要表示了以下设备和烟道：

（1）管式空气预热器两个出口分别接至除尘器两个入口。

（2）除尘器两个出口分为四个支路分别进入双吸离心引风机。

（3）风机出口烟道汇合后进入烟囱。

（4）除尘器出口设置联络烟道。

（二）300MW 级锅炉

1. 系统流程

300MW 级 CFB 锅炉机组烟气系统流程如图 5-5 和图 5-6 所示。该容量机组可采用 1 台管式空气预热器，也可采用 1 台四分仓回转式空气预热器或 2 台三分仓回转式空气预热器，设 2 台除尘器、2 台 50%容量离心式或轴流式引风机。300MW 级 CFB 锅炉机组通常配 3 台旋风分离器（带外置床炉型配 4 台旋风分离器），燃烧后的烟气经过旋风分离器后进入尾部受热面，然后经过空气预热器后分别排入除尘器，之后再由引风机增压后排入烟囱。

2. 布置

300MW 级 CFB 锅炉机组烟道布置示意如图 5-7、图 5-8 所示。

（三）600MW 锅炉

1. 系统流程

600MW 级 CFB 锅炉机组烟气系统流程如图 5-9 所示。该容量机组烟气系统一般配 6 台旋风分离器、2 台回转式空气预热器、2 台除尘器、2 台 50%容量轴流式引风机。每台空气预热器进口均设有电动隔离风门。用于空气预热器事故发生时作关断烟气用，在空气预热器启停时也作开启和关断用。

2. 布置

600MW 级 CFB 锅炉机组烟道布置示意图如图 5-10 所示。2 台回转式空气预热器 1 个出口分为两条支路分别进入两台除尘器。除尘器出口汇合后进入轴流式引风机，引风机出口分别接入烟囱。引风机横向布置。

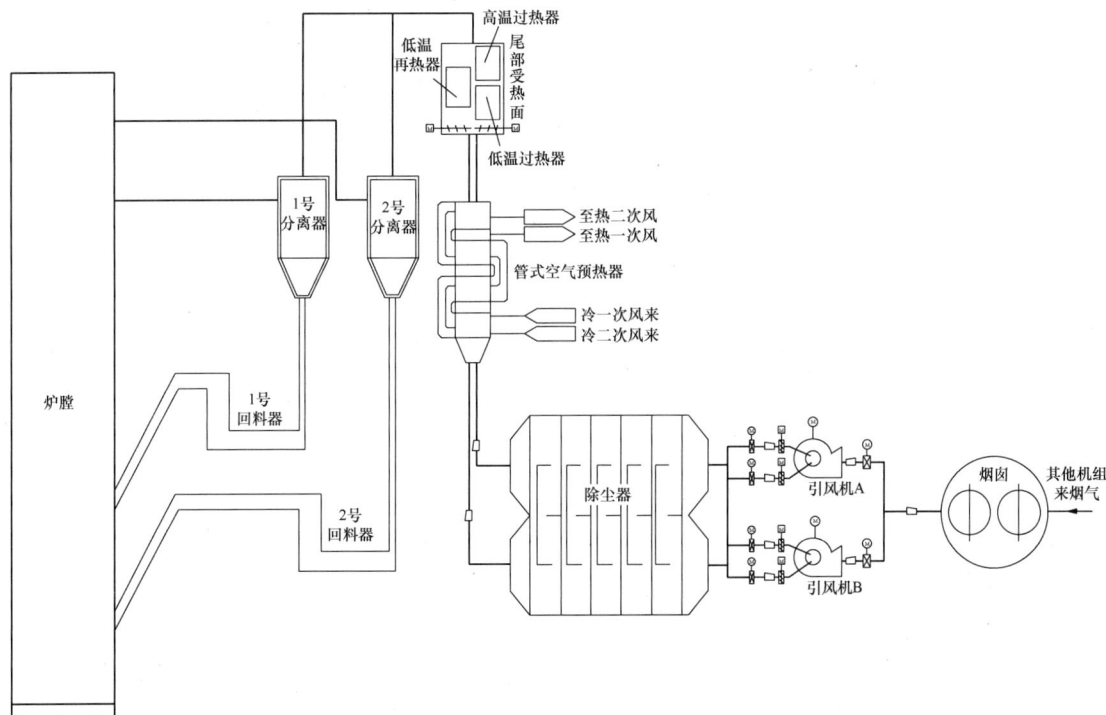

图 5-3 125MW 级 CFB 锅炉机组烟气系统流程示意图

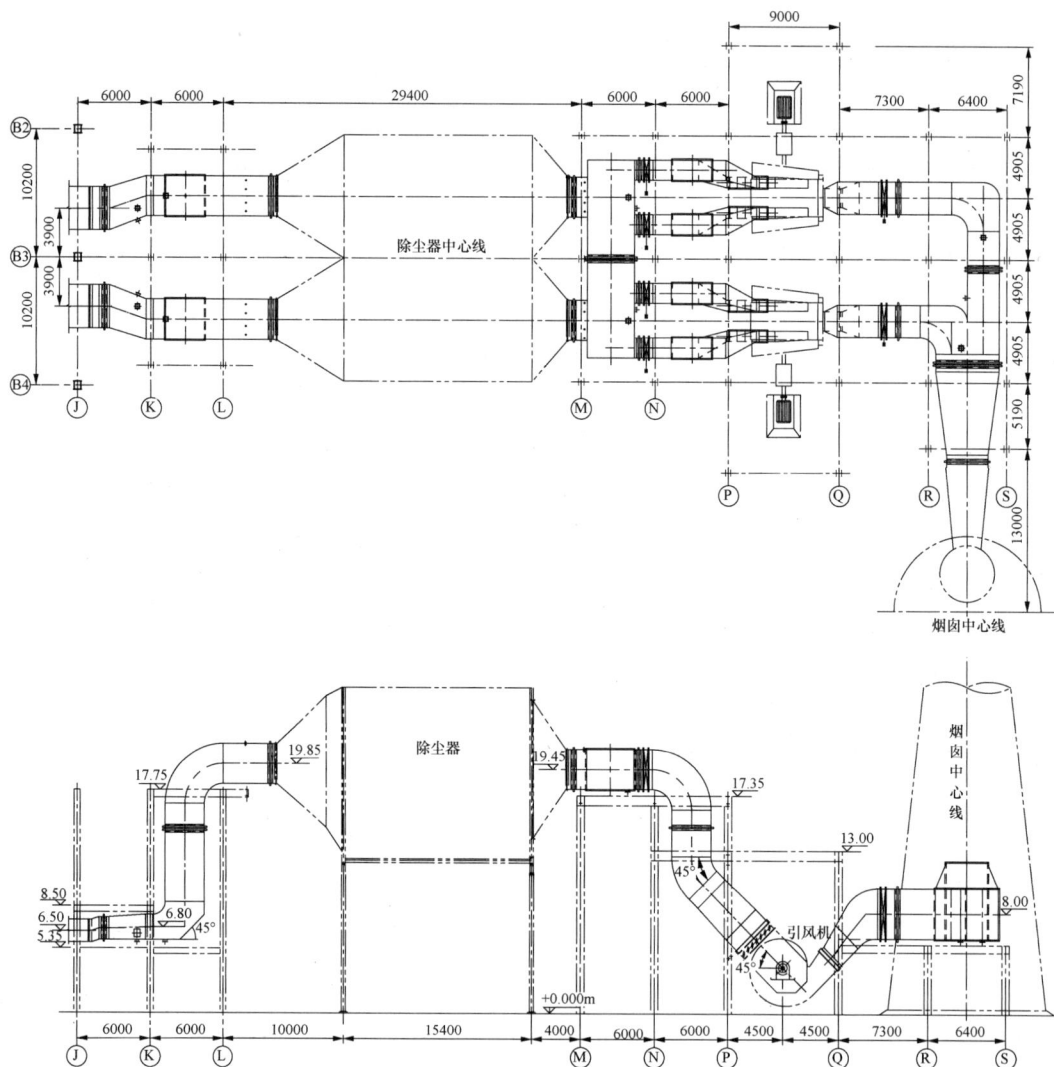

图 5-4 125MW 级 CFB 锅炉机组烟道布置示意图

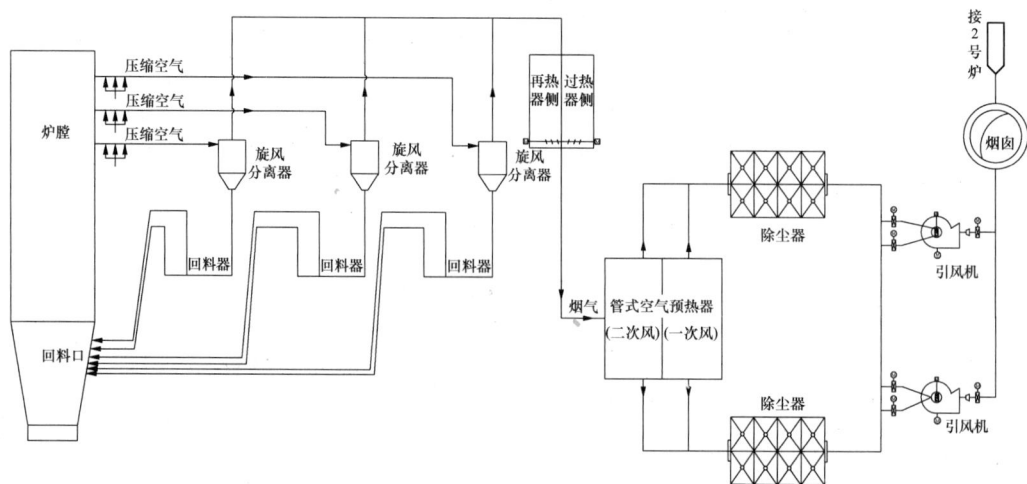

图 5-5 300MW 级 CFB 锅炉机组烟气系统流程示意图（管式空气预热器）

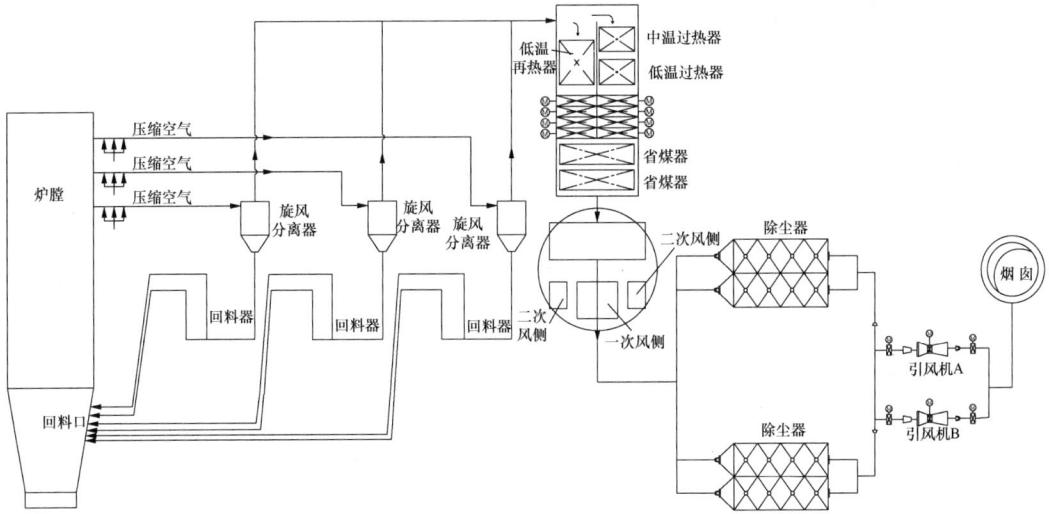

图 5-6　300MW 级 CFB 锅炉机组烟气系统流程示意图（回转式空气预热器）

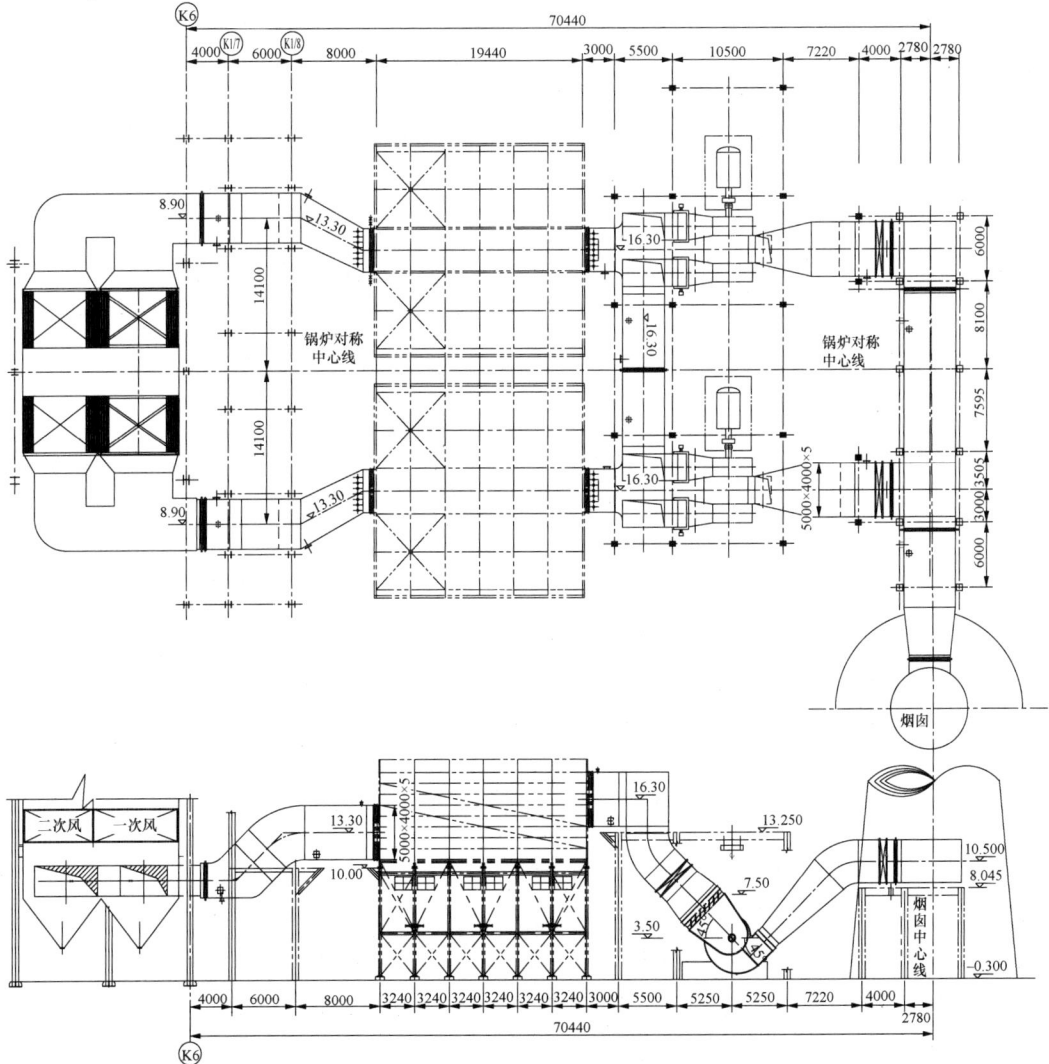

图 5-7　300MW 级 CFB 锅炉机组烟道布置示意图（管式空气预热器）

图 5-8 300MW 级 CFB 锅炉机组烟道布置示意图（回转式空气预热器）（一）

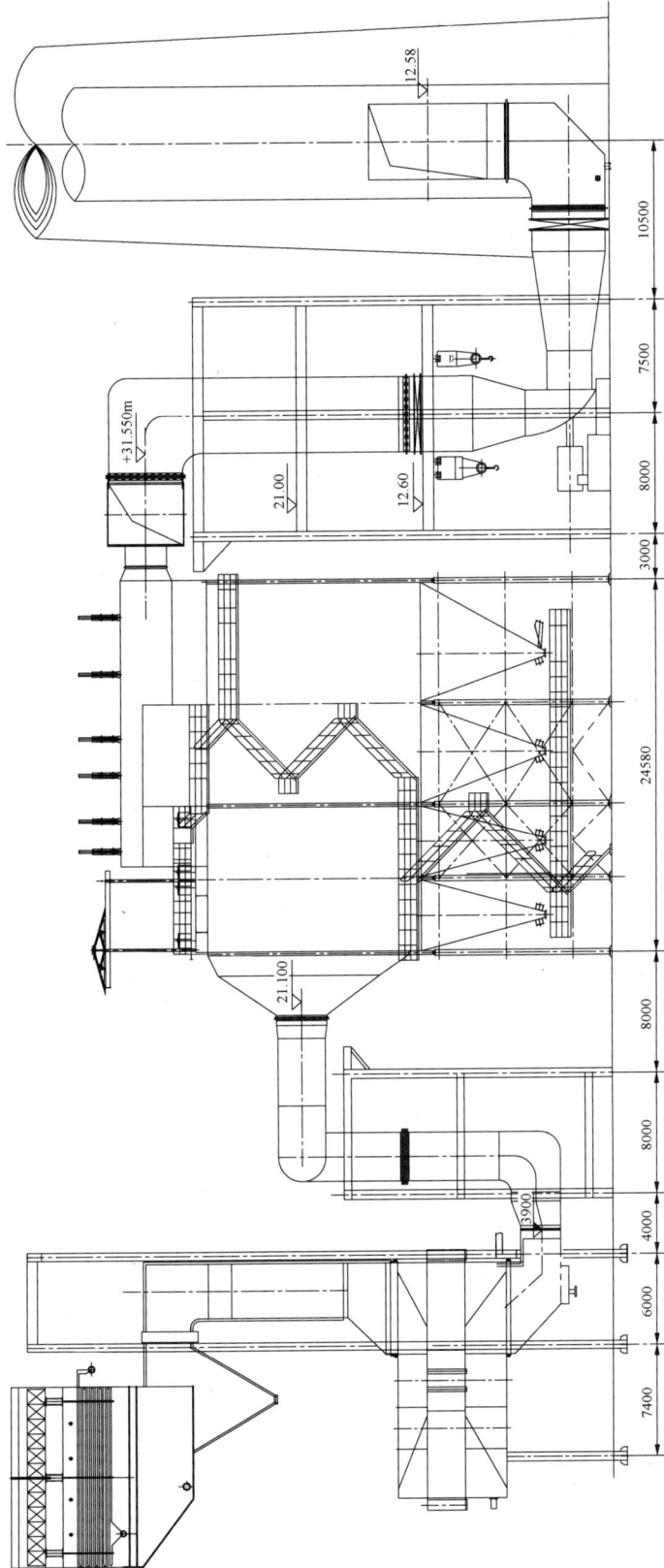

图 5-8 300MW 级 CFB 锅炉机组烟道布置示意图（回转式空气预热器）（二）

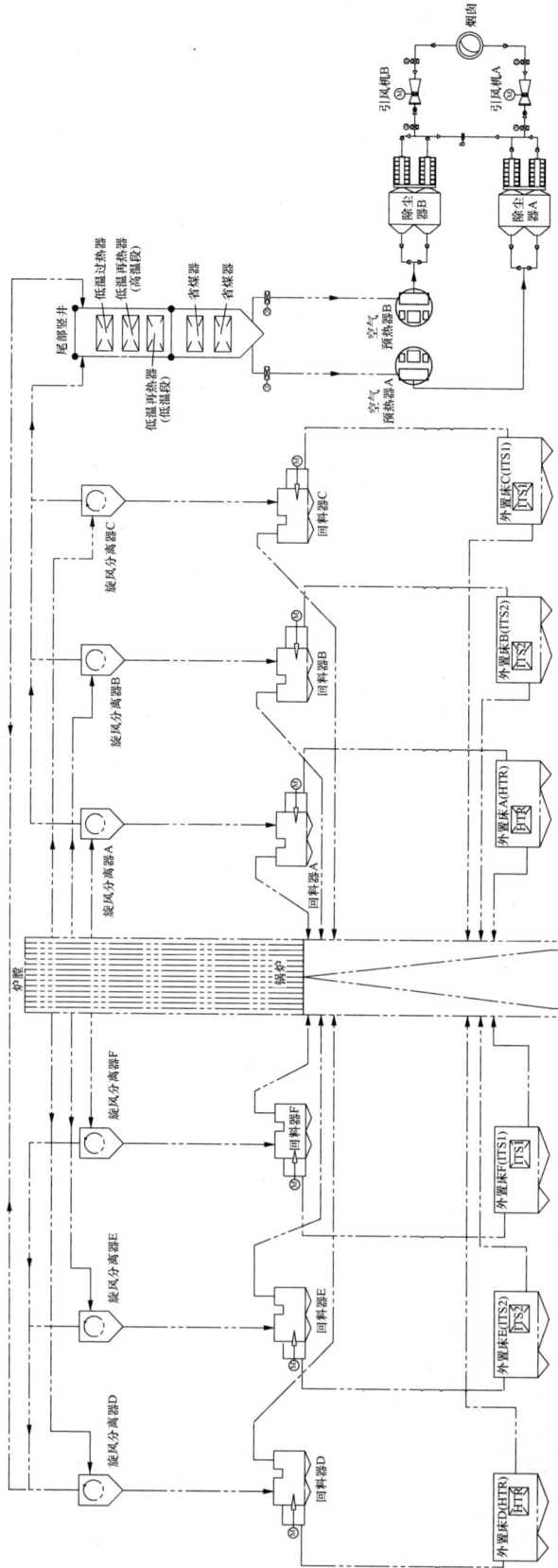

图 5-9　600MW 级 CFB 锅炉机组烟气系统流程示意图

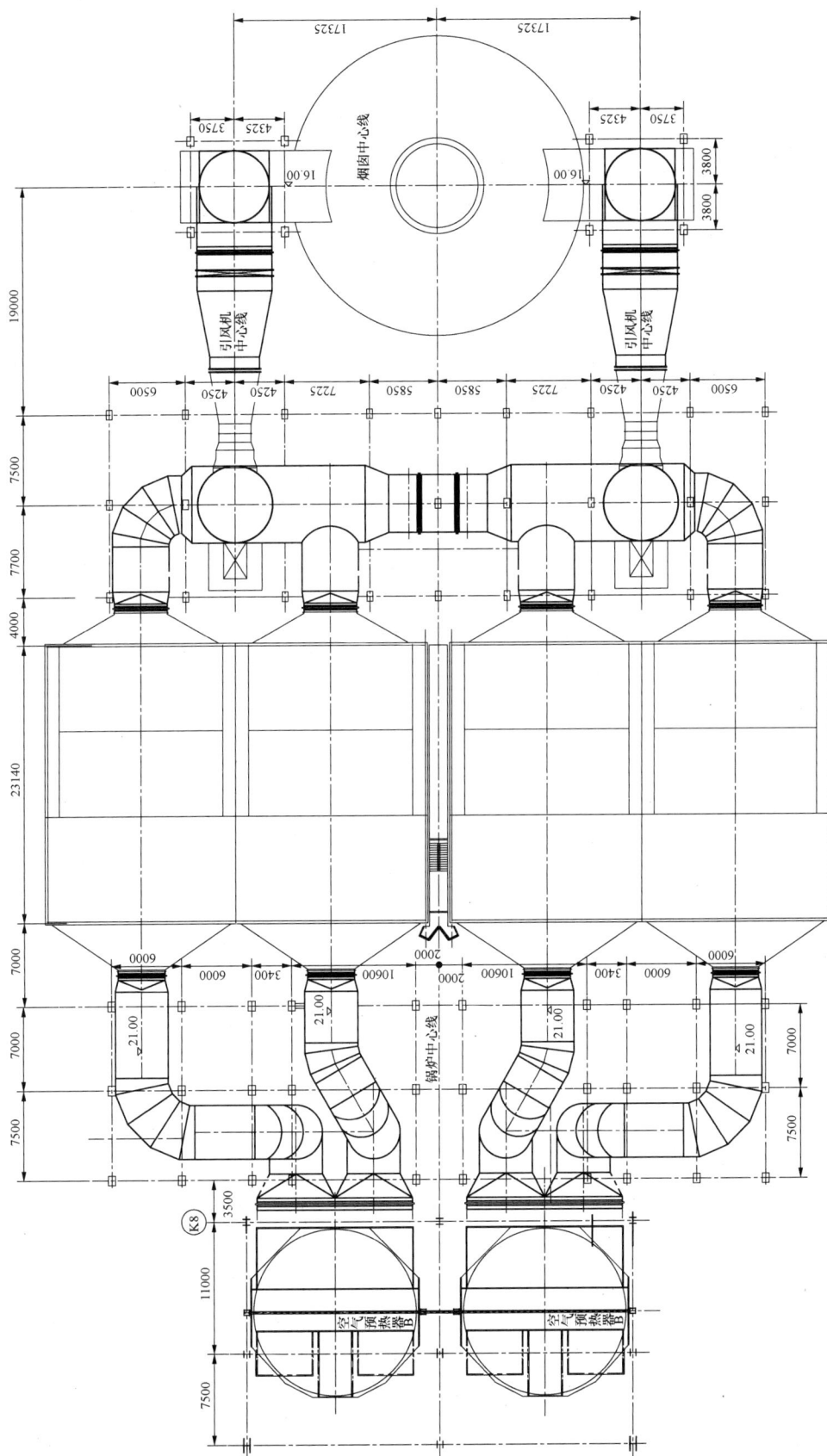

图 5-10　600MW 级 CFB 锅炉机组烟道布置示意图（一）

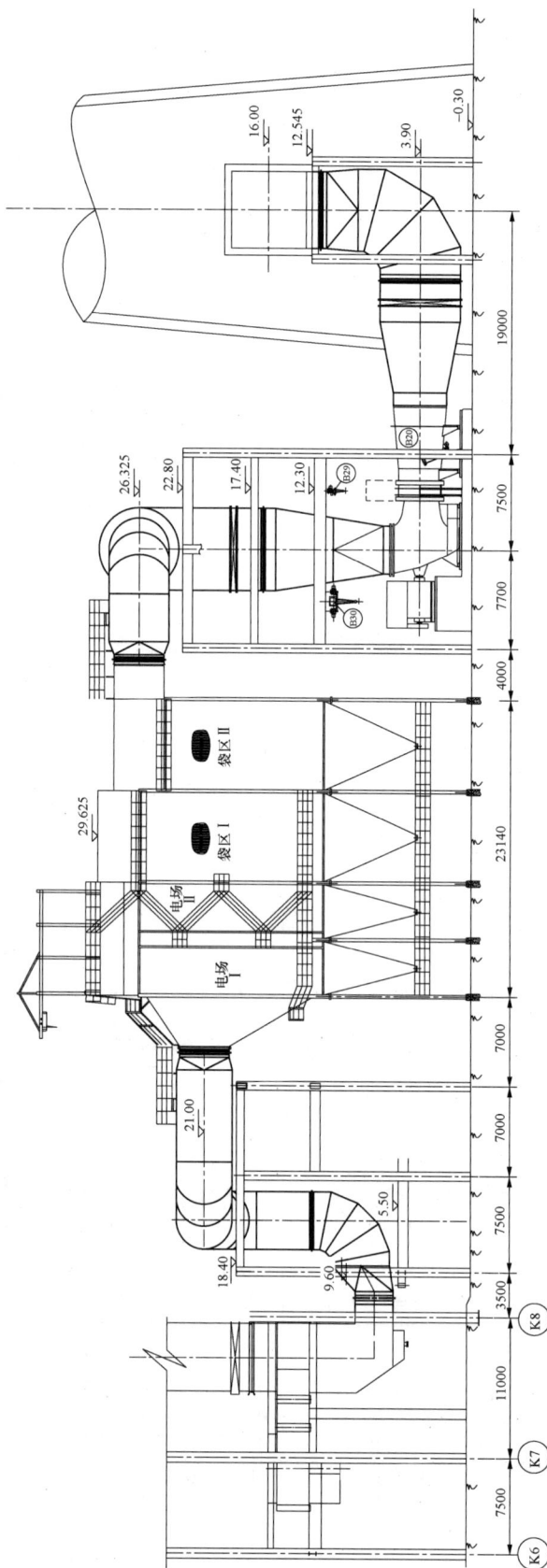

图 5-10　600MW 级 CFB 锅炉机组烟道布置示意图 (二)

三、烟气净化系统

目前，国内绝大部分燃煤电厂的烟气污染物排放浓度需满足超低排放标准，即粉尘浓度小于或等于 $10mg/m^3$（标准状态）、NO_x 浓度小于或等于 $50mg/m^3$（标准状态），SO_2 浓度小于或等于 $35mg/m^3$（标准状态），甚至还有更严格要求，即粉尘浓度小于或等于 $5mg/m^3$（标准状态）、NO_x 浓度小于或等于 $50mg/m^3$（标准状态），SO_2 浓度小于或等于 $35mg/m^3$（标准状态）。对于 CFB 锅炉而言，尽管由于其燃烧特性的优势可以实现较低浓度的 NO_x 排放浓度，以及经过炉内脱硫后可以实现较低的 SO_x 排放浓度，但还是无法一次性达到超低或更严排放标准要求，因此，需要对烟气进行进一步的净化处理，即进一步对烟气进行脱硝和二次脱硫，同时选用高效除尘器才可以实现烟气污染物浓度达到超低或更严排放标准。下面则分别说明可以用于 CFB 锅炉机组烟气净化的各种系统方案，设计时可根据工程实际情况与基本方案进行不同的组合以满足工程需求。

（一）烟气脱硝技术

CFB 锅炉通过循环灰量、风煤配比等手段来控制床温，实现低温燃烧，并采用分级布风形式，有效控制 NO_x 的生成量，可最大程度地降低 NO_x 的排放。

由于循环流化床独特的燃烧方式，主要是燃料型 NO_x 的生成，所以 CFB 锅炉燃烧后的烟气中 NO_x 的浓度与煤质种类、挥发分、含氮量有很大关系。总的来说，对一般含氮量的中等挥发分的烟煤、贫煤煤质，燃烧后的烟气中 NO_x 浓度可控制在 $200mg/m^3$（标准状态）以下；对于含氮量较高的褐煤、烟煤、贫煤煤质，燃烧后的烟气 NO_x 浓度可能达到 $300 \sim 400mg/m^3$（标准状态）；而对于挥发分低的无烟煤，燃烧后的烟气 NO_x 浓度约为 $100mg/m^3$（标准状态）。无论采用何种煤质，就目前绝大部分工程来看，要实现 NO_x 浓度达到 $50mg/m^3$（标准状态）以下，都需要进行烟气脱硝处理，而目前可以采用的脱硝工艺是 SNCR 脱硝技术或 SNCR+SCR 联合脱硝技术。

1. SNCR 脱硝技术在 CFB 锅炉机组的应用

SNCR 即选择性非催化还原脱硝技术，是在没有催化剂的条件下，利用还原剂有选择性地与烟气中的氮氧化物（主要 NO 和 NO_2）发生化学反应，生成氮气和水，从而减少烟气中的氮氧化物排放的一种脱硝工艺。

循环流化床锅炉燃烧温度低，其烟气温度一般在 $920℃$ 以下，旋风分离器区域烟气温度在 $870 \sim 908℃$ 之间，该温度区间也是脱硝还原剂与 NO_x 发生反应最

佳的温度区间，锅炉旋风分离器内烟气扰动强烈，同时还原剂从锅炉旋风分离器入口水平烟道喷入，使还原剂与烟气的混合更加充分，反应时间长。因此，选择性非催化还原技术应用在循环流化床锅炉上，相比较于常规煤粉锅炉，可以达到较高的脱硝效率，目前工程中可以达到 60% 以上。而且选择性非催化还原脱硝工艺与选择性催化还原脱硝工艺相比，系统简单、初投资低、运行成本低，当循环流化床机组需要烟气脱硝时，宜选用选择性非催化还原工艺。

2. SNCR+SCR 脱硝技术在 CFB 锅炉机组的应用

选择性催化还原脱硝技术是指在催化剂的作用下，利用含 NH_x 基的还原剂（如氨气、氨水或者尿素等）有选择性地与烟气中的 NO_x 反应并生成无毒、无污染的 N_2 和 H_2O。选择性是指在烟气脱硝过程中烟气脱硝催化剂有选择性地将 NO_x 还原为氮气，而烟气中的 SDO_2 极少地被氧化成 SO_3。

SCR 工艺系统发展成熟，在常规煤粉炉上应用广泛。然而，由于循环流化床炉内燃烧特点，该工艺并不能很好地适应 CFB 炉，所以 CFB 锅炉并不宜采用单一的 SCR 脱硝工艺。SCR 工艺多是作为 SNCR 技术的补充，在要求较高的脱硝效率的机组中用于进一步提高脱硝效率，使 NO_x 排放浓度满足环保要求。另外，在机组低负荷时，烟气温度比高负荷时低，SNCR 的脱硝效率会降低，此时，采用 SCR 作为补充，以满足排放要求。因此，SCR 工艺在 CFB 锅炉上多应用于 SNCR+SCR 联合脱硝上。

SNCR+SCR 联合脱硝技术通过炉内 SNCR 脱除部分 NO_x 后，未反应完全的还原剂进入 SCR 进一步脱氮。通常 SCR 设置一层催化剂，直接布置在原烟道上，不单独设置钢构架。SNCR+SCR 联合脱硝技术催化设置层数少，脱硝系统阻力较小，对 CFB 锅炉其脱硝效率可以达到 80% 以上。

SNCR+SCR 联合脱硝技术在原 SNCR 技术基础上，设置 1 台 SCR 反应器，布置在尾部烟道两级低温段省煤器之间，反应器内布置 1 层催化剂，在催化剂区域，SNCR 未脱除的氮氧化物和未反应的 NH_3 在催化剂区域进行充分反应，生成氮气。当 SNCR 逃逸的 NH_3 不足时，为保证脱硝效率，在 SCR 反应器前设置 1 组尿素补充喷枪。SNCR+SCR 反应区工艺简图如图 5-11 所示，CFB 锅炉的 SNCR+SCR 工艺中的 SCR 的布置示意图如图 5-12 所示。

3. 技术特点对比

SNCR 和 SNCR+SCR 混合脱硝工艺综合比较见表 5-1。

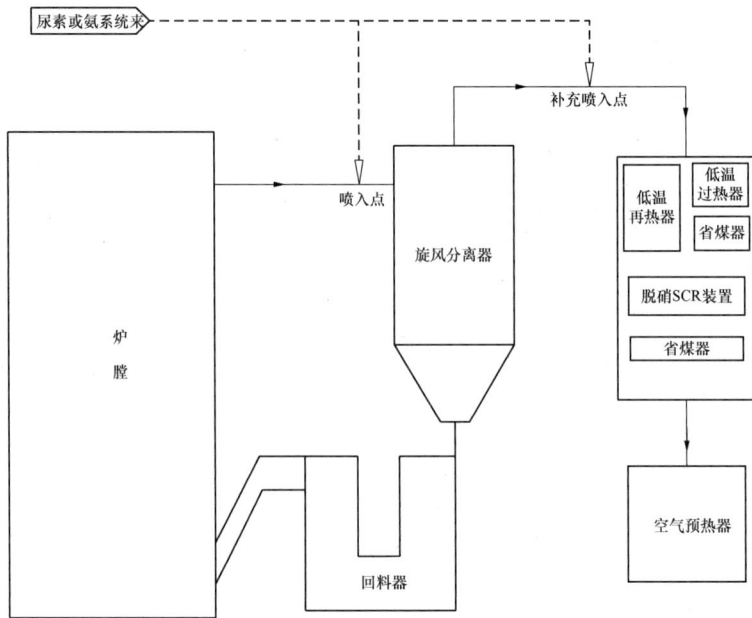

图 5-11　SNCR＋SCR 反应区工艺简图

表 5-1　　SNCR 和 SNCR＋SCR 联合脱硝工艺综合比较

序号	项　目	SNCR 工艺	SNCR＋SCR 工艺
1	还原剂	尿素溶液	尿素溶液
2	还原剂耗量	多	同 SNCR
3	反应温度（℃）	850～1100	前段：850～1100 后段：280～420
4	催化剂用量	不用	传统：少
5	脱硝效率（%）	CFB 可达 70%	CFB 可达 80% 以上
6	还原剂喷射位置	分离器入口烟道	前段：同 SNCR；后段补充喷枪位于：SCR 反应器前的烟道
7	SO_2 转化为 SO_3	无	≤1%
8	NH_3 逃逸率（μL/L）	8～10	3～5
9	对空气预热器的影响	不导致 SO_2/SO_3 的氧化，造成空气预热器堵塞后或腐蚀概率三者最小	介于 SCR 与 SNCR 之间
10	系统压力损失	无	较低，约 400Pa

续表

序号	项　目	SNCR 工艺	SNCR＋SCR 工艺
11	燃料的影响	无影响	与 SCR 相同
12	运行维护	系统简单，维护工作量少	系统简单，须定期对反应器内吹灰，防止积灰。催化剂失效后需更换，维护费用略高
13	占地面积	不需要额外占地	不需要额外占地
14	锅炉效率	影响较小	同 SNCR

4. CFB 锅炉机组脱硝技术选择

不同煤质在满足 NO_x 排放浓度不高于 50mg/m³（标准状态）的情况下，其脱硝技术基本路线可参考表 5-2。

表 5-2　　脱硝技术选择推荐表

序号	出口浓度（mg/m³，标准状态）	脱硝效率（%）	技术路线	备注
1	≤100	≥50	SNCR	
2	≤120	≥60	SNCR	
3	≤140	≥65	SNCR	预留 SCR 条件
4	≤160	≥70	SNCR	预留 SCR 条件
5	≤180	≥75	SNCR＋SCR	
6	≤200	≥80	SNCR＋SCR	

炉膛
中心线

40

SCR反应器

F

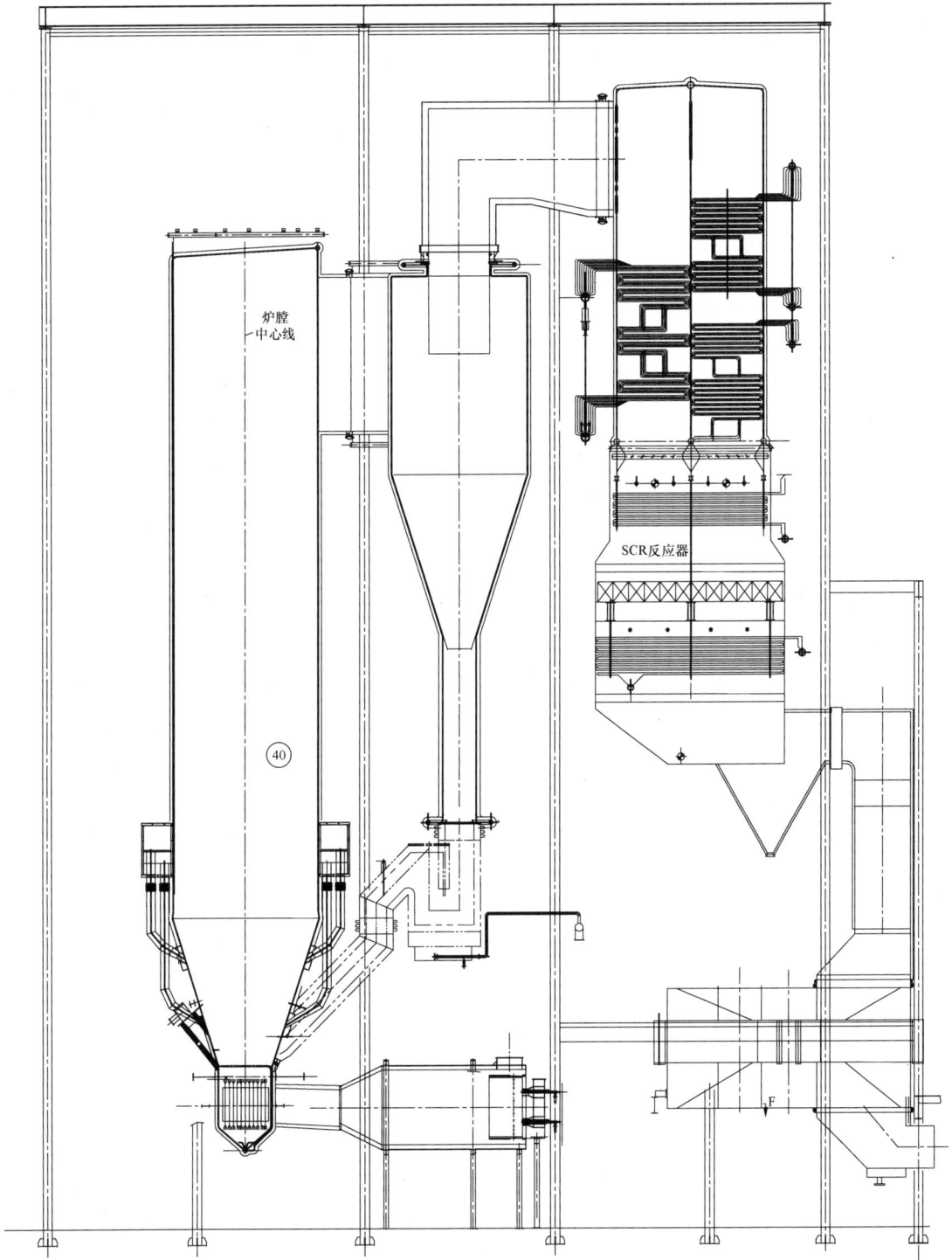

图 5-12 CFB 锅炉的 SNCR+SCR 工艺中的 SCR 的布置示意图

（二）烟气脱硫技术

对 CFB 锅炉而言，最突出的特点之一是锅炉炉膛温度适合烟气中 SO_2 与钙反应所需温度，因此可以直接向炉内添加石灰石，以实现炉内直接脱硫，降低炉膛出口的 SO_x 浓度。但为了满足更低的 SO_x 浓度排放值需求，需要对烟气进行二次脱硫处理，而二次脱硫的效率相对于常规炉工程可以更低，因此，目前常用的脱硫技术基本都能满足 CFB 锅炉机组的二次脱硫效率需求，如石灰石-石膏湿法、烟气循环流化床半干法、海水法等。而在众多的脱硫技术中，在 CFB 锅炉机组工程中应用最多的是石灰石-石膏湿法脱硫和烟气循环流化床半干法脱硫技术。这两种脱硫技术都是成熟的脱硫工艺，只是循环流化床半干法烟气脱硫工艺系统简单、电耗和工艺水耗低、无脱硫废水排放，而且可充分再利用烟气中炉内脱硫未完全反应的 CaO，宜优先选用。石灰石-石膏湿法烟气脱硫工艺非常成熟，可以实现非常高的脱硫效率，当脱硫效率在 95% 以上时，综合经济性更优。

关于循环流化床锅炉系统炉内、炉外脱硫效率分配的问题，各工程应根据锅炉热效率、灰渣综合利用、物料价格、脱硫工艺等因素来综合确定。

（三）烟气除尘技术

近年来，由于环保政策越来越严，排放要求越来越高，早期采用单一的除尘器就能满足要求的技术很难再满足现在的排放需求，所以，目前多数电厂采用脱硫+除尘一体化技术来达到脱硫和除尘的协同治理，以满足烟尘排放要求。

对采用石灰石-石膏湿法脱硫的技术，技术路线也有多种，比如：除尘器前低温省煤器+低低温静电除尘器+石灰石-石膏湿法脱硫；常规静电除尘器+低温省煤器+石灰石-石膏湿法脱硫+湿式除尘器；高效袋式除尘器+低温省煤器+湿法脱硫等。对于 CFB 锅炉机组，由于炉内添加了石灰石脱硫，烟气中灰分含量相对较高，对于在除尘器前的高含尘区设置低温省煤器的方案建议根据工程煤质、烟道布置等条件综合评估低温省煤器的积灰及磨损问题后确定。因此，在这些脱硫+除尘一体化的技术路线中，适用于 CFB 锅炉机组的，推荐高效静电或袋式除尘器+低温省煤器+石灰石-石膏湿法脱硫。而湿法脱硫后是否设置湿式除尘器需根据工程具体情况而定。

循环流化床干法脱硫+布袋除尘一体化技术，即空气预热器出口烟气在脱硫塔内与吸收剂（新鲜消石灰粉）、再循环灰（除尘器收集的灰，包括未反应完全的循环物料和锅炉粉煤灰）形成激烈湍动的循环流化床层，完成脱硫反应。脱硫后的烟气携带大量烟尘从脱硫塔顶部排出，高含尘烟气需经过高效布袋除尘器净化，烟尘被收集后大部分作为再循环灰返回脱硫塔利用，其余灰作为副产物排出。满足排放需求后的烟气由引风机引入烟囱排向大气。是否选择该工艺决定于是否选择循环流化床干法脱硫作为二次脱硫工艺，需要根据工程实际需要的二次脱硫效率及工程特点综合比较后确定。

四、烟气余热利用

近年来，随着节能减排的需求，烟气余热利用已成为常用的优化措施之一，在尾部烟道上适当位置设置低温省煤器回收烟气余热也是常用的技术方案之一，包括在除尘器前设置低温省煤器降低除尘器入口烟气温度，并采用低低温静电除尘器，这种方案既可以回收余热又可以进一步提高除尘器除尘效率等，在煤粉炉机组煤质条件较好的工程中应用较多。另一种是在引风机后脱硫塔前设置低温省煤器。对 CFB 锅炉机组，多数燃用低热值高灰分煤，同时炉内需要加入石灰石脱硫，烟气中粉尘浓度普遍比常规煤粉炉偏高，如果在除尘器前高含尘区设置低温省煤器，建议根据工程煤质、烟道布置等条件综合评估低温省煤器的积灰及磨损问题。本手册推荐将低温省煤器设置在引风机出口至脱硫岛入口段的烟道上，在此处设置低温省煤器可以避免积灰和磨损问题，同时还可以利用引风机的温升，深度回收烟气余热，达到节能减排的效果。低温省煤器可以根据布置情况设 $2 \times 50\%$ 双列，也可以设 $1 \times 100\%$ 单列。

五、组合常用方案

为满足烟气污染物超低排放要求，将基本的常用方案与净化方案和烟气余热技术进行整合，有以下两个常用方案。

方案一：炉内一次脱硫，脱硝采用 SNCR+SCR 组合技术，采用石灰石-石膏湿法脱硫二次脱硫技术，引风机与增压风机合并设置，引风机后设置低温省煤器。该方案烟气典型流程：锅炉→SNCR+SCR 脱硝装置→空气预热器→高效静电或袋式除尘器→引风机→低温省煤器→湿法脱硫塔→烟囱。烟气系统组合常用设计方案一流程示意图如图 5-13 所示。

方案二：炉内一次脱硫，脱硝采用 SNCR+SCR 组合技术，采用烟气循环流化床半干法脱硫+布袋除尘一体化技术。该方案烟气典型流程：锅炉→SNCR+SCR 脱硝装置→空气预热器→脱硫塔→布袋除尘器→引风机→烟囱。烟气系统组合常用设计方案二流程示意如图 5-14 所示。

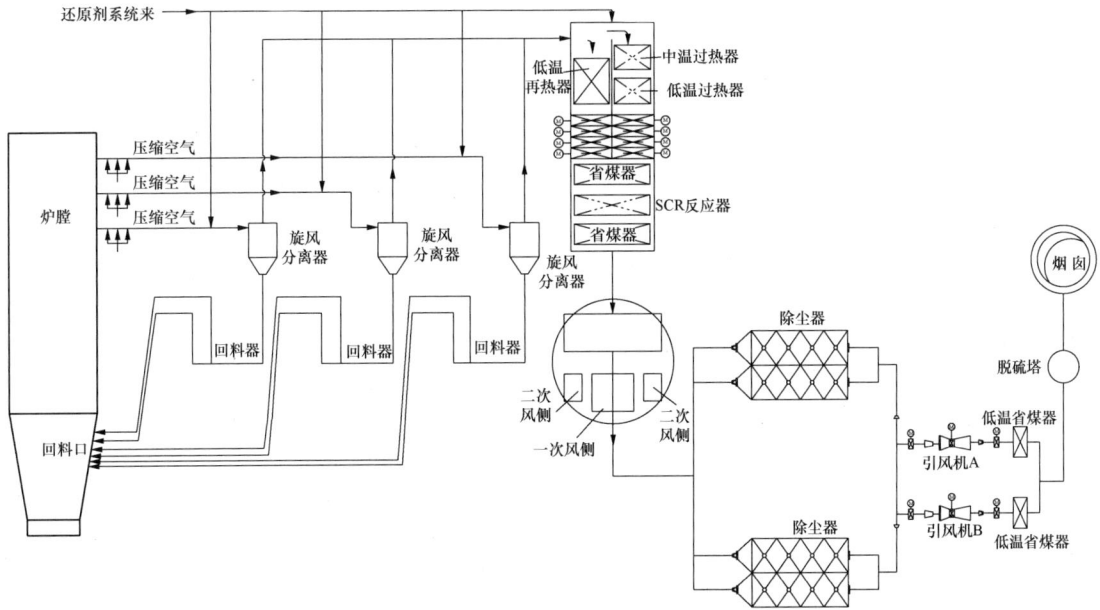

图 5-13　烟气系统组合常用设计方案一流程示意图

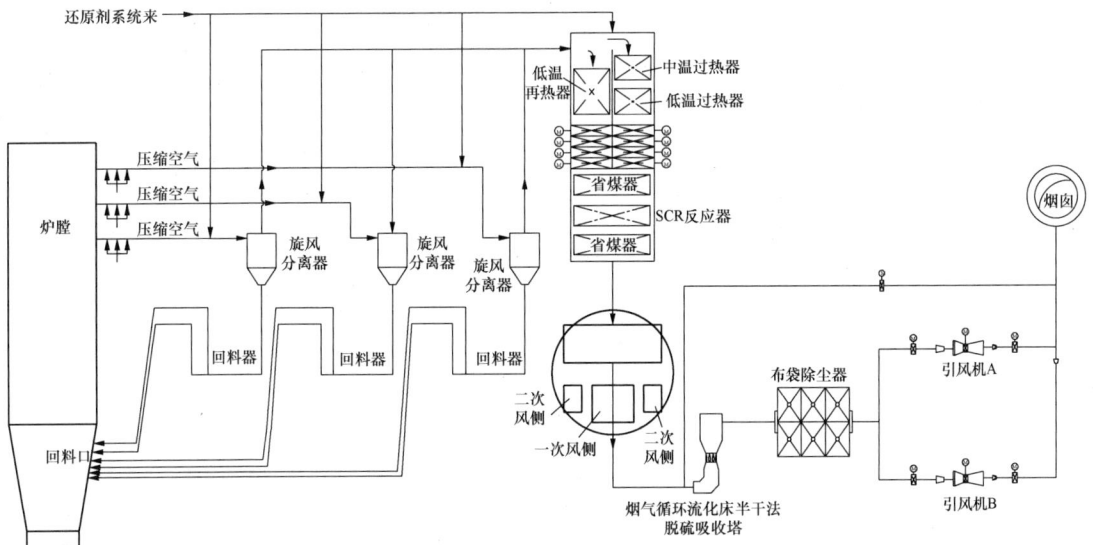

图 5-14　烟气系统组合常用设计方案二流程示意图

第三节　控 制 要 求

烟气系统应纳入 DCS 监控，并应设炉膛压力调节，可按设备配置和运行的要求，设置联锁与远方控制。烟气系统应设炉膛压力自动调节以及炉膛正压、负压超压联锁保护。

对应不同工况，控制要求如下：

一、启动工况

烟气系统启动前各设备应具备启动条件，并保证机组的一条风通道畅通，启动引风机后，通过引风机控制炉膛和尾部烟道压力。

二、正常运行工况

正常运行工况，烟气系统各设备均处于运行状态，引风机设为控制锅炉后烟井压力模式。

三、停运工况

锅炉停运后，引风机应保持运行状态，除非：

（1）引风机自身电气或机械保护要求停运。

（2）空气预热器跳闸。

（3）尾部竖井压力极低超过设定值。

（4）运行人员发出停引风机指令。

当所有引风机跳闸时，锅炉应停炉。

第四节　设　计　计　算

一、除尘器参数

除尘器的烟气流量按设计煤种和校核煤种分别计算，对设计煤种应为在锅炉最大连续蒸发量工况下的空气预热器出口烟气量，另加 10%的裕量；烟气温度应为燃用设计煤种在锅炉最大连续蒸发量工况下的空气预热器出口烟气温度加 10～15℃。

对校核煤种，烟气流量应为在锅炉最大连续蒸发量工况下的空气预热器出口烟气量，烟气温度为燃用校核煤质在锅炉最大连续蒸发量工况下的空气预热器出口烟气温度。

循环流化床锅炉的排灰分为飞灰和底渣，飞灰量与锅炉的飞灰/底渣比有关，而飞灰/底渣比受煤质、锅炉设计等方面的影响，通常由锅炉厂提出，表 5-3 可以作为设计参考。

表 5-3　　飞 灰 百 分 比 参 考 表

项目	飞灰百分比（%）	
燃料种类	施风分离器入口采用长烟道布置	旋风分离器入口采用短烟道布置
褐煤	50～65	60～70
次烟煤/烟煤	50～60	55～70
低挥发分烟煤/无烟煤	45～55	55～70

注　1. 飞灰量比例的低限适用于采用较大颗粒的煤和石灰石粒径。

2. 飞灰量比例的高限适用于采用较小颗粒的煤和石灰石粒径。

3. 该表针对某公司旋风分离器取值，供参考取用。

除尘器烟气量按式（5-1）和式（5-2）计算，并取大值，即

$$Q_1 = 1.1 \times \frac{Q_0}{n} \times \frac{273 + t_{Pr} + \Delta t}{273 + t_{Pr}} \quad (5-1)$$

$$Q_2 = \frac{Q_0'}{n} \quad (5-2)$$

式中　Q_1——按设计煤计算的除尘器选型烟气量，m^3/h；

Q_0——锅炉在 BMCR 工况燃烧设计煤种的空气预热器出口烟气量，m^3/h；

n——除尘器台数；

t_{Pr}——空气预热器出口烟气温度，℃；

Δt——温度裕量，取值 10～15℃；

Q_2——按校核煤计算的除尘器选型烟气量，m^3/h；

Q_0'——锅炉在 BMCR 工况燃烧校核煤种的空气预热器出口烟气量，m^3/h。

对于除尘器入口段烟道漏风较多的情况，也可以按除尘器入口处参数作为基本参数来计算选型参数。

二、引风机参数

1. 风量

引风机的基本风量应按燃用设计煤种锅炉在最大连续蒸发量时的烟气量、制造厂保证的空气预热器运行 1 年后烟气侧及锅炉烟气系统漏风量之和确定。

引风机的风量裕量不宜低于 10%，宜另加 10～15℃的温度裕量。风量按式（5-3）计算，即

$$Q_{TB} = 1.1 \times \frac{Q}{n} \times \frac{273 + t_{IDF} + \Delta t}{273 + t_{IDF}} \quad (5-3)$$

式中　Q_{TB}——引风机 TB 点选型烟气量，m^3/h；

Q——引风机在 BMCR 工况基本风量，根据 BMCR 工况下燃用设计煤种时空气预热器出口烟气量考虑沿程烟道漏风计算得出，m^3/h；

n——引风机台数；

t_{IDF}——引风机入口烟气温度，℃；

Δt——温度裕量，取值 10～15℃。

2. 风压

引风机基本风压按设计煤种锅炉最大连续蒸发量工况计算，包括制造厂保证的锅炉本体烟气侧阻力（含自身通风及炉膛起始点负压）、烟气脱硝装置、烟气脱硫装置（当与增压风机合并时）、除尘器、低温省煤器（若有）、排烟升温换热装置（若有）及系统阻力。引风机的压头裕量不宜低于 20%。风压按式（5-4）计算，即

$$p_{TB} = 1.2 \sum p_n \quad (5-4)$$

式中　p_{TB}——引风机 TB 点选型风压，Pa；

p_n——烟气系统各阻力，包括炉膛负压、分离器阻力、锅炉尾部竖井阻力、空气预热器阻力、除尘器阻力、脱硫装置阻力、烟道沿程阻力等，Pa。

三、烟道选型

（1）烟道选型设计计算可遵照 DL/T 5121《火力发电厂烟风煤粉管道设计技术规程》中的相关规定。

（2）烟道流速宜在 10～15m/s 范围内。

（3）在布置条件许可的条件下，宜采用圆形烟道，

以节约钢材量。

四、计算案例

某 350MW 超临界 CFB 锅炉机组工程烟气系统除尘器和引风机选型计算示例见表 5-4。

表 5-4　　　　　　烟气系统除尘器和引风机选型计算示例

序号	项目	代号	公　　式	单位	BMCR 工况	选型结果
一			基础数据			
1	环境温度	t_m		℃	21.5	
2	当地大气压	p_m		kPa	99.96	
3	风机台数			台	2	
4	除尘器台数			台	2	
二			除尘器参数			
1	进口烟气量	Q_o	燃烧设计煤种的空气预热器出口烟气量	m³/s	487	
2	进口烟气量	Q'_o	燃烧校核煤种的空气预热器出口烟气量	m³/s	476	
3	进口温度	t_{Pr}	空气预热器出口烟气温度	℃	140	
4	选型烟气量	Q_1	$1.1 \times \dfrac{Q_o}{2} \times \dfrac{273 + t_{Pr} + \Delta t}{273 + t_{Pr}}$	m³/s	277.6	
5	选型烟气量	Q_2	$\dfrac{Q'_o}{2}$	m³/s	238	
6	最终选型		Q_1 和 Q_2 中的大值	m³/s		277.6
二			引风机参数计算			
（一）			风量计算			
1	进口烟气量	Q		m³/s	271.4	
2	入口烟气温度	t_{IDF}		℃	135	
3	每台风机基本风量	Q_{TB}	$1.1 \times \dfrac{Q}{2} \times \dfrac{273 + t_{IDF} + 15}{273 + t_{IDF}}$	m³/s	309.5	
（二）			风压计算			
1	烟气系统阻力	$\sum p_n$		Pa	9826	
2	炉膛阻力	p_{TB}	$p_{TB} = 1.2 \sum p_n$	Pa		11791

第五节　设　备　选　型

一、空气预热器选型

电厂用空气预热器主要有管式空气预热器、回转式空气预热器和热管式空气预热器，其中应用最为普遍的是管式空气预热器和回转式空气预热器。

（一）管式空气预热器

管式空气预热器由许多列平行布置的管子、管箱和中间隔板等部件组成，热烟气从管箱内或外部流过，将热量传递给换热管后温度降低，冷空气从管箱外或内部通过，从换热管吸热后升温，实现冷热介质的换热。

管式空气预热器有立式和卧式两种结构，立式是管子垂直布置，烟气从管子内通过，空气从管外流过。卧

式是管子水平布置，烟气从管子外流过，空气走管内。卧式布置的空气预热器可以配置吹灰器，避免结灰，同时相对于立式布置更容易大型化，因此，在循环流化床锅炉中卧式布置的管式空气预热器应用更为普遍。

管式空气预热器的优点是密封性好、传热效率高、易于制造和加工；缺点是体积大、容易堵灰、不易于清理、烟气进口处容易磨损。

对循环流化床锅炉，一般要求锅炉厂保证管式空气预热器的漏风率在投产第一年内不高于 1%，运行 1 年后不高于 3%。

空气预热器的漏风率按式（5-5）计算，即

$$\partial = \frac{Q_{air}}{Q_{gas}} \times 100\% \qquad (5\text{-}5)$$

式中 ∂ ——漏风率，%；

Q_{air} ——漏入烟气侧的湿空气质量，kg/s；

Q_{gas} ——进入空气预热器的湿烟气质量，kg/s。

（二）回转式空气预热器

回转式预热器应用较为普遍的是受热面旋转结构，其转子为圆形，按环向均分为多个隔舱，每个隔舱布置了传热元件。当空气预热器缓慢旋转时，烟气和空气逆向交替流经空气预热器。蓄热元件在烟气侧吸热，在空气侧放热，从而达到降低锅炉排烟温度、提高热风温度的预热作用。

空气预热器结构示意如图 5-15 所示。

目前，在电厂中应用较广的回转式空气预热器主要有两分仓、三分仓、四分仓空气预热器。

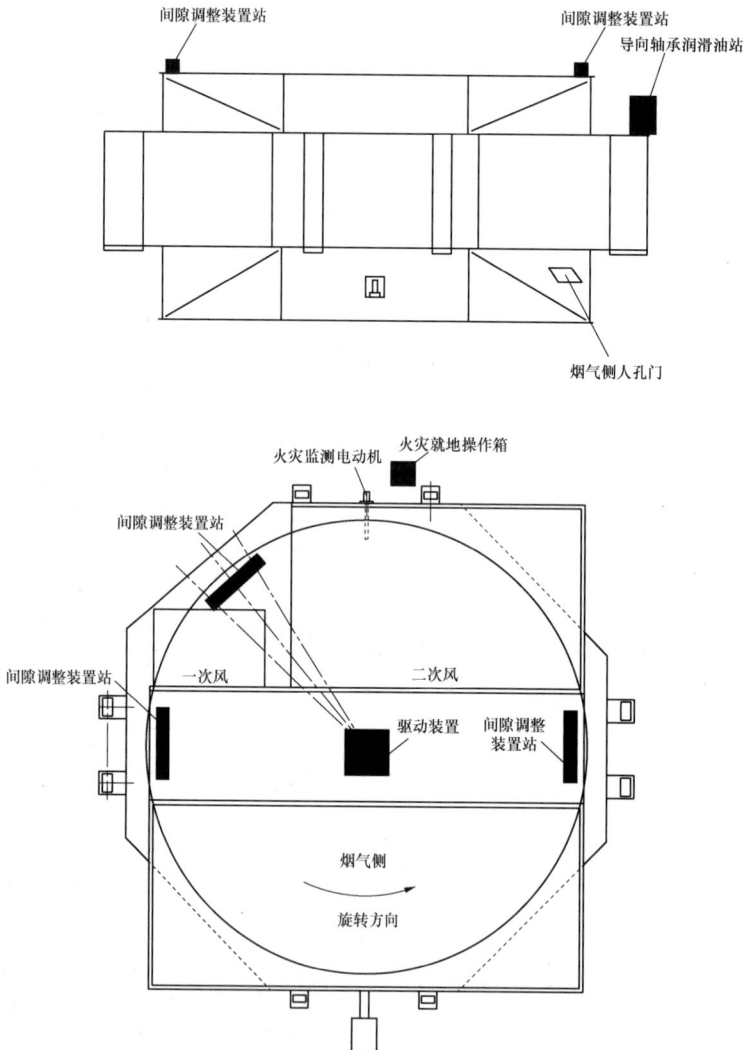

图 5-15 空气预热器结构示意图

其中两分仓空气预热器仅有一个空气仓和一个烟气仓，空气仓漏风漏入烟气仓。两分仓空气预热器多用于常规炉仅设送风机的制粉系统，如钢球磨煤机贮仓式乏气送粉制粉系统、中速磨煤机正压直吹热一次风机制粉系统等。

三分仓空气预热器设有一个一次风仓、一个二次

风仓和一个烟气仓，一次风仓和二次风仓漏风都漏入烟气仓。三分仓空气预热器应用较为普遍，在常规炉机组上应用最多，如中速磨煤机正压冷一次风机制粉系统、双进双出钢球磨煤机直吹式制粉系统等。循环流化床锅炉也有采用三分仓空气预热器的业绩，如福斯特惠勒公司的锅炉一般都配三分仓空气预热器。

四分仓空气预热器是在三分仓基础上发展而来的，设有一个一次风仓，两个二次风仓和一个烟气仓，一次风仓布置在两个二次风仓之间，一次风仓漏风漏入二次风仓，二次风仓漏入烟气仓。二次风仓的漏风不会减少，但一次风不再漏入烟气侧。四分仓空气预热器多应用于循环流化床锅炉，原因是循环流化床锅炉一次风压较高，采用四分仓空气预热器后，一次风侧漏入二次风侧，一次风与二次风间差压远小于一次风与烟气间的差压，可有效降低整体漏风率，节约一、二次风机及引风机电耗。

在相同的密封间隙下，空气预热器的直径越大，相对漏风率越小，因此对350MW及以下的循环流化床锅炉机组，一般设1台大直径四分仓或五分仓空气预热器，以降低漏风率。

对循环流化床锅炉，因为风压较高，一般要求锅炉厂保证回转式空气预热器的漏风率在投产第一年内不高于6%，运行1年后不高于8%。

空气预热器的漏风率按式（5-5）计算。

（三）管式空气预热器与回转式空气预热器技术对比

空气预热器的技术性能主要体现在漏风率、阻力、堵灰、磨损等方面。在相同的技术条件下，某300MW CFB锅炉机组的两种空气预热器技术参数对比见表5-5。

表5-5 两种空气预热器技术参数对比表

序号	项目	单位	四分仓回转式空气预热器	管式空气预热器
1	结构形式	—	中心驱动	卧式
2	每台炉数量	台	1	2
3	烟气侧漏风率	%	8	3
4	一次风到二次风漏风率	%	18	3
5	二次风到烟道漏风率	%	16	3
6	烟气侧阻力	Pa	1400	1200
7	一次风侧阻力	Pa	1223	2500
8	二次风侧阻力	Pa	1000	2500
9	磨损情况	—	无	迎风面前几排

续表

序号	项目	单位	四分仓回转式空气预热器	管式空气预热器
10	积灰堵灰情况对烟气温度的影响	—	较小	大机组稍大
11	冲洗要求	—	可冲洗	无
12	转动部件	—	有	无
13	占地	—	大	小
14	可靠性	—	稍低	高
15	空气预热器质量	t	约为700	约为1300

由表5-5的技术比较可以看出，管式空气预热器具有整体漏风率小、烟气侧阻力小等优点；但同时管式空气预热器也存在空气侧阻力偏高、金属耗量大等缺点。特别是对于大容量机组，若采用管式空气预热器，管束较长，吹灰受限，积灰严重后会一定程度导致排烟温度的升高。回转式空气预热器具有结构紧凑、质量轻、占地小、空气侧阻力小等优点，但也存在漏风率高、转动部件容易卡涩等问题。

管式空气预热器与回转式空气预热器经济差异主要体现在初投资和运行费用的综合差异。总体上来讲，管式空气预热器因为金属耗量大、质量重，初投资高于回转式空气预热器，但同时因为漏风率低可以节省电耗的运行费用，根据相关资料的比较结果来看，就300MW机组而言，两者最后的综合收益基本相当，经济性差异较小。

（四）空气预热器选型建议

（1）对于300MW以下的CFB机组，空气预热器管束长度适中便于清灰的小中型容量CFB机组，建议优先考虑管式空气预热器。但在选用管式空气预热器时应考虑脱硝对空气预热器的影响。

（2）对于300MW级CFB机组，选用哪种形式的空气预热器需综合考虑以下因素：

1）脱硝SCR装置对空气预热器的影响。

2）布置空间。

3）排烟温度。

（3）对于300MW级以上的机组，受布置空间限制，通常采用回转式空气预热器。对采用回转式空气预热器的CFB机组，优先采用四分仓回转式空气预热器。

二、引风机

（一）引风机形式分类

循环流化床锅炉机组引风机选型风压比常规煤粉炉略高，但工作条件与常规煤粉炉引风机基本相似，形式主要有离心式、动叶可调轴流式和静叶可调轴流式。离心式的结构形式和特点见第二章第五节，轴流式风机的结构形式和特点见第三章第五节。

（二）引风机形式选择

对 300MW 级以下容量的机组，由于其引风机流量较小，压头较高，风机比转速较低，只能选择离心式引风机。为了节能降耗，可以采用离心式引风机加变频装置，以提高低负荷效率。

对于 300MW 级及以上容量的机组，从参数来选，既可选择离心式，也可选择轴流式引风机。具体选用哪种形式，需结合机组负荷模式做综合的技术经济比较。就轴流风机而言，由于静叶可调风机调节系统简单，而且转速较低，耐磨特性更好，如果参数合适且特性曲线合理，建议优先选用静叶可调轴流式引风机。由于目前燃煤电厂尾部烟气治理需要，尾部需加 SCR 脱硝装置、电袋除尘器或布袋除尘器、二级脱硫装置等，引风机压头较高，在风机选型时应对多工况参数进行校核，若再选用静叶可调轴流式引风机，工作点基本难以落在合理范围内，所以目前对大容量燃煤机组引风机应用较多的是双级动叶可调轴流式引风机。

对离心式引风机，双支撑的结构相对于单支撑结构具有更好的稳定性，对 135MW 及以上容量机组若采用离心式引风机，建议选用双支撑结构。

三、除尘器

目前国内用于火力发电厂的除尘设备主要有电除尘器、袋式除尘器、电袋复合除尘器。以电除尘器入口烟气温度区分，一般高于烟气酸露点为常规电除尘器，低于烟气酸露点为低低温电除尘器。几种除尘器的特点比较见表5-6。

从表5-6可以看出，电除尘器、袋式除尘器因除尘原理不同，其除尘效率、影响除尘效率因素、适应性、能耗等也不相同。

在除尘效果方面，袋式除尘器除尘效率更高：采用普通滤料，出口烟尘浓度可达 30mg/m³（标准状态）以下；采用高精度过滤滤料（如梯度滤料），出口烟尘浓度可达 10mg/m³（标准状态）以下；采用 PTFE 覆膜技术，可实现出口烟尘浓度 5mg/m³（标准状态）。电除尘器中低低温电除尘器除尘效率略高于常规电除尘器，低低温电除尘器出口烟尘浓度可低至 20mg/m³（标准状态），常规电除尘器出口烟尘浓度可低至 30mg/m³（标准状态）。

在能耗方面，袋式除尘器本体能耗低，但引风机能耗高；而电除尘器本体能耗较高，但引风机能耗低。

表 5-6　　　　电除尘器、袋式除尘器、电袋复合除尘器技术特点比较表

序号	比较项目	电除尘器		袋式除尘器	电袋复合除尘器
		常规电除尘器	低低温电除尘器		
1	除尘效率	较高，传统静电除尘器可达 99.8%以上，采用一些技术进一步提高除尘效率至 99.9%，当入口烟尘浓度不大于 30g/m³（标准状态）时，出口烟尘浓度可达到低于 30mg/m³（标准状态）	高，当入口烟尘浓度不大于 20g/m³（标准状态）时，出口烟尘浓度可达到低于 20mg/m³（标准状态），静电除尘器提效技术均适用	高，当入口烟尘浓度为 500～1000g/m³（标准状态）时，出口烟尘浓度可达 5～10mg/m³（标准状态）	高，当入口烟尘浓度为 500～1000g/m³（标准状态）时，出口烟尘浓度可达 5～10mg/m³（标准状态）
2	影响除尘效率因素	飞灰比电阻、烟尘浓度、烟尘粒度、烟尘黏度和烟尘的平均漂移速度、硫分、比积尘面积		烟气温度、水分、硫分、气布比	综合电除尘器和布袋除尘器影响因素
3	运行温度	100～150℃	85～100℃	100～150℃	100～150℃
4	阻力	低，约300Pa		高，1200～1500Pa	高，900～1200Pa
5	停机与启动	方便，随时停机		方便，但长期停机需保护好滤袋	方便，但长期停机需保护好滤袋
6	占地	大	较小	较大	介于电和布袋除尘器之间

因此，在工程设计时，应根据工程具体情况选择合适的除尘器类型。

3 种除尘器结构示意如图 5-16 所示。

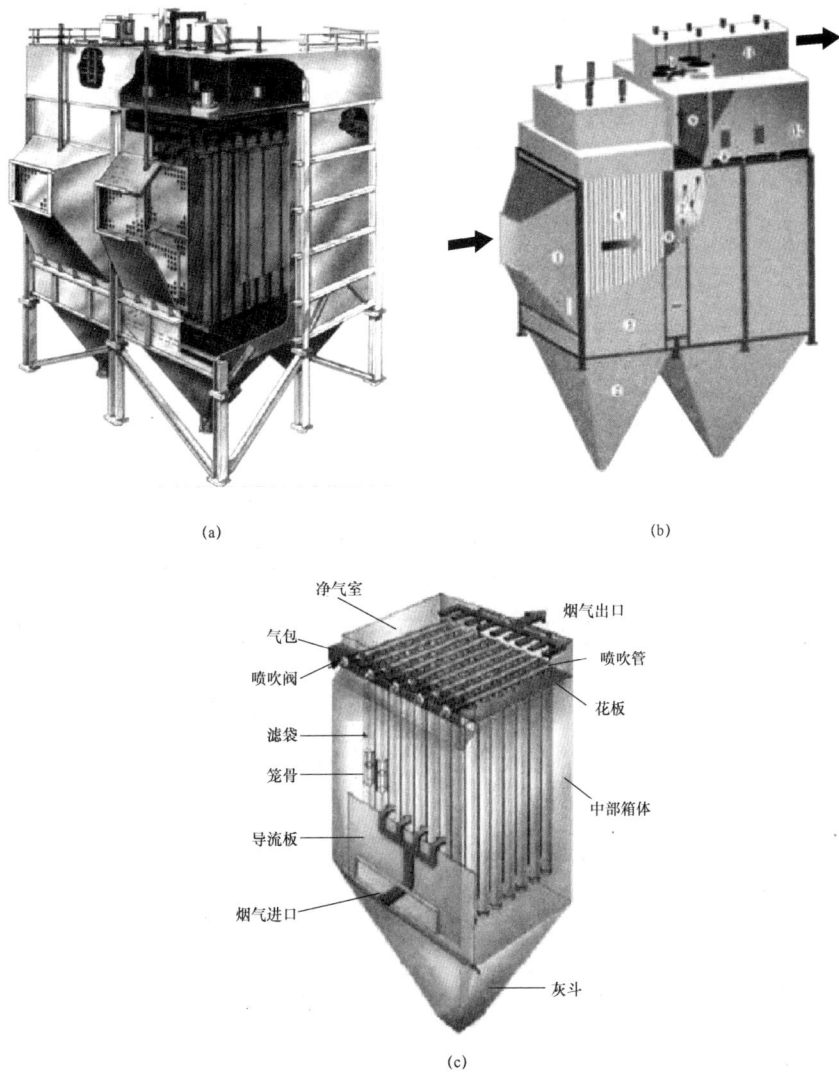

(a)

(b)

(c)

图 5-16　除尘器结构示意图

（a）电除尘器结构示意图；（b）电袋复合除尘器结构示意图；（c）袋式除尘器结构示意图

第六章

燃煤筛分破碎系统

第一节 系 统 说 明

循环流化床锅炉可燃用大量的劣质煤、煤矸石和煤泥等，对燃料的适应能力强，导致循环流化床电厂的来煤具有多样性、复杂性等特点。同时，循环流化床锅炉对进入炉膛的燃料粒度范围、平均粒度大小、粒度的分布有着较严格的要求，且循环流化床锅炉没有设置制粉系统，因此，燃煤筛分破碎系统是保障燃料级配满足循环流化床锅炉要求的关键。

一、设计内容

燃煤筛分破碎设施采用分段破碎设计。当发电厂燃料的进厂粒度介于 50～300mm 时，运煤系统采用两级筛碎设施进行分段破碎。

循环流化床锅炉的燃煤筛分破碎系统是指细筛碎设施，即入料粒度小于或等于 50mm（若系统出力不大于 400t/h 时入料粒度可小于或等于 100mm）的燃料筛分、破碎到循环流化床锅炉所需粒度等级的整个工艺系统。其设计范围从细筛分设备的入口起，至出料带式输送机受料点止，一般包括细筛分设备、布料器、细碎煤设备、分选筛煤机以及细碎煤机室等。

二、燃煤粒度要求

循环流化床锅炉对燃煤粒度的要求是燃煤筛分破碎系统主要设计依据之一。

循环流化床锅炉对进入的燃料颗粒具有宽筛分特性，根据不同炉型、不同煤种，循环流化床锅炉对燃料的粒度级配要求不同，一般有 0～6mm、0～8mm、0～10mm、0～13mm、0～20mm 等粒度范围要求。燃料粒度级配可参考图 6-1 和图 6-2。

循环流化床锅炉对燃料的适应性强，能燃烧劣质煤包括煤矸石、煤泥、洗中煤、褐煤等，而这些燃料中 8mm 以下的细煤占较大比例，这对筛分破碎系统提出更高的要求。

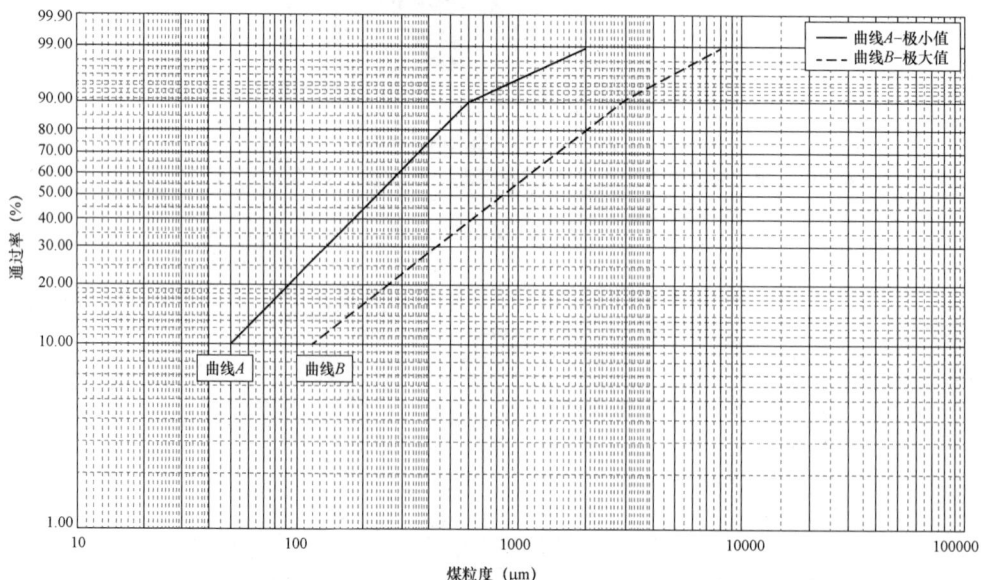

图 6-1　某 600MW 循环流化床工程锅炉燃料粒度级配曲线

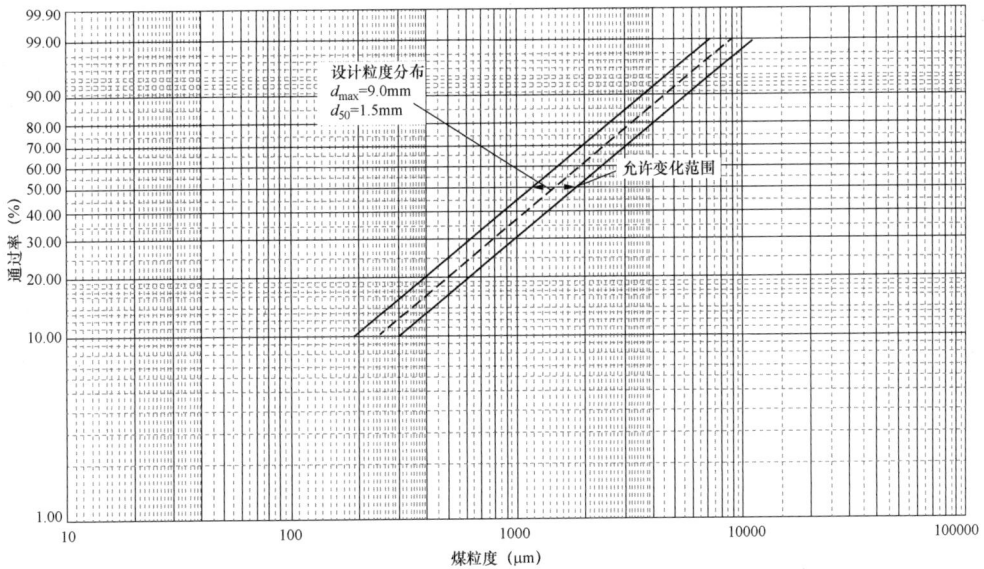

图 6-2　某 300MW 循环流化床工程锅炉燃料粒度级配曲线

来煤中符合锅炉粒度级配要求的原煤经过筛分直接进入锅炉。符合锅炉粒度级配要求的原煤若进入细碎煤机，将产生过破碎现象。过多的细煤将增加细碎煤机的负荷和锤头磨损，增大循环流化床锅炉飞灰含量，降低锅炉效率，同时使过热器温度过高，锅炉冷却水量增大。

大于锅炉粒度级配要求的原煤经细碎煤机破碎后，符合要求的原煤进入锅炉燃烧。细碎煤机自身设计结构的问题，导致原煤破碎后的粒度仍有超过粒度级配要求的现象，入炉煤粒度难以保证。煤粒径太大将造成一、二次风的配比发生改变，引起排灰困难，床压升高，导致炉内翻床的可能性增加，同时过多的大颗粒也会影响冷渣器的运行。

如果燃料粒度分布不合理、粒度过大或过小，都可能产生循环流化床锅炉负荷下降、过热蒸汽温度增高、锅炉受热面及耐火衬里磨损加大、燃烧效率降低、锅炉床温不稳等影响。因此，燃煤筛分破碎系统在设计中应首先考虑满足循环流化床锅炉要求的燃料级配。

循环流化床锅炉对煤种的适应范围比较广，对入炉煤颗粒控制是筛分破碎系统设计的一个关键问题。因此，科学地设计筛分破碎系统、正确地选择筛碎设备，对循环流化床锅炉运行有积极作用。

三、影响设计的因素

1. 煤种和煤质变化的影响

国内电厂燃料供应不稳定，电厂煤种和煤质常随市场情况发生变化。循环流化床锅炉对燃料的适应性强，对煤种和煤质的变化适应性强，导致循环流化床电厂的来煤具有多样性、复杂性等特点，然而燃煤筛分破碎系统适应性低，在设计中要有长远观点，留有适当的余地。

2. 来煤特性和物理性质等因素的影响

国内电厂燃煤的水分、灰分波动较大，煤中杂物较多。燃煤筛分破碎系统的设备选型应充分考虑来煤特性（水分、灰分、可磨性和磨损性）和物理性质（煤中杂物、颗粒组成、含黏土和松散性）。

在开采过程中带来较多黏土的煤、表面水分和灰分含量大的煤、松散性差的煤均容易堵塞筛分破碎系统。

如果煤是层状结构，经一级破碎后，煤里有大量的扁平块，这些扁平块会自由地通过筛煤机的筛缝，使入炉煤粒径变大。

煤的磨损性将对细筛煤机的筛网，细碎煤机的锤头、破碎板、齿辊等部件产生不同程度的磨损，并影响其使用寿命。由于原煤 SiO_2 的含量与物料的磨损性有密切的关系，SiO_2 含量越高，原煤的磨损性越强，一般情况下可以用原煤中 SiO_2 的含量或等效含量（灰中 SiO_2 含量）作为判定磨损性的依据。

细碎煤机的选型应考虑水分对煤在运行状况下可磨性的影响。水分对燃煤可磨性的影响因煤种的不同而有所差异。无烟煤和烟煤的可磨性随着原煤水分的增加而下降，褐煤的可磨性随着原煤水分的增加呈复杂的变化关系。煤的干燥无灰基挥发分 $V_{daf} \leq 30\%$ 的褐煤可磨性随水分的增加大部分呈下降趋势，$V_{daf} > 30\%$ 的褐煤可磨性随水分的增加大部分呈上升趋势。

3. 设备制造和供应的影响

随着循环流化床锅炉技术的发展，燃煤筛分破碎系统不断涌现出新设备和新技术，设备的出力也有很大的提高。新设备的制造和设备出力的提高是燃煤筛分破碎系统经济、合理优化设计的关键。

4. 厂区地形条件及电厂总布置的影响

燃煤筛分破碎系统是电厂运煤系统的一个组成部分,不是孤立的,它的布置除应结合厂区地形条件考虑外,还要与电厂的总体布置协调统筹。

燃煤筛分破碎系统应布置在煤场至主厂房的上煤系统中。为避免碎煤机集中振动对建筑物的影响,细碎煤机室不宜与粗碎煤机室合并布置。

在细筛碎设备之后设置的超限物料分选筛分设备即分选筛煤机,宜优先考虑布置在细碎机室后到主厂房之间的转运站内,也可直接布置在细碎机室内。

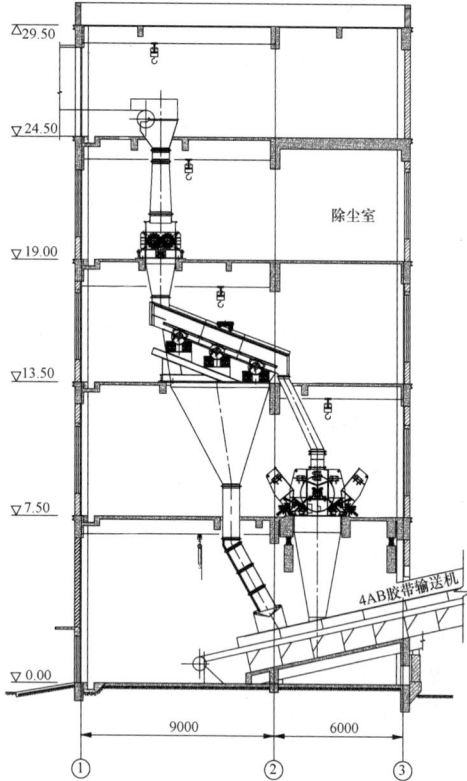

第二节 设 计 方 案

一、粗筛分破碎系统

循环流化床锅炉的粗筛分破碎系统与常规锅炉的筛分破碎系统基本相同,可参见《电力工程设计手册 火力发电厂运煤设计》第五章筛碎设施。除常规锅炉的环锤式破碎机设计方案外,循环流化床锅炉粗碎还可用齿辊式破碎机的设计方案,其典型布置如图6-3所示。

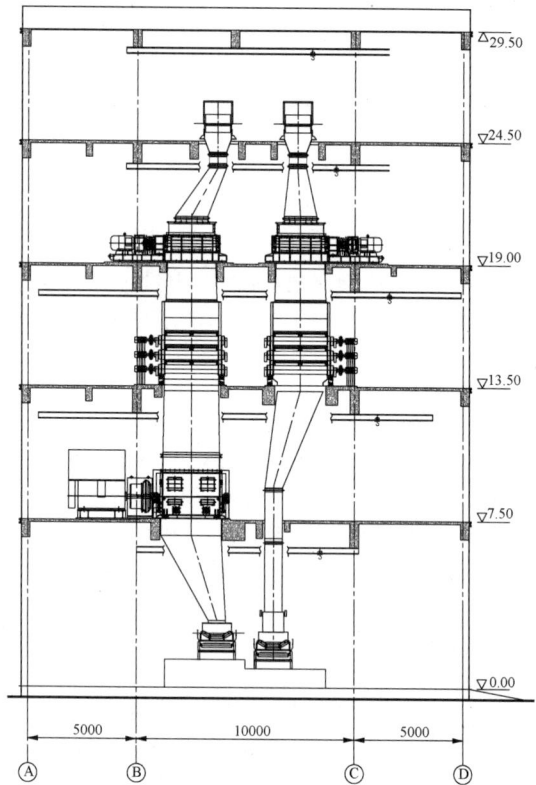

图6-3 粗筛碎系统采用齿辊式破碎机的典型布置图

二、细筛分破碎系统

(一)单台套和多台套系统

随着循环流化床发电厂锅炉容量和装机规模的不断提高,对应的上煤系统出力也随之增大,但细碎煤机的设备生产能力提高不大。据调查,目前细碎煤机能稳定运行的生产能力,可逆锤击式碎煤机为600t/h,齿辊式碎煤机为400t/h。因此,当循环流化床发电厂耗煤量较大时,采用多台套细筛、碎设备匹配对应一套上煤系统出力。

根据上煤系统出力,细筛分破碎系统可分为单台套系统和多台套系统。

1. 单台套系统

常见于上煤系统出力小于1000t/h的循环流化床

发电厂。即每一路上煤系统对应一套细筛煤机和细碎煤机,由系统送来的燃料进入细筛煤机,经筛分后筛上物进入细碎煤机破碎,筛下物和经细碎煤机破碎后的燃料都进入下一级上煤系统带式输送机。单台套筛分破碎系统工艺流程见图6-4。采用齿辊式破碎机的细碎煤机室典型布置见图6-5~图6-10。

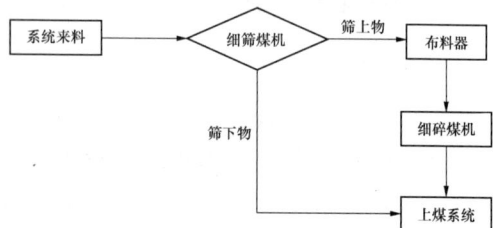

图6-4 单台套筛分破碎系统工艺流程图

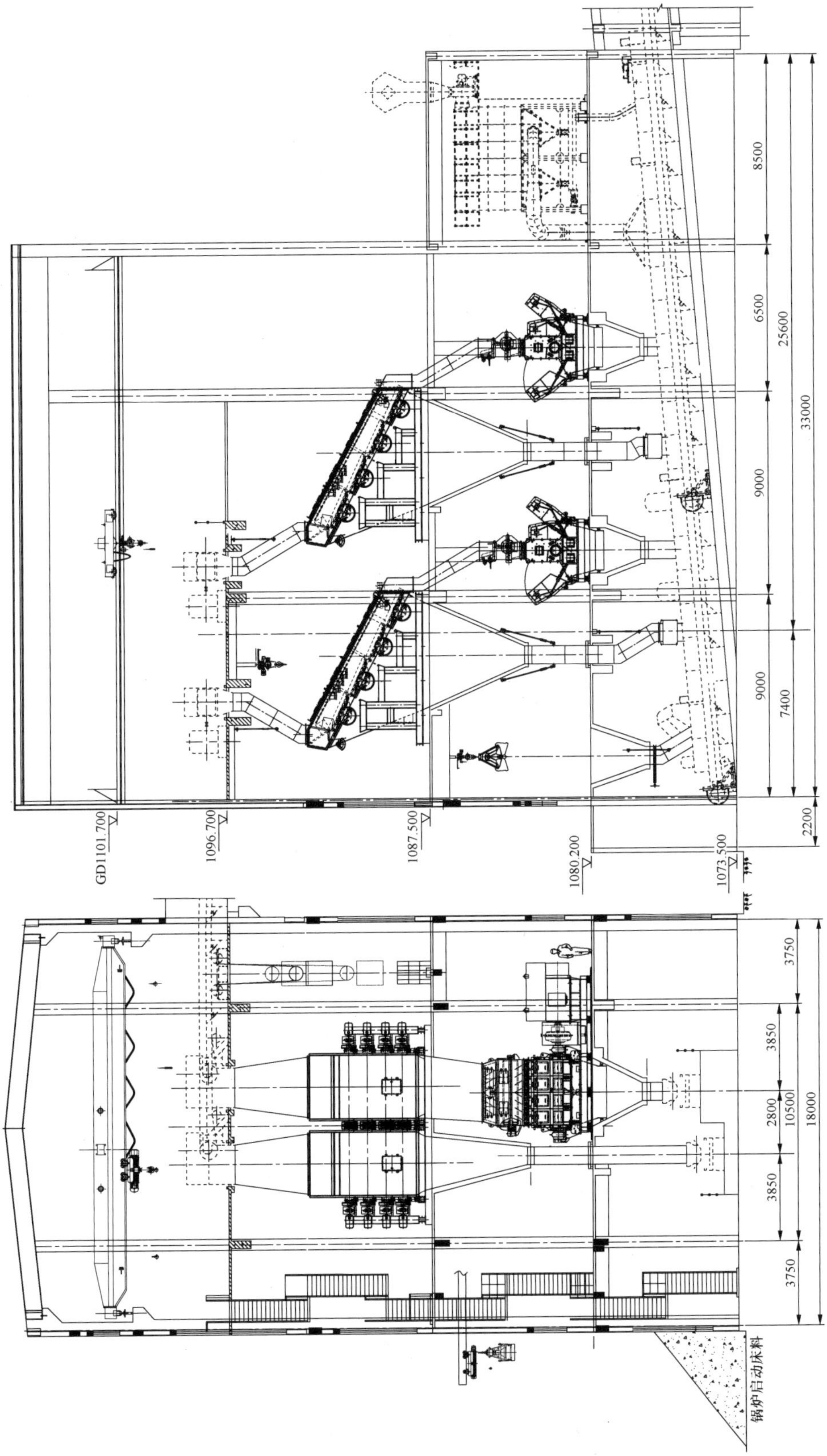

图 6-5 采用锤击式破碎机的细碎煤机室典型布置断面图 1

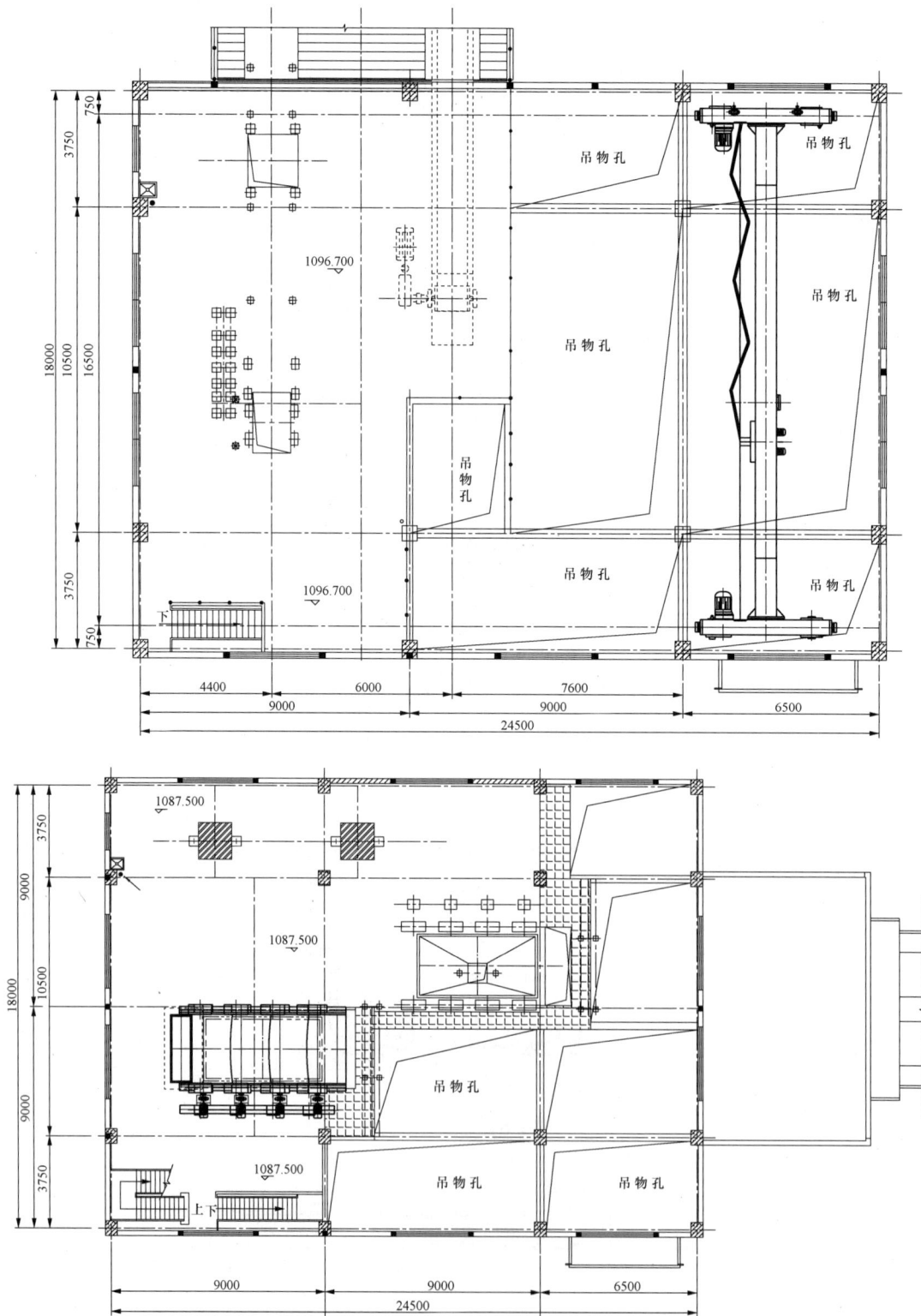

图6-6 采用锤击式破碎机的细碎煤机室典型布置各层平面图1（一）

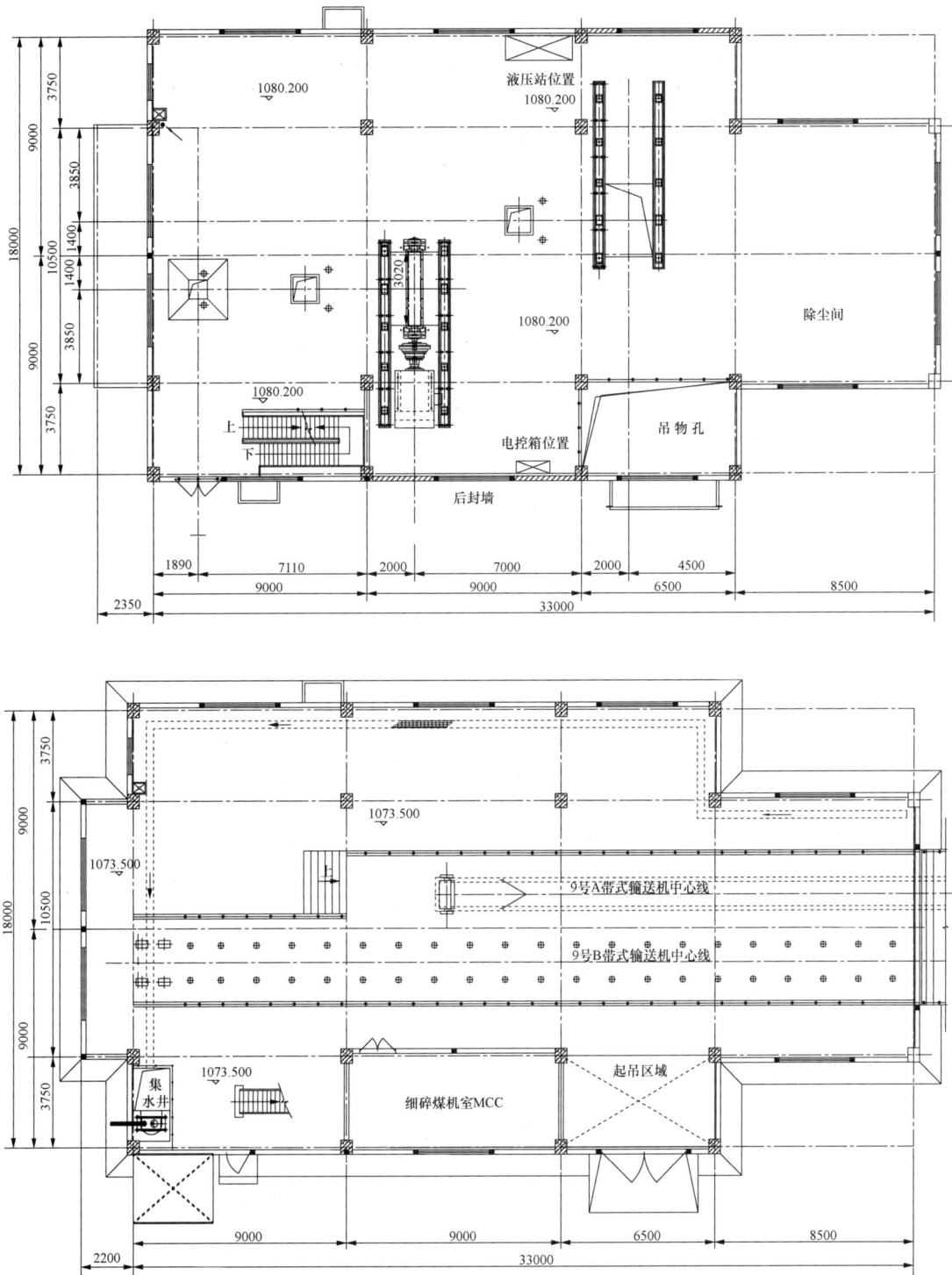

图6-6 采用锤击式破碎机的细碎煤机室典型布置各层平面图1（二）

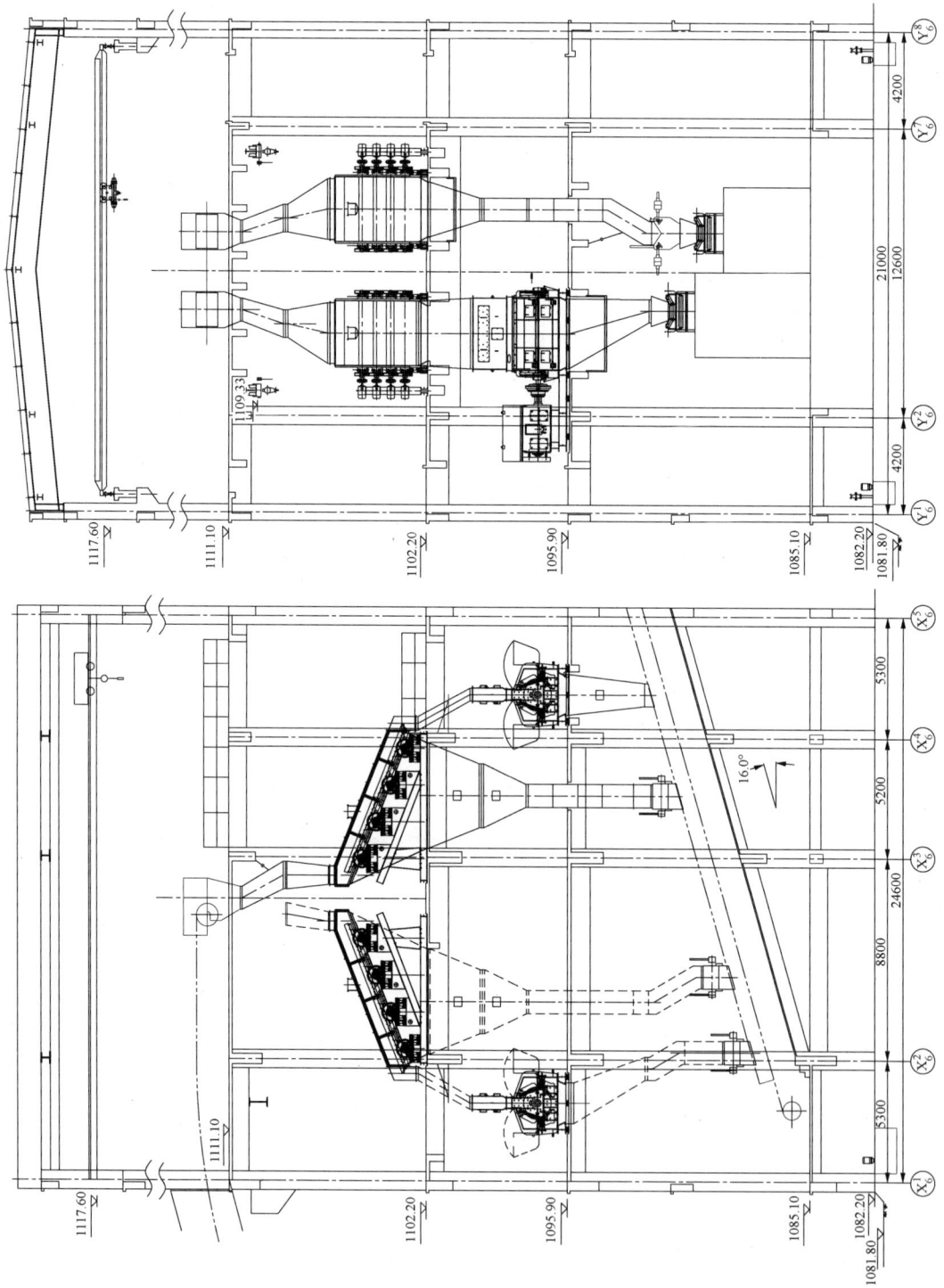

图 6-7 采用锤击式破碎机的细碎煤机室典型布置断面图图 2

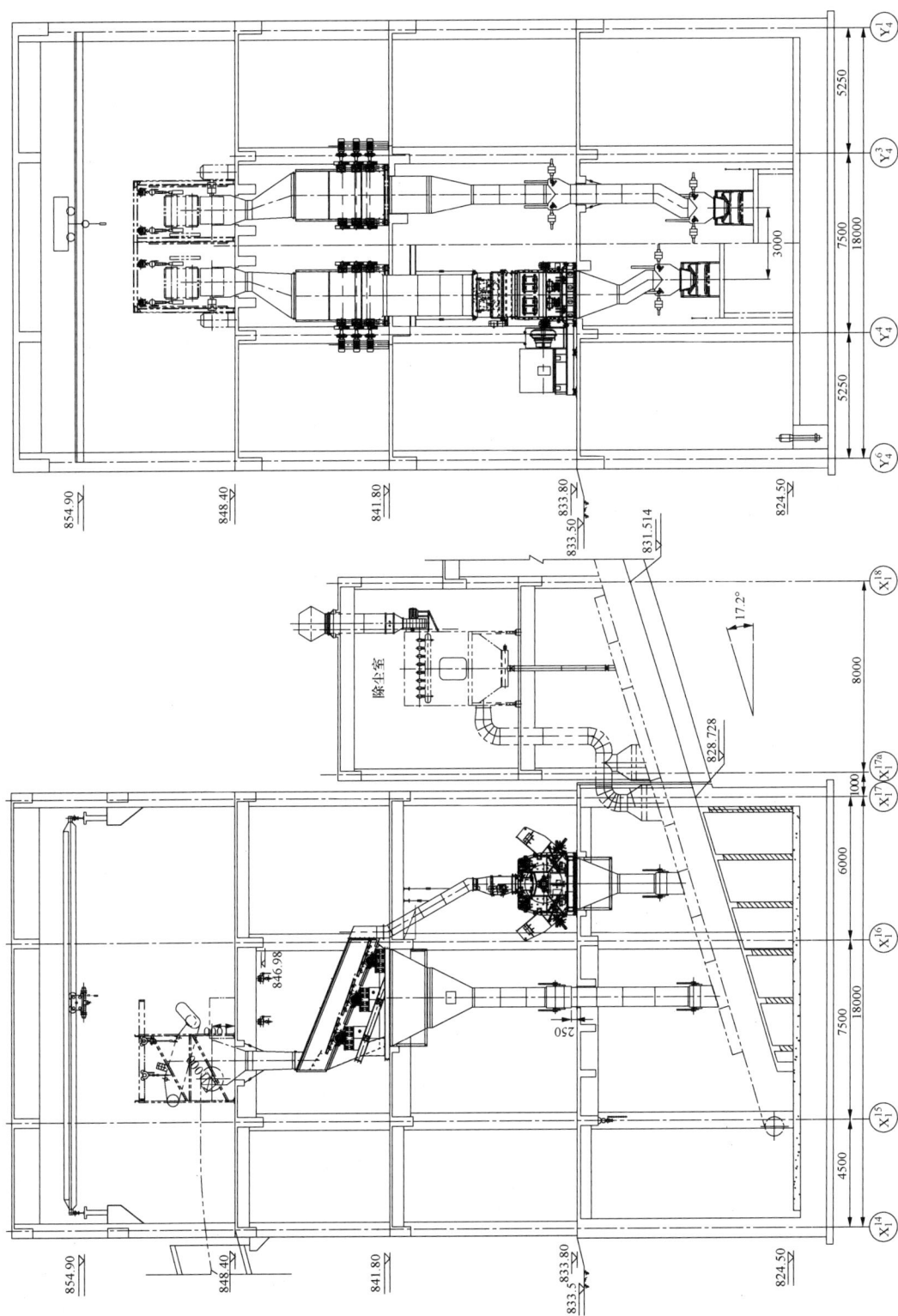

图 6-8 采用锤击式破碎机的细碎煤室机室典型布置断面图图 3

MCC

除尘设备间

C-3B

C-3

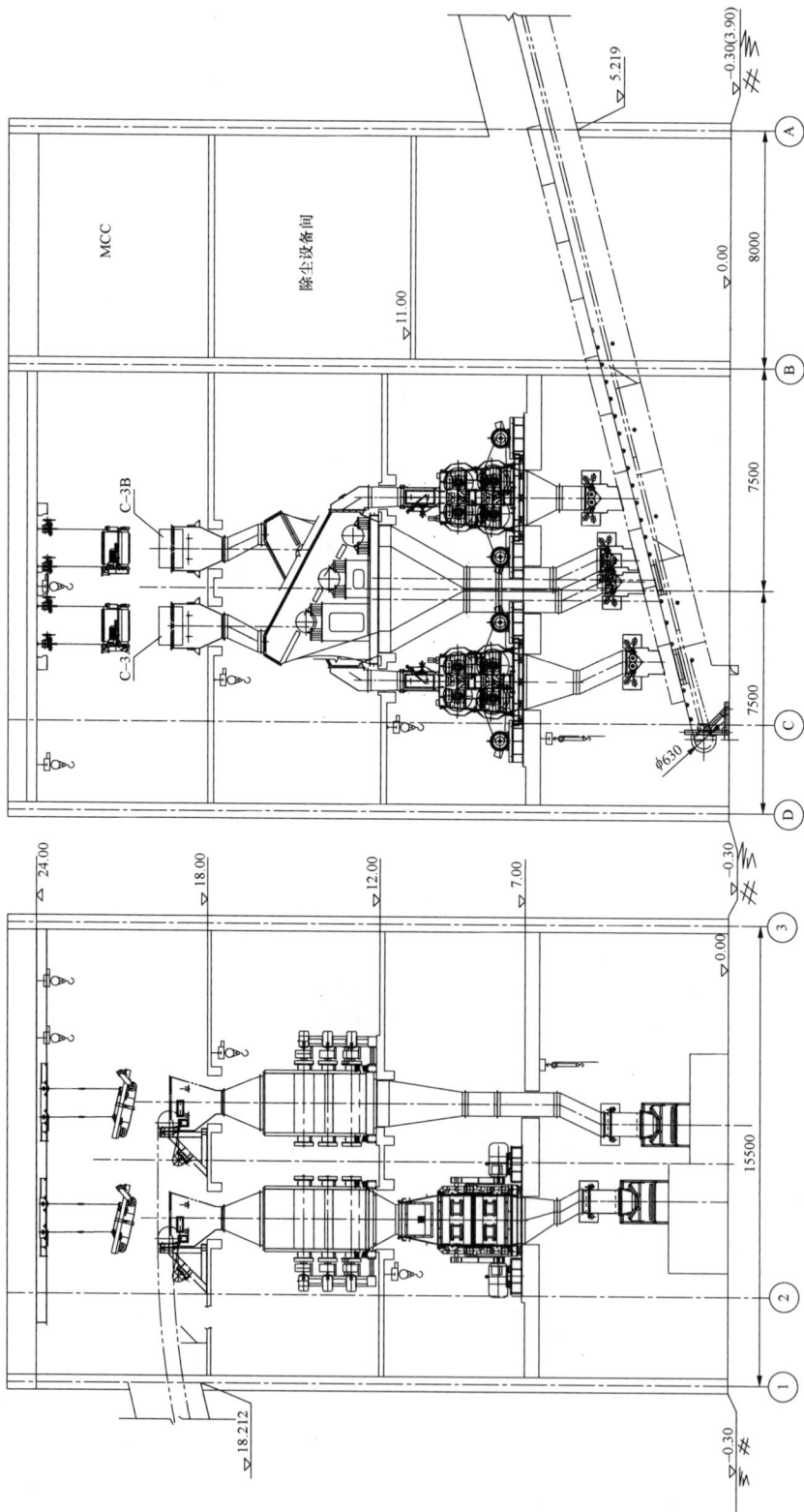

图 6-9 采用齿辊式破碎机的细碎煤机室典型布置断面图

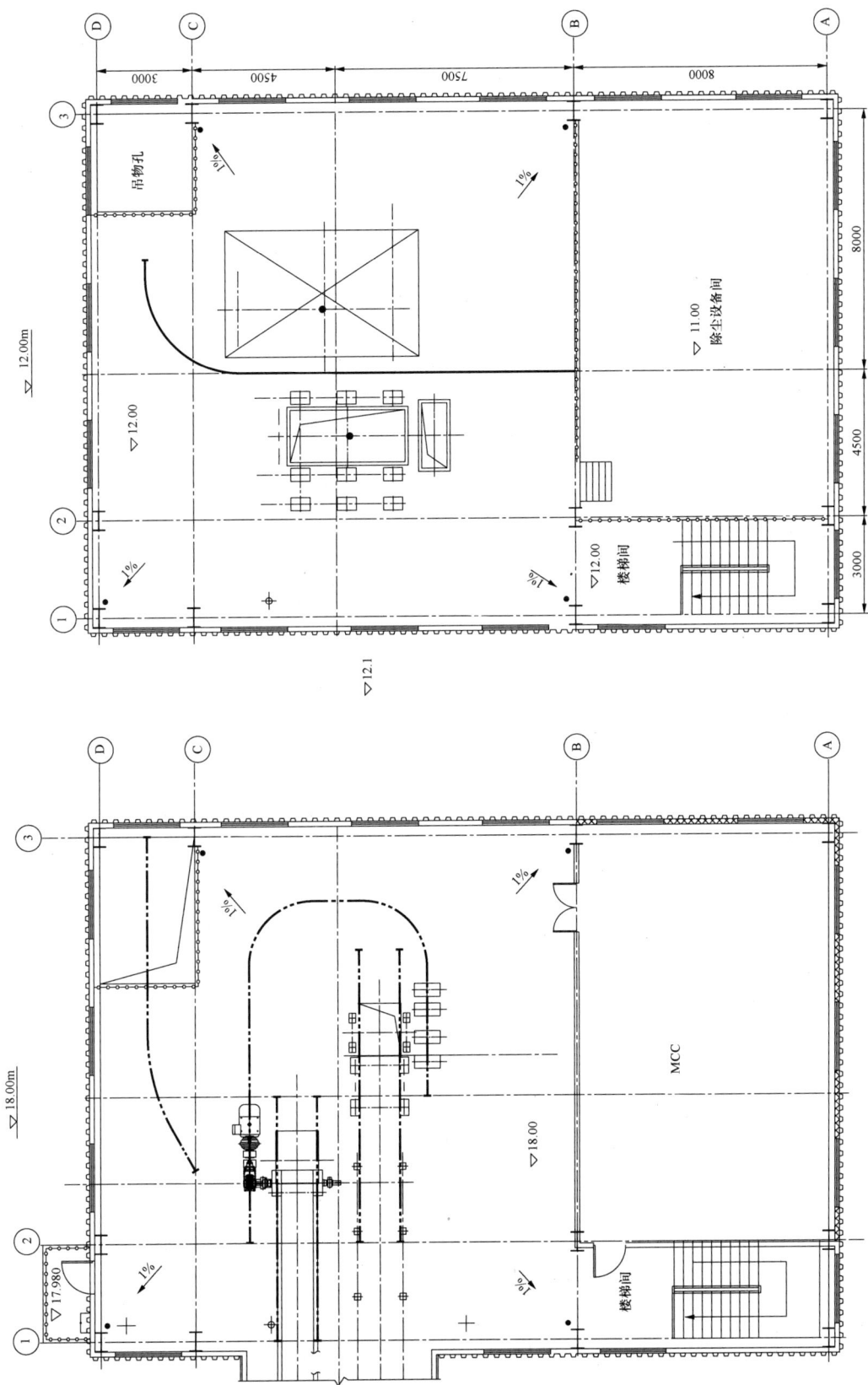

图6-10 采用齿辊式破碎机的细碎煤机室典型布置平面图（一）

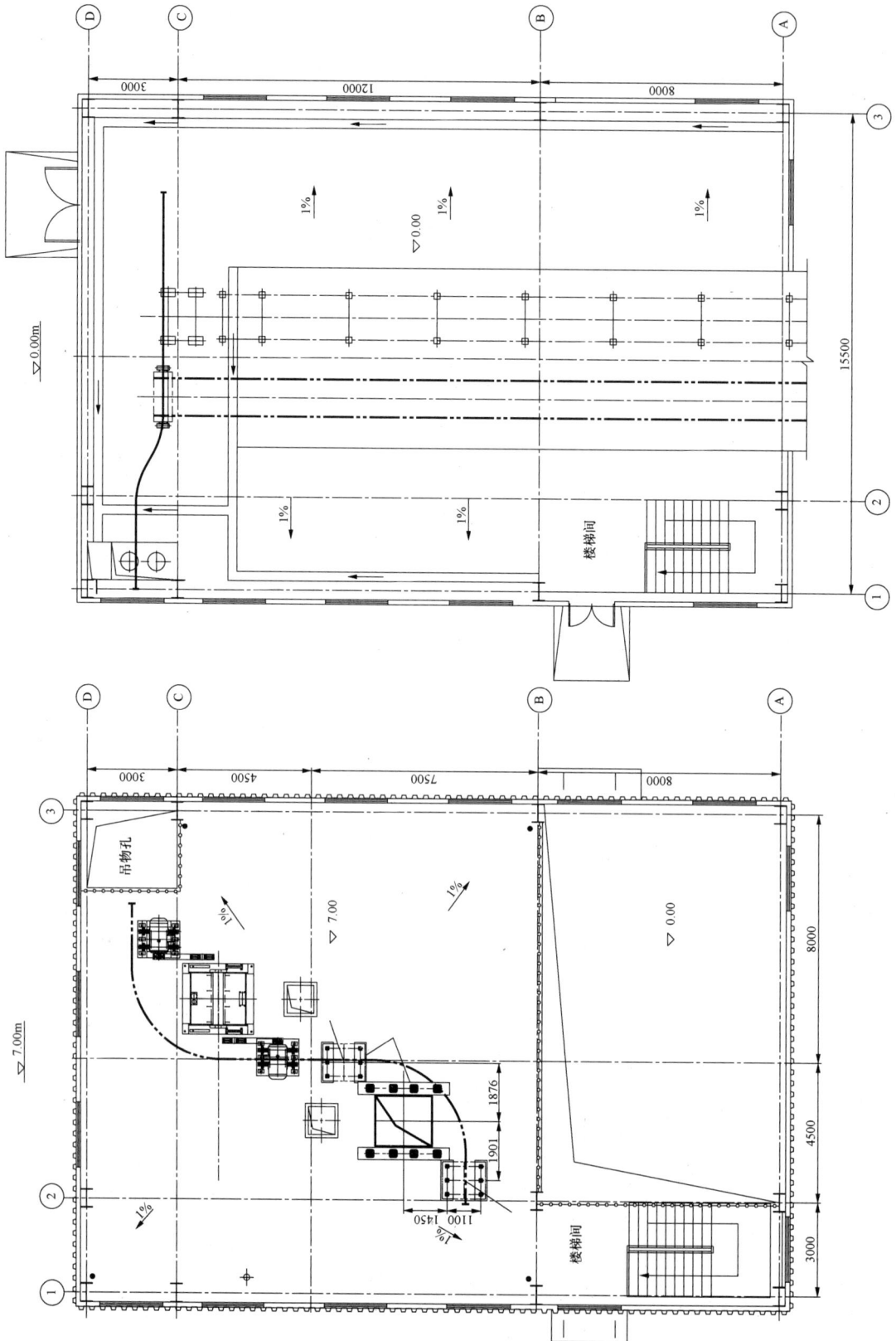

图 6-10　采用齿辊式破碎机的细碎煤室典型布置平面图（二）

2. 多台套系统

多台套系统常见于上煤系统出力大于 1000t/h 的循环流化床发电厂。即每一路上煤系统对应多套细筛煤机和细碎煤机，由系统送来的燃料分别进入多个分料缓冲仓，经缓冲仓下的给煤机送入对应的细筛煤机，经筛分后筛上物进入细碎煤机破碎，筛下物和经细碎煤机破碎后的燃料都进入下一级上煤系统带式输送机。多台套筛分破碎系统工艺流程见图 6-11，2 台套筛分破碎系统细碎煤机室典型布置见图 6-12、图 6-13。

（二）开式、半开式和循环式系统

受细筛煤机和细碎煤机的工作原理限制，仍会存在部分粒度尺寸大于循环流化床锅炉要求的物料通过筛分破碎系统进入后续系统。根据对这部分物料的处理方式不同，细筛分破碎系统工艺流程可分为开式系统、半开式系统和循环系统。

1. 开式细筛分破碎系统

开式细筛分破碎系统对通过筛分破碎系统后仍大于循环流化床锅炉要求的物料不处理，碎后物料粒度通过对细碎煤机的调节进行控制，细筛碎设施后的全部物料均进入上煤系统并送入锅炉炉膛燃烧。该系统在目前的循环流化床发电厂中最为常见。开式细筛分破碎系统工艺流程见图 6-14，典型布置参见图 6-5～图 6-13。

筛分破碎系统在正常运行的情况下，会产生细筛煤机的筛网局部磨损、细碎煤机的环锤（齿辊）局部磨损的情况，从而导致开式细筛分破碎系统的入炉煤粒度很难得到有效的保证。

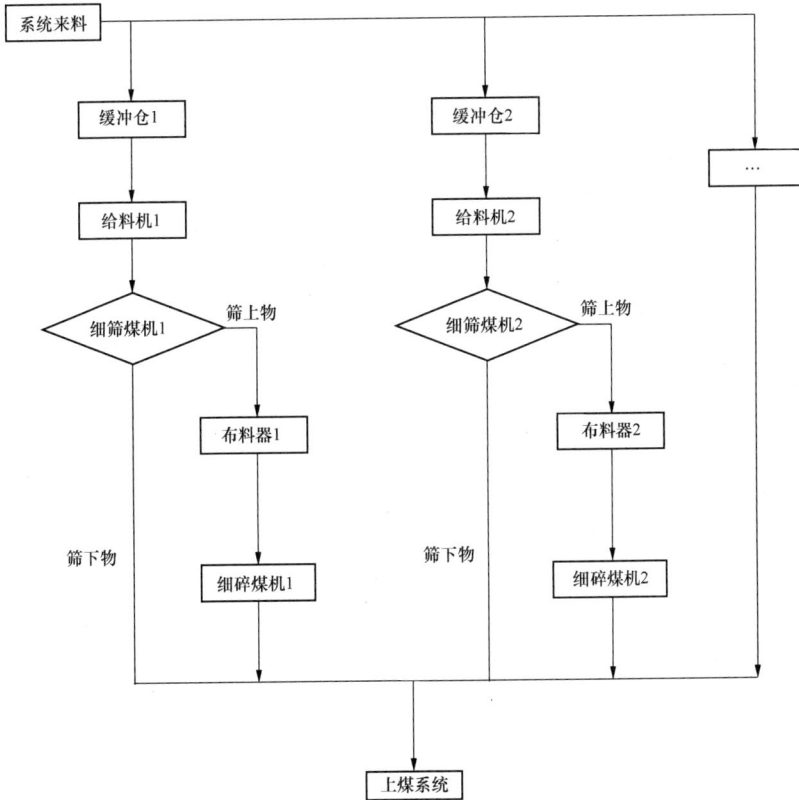

图 6-11 多台套筛分破碎系统工艺流程图

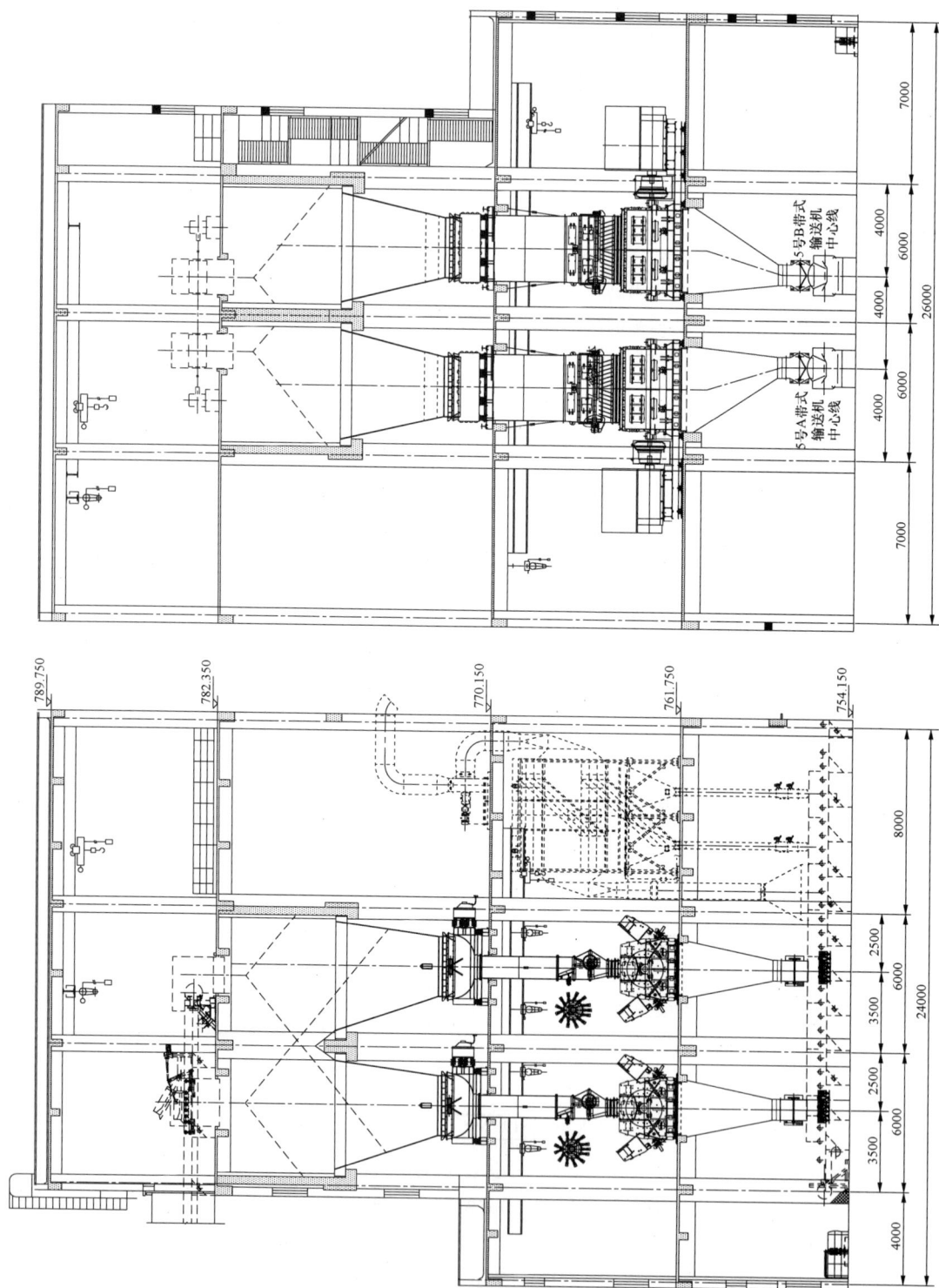

图 6-12　2 台套筛分破碎系统细碎煤室断面布置图

5号B带式
输送机
中心线

5号A带式
输送机
中心线

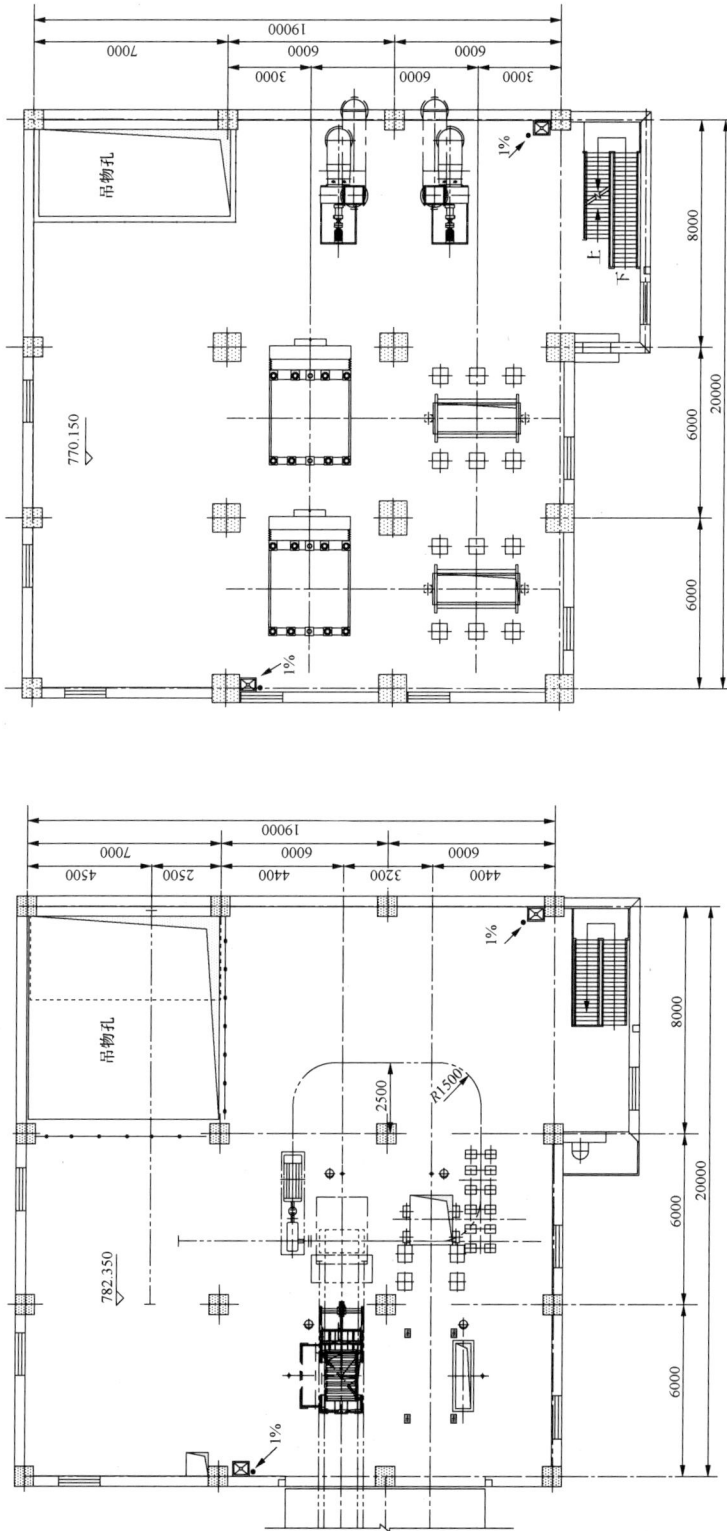

图 6-13 2 台套筛分破碎系统细碎煤碎机室各层平面布置图（一）

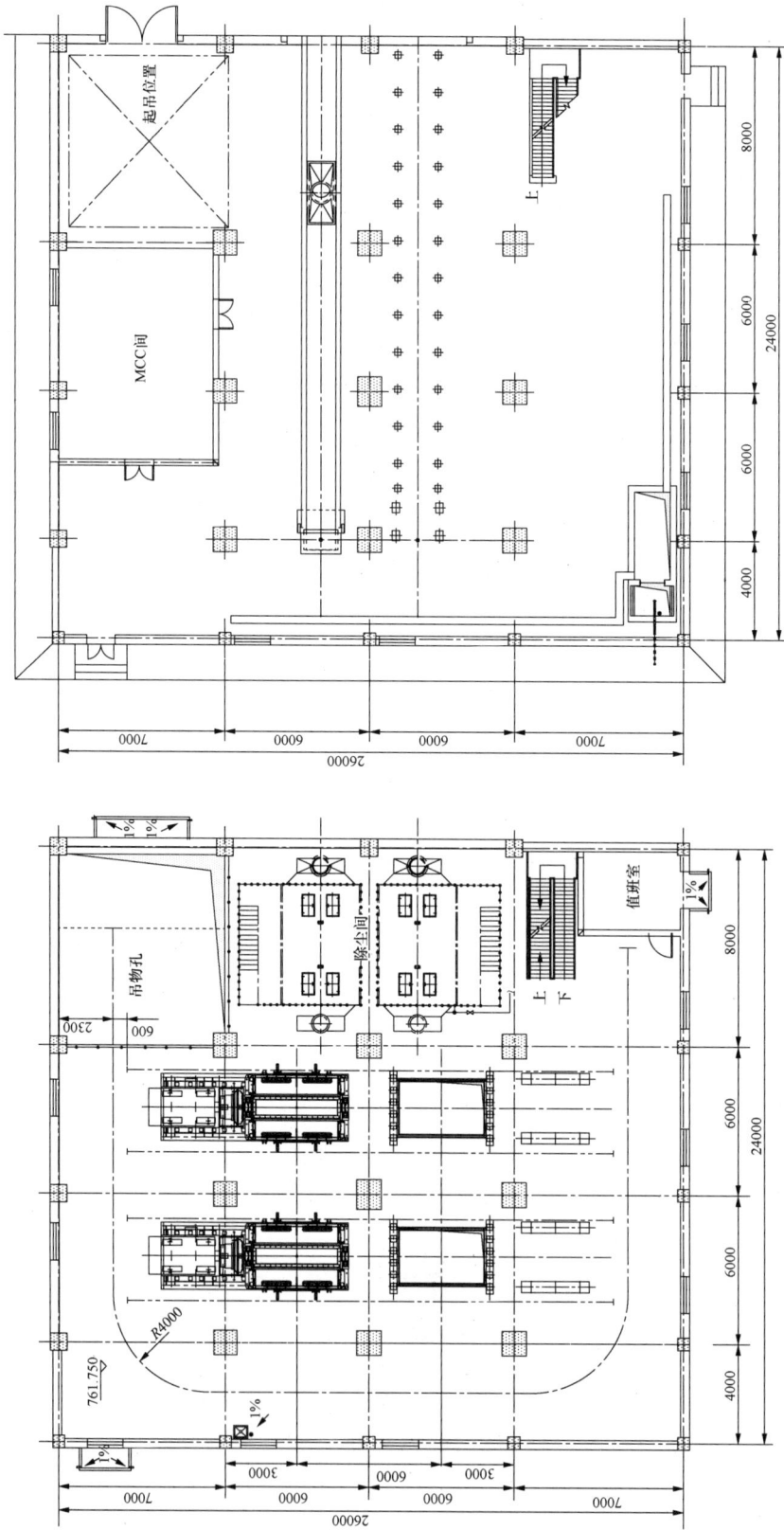

图 6-13　2 台套筛分破碎系细碎煤机室各层平面布置图（二）

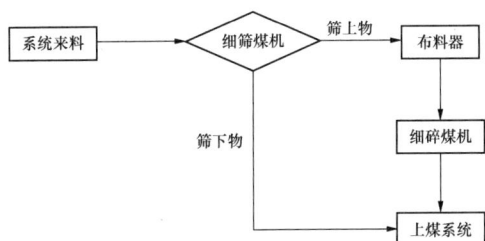

图 6-14 开式细筛分破碎系统工艺流程图

2. 半开式细筛分破碎系统

半开式细筛分破碎系统通过设置第三级筛分设备对经细筛碎设施后仍大于循环流化床锅炉要求的物料进行筛选，合格物料进入上煤系统并送入锅炉炉膛燃烧；不合格物料排出系统之外，经人工甄别后，大石块、杂物等丢弃，煤块经装载机等设备送至煤场。

半开式细筛分破碎系统能大幅减少进入 CFB 锅炉的大块物料，有效提高锅炉运行的稳定性和燃烧效率，在近年的大型循环流化床发电厂的运用逐渐增多。

对细筛煤机下和细碎煤机下的物料都进行分选的流程见图 6-15。半开式细筛分破碎系统典型布置见图 6-16 和图 6-17。

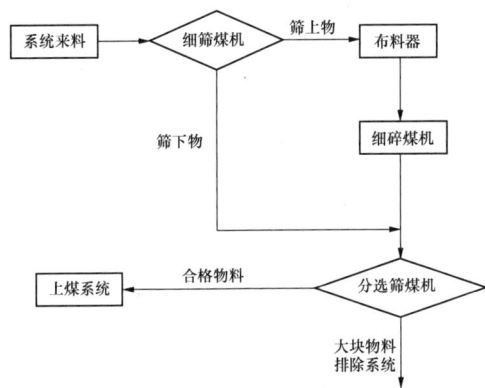

图 6-15 半开式细筛分破碎系统工艺流程图
（对细筛煤机下和细碎煤机下的物料进行分选）

只对细碎煤机下的物料进行分选的流程见图 6-18。

分选筛煤机设备的设计原则应符合下列规定：

（1）分选筛煤机设备的额定出力应与上级系统或设备的额定出力一致。

（2）分选筛煤机设备的筛面面积宜与细筛煤机相当，筛孔尺寸宜不小于细筛煤机筛孔尺寸的 2 倍。

（3）当条件具备时，分选筛煤机设备宜优先考虑布置在细碎煤机室后到主厂房之间的转运站内，也可直接布置在细碎煤机室内。

（4）分选筛煤机设备宜设置旁路。

3. 循环式细筛分破碎系统

循环式细筛分破碎系统在半开式细筛分破碎系统基础上，增加了不合格物料返回系统的工艺流程。通过分选筛煤机设备对仍大于循环流化床锅炉要求的物料进行筛选，合格物料进入上煤系统并送入锅炉炉膛燃烧，大块物料经斗式提升机返回到细碎煤机的入口。循环式细筛分破碎系统工艺流程见图 6-19。

循环式筛分破碎系统增加了细碎机室的布置难度，系统较为复杂，投资增高较大，工程实际应用较少。

三、布置注意事项

（1）当设置多套细筛、碎设备对应一路上煤系统带式输送机时，应有保证每套细筛、碎设备均匀、稳定受料的分煤设施或设备。

（2）细碎煤机前宜设置布料器，以保证细碎煤机沿转子长度的破碎段均匀受料。布料器的布置高度应满足锤击式细碎煤机入口物料的初速度要求。

（3）细筛分设备均宜设置旁路，细破碎设备不宜设置旁路。

（4）细碎煤机室应布置在煤场至主厂房的上煤系统中。细碎煤机室不宜与粗碎煤机室合并布置。

（5）进料带式输送机（或给煤设备）的煤流中心应与筛煤机或碎煤机的设备中心对齐，并应顺煤流方向布置。当来煤不能正对筛、碎设备中心时，可在入口落煤管内加装导煤调节挡板，避免给煤偏倚，充分发挥筛分破碎系统的效能。

（6）出力较大的可逆锤击式细碎机下方应设减振措施。

（7）细碎煤机四周应有足够的净空，以便抽轴和开启检查门。

（8）细碎煤机及细碎煤机前后的落煤管和钢煤斗应采取密封措施，防止煤粉泄漏。

（9）细碎煤机出口下方带式输送机导料槽处应设置除尘装置。

（10）细碎煤机室起吊设备的起重量不应小于设备的最大分离件的重量。吊物孔和起吊工字钢的设计应能保证细筛煤机和细碎煤机的起吊。

（11）细碎煤机层的起吊设备和起吊高度应满足转子双吊点起吊的要求。

（12）细碎煤机室的设计应考虑设备首次进入的整体吊装通道，一般采用后封墙的形式。

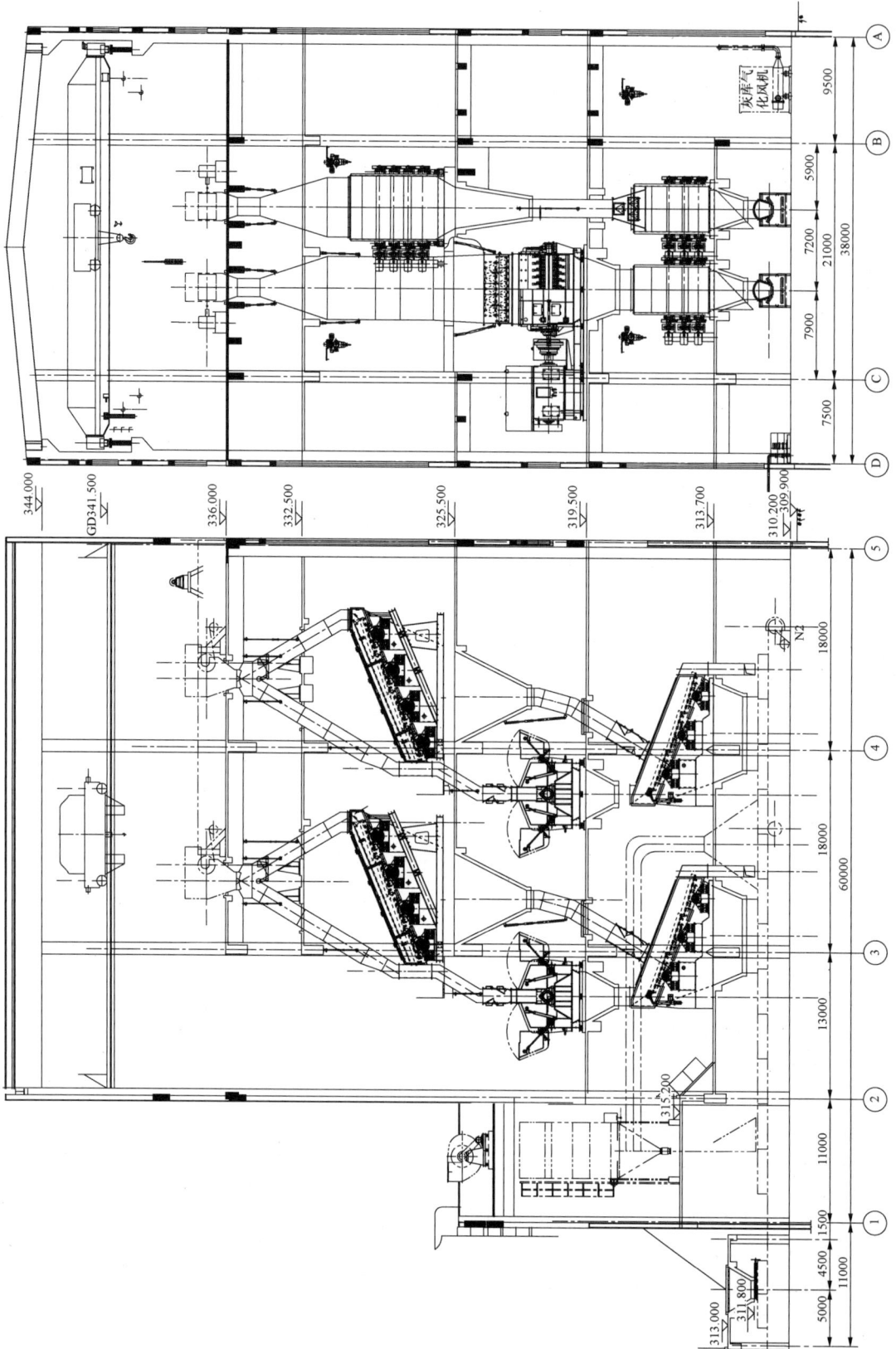

图 6-16 半开式细筛分破碎系统典型布置断面图

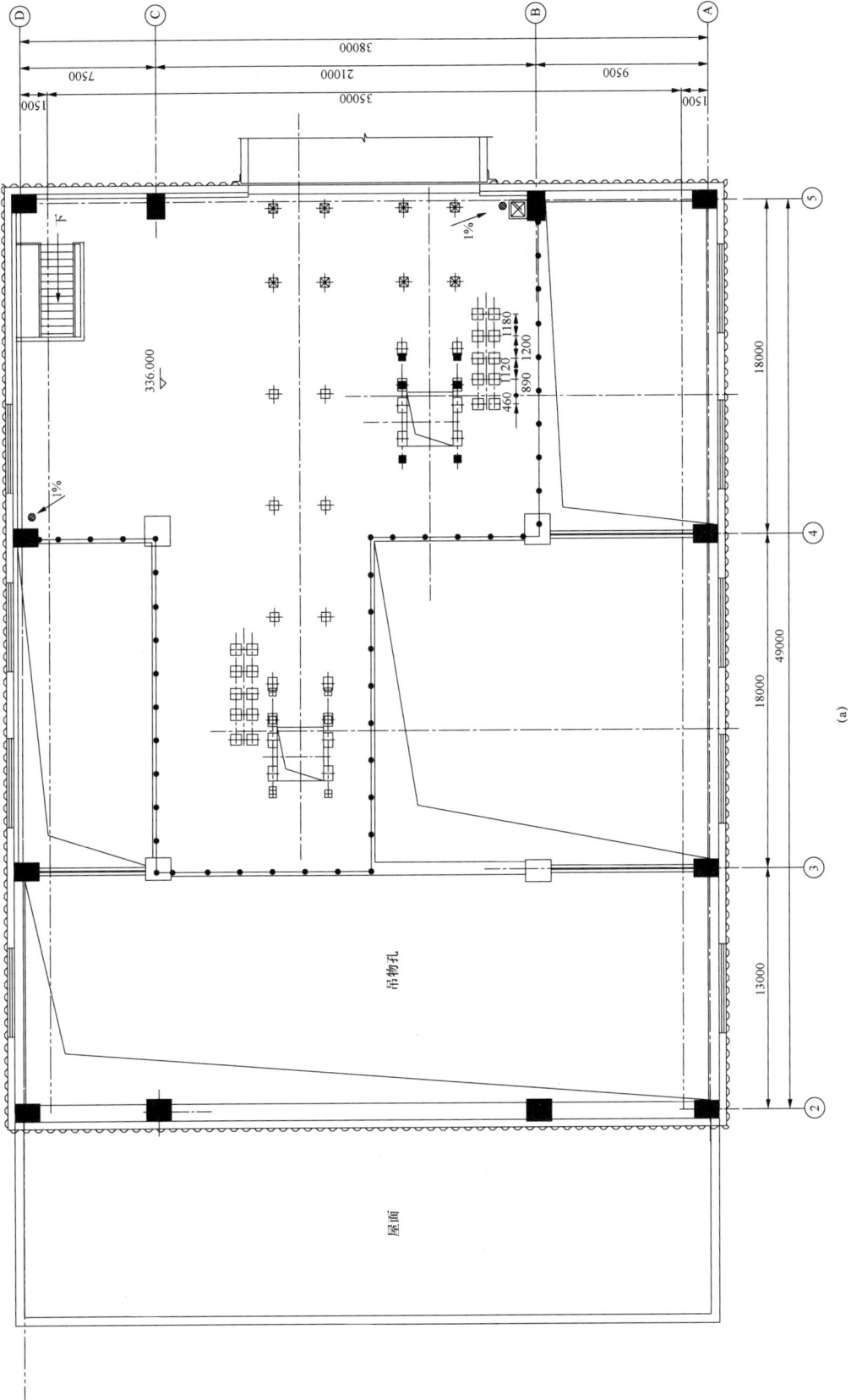

图 6-17 半开式细筛分破碎系统典型布置各层平面图（一）

(a) 336.000m 层

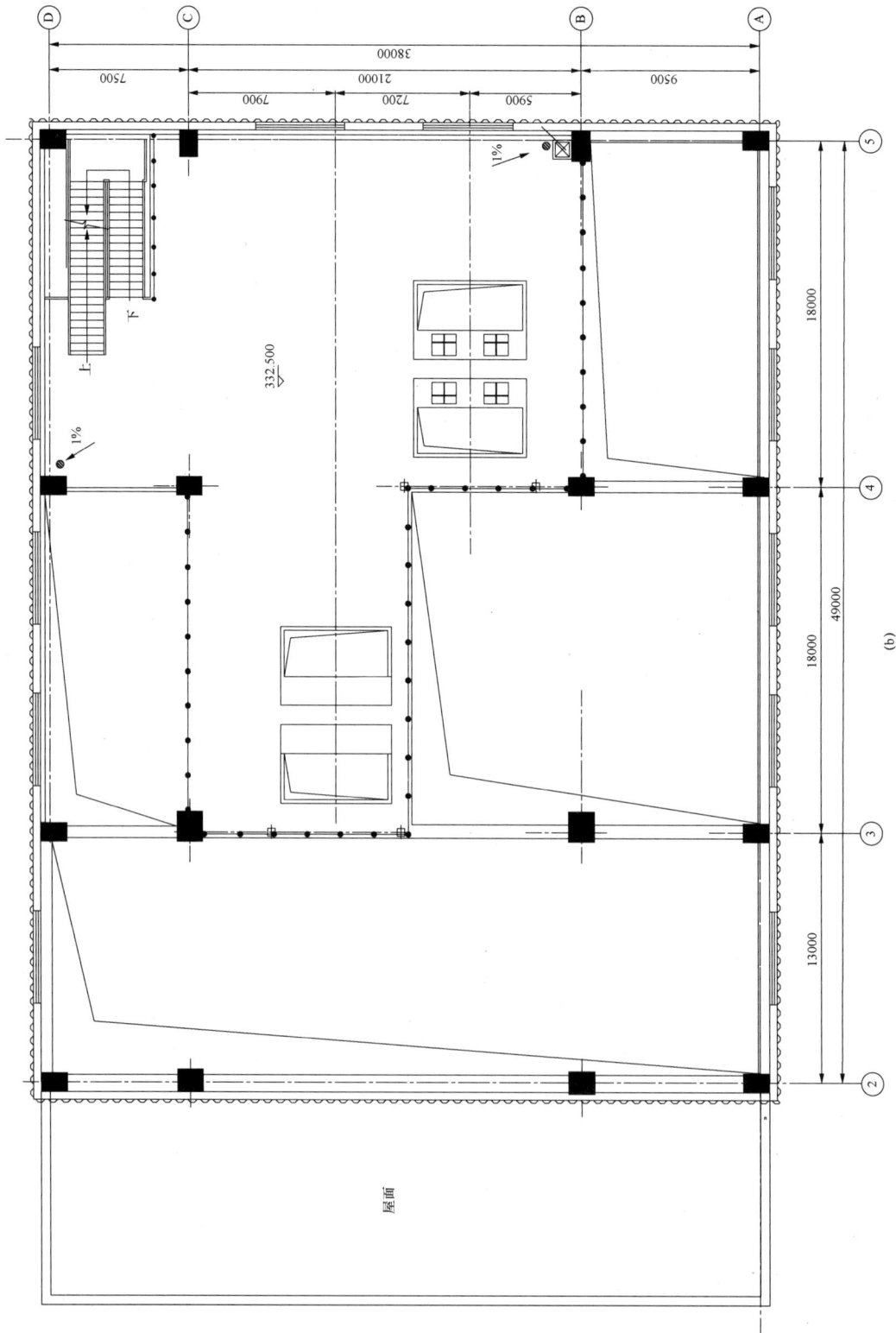

图 6-17 半开式细筛分破碎系统典型布置各层平面图（二）

(b) 332.500m层

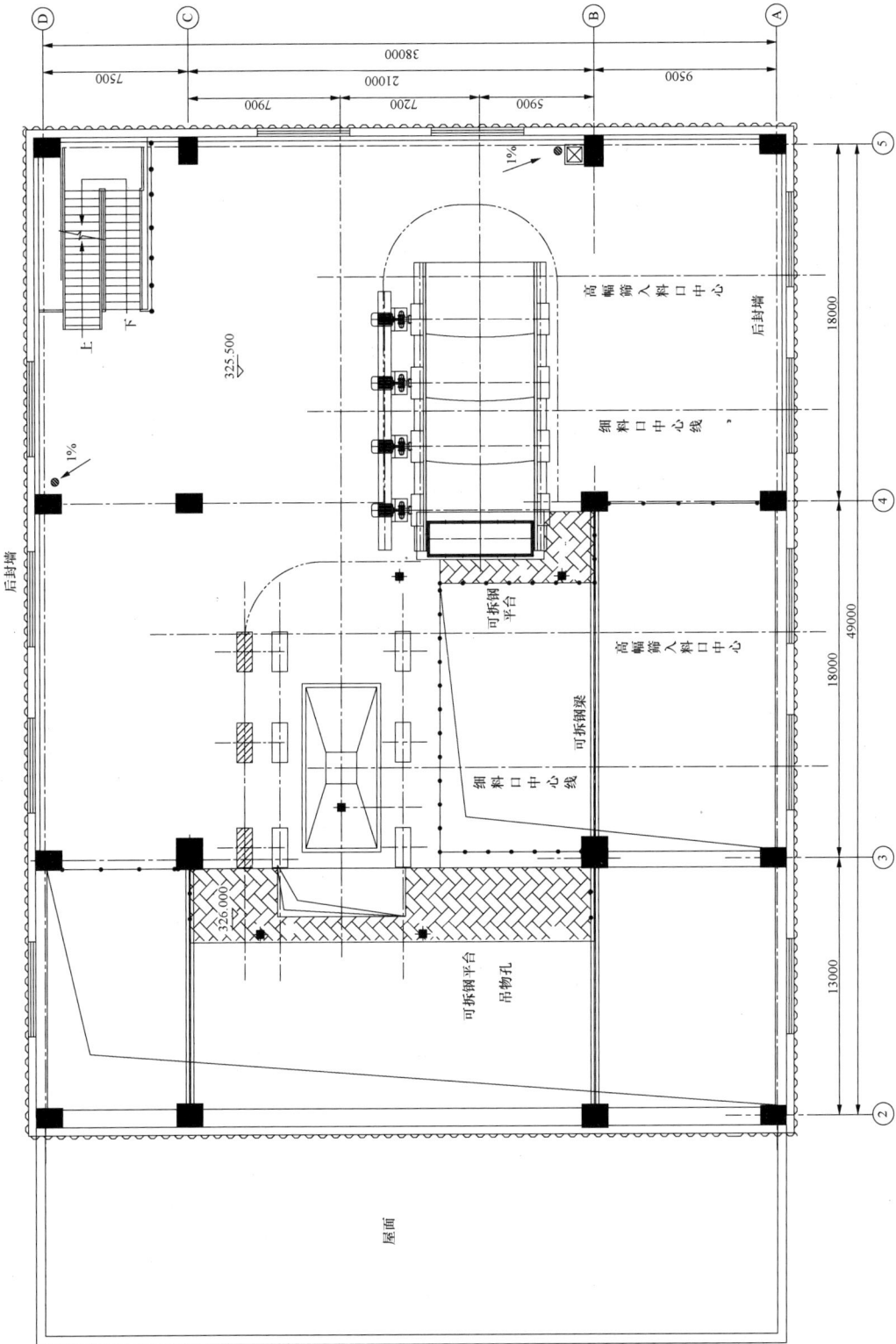

图 6-17　半开式细筛分破碎系统典型布置各层平面图（三）

(c) 325.500m层

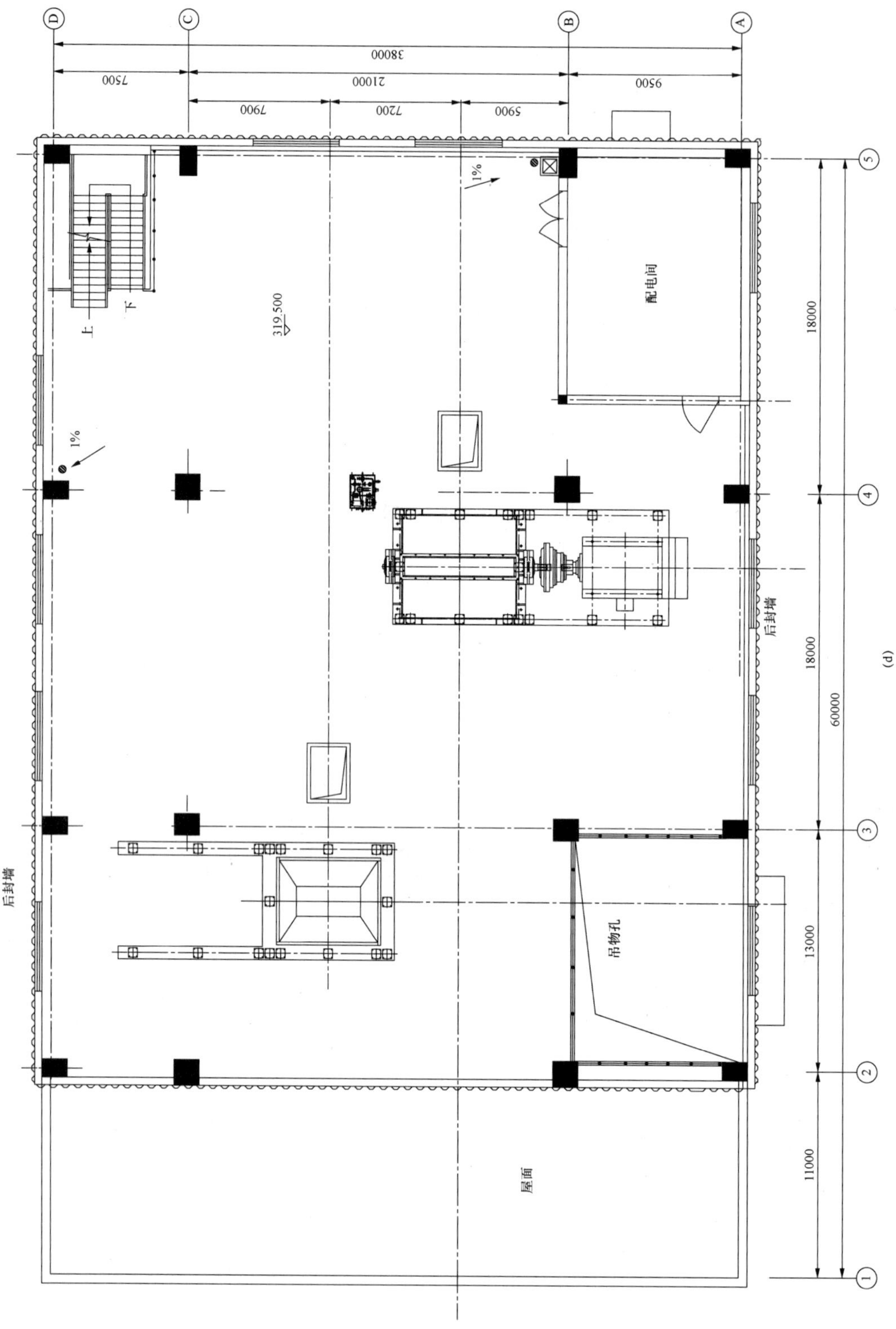

图 6-17 半开式细筛分破碎系统典型布置型各层平面图（四）

（d）319.500m 层

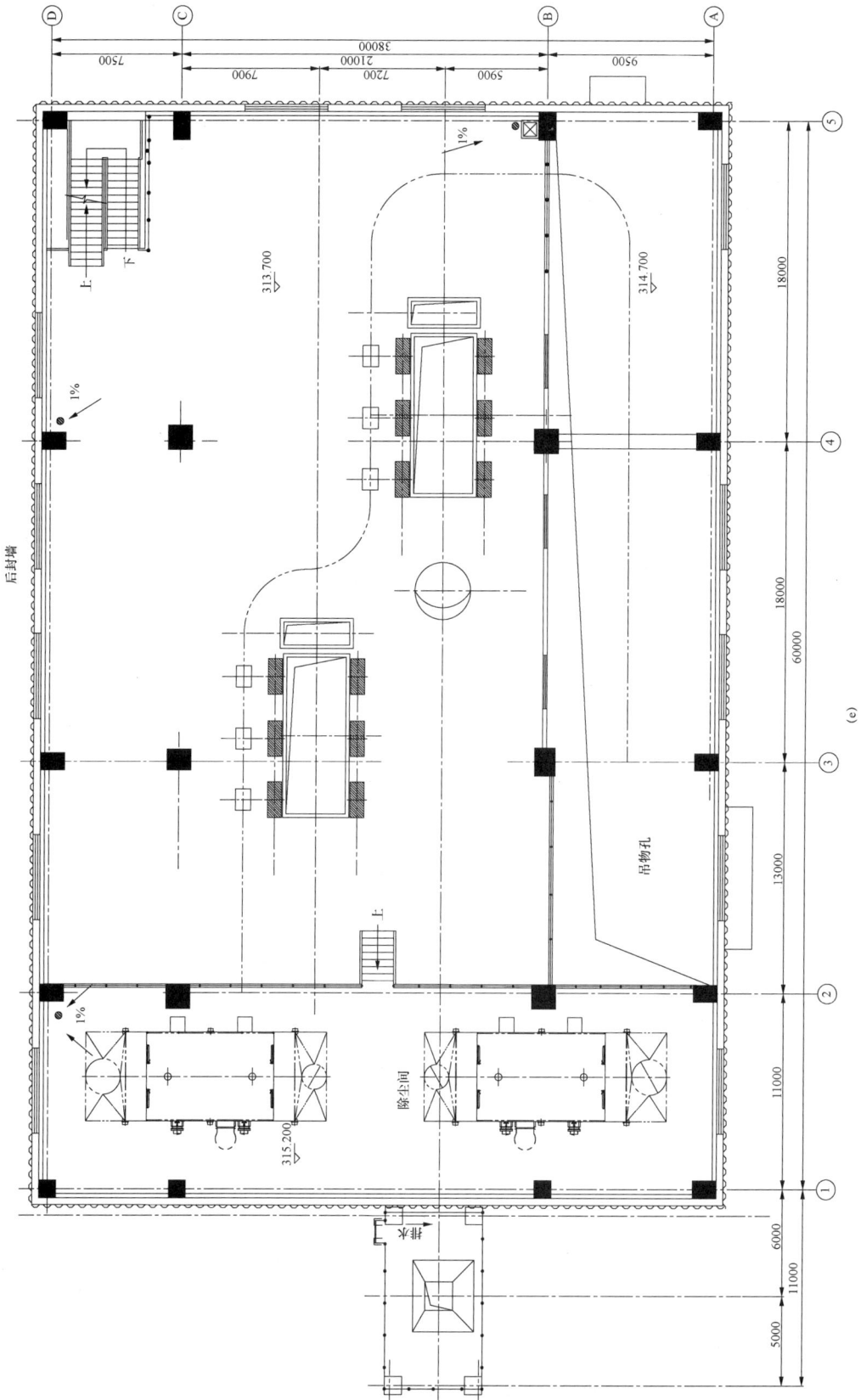

图 6-17 半开式细筛分破碎系统典型布置各层平面图（五）

(e) 313.700m

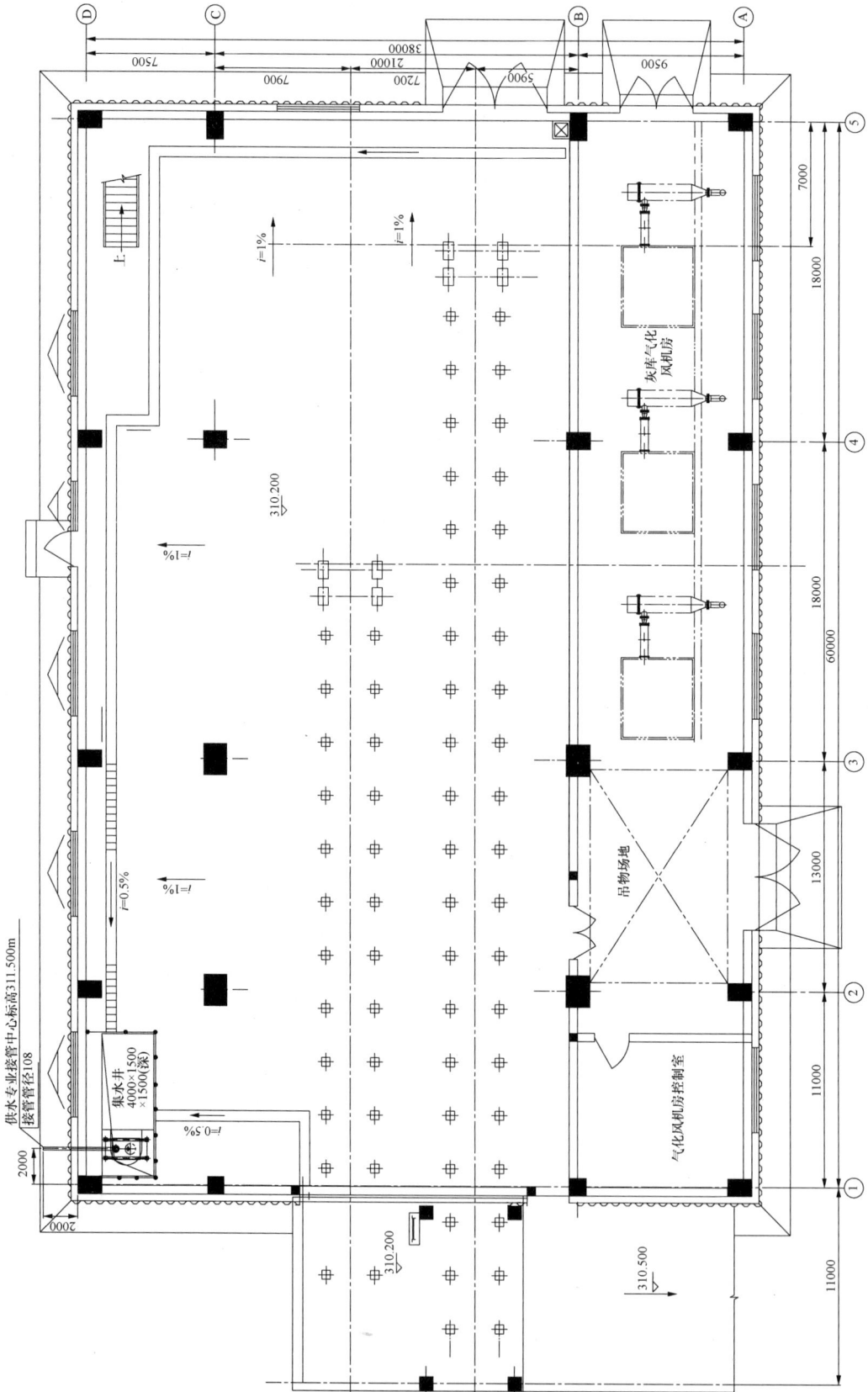

图 6-17 半开式细筛分破碎系统典型布置各层平面图（六）

（f）310.200m

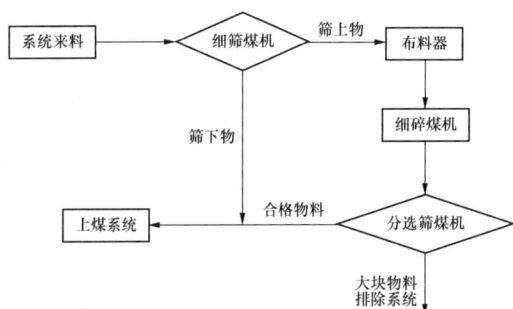

图 6-18　半开式细筛分破碎系统工艺流程图
（只对细碎煤机下的物料进行分选）

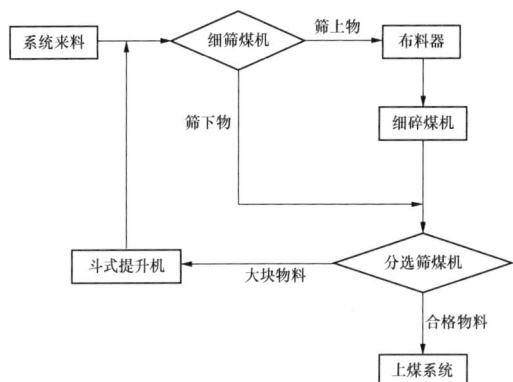

图 6-19　循环式细筛分破碎系统工艺流程图

第三节　控　制　要　求

（1）燃煤筛分破碎系统的控制纳入运煤系统的程序控制，按运煤系统工艺流程的联锁关系和其他相关运煤设备（包括碎煤机室除尘器）进行联锁。

（2）除燃煤筛分破碎系统自身设备发生故障停机外，若联锁的其他运煤设备发生故障，燃煤筛分破碎系统的设备不联锁停机，按正常程序延时停机。

（3）运煤程控系统需对细碎煤机电动机的轴承温度和振动进行监测。

第四节　设　计　计　算

燃煤筛分破碎系统设计应根据上煤系统的出力和细筛煤机、细碎煤机设备自身出力确定。当细筛煤机、细碎煤机设备出力能满足上煤系统出力时，上煤系统的每路带式输送机应对应设置一套细筛煤机、细碎煤机设备；当细筛煤机、细碎煤机设备出力不能满足上煤系统出力时，上煤系统的每路带式输送机应列设置多套细筛煤机、细碎煤机设备。

筛分破碎设备出力按式（6-1）计算，即

$$Q = \frac{KG_B}{n} \qquad (6-1)$$

式中　Q——筛分破碎设备额定出力，t/h；

　　　K——系数，细筛煤机取 1.0，细碎煤机取 0.7~1.0；

　　　G_B——上煤系统额定出力，t/h；

　　　n——筛分破碎设备套数。

第五节　设　备　选　型

因为循环流化床锅炉对燃料的适应性强，对煤种和煤质的变化适应性强，所以循环流化床电厂的来煤具有多样性、复杂性等特点，设计中应科学地选择筛分破碎设备。

一、筛分设备

循环流化床锅炉对燃料的适应性强，能燃烧劣质煤包括煤矸石、煤泥、洗中煤、褐煤等，而这些燃料中 8mm 以下的细煤占较大比例。来煤中符合锅炉粒度级配要求的原煤经过筛分直接进入锅炉，是很好的燃料，可有效解决燃煤过破碎现象，降低细碎煤机的负荷和锤头磨损，避免细碎煤机堵煤。

（一）主要性能

进行筛分破碎系统中的筛分设备细筛的选型时，需充分考虑设备出力、堵煤和筛分效率等主要性能，特别是避免湿黏性原煤的堵煤，并最大限度地保证筛分效率。

1. 设备出力

设备出力是指在筛分效率前提下，筛分设备的处理量。筛分设备的宽度和物料通过量是相互关联的主要参数。

筛分设备的额定出力应与上煤系统额定出力一致。当一台筛分设备的出力不能满足系统出力要求时，可采用两台或多台筛分设备并联运行。

2. 堵煤

燃煤的几何形状、水分、灰分、泥化现象、矸石含量、杂物等都会不同程度地导致堵煤，从而影响筛分效率。

循环流化床锅炉对燃料的适应性强，能燃烧劣质煤包括煤矸石、煤泥、洗中煤、褐煤等，而这些燃料中 8mm 以下的细煤占较大比例，而且水分高、灰分高、黏结性极大，更容易出现堵煤现象。

3. 筛分效率

筛分效率是指通过筛网的小颗粒的含量对于进入细筛前原料中所含的同一级粒度的含量之比。筛分后，一部分小颗粒仍会留在筛网上与大颗粒进入细碎机。理论上，物料在筛面上运动的时间越长筛分效率越高。

影响筛分效率的因素较多，主要有：

（1）筛网长度：在一定条件下，从理论上讲，筛网越长，物料在筛面上运动的时间越长，筛分效率越高。但实际上受机械设备结构等因素的限制，很难将该值做到很大。

（2）筛网宽度：筛网宽度增加，物料厚度变薄，筛分条件改善，筛分效率增加。

（3）筛网倾角：筛网倾角增大，提高了物料在筛网上的通过量，减小了物料在筛网上的筛分时间，相应地筛分效率会降低。

（4）筛网的结构形式：筛网面积越大，筛网上料层越薄，筛分效率越高。筛网越薄，物料通过筛网的时间越短，单位时间通过筛网的细物料量越高，筛分效率越高。

（5）燃煤特性：来煤黏结度高时，筛分效率降低。小颗粒（远远小于筛孔尺寸）或大颗粒（远远大于筛孔尺寸）的物料易筛，中等颗粒（接近筛孔尺寸）即"难筛颗粒"，不易筛分。小颗粒或大颗粒的含量高时，筛分效率增高，中等颗粒含量增多时，筛分效率降低。

（6）生产条件：降低筛网上物料层厚度，给料并均匀布料，使物料沿筛网表面摊开，是获得高筛分效率的重要条件。

（二）常见的筛分设备

循环流化床发电厂常用的细筛煤机形式有高幅振动筛、高幅概率组合筛、双转式滚筒筛、交叉筛、弛张筛。

1. 高幅振动筛

高幅振动筛是振动筛的一种，是利用振动的机械原理来实现筛分的。高幅振动筛是在传统振动筛的基础上进行循环流化床专有技术创新产生的。

传统振动筛是整机参与振动，高幅振动筛整机不参与振动，其侧板、顶盖、底座都是固定部分，只有筛网和激振器总成参与振动。这种工艺特点可降低整机动态应力，减小自身设备本体及对建筑物的动荷载，同时振幅可以大大提高，筛分效率增大，并减少堵煤现象。

高幅振动筛的筛网采用分段式，根据物料的不同可以采用多种筛网形式。最常见的为棒条式筛网，每段筛网由特钢棒条和框架组成，棒条呈纵向排列，除了整块筛网在振动以外，每根棒条也存在着活动间隙，并做二次振动和转动，以消除湿黏原煤对筛网的黏结问题。

除筛网长度、宽度、倾角、结构形式等上述常规影响筛分效率的因素外，高幅振动筛作为一种振动筛，影响筛分效率的因素还有振幅、振动频率、振动强度等参数。

设计时应根据实际物料特性选择合理的筛分面积、筛网角度、振幅、振动频率等。原煤黏结度越大，选择的振幅越大，较大的振幅和振动强度有利于切断原煤之间的黏结力，使原煤颗粒之间相互分离和松散，更容易达到较高的筛分效率。原煤为较细的干物料，选择较高的振动频率更有利于筛分效率的提高。

高幅振动筛如图 6-20 所示，高幅振动筛主要技术参数见表 6-1。

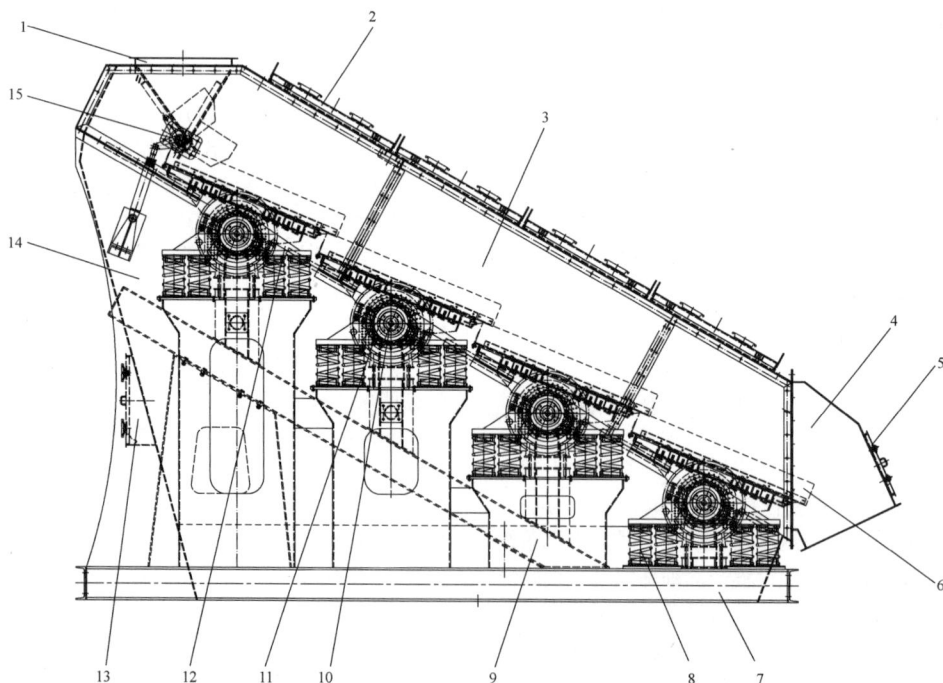

图 6-20　高幅振动筛

1—进料口；2—密封顶盖；3—筛箱；4—筛前溜槽；5—观察门；6—筛板；7—底托；8—减振弹簧；
9—电动机支架；10—电动机；11—联轴器；12—激振器；13—维修门；14—料仓；15—旁路系统

表 6-1 　　　　　　　　　　　　高幅振动筛主要技术参数表

型号	入料粒度（mm）	处理能力（t/h）	电动机转速（r/min）	振幅（mm）	电动机功率（kW）	外形尺寸（长 L×宽 W×高 H，mm）
200-8	≤50	200	730	15～25	2×7.5	4235×3364×2540
300-8	≤50	300	730	15～25	3×7.5	6028×3385×4045
400-8	≤50	400	730	15～25	3×7.5	6028×3885×4045
500-8	≤50	500	730	15～25	3×11	6313×4385×4250
600-8	≤50	600	730	15～25	4×11	7520×4405×4400
800-8	≤50	800	730	15～25	4×11	7520×4705×4400
1000-8	≤50	1000	730	15～25	5×11	9399×4705×6150
1200-8	≤50	1200	730	15～25	6×11	11576×4705×6985

2. 高幅概率组合筛

高幅概率组合筛是将多个高幅振动筛进行组合，可以完成更大出力的筛分需求。

高幅概率组合筛入料口采用双向分料器，可以将来料分到多个高幅振动筛的筛面，对来煤进行分路筛分。双向分料器兼有布料功能，可实现筛面全宽度布料。

高幅概率组合筛如图 6-21 所示，高幅概率组合筛主要技术参数见表 6-2。

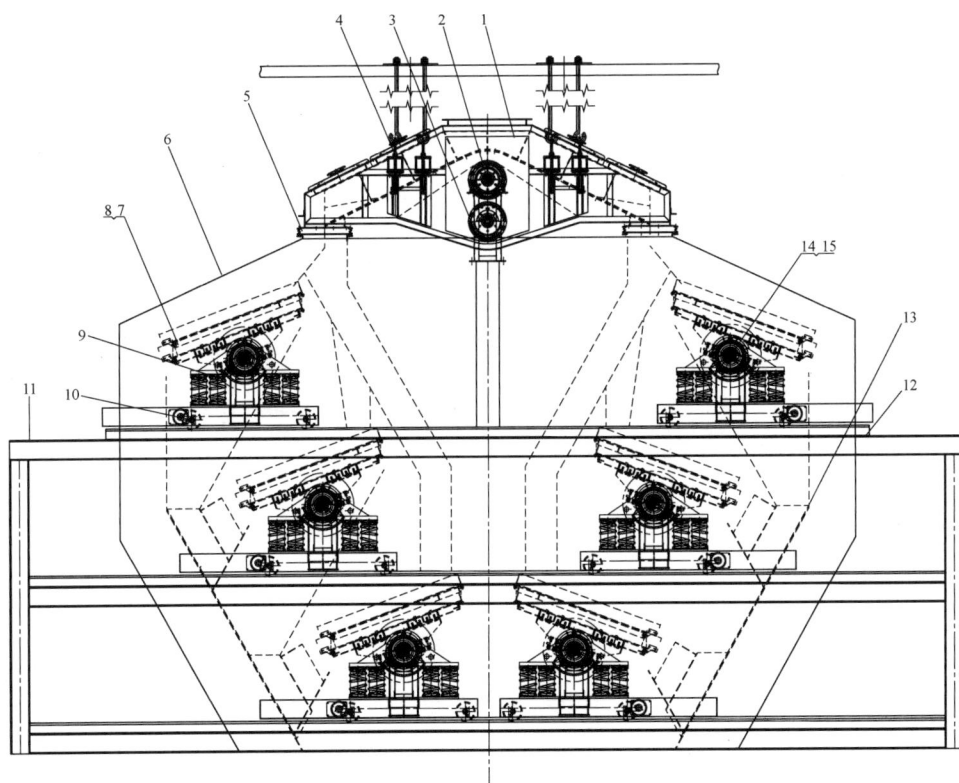

图 6-21 高幅概率组合筛

1—双向布料器本体；2—双向布料器电动机；3—双向布料器激振器；4—双向布料器减振装置；5—密封组合；
6—自动顶盖打开装置；7—筛分单元；8—筛箱；9—筛分单元减振装置；10—自动行走装置；11—机架组合；
12—轨道；13—溜槽组合；14—筛分单元激振器；15—筛分单元电动机

表 6-2　　　　　　　　　　　　　　　高幅概率组合筛主要技术参数表

型号	电动机转速 （r/min）	电动机功率 （kW）	振幅 （mm）	筛孔尺寸 （mm）	处理量 （t/h）	高幅振动筛 组合数量	外形尺寸 （长L×宽W×高H，mm）
200-8	730	2×11	15～25	8	200	2 组合	4462×3664×3611
300-8	730	2×11	15～25	8	300	2 组合	4462×3964×3611
500-8	730	2×11	15～25	8	500	2 组合	4462×4664×3611
600-8	730	4×11	15～25	8	600	4 组合	9671×4457×5489
800-8	730	4×11	15～25	8	800	4 组合	9671×4957×5489
1000-8	730	4×11	15～25	8	1000	4 组合	9671×5257×5489
1200-8	730	6×11	15～25	8	1200	6 组合	11937×4657×7724
1400-8	730	6×11	15～25	8	1400	6 组合	11937×4957×7724
1600-8	730	6×11	15～25	8	1600	6 组合	11937×5257×7724

3. 双转式滚筒筛

双转式滚筒筛是滚筒筛的一种，是在传统滚筒筛基础上进行循环流化床技术创新产生的，通过旋转离心力进行筛分。

滚筒筛的工作机构是一个倾斜布置的圆筛筒，圆筛筒装在中间轴上，轴两端由轴承座支撑，圆筛筒壁即为筛算（面），通过圆筛筒的回转进行筛分。双转式滚筒筛在传统滚筒筛的圆筛筒内加反向旋转的转子，转子上有螺旋推料耙，通过推料耙的挤压将细煤从筛孔透出。双转式滚筒筛结构图参见图 6-22。双转式滚筒筛的主要技术参数参见表 6-3。

4. 交叉筛

交叉筛是在传统滚轴筛基础上进行循环流化床技术创新产生的。

传统滚轴筛由多组同向旋转的筛轴组成，每一排筛轴上按一定间隔排列筛片。交叉筛相邻筛轴上的筛片相互交叉排列，通过相邻筛片"手搓式"作用完成强制透筛，交叉筛组成筛孔的四个面有相对运动，是动筛孔。交叉筛通过筛轴滚动，筛片"搓动"排料透筛。筛轴下设有刮泥板，可清理剩余黏结颗粒。交叉筛结构图见图 6-23 和图 6-24。交叉筛的主要技术参数参见表 6-4。

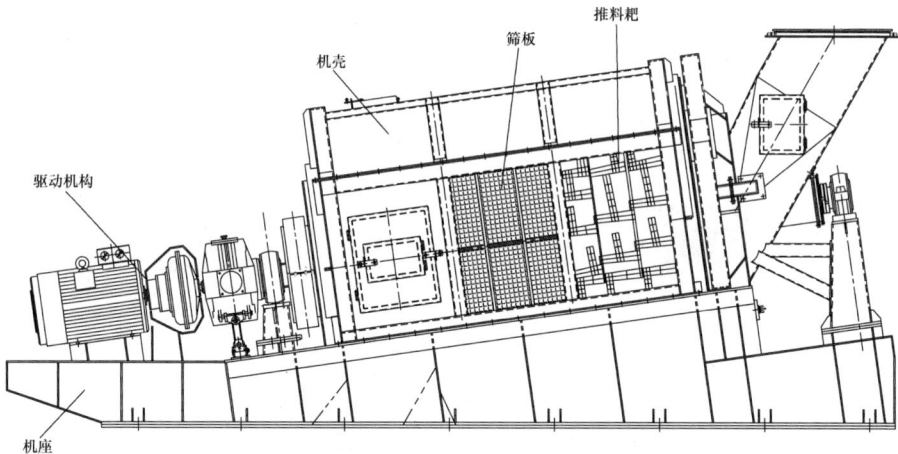

图 6-22　双转式滚筒筛结构图

表 6-3　　　　　　　　　　　　　双转式滚筒筛的主要技术参数表

型号		200	400	500	600	800
通过物料量（t/h）		200	400	500	600	800
物料粒度 （mm）	进料粒度（mm）	≤50				
	筛下粒度（mm）	≤8				
筛筒内径×长度（mm）		φ1400×1880	φ1600×1880	φ1700×1880	φ1700×2260	φ1900×2284
总功率（kW）		93.5	132	162	190	230
外形尺寸 （长L×宽W×高H，mm）		6350×2320×2600	6807×2700×2950	7150×2800×2920	7400×2800×2980	7800×3000×3370
整机质量（t）		15.5	19	24	26	30

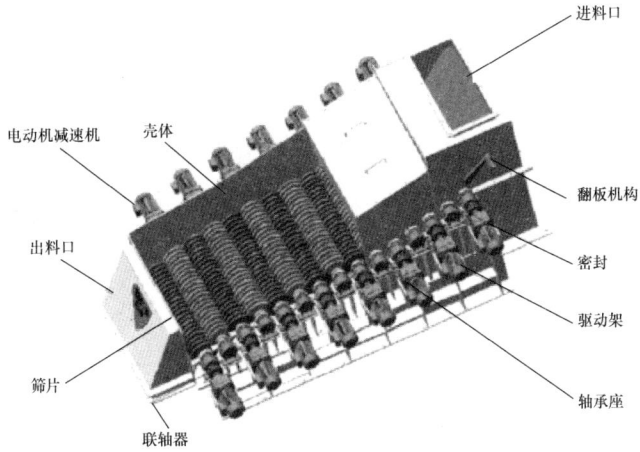

图 6-23　交叉筛

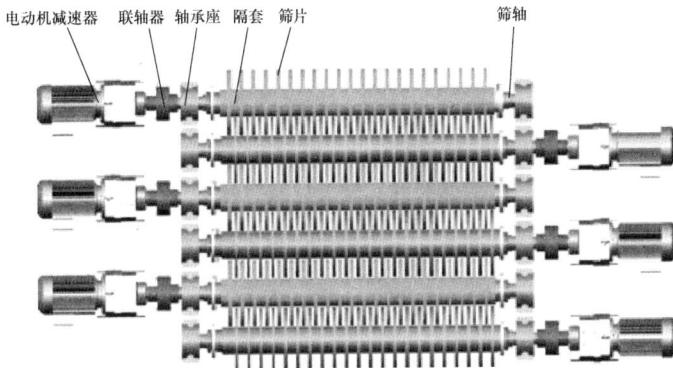

图 6-24　交叉筛筛轴和交叉筛片

表 6-4　　　　　　　　　　　　　　　交叉筛的主要技术参数表

型号	生产能力（t/h）			功率（kW）	筛面宽度（mm）	质量（kg）	物料粒度	外形尺寸（长 L × 宽 W × 高 H，mm）
	原煤、矸石、混合煤、褐煤等	湿中煤、焦煤、黏性煤、油页岩	煤泥及煤混合料					
1006	100～120	80～120	60～100	6.6～13	1000	3870		2240×2693×1370
1008	120～180	120～150	100～130	9～18		5100		2740×2693×1480
1010	180～250	150～200	150～200	15～22		6550		3155×2793×1600
1014	250～350	200～300	200～250	21～31		9600		4340×2793×1985
1412	350～450	250～350	250～300	27～36	1400	9680		3640×3280×1900
1415	400～600	300～450	300～400	45～50		12750		4310×3527×2160
1418	500～650	400～550	350～450	54～60		15500		5000×3527×2340
1814	500～650	400～550	350～450	42～56	1800	20000	进料粒度<300，出料粒度<10	5150×4378×2500
1816	550～700	450～600	400～500	48～56		23000		5250×4378×2600
1818	600～800	500～700	450～600	54～72		25500		6000×4378×2780
2214	600～800	500～700	450～600	56～70	2200	20700		5380×4778×2470
2216	700～900	600～800	500～700	64～80		26500		5980×4778×2650
2220	800～1100	700～900	600～800	80～110		30000		6920×4778×3150
2224	1000～1300	800～1000	700～900	96～132		38000		7980×4778×3400
2426	1300～1600	1000～1200	900～1100	110～180	2400	45000		8500×4980×3500
2824	1600～1800	1200～1500	1000～1200	180～200	2800	48000		7980×5600×3400

5. 弛张筛

弛张筛是振动筛的一种，在筛机上安装弹性筛网面，通过筛机整体运动带动筛面做弛、张运动来筛分物料，是整机设备参与振动的振动筛。

弛张筛的筛机有多种驱动形式，由弛筛机可产生圆（椭圆）运动、直线运动、亚共振往复运动等，筛面在筛机的带动下申拉筛网做弛张运动，筛孔连续不断地扩张、收缩，物料在筛面做蹦床弹跳运动，从而获得较大加速度（最高可达 50g 的加速度），迫使原煤不堵筛孔而达到较高的筛分效率。弛张筛结构见图 6-25。弛张筛的主要技术参数见表 6-5～表 6-7。

图 6-25　弛张筛

表 6-5　　　　　　　　　　　　　　　　单层香蕉弛张筛的主要技术参数表

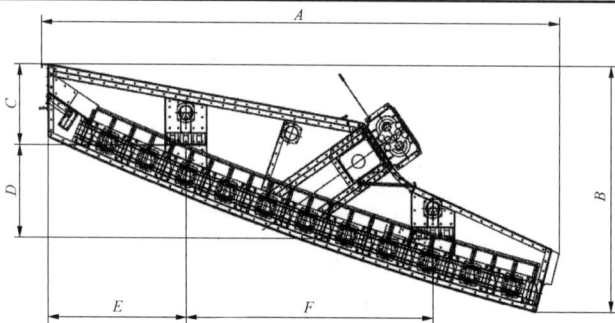

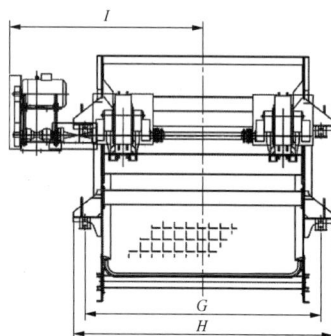

单层香蕉弛张筛型号	筛分面积（m²）	处理能力（t/h）	功率（kW）	参考质量（kg）	外形尺寸（mm）								
					A	B	C	D	E	F	G	H	I
1861	10.98	100～300	22	9000	6721	3369	1033	1349	2065	3396	2400	2600	2236
2461	14.64	150～400	22	10000	6712	3328	940	1410	1525	3843	3000	3200	2742
2473	17.52	200～500	30	11000	7950	3671	1202	1387	2122	3807	3000	3200	2742
2480	19.20	200～600	30	12000	8564	3829	1186	1621	2033	4193	3000	3200	2742
2490	21.60	250～600	30	14000	9709	4568	1404	1926	2671	5331	3000	3200	2742
24100	24.00	250～700	30	16000	10475	4381	1221	2033	2873	5740	3000	3200	2742
3061	18.30	200～600	30	11000	6726	3328	930	1410	1375	3993	3600	3950	2947
3073	21.90	300～700	30	12500	7950	3671	1202	1387	2122	3807	3600	3950	2947
3080	24.00	300～750	30	13000	8564	3829	1259	1548	2423	3803	3600	3950	2947
3085	25.50	300～800	30	14000	8912	4843	1444	1964	2475	4193	3600	3950	2947
3090	27.00	300～850	30	15000	9828	4241	1230	1733	2674	5395	3600	3950	2947
30100	30.00	300～900	55	18000	10475	4381	1221	2033	2873	5740	3600	3950	2947
3661	21.96	250～650	30	12500	6712	3328	930	1410	1375	3993	4300	4560	3380
3673	26.28	300～700	30	13500	7950	3671	1202	1387	2122	3807	4300	4560	3380
3680	28.80	300～800	30	14500	8558	3829	1356	1499	2033	4193	4300	4560	3380
3685	30.60	300～850	30	16000	8912	4843	1444	1964	2475	4193	4300	4560	3380
3690	42.40	350～900	55	19000	9828	4241	1050	1904	2674	4992	4300	4560	3380
36100	36.00	350～950	55	20500	10475	4380	1220	2030	2870	5740	4300	4560	3380
4361	26.23	300～750	55	16500	6712	3328	930	1410	1375	3993	4900	5200	3593
4373	31.39	300～800	55	18000	7950	3671	1202	1387	2122	3807	4900	5200	3593
4380	34.40	350～850	55	19600	8329	4529	1357	2371	2144	4904	4900	5200	3593
4385	36.55	350～900	55	21000	8912	4843	1444	1964	2475	4193	4900	5200	3593
4390	38.70	400～950	55	22000	8912	4843	1444	1964	2475	4193	4900	5200	3593
43100	43.00	400～1000	55	23000	10151	5243	1577	2582	2757	5646	4900	5200	3593

表 6-6　　　　　　　　　　双层香蕉弛张筛的主要技术参数表（1）

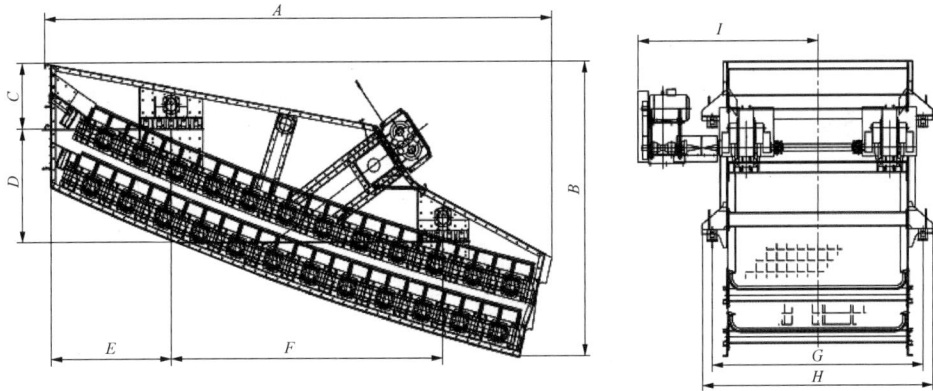

双层香蕉弛张筛型号	筛分面积（m²）	处理能力（t/h）	功率（kW）	参考质量（kg）	外形尺寸（mm）								
					A	B	C	D	E	F	G	H	I
1861	21.96	200～400	30	11000	6870	3816	1171	1597	1021	4388	2400	2600	2236
2461	29.28	300～500	30	13500	7038	3338	1397	947	1948	3430	3000	3340	2740
2473	35.04	300～650	37	16000	7960	4386	1225	1415	2314	3717	3000	3340	2740
2480	38.40	300～700	37	18000	8558	4544	1017	1949	2033	4995	3000	3340	2740
2490	43.20	300～750	37	20100	9700	4980	1260	2140	2900	5150	3000	3340	2740
24100	48.00	300～800	55	23000	10475	4999	1221	2033	2973	5530	3000	3340	2740
3061	36.60	300～650	30	18000	7038	3338	1397	947	1948	3430	3600	3950	2980
3073	43.80	400～900	30	19000	7960	4386	1225	1415	2314	3717	3600	3950	2980
3080	48.00	400～950	37	20400	8558	4544	1017	1745	2033	4594	3600	3950	2980
3085	51.00	400～1000	55	23000							3600	3950	2980
3090	54.00	400～1050	55	25000	9760	4980	1221	1991	2763	5745	3600	3950	2980
30100	60.00	400～1100	55	28500	10150	5840	1630	2480	2940	5500	3600	3950	2980
3661	43.92	400～900	55	23000	6908	3982	1465	1398	946	4705	4300	4560	3288
3673	52.56	500～1000	55	24000	7984	4397	948	1674	2143	4311	4300	4560	3288
3680	57.60	500～1050	55	25000	8596	4555	948	2117	2143	5297	4300	4560	3288
3685	61.20	500～1100	55	26000	9124	4903	2111	1411	2324	4635	4300	4560	3288
3690	84.80	500～1150	55	27500	9760	4979	1221	1991	2868	5640	4300	4560	3288
36100	72.00	500～1200	55	29500	10150	5840	1630	2480	2940	5500	4300	4560	3288
4361	52.46	500～950	55	25000	6908	3982	1465	1398	946	4705	4900	5200	3593
4373	62.78	600～1000	55	27500	7992	4397	1003	1630	2200	4200	4900	5200	3593
4380	68.80	600～1100	55	28500	8596	4555	1065	2000	2600	4840	4900	5200	3593
4385	73.10	650～1150	55	30000	9124	4903	2111	1411	2324	4635	4900	5200	3593
4390	77.40	650～1250	55	32000	9760	4979	1221	1991	2868	5640	4900	5200	3593
43100	86.00	660～1300	75	36000	10500	5097	1281	1750	3278	4979	4900	5200	3593

表 6-7　　　　　双层香蕉弛张筛（上层固定、下层弛张）的主要技术参数表（2）

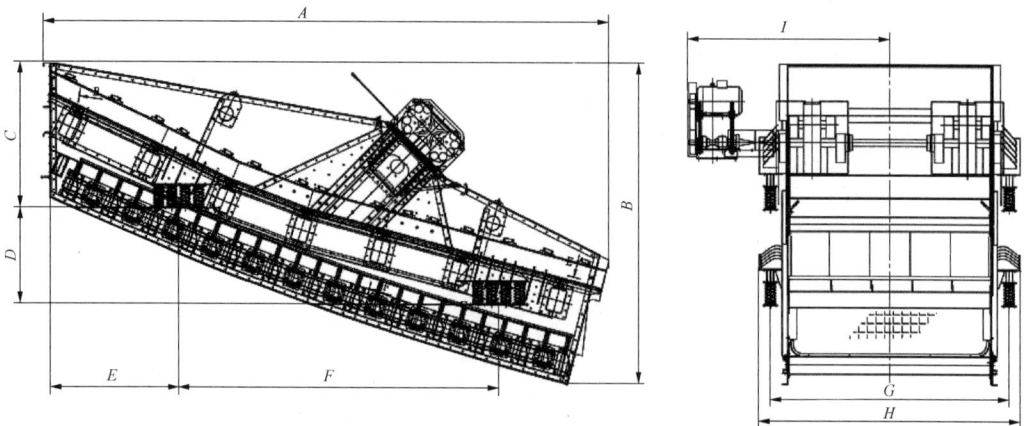

双层香蕉弛张筛（上层固定、下层弛张）型号	筛分面积（m²）	处理能力（t/h）	功率（kW）	参考质量（kg）	外形尺寸（mm）								
					A	B	C	D	E	F	G	H	I
1861	21.96	200～400	30	11000	6870	3816	1171	1597	1021	4388	2400	2600	2236
2461	29.28	300～500	30	13500	7038	3338	1397	947	1948	3430	3000	3200	2693
2473	35.04	300～650	30	14800	7886	4692	1568	1876	1087	4437	3000	3200	2693
2480	38.40	300～700	37	16000	8581	4334	1840	1237	1636	4876	3000	3200	2693
2490	43.20	300～750	55	17000	8556	4731	2157	1414	2047	4646	3000	3200	2693
3061	36.60	300～650	55	18000	7038	3338	1397	947	1948	3430	3600	3800	3258
3073	43.80	400～900	55	19500	7886	4692	1568	1876	1087	4437	3600	3800	3258
3080	48.00	400～950	55	20500	8556	4731	2157	1414	2047	4646	3600	3800	3258
3085	51.00	400～1000	55	21500	9124	4903	2111	1411	2324	4635	3600	3800	3258
3090	54.00	400～1050	55	22500	9712	5001	2115	1404	2333	4510	3600	3800	3258
30100	60.00	400～1100	55	23500	10542	5567	2143	1939	2016	5866	3600	3800	3258
3661	43.92	400～900	55	19500	6908	3982	1465	1398	946	4705	4300	4500	3334
3673	52.56	500～1000	55	22000	8102	4055	1259	1483	982	4635	4300	4500	3334
3680	57.60	500～1050	55	23400	8556	4731	1982	1414	2047	4646	4300	4500	3334
3685	61.20	500～1100	55	24000	9124	4903	2111	1411	2324	4635	4300	4500	3334
3690	84.80	500～1150	55	25000	9712	5052	2111	1411	2324	4635	4300	4500	3334
36100	72.00	500～1200	55	26000	10500	4500	2050	1350	1415	6070	4300	4500	3334
4361	52.46	500～950	55	24000	7055	4023	1465	1398	946	4705	4900	5150	3640
4373	62.78	600～1000	55	26000	8102	4055	1389	1540	967	4732	4900	5150	3640
4380	68.80	600～1100	55	27000	8590	4665	1932	1448	2002	4739	4900	5150	3640
4385	73.10	650～1150	55	28000	9124	4903	2211	1311	2289	4670	4900	5150	3640
4390	77.40	650～1250	55	29000	9712	5052	2111	1411	2324	4635	4900	5150	3640
43100	86.00	650～1300	75	30000	10500	4500	2050	1350	1415	6070	4900	5150	3640

（三）各筛分设备的特点

各筛分设备的特点见表6-8。

表6-8　　　　　　　　　　　　　　　各筛分设备特点比较表

序号	类别	高幅筛	高幅概率组合筛	双转式滚筒筛	交叉筛	弛张筛
1	结构原理	振动筛分机械。筛机整体不振动，筛网振动，分段筛分，封闭结构	通过分流布料器将多个高幅筛组合集成为一体，整机实现立体组合筛分	旋转筛分机械。筛筒倾斜安装，筛筒和转子两者逆向旋转，用耙推料透筛	滚动筛分机械。筛分原理与滚轴筛相同，结构上进行了改进，1台电动机可以驱动1根或多根轴，轴下部设有刮刀，强制筛分	振动筛分机械。筛机壳体振动，带动筛面做蹦床式弛张运动，筛面硫化成形
2	设备特点	振幅大，动负荷较小，筛分面积大，筛网开孔率高，筛分效率高。筛网耐磨性较差，检修维护频率较高	比高幅振动筛的筛面面积增加，单层筛面料层厚度减小，设备的透筛时间短、透筛能力强、筛网开孔率高，筛分效率高，不易堵塞	转动缓慢均匀，冲击和振动较小，抵抗粘煤堵筛能力强、工作平稳。筛分面积较小，筛网利用率和筛网开孔率较低，筛分效率较低	设备冲击和振动较小，筛片寿命长。筛分面积较小，筛网开孔率较低，筛分效率低	筛面加速度较大，筛孔不容易堵塞，物料透筛率高；筛分面积较大，筛分效率较高。筛网易疲劳损坏。整机振动，动荷载较大
3	功耗	功率小	功率较小	总功率较大	总功率介于高幅筛和双转式滚筒筛之间	功率小

二、布料器

布料器用于改善细碎煤机入口的入料均布状况，使煤流进入细碎煤机时沿转子长度方向均匀分布，避免堵煤和中间部分锤头集中受料而导致过渡磨损的现象，从而延长细碎煤机易损件的使用寿命，保证出料粒度。

布料器主要有机械固定式、电动滚筒（螺旋）式、电动转盘式等形式。

机械固定式布料器主要采用固定的分流棒条（板），煤流通过在布料器内固定的分流棒条（板）之间流动、反弹、变向等运动，在出口达到均匀分布。机械固定式布料器成本低，可根据煤质的情况，设置振打等防粘煤设施。机械固定式布料器结构见图6-26。

电动滚筒（螺旋）式布料器主要采用镶嵌分流棒条的电动滚筒或旋转螺旋的形式，煤流通过在布料器内滚筒或螺旋的旋转达到强制匀料，并可降低碎煤机入口煤流速度。电动滚筒（螺旋）式布料器机构见图6-27。

电动转盘式布料器采用中心转盘整体旋转的方式，带动煤流强制减速并匀料。转盘式布料器结构见图6-28。

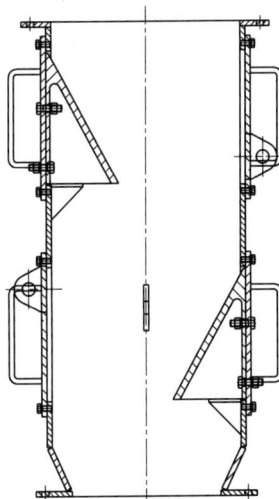

图6-26　机械固定式布料器

三、破碎设备

为保证入炉燃料的粒度级配，设计时应根据各电厂的实际来煤情况，科学正确地选择破碎设备。

（一）常见破碎设备

循环流化床发电厂常用的细碎煤机形式有齿辊式破碎机、锤击式破碎机。

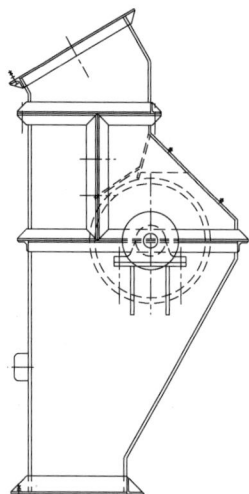

图 6-27 电动滚筒（螺旋）式布料器

图 6-28 转盘式布料器

细碎煤机宜优先选用可逆锤击式破碎机。当需要破碎原煤、中煤、煤矸石、石油焦等抗压强度相差较大的混合物料或原煤水分较高时，可选用齿辊式破碎机。

1. 可逆锤击式破碎机

锤击式破碎机是通过转子高速旋转，对物料进行冲击破碎。物料被转子锤头高速击碎，以较高的速度在锤头和破碎板之间反复冲击破碎，直至物料被破碎至所需粒度，由出料口排出。

锤击式破碎机通过调节锤头和反击衬板之间的间隙控制出料粒度。转子和锤头之间为挠性连接，在遇到铁块和硬物时，锤头可以退让避开，保护碎煤机。

锤头、破碎板、底算是锤击式破碎机的易磨损件。锤头一侧的工作面和破碎板在运行过程中磨损以后，可逆锤击式破碎机的转子可以反向运行，改变转子的旋转方向，利用锤头另一侧的工作面和另一端的破碎板，可有效地延长锤头和破碎板的使用寿命。锤击式破碎机结构见图 6-29。双向可逆细碎机基本参数见表 6-9。

2. 齿辊式破碎机

齿辊破碎机是两个平行齿辊相对回转，通过两齿辊的间隙将燃煤劈碎及挤压碎。

齿辊式破碎机按照传动方式可分为直连传动和皮带传动两种形式，循环流化床发电厂常用的细碎煤机最常见的是皮带传动式齿辊破碎机，其工作原理：两个（组）电动机输出的动力经过皮带传递至齿辊端的皮带轮，分别驱动两平行安装的齿辊相向旋转，当物料落入破碎机双辊之间时，螺旋齿牙或刀形齿牙首先将物料筛分，小于排料粒度的颗粒直接通过而不需要破碎，进入排料溜槽，在垂直应力或剪切力的共同作用下，大块物料受齿辊齿牙的剪切、拉伸被破碎，从排料口排出。

齿辊带有缓冲弹簧，缓冲弹簧可以调整两辊之间的间隙，并在遇到不易破碎的大块或铁块时，弹簧被压缩，齿辊闪退，间隙变大，使之通过。间隙变大的程度决定于大块的硬度和辊子缓冲弹簧的刚度，其可以保护破碎机。

齿辊破碎机按照齿辊的组数可分为双齿辊破碎机和四齿辊破碎机，结构见图 6-30 和图 6-31。齿辊破碎机主要技术参数见表 6-10～表 6-12。

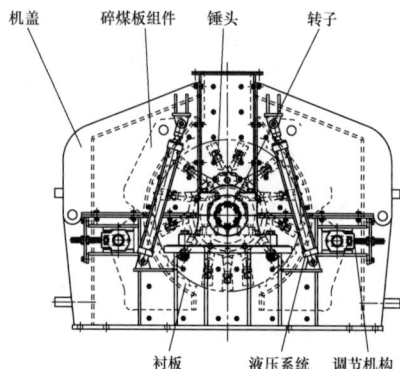

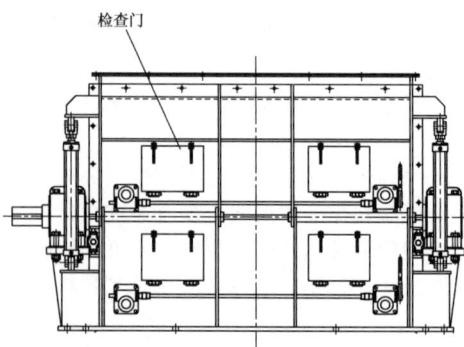

图 6-29 锤击式破碎机

表6-9　　　　　　　　　　　双向可逆细碎机基本参数表

型号	额定出力 （t/h）	转子直径 （mm）	转子有效长度 （mm）	入粒粒度 （mm）	出粒粒度 （mm）	功率 （kW）
1212	80～120	1200	1244	≤80	≤6	185
1412	150～200	1400	1200	≤80	≤6	315
1416	180～250	1400	1600	≤80	≤6	355
1616	250～300	1600	1600	≤80	≤6	450
1618	300～350	1600	1800	≤80	≤6	630
1622	350～400	1600	2200	≤80	≤6	710
1820	400～450	1800	2000	≤80	≤6	800
1825	500～600	1800	2500	≤80	≤6	1000
1828	600～700	1800	2800	≤80	≤6	1120
2020	600～700	2000	2000	≤80	≤6	1250

注　1. 出力是指破碎物料抗压强度小于120MPa、表面水分小于12%、出料粒度合格率大于90%的产量，产量在额定值内的变化取决于被破碎物料的自然特性和破碎粒度。

2. 转子直径是指转子在工作状态时锤头顶端回转的运动轨迹直径，转子有效长度是指转子工作段的长度。

3. 表中现定的电动机功率为平均值，电动机功率的确定取决于被破碎物体物料的自然特性和需要的产量，其实际功率在订货时据工况确定。

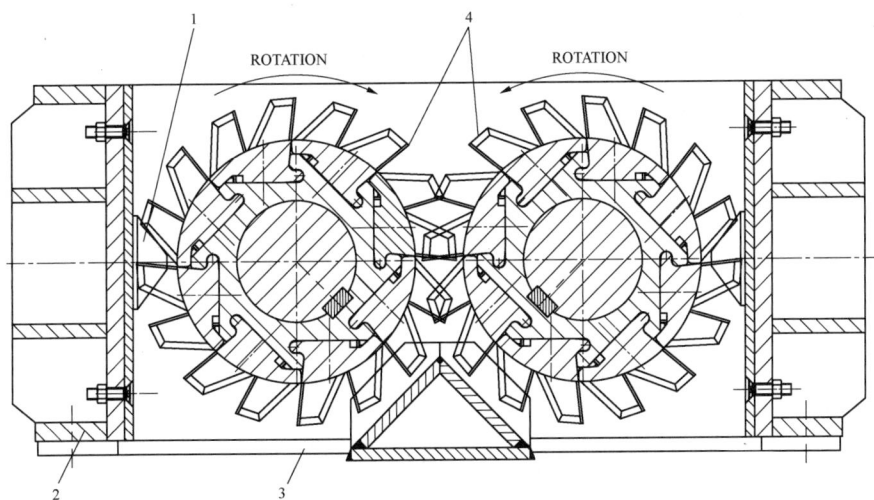

图6-30　双齿辊破碎机
1—侧齿板；2—机壳；3—端架；4—齿辊

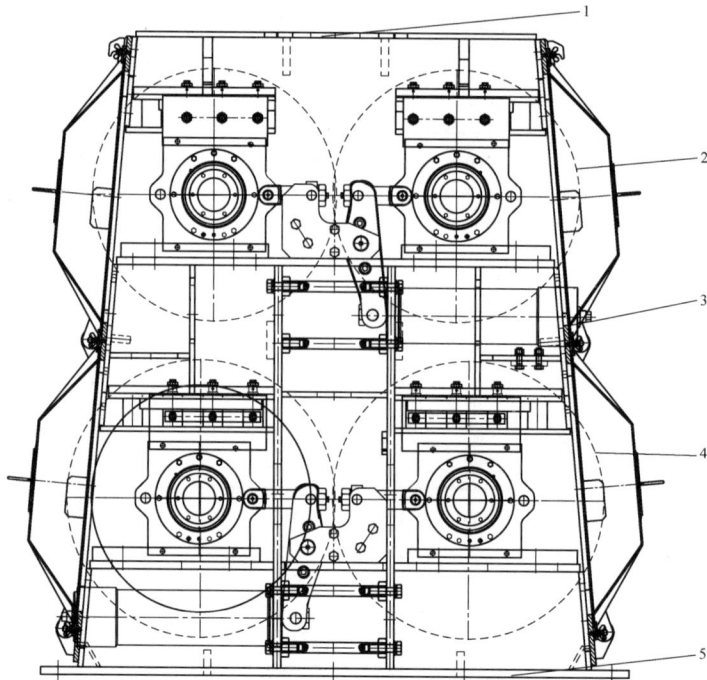

图 6-31　四齿辊破碎机

1—进煤口；2——级齿辊；3—机架；4—二级齿辊；5—出煤口

表 6-10　　　　　　　　　　　　　　齿辊破碎机主要技术参数表（1）

规格	效率（t/h）	进料（mm）	出料（mm）	电动机功率（kW）	设备质量（kg）	外形尺寸（长×宽×高，mm）
2 辊、进料 50mm、出料 10～13mm 细破碎系列	50	50	10～13	18.5×2	9500	4950×2930×1150
	70			30×2	11000	5000×3200×1200
	90			37×2	12500	5400×3700×1300
	120			37×2	13600	5400×3800×1300
	140			45×2	14000	5400×3900×1420
	170			45×2	16700	5400×4100×1420
	200			55×2	19000	5400×4400×1420
	250			75×2	20080	5400×4700×1420
	300			90×2	21800	5400×4800×1420
	350			90×2	22800	5400×5100×1420
	400			110×2	24000	6200×5900×1420
	450			132×2	26000	6200×6200×1420
	500			132+160	28000	6200×6500×1420

注　1. 本表所指物料为堆密度为 0.85t/m³、抗压强度不大于 80MPa 的煤。

　　2. 生产能力是指设备达到上述条件，且合理粒度不小于 80% 的工况下的量值。

表 6-11   齿辊破碎机主要技术参数表（2）

规格	效率 （t/h）	进料 （mm）	出料 （mm）	电动机功率 （kW）	设备质量 （kg）	外形尺寸 （长×宽×高，mm）
4辊、进料300mm、 出料10～13mm 细破碎系列	50	300	10～13	22＋22	13000	5100×1565×1965
	70			37＋30	15100	5200×1800×2085
	90			45＋37	19400	5200×1907×2310
	120			55＋45	20600	5200×2007×2310
	140			55＋45	21500	5400×2200×2560
	170			75＋55	23000	5400×2300×2560
	200			90＋75	28000	5400×2600×2560
	250			110＋90	30000	5400×2700×2560
	300			132＋110	31000	5400×2800×2560
	350			132＋110	33000	5400×3000×2560
	400			160＋160	38000	6200×3300×2560
	450			185＋185	42000	6200×3600×2570
	500			220＋185	45000	6200×3900×2570

注　1. 本表所指物料为堆密度为0.85t/m³、抗压强度不大于80MPa的煤。
　　2. 生产能力是指设备达到上述条件，且合理粒度不小于80%的工况下的量值。

表 6-12   齿辊破碎机主要技术参数表（3）

规格	效率 （t/h）	进料 （mm）	出料 （mm）	电动机功率 （kW）	设备质量 （kg）	外形尺寸 （长×宽×高，mm）
4辊、进料50mm、 出料8mm 细破碎系列	200	50	8	90＋90	30000	5400×4810×2700
	250			110＋90	32000	5400×4910×2700
	300			132＋110	33000	5400×5010×2700
	350			132＋132	35000	5400×5210×2700
	400			185＋160	40000	6200×5900×2700
	450			200＋185	45000	6200×6200×2700
	500			220＋200	50000	6200×6500×2700
4辊、进料300mm、 出料3～6mm 细破碎系列	300	300	3～6	220＋220	34000	7896×5700×2985
	400			250＋250	38000	7896×5920×2985
	500			280＋280	42000	7896×6200×2985

注　1. 本表所指物料为堆密度为0.85t/m³、抗压强度不大于80MPa的煤。
　　2. 生产能力是指设备达到上述条件，且合理粒度不小于80%的工况下的量值。

（二）破碎设备特点比较
破碎设备特点见表6-13。

表 6-13 细碎煤设备特点比较表

序号	类别	锤击式破碎机	齿辊破碎机
1	破碎原理	物料受到高速运动的板锤的打击,使物料向反击板高速撞击,以及物料之间的相互冲撞而破碎	物料落在一对相互平行且相向转动的辊子间,受到辊子的挤压而破碎
2	设备特点	(1)锤头组件采用旋转线排列,能起到防堵、清堵作用。 (2)锤头和反击板采用特制的马贝钢,耐磨性好,冲击韧性高,使用寿命长。 (3)锤头组件与锤盘采用柔性连接,可对硬杂物避让,能有效避免机件的损伤。 (4)转子双向旋转,能够方便使用锤头的两个方向进行破碎。 (5)通过反击板与锤头间隙和转子转速(带调速耦合器)的双重调节,可达到合理的出料粒度分布曲线。出料粒度方便可调。 (6)设备维护方便	(1)出料粒度可调。 (2)不易粘、堵,对破碎物料水分无要求。 (3)可兼具筛分、破碎功能,过粉量低。 (4)齿辊转速低,设备运行平稳,振动小、噪声低,无需设计隔振基础。 (5)设备进出口的风压差小,产生扬尘小。 (6)遇坚硬物料和铁块时,齿辊闪退时,物料粒度级配难以保证。 (7)齿辊易磨损。 (8)齿辊不均匀磨损后,物料粒度级配难以保证。 (9)设备维护难度相对较大
3	物料适应性	能适应大多数燃料的破碎,是目前实际使用最多的设备形式。但是该设备用于多煤种混合物料破碎时,其出料粒度较难控制;且对物料水分较敏感,当破碎高水分物料时,破碎机容易堵煤	能适应各种燃料的破碎,包括多煤种混合物料的破碎以及高水分物料破碎。但物料含较多难以破碎的石块、铁块、木块时,会通过破碎机进入下级系统
4	生产能力	出力较大,稳定运行能力一般可达 650t/h	出力较小,稳定运行能力一般在 400t/h 以下
5	功耗	功率较大	功率较小

第七章

锅炉给煤系统

第一节 系统说明

循环流化床锅炉燃煤破碎至一定粒径后经给煤系统直接送入锅炉。本章锅炉给煤系统仅指炉前给煤部分，主要包括原煤仓、炉前给煤设备、原煤仓防堵设备、原煤管道、相关的煤闸门、补偿器以及相关的系统等。

一、系统功能

锅炉给煤系统将输煤皮带送来的原煤储存在原煤仓内，并通过给煤机将其输送进锅炉，以满足锅炉燃烧的需要。循环流化床锅炉给煤原则性系统示意见图 7-1。

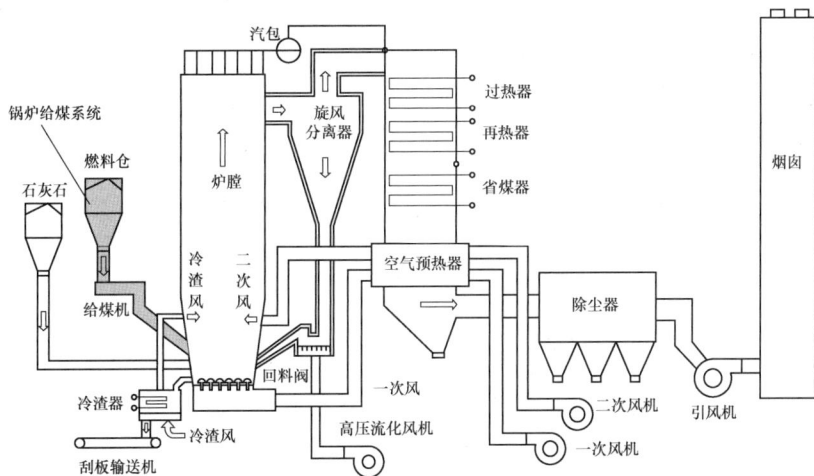

图 7-1 循环流化床锅炉给煤原则性系统示意图

锅炉给煤系统主要功能如下：

（1）根据锅炉负荷，稳定、可靠地将燃煤输送至炉膛，保证锅炉出力。

（2）保证锅炉各个给煤口煤量分配满足锅炉运行要求，各个给煤口煤量尽量均匀。

（3）在锅炉升降负荷时，能够快速响应锅炉给煤量变化的要求。

（4）对输送至炉膛的燃煤进行精确的计量，满足锅炉自动控制的需要，并定时地记忆进入锅炉的燃煤量，形成累计煤量信号。

二、设计范围

循环流化床给煤系统设计范围从原煤仓至锅炉给煤口，主要包含原煤仓、给煤设备（一级或多级）、原煤仓防堵设备、原煤管道以及相关的煤闸门、补偿器等。

三、系统主要设备

系统主要设备有原煤仓、给煤机和中心给料机。

1. 原煤仓

循环流化床锅炉的原煤仓多采用钢结构，有圆筒形仓和方形仓等多种形式。圆筒形仓通常仅有一个落煤口，而方形仓可设置一个或多个给煤口。循环流化床锅炉原煤仓贮存的原煤粒度远小于煤粉锅炉原煤仓贮存的原煤粒度，且循环流化床锅炉多燃用矸石等劣质煤，容易造成原煤仓堵煤，因此，循环流化床锅炉原煤仓宜设防堵装置。循环流化床锅炉原煤仓防堵设备主要有中心给料机、空气炮和疏松机等。

2. 给煤机

循环流化床锅炉给煤机的主要形式有耐压称重式皮带给煤机、埋刮板给煤机和螺旋给煤机。循环流化床锅炉属于正压炉型，为防止高温烟气从炉膛反窜烧坏给煤机，给煤机应设置密封风。

3. 中心给料机

中心给料机安装在原煤仓下部，属于机械式可控制型给料，近年来在循环流化床锅炉机组上得到了较为广泛的应用。

四、系统设计内容

循环流化床给煤系统的设计内容包括：

（1）系统拟定。

（2）设备选型（计算等）。

（3）系统设备布置。

（4）提出控制要求。

第二节 设 计 方 案

给煤系统设计方案与机组容量、锅炉炉型、锅炉给煤点位置和数量以及整体布置等密切相关，需要结合在一起综合考虑。下文介绍锅炉给煤口的位置及数量。

一、设计原则

1. 锅炉给煤点的位置及数量

目前，循环流化床锅炉给煤的位置主要有回料腿上给煤及炉墙给煤两种形式。

回料腿上给煤可以分为回料器至炉膛的回料腿上和外置床至炉膛的回料腿上给煤。回料腿上给煤是循环流化床锅炉给煤的常见方式，煤通过和回料腿中大量的循环物料有效地混合以达到燃料的均匀分布，从而有利于燃料的燃烧和燃尽。

对于炉墙给煤形式，原煤直接进入锅炉燃烧。炉墙给煤还可以分为前墙给煤、侧墙给煤和后墙给煤，对于此种给煤形式，锅炉给煤口与排渣口之间应保持一定距离，防止燃煤未经燃烧直接进入排渣口。

由于锅炉容量及尺寸的不同，锅炉给煤点数量差异较大。另外，相同容量的锅炉也由于煤质和耗煤量、炉膛宽度的区别，设计的给煤点数量有所区别。通常锅炉采用多点分布式给煤，在保证锅炉内热负荷不必过于集中的同时，又可使单台给煤机故障造成的不均衡大为降低。目前125MW级及以上的部分工程锅炉形式及给煤口设置情况见表7-1。

表7-1　　　　　　125MW 及以上部分工程锅炉形式及给煤口设置情况表

序号	锅炉容量	项目	锅炉形式	给煤口位置及数量	给煤线路数量（条）	单条给煤线路容量	锅炉最大耗煤量（t/h）	给煤机出力（t/h）
1	125MW级	某135MW电厂	单布风板	前墙6个	6	31%	130	40
		某135MW电厂	单布风板	后墙回料腿4个	2	100%	136	138
		某150MW电厂	单布风板	前墙6个	6	21%	169	36
		某150MW电厂	单布风板	前墙和后墙回料腿各4个给煤点	前墙4、后墙2	前墙25%、后墙50%	80	前墙20后墙40
2	300MW级	某300MW电厂	双布风板	侧墙回料腿4个	4	37.5%	160	60
		某300MW电厂	双布风板	侧墙回料腿8个	4	60%	250	150
		某300MW电厂	双布风板	侧墙回料腿8个、侧墙4个	4	55%	230	126
		某300MW电厂	单布风板	前墙8个	8	19%	137	26
		某300MW电厂	单布风板	前墙10个	10	16%	243	40
		某300MW电厂	单布风板	前墙6个，后墙回料腿6个	前墙6、后墙2	前墙14%、后墙43%	176	前墙25、后墙75
		某350MW电厂	单布风板	前墙10个	10	20%	200	40
		某350MW电厂	单布风板	前墙6个，后墙回料腿4个	前墙6、后墙2	前墙27%、后墙40%	225	前墙60、后墙90
		某350MW电厂	单布风板	前墙8个	8	17%	230	40
3	600MW级	某600MW电厂	双布风板	侧墙回料腿12个	4	59%	372	220

注　锅炉耗煤量与给煤口的数量为正比关系，即锅炉耗煤量越大，给煤口数量越多。目前各锅炉厂对单个给煤口的最大给煤量有所限制，具体数值需根据炉型和煤质由锅炉厂确定。

2. 原煤仓

由于循环流化床锅炉原煤仓贮存的燃煤粒度远小于煤粉锅炉原煤仓贮存的原煤粒度，且循环流化床锅炉多燃用矸石等劣质煤，容易造成原煤仓堵煤。所以循环流化床锅炉的原煤仓容量不宜太大，且还应重点考虑防堵措施。

（1）锅炉原煤仓的总有效储煤量宜满足锅炉最大连续蒸发量燃用设计煤种 6h 以上的耗煤量。

（2）原煤仓宜采用钢结构。

（3）当原煤仓为圆筒仓时，原煤仓出口段截面收缩率不应小于 0.7，300MW 以下锅炉原煤仓出口直径不宜小于 600mm，300MW 及以上锅炉原煤仓出口直径不宜小于 800mm，出口段壁面与水平面的夹角不应小于 70°。

（4）当原煤仓为矩形仓时，相邻两壁的交线与水平面的夹角不应小于 70°，相邻壁交角的内侧应做成圆弧形；圆弧半径不应小于 200mm。

（5）原煤仓内壁应光滑、耐磨，原煤仓的出口段宜采用不锈钢复合钢板、内衬不锈钢板或其他光滑阻燃型耐磨材料，原煤仓宜设防堵装置。

（6）原煤仓应设置料位测量装置。

（7）原煤仓的防火、防爆设计应符合 GB 50229《火力发电厂与变电站设计防火规范》和 DL/T 5203《火力发电厂煤和制粉系统防爆设计技术规程》的有关规定。

3. 方案拟定

（1）对于前墙给煤的锅炉，前墙给煤口距煤仓间较近，且数量较多。则给煤线路与锅炉给煤口通常为一对一的关系，给煤线路的数量与锅炉给煤口数量一致。根据布置情况，给煤线路可采用一级或两级给煤。

（2）对于侧墙给煤的锅炉，给煤线路与锅炉给煤口可为一对一、一对二或一对三的关系。对于采用双布风板形式循环流化床锅炉机组，锅炉单侧的给煤线路不得低于两条；对于采用单布风板形式循环流化床锅炉机组，锅炉总的给煤线路不得低于两条。

（3）对于前墙和后墙联合给煤的锅炉，前墙给煤线路与锅炉给煤口通常为一对一的关系，前墙给煤线路的数量与锅炉给煤口数量一致，根据布置情况前墙给煤线路可采用一级或两级给煤；后墙给煤线路与锅炉给煤口通常为一对二或一对三的关系，根据布置情况后墙给煤线路可采用两级或三级给煤。

4. 设备选择

（1）对于一级给煤系统，宜选用耐压称重式皮带给煤机。

（2）对于多级给煤系统，第一级给煤设备宜选用耐压称重式皮带给煤机，后级给煤机宜选用埋刮板给煤机。

（3）对于掺烧煤泥、纸渣及生物质等燃料的电厂

应根据入炉燃料实际特性分析后确定给煤设备形式。

5. 设备布置

（1）给煤机层的标高应根据锅炉给煤口标高、给煤距离、给煤机级数、给煤机进出口煤闸门及零部件的布置等综合确定。

（2）给煤设备与锅炉给煤口的对应关系应保证给煤线路在正常运行或故障情况下锅炉对给煤均匀性及给煤量等的要求。

（3）如单台给煤线路对应的给煤口数量超过两个，则应考虑采取保证各给煤口均匀给煤的措施。可在末级给煤机出口设置可调节煤闸门，以便在锅炉运行过程中调整各给煤口的给煤量。

（4）耐压称重式皮带给煤机和埋刮板给煤机尽量水平布置。如需要倾斜布置，给煤机与水平面的夹角应根据煤质特性来确定，通常不大于 10°。

（5）原煤仓与给煤机之间以及末级给煤机与锅炉给煤口之间应留有一定的煤柱高度作为密封段，该高度一般为 2～3m。

（6）末级给煤机与锅炉给煤口之间的落煤管上应设置气动快关煤闸门。

（7）落煤管应尽量垂直布置。如倾斜布置，则管道与水平面的夹角不宜小于 70°。

（8）原煤仓底部若设有中心给料机，则中心给料机与给煤机之间的落煤管上不可装设煤闸门。

（9）第一级给煤机应设置密封风，密封风采用冷一次或冷二次风。

（10）锅炉给煤应设置给煤口密封风/播煤风，密封风/播煤风采用热一次或热二次风。

二、常用设计方案

（一）125MW 级锅炉

125MW 级锅炉给煤常用设计方案见表 7-2。

表 7-2 125MW 级锅炉给煤常用设计方案

项目	给煤方式
方案一	前墙给煤
方案二	前墙给煤
方案三	后墙给煤
方案四	前后墙联合给煤

1. 方案一

某 135MW 电厂循环流化床锅炉为单布风板形式，燃用褐煤。锅炉前墙共 6 个给煤口，对应设置了 6 条给煤线路。煤仓间共设置了 3 个原煤仓，每个原煤仓对设置 2 台给煤线路。每条给煤线路均为 1 级布置，采用耐压称重式皮带给煤机。

给煤机密封风采用冷一次风；锅炉给煤口的密封风/播煤风来自经播煤增压风机升压后的热一次风。该

项目的给煤系统流程见图7-2，给煤系统布置见图7-3和图7-4。

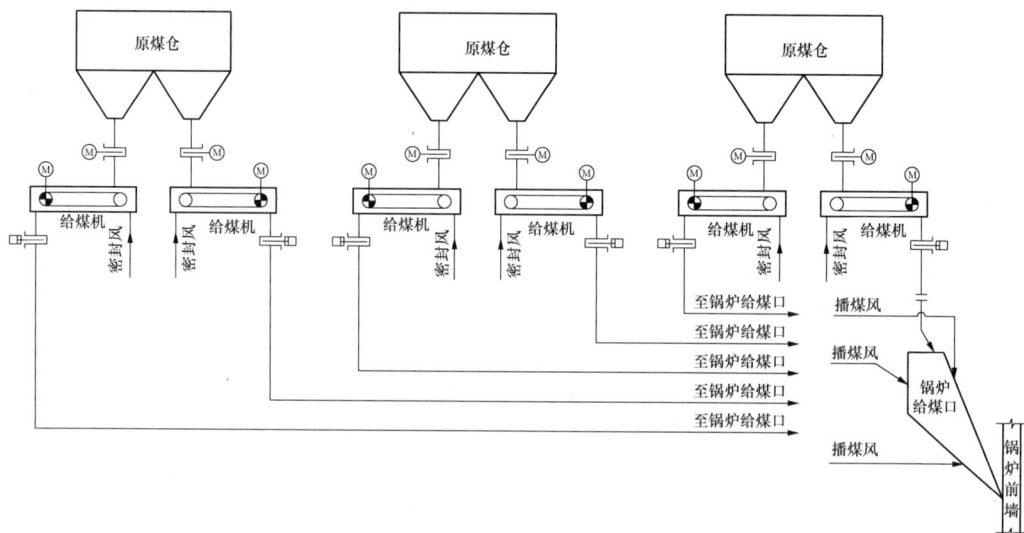

图 7-2　125MW 级循环流化床锅炉前墙给煤方案一给煤系统流程图

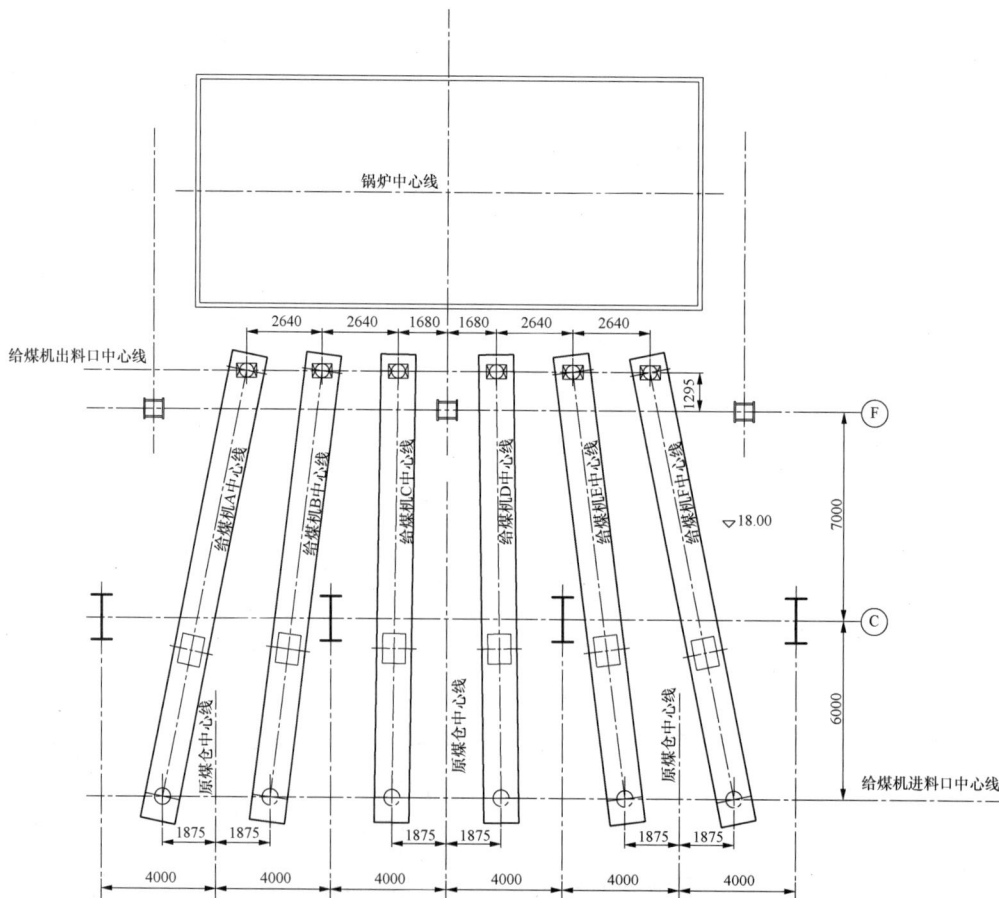

图 7-3　125MW 级循环流化床锅炉前墙给煤方案一给煤设备平面布置图

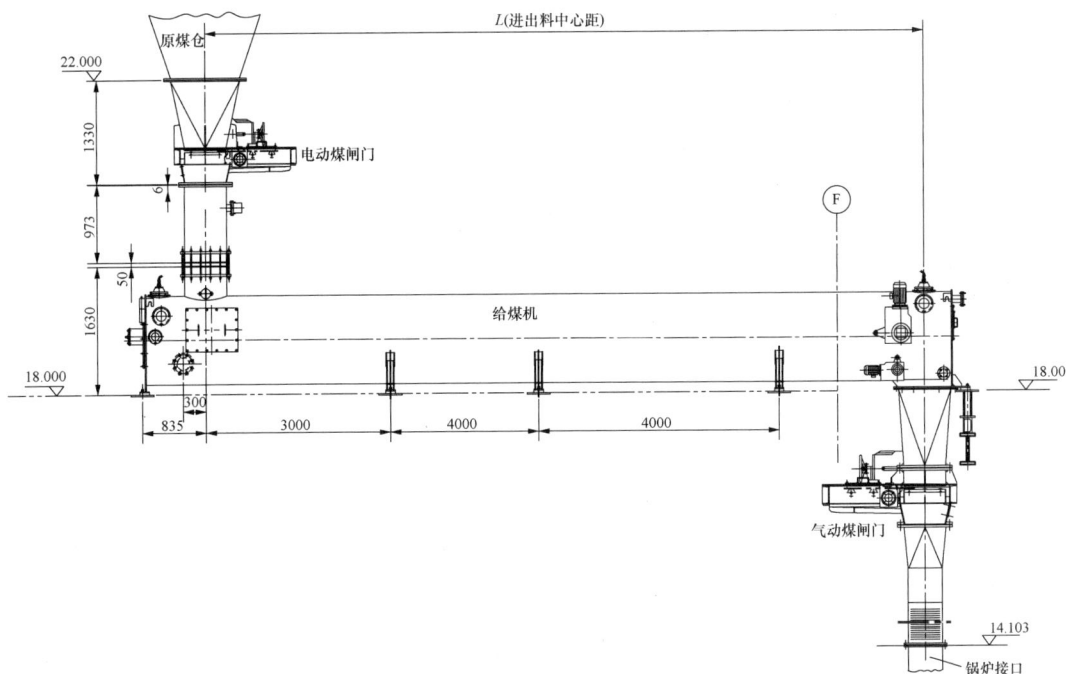

图 7-4 125MW 级循环流化床锅炉前墙给煤方案一给煤设备断面布置图

2. 方案二

某 150MW 电厂循环流化床锅炉为单布风板形式，燃用褐煤。锅炉前墙共 6 个给煤口，对应设置了 6 条给煤线路。煤仓间共设置了 2 个原煤仓，每个原煤仓 6 个出口。每 2 个给煤口（每个原煤仓 1 个）对应 1 条给煤线路。每条给煤线路均为 2 级布置，第 1 级采用耐压称重式皮带给煤机，第 2 级采用埋刮板给煤机。给煤机密封风采用冷一次风，锅炉给煤口的密封风/播煤风来自热一次风。该项目的给煤系统流程见图 7-5，给煤系统布置见图 7-6 和图 7-7。

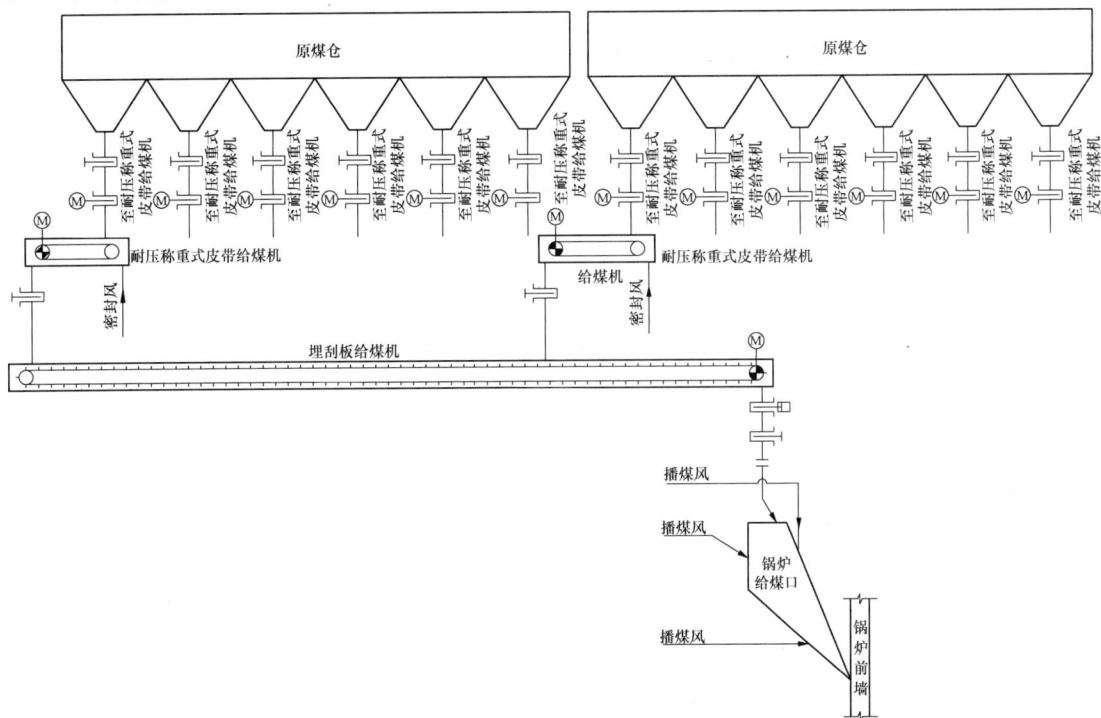

图 7-5 125MW 级循环流化床锅炉前墙给煤方案二给煤系统流程图

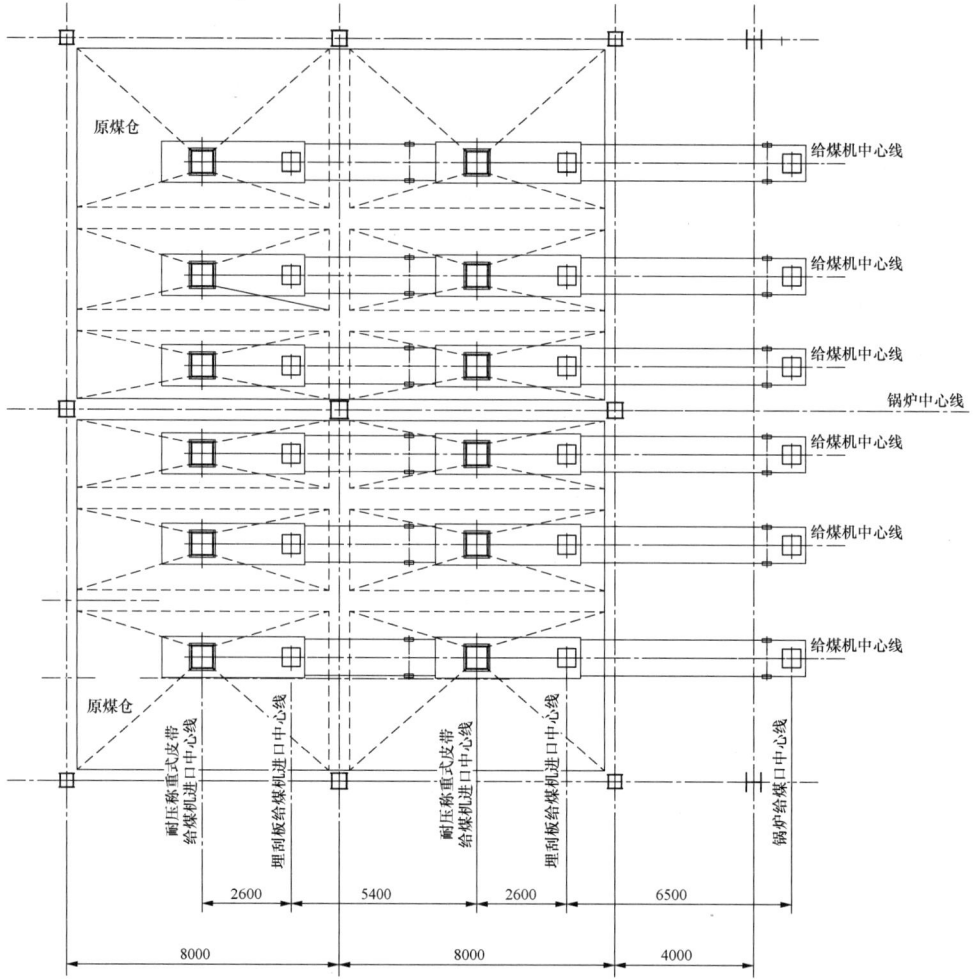

图 7-6　125MW 级循环流化床锅炉前墙给煤方案二给煤设备平面布置图

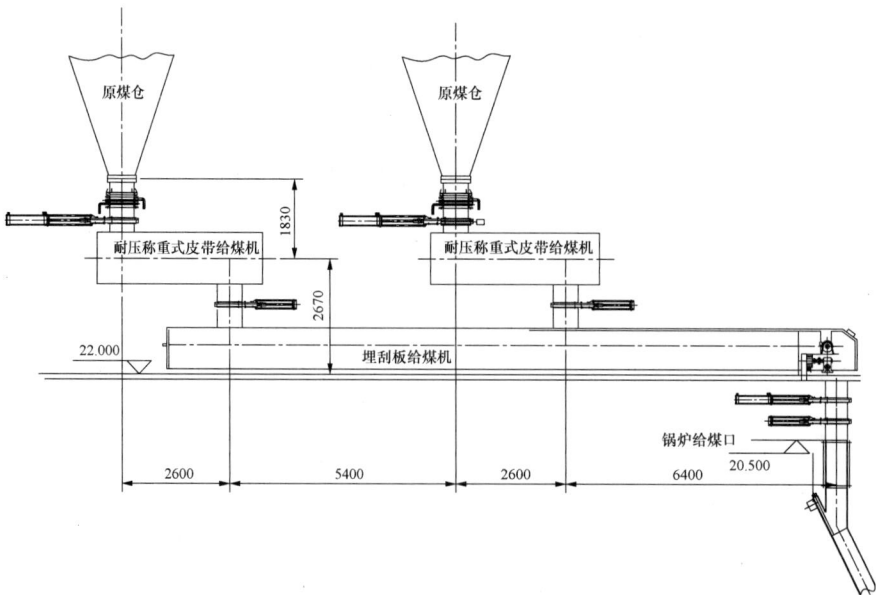

图 7-7　125MW 级循环流化床锅炉前墙给煤方案二给煤设备断面布置图

3. 方案三

某135MW电厂循环流化床锅炉为单布风板形式,燃用低热值煤(洗矸与中煤的混煤)。锅炉在后墙回料腿上设置了4个给煤口,对应设置了2条给煤线路,每条给煤线路对应2个给煤口。煤仓间共设置了2个原煤仓,每个原煤仓对应设置了1条给煤线路。每条给煤线路均为2级布置,第1级采用耐压称重式皮带给煤机,第2级采用埋刮板给煤机。给煤机密封风采用冷二次风;锅炉给煤口的密封风/播煤风来自经播煤增压风机升压后的热二次风。该项目的给煤系统流程见图 7-8,给煤系统布置见图7-9和图7-10。

4. 方案四

某 150MW 循环流化床锅炉为单布风板形式,燃用无烟煤和煤泥的混煤。锅炉采用前后墙联合给煤方式,前墙设置了4个给煤口,后墙回料腿上也设置了4个给煤口。对应设置了6条给煤线路,其中前墙4条、后墙回料腿2条。煤仓间共设置了3个原煤仓,每个原煤仓2个落煤口,每个落煤口对应设置了1条给煤线路。前墙的每条给煤线路均为2级布置,第1级采用耐压称重式皮带给煤机,第2级采用埋刮板给煤机;后墙的每条给煤线路均为3级布置,第1级采用耐压称重式皮带给煤机,后2级均采用埋刮板给煤机。给煤机密封风采用冷二次风;锅炉给煤口的密封风/播煤风来自热二次风。该项目的给煤系统流程见图7-11。

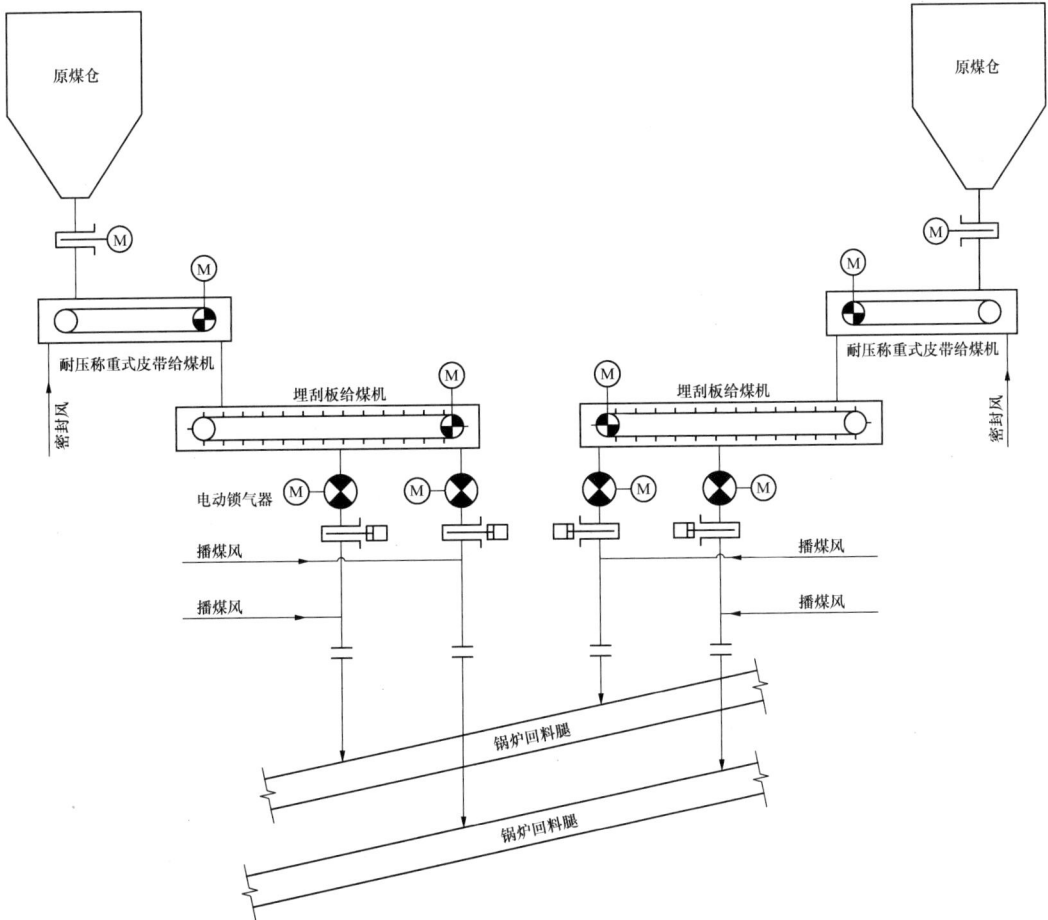

图 7-8　125MW 级循环流化床锅炉后墙给煤方案三给煤系统流程图

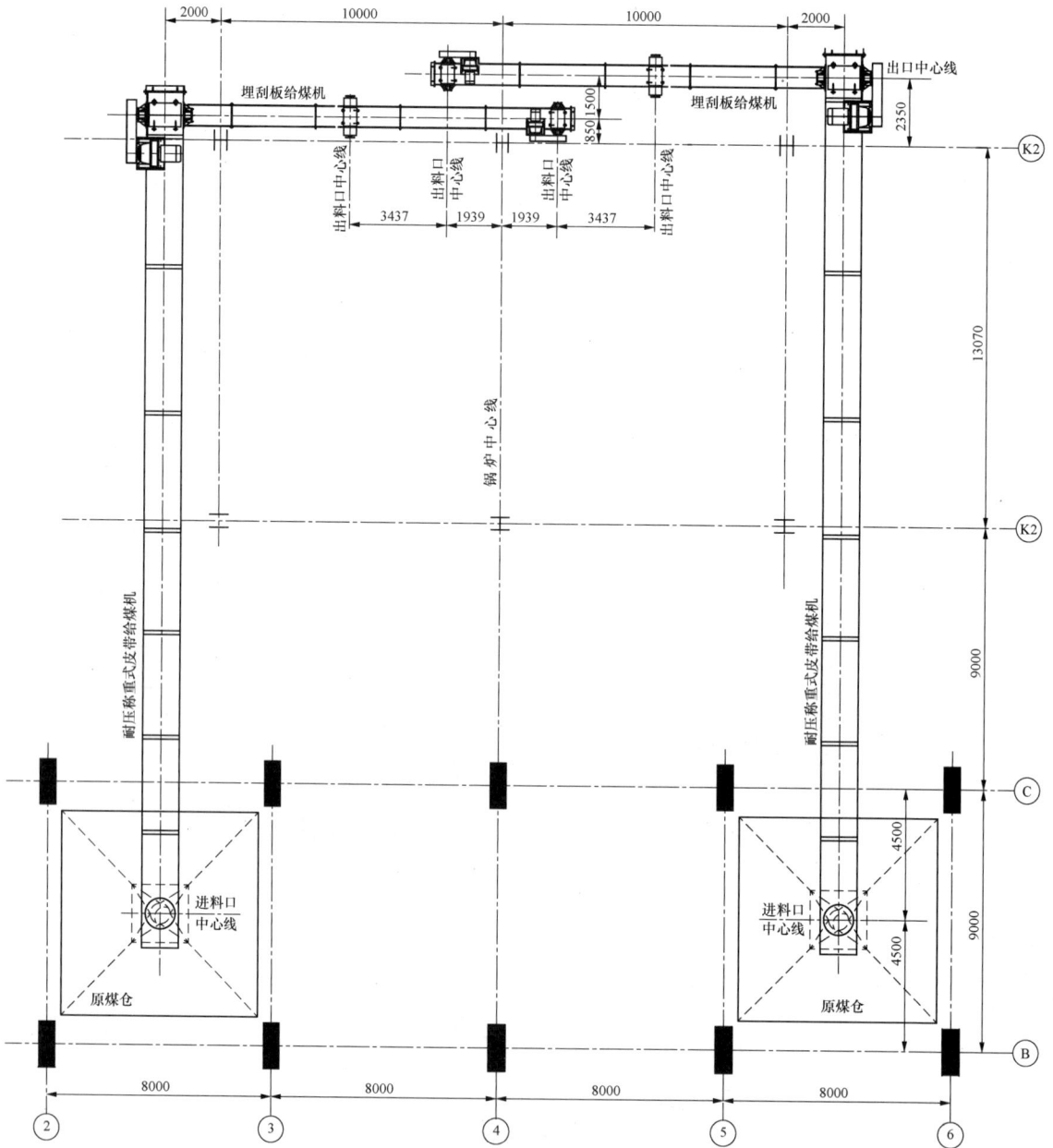

图 7-9　125MW 级循环流化床锅炉后墙给煤方案三给煤设备平面布置图

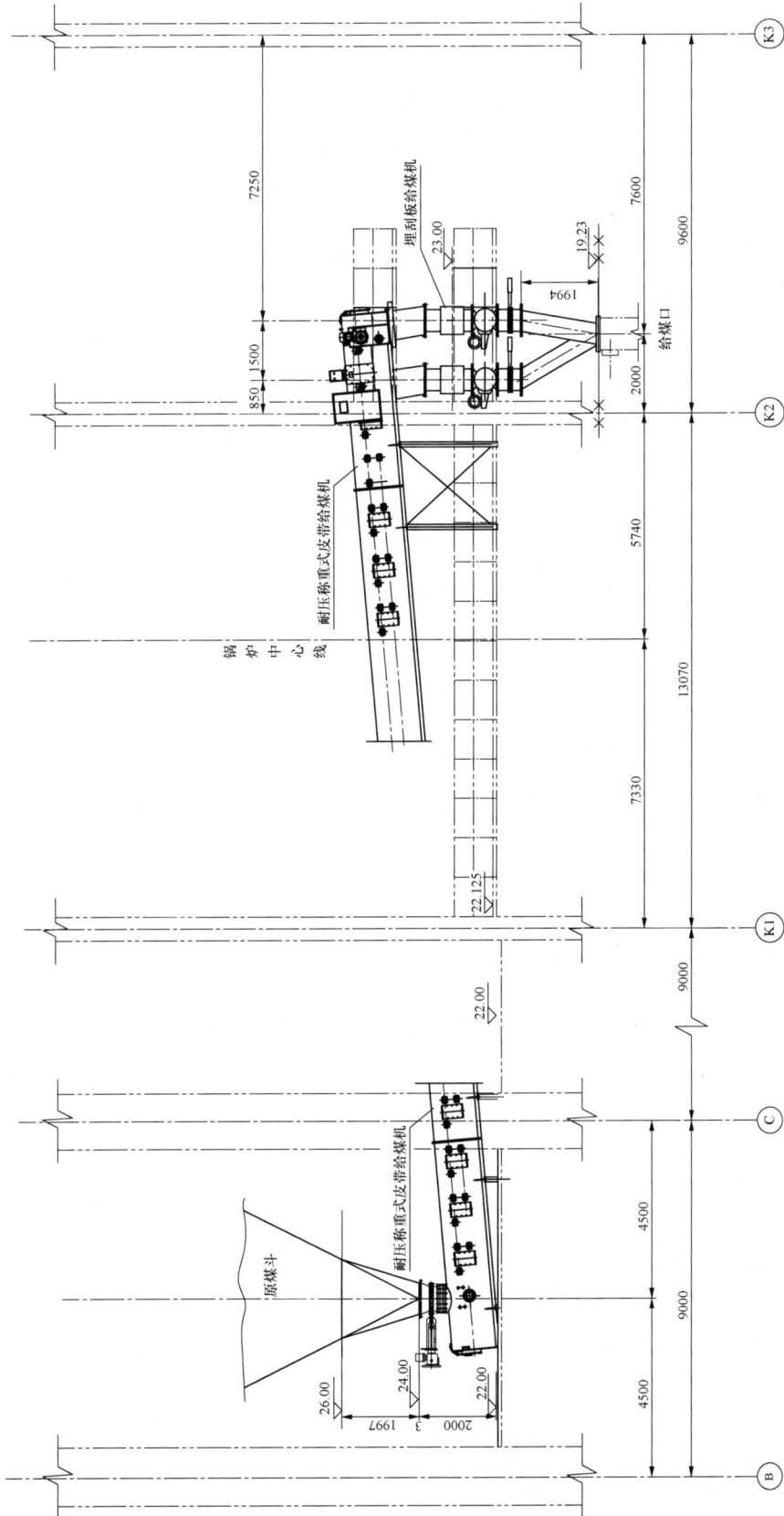

图 7-10 125MW 级循环流化床锅炉后墙给煤方案三给煤设备断面布置图

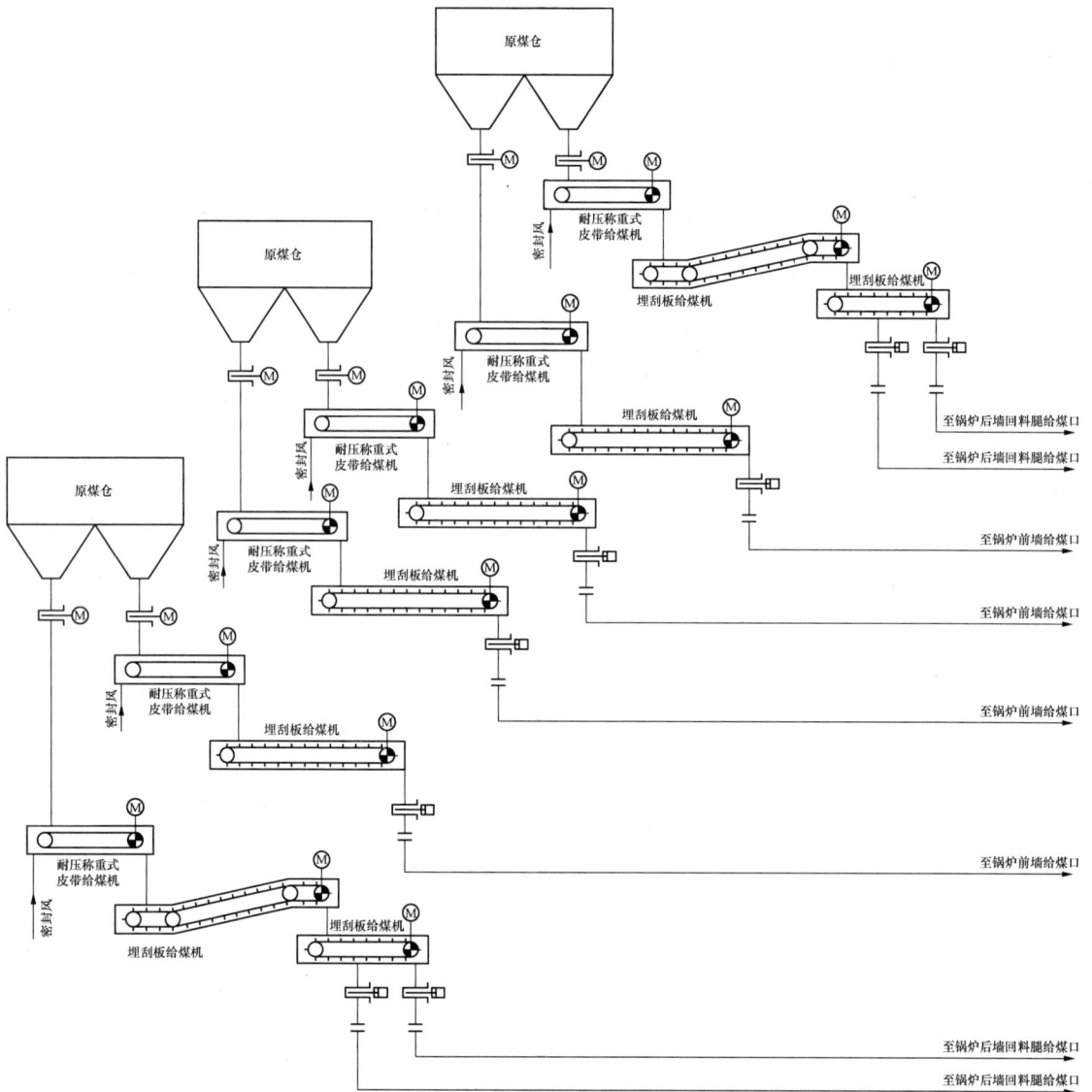

图 7-11　125MW 级循环流化床锅炉前后墙联合给煤方案四
给煤系统流程图

（二）300MW 级锅炉

300MW 级锅炉给煤常用设计方案见表 7-3。

表 7-3　300MW 级锅炉给煤常用设计方案

项目	锅炉形式	给煤方式
方案一	双布风板	侧墙回料腿给煤
方案二	双布风板	侧墙回料腿给煤
方案三	双布风板	侧墙回料腿给煤和侧墙给煤

续表

项目	锅炉形式	给煤方式
方案四	单布风板	前墙给煤
方案五	单布风板	前墙给煤
方案六	单布风板	前墙给煤
方案七	单布风板	前后墙联合给煤
方案八	单布风板	前后墙联合给煤

1. 方案一

某 300MW 循环流化床锅炉为单炉膛双布风板形式，燃用贫煤。锅炉在侧墙回料腿共设置了 4 个给煤点，对应设置了 4 条给煤线路。煤仓间共设置了 4 个原煤仓，每个原煤仓对应 1 条给煤线路。每条给煤线路均为 2 级布置，第 1 级采用耐压称重式皮带给煤机，第 2 级采用埋刮板给煤机。给煤机密封风采用冷二次风；锅炉给煤口的密封风/播煤风来自热二次风。该项目的给煤系统流程见图 7-12，给煤系统布置见图 7-13 和图 7-14。

2. 方案二

某 300MW 循环流化床锅炉为单炉膛双布风板形式，燃用低热值煤。锅炉在侧墙回料腿共设置了 8 个给煤点，对应设置了 4 条给煤线路。煤仓间共设置了 4 个原煤仓，每个原煤仓对应 1 条给煤线路，每条给煤线路对应 2 个给煤口。每条给煤线路均为 2 级布置，第 1 级采用耐压称重式皮带给煤机，第 2 级采用埋刮板给煤机。

给煤机密封风采用冷二次风，回料腿给煤口的密封风/播煤风来自热一次风。该项目的给煤系统流程见图 7-15，给煤系统布置见图 7-16 和图 7-17。

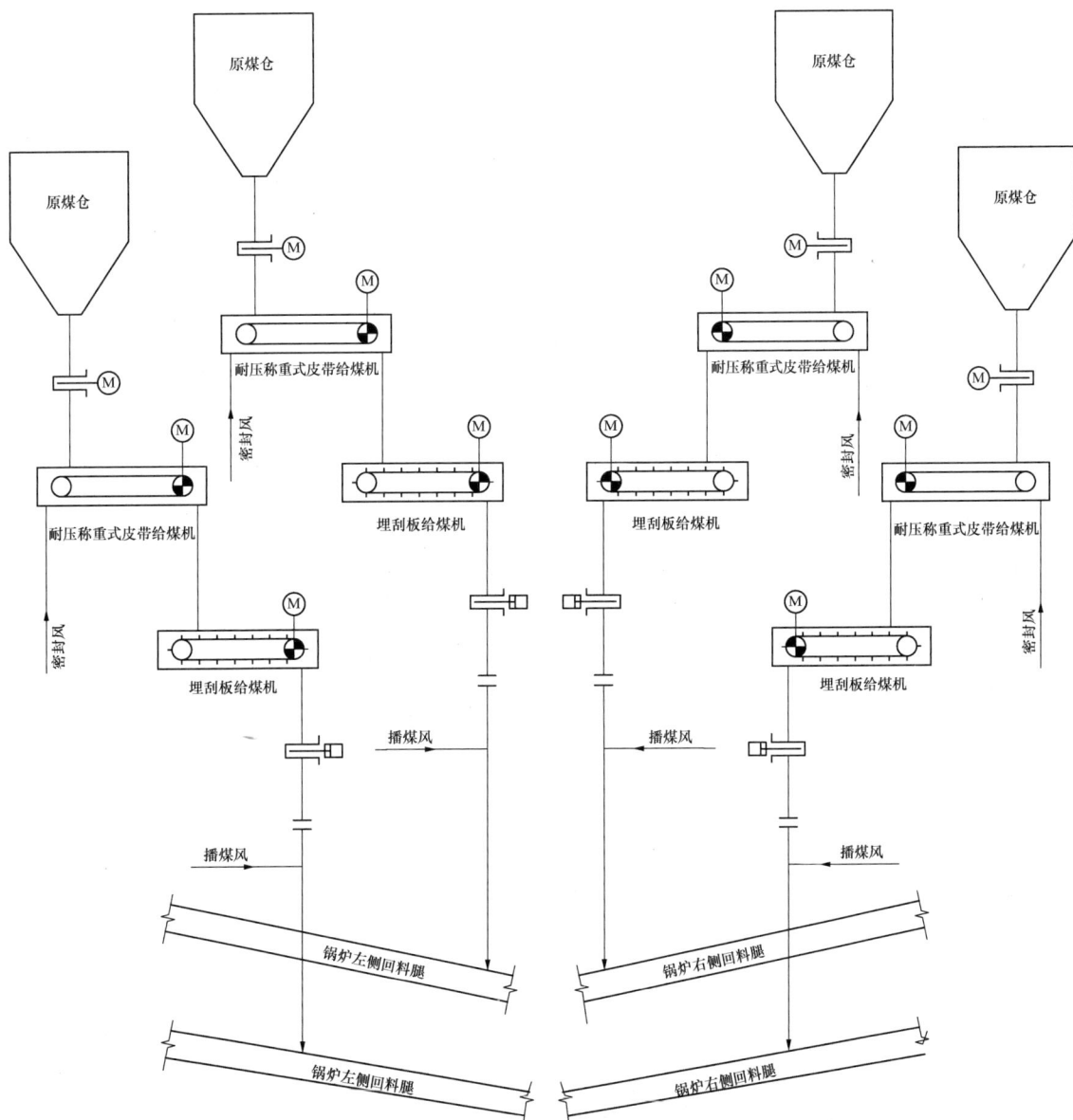

图 7-12　300MW 级循环流化床锅炉双布风板侧墙回料腿给煤方案一
给煤系统流程图

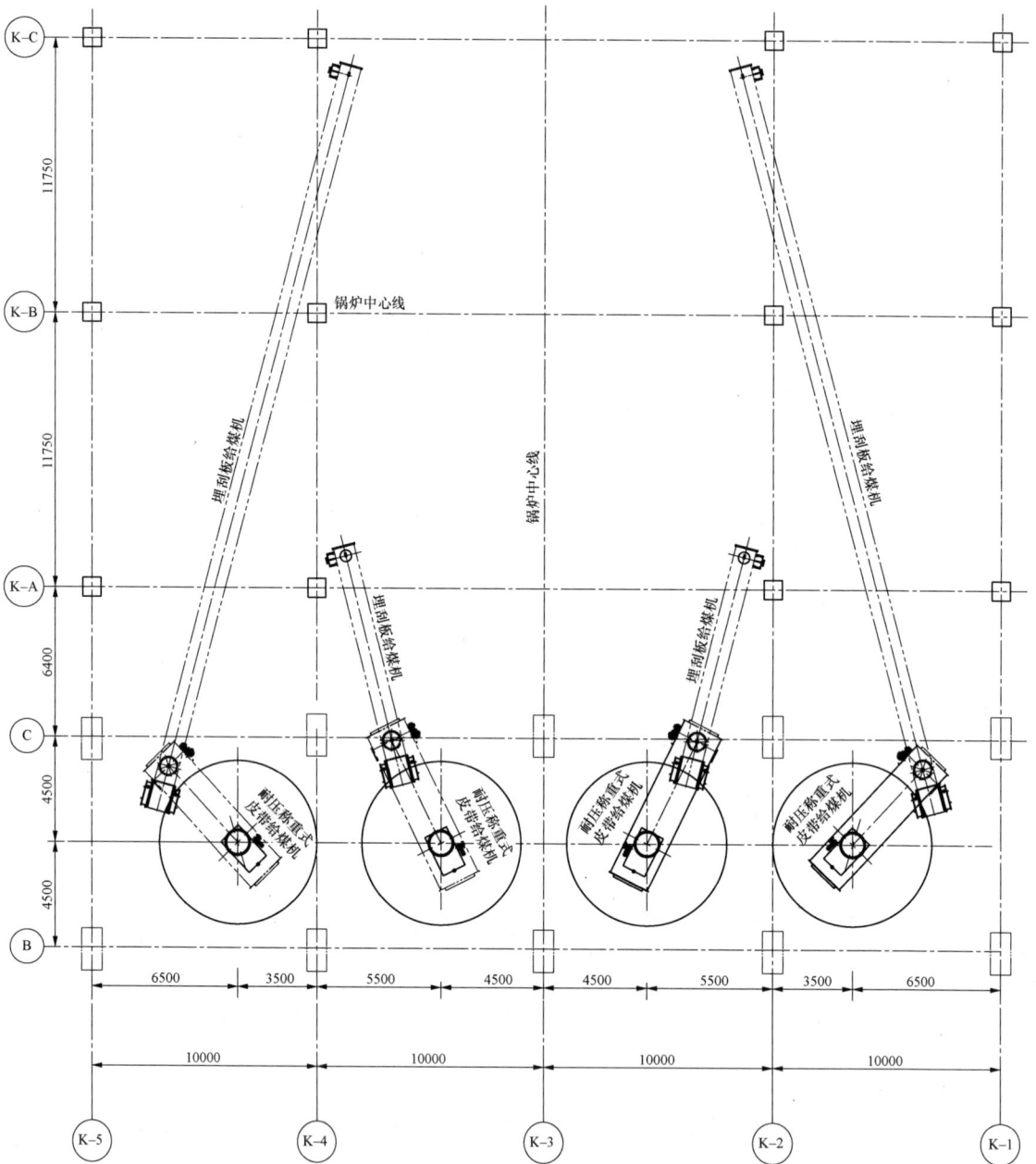

图 7-13　300MW 级循环流化床锅炉双布风板侧墙回料腿给煤方案一
给煤设备平面布置图

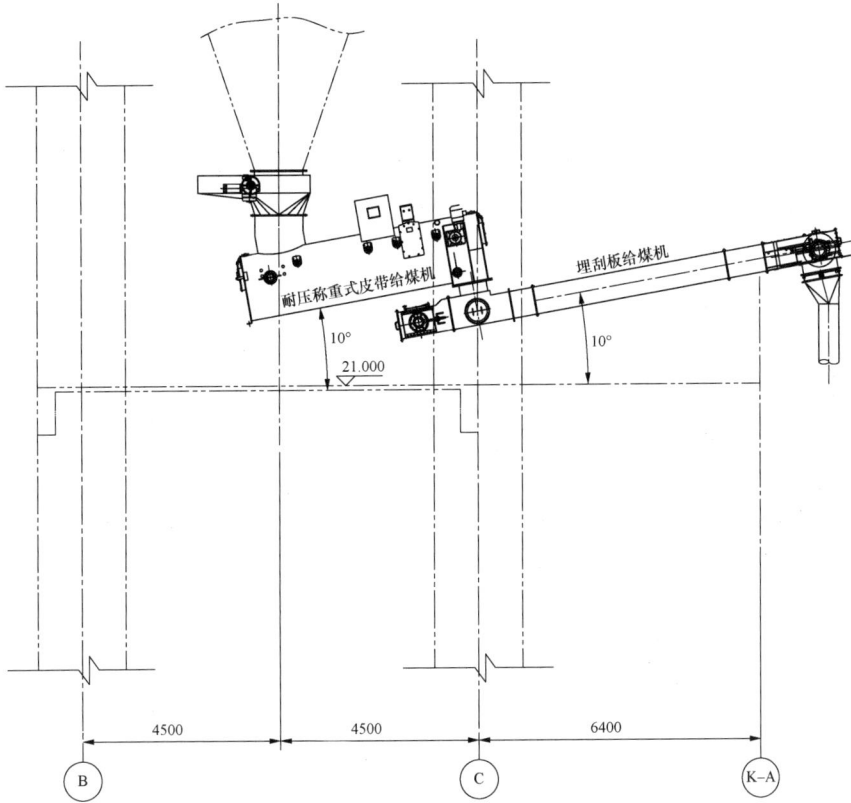

图 7-14　300MW 级循环流化床锅炉双布风板侧墙回料腿给煤方案一给煤设备断面布置图

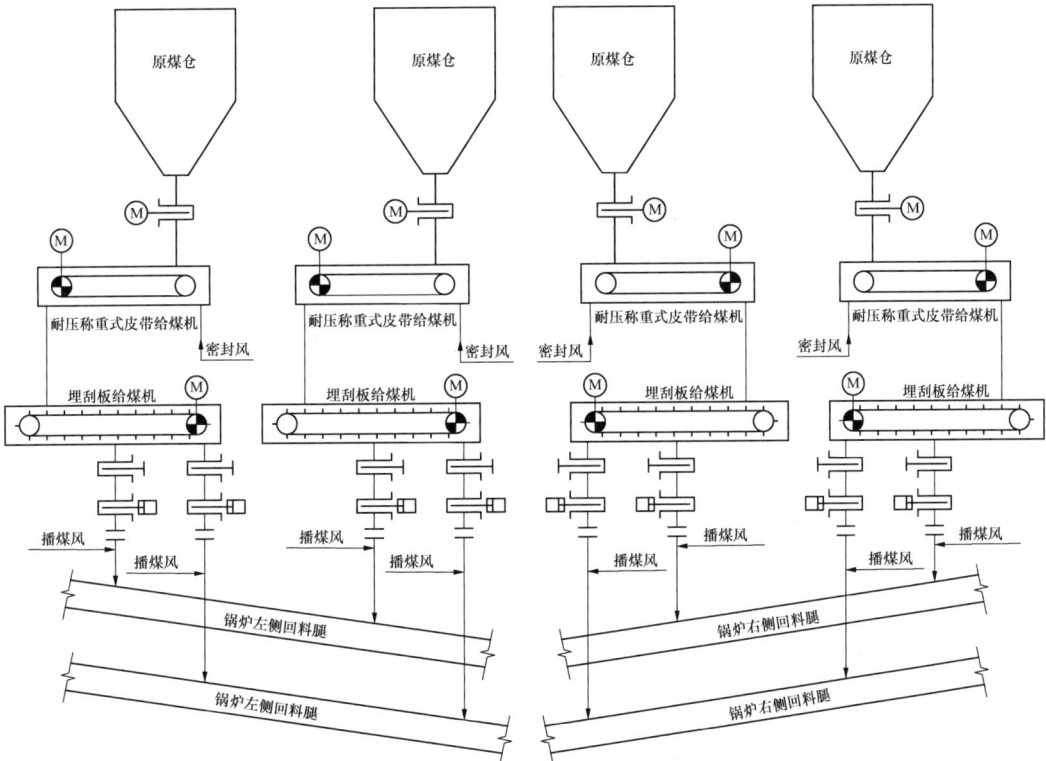

图 7-15　300MW 级循环流化床锅炉双布风板侧墙回料腿给煤方案二给煤系统流程图

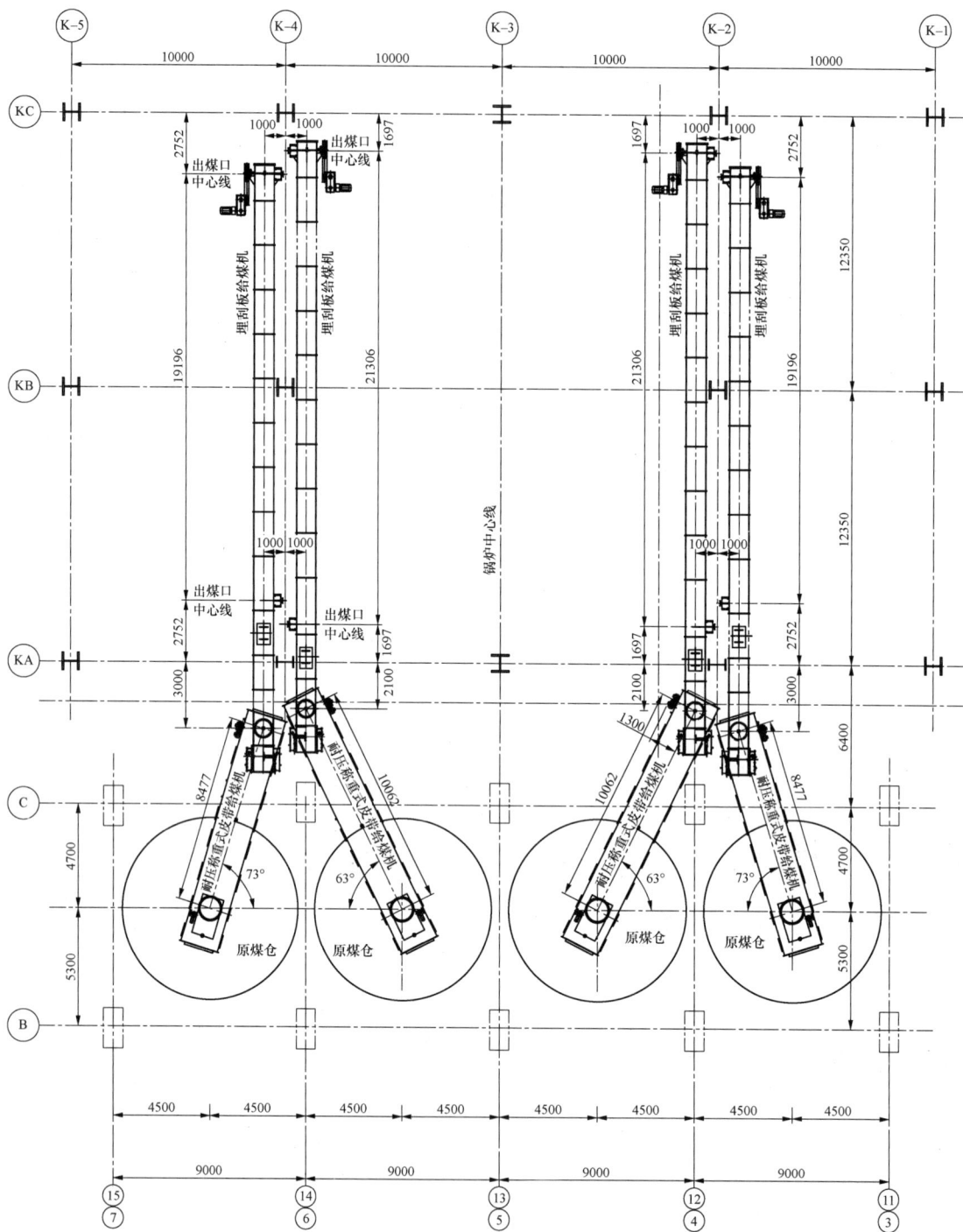

图 7-16　300MW 级循环流化床锅炉双布风板侧墙回料腿给煤方案二
给煤设备平面布置图

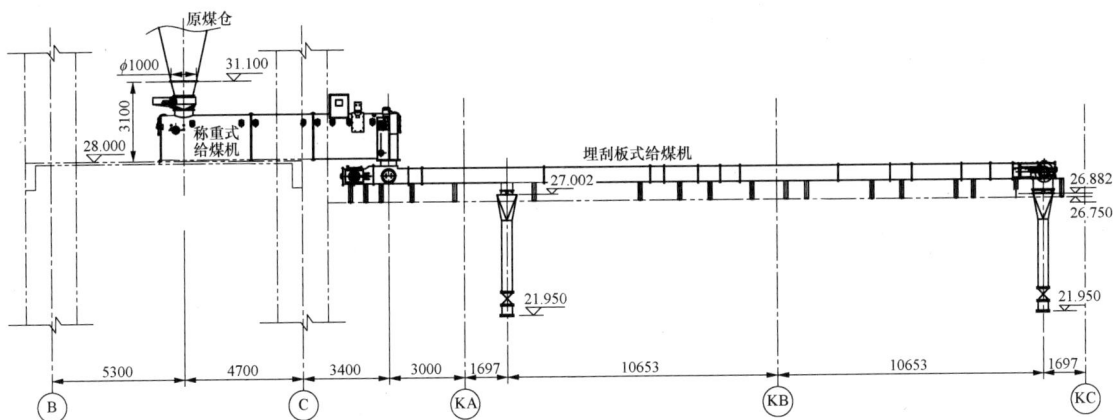

图 7-17 300MW 级循环流化床锅炉双布风板侧墙回料腿给煤方案二给煤设备断面布置图

3. 方案三

某 300MW 循环流化床锅炉为单炉膛双布风板形式，燃用褐煤。锅炉在侧墙回料腿共设置了 8 个给煤点，侧墙上共设置了 4 个给煤点，对应设置了 4 条给煤线路。煤仓间共设置了 4 个原煤仓，每个原煤仓对应 1 条给煤线路，每条给煤线路对应 3 个给煤口，其中回料腿上 2 个、炉墙 1 个。每条给煤线路均为 2 级

布置，第 1 级采用耐压称重式皮带给煤机，第 2 级采用埋刮板给煤机。

给煤机密封风采用冷二次风；回料腿给煤口的密封风/播煤风来自冷二次风，侧墙的密封风/播煤风来自冷一次风。该项目的给煤系统流程见图 7-18，给煤系统布置见图 7-19 和图 7-20。

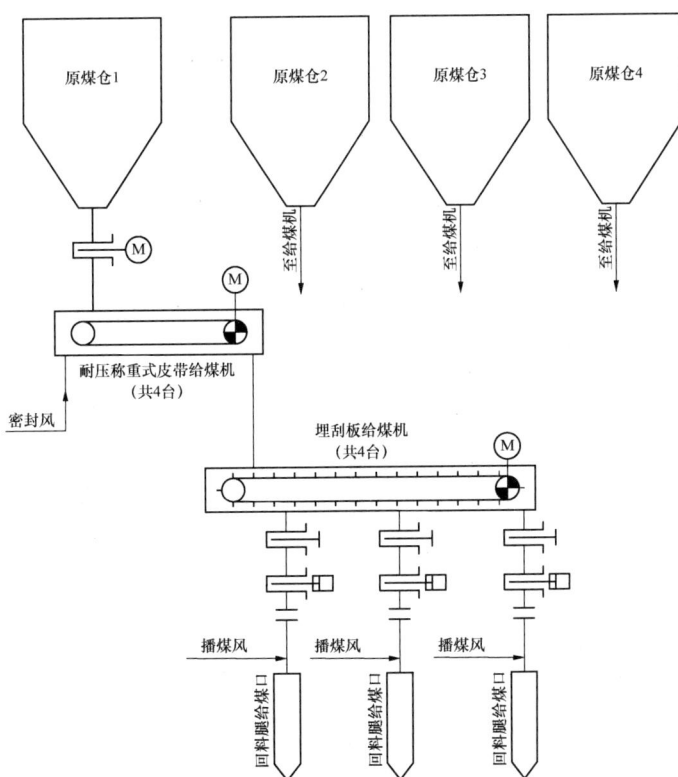

图 7-18 300MW 级循环流化床锅炉双布风板侧墙回料腿+侧墙给煤方案三
给煤系统流程图

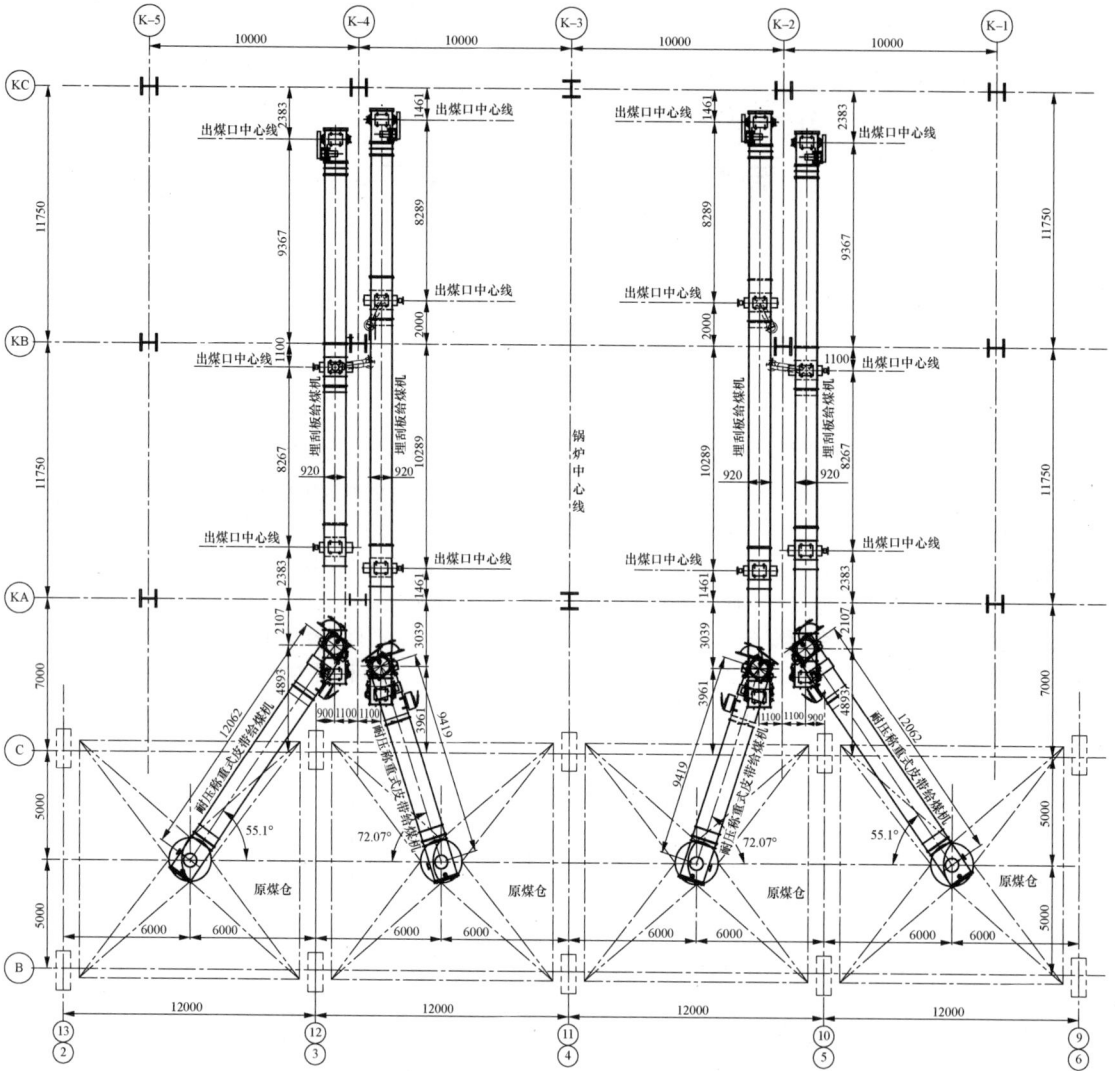

图 7-19 300MW 级循环流化床锅炉双布风板侧墙回料腿+侧墙给煤方案三
给煤设备平面布置图

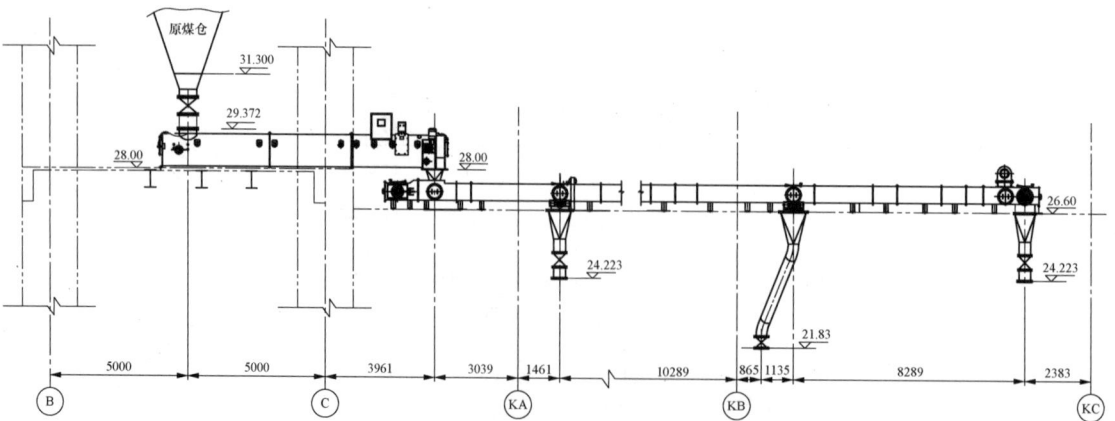

图 7-20 300MW 级循环流化床锅炉双布风板侧墙回料腿+侧墙给煤方案三
给煤设备断面布置图

4. 方案四

某 300MW 循环流化床锅炉为单炉膛单布风板形式，燃用贫煤。锅炉在前墙共设置了 8 个给煤点，对应设置了 8 条给煤线路。煤仓间共设置了 4 个原煤仓，每个原煤仓对应 2 条给煤线路。每条给煤线路均为 1 级布置，采用耐压称重式皮带给煤机。

给煤机密封风采用冷一次风，给煤口的播煤风来自热一次风（经播煤增压风机升压）。该项目的给煤系统流程见图 7-21，给煤系统布置见图 7-22 和图 7-23。

5. 方案五

某 300MW 循环流化床锅炉为单炉膛单布风板形式，燃用中煤、煤矸石和煤泥的低热值混煤，煤泥以管道输送方式单独送入炉膛。锅炉在前墙共设置了 10 个给煤点，对应设置了 10 条给煤线路。煤仓间共设置了 5 个原煤仓，每个原煤仓对应 2 条给煤线路。每条给煤线路均为 1 级布置，采用耐压称重式皮带给煤机。

给煤机密封风采用冷一次风；锅炉给煤口的密封风/播煤风来自热一次风。该项目的给煤系统流程见图 7-24，给煤系统布置见图 7-25 和图 7-26。

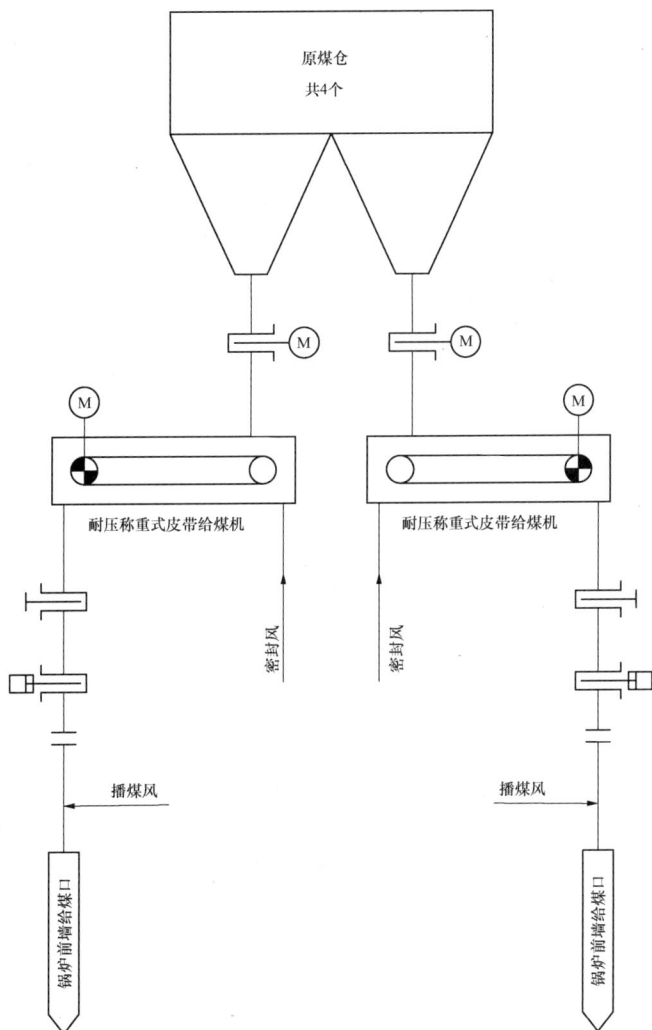

图 7-21　300MW 级循环流化床锅炉单布风板前墙给煤方案给煤方案四
给煤系统流程图

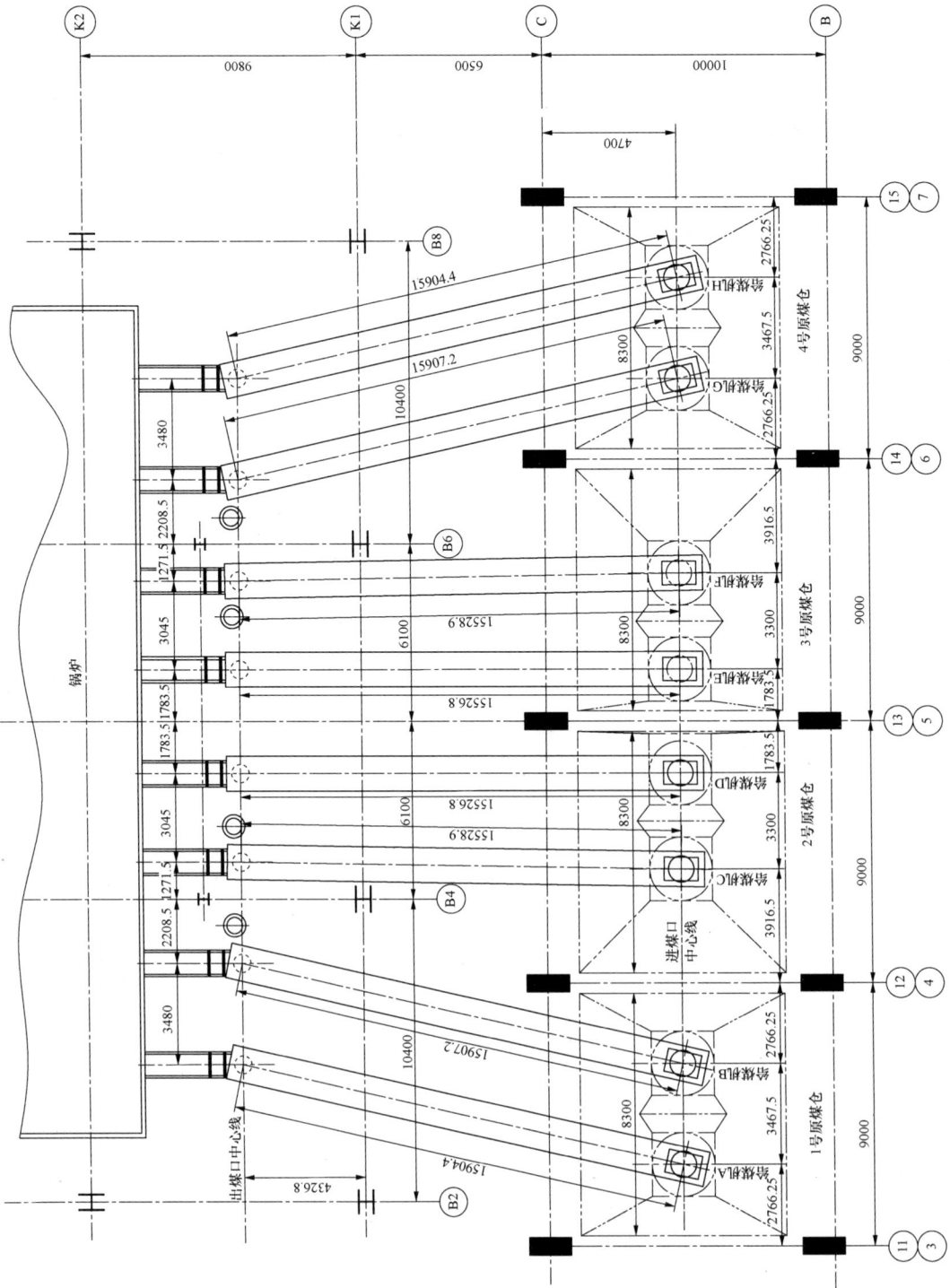

图 7-22 300MW 级循环流化床锅炉单布风板前墙前墙给煤方案四给煤设备平面布置图

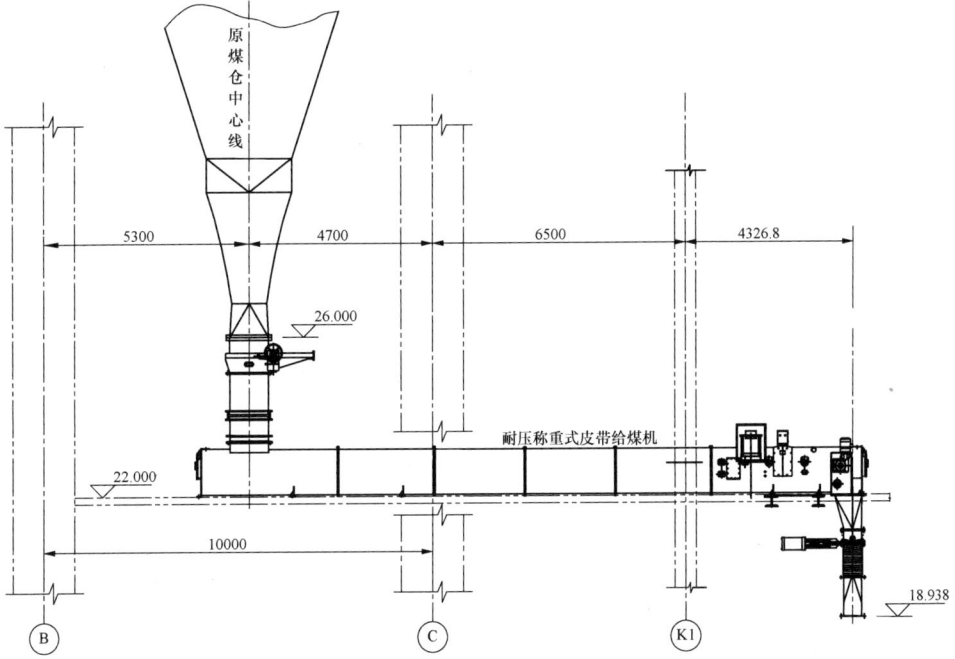

图 7-23 300MW 级循环流化床锅炉单布风板前墙给煤方案给煤方案四给煤设备断面布置图

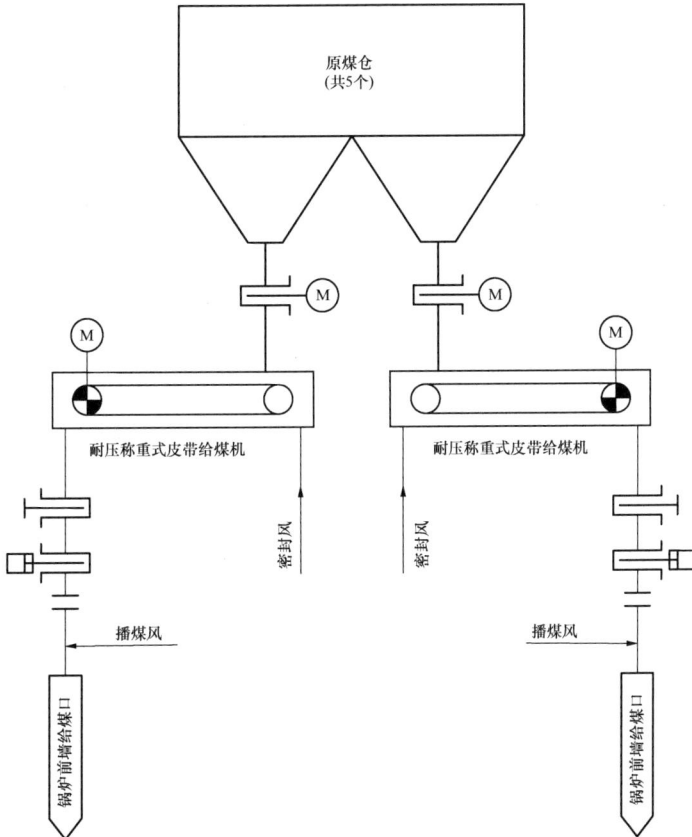

图 7-24 300MW 级循环流化床锅炉单布风板前墙给煤方案给煤方案五给煤系统流程图

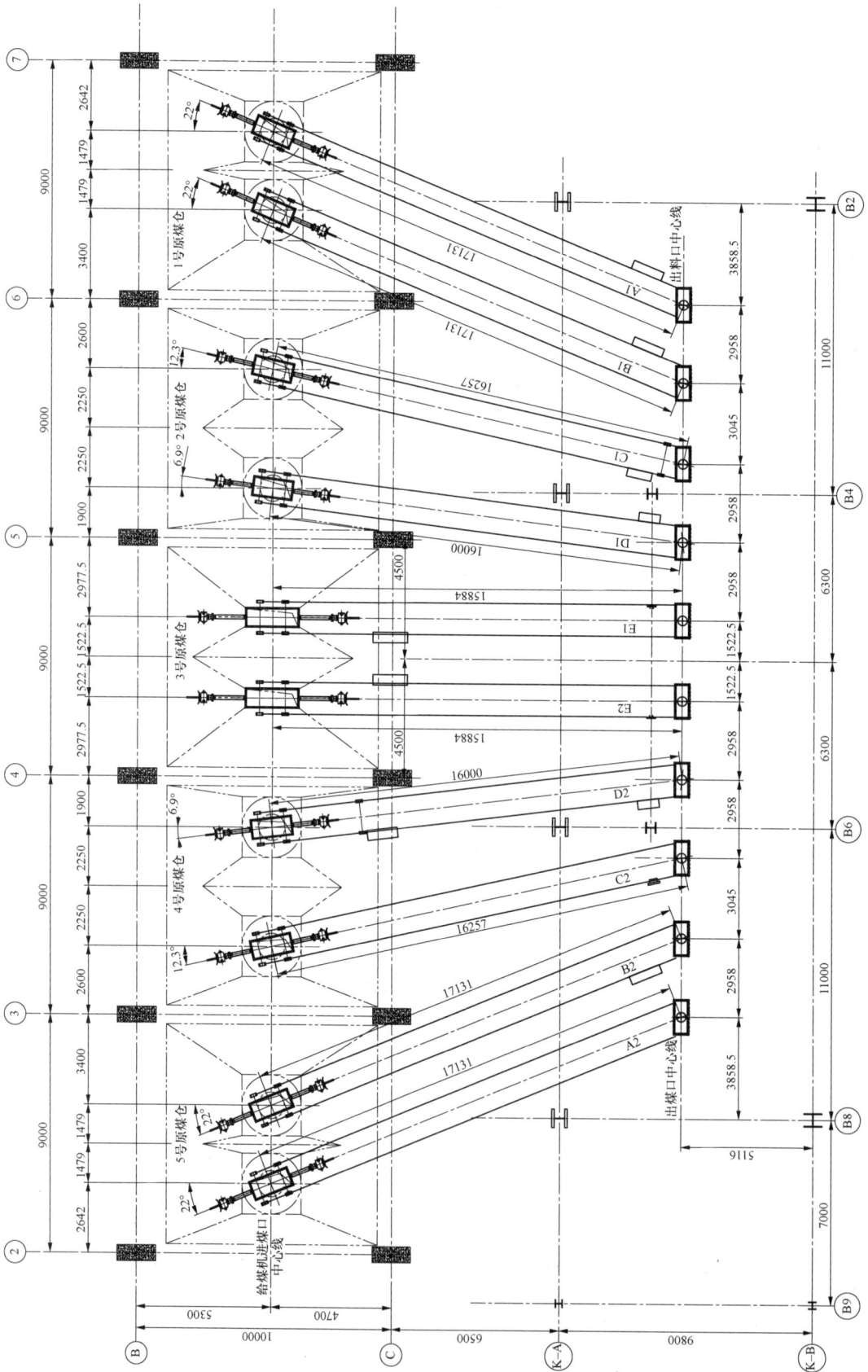

图 7-25 300MW 级循环流化床锅炉单布风板前墙给煤方案给煤方案五给煤设备平面布置图

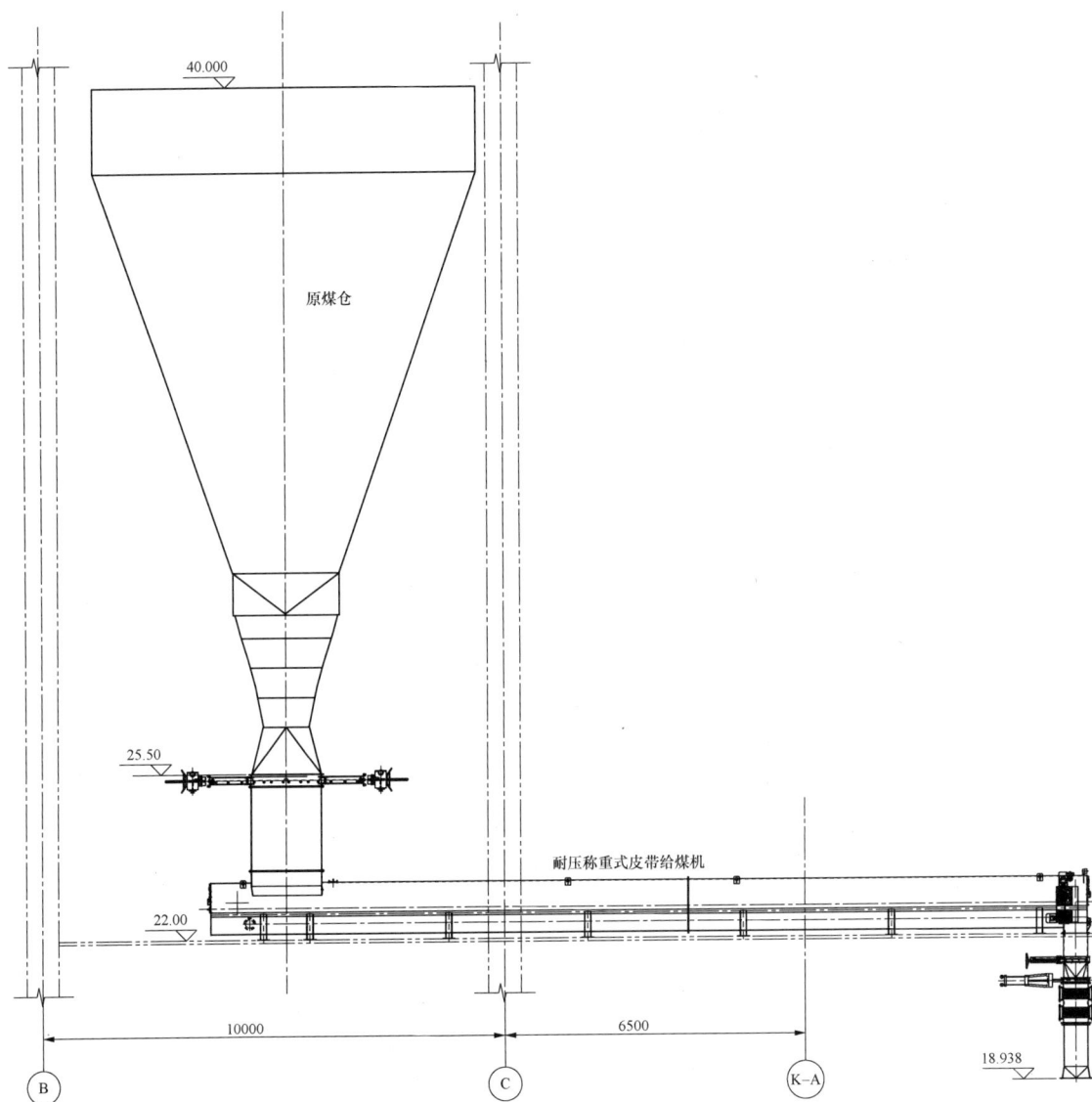

图 7-26 300MW 级循环流化床锅炉单布风板前墙给煤方案给煤方案五
给煤设备断面布置图

6. 方案六

某 350MW 循环流化床锅炉为单炉膛单布风板形式，燃用褐煤。锅炉在前墙共设置了 8 个给煤点，对应设置了 8 条给煤线路。煤仓间共设置了 4 个原煤仓，每个原煤仓对应 2 条给煤线路。每条给煤线路均为 1 级布置，采用耐压称重式皮带给煤机。

给煤机密封风采用冷一次风；锅炉给煤口的密封风/播煤风来自热一次风。该项目的给煤系统流程见图 7-27，给煤系统布置见图 7-28 和图 7-29。

7. 方案七

某 300MW 循环流化床锅炉为单炉膛单布风板形式，燃用无烟煤。锅炉采用前后墙联合给煤方式，前墙设置了 6 个给煤口，后墙回料腿上也设置了 6 个给煤口。对应设置了 8 条给煤线路，其中前墙 6 条、后墙回料腿 2 条。煤仓间共设置了 5 个原煤仓，其中 3 个原煤仓用于前墙给煤，2 个原煤仓用于后墙回料腿给煤。前墙的每个原煤仓有 2 个落煤口，每个落煤口对应设置了 1 条给煤线路，每条给煤线路均为 1 级布置,采用耐压称重式皮带给煤机。后墙的每条给煤线路均为 2 级布置,第 1 级采用耐压称重式皮带给煤机,第 2 级均采埋刮板给煤机。

给煤机密封风采用冷二次风;锅炉给煤口的密封风/播煤风来自热二次风。该项目的给煤系统流程见图 7-30,给煤系统布置见图 7-31～图 7-33。

8. 方案八

某 350MW 循环流化床锅炉为单炉膛单布风板形式,燃用低热值煤。锅炉采用前后墙联合给煤方式,前墙设置了 6 个给煤口,后墙回料腿上设置了 4 个给煤口。对应设置了 8 条给煤线路,其中前墙

6 条、后墙回料腿 2 条。煤仓间共设置了 5 个原煤仓,其中 3 个原煤仓用于前墙给煤,2 个原煤仓用于后墙回料腿给煤。前墙的每个原煤仓有 2 个落煤口,每个落煤口对应设置了 1 条给煤线路,每条给煤线路均为 1 级布置,采用耐压称重式皮带给煤机。后墙的每条给煤线路均为 2 级布置,第 1 级采用耐压称重式皮带给煤机,第 2 级均采用埋刮板给煤机。

给煤机密封风采用冷一次风;锅炉前墙给煤口的密封风/播煤风来自热一次风;后墙回料腿给煤口的密封风来自冷一次风。该项目的给煤系统流程见图 7-34。

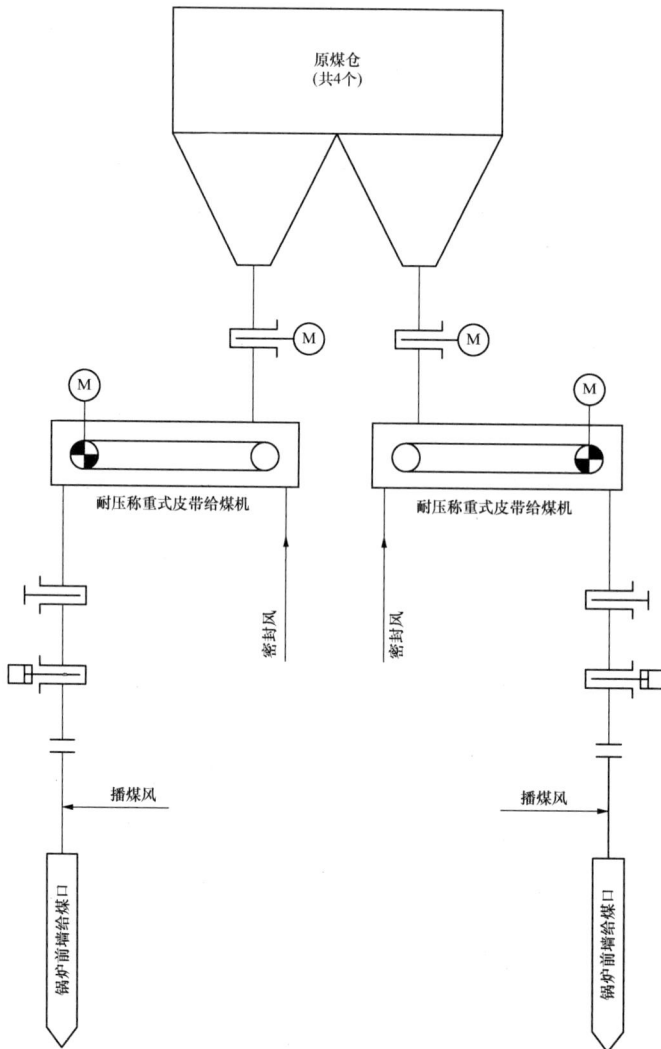

图 7-27　300MW 级循环流化床锅炉单布风板前墙给煤方案给煤方案六
给煤系统流程图

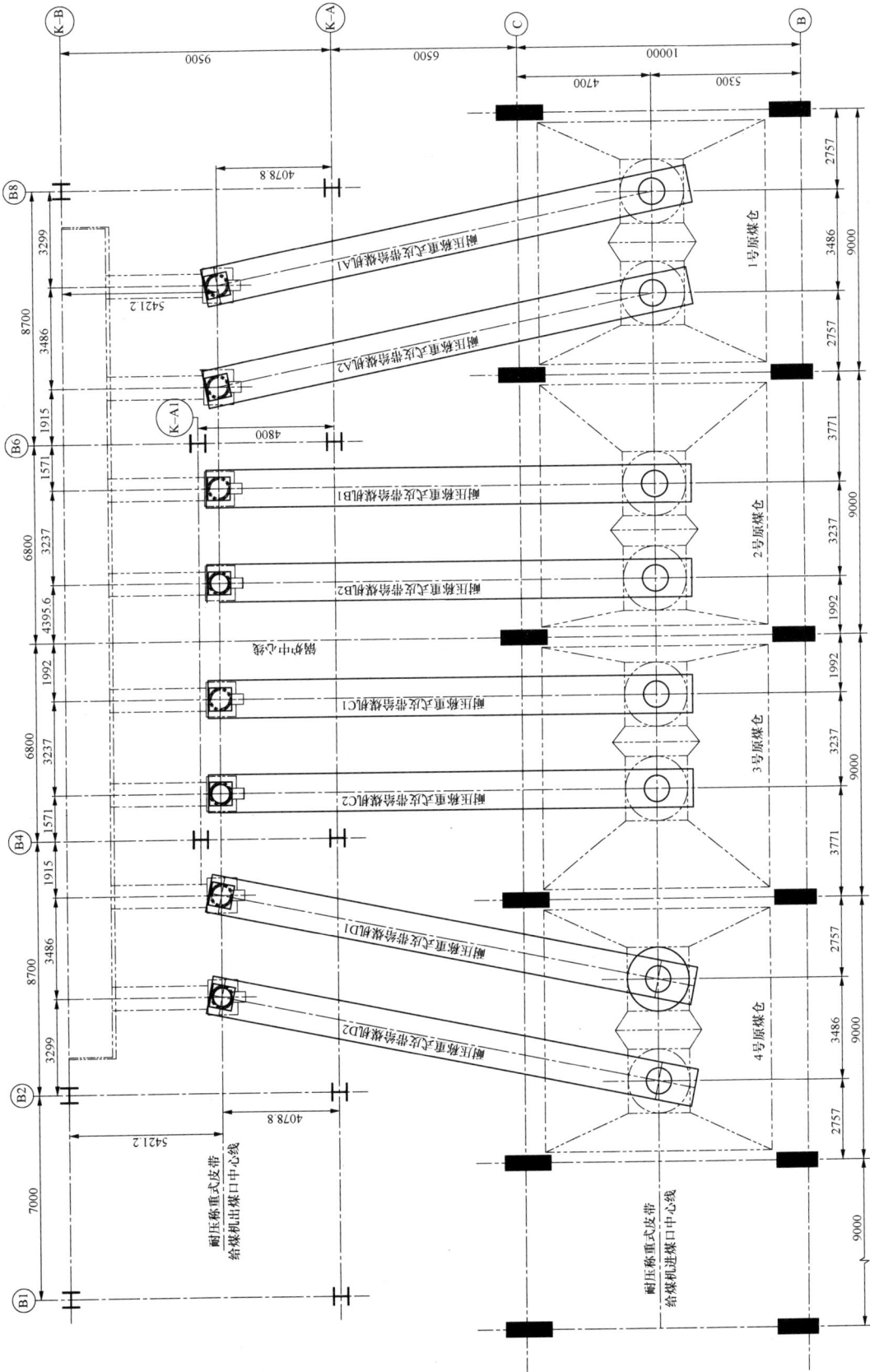

图 7-28 300MW 级循环流化床锅炉单布风板前墙给煤方案给煤六方案给煤设备平面布置图

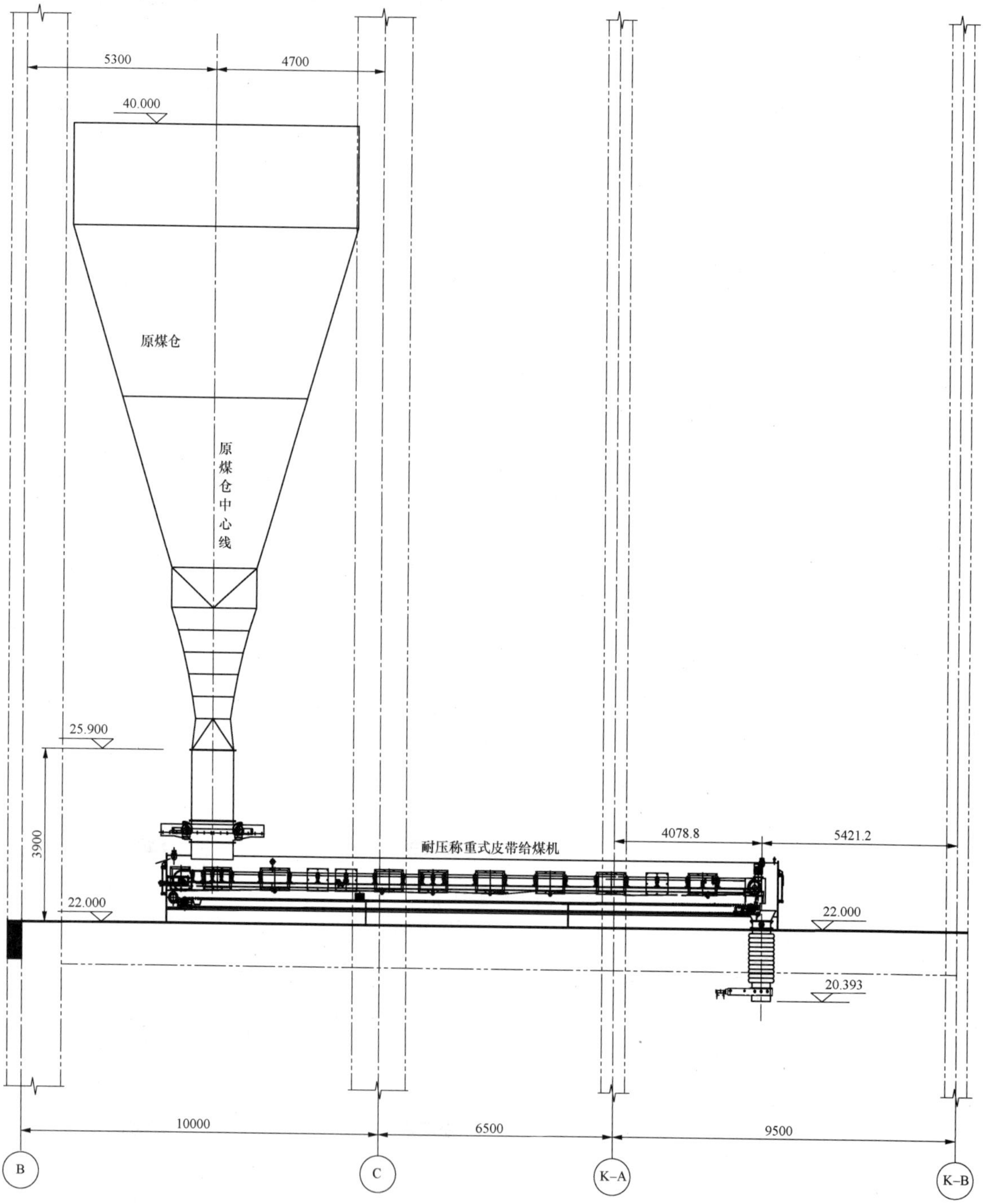

图 7-29　300MW 级循环流化床锅炉单布风板前墙给煤方案给煤
方案六给煤设备断面布置图

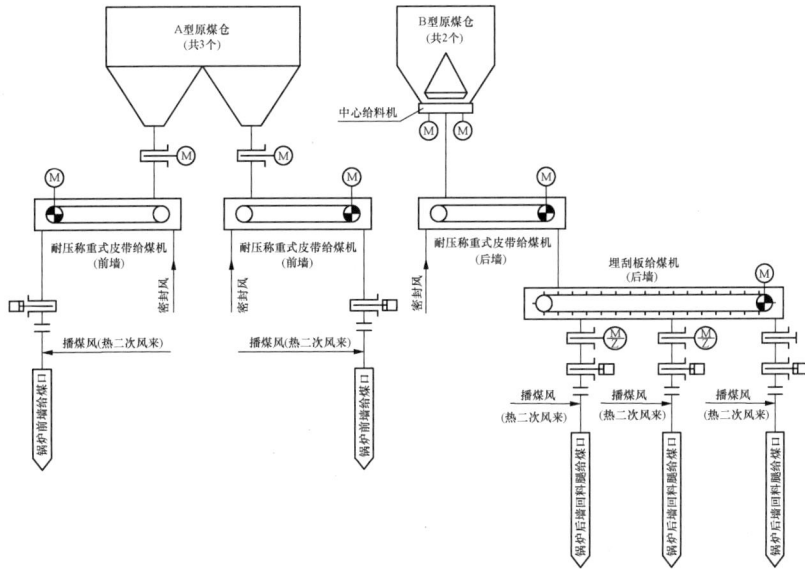

图 7-30 300MW 级循环流化床锅炉单布风板前后墙联合给煤方案七给煤系统流程图

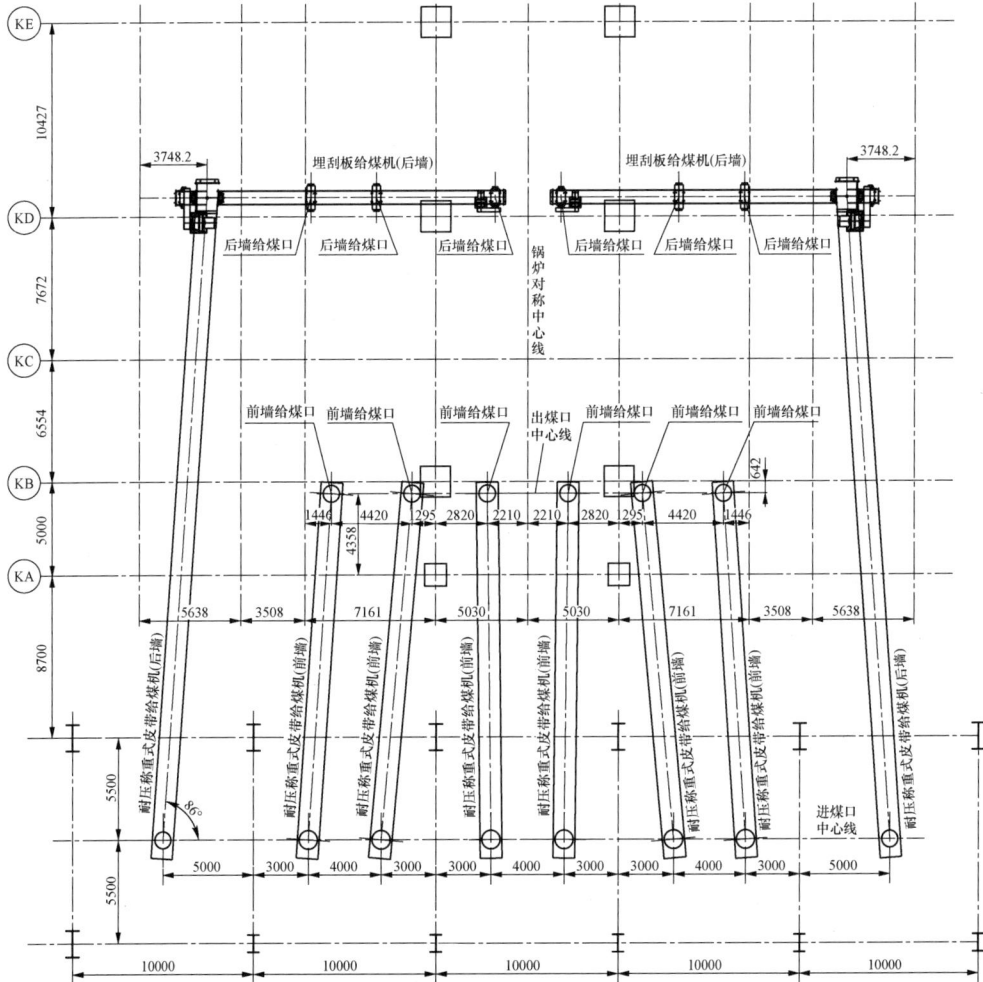

图 7-31 300MW 级循环流化床锅炉单布风板前后墙联合给煤方案七给煤设备平面布置图

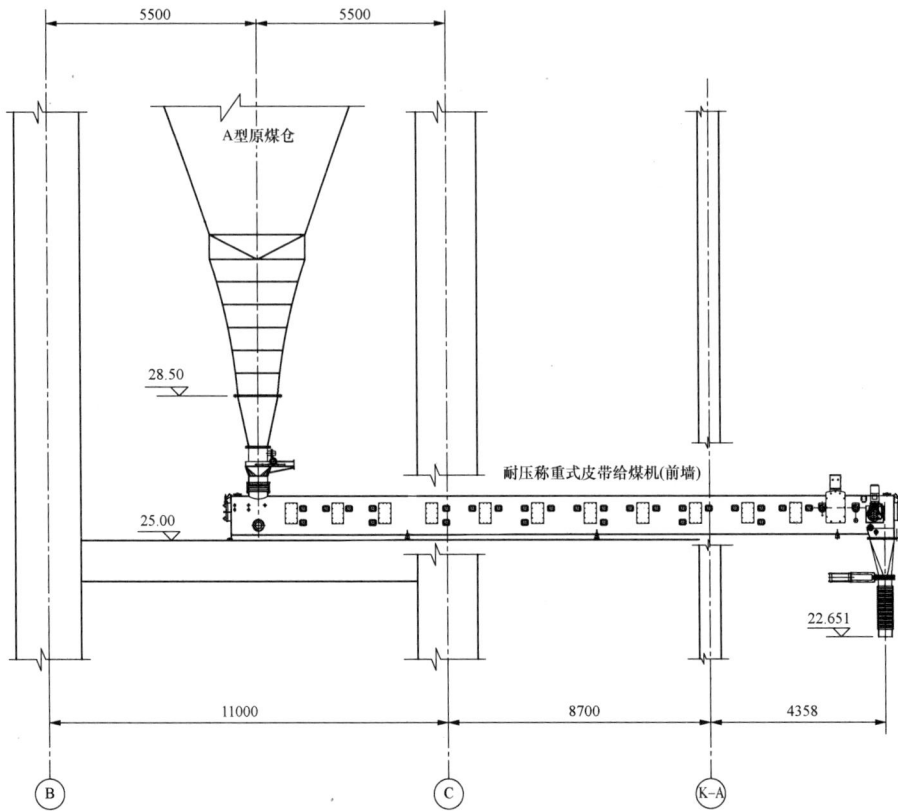

图 7-32　300MW 级循环流化床锅炉单布风板前后墙联合给煤方案七
给煤设备断面布置图 1

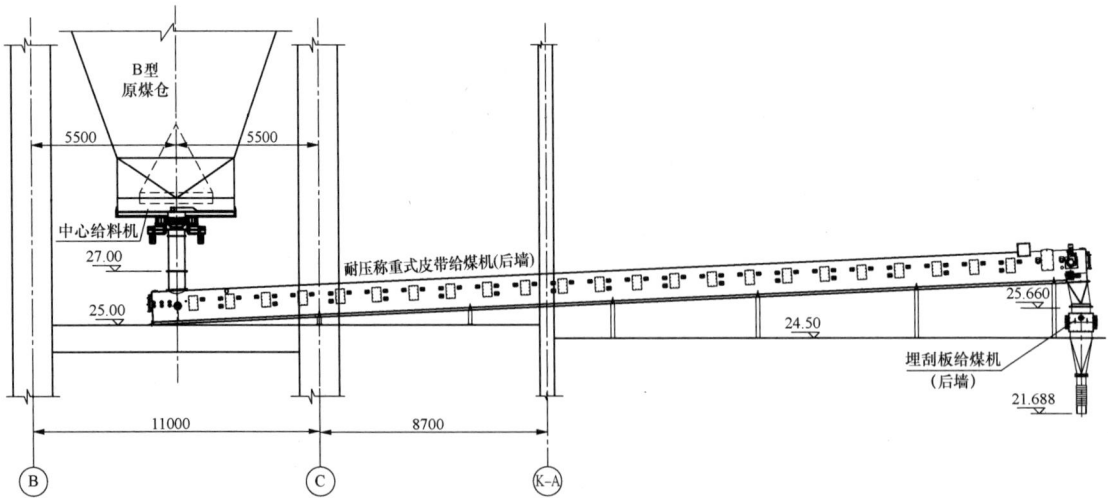

图 7-33　300MW 级循环流化床锅炉单布风板前后墙联合给煤方案七
给煤设备断面布置图 2

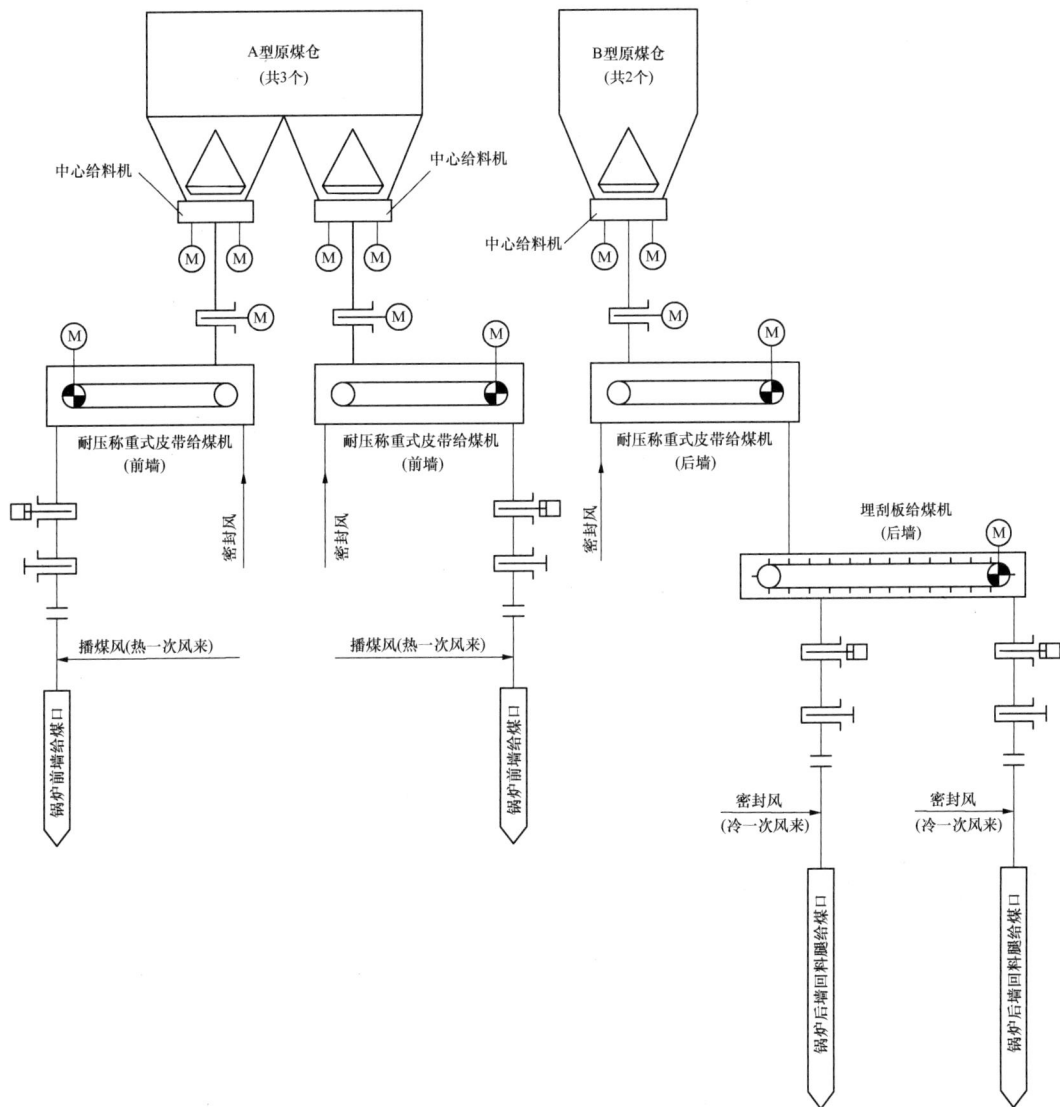

图 7-34　300MW 级循环流化床锅炉单布风板前后墙联合给煤方案八
给煤系统流程图

（三）600MW 级锅炉

某 600MW 循环流化床锅炉为单炉膛双布风板形式，燃用贫煤。锅炉在侧墙回料腿共设置了 12 个给煤点，对应设置了 4 条给煤线路。煤仓间共设置了 4 个原煤仓，每个原煤仓对应 1 条给煤线路，每条给煤线路对应 3 个给煤口。每条给煤线路均为 2 级布置，第

1 级采用耐压称重式皮带给煤机，第 2 级采用埋刮板给煤机。

给煤机密封风采用冷一次风，回料腿给煤口的密封风/播煤风来自热一次风。该项目的给煤系统流程见图 7-35，给煤系统布置见图 7-36～图 7-38。

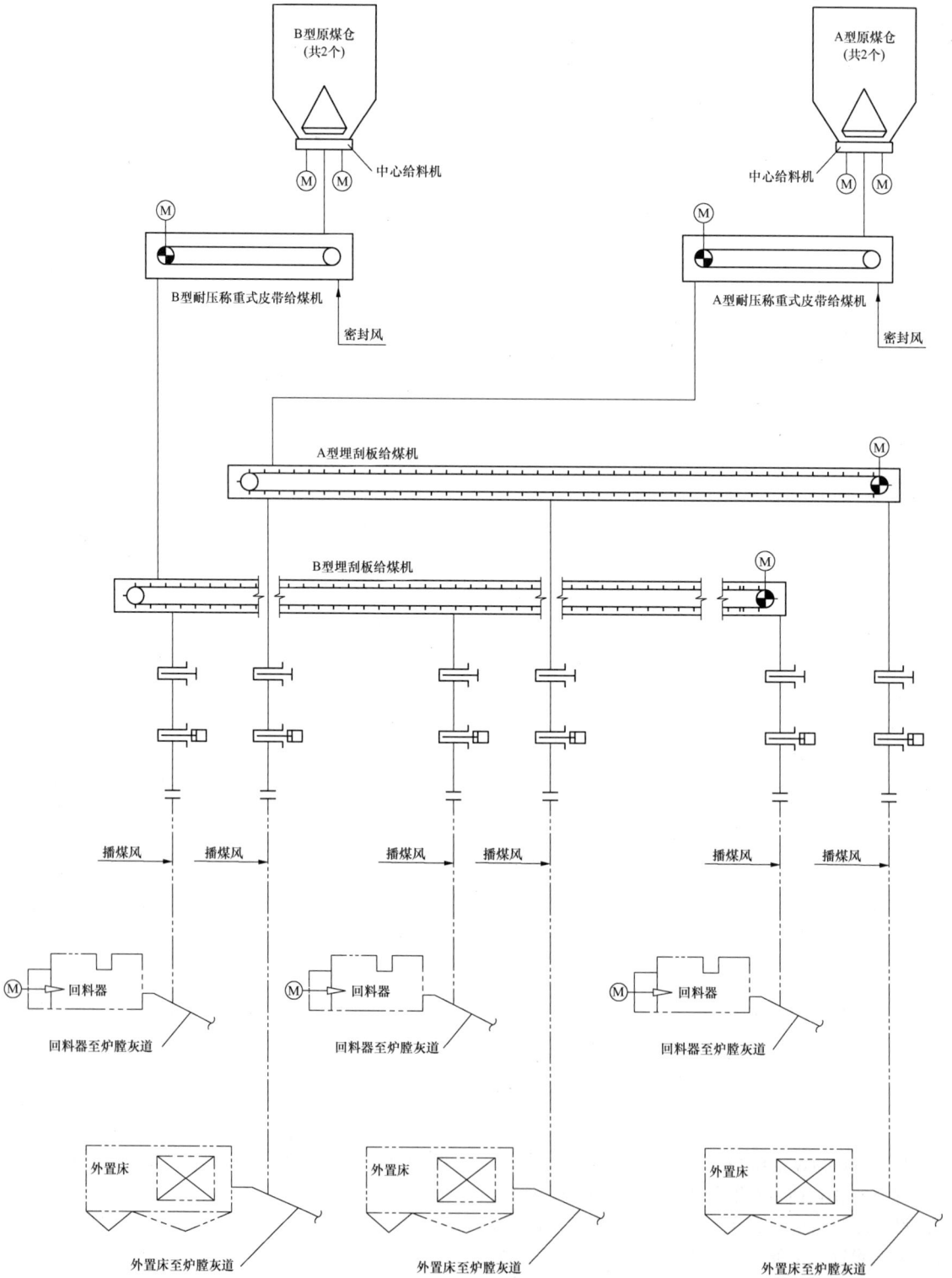

图 7-35 600MW 级循环流化床锅炉双布风板侧墙回料腿给煤方案二
给煤系统流程图

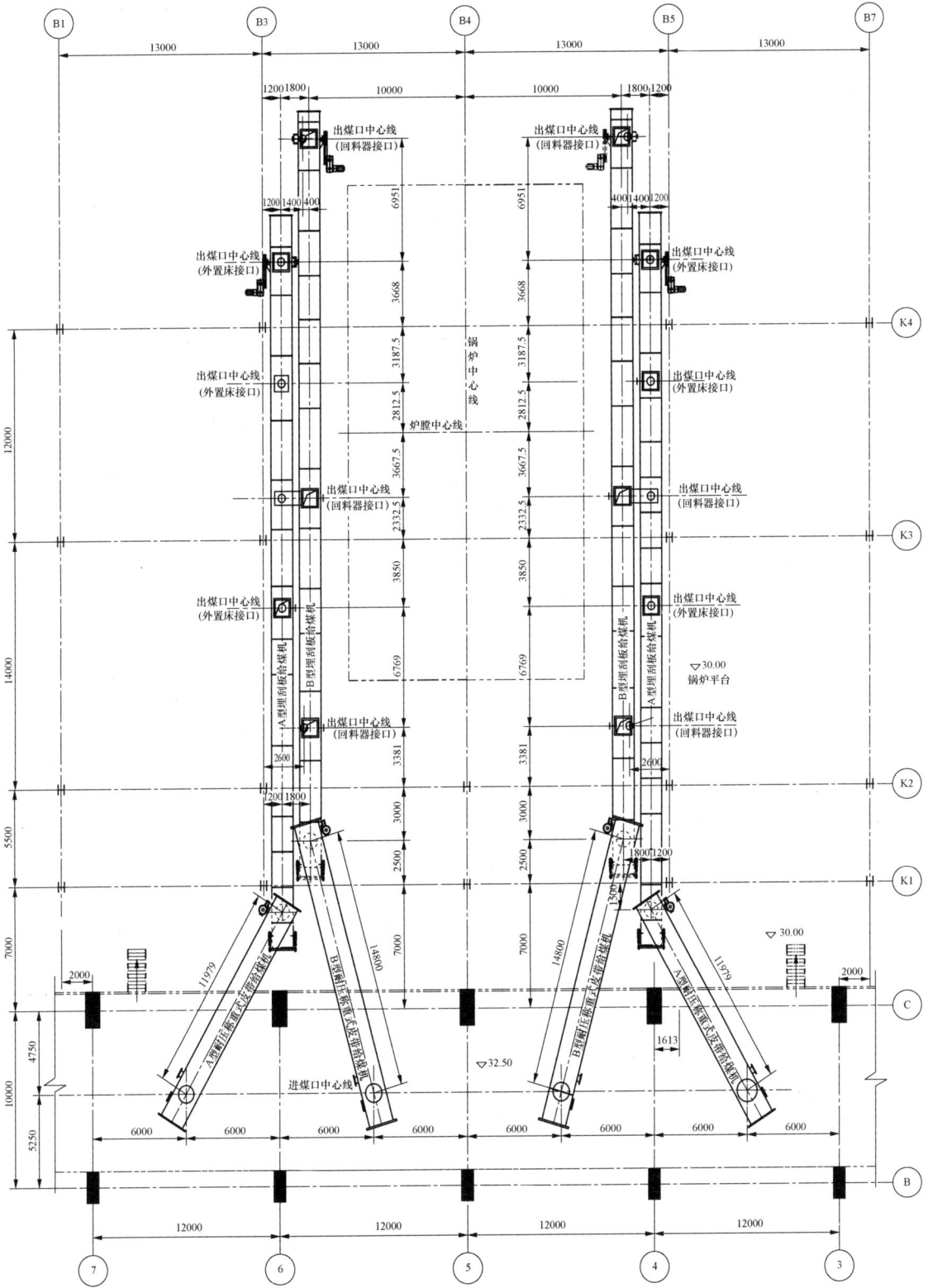

图 7-36 600MW 级循环流化床锅炉双布风板侧墙回料腿给煤方案二设备平面布置图

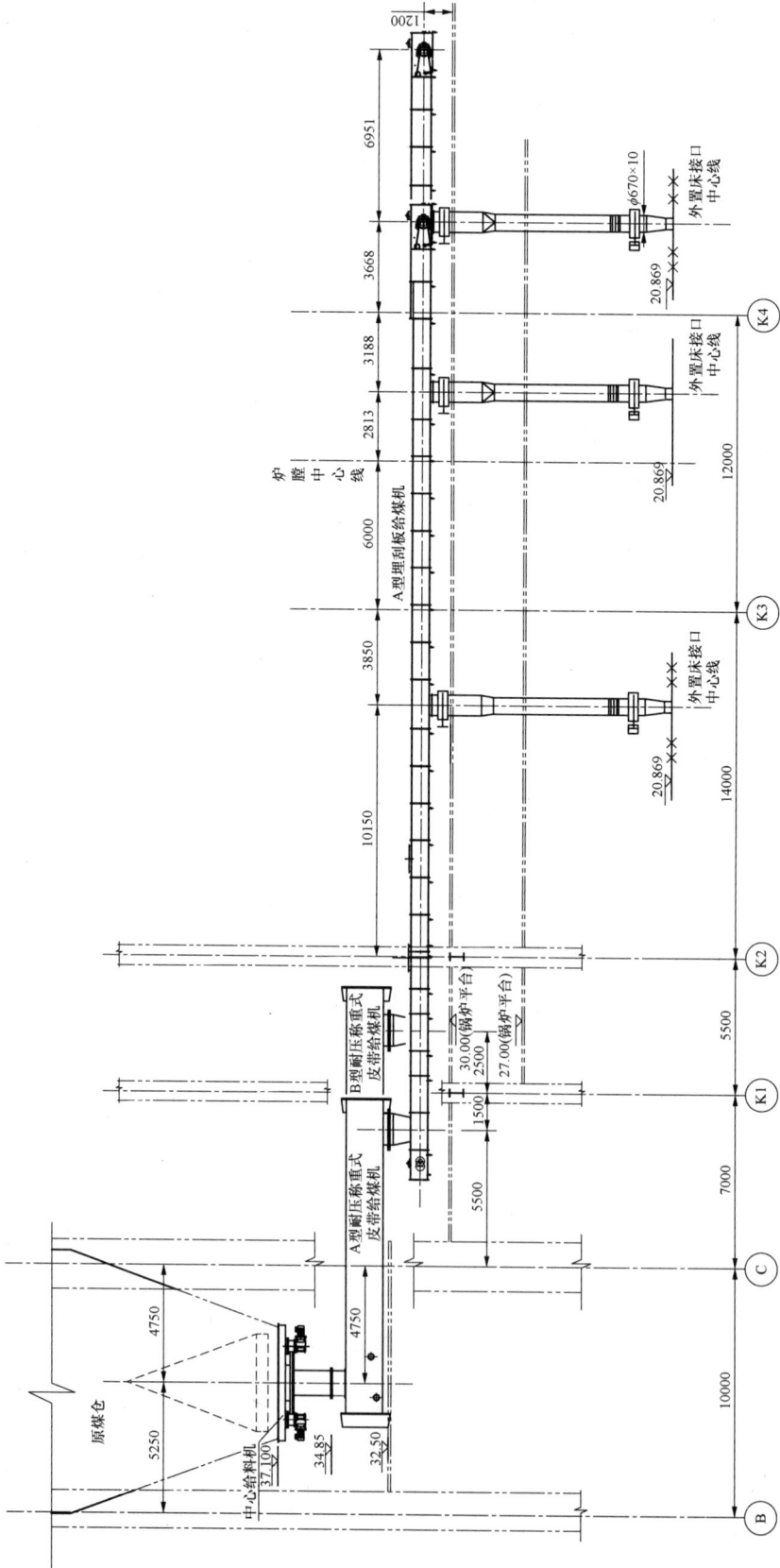

图 7-37 600MW 级循环流化床锅炉双布风板墙回料腿侧给煤方案二设备断面布置图 1

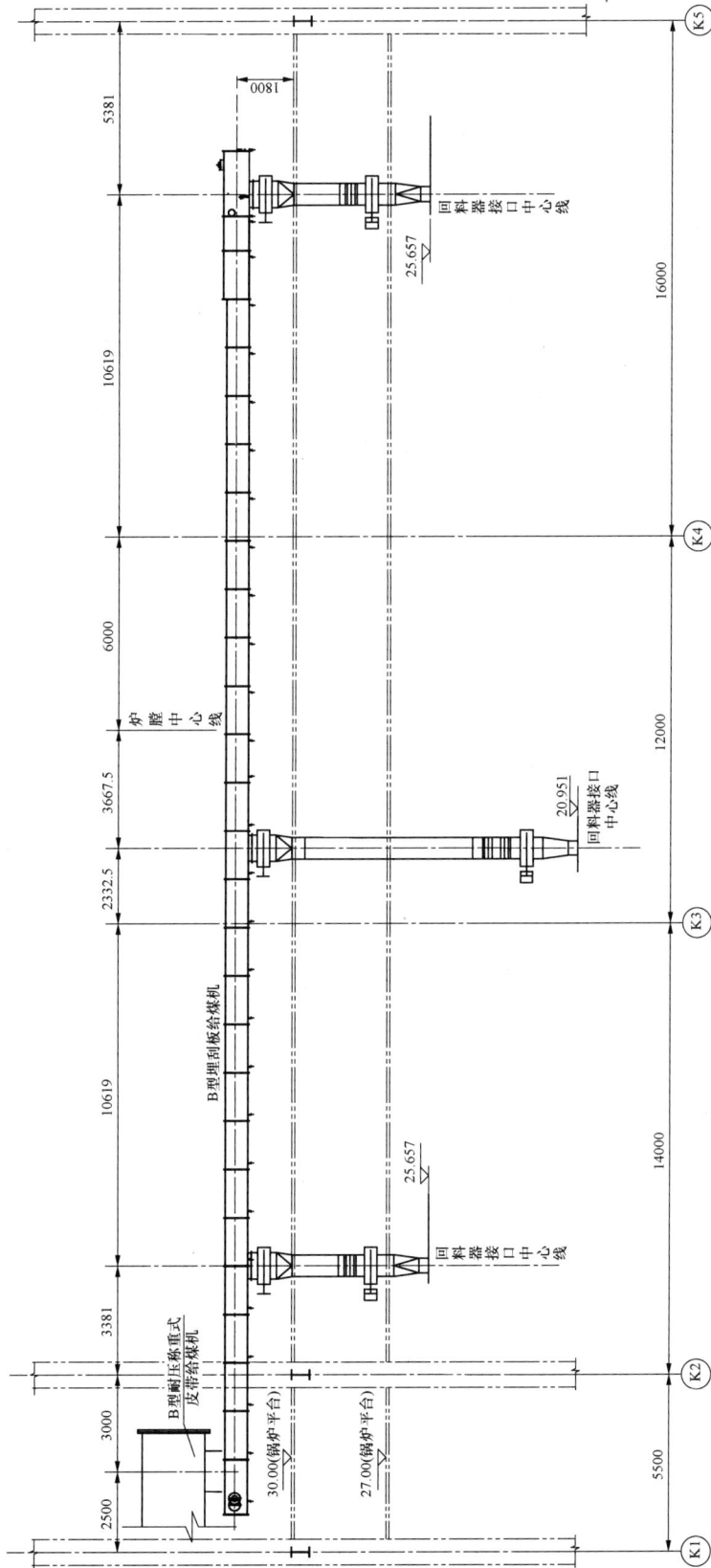

图 7-38 600MW 级循环流化床锅炉双布风板侧墙回料腿给煤方案二设备断面布置图 2

第三节 控 制 要 求

给煤系统的控制主要是根据锅炉负荷要求调节锅炉的给煤量，以满足锅炉燃烧需求。

给煤系统应纳入 DCS 控制系统进行监控，可按设备及配置要求，设置联锁和远方控制。末级给煤机至锅炉给煤口的煤闸门应采用气动执行器并具备快关功能。炉墙给煤点（如果有）应设置堵煤监测报警仪表。末级给煤机出口应设有温度监测装置。

对应不同工况，控制要求如下：

一、启动工况

锅炉启动初期，给煤机不投入运行，燃油或天然气等作为锅炉启动燃料。根据锅炉启动曲线，当床温达到设定值时才启动给煤机投入燃煤。在启动给煤机时，应先依次开启给煤机出口及进口的煤闸门。投入燃煤时，对于设有多台给煤线路的锅炉，应保证锅炉炉膛给煤的均匀性，逐步投入给煤机。

二、正常运行工况

锅炉正常运行时，给煤系统自动控制，给煤系统能根据机组负荷自动调整给煤量。另外，应定期检查气动煤闸门，以防止气动煤闸门卡涩。

三、停运工况

给煤机正常停运时，应首先关闭耐压称重式皮带给煤机进口煤闸门，将耐压称重式皮带给煤机转速置为最小值，待给煤线上的燃煤均送至炉膛后依次停运耐压称重式皮带给煤机和埋刮板给煤机（如有），最后关闭该给煤线至锅炉给煤口的气动煤闸门。

给煤机事故停运时，应首先快速关闭该给煤线至锅炉给煤口的气动煤闸门，再依次停运耐压称重式皮带给煤机和埋刮板给煤机（如有）。

第四节 设 计 计 算

一、原煤仓

（一）容积

原煤仓的容积按式（7-1）和式（7-2）计算，即

$$V_e = \frac{tB_c}{n_b} \qquad (7\text{-}1)$$

$$V_g = \frac{V_e}{K_{fil}\rho_{c,b}} \qquad (7\text{-}2)$$

式中　V_e ——原煤仓有效容积，m^3；

t ——煤仓中存煤供锅炉工作的小时数，h；

B_c ——锅炉最大连续蒸发量时的燃煤量，t/h；

n_b ——原煤仓数量；

V_g ——原煤仓几何容积，m^3；

K_{fil} ——煤仓充填系数，取决于煤仓上部尺寸、进煤口位置和煤的自然堆积角，可取 K_{fil} = 0.75～0.85 或通过计算确定，对于对应 2 个及多个给煤口的原煤仓，建议取下限；

$\rho_{c,b}$ ——原煤堆积密度，t/m^3。

（二）计算示例

1. 圆形煤仓

常规圆形煤仓外形见图 7-39。

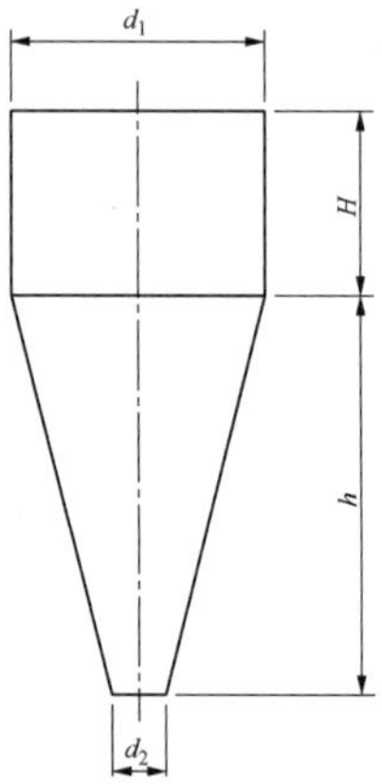

图 7-39　常规圆形煤仓外形示意图

常规圆形煤仓容积按式（7-3）计算，即

$$V_g = \pi d_1^2 H + \pi h \times \frac{d_1^2 + d_2^2 + d_1 d_2}{12} \qquad (7\text{-}3)$$

式中　d_1 ——煤仓进口直径，见图 7-39，m；

H ——煤仓直段高度，见图 7-39，m；

h ——煤仓锥段高度，见图 7-39，m；

d_2 ——煤仓出口直径，见图 7-39，m。

设置中心给料机的圆形煤仓外形见图 7-40。

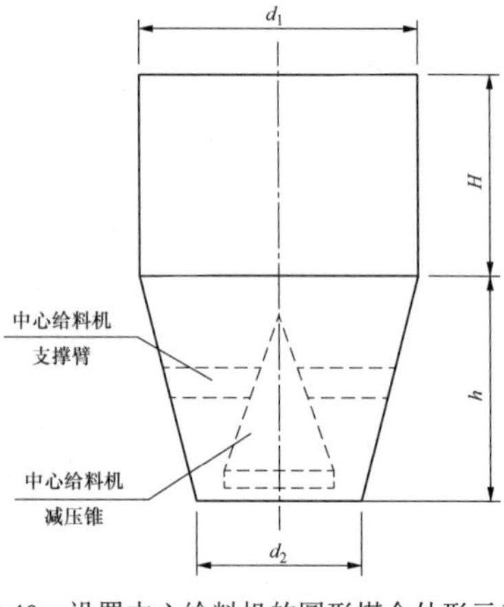

图 7-40　设置中心给料机的圆形煤仓外形示意图

设置中心给料机的圆形煤仓的容积按式（7-4）计算，即

$$V_g = \pi d_1^2 H + \pi h \times \frac{d_1^2 + d_2^2 + d_1 d_2}{12} - V_{ccf} \quad （7-4）$$

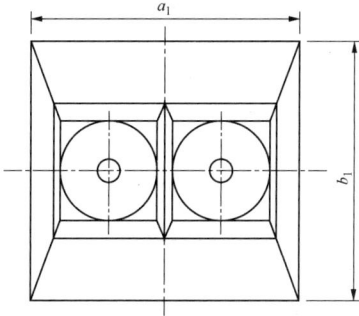

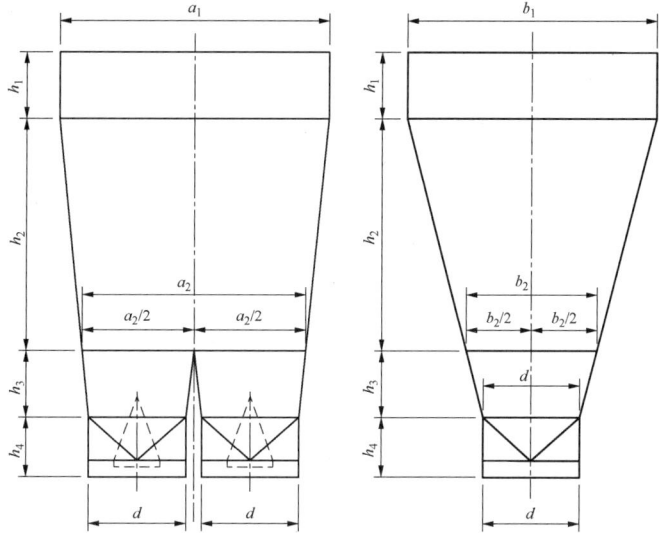

式中　V_{ccf}——中心给料机减压锥及支撑臂的体积，通常由厂家提供或根据厂家外形计算，m^3。

2. 方形煤仓

两个给煤口的方形煤仓外形见图7-41。

图7-41　两个给煤口的方形煤仓外形示意图

两个给煤口的方形煤仓的容积按式（7-5）～式（7-9）计算，即

$$V_g = V_1 + V_2 + V_3 + V_4 - V_{ccf} \quad （7-5）$$

$$V_1 = a_1 \times b_1 \times h_1 \quad （7-6）$$

$$V_2 = \left[(2a_1 + a_2) \times b_1 + (2a_2 + a_1) \times b_2\right] \times \frac{h_2}{6} \quad （7-7）$$

$$V_3 = 2 \times \left[(a_2 + d) \times b_2 + \left(2d + \frac{a_2}{2}\right) \times d\right] \times \frac{h_3}{6} \quad （7-8）$$

$$V_4 \approx \left(d^2 + \frac{\pi d^2}{4}\right) \times h_4 \quad （7-9）$$

式中　V_1——方形煤仓直段体积，m^3；

V_2——方形煤仓上锥段体积，m^3；

V_3——方形煤仓下锥段体积，m^3

V_4——方形煤仓方圆节体积，m^3

V_{ccf}——中心给料机减压锥及支撑臂的体积，通常由厂家提供或根据厂家外形自行计算，m^3。

二、给煤系统出力

给煤系统的总出力按式（7-10）计算，即

$$G = \frac{nB_c}{n - n'} \quad （7-10）$$

式中　G——给煤系统出力，t/h；

B_c——锅炉最大连续蒸发量时的燃煤量，t/h；

n——给煤线总数量，对于裤衩腿双布风板形式锅炉应为偶数；

n'——给煤线故障数量，按表7-4取值。

表7-4　给 煤 线 故 障 数 量

锅炉形式	符号	单布风板		双布风板	
给煤线总数量	n	<4	≥4	4	>4
给煤线故障数量	n'	1	2	2	2

注　双布风板形式的循环流化床锅炉，两侧布风板需要分别给煤，同时考虑给煤机可能会出现故障，因此给煤线数量应为偶数，且每台炉的给煤线总数量不得低于4条，以保证在一条给煤线停运时锅炉仍能维持运行。

单条给煤线的出力按式（7-11）计算，即

$$G_{cf} = \frac{iG}{n} \quad （7-11）$$

式中　G_{cf}——给煤机计算出力，t/h；

G——给煤系统出力，t/h；

i——负荷分配系数，取值见表7-5。

表7-5　负 荷 分 配 系 数

锅炉形式	单布风板		双布风板
给煤方式	前墙给煤	前后墙给煤	侧墙给煤
负荷分配系数 i	1	①	1

① 由于前墙和后墙给煤给煤线路数量和容量不尽相同，所以应各自计算。

第五节 设 备 选 型

一、耐压称重式皮带给煤机

1. 结构特点

耐压称重式皮带给煤机利用胶带拖动原煤运行，原煤在胶带的带动下靠自重与胶带之间的摩擦力平稳地向前移动，从而实现连续、均匀地给煤，同时具备称量、指示给煤量等功能。给煤机的称重段辊子，可称量出煤在规定皮带长度区间的质量，该质量和皮带速度可通过传感器将信号传递给计数器，然后指示出给煤量。当给煤量与锅炉要求给煤量不一致时，可自动调节皮带速度而自动改变给煤量。

此种设备的特点如下：

全封闭结构，有效防止粉尘外溢；具有防皮带跑偏和纠偏装置，确保正常稳定运行；采用电子皮带秤，可确保计量准确和长期稳定性；具有链条刮板式清扫装置，可随时或定时自动清扫箱体底部的积尘异物。能多点加料，但不能多点卸料。

耐压称重式皮带给煤机的结构见图7-42。

2. 主要技术要求

（1）给煤机能实现连续均匀地给煤、称重，准确可靠，并根据锅炉燃烧控制系统的要求，无级、快速、准确地调节给煤机出力，使实际给煤量与锅炉负荷相匹配。

（2）给煤机应有较大的负荷调节范围。

（3）给煤机计量精度不低于±0.25%。

（4）给煤机控制精度：±0.5%。

（5）给煤机应有容积计量功能，当电子称重系统故障时，可以转为容积计量方式，并发出警报信号。

（6）给煤机抗爆能力按不低于锅炉炉膛不变形承载能力设计。

（7）除胶带外，与煤流接触的所有部件材质均采用不锈钢。

（8）给煤机胶带采用阻燃型，并保证较长的使用寿命。

（9）给煤机应具备断煤、堵煤及上煤不足等监测报警功能。

3. 基本参数表

耐压称重式皮带给煤机基本参数见表7-6。

表 7-6   耐压称重式皮带给煤机基本参数表

型号	基本参数		
	出力（t/h）	皮带宽度（mm）	进料口尺寸（mm）
□-20	2.5～20	650	φ457
□-40	5～40		
□-60	7.5～60	838	φ610
□-80	10～80		
□-120	15～120	1168	φ914

注 此表仅供设计参考。

二、埋刮板给煤机

1. 结构特点

埋刮板给煤机是一种在封闭的矩形断面的壳体内，借助于运动着的刮板链条连续输送散状物料的运输设备。埋刮板给煤机在水平输送时，物料受到刮板链条在运动方向的压力及物料自身重量的作用，在物料间产生了内摩擦力。这种摩擦力保证了料层之间的稳定状态，并足以克服物料在机槽中移动而产生的外摩擦力，使物料形成连续整体的料流而被输送。

埋刮板给煤机的特点如下：

埋刮板给煤机结构简单、安装维修比较方便。它既能水平输送，也能倾斜输送；既能单机输送，也能组合布置，串联输送；能多点加料，也能多点卸料。布置较为灵活，适于远距离输送。但是在煤的含水分高、黏度大时埋刮板给煤机存在漂链、断链和堵煤等问题，同时运行一段时间后，易出现箱底和侧板磨损严重等故障。

埋刮板给煤机的结构见图7-43。

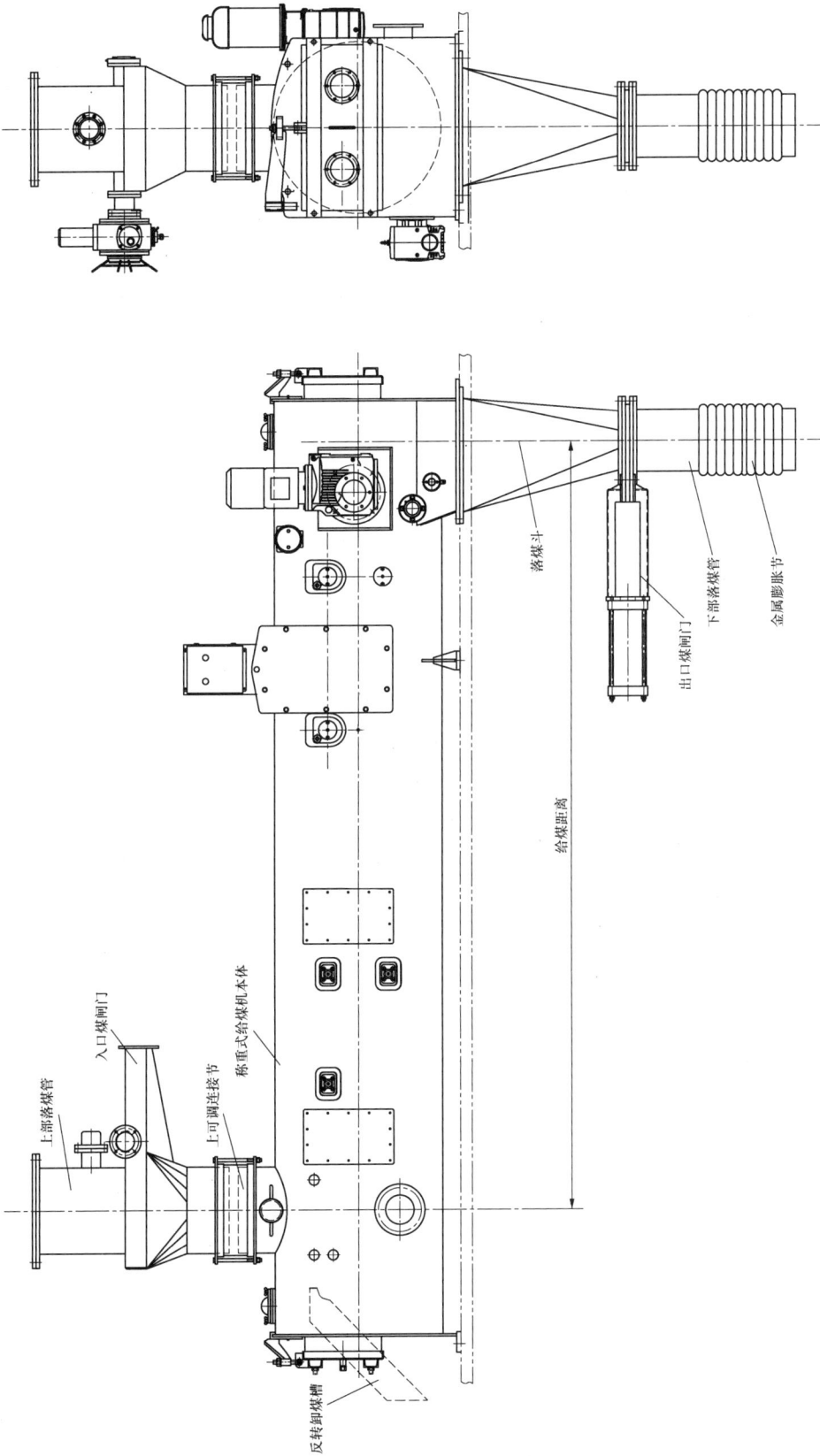

图 7-42 耐压称重式皮带给煤机结构图

上部落煤管
入口煤闸门
上可调连接节
称重式给煤机本体
反转卸煤槽
落煤斗
给煤距离
出口煤闸门
下部落煤管
金属膨胀节

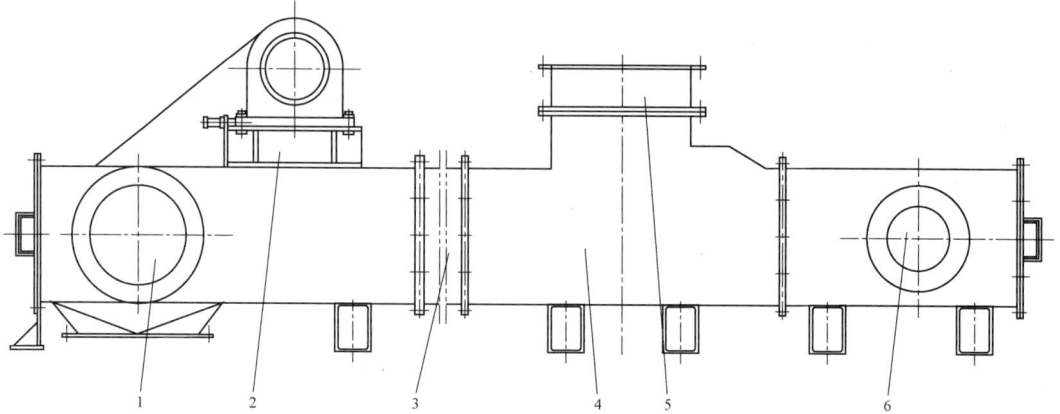

图 7-43　埋刮板给煤机结构图

1—头部箱体；2—驱动装置；3—中间箱体；4—进煤口箱体；5—煤闸门；6—尾部箱体

2. 主要技术要求

（1）两个或 3 个出煤口应能连续合理分配给煤，安全可靠，可控性高，且保证给煤口之间的给煤量偏差不大于 3%。

（2）给煤机控制精度：±0.5%。

（3）链条和刮板应采用抗冲击和耐磨性能的合金钢，并能保证较长的使用寿命。机槽底板采用高性能耐磨材料，并敷设一定厚度的不锈钢材料。

（4）给煤机抗爆能力按不低于锅炉炉膛不变形承载能力设计。

（5）埋刮板式给煤机主驱动滚筒具有防滑和防跑偏功能；链条上应设有防止浮链的压轮装置。

3. 主要数据表

埋刮板给煤机基本参数详见表 7-7。

表 7-7　　　　　　　　　　　　　　　埋刮板给煤机基本参数表

型号	参　　　数							
	额定生产能力（t/h）	生产能力（t/h）	进煤口尺寸（mm×mm）	出煤口尺寸（mm）	链条速度（m/s）	给煤距离（m）	电动机功率（kW）	倾斜角度（°）
□-20	20	5～35	420×620	φ430	0.028～0.112	1.5～24	4～7.5	0～20
□-40	40	9～62	520×720	φ530	0.039～0.18	1.5～27	5.5～15	0～20
□-60	60	9～74	520×720	φ530	0.039～0.18	1.5～27	5.5～15	0～20
□-80	80	25～90	720×720	φ720	0.044～0.185	1.5～27	7.5～22	0～20
□-100	100	34～110	720×720	φ720	0.044～0.185	1.5～27	7.5～22	0～20
□-120	120	40～140	820×820	φ720	0.044～0.21	1.5～27	11～22	0～20

注　额定生产能力是指入煤的堆积密度为 0.8～1t/m³、粒度小于 60mm、全水分小于 15%时的给煤量；给煤距离可根据用户需求选定。

三、中心给料机

1. 结构特点

循环流化床锅炉机组由于入炉煤的细度较小，且煤质来源复杂，易发生原煤堵塞的情况。中心给料机在电厂最初是应用于湿法脱硫石膏仓中，用于输送含水率较高的石膏。鉴于循环流化床锅炉原煤仓易堵的情况，国内将中心给料机应用于原煤仓防堵，运行效果较好，近年来在循环流化床锅炉机组上应用较为广泛。

中心给料机主要由减压锥、卸料臂及驱动系统等组成，其结构见图 7-44。

中心给料机的工作原理：储料仓的末端为仓底卸料底盘，卸料底盘的中心为出料口，出料口被一个与卸料底盘保持一定高度的内锥体所覆盖，内锥体通过支撑臂与储料仓内壁相连接，内锥体能够避免储料仓内的散装物料直接从中心出料口流出，并减小散装物料对仓底卸料底盘的整体压力。具有特殊曲线形式的卸料臂围绕中心出料口的轴线旋转，在旋转的同时，将卸料底盘外围上的散装物料移至内锥体下方的中心出料口，完成卸料过程，并通过驱动系统对卸料臂转速的调节来满足不同的给料量要求。

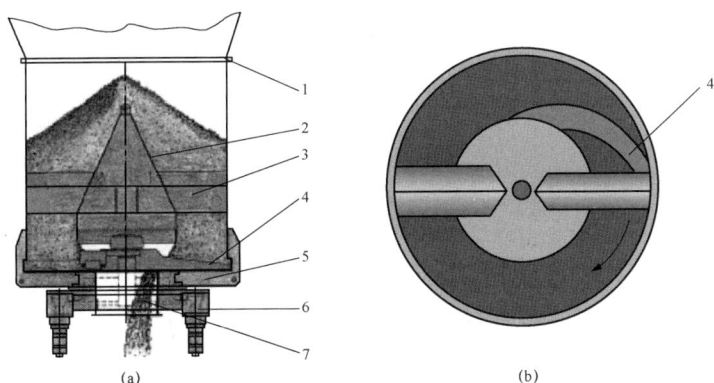

图 7-44　中心给料机

（a）中心给料机主要结构；（b）卸料臂

1—储料仓；2—内锥体（减压锥）；3—支撑臂；4—卸料臂（刮刀）；5—仓底卸料底盘；6—驱动系统；7—中心出料口

原煤仓给料过程由中心给料机完成，属于机械式可控制型给料，给料过程均匀稳定，没有因煤质特性、含水量等各种因素而导致给料量突然变化的现象，给料机下的落煤管内总是处于非充满状态。中心给料机由大口到小口的给料过程在同一平面上完成，无需过渡，因此落料管内的燃煤为自由落体状态，给料通畅。中心给料机给料过程按照"先进先出"的原则进行给料，卸料臂与筒仓内壁相切，给料范围不存在给料死角。

2. 主要技术要求

（1）燃用设计煤种和校核煤种时，中心给料机应能实现连续、均匀地给煤，并根据锅炉燃烧控制系统的要求调整给煤量。

（2）中心给料机的最小出力应能与下级给煤机匹配。

（3）中心给料机的传动平稳可靠，能实现满载启动。

（4）中心给料机密封性能良好，不漏煤粉。

（5）中心给料机内部与原煤接触部位应采用防磨材料，表面应平整，过渡平滑，不得有积煤、堵煤部位。

（6）应设有安全可靠检修通道及必要的检修人孔门，在不清除煤仓存煤的状态下可检查机内零部件情况并进行设备的维护、检修。

3. 基本参数表

中心给料机基本参数可参考表 7-8。

表 7-8　　　　　　　　　　　　　　　中心给料机基本参数表

额定出力 （t/h）	煤仓出口直径 （mm）	中心给料机高度 （mm）	中心给料机外径 （mm）
0～100	3000		3380
0～150	3500		3880
0～200	4000	2200～2500	4380
0～300	4500		4880
0～350	5000		5420
0～500	6000		6420

第八章

煤 泥 输 送 系 统

第一节 煤 泥 特 性

火力发电厂掺烧的煤泥通常是洗煤厂将煤炭洗选过程中产生的低浓度水煤浆，通过如压滤等重力浓缩法、添加化学试剂等的混凝沉淀法等脱水工艺处理后，分离出的主要由煤炭细颗粒组成的固、液两相体，一般具有灰分高、颗粒细、黏度高等特点，具有剪切变稀的特性，是一种典型的非牛顿流体，与常规物料的储存和输送均有显著差异。

根据煤泥输送系统的不同，通常将含水率为28%~33%的煤泥作为一种劣质燃料用于循环流化床

锅炉的掺烧，最大煤泥掺烧比例已超过70%。

一、物理化学特性

煤泥的成分和物料特性与洗选工艺和原煤品质有关，常见煤泥的物理特性如下：

(1) 粒径分布：粒度细，一般不大于1mm。

(2) 实际堆积密度：$1.2 \sim 1.7 t/m^3$。

(3) 含水率（全水分）：对于不同的脱水工艺，含水率不同，通常经重力浓缩法脱水后的煤泥含水率为10%~30%，经混凝沉淀法脱水后的煤泥含水率为40%~60%。不同含水率的煤泥如图8-1所示，膏体状管道输送的煤泥如图8-2所示。

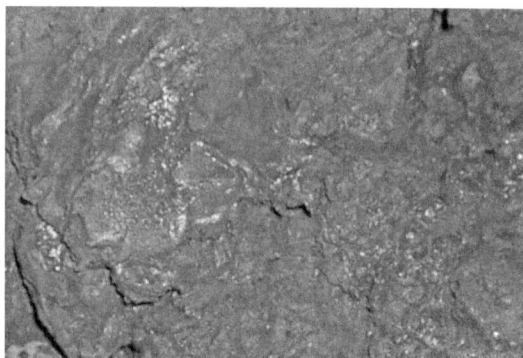

图8-1 煤泥

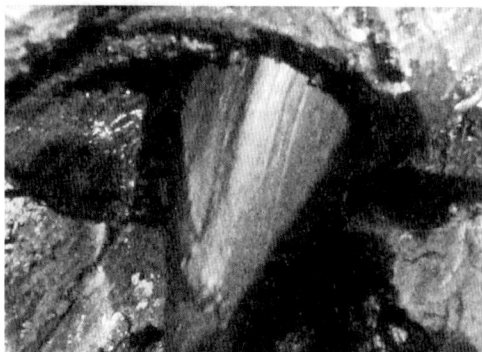

图8-2 管道输送煤泥

(4) 黏度：煤泥一般含有较多黏土类矿物，一般采用混凝沉淀法脱水的煤泥黏度较大，表观黏度可达几千帕秒。

(5) 热值：煤泥灰分含量高，发热量较低。按灰分及热值的高低可以把煤泥分成三类：低灰煤泥灰分为20%~32%，热值为12.5~20MJ/kg；中灰煤泥灰分为30%~55%，热值为8.4~12.5MJ/kg；高灰煤泥灰分＞55%，热值为3.5~6.3MJ/kg。

不同地区、不同洗选工艺得到的煤泥具有不同的物料特性。煤泥物料特性与含水率、实际堆积

密度和热值密切相关，如下列举国内三种不同矿区煤泥样品（A、B、C）的物料测试数据供参考，见表 8-1、表 8-2。

表 8-1 　　　　　　　　　　　　　　　　　　三种煤泥工业分析及元素分析

煤泥样品	干燥基水分 M_{ad}（%）	干燥基灰分 A_{ad}（%）	干燥基挥发分 V_{ad}（%）	干燥基碳 C_{ad}（%）	干燥基氢 H_{ad}（%）	干燥基氮 N_{ad}（%）	干燥基氧 O_{ad}（%）	干燥基全硫 $S_{t.ad}$（%）	低位发热量 $Q_{net \cdot ar}$（MJ/kg）
A	9.7	64.66	11.65	26.87	1.95	0.56	3.98	0.32	8.71
B	12.1	49.87	17.72	37.22	2.53	0.64	7.47	0.22	13.19
C	8.22	33.73	23.78	46.69	3.19	0.82	10.13	1.05	17.58

表 8-2 　　　　　　　　　　　　　　　　　　三种煤泥不同浓度下的密度和热值

煤泥样品	编号	单位	1	2	3	4	5	6	7	8	9
A	浓度	%	80.0	78.9	77.8	75.7	74.3	72.6	71.2	69.5	67.1
	密度	kg/m³	1610	1590	1570	1550	1540	1520	1500	1470	1460
	热值	MJ/kg	7.08	6.99	6.89	6.70	6.58	6.43	6.30	616	5.94
B	浓度	%	75.0	74.4	73.5	72.5	71.0	70.0	68.5	67.5	66.5
	密度	kg/m³	1400	1380	1370	1350	1340	1330	1310	1300	1290
	热值	MJ/kg	10.10	10.02	9.89	9.76	9.56	9.42	9.22	9.09	8.95
C	浓度	%	75.0	73.5	72.3	71.0	69.6	68.3	66.2	65.0	—
	密度	kg/m³	1335	1324	1316	1306	1292	1284	1280	1276	—
	热值	MJ/kg	13.79	13.52	13.29	13.06	12.78	12.56	12.17	11.95	—

注　表中密度为实际堆积密度。

二、流变特性

煤泥流变特性主要是指剪切力与剪切速率、表观黏度与剪切速率之间的关系，跟浓度、温度等因素有关，已有研究表明，随着浓度的增加，煤泥由假塑性流体过渡为宾汉流体。

对于煤泥这种高浓度黏稠物料，管道内多相流动较为复杂，研究不同煤泥的流变特性是计算煤泥管道输送摩阻损失、设计管道输送系统参数的主要依据。

三、管道输送特性

（1）流速的影响：对于高浓度煤泥，煤泥流速的增加使得输送阻力压降迅速增加。

（2）浓度的影响：在低剪切速率下，煤泥黏度随着浓度的增加而显著增大，同时剪切变稀的非牛顿流体特性越强。

（3）温度的影响：煤泥黏度随着温度的升高而降低，温度降低（接近零度）会大大影响煤泥的流动特性。

第二节　设　计　方　案

按照煤泥运输的流程划分，电厂煤泥系统分为厂外和厂内两个部分。根据洗煤厂分布、与电厂距离以及煤泥堆放场地等条件，煤泥厂外输送主要采用汽车、带式输送机和管道输送三种方案，三种煤泥方案的厂内输送方案见后面说明。按照物料的搬运方式，煤泥的连续输送又可分为采用传统常规物料搬运方式（如桥式抓斗起重机、带式输送机等）输送以及采用管道输送两种方式，厂内煤泥输送系统可根据工艺要求灵活配置上述两种输送方式，协同工作，其中常规输送方式主要用于煤泥接卸、转运等环节，煤泥由煤泥棚下的煤泥料仓至锅炉主要采用管道输送方案。

从功能上划分，厂内煤泥输送系统一般包括煤泥棚、煤泥管道输送和煤泥入炉三个分系统。

按进厂方式划分，典型的厂内外煤泥组合设计方案通常有汽车进厂方案、带式输送机进厂方案、管道输送进厂方案。

一、设计原则

煤泥系统的选择，应根据厂外洗煤厂洗煤工艺、煤泥量、煤泥特性、与电厂的距离、交通运输，以及总平面布置、锅炉入炉形式、掺烧比例等，经多方案的技术经济比较后确定。

由于煤泥管道输送和储存系统目前尚无成熟的计算公式，实际工程设计时应有条件相近工程的成熟运行实践经验；未取得成熟运行实践经验时，宜结合具体工程设计条件，进行煤泥料性、输送和储存特性试验研究和技术论证。

煤泥输送系统主要技术参数的拟定，应不仅考虑系统本身的技术经济性，同时应考虑锅炉效率的影响因素❶。

1. 根据煤泥的形态确定输送方案

煤泥进入锅炉的燃烧方式主要有两种：与其他燃料混合后以固体形态进入锅炉和单独以膏状形态进入锅炉。

（1）当采用煤泥与其他燃料混合后以固体形态进入锅炉燃烧的方式时，煤泥宜经干燥后再进入火力发电厂，且燃料运输、筛分破碎、除铁、除杂、采样、计量等工业均可采用常规的工艺。目前，有部分电厂在上煤系统的带式输送机上直接掺混少量经干燥后的煤泥。

（2）当采用煤泥单独以膏状形态进入锅炉燃烧的方式时：

1）煤泥采用汽车运输进厂时，应直接卸至厂内煤泥棚。

2）煤泥采用带式输送机或管道运输进厂时，宜直接送至煤泥仓。

2. 膏状煤泥输送方案的确定原则

膏状形态的煤泥选用何种方式运输进厂，主要依

据以下原则：

（1）当煤泥来源为多个煤矿或选煤厂，且运输方向、距离不一时，宜采用汽车运输进厂。

（2）当煤泥来源单一且紧邻电厂时，宜采用管道直接输送进厂。

（3）当煤泥来源单一但距离电厂距离较远时，需通过技术及投资分析，比较管道输送和带式输送机输送方案并最终确定厂外运输方式。

二、汽车进厂方案

通常分为以下三种：

（1）煤泥由汽车运送至煤泥棚，再由桥式抓斗起重机（简称桥抓）送至接料仓，经制膏、除杂后进入煤泥料仓，最后通过管道输送系统送至炉膛。系统流程如图8-3所示。

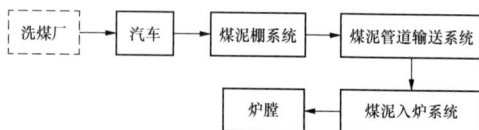

图8-3　汽车进厂方案之一

（2）煤泥可由汽车送至煤泥棚后经铲车送至地下料斗，再由转运设备进入接料仓，经制膏、除杂后进入煤泥料仓，最后通过管道输送系统送至炉膛；或者煤泥由铲车直接送至转运设备进入接料仓，不设地下料斗。系统流程如图8-4所示。该方案宜用于日来煤泥量较少的电厂。

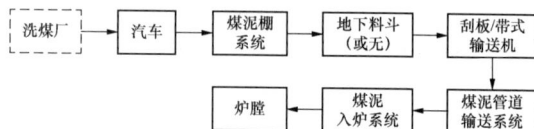

图8-4　汽车进厂方案之二

（3）当洗煤厂设置有煤泥储存场地时，煤泥经汽车运输进入厂区后直接卸入地下布置的缓冲仓，经第一级煤泥管道输送系统输送至地上布置的煤泥料仓，再通过第二级煤泥管道输送系统输送至炉膛。煤泥料仓通常布置在室内，该系统设计尤其适用于气温在零下的场合。系统流程如图8-5所示。

三、带式输送机进厂方案

在选煤厂设置煤泥堆场，处理后的煤泥通过厂外带式输送机直接输送至电厂内煤泥泵房，经转运设备送至煤泥料仓，再通过管道输送系统送至炉膛。通

---

❶ 研究表明：随着煤泥含水率的增加，锅炉排烟热损失和物理不完全燃烧热损失会显著升高，煤泥含水率每增加5%，锅炉效率下降0.2%～0.3%。

常仅在洗煤厂设煤泥堆场，厂内一般不设煤泥棚。系统流程如图8-6所示。

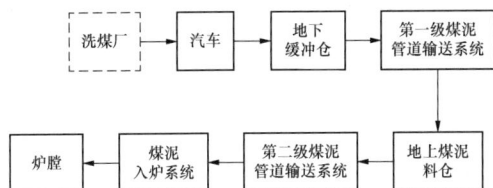

图8-5　汽车进厂方案之三

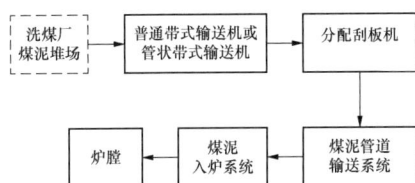

图8-6　带式输送机进厂方案

当采用带式输送机输送煤泥时：

（1）厂内、外输送系统的出力应一致，单路设置。

（2）带式输送机系统应尽量简捷，减少转运环节。煤泥转运点应尽可能减小落差。

（3）落煤管的倾角应不小于65°，布置时并应尽可能减少三通管、交叉管、弯头、弯管的使用。

（4）选用落煤管管径时，宜放大一级。

（5）当煤泥外在水分大于30%时，带式输送机的最大倾角应在收集输送物料特性试验数据后确定；并应在带式输送机尾部增设收水装置，头部滚筒和尾部滚筒处增设输送带冲洗器等。

四、管道输送进厂方案

根据煤泥输送距离和浓度的不同，可分为高浓度输送和低浓度+高浓度输送系统。

1. 高浓度输送

高浓度煤泥管道输送系统适用于煤泥含水率约30%、输送距离小于1600m的输送工况。

（1）当洗煤厂至电厂锅炉炉膛的输送距离小于800m时，可将煤泥通过一级煤泥管道输送系统直接输送至炉膛。系统流程如图8-7所示。

图8-7　高浓度一级煤泥管道输送系统进厂方案

（2）当洗煤厂至锅炉炉膛的输送距离小于1600m时，可将煤泥通过二级煤泥管道输送系统送至炉膛。系统流程图如图8-8所示。

图8-8　高浓度二级煤泥管道输送系统进厂方案

2. 低浓度+高浓度输送

当输送距离大于1600m时，可将未压滤脱水处理的水煤浆（一般含水率大于40%），通过第一级管道输送系统送至厂内脱水压滤车间，制成含水率约30%的煤泥后再通过第二级管道输送系统送至炉膛；该工况厂内需设置煤泥棚（作为备用支路）。系统流程图如图8-9所示。

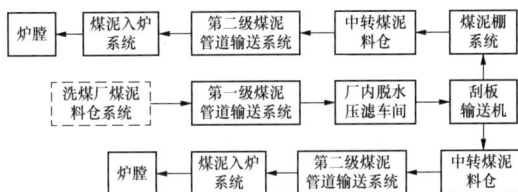

图8-9　低浓度+高浓度煤泥管道输送系统进厂方案

第三节　煤泥棚系统

一、系统说明

1. 系统功用

煤泥棚系统对外来煤泥起到缓冲和储存作用。

2. 设计范围

针对煤泥棚后续不同的煤泥管道输送系统，其设计范围通常为煤泥棚入口至接料口或煤泥料仓入口。煤泥棚系统主要由煤泥棚、缓冲料斗、煤泥装载或转运设备，如桥抓、装载机、刮板输送机、带式输送机等组成。

二、设计方案

（一）设计原则

（1）当汽车输送煤泥入厂时，煤泥棚的布置宜采用半地下布置方案。对于日来煤泥量较小的电厂，也可采用地面布置煤泥棚的方案。

（2）当带式输送机或管道输送煤泥入厂时：

1）厂内不设煤泥棚时，煤泥泵房宜采用地上布置方案，该方案适合带式输送机输送和高浓度煤泥管道输送入厂。

2）厂内设煤泥棚时，煤泥棚和煤泥泵房宜采用半地下布置方案，该方案适合带式输送机输送和低浓度煤泥管道输送入厂后进行压滤。

（3）煤泥棚宜与煤泥泵房联合设计，布置方式应综合设备投资、能耗、占地、人工劳动强度、现场环境等因素进行技术经济比较后确定；煤泥储坑及煤泥泵房地下部分的布置和标高，设计应根据具体工程情况而定，如项目气候条件、煤泥入仓方式、煤泥料仓容量等。

（4）煤泥棚一般可按 3～5 天的煤泥量考虑。煤泥分散供应不稳定和北方区域取大值，煤泥供应稳定和南方区域取小值；掺烧量大时取大值，量小时取小值。

（5）宜采用桥式抓斗起重机作为煤泥棚堆取作业机械，并设置推煤机作为辅助作业设备。

（6）桥式抓斗起重机选型时，应注意以下问题：

1）兼作卸车机的桥式抓斗起重机，其抓斗容积不应大于 3m³，抓斗开闭方向应与卸车铁路线方向相同。

2）桥式抓斗起重机跨度应根据煤泥储量大小、卸车线长度、设备能力以及煤泥棚造价等因素确定。

3）桥式抓斗起重机工作级别宜按重级 A6～A8 考虑。

4）主滑线宜设在与司机室相对的一侧，司机室宜为端面入口；当主滑线只能布置在司机室一侧时，司机室应选侧面入口。司机室的门应有安全联锁，并设安全挡板。

（7）当采用刮板输送机或带式输送机作为上料设备，将煤泥棚内的煤泥输送至煤泥仓时，宜符合下列要求：

1）采用刮板输送机作为一级输送设备时，刮板输送机的倾角不宜超过 15°。

2）采用带式输送机作为一级输送设备时，带式输送机的倾角不宜超过 10°。

3）二级转运给料设备可选用刮板输送机水平布置方式，二级刮板输送机底部设相应给料口。

（8）对于采暖地区冬季煤泥系统要求投运的电厂，煤泥棚宜全封闭并采暖。❶

（9）采用汽车运输煤泥进厂时，按常规设置汽车衡作为入厂煤计量设施；采用带式输送机运煤泥进厂时，可按常规设置电子皮带秤作为入厂煤计量设施，并采用链码校验装置用于校验。煤泥的入厂煤及入炉煤采样均难以采用机械采样的方式，通常采用人工采样的方式。

---

❶ 对冬季环境温度低于 5℃ 的地区，煤泥棚也应宜根据环境温度采用全封闭和相应的热风伴热和保温措施。

（二）常用设计方案

根据布置高度的不同，煤泥棚通常分为地上和半地下布置两种设计方式。

1. 地上布置

外来煤泥经汽车转运后卸于煤泥棚，煤泥棚布置于地面零米。煤泥经煤泥棚送至接料仓（煤泥料仓）的系统主要有两种，如图 8-10 所示。

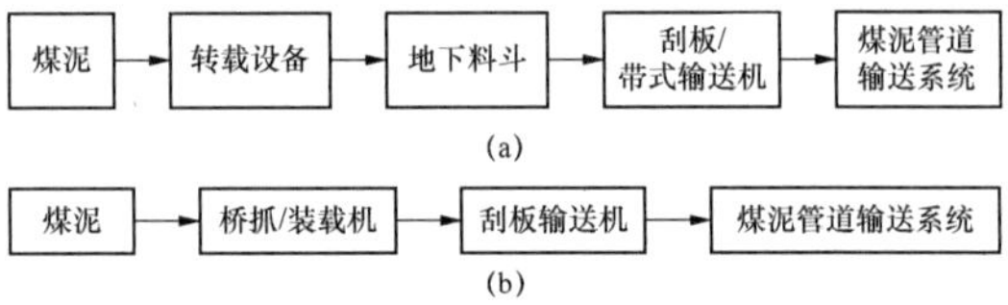

图 8-10　煤泥棚系统地上布置典型设计方式
（a）煤泥棚系统地上布置典型设计方式一；
（b）煤泥棚系统地上布置典型设计方式二

（1）通过地下料斗经刮板输送机送至接料仓。外来煤泥由装载设备，如推煤机、铲车或桥抓等卸入地下料斗，经给料机送入斜升刮板输送机转运后落入分配刮板机，分配刮板机下部设置有由液压闸板阀控制的出口将煤泥卸入后续煤泥管道输送系统的接料仓，然后经分配刮板机转运至膏体制备机制浆后进入煤泥料仓。典型系统流程图如图 8-10（a）所示。

（2）直接通过地面布置的刮板输送机送至接料仓。煤泥通过桥抓或装载机等设备直接将煤泥送入地上布置的刮板输送机入口，后续系统同上。该方式的煤泥棚和煤泥泵房均为地上布置。典型系统流程图如图 8-10（b）所示。

典型的 300MW CFB 电厂煤泥棚地上布置方案如图 8-11～图 8-13 所示，图 8-11 所示为煤泥由铲车送至带式输送机，图 8-12 所示为由倾斜刮板机输送至煤泥仓。

图 8-13 所示为某电厂运煤系统平面布置图，该工程燃用选煤厂供应的矸石、中煤及煤泥，均由选煤厂通过带式输送机直接输送进厂。其中运输矸石、中煤的输送系统与运输煤泥的输送系统分开布置，煤泥输送系统在厂内不设置储煤设施。煤泥通过带式输送机直接输送至临近锅炉的煤泥泵房上部，并采用埋刮板输送机向煤泥仓配料。在各转运站站内采用常规落煤管转运煤泥。煤泥输送系统设置有电子皮带秤及校验链码校验装置。

2. 半地下布置

厂外来煤泥经汽车转运后卸于煤泥储坑，且煤泥储坑坑底及煤泥泵房底层标高均低于地坪，该方式为煤泥棚半地下布置方式。

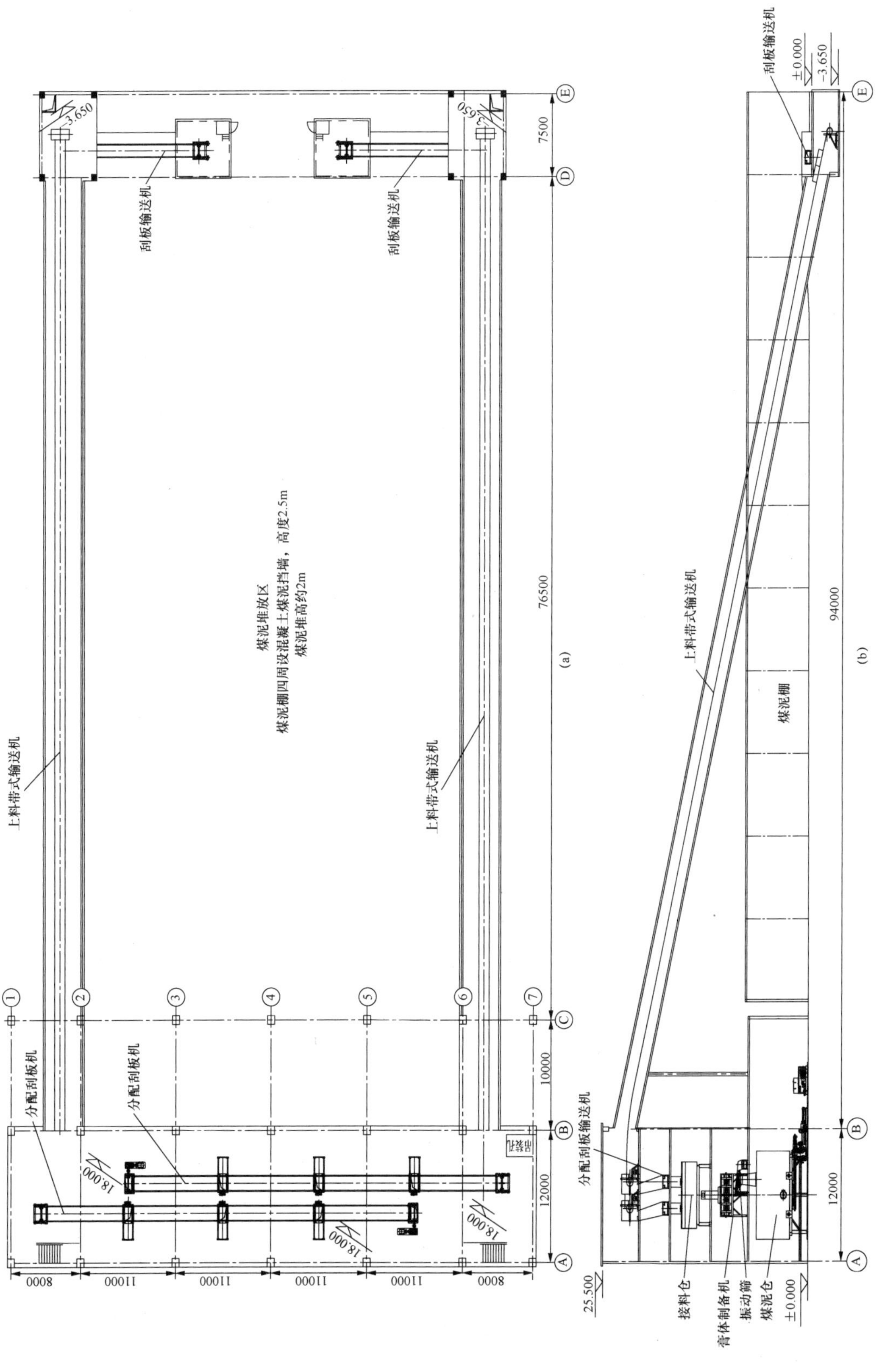

图 8-11 煤泥棚地上布置典型方案（地面刮板输送机受料）
(a) 平面布置图；(b) 立面布置图

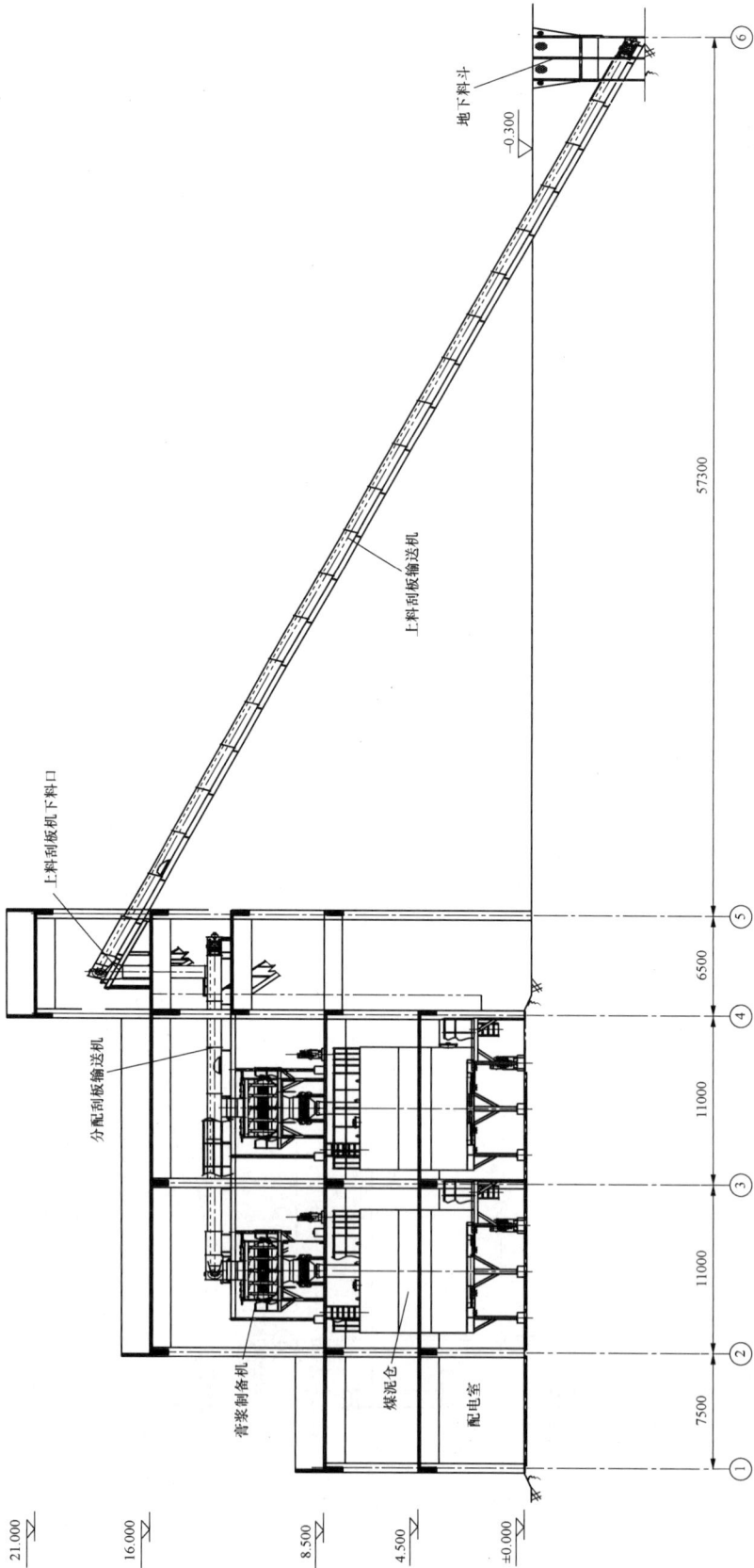

图 8-12　煤泥棚地上布置典型方案（地下料斗受料）

地下料斗

−0.300

57300

上料刮板输送机

上料刮板机下料口

分配刮板输送机

制浆制备机

煤泥仓

配电室

6500　11000　11000　7500

21.000

16.000

8.500

4.500

±0.000

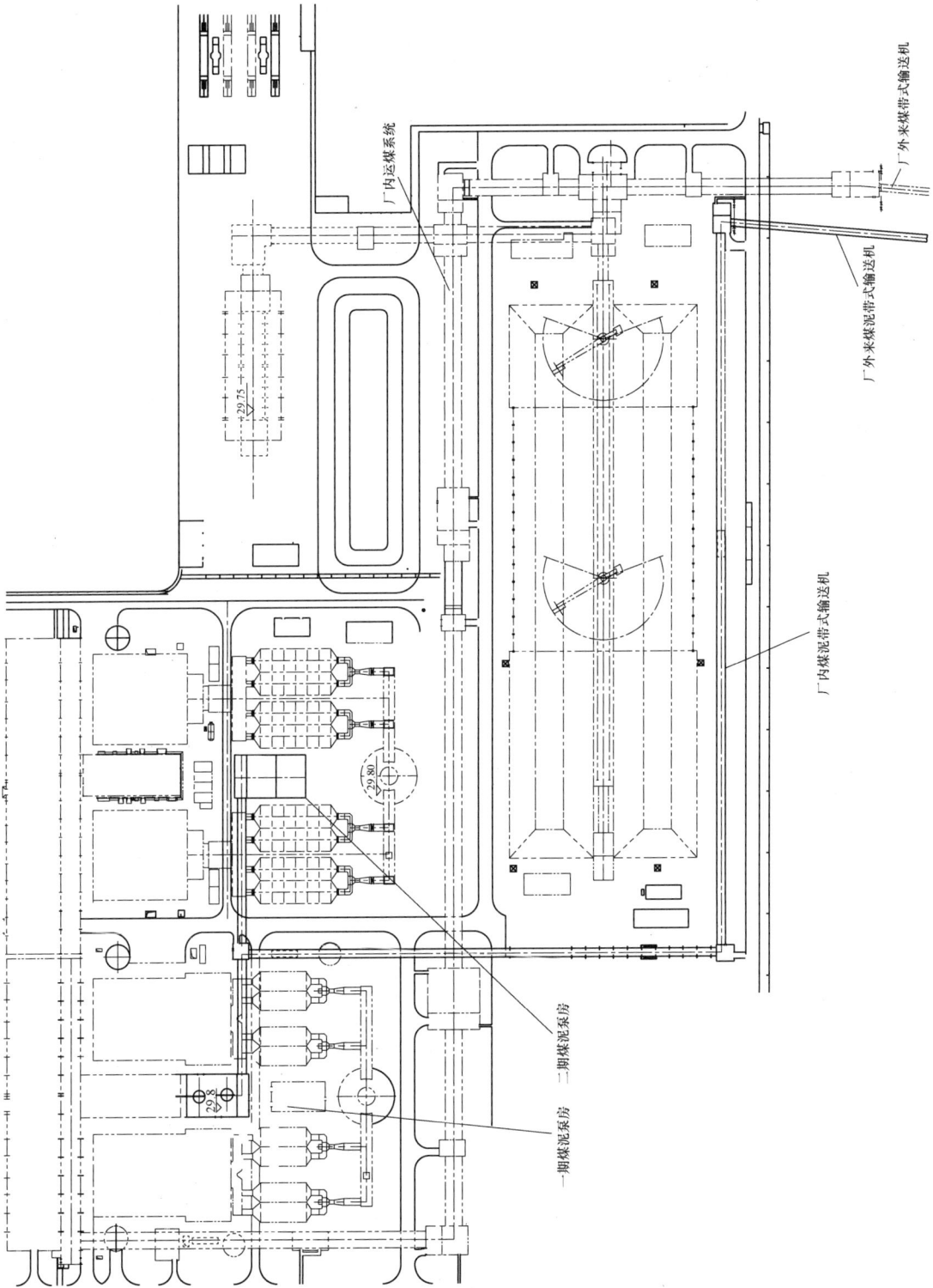

图 8-13 带式输送机运输煤泥直接进厂方案

厂外来煤带式输送机

厂外来煤带式输送机

厂内运煤系统

厂内煤泥带式输送机

二期煤泥泵房

一期煤泥泵房

煤泥棚半地下布置方式的煤泥输送系统流程：煤泥经汽车运输并卸入煤泥棚内煤泥储坑，通过桥抓转运至后续煤泥管道输送系统的接料仓。如果掺烧煤泥量较大，可采用双桥抓送入后续煤泥管道输送系统。系统流程如图 8-14 所示。

图 8-14　煤泥棚系统半地下布置典型设计方式

典型的煤泥棚半地下布置方案如图 8-15 所示。

三、设备选型

1. 刮板输送机

煤泥输送用刮板输送机一般采用铸石刮板机，刮板采用煤泥专用刮板，可用于煤泥棚内煤泥的转运或者将煤泥输送和分配至各煤泥料仓内。运距超过 40m 应选用重型刮板输送机，考虑运行稳定性，刮板输送机总长宜不大于 60m。煤泥刮板输送机常用设备选型表如表 8-3 所示。

表 8-3　　　　　　　　　　　　　　　　　煤泥刮板输送机常用设备选型表

最大输送量（t/h）	长度（不大于）（m）	槽宽（mm）	功率（kW）
200	25	800	15
	40		22（37）
	50		45
	60		55
300	25	1000	18.5
	40		30（45）
	50		55
	60		75
400	25	1200	30
	40		37（55）
	50		75
	60		90
500	25	1200	37
	40		45（75）
	50		90
	60		110
600	25	1200	37
	40		55（90）
	50		110
	60		132

注　以上功率参数供选型参考，括弧内为选用重型刮板输送机时功率，具体刮板输送机参数需根据项目实际煤泥状况核算调整。

2. 煤泥棚装载设备

煤泥棚内的煤泥，可经由推煤机、铲车或桥式抓斗起重机等装载设备装载至地下料斗或接料仓。

桥式抓斗起重机以抓斗为吊具，在室内或露天的固定跨间内，依靠大车沿厂房轨道方向纵向移动，小车横向移动，抓斗升降、开闭运动来从事煤、煤泥、矿石、石灰石、炉渣、矿粉、砂等散状物料搬运工作的桥式起重机械。桥式抓斗起重机的起重量包括抓斗自重。整机由箱型桥架、大车运行机构、小车、抓斗、电气设备五部分组成。全部机构均在司机室内操纵。司机室有固定式与移动式两种，移动式司机室与小车构成一体，随小车运行。司机室入口方向有端面、侧面和顶面。

抓斗可在任意高度张开和闭合，抓斗开闭方向有平行与垂直大车行走方向两种。当抓斗抓取块度小于 100mm 物料（如煤泥）时，效果好、生产率高；当抓斗抓取块度大于 200mm 物料时，需选用带齿抓斗。

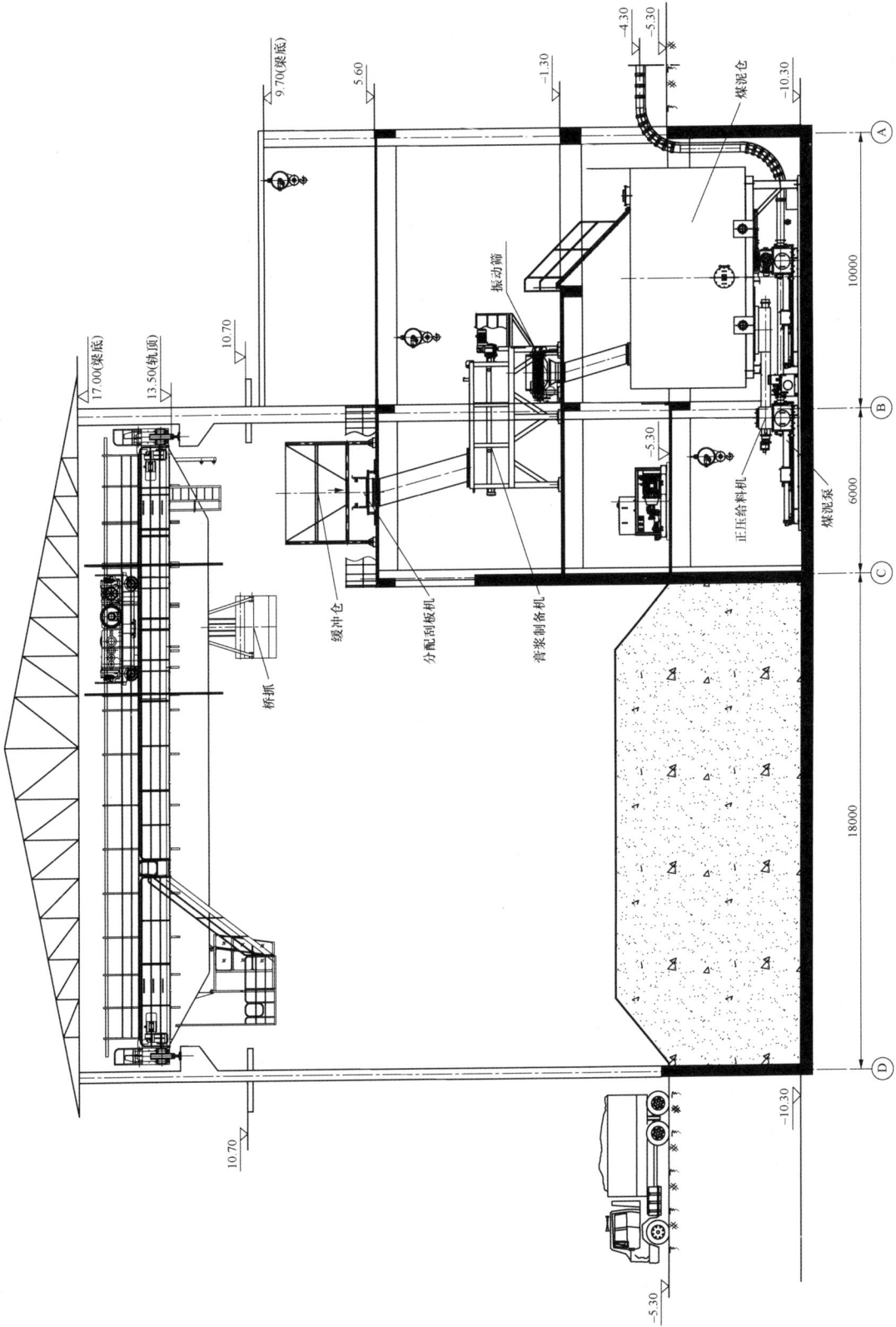

图 8-15　煤泥棚半地下方案布置图

煤泥仓

振动筛

缓冲仓

分配刮板机

背浆制备机

桥抓

正压给料机

煤泥泵

9.70(梁底)

5.60

-1.30

-4.30

-5.30

-10.30

17.00(梁底)

13.50(轨顶)

10.70

10.70

-5.30

-5.30

-10.30

10000

6000

18000

A

B

C

D

第四节 煤泥管道输送系统

一、系统说明

1. 系统功用

煤泥管道输送系统的作用是将煤泥利用煤泥料仓中转、制膏设备制膏后，通过柱塞式煤泥泵以管道输送的方式送至炉膛燃烧，调节柱塞的气缸冲程频率可控制入炉煤泥流量。

2. 设计范围

目前常用的煤泥管道输送系统主要分为两种典型系统，主要区别是制膏和除杂装置布置位置不同。典型系统Ⅰ通常在煤泥料仓下设螺旋给料装置和混合螺旋对煤泥加水搅拌制膏后送入煤泥泵；典型系统Ⅱ通常在料仓入口设膏体制备机及振动筛对煤泥进行制膏、除杂，同时在料仓出口设正压给料机将煤泥送入煤泥泵。

上述系统设计范围通常从煤泥料仓（或接料仓）入口至煤泥入炉设备入口。

二、设计方案

（一）设计原则

1. 输送系统

（1）煤泥管道输送系统宜采用连续运行方式，宜单泵单管配置，煤泥管道的数量应与锅炉厂提供的煤泥给料口数量相匹配。

（2）煤泥管道输送系统的设计应为锅炉后续可大比例掺烧煤泥创造条件。

（3）根据不同输送距离，煤泥管道输送系统可分为一级或二级：输送距离不大于 800m 时，宜采用一级煤泥泵高浓度直接输送至炉膛；输送距离为 800～1600m 时，宜采用二级煤泥泵高浓度输送至炉膛；输送距离大于 1600m 时宜采用低浓度输送至厂内，经压滤脱水后高浓度输送至炉膛。

（4）煤泥管道输送推荐流速为 0.1～0.5m/s。

（5）当煤泥掺烧量较小时，同一煤泥仓的煤泥泵宜全部输送至同一锅炉；当煤泥掺烧量较大时，同一煤泥仓的煤泥泵宜分别输送至不同锅炉。

（6）煤泥管道输送管道宜设管道清洗设施，清出的煤泥浆排至煤泥料仓或沉淀池。环境温度低于 5℃的地区，室外煤泥管道应采取保温或伴热措施。

2. 设备及管道选择

（1）当煤泥泵用于将煤泥直接输送至炉膛时，单台煤泥泵的最大流量宜不大于 30m³/h；扬程应不小于设计出力时计算阻力的 120%，并能够满足煤泥满管启动的要求。

注：当煤泥泵用于将煤泥输送至中转煤泥料仓时，单台煤泥泵的最大流量宜不大于 60m³/h。

（2）煤泥泵前应设置预压喂料泵；煤泥泵出口宜采用 S 摆管阀，当输送距离大于 500m 时，出口应设置止回阀或其他防止煤泥回流的装置。

（3）煤泥泵出口管道宜设置再循环管，可切换回送至煤泥仓或输送至其他煤泥仓。

（4）煤泥输送管道的选择应根据系统压力、流量、输送距离并结合煤泥的输送特性等因素确定公称直径。

（5）煤泥输送用管道可采用热轧无缝钢管或内衬高分子材料的特殊管材，还应满足下列要求：

1）当采用无缝钢管时，管道主材应不低于 20 号热轧无缝钢管，管道厚度应不小于 8mm；

2）采用热轧钢管和内衬高分子材料管道时应充分考虑管道内壁产生的摩擦阻力对泵送系统产生的影响。

3. 煤泥泵房

（1）应设置独立的煤泥泵房；当厂外来煤泥为带式输送机或管道进厂的方式时，煤泥泵房宜靠近主厂房布置；当厂外来煤泥为汽车进厂的方式时，煤泥泵房宜靠近煤泥棚布置。

（2）煤泥泵电动机底座应比泵房地面高出 200～300mm。

（3）泵房通道宽度应根据设备操作、拆装、检修维护和运输条件等确定。煤泥输送泵组间通道的净距宜不小于表 8-4 中的规定。

表 8-4　煤泥泵机组间通道的净距　　　　（m）

煤泥输送泵容量 Q（m³/h）	Q<30	30≤Q<60	Q≥60
泵组之间、泵组与辅助设备之间	1.0	1.5	2.0
设备与墙柱之间	0.8	1.2	1.5

（4）泵房内应设必要的检修起吊设施。

（5）煤泥泵房内应设置污水积水池及排污泵。

4. 煤泥料仓

（1）煤泥仓的总有效容积宜满足 BMCR 工况下燃用设计燃料时 4～8h 的煤泥耗量。

（2）煤泥仓宜采用钢仓，筒体底部为平底。煤泥仓前宜设置除杂物及预搅拌制膏装置，预搅拌制膏的煤泥水分宜控制在 28%～33%之间；仓底应设置滑架或转鼓式卸料器加卸料螺旋。

（3）煤泥料仓一般不设运行备用，只设时间备用。

（4）煤泥料仓设计时应充分考虑仓体的防腐与耐

磨，仓壁和仓底钢板厚度宜不小于 8mm，仓顶钢板厚度宜不小于 6mm。

（5）煤泥料仓宜布置于煤泥泵房内。对于冬季气温较低的地区，煤泥泵房应进行采暖，室外煤泥棚也应采取相应保温采暖措施。

5. 管道布置

（1）煤泥输送系统管道布置安装的要求，应符合电厂对管道布置安装的统一规定，如 DL/T 5054《火力发电厂汽水管道设计规范》、DL/T 5032《火力发电厂总图运输设计规范》、DL/T 5204《发电厂油气管道设计规程》、国标图集《室内管道支吊架》（05R417-1）等。

（2）煤泥管道支架可采用地沟布置、矮支墩、煤泥管道高支架的布置形式，不宜采用直埋敷设的布置形式。

（3）煤泥输送管道的连接宜选用法兰连接。如选用焊接方式时，要注意直管段的温度调节，每 50m 直管段宜设置一个伸缩节或调节法兰。

（4）煤泥管道可以实现由水平段向上转为垂直爬升段，应避免向下发生垂直转向。

（5）煤泥输送管道管卡的形式和数量应充分考虑煤泥泵运行时产生的压力，煤泥泵出口直管段长度不宜小于 2m。

（6）煤泥管道采用架空支架时，宜采用独立的混凝土结构支架，不宜与其他管道公用综合管道支架。

（7）煤泥管道支架设计时宜采用正常工况下的管道受力作为设计依据，堵管时产生的瞬间受力可作为校核设计依据。

（8）煤泥管道弯头处为应力集中点，此处煤泥管道的受力最为复杂，建议采用若干管卡（座）约束弯头，管卡（座）应依据弯头所在位置设置不同的数量。在满足设计安全的前提下，随着煤泥管线的延伸管卡（座）的数量可逐渐递减。

（9）根据煤泥管道反冲洗的要求，从煤泥泵出口至煤泥入炉整个煤泥管道布置时宜采用一定坡度。

（10）煤泥管道的布置应充分考虑管道减振及防堵。在设计时尽量减少弯头数量，煤泥泵出口管道不宜直接抬升，同时应通过除杂装置控制输送系统杂质粒径，以减少管道振动和堵塞。

（二）常用设计方案

1. 典型系统 I

系统主要由煤泥料仓、螺旋给料装置、混合螺旋、柱塞式煤泥泵、管路分流器、煤泥管道、除杂装置、自动控制系统等组成。

系统流程：煤泥由带式输送机或煤泥棚内转载设备送至煤泥泵房内煤泥料仓，料仓入口设有格栅，可初步过滤进入料仓的杂质，之后通过料仓底部设置的滑架卸出料仓；料仓出口设有螺旋给料装置，煤泥经螺旋给料装置进入混合螺旋，利用混合螺旋将煤泥含水率调至 28%～33%，再卸入混合螺旋下对应的煤泥泵，泵出的煤泥通过输送管道上设置的除杂装置进一步除杂，最后经煤泥入炉设备送至炉膛燃烧。煤泥螺旋给料装置、煤泥泵的煤泥输送量能根据锅炉负荷变化连续可调。

以某电厂 2×300MW 循环流化床机组典型煤泥系统为例，煤泥从选煤厂煤泥制备车间通过带式输送机输送至煤泥泵房的煤泥料仓内，再通过煤泥泵管道输送系统直接输送至锅炉。系统流程如图 8-16 所示。该电厂每炉 BMCR 工况下燃烧设计及校核煤质时，煤泥掺烧量分别为 37.11t/h 和 41.21t/h。每炉设置一座有效容积为 250m³ 的煤泥料仓，煤泥输送系统设计出力为每炉 47t/h，最大出力为 78t/h。每台炉设 4 台煤泥泵，每台煤泥泵的设计出力为 11.7t/h，最大出力为 26t/h，正常运行时出口压力为 5.74MPa，最大出口压力为 9MPa。

煤泥泵管道输送系统 I 典型的某 300MW CFB 电厂布置方案如图 8-17 所示。

2. 典型系统 II

系统主要由接料仓、卸料螺旋、分配刮板机（或无）、膏体制备机、振动筛、煤泥料仓、正压给料机、柱塞式煤泥泵、煤泥管道、自动控制系统等组成。

系统流程：煤泥经外部给料设备送至接料仓，经仓下卸料螺旋进入膏体制备机，利用膏体制备机将煤泥制成均匀膏体后送至振动筛，除杂后进入煤泥料仓。煤泥通过煤泥料仓内滑架装置卸入正压给料机，最后由正压给料机卸入煤泥泵后经输送管道、煤泥入炉设备送至锅炉燃烧。

以某电厂 2×300MW 循环流化床机组典型煤泥系统为例，煤泥从选煤厂通过自卸汽车输送至煤泥储坑，再由桥抓转送至煤泥泵房的煤泥料仓，系统流程如图 8-18 所示。该电厂每炉 BMCR 工况下燃烧设计及校核煤质时，煤泥掺烧量分别为 62.3t/h 和 67.85t/h。每炉设置一座有效容积为 200m³ 的煤泥料仓，每台炉设 4 台煤泥泵，每台煤泥泵的最大出力为 20t/h，最大出口压力为 12MPa。

煤泥泵管道输送系统 II 300MW CFB 电厂典型系统布置方案如图 8-19 和图 8-20 所示。

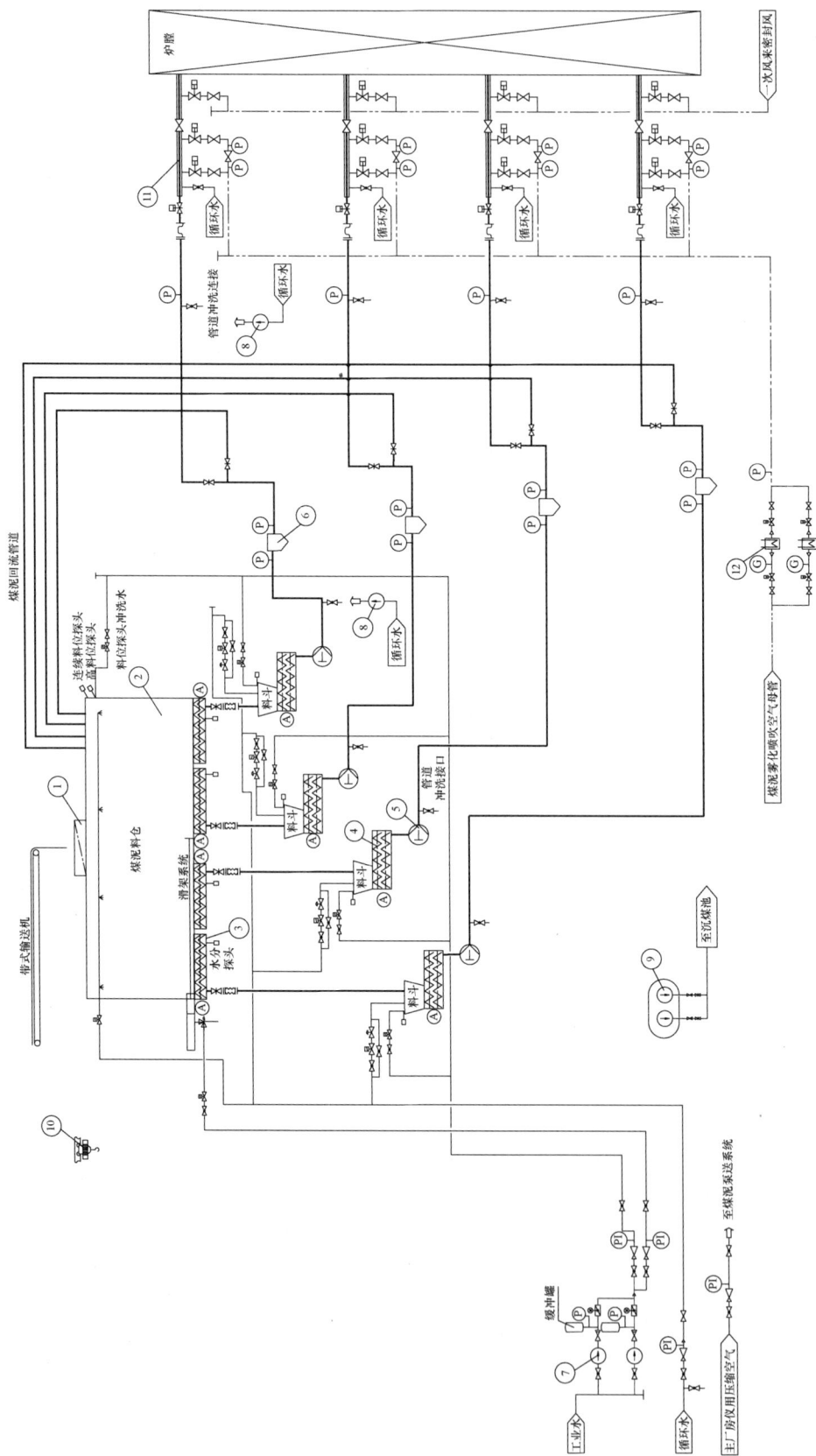

图 8-16 典型系统 I 流程图

1—格栅；2—煤泥料仓；3—螺旋给料装置；4—混合螺旋；5—煤泥泵；6—除杂装置；7—煤泥滑架清洗加压泵；
8—煤泥管道冲洗泵；9—煤泥排污泵；10—手拉葫芦；11—煤泥喷枪；12—电加热器

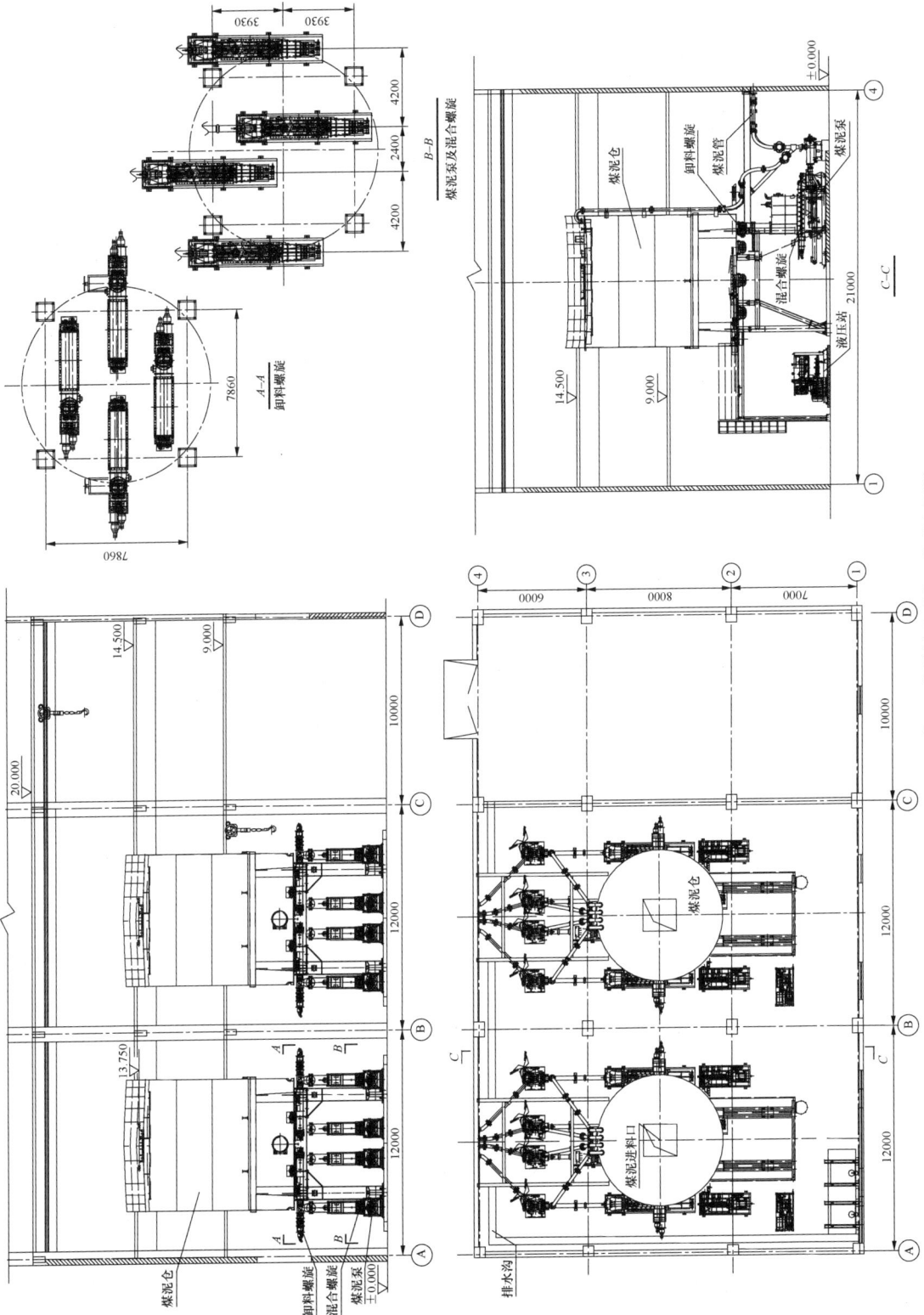

图 8-17 煤泥泵管道输送系统 I 典型布置图

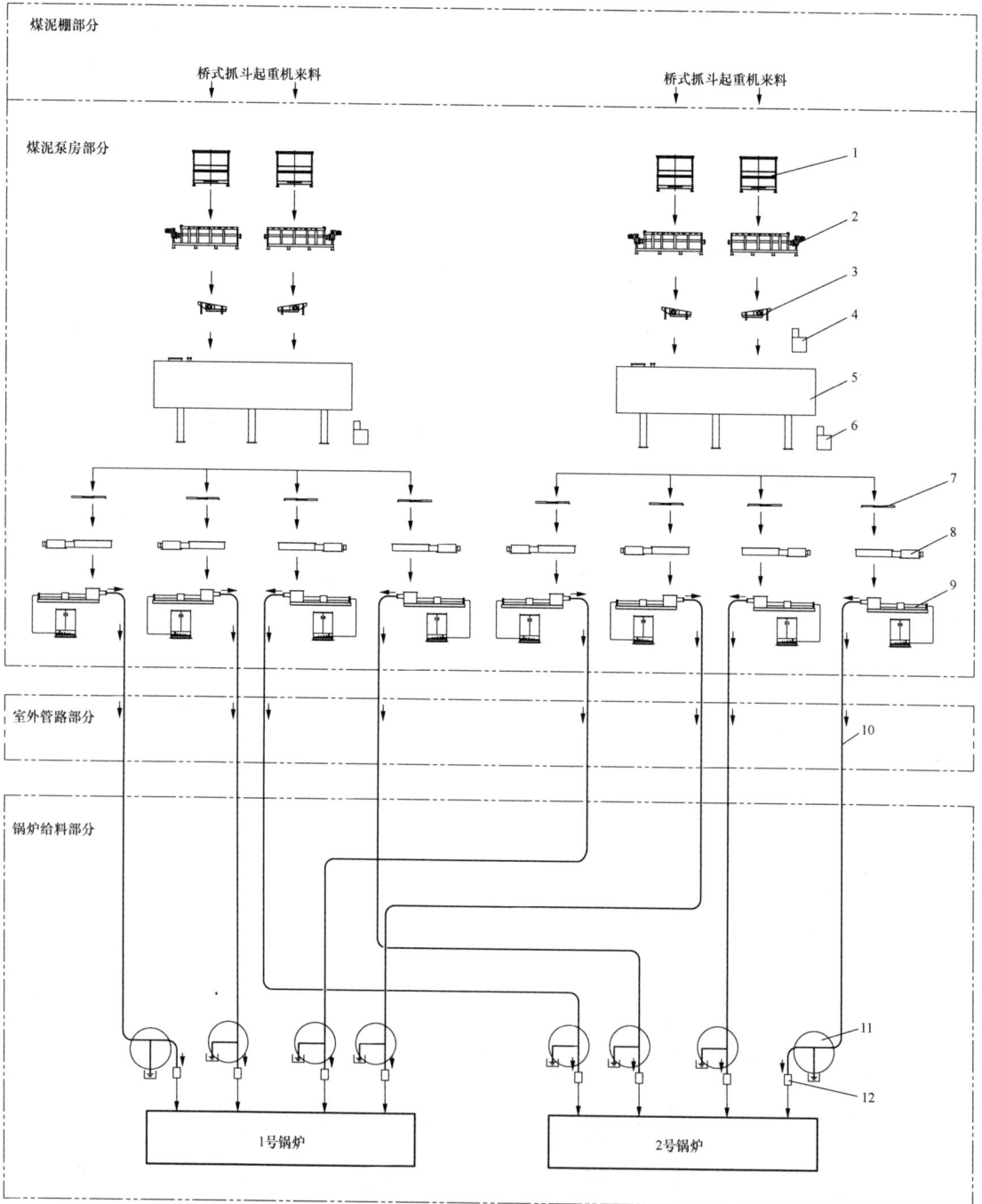

图 8-18 典型系统 II 流程图

1—接料仓；2—膏体制备机；3—振动筛；4—综合液压站；5—煤泥料仓；

6—泵房液压站；7—检修闸板阀；8—正压给料机；9—煤泥泵；10—煤泥管；

11—清洗管路阀组；12—锅炉给料设备

21.000

刮板输送机

膏体制备机

振动筛

渣车

液压动力包

人孔门 冲洗口 料位计
安装口

液压管

煤泥仓

煤泥管 排水口 煤泥泵

±0.000

10000

7000

A B C

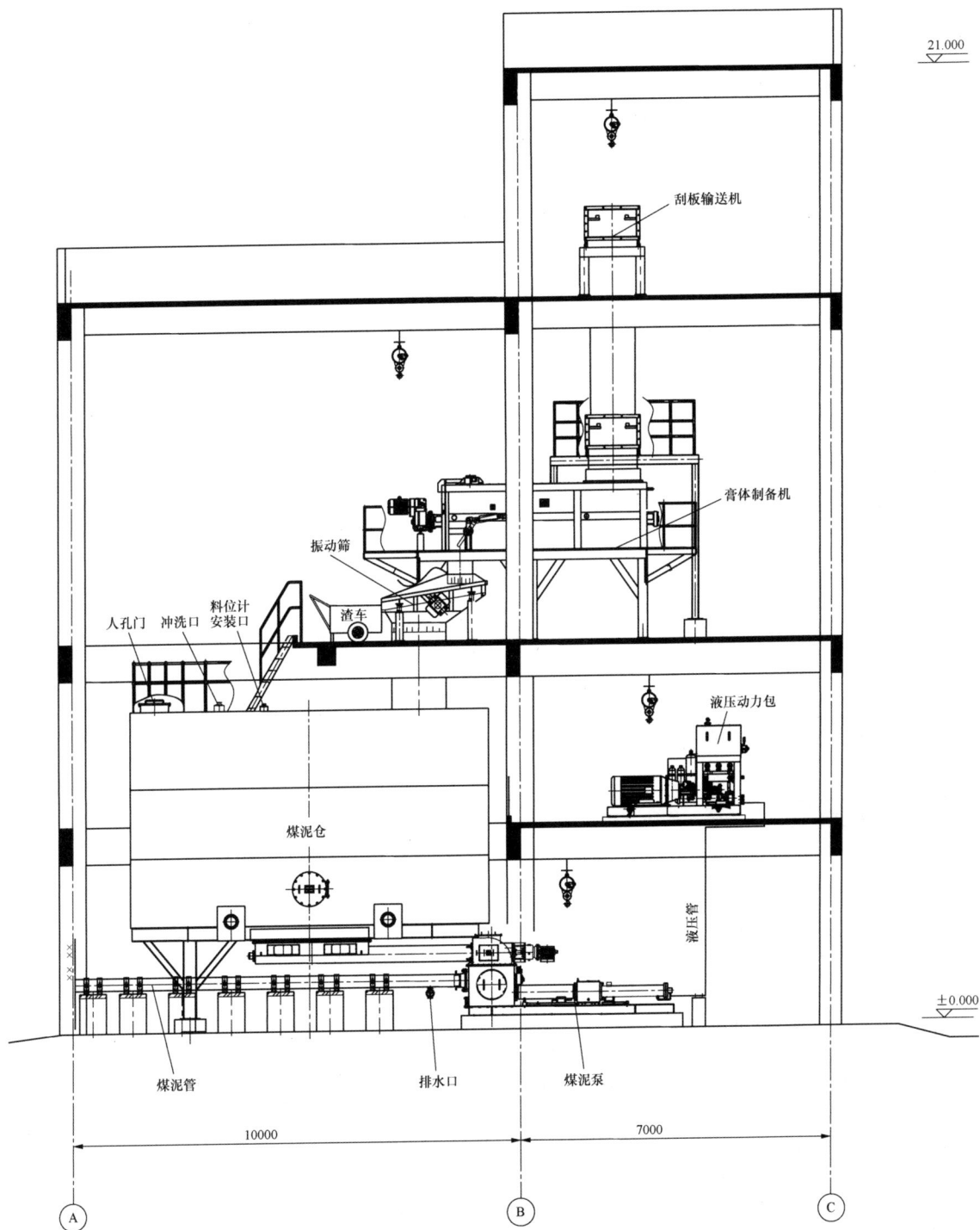

图 8-19 煤泥泵管道输送系统Ⅱ典型布置图一

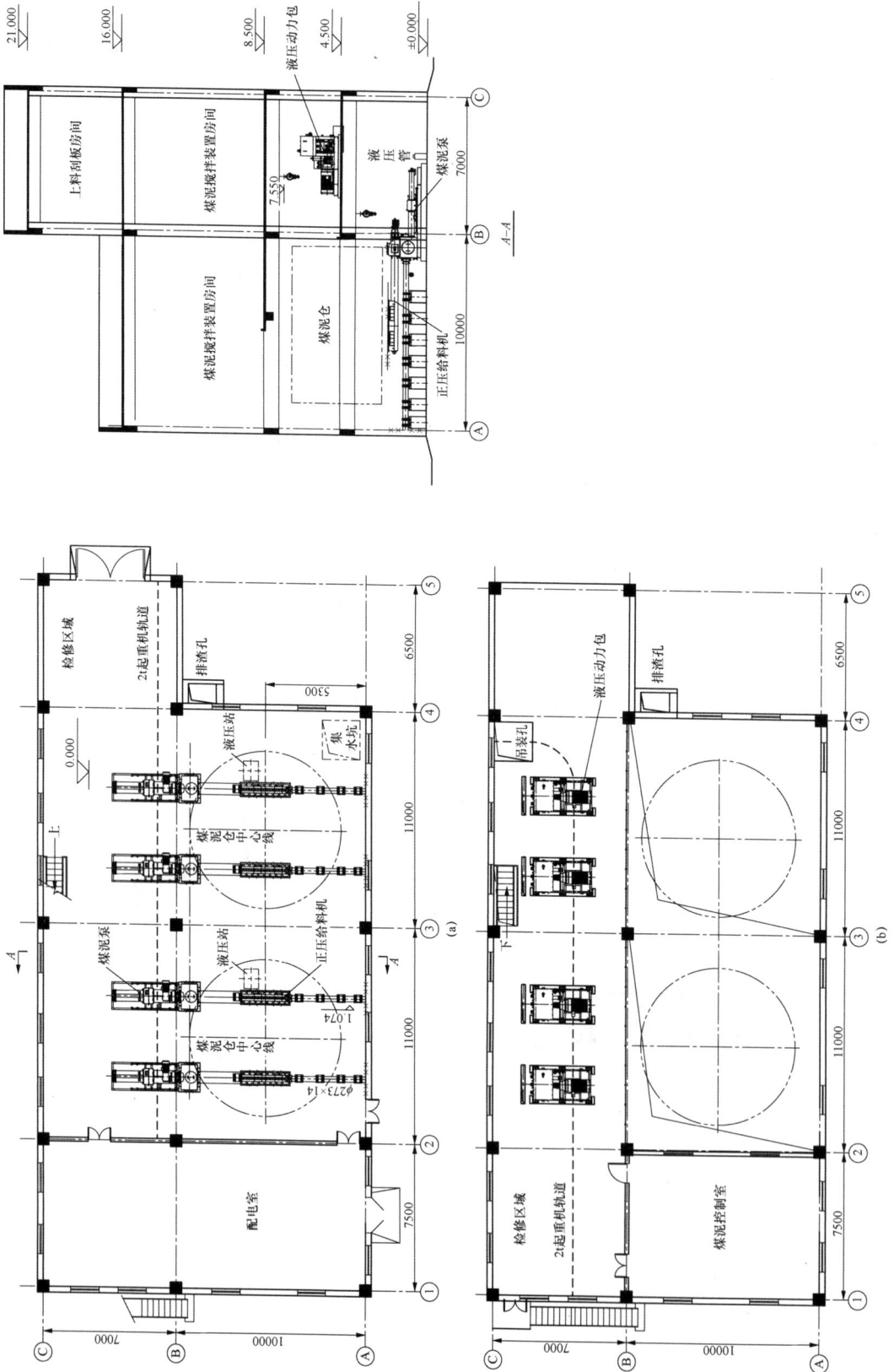

图 8-20 煤泥泵管道输送系统 II 典型布置图之二
(a) ±0.000m 层平面图; (b) 4.500m 层平面图

第八章　煤泥输送系统

（三）部分煤泥管道输送系统运行参数

部分煤泥管道输送系统运行参数见表8-5。

表8-5　　　　　　　　　　　　　　部分煤泥管道输送系统运行参数表

序号	项目名称	套数	煤泥管配置（管径、数量）	单管出力（t/h）	可泵送煤泥含水率（%）	煤泥密度（t/m³）	单根最远输送距离（m）	输送高度（m）	给料方式
1	电厂A	4	DN250，4条管路	30	32.0~44.0	1.46	400	40	炉顶给料
2	电厂B	4	DN250，4条管路	20	27.0~35.0	1.31	200	55	炉顶给料
3	电厂C	4	DN250，4条管路	30	30.0~40.0	1.25	200	46.874	炉顶给料
4	电厂D	4	DN200，4条管路	30	29.0~39.0	1.32	227	44.55	炉顶给料
5	电厂E	6	DN250，6条管路	30	27.0~37.0	1.3	250	48.625	炉顶给料
6	电厂F	12	DN250，12条管路	30	29.0~37.0	1.25	280	27.5（中部），60（顶部）	中部给料、炉顶给料
7	电厂G	16	DN250，16条管路	20	28.0~38.0	1.20	400	55	炉顶给料
8	电厂H	8	DN200，8条管路	30	28.0~36.0	1.34	280	70	炉顶给料
9	电厂I	4	DN200，4条管路	30	29.0~39.0	1.32	200	50	炉顶给料
10	电厂J	4	DN220，4条管路	30	28.0~40.0	1.25	300	60	炉顶给料
11	电厂K	6	DN220，6条管路	30	29.0~40.0	1.22	300	30	顶部给料
12	电厂L	12	DN200，12条管路	20	28.0~31.0	—	180	14	中下部密相区给料

三、控制要求

（一）典型系统I

以某电厂 2×300MW 循环流化床机组典型煤泥系统为例，说明联锁控制要求。其系统流程图见图8-16。

1. 设备启停顺序

（1）设备启动顺序如图8-21所示。

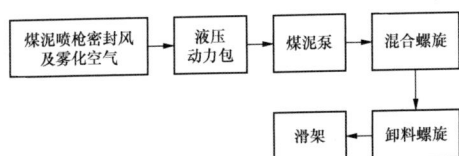

图8-21　典型系统I设备启动顺序框图

（2）设备停运顺序如图8-22所示。

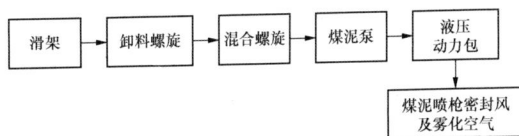

图8-22　典型系统I设备停运顺序框图

2. 联锁要求

（1）煤泥料仓高于低低料位，滑架及卸料螺旋运行。

（2）煤泥滑架清洗加压泵、煤泥管道冲洗泵和煤泥排污泵出口压力在设定时间内不能达到给定值，报警。

（3）压缩空气母管压力低于给定值，报警。

（4）当其中任一条煤泥输送管线故障时，该条管线输送设备停止，其余三套输送管线煤泥泵平均上调出力，使总出力仍满足原四条管线运行时的煤泥系统出力。

（5）考虑到设备运行故障时对系统影响最小，凡能联锁的设备，均应能解除联锁。

综上，整个煤泥控制系统，应结合入厂煤泥情况、厂内煤泥系统设置、煤泥和中煤匹配等，控制系统宜纳入 DCS 统一控制（也可自带 PLC 系统，该系统除与煤泥系统设备实现联控和集控外，还应与 DCS 实现远程控制和监视等功能），最终根据锅炉燃烧、负荷等工况需求，实现煤泥系统的集散控制和输送量无级调节。

（二）典型系统Ⅱ

以某电厂 2×300MW 循环流化床机组典型煤泥系统为例，说明联锁控制要求。系统流程图见图 8-18。

1. 设备启停顺序

（1）设备启动顺序如图 8-23 所示。

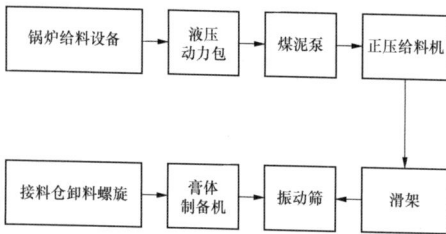

图 8-23　典型系统Ⅱ设备启动顺序框图

（2）设备停运顺序如图 8-24 所示。

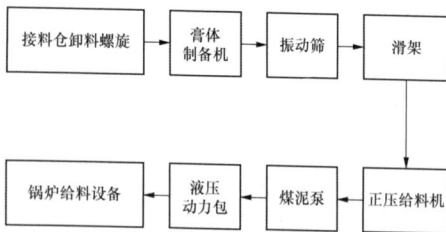

图 8-24　典型系统Ⅱ设备停运顺序框图

2. 联锁要求

联锁要求同本节二（二）1.典型系统Ⅰ。

四、设计计算

由于煤泥管道输送和储存系统目前尚无成熟的计算公式，所以实际工程设计时应有条件相近工程的成熟运行实践经验；未取得成熟运行实践经验时，宜结合具体工程设计条件，进行煤泥料性、输送和储存特性试验研究和技术论证。

煤泥输送系统主要技术参数的拟定，应不仅考虑系统本身的技术经济性，同时应考虑锅炉效率的影响因素[1]。

煤泥管道输送系统的设计出力可按式（8-1）和式（8-2）计算[2]，即

$$G = mk\frac{n}{n-n_1}B_{sl} \qquad (8\text{-}1)$$

$$G_1 = \frac{G}{mn} \qquad (8\text{-}2)$$

式中　　G——煤泥输送系统设计出力，设计燃料和校核燃料计算较大值，t/h；

m——锅炉台数；

k——设计裕度系数，设计燃料取值宜为 1.05～1.20，校核燃料取值 1.05～1.10；

n——煤泥输送线总数，n 不小于 2；

n_1——故障线数，当 $n<7$，宜取值 1；当 $n>7$，宜取值为 2；

B_{sl}——每炉煤泥量，按锅炉最大连续蒸发量工况下燃用设计燃料和校核燃料分别取值，t/h；

G_1——单条输送线的设计出力，t/h。

五、设备选型

（一）典型系统Ⅰ

1. 柱塞式煤泥泵

柱塞式煤泥泵主要由执行部分、液压动力部分和控制、润滑、冷却部分等组成。执行部分采用双液压缸同步联动，单向阀补油形式，分配阀采用 S 管阀形式，主要磨损密封件采用新型耐磨材料。S 摆阀形状呈 S 形，其壁厚是变化的，壁厚随磨损的增加而加大。

柱塞式煤泥泵的一个主要特征是包含 S 摆管，其输送缸和出料管连结，保证在无阀输送状态下，煤泥可以被自由连续泵送，并且可通过小于泵出口管径 2/3 尺寸的杂物。S 管阀设有磨损补偿机构，能够自动补偿磨损量。典型的内部结构如图 8-25 所示。

柱塞式煤泥泵外形结构如图 8-26 所示。

---

❶ 研究表明：随着煤泥含水率的增加，锅炉排烟热损失和物理不完全燃烧热损失会显著升高，煤泥含水率每增加 5%，锅炉效率下降 0.2%～0.3%。

❷ 多台炉可按全厂统一设计，即按以上原则统一考虑输送运行线路和故障线路的数量，必要时故障线路可考虑切换线路设计方式。

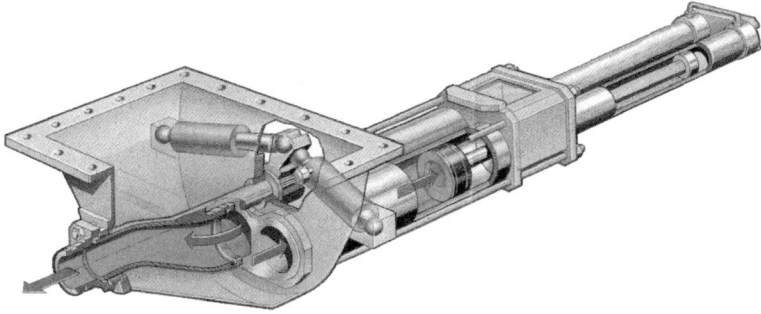

图 8-25 柱塞式煤泥泵内部结构图

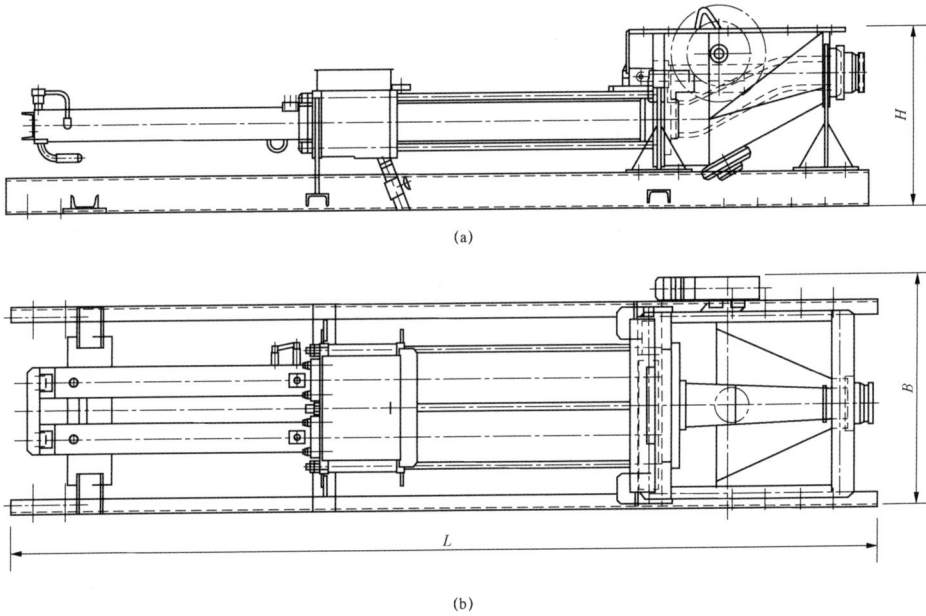

(a)

(b)

图 8-26 煤泥泵外形图

（a）立面图；（b）平面图

柱塞式煤泥泵选型数据表如表 8-6 所示。

表 8-6　　　　　　　　　　　　　柱塞式煤泥泵常用设备选型表

序号	流量（t/h）	输送压力（MPa）	冲程（mm）	输送缸直径（mm）	长 L（mm）	宽 B（mm）	高 H（mm）
1	13	6	700	150	3050	930	670
2	21	10	1000	120	3300	800	700
3	47	10	1000	180	3900	900	800
4	78	8.5	1000	230	3900	900	800
5	96	8	1000	280	4300	1000	1100
6	110	8	1400	280	5400	1100	1100
7	150	12	2100	280	6800	1100	1100
8	260	15	2500	360	8000	2150	1550
9	338	10	2500	450	8500	2150	1550

注　1. 根据目前已有的运行业绩，输送至炉膛的煤泥泵最大出力约为 30t/h。

　　2. 本表中煤泥泵流量按输送煤泥含水率 30%、比重 1.3t/m³ 折算。

2. 滑架式煤泥料仓

滑架式煤泥料仓的主要特点是料仓底部设有椭圆形滑架装置，由液压缸驱动，可在料仓底部前后缓慢运动。

滑架式煤泥料仓通过位于料仓底部双布料滑架的推动，使煤泥在料仓中循环流动并均匀分布，可减小物料堆积角对料仓有效容积的影响，并能有效防止煤泥在料仓出口处起拱，确保煤泥连续出料。典型的滑架式煤泥料仓如图8-27所示。

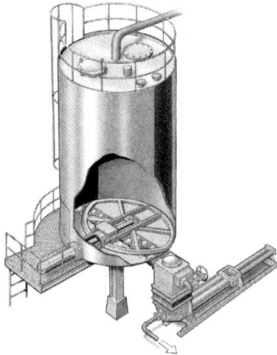

图8-27　典型滑架式煤泥料仓示意图

滑架通过行程开关检查冲程时间监控，当料仓发生堵塞时，卸料滑架将自动返回。滑架卸料方式如图8-28所示。

煤泥管道输送系统中滑架式煤泥料仓可根据设计需要要求生产厂家定制，容积通常小于或等于300m³。

如需设计大于300m³的大容量煤泥料仓，另有转鼓式煤泥料仓可以选择，其主要特点是料仓底部设有弹性拨料臂式出料系统，料仓内壁设有物料减压翼板。该煤泥料仓是国外某公司的专利产品，最大容积可大于1000m³。

3. 除杂装置

除杂装置内部设有格栅，当输送煤泥通过除杂装置时，杂物便被装置内的格栅拦截下来，使进入煤泥喷枪的杂质不超过15mm。除杂装置的进、出口配备有压力传感器，可监测煤泥通过时的压力损失，通常当压力损失大于0.9MPa时，说明除杂装置内已经装满杂物，需要清除。除杂装置外形如图8-29所示。

4. 煤泥输送管道

该系统煤泥输送管道采用无缝钢管，管道选型见GB 5310《高压锅炉用无缝钢管》。

此外，输送管道有注膜系统可供选择，使煤泥在管道内流动时与管壁形成水膜层，降低输送阻力，但注膜系统实际应用较少，国内无应用业绩，示意图如图8-30所示。

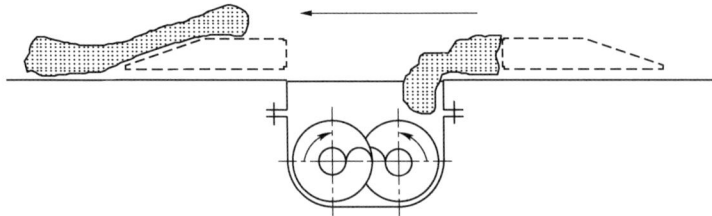

图8-28　滑架卸料方式

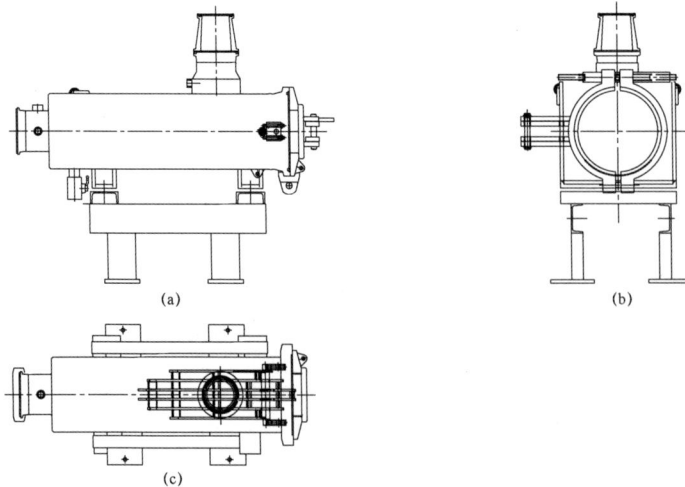

(a)

(b)

(c)

图8-29　除杂装置外形图

（a）主视图；（b）左视图；（c）俯视图

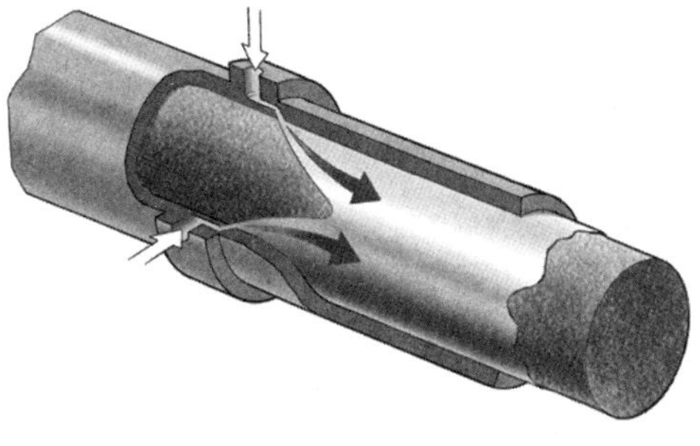

图 8-30　煤泥输送管道注膜系统

（二）典型系统 II

1. 接料仓及卸料螺旋

接料仓是一种用于对煤泥进行缓存的钢结构设备，须与卸料螺旋组合使用。

卸料螺旋采用双轴螺旋结构，用于打散煤泥、均匀给料、辅助搅拌，同时可利用自动加水系统调整煤泥含水率。

每台接料仓底部设 2 台卸料螺旋，卸料螺旋出口与煤泥膏体制备机进口连接。接料仓及卸料螺旋外形结构如图 8-31 所示。

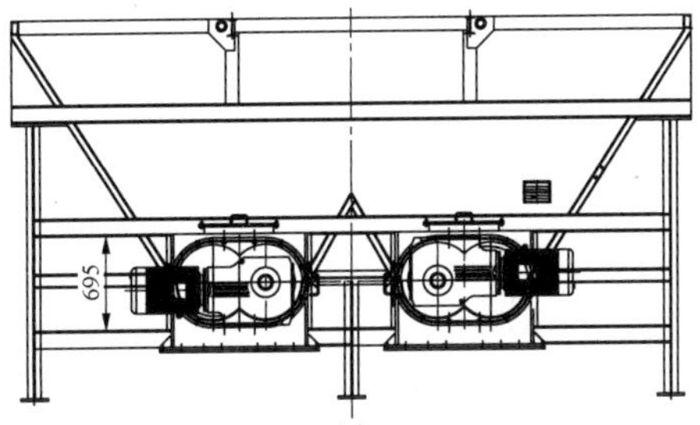

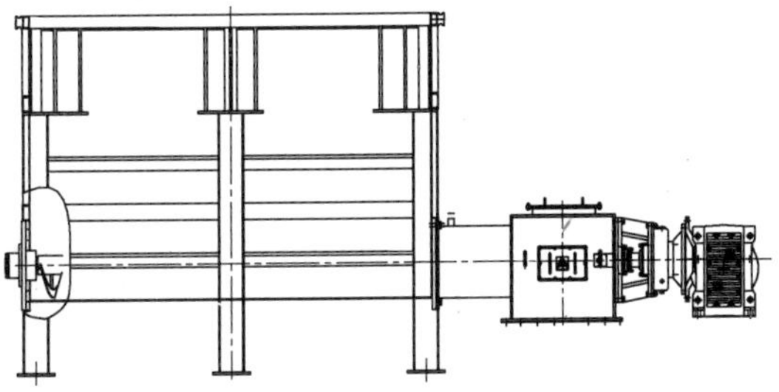

图 8-31　接料仓及卸料螺旋外形结构图

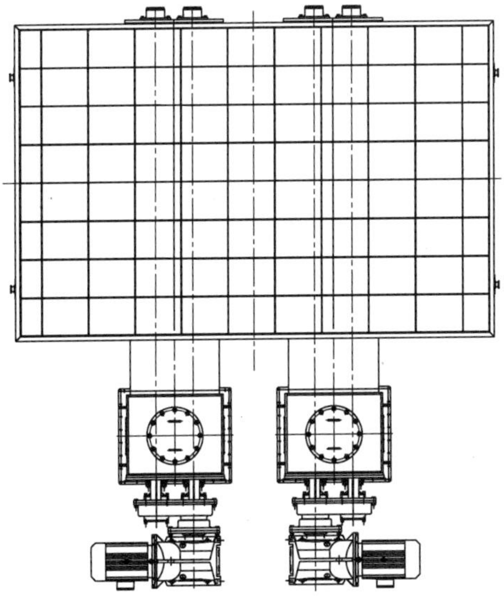

（a）主视图；（b）左视图；（c）俯视图

接料仓常用设备选型表如表 8-7 所示，卸料螺旋常用设备选型表如表 8-8 所示。

表 8-7　　接料仓常用设备选型表

设备名称	规格参数（m³）	电动机功率（kW）	外形尺寸（mm×mm×mm）
接料仓	20	—	5979×4750×2800

表 8-8　　卸料螺旋常用设备选型表

设备名称	规格参数（t/h）	电动机功率（kW）	外形尺寸（mm）
卸料螺旋	30	30	—
	40	37	—
	60	45	—

2. 膏体制备机

由于煤泥在管道内输送速度非常慢，煤泥与管壁的剪切处于低剪切速率阶段，因此，输送前宜对煤泥进行充分搅拌，以降低煤泥黏度，减小输送阻力，降低输送能耗。

膏体制备机用于对煤泥进行搅拌，将含有大块物料的板结煤泥变成细碎、合理含水率的均匀膏状煤泥，提高煤泥泵送特性并便于去除杂质，降低系统工作压力。

膏体制备机由几条平行安装的螺旋轴组成，轴上装有部分重叠的伞状螺旋叶片和齿形切割切具，各轴同步转动，螺旋叶片相互啮合，使物料依次经过破碎、搓和及剪切工序，达到成膏效果。

外形和内部结构如图 8-32 和图 8-33 所示，膏体制备机常用设备选型表如表 8-9 所示。

表 8-9　膏体制备机常用设备选型表

设备名称	规格参数 （t/h）	电动机功率 （kW）	外形尺寸 （mm×mm×mm）
膏体制备机	60～90	4×22	6022×3870×3610

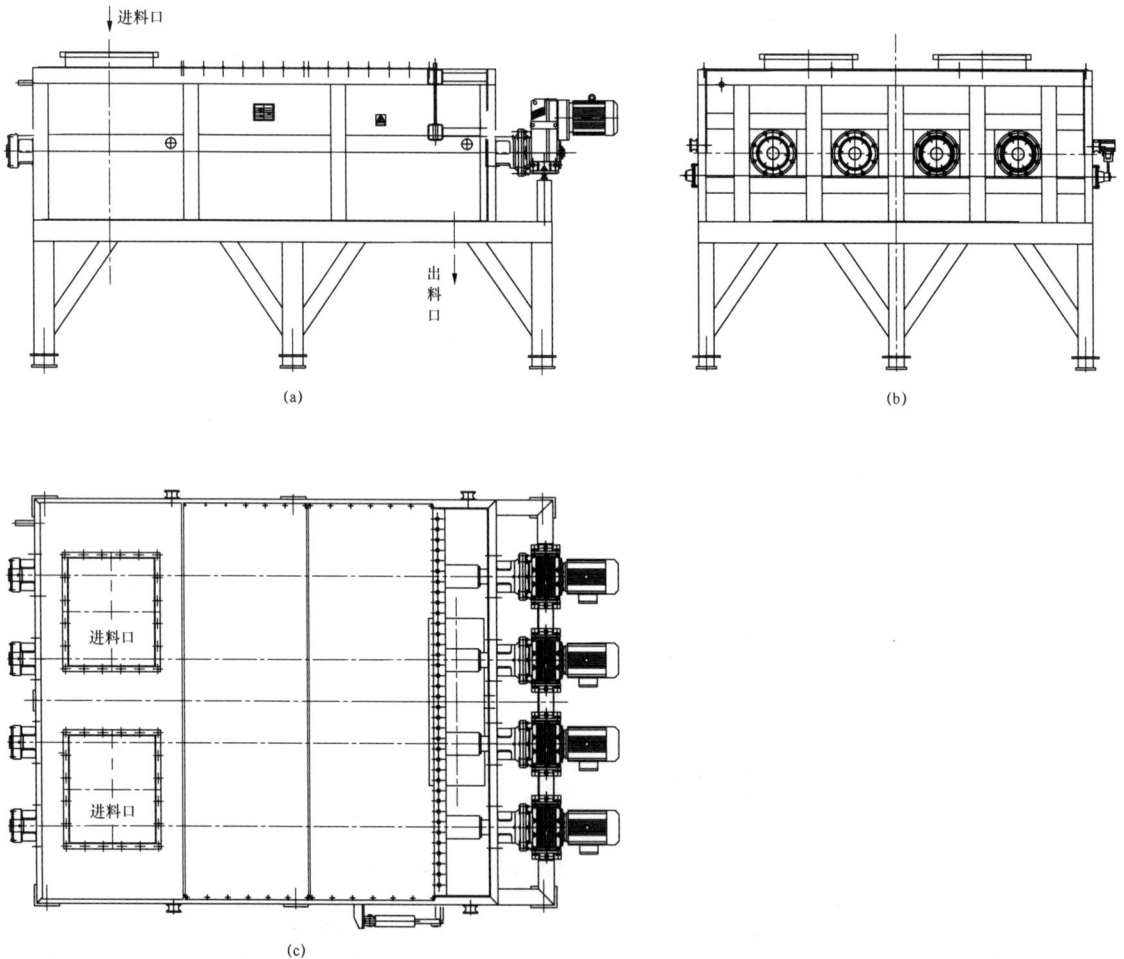

图 8-32　膏体制备机外形结构图
（a）主视图；（b）左视图；（c）俯视图

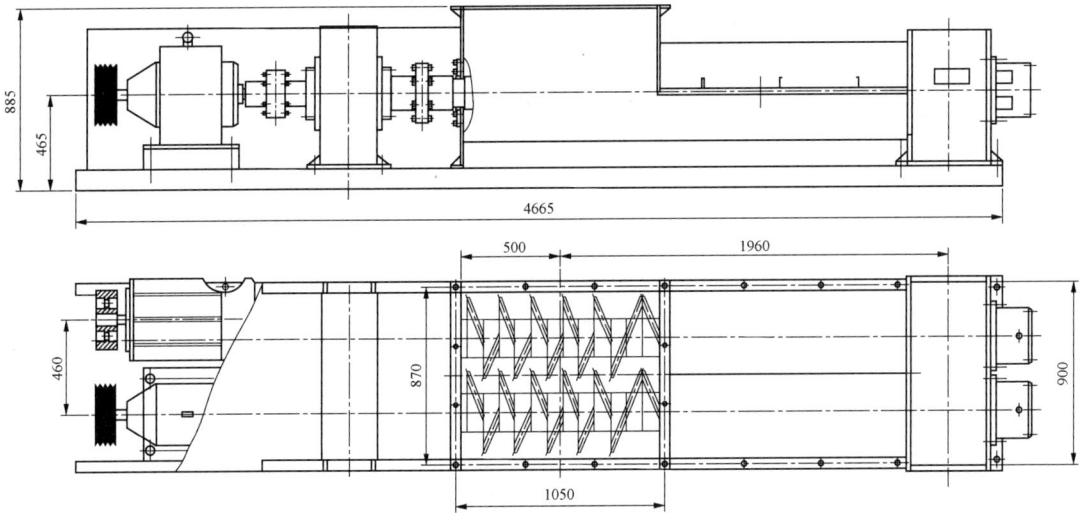

图 8-33 搓合破碎部件结构图

3. 振动筛

振动筛用于对煤泥进行除杂，与膏体制备机配套使用。煤泥经筛分后，筛上杂物通过管道落到小推车里，然后经杂物溜槽落到地面，按废弃物运走处理；筛下洁净介质进入煤泥料仓。

振动筛外形结构如图 8-34 所示，振动筛常用设备选型表如表 8-10 所示。

表 8-10　　振动筛常用设备选型表

设备名称	规格参数 （t/h）	电动机功率 （kW）	外形尺寸 （mm×mm×mm）
振动筛	60～90	2×1.5	2300×1400×1452

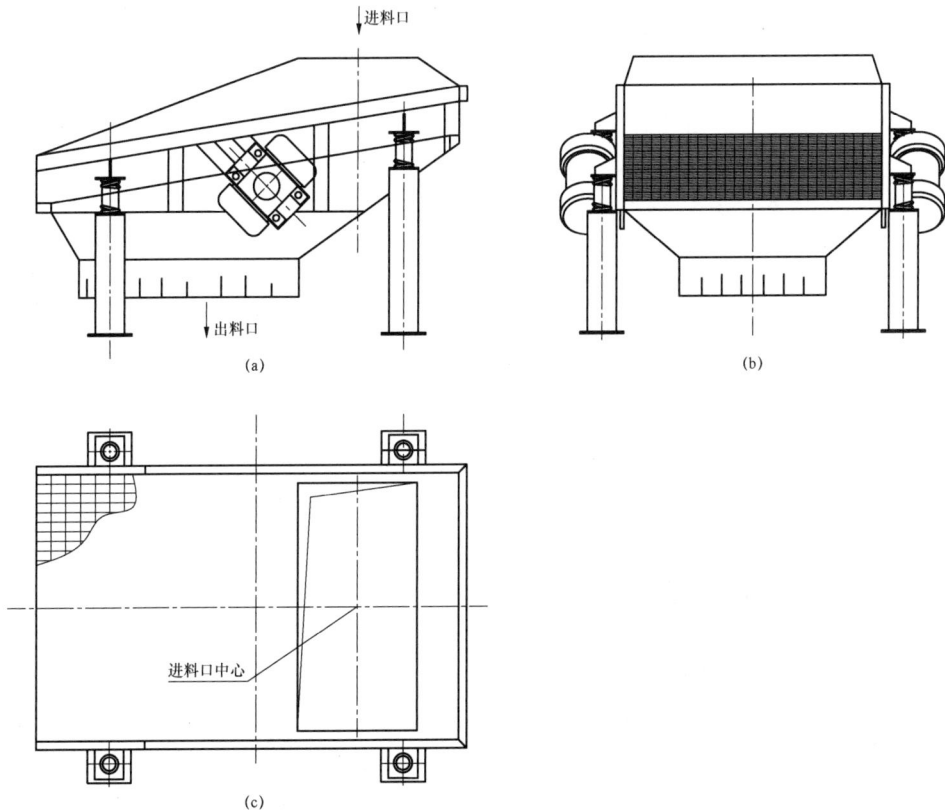

图 8-34 振动筛外形结构图
（a）主视图；（b）左视图；（c）俯视图

4. 煤泥料仓

滑架式煤泥料仓外形结构如图 8-35 所示，滑架式

煤泥料仓常用设备选型表如表 8-11 所示。

表 8-11　　　　　　　　　　　　滑架式煤泥料仓常用设备选型表

设备名称	规格参数	电动机功率（kW）	外形尺寸 D×L×H（mm×mm×mm）	备 注
煤泥料仓	150m³，直径 7m，2 个出料口	11	7000×6320×8130	功率为配套液压站
	200m³，直径 7m，2 个出料口	11	7000×7620×8130	
	250m³，直径 8m，4 个出料口	11	8000×7390×9010	
	300m³，直径 8m，4 个出料口	15	8000×8390×9010	

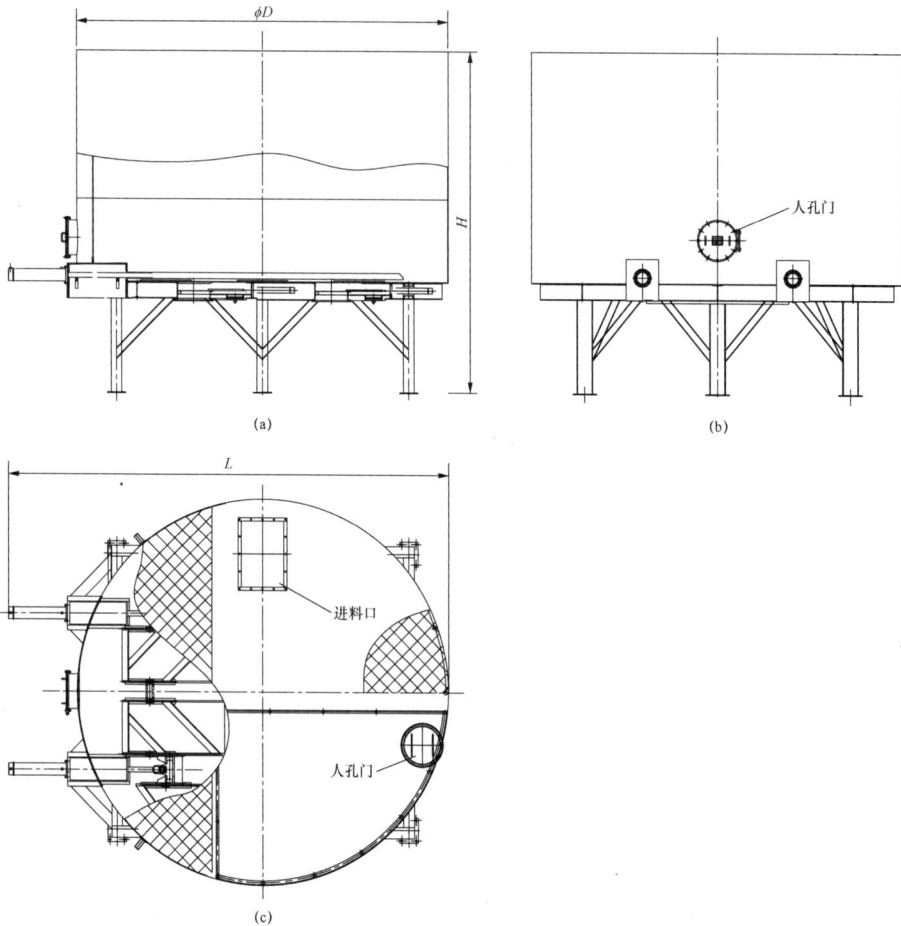

图 8-35　煤泥料仓外形结构图

（a）主视图；（b）左视图；（c）俯视图

5. 正压给料机

正压给料机是一种双轴螺旋结构设备，出口与煤泥泵进口连接。采用交错布置的扇形变螺距叶片，通过低速大扭矩伞齿轮减速机驱动齿轮箱的一对直齿轮带动叶片旋转，将煤泥以一定压力喂入煤泥泵料斗。应采用变频调速技术，可根据输送量变化适时调整给料量。

正压给料机外形和内部结构如图 8-36 和图 8-37 所示，正压给料机常用设备选型表如表 8-12 所示。

表 8-12　正压给料机常用设备选型表

设备名称	规格参数（t/h）	电动机功率（kW）	外形尺寸（mm×mm×mm）
正压给料机	20	7.5	6665×1420×636
	30	11	6794×1484×680
	40	15	7094×1750×720
	60	22	7294×1750×720

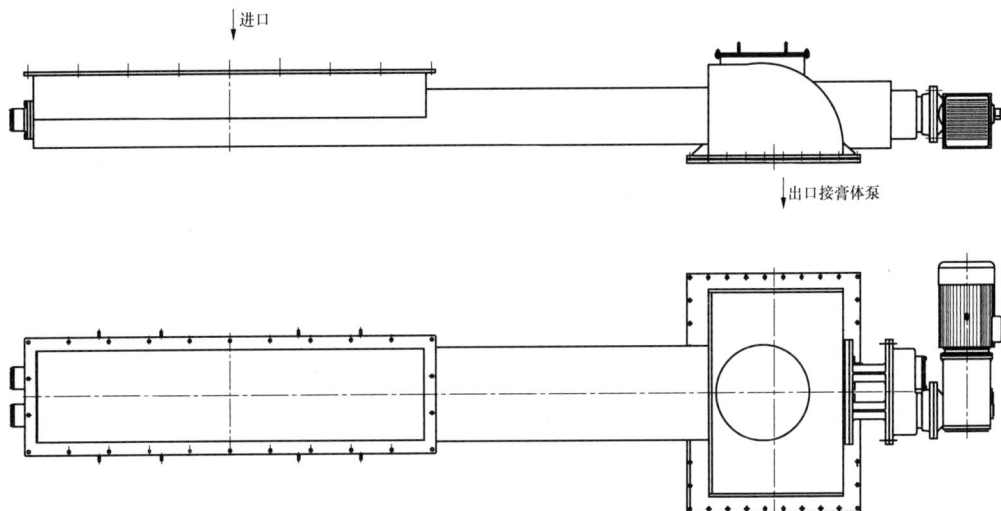

图 8-36 正压给料机外形结构图

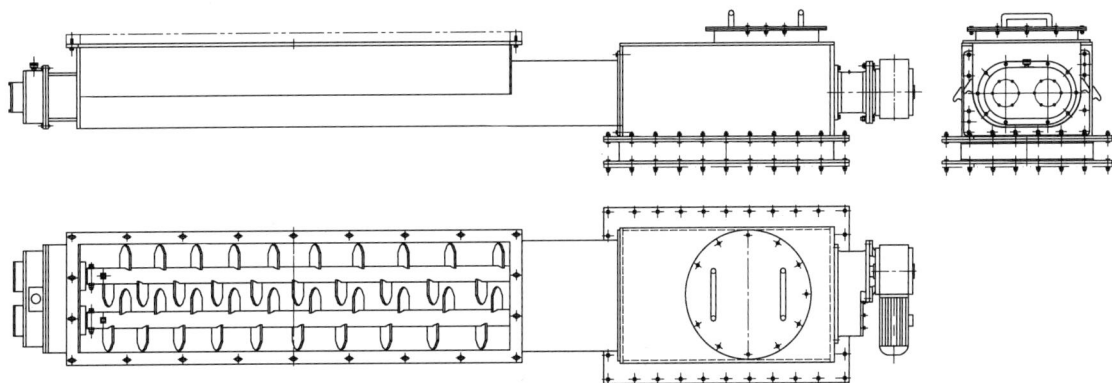

图 8-37 正压给料机内部结构图

6. 液压闸板阀

液压闸板阀安装于煤泥料仓出口与正压给料机入口之间，由闸板、框架和液压油缸等构成，通过液压缸驱动闸板的开关达到隔断煤泥通行的目的，便于下部设备检修。外部结构如图 8-38 所示。

7. 柱塞式煤泥泵

柱塞式煤泥泵外形结构如图 8-39 所示。

柱塞式煤泥泵常用设备选型表如表 8-13 所示。

8. 煤泥输送管道

该系统输送管道采用无缝钢管或高压低摩阻复合管，大多数运行电厂采用普通无缝钢管。高压低摩阻涂层管采用高强度无缝钢管内衬超高分子量聚乙烯的形式，具有摩擦系数小、耐磨损、耐腐蚀等特点。高压低摩阻涂层管如图 8-40 所示，常用选型表如表 8-14 所示。

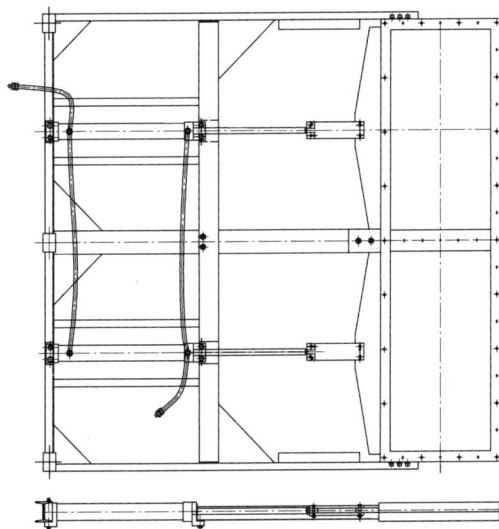

图 8-38 液压闸板阀外形结构图

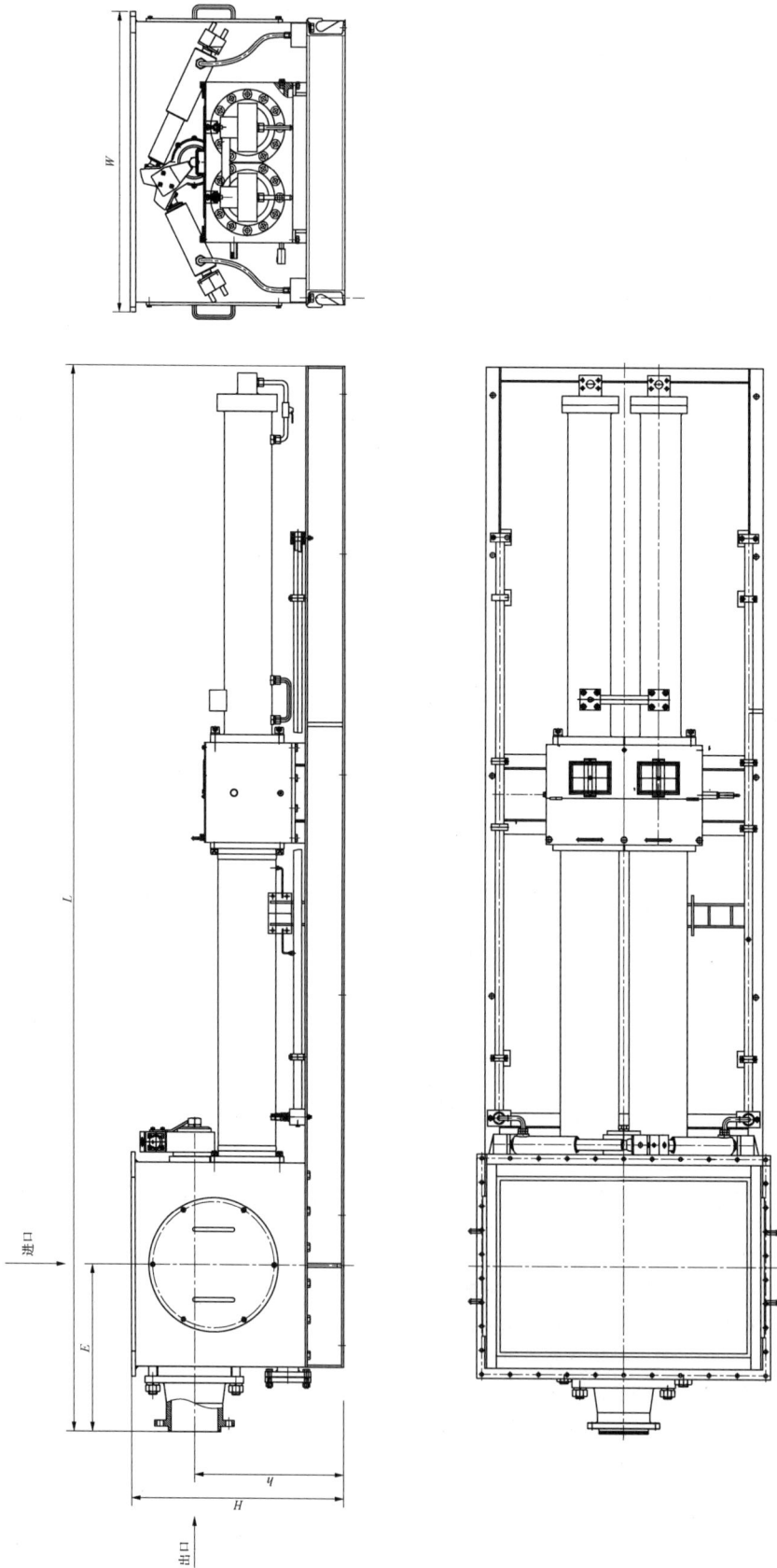

图 8-39　柱塞式煤泥泵外形图

表8-13 柱塞式煤泥泵常用设备选型表

设备名称	型号	规格参数	电动机功率 （kW）	外形尺寸 （mm×mm×mm）
煤泥泵	系列一	20t/h，8MPa	90	955×1450×4300
		20t/h，12MPa	132	955×1450×4300
	系列二	30t/h，8MPa	110	1100×1550×4600
		30t/h，12MPa	160	1100×1550×4600
	系列三	40t/h，8MPa	160	4930×1750×1310
		40t/h，12MPa	250	4930×1750×1310
	系列四	60t/h，8MPa	250	4930×1750×1310
		60t/h，12MPa	90＋250	4930×1750×1310

注 根据目前已有的运行业绩，输送至炉膛的煤泥泵最大出力为30t/h。

图8-40 高压低摩阻涂层管

由于煤泥脉动输送易造成管道振动，经过弯管时还需克服转向矩，因此需设置专用的管座对煤泥管进行固定。其管座或管卡布置图如图8-41所示。

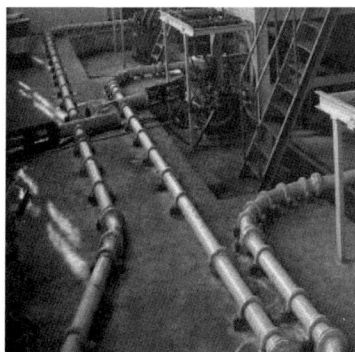

图8-41 管卡布置图

为保证煤泥管道输送系统的可靠性，手段之一是两条煤泥管路可以相互备用，但由于煤泥非常黏稠，内摩擦力很大，在管道内换向和均匀分流极为困难，因此目前大型机组煤泥管道系统多是单泵单管设计，

改向和分流技术较少采用。此外，输送管道还应包括清洗回流管和高压放水阀，以实现清洗管道。

表8-14 高压低摩阻涂层管常用选型表

设备名称	管径（mm）	压力（MPa）
高压低摩阻涂层管	DN200	8
		12
	DN250	8
		12
	DN300	8

第五节 煤泥入炉系统

一、系统说明

1. 系统功能

煤泥管道输送通过末端设置的煤泥入炉系统将煤泥送入炉膛燃烧。

2. 系统范围

煤泥入炉系统的设计范围是从煤泥入炉设备入口至入炉设备出口，主要包含给料设备、液压装置、冷却或清洗装置、加热装置和密封系统等。

二、设计方案

（一）设计原则

（1）对于煤泥入炉方式的选择，应结合工程实际工程条件、煤泥特性、煤泥量、输送系统设计运行工况等，经技术经济比较后确定。

（2）煤泥掺烧量较少时，入炉方式可选择炉顶、中部和中下部给料。

（3）煤泥掺烧量较高时，入炉方式宜选择中下部密相区给料，给料设备宜布置于锅炉二次风喷口以下、布风板 5m 以上位置。

（4）对于顶部给料方式，应满足下列要求：

1）采用炉顶入炉燃烧方式时，管道进料阀及立式给料机应采取必要的水冷措施；

2）立式给料机、炉顶液压站等入炉设备须设检修平台，应保证液压站及液压油管等易燃易爆设备的运行环境温度；

3）立式给料机与锅炉密封连接，要求具有给料、清洗、密封、疏通干结、流量平衡等的多种功能；

4）立式给料机应具备可远程控制、摄像观察等特点。

（5）对以中部给料方式，应满足下列要求：

1）螺旋变频卧式给料器须考虑锅炉膨胀量，应设置伸缩节以吸收锅炉膨胀；

2）螺旋变频卧式给料器须设检修平台，设备四周、上方应保证足够的设备安装及检修空间，应设必要的设备检修用吊挂点；

3）螺旋变频卧式给料器与锅炉密封连接，宜具有给料、清洗、密封、疏通干结、流量平衡等功能；

4）螺旋变频卧式给料器应具备可远程控制、摄像观察等特点；

5）中部给料时煤泥入炉抛物线需与锅炉密相区燃烧匹配。

（6）对以中下部密相区给料，应满足下列要求：

1）中下部密相区给料方式应设煤泥雾化加热空气系统，雾化风随煤泥输送联锁启停，喷枪入炉处应设置密封风系统；

2）煤泥管道应设高压冲洗系统。当锅炉停止运行

时，关闭煤泥泵，将高压水接入煤泥管道进行冲洗，排放至煤泥池或煤泥料仓。

（二）常用设计方案

CFB 锅炉的燃烧区域分为燃烧室中下部密相区、燃烧室上部稀相区，密相区和上部稀相区的过渡区；通常以二次风入口为界，其下部为密相区，上部为过渡区和稀相区。目前常用且较为成熟的煤泥入炉系统主要分为顶部给料、中部给料和中下部密相区给料三种入炉方式。

1. 顶部给料

锅炉顶部给料方式配套设备主要有多功能立式给料机、锅炉接口器、炉顶液压站、清洗回流管。

煤泥炉顶给料方式工作原理：煤泥经管道输送系统送入锅炉顶部的多功能立式给料机，通过给料机由炉膛顶棚呈团状下落，在下落过程中，煤泥团表面水分先蒸发，外表形成硬壳，然后内部水分气化，产生热爆，形成更小的煤泥团，然后再次结壳和热爆，当煤泥下落到底部时，煤泥团全部爆裂消失，在炉内燃烧。

该给料方式性能可靠、稳定、事故率低，煤泥入炉靠重力下降，不需另外增加辅助气源系统；缺点是煤泥给料点距烟气出口近，煤泥碎屑（细粉）会随烟气直接进入分离器，造成超过分离器细度的煤泥粉随烟气逃逸；同时在实际热爆过程中，会有大量煤泥碎屑随烟气上升，在炉膛停留时间不足而逃逸，增加飞灰含碳量和锅炉排烟温度，影响锅炉燃烧效率和灰渣综合利用。某电厂采用顶部给料掺烧煤泥后，经测试表明，飞灰含碳量增加了 0.5%～0.7%。

该种煤泥入炉方式运行业绩较多。

典型的某 300MW CFB 电厂炉顶给料设备系统及布置图如图 8-42 和图 8-43 所示。

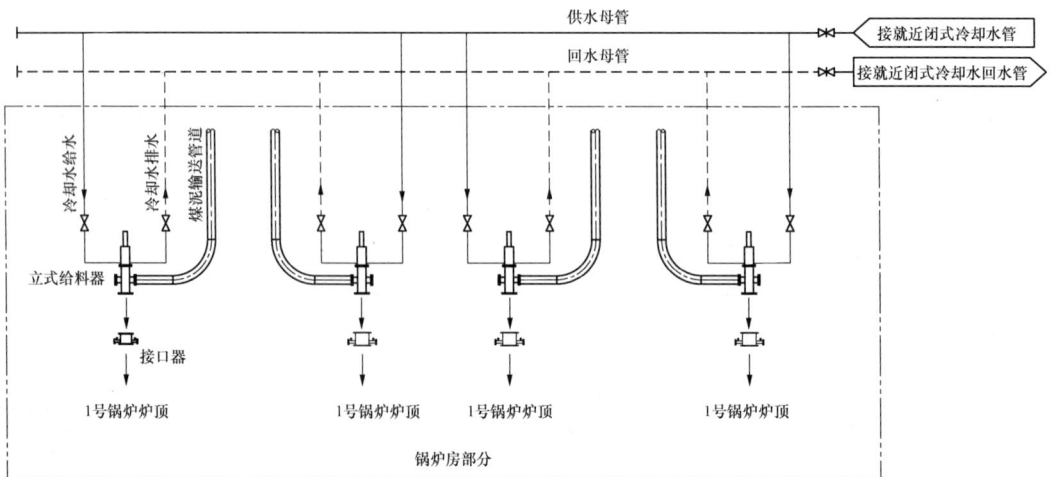

图 8-42　典型炉顶给料系统

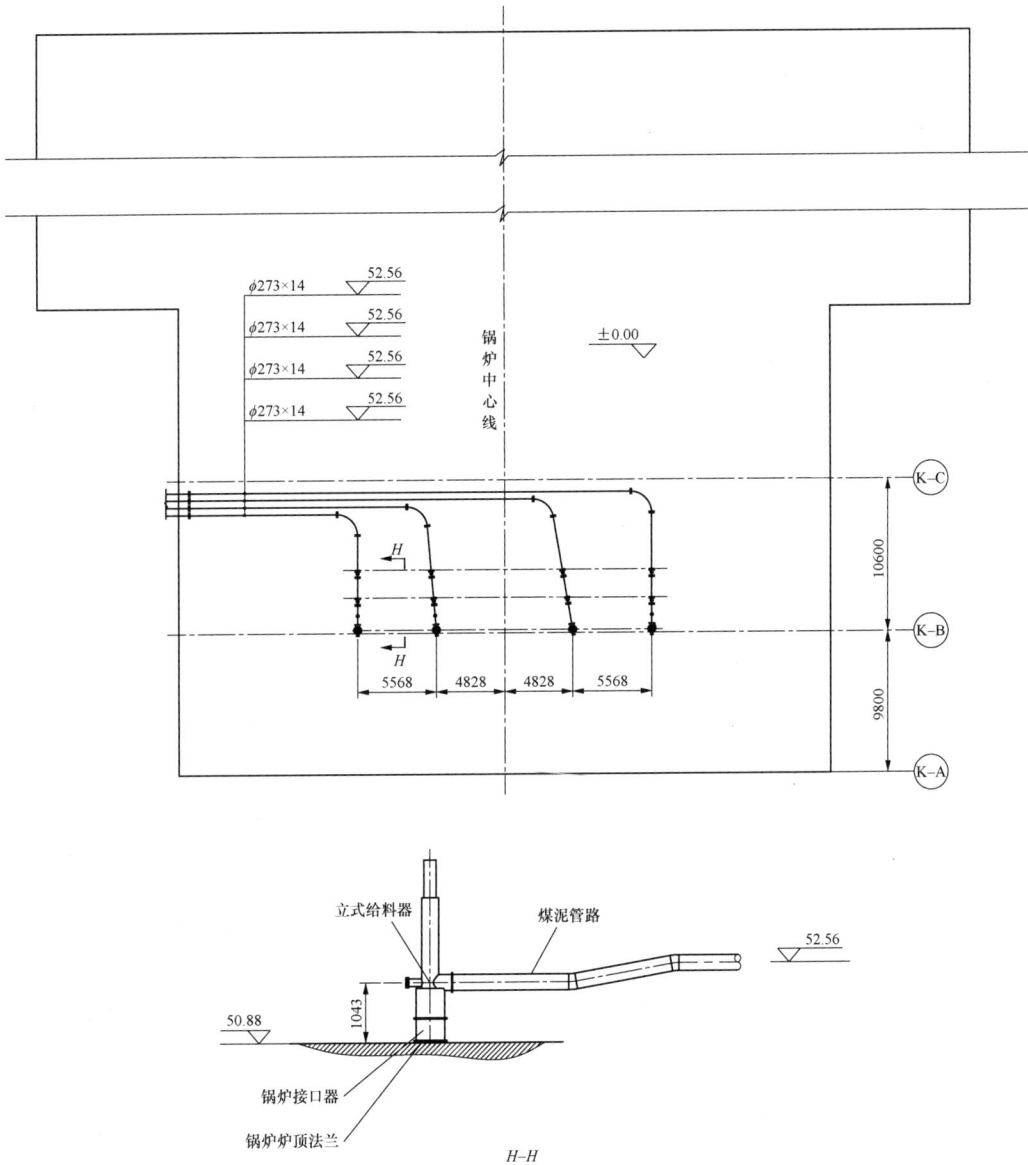

图 8-43　典型炉顶给料布置

2. 中部给料

中部给料方式配套设备主要有螺旋变频卧式给料器、三通阀、伸缩节、清洗回流管。

中部给料方式是采用位于炉膛侧墙中部的螺旋变频卧式给料器对管道输送煤泥进行螺旋抛射式给料，煤泥团在炉膛内爆裂燃烧。

该给料方式的优点是炉膛内煤泥爆裂部位比顶部给料有所下降，有利于抑制细颗粒飞出炉膛；给料点布置灵活，降低了煤泥输送高度，输送系统能耗降低。目前该种煤泥入炉方式运行业绩较少。

3. 中下部密相区给料

中下部密相区给料方式配套设备主要有煤泥喷枪、伸缩节、附属雾化空气制备设备。

中下部密相区给料方式是通过管道输送系统将煤泥通过煤泥喷枪喷射到炉膛密相区，并采用压缩空气将煤泥雾化成细小颗粒。密相区内的热容量高，雾化后的煤泥很快在锅炉内被加热、燃烧。

采用中下部密相区给料方式，燃料从炉膛中下部给入，一次停留时间长，减小了进入旋风分离器后的继续燃烧份额，燃烧效率高；此外该给料方式入炉均化效果好（有助燃烧）；虽然煤泥雾化系统需要消耗部分能耗，但煤泥系统总体能耗较低。

典型的某 300MW CFB 电厂煤泥喷枪布置方案如图 8-44 所示。

某 300MW CFB 电厂接入煤泥喷枪的煤泥管道典型布置如图 8-45 所示。

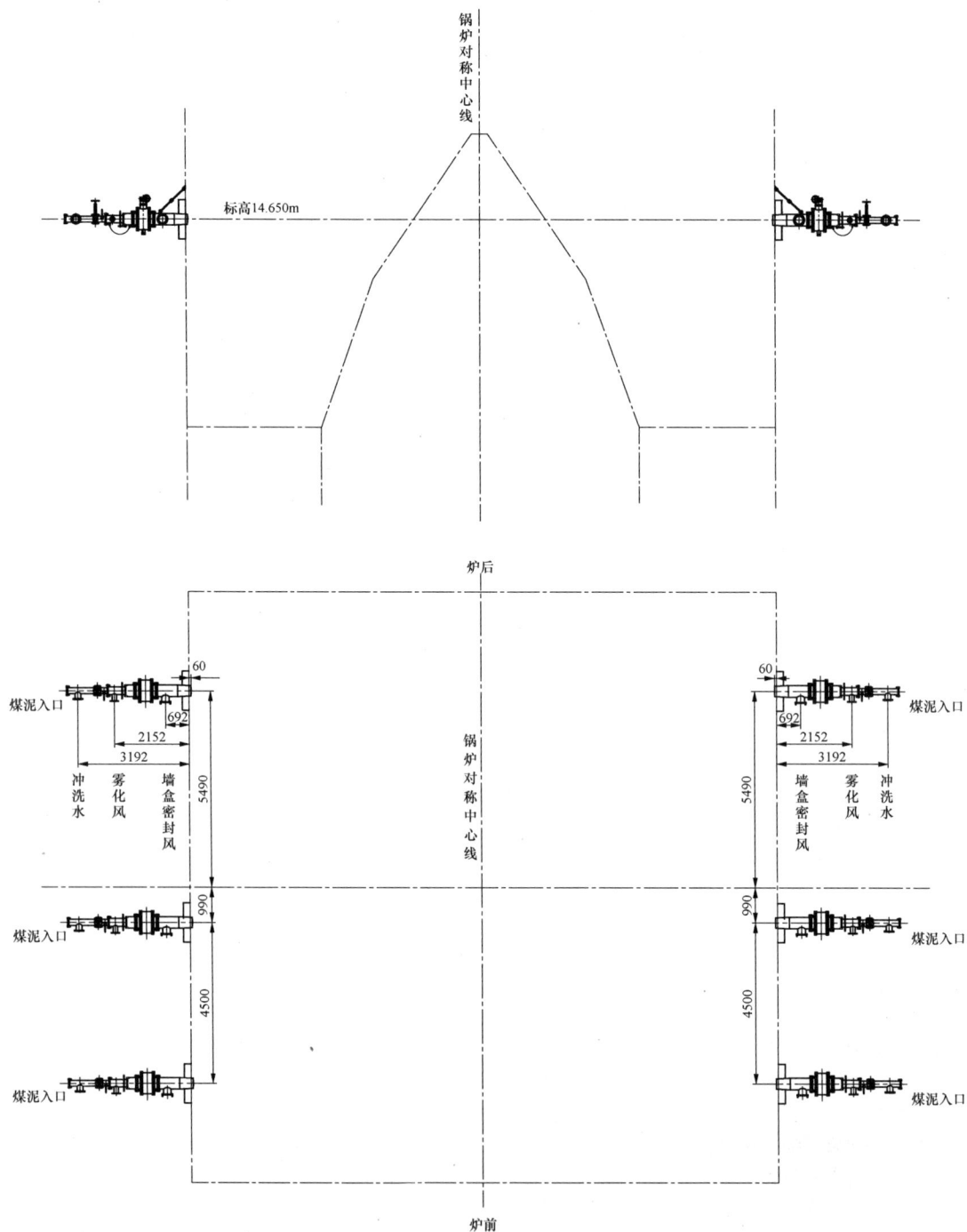

图 8-44　典型煤泥喷枪布置方案

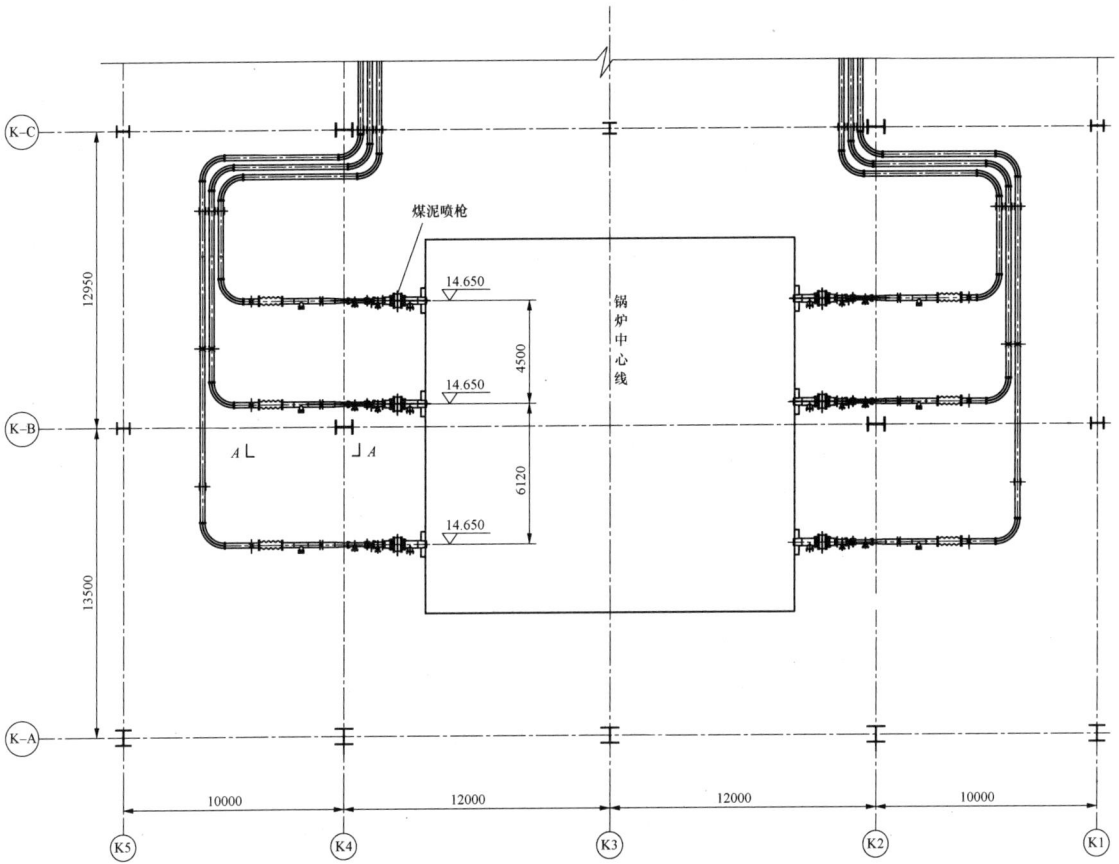

图 8-45　接入煤泥喷枪的煤泥管道典型布置

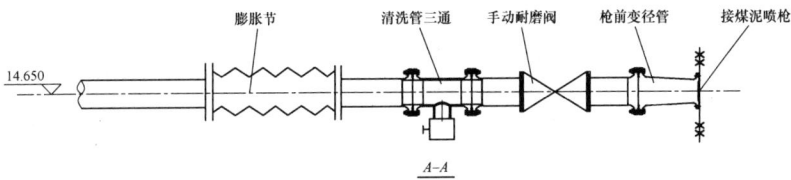

三、设备选型

（一）顶部给料

1. 多功能立式给料机

多功能立式给料机为一种安装于锅炉顶部，用于向锅炉炉膛内喂料的机械装置，每个给料点设一台，为滑阀结构形式，以液压缸为动力，入料端与输送管相连，出料端通过煤泥锅炉接口器与锅炉相连，可在总控室进行远距离操作。立式给料机具有送料、节流、清洗、疏通功能，采用水冷方式冷却。其外形结构如

图 8-46 所示。

多功能立式给料机常用设备选型表如表 8-15 所示。

表 8-15　　多功能立式给料机常用设备选型表

设备名称	规格参数	外形尺寸 （mm×mm×mm）
立式给料机	DN200	582×767×2086
	DN250	670×800×2760
	DN300	700×850×2957

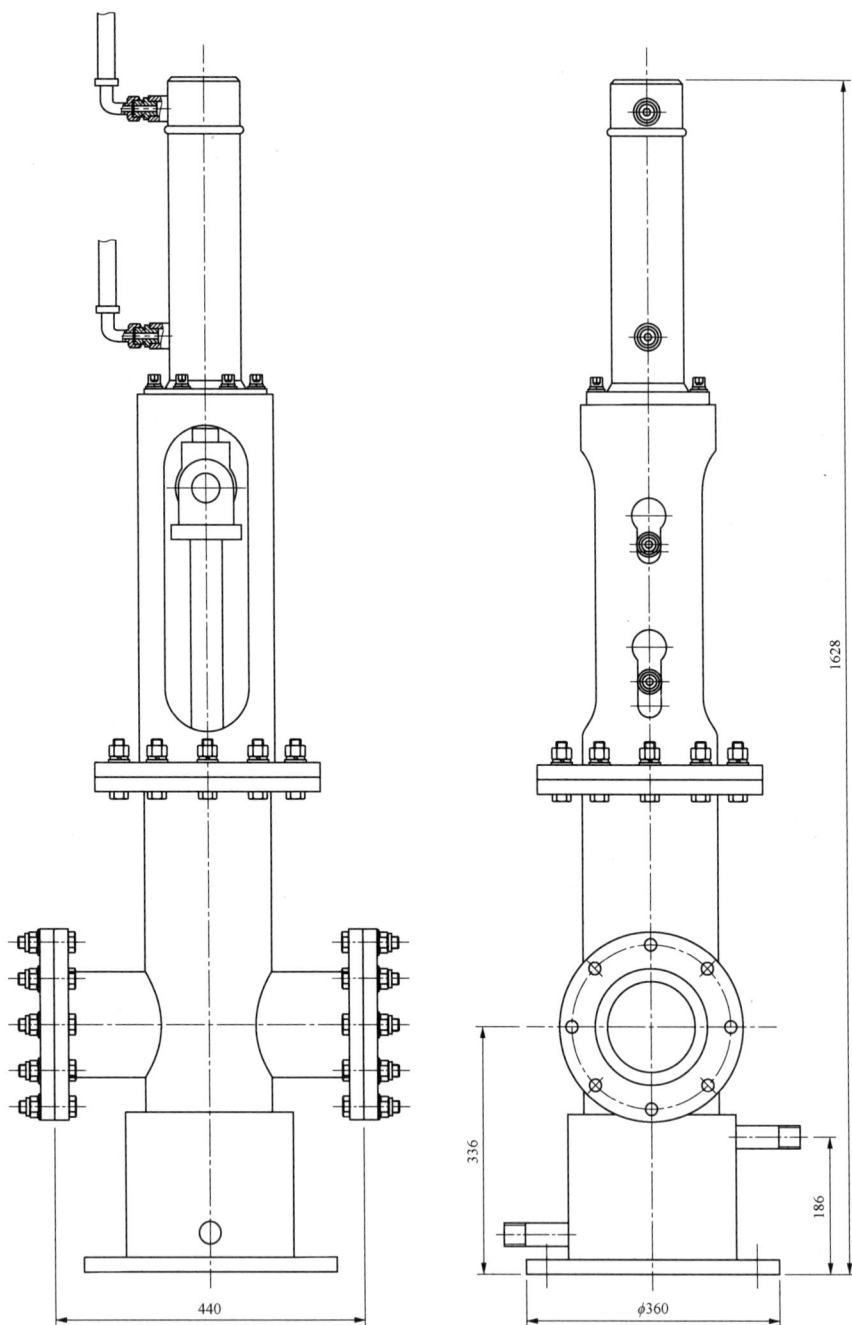

图 8-46　立式给料机外形结构图

2. 锅炉接口器

锅炉接口器是连接锅炉与顶部给料装置的专用设备，上部设有外部通风口、观察窗，主要作用是封锁锅炉内顶部偶然上升的热风和热辐射，防止外部给料设备温度升高太多，以及管道内煤泥干结烧坏外部设备。锅炉接口器必须接入足量的锅炉一次风用作封闭冷却，观察窗可以了解煤泥下落情况。

锅炉接口器的结构形式为圆桶形，其外形结构如图 8-47 所示。

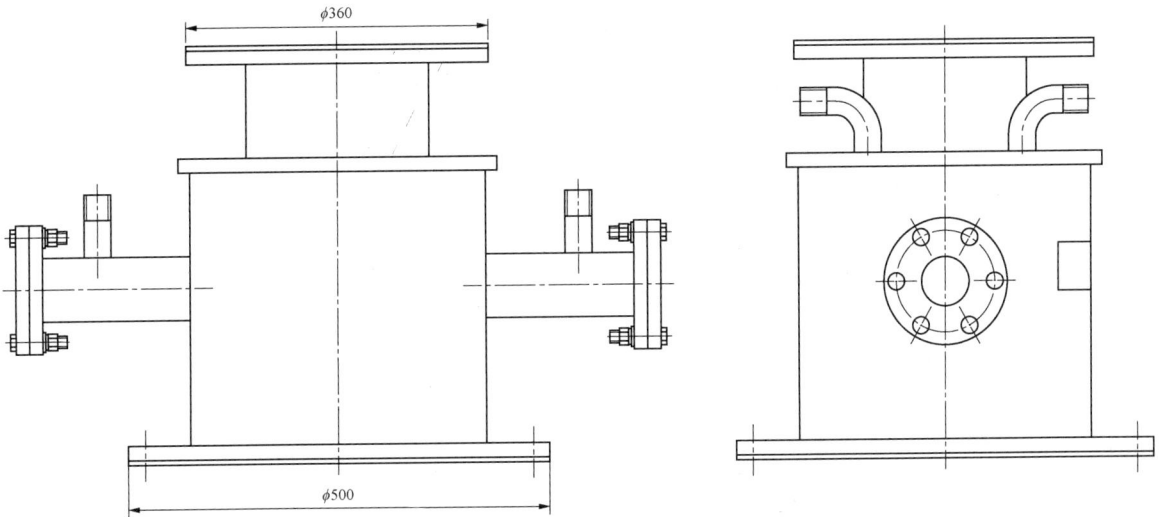

图 8-47 锅炉接口器外形结构图

锅炉接口器常用设备选型表如表 8-16 所示。

表 8-16 锅炉接口器常用设备选型表

设备名称	规格参数	外形尺寸 （mm×mm×mm）
锅炉接口器	DN200	860×520×385
	DN250	900×660×410
	DN300	900×700×410

3. 炉顶液压站

炉顶液压站用于向多功能立式给料机提供动力，每台锅炉设一台，可控制临近的多台立式给料机。

（二）中部给料

1. 螺旋卧式给料器

螺旋变频卧式给料器为一种安装于锅炉侧面，用于向锅炉炉膛内喂料的机械装置，每个给料点设一台，采用水冷方式冷却。

给料器采用无轴螺旋结构形式，以减速电动机为驱动力，入料端与输送管道连接，出料端通过锅炉侧壁进入锅炉内壁，依靠螺旋的旋转速度使煤泥在脱离管口时具有约 0.8m/s 的初速度；给料器前端设有三通球阀连接清洗回流管，通过转换球阀位置，使输送管路与清洗回流管导通，可进行管路清洗。外形结构如图 8-48 所示。

螺旋变频卧式给料器常用设备选型表如表 8-17 所示。

表 8-17 螺旋变频卧式给料器常用设备选型表

设备名称	额定处理能力 （t/h）	出料管通径 （mm）	给料器外形尺寸 （mm×mm×mm）
螺旋变频卧式给料器	10	150	990×385×435
	20	200	1050×450×500
	30	250	1110×520×570

2. 耐高温三通阀

三通阀为管路清洗时使用，每个给料点设一台。

3. 耐高温伸缩节

伸缩节用于吸收锅炉热胀冷缩引起的位移，每个给料点设一台。

（三）中下部密相区给料

1. 煤泥喷枪

煤泥喷枪主要由枪体、球阀、闸板阀、紧急泄放装置等组成，安装于锅炉中下部密相区。煤泥喷枪运行时通过约 200℃压缩空气雾化煤泥，使煤泥均匀播撒于物料中便于煤泥燃尽。雾化空气可采用 0.6MPa 压缩空气作为气源，配电加热或蒸汽加热器对雾化风进行加热。喷枪中心套管内为煤泥输送通道，当煤泥到达套管末端时经过喷孔被中间套管进入的高压雾化风向炉内吹散。喷枪最外层套管后部通入高压冷却密封风。

典型煤泥喷枪结构由图 8-49 所示，采用多层套管结构形式，枪体部分包含喷枪冲洗水接口、煤泥雾化风接口和喷枪冷却密封风接口。喷枪入料端与输送管道连接，出料端伸入炉膛内壁，依靠加热后压缩空气使煤泥在脱离管口时雾化。

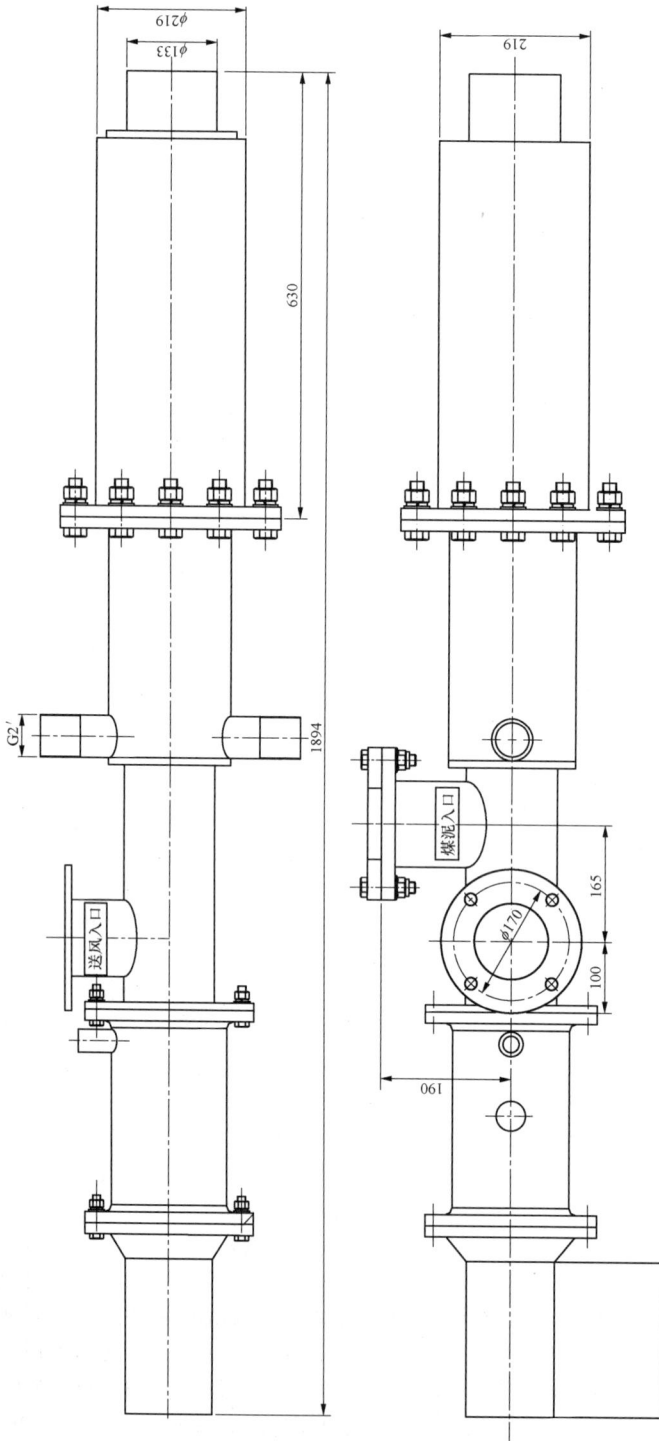

图 8-48　螺旋变频卧式给料器外形结构图

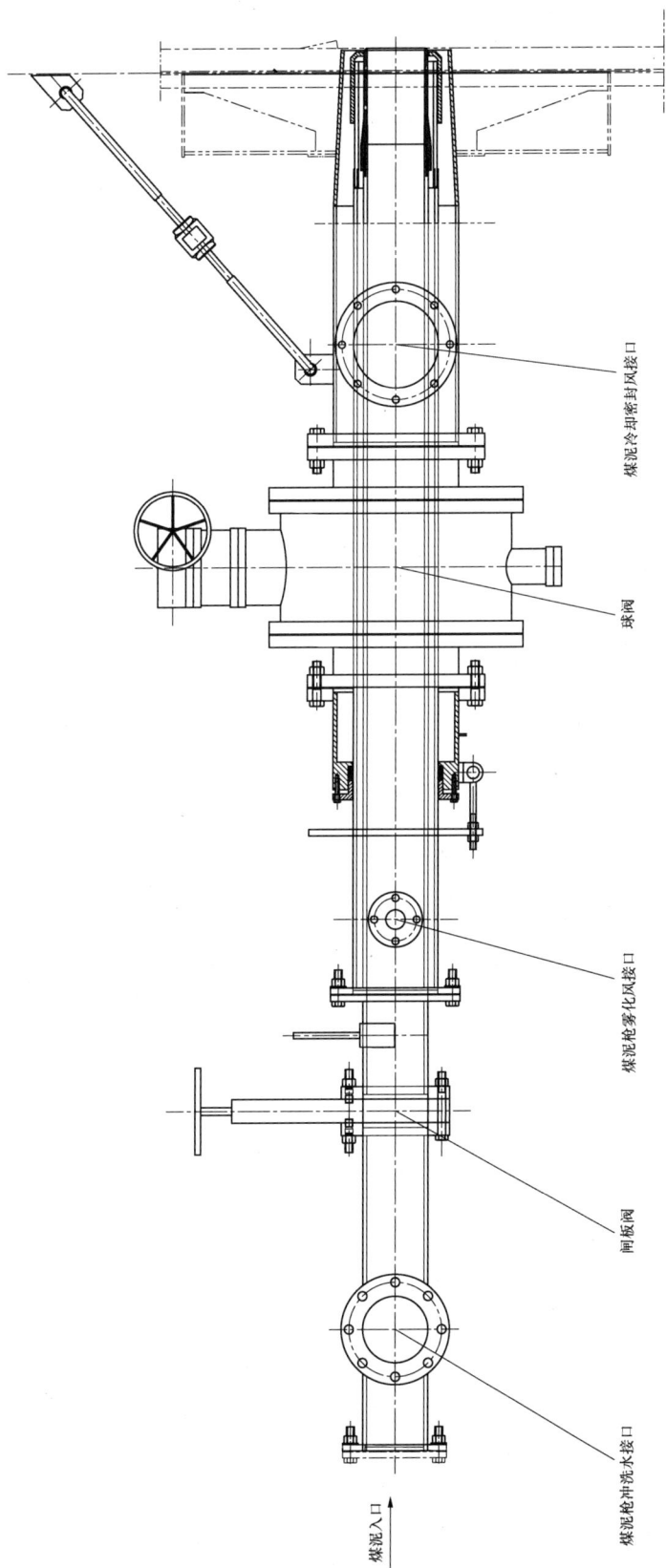

图 8-49 典型煤泥喷枪结构图

煤泥冷却密封风接口

球阀

煤泥枪雾化风接口

闸板阀

煤泥枪冲洗水接口

煤泥入口

目前，常用单台煤泥喷枪选型表如表 8-18 所示，其他规格需要特殊定制。

表 8-18　常用煤泥喷枪选型表

设备名称	项　目		规格参数
煤泥喷枪	处理量		21t/h
	雾化风	压力	0.6MPa
		风量	5～20m³
	最大物料尺寸		20mm

续表

设备名称	项　目	规格参数
煤泥喷枪	喷枪口内径	64mm
	接口尺寸	DN125
	耐温	1200℃
	喷枪长度	1000～1500mm

2. 膨胀节或金属软管

用于吸收锅炉热胀冷缩引起的位移与煤泥输送管道配套。

第九章

石灰石粉制备系统

第一节 石灰石粉特性

燃煤给入循环流化床锅炉燃烧时，其中主要以黄铁矿硫和有机硫形式存在的硫分参与氧化反应生成 SO_x，通常采用向炉内添加石灰石粉的方法来脱除硫氧化物。循环流化床锅炉石灰石粉制备系统是向锅炉提供合格的石灰石粉的重要辅助系统。

一、物理特性

石灰石是由碳酸钙所组成的沉积岩，主要矿物是方解石，并含有白云石、硅质、含铁矿物质和杂质。由于碳酸钙随着时间的变迁发生重结晶，依重结晶过程进行的条件可生成晶体分散度不一的岩石，形成时间越久，石灰石越致密而坚硬；形成时间越短，结构越松软。因此，石灰石的化学成分、矿物组成及物理性质变动极大。石灰石色泽一般为浅灰、深灰色，含杂质多时颜色会发生改变。石灰石块的大小与形状与矿山开采设备有关，循环流化床锅炉炉内所需脱硫石灰石粉通常要求石灰石粉颗粒最大直径小于 1mm。石灰石粉基本特性数据见表 9-1。

表 9-1 石灰石粉基本特性数据表

样品 \ 种类	密度 (t/m³)		粒径 (μm)		安息角 (°)	摩擦角 (°)	
	堆积	真实	范围	中位径		内摩擦角	外摩擦角（钢板）
石灰石粉	1.1～1.7	2.0～2.5	≤1.5×10³	100～450	44.25*～46.52*	43.6*	32.7*

注 本表仅供初步设计参考，详细设计需做针对性的物料测试。

* 由于某些项测试数据有限，表中*数值是某少数或个别电厂测试数据。

二、化学特征

石灰石随时间变迁，其化学成分变动较大，石灰石一般分为高钙石灰石（$CaCO_3$ 的含量大于 95%）、镁石灰石（$CaCO_3$ 的含量为 80%～90%；$MgCO_3$ 的含量为 5%～15%）和白云石（$CaCO_3$ 的含量为 50%～80%；$MgCO_3$ 的含量为 15%～45%）。

石灰石不溶于水，易溶于酸，能与各种强酸发生反应并形成相应的钙盐，同时放出 CO_2。石灰石煅烧至 850℃ 以上时分解转化为石灰（CaO），放出 CO_2，是循环流化床锅炉炉内脱硫的掺烧物。

三、粒径要求

各锅炉厂对入炉石灰石粉粒径有着不同的要求，较为典型的石灰石粉入炉粒径要求如图 9-1～图 9-5 所示。

图 9-1～图 9-5 中 d_{50} 是指一个样品的累计粒径分布百分数达到 50%时所对应的粒径。d_{50} 也叫中位径或中值粒径（d_{50} 常用来表示粉体的平均粒径）。

（1）入炉石灰石粉粒径与锅炉旋风分离器分离效果有关，过去锅炉厂最大粒径有 1.5mm，随着技术发展，目前最大粒径基本均控制在 1mm。

（2）上述图表仅供参考，具体工程根据实际情况选择。

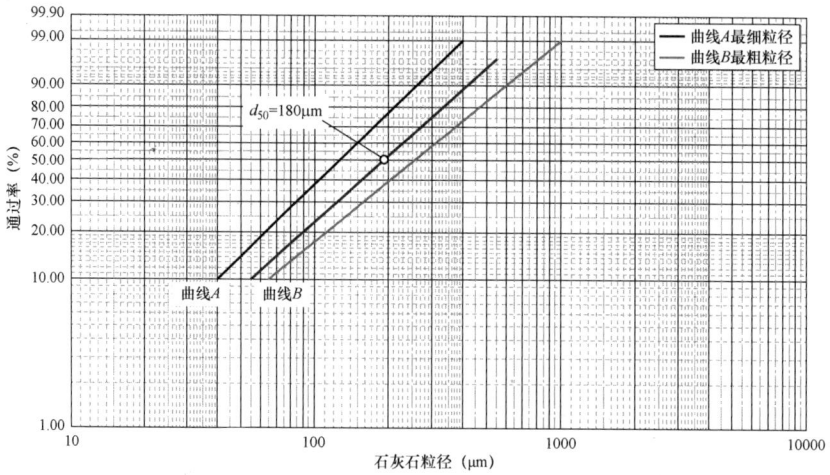

图 9-1　石灰石粉入炉粒径典型曲线 1

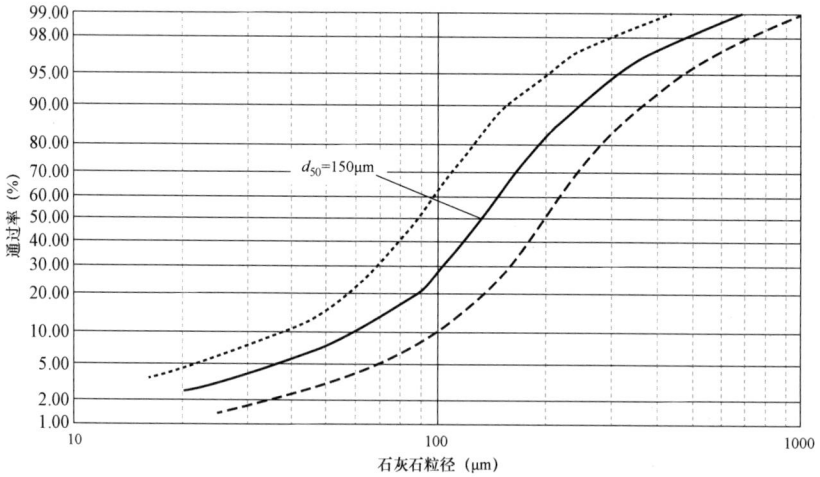

图 9-2　石灰石粉入炉粒径典型曲线 2

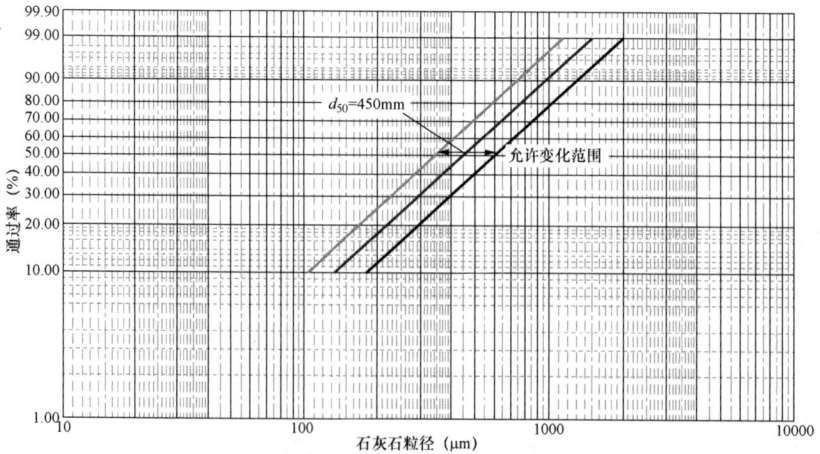

图 9-3　石灰石粉入炉粒径典型曲线 3

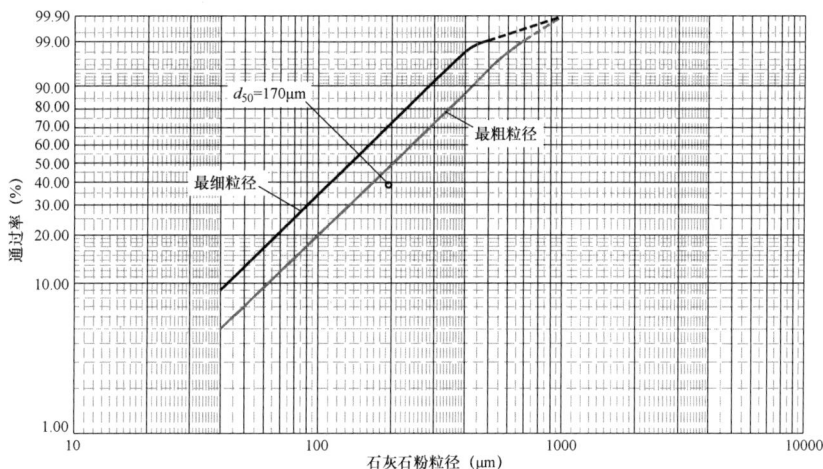

图 9-4　石灰石粉入炉粒径典型曲线 4

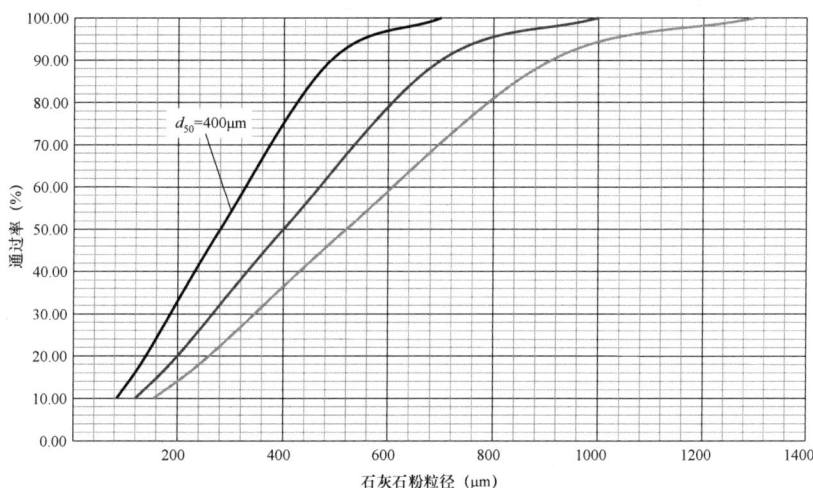

图 9-5　石灰石粉入炉粒径典型曲线 5

第二节　设计方案

一、设计原则

（一）技术路线和方案总的原则

在项目设计时，应根据工程条件、物料特性以及技术要求等进行技术、经济性比较，择优选用。必要时（如无成熟业绩）应进行相关实验研究和分析论证。

（二）供应方式

电厂石灰石粉的供应有两种方式：外购石灰石成品粉和厂内制备石灰石粉。

石灰石粉经气力输送系统送入炉膛。

（三）分段破碎原则

当石灰石粒度不大于 30mm 时，石灰石粉制备系统宜设计为磨制（破碎）系统加气力分选系统的一级制备系统。

当石灰石粒度大于 30mm 时，石灰石粉制备系统宜设计为两级制备系统，第一级制备系统宜为破碎系统，第二级制备系统宜为磨制（破碎）系统加气力分选系统。

二、常用设计方案

（一）石灰石接卸、储存、输送系统

石灰石通过汽车或带式输送机等来料方式运送至厂内石灰石的储存场地，通过推土机或抓斗起重机等作业机械将石灰石送至储料场内的地斗或栈台等接卸设施内，再利用给料机、刮板输送机和斗式提升机等输送设备送至石灰石制备间内。

系统流程如图 9-6 所示。

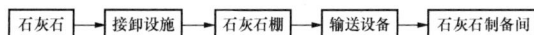

石灰石　→　接卸设施　→　石灰石棚　→　输送设备　→　石灰石制备间

图 9-6　石灰石接卸、储存、输送系统流程框图

（二）石灰石粗碎系统

粗碎设备设置在石灰石制备间内，厂外来料经过接卸、储存之后，通过输送设备将石灰石送至制备间内的粗碎机进行破碎。

系统流程如图9-7所示。

石灰石料仓设置与否或具体位置，应根据整套石灰石粉制备系统的工艺需求确定。

（三）石灰石细碎系统

1. 破碎机+机械筛分系统

本系统为闭式循环系统，石灰石经细碎机破碎后，被送入机械筛分设备进行分选，粒径合格粉集中至成品粉仓，粒径不合格粉返回至细碎机再次循环粉碎，直至粒径满足要求后进入成品粉仓。

系统流程如图9-8所示。

2. 柱磨机+气力分选系统

石灰石经柱磨机破碎后，被送入气力分选系统，粒径合格粉集中至成品粉仓，粒径不合格粉返回至柱磨机再次循环粉碎，直至粒径满足要求后进入成品粉仓。

系统流程如图9-9所示。

3. 炉内外一体化制备石灰石粉

石灰石经柱磨机破碎后，被送入瀑流式分级系统进行初选，粗料返回柱磨机循环破碎，细料被送入涡流式分级系统进行精选，精选的产品分为细粉和超细粉，分别进入细粉仓和超细粉仓存储。该系统仅适用于炉内+炉外湿法脱硫的方案。

系统流程如图9-10所示。

图 9-7　石灰石粗碎系统流程框图

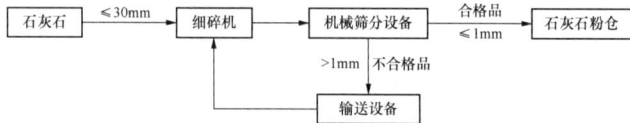

图 9-8　石灰石细碎系统流程框图

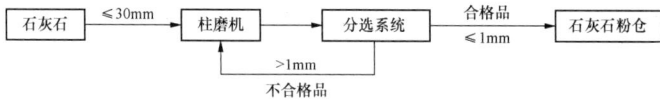

图 9-9　柱磨机+气力分选系统流程框图

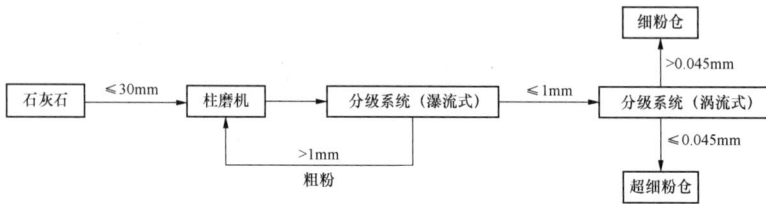

图 9-10　炉内外一体化制备石灰石粉流程框图

第三节　石灰石接卸、储存及输送系统

一、接卸、储存系统

（一）系统说明

循环流化床锅炉发电厂所需石灰石的厂外运输方式主要有公路运输、铁路运输和水路运输。由于我国石灰石矿资源丰富，分布广泛，电厂所需石灰石量一般在当地就近采购，其厂外运输又以自卸汽车的公路运输最为常见。在拟定石灰石接卸及储存设施方案时应根据石灰石的运距、运量和厂外运输方式综合考虑，通常石灰石的接卸与储存设施宜采用合并布置方案，其设计范围为从进厂车辆的接卸开始至石灰石堆场的送出给料机械止的设施和设备，主要包括栈台-地槽、石灰石棚、桥式抓斗起重机、受料斗、给料设备等。

（二）设计原则

1. 接卸设施应满足的要求

根据石灰石的厂外运输方式，接卸设施应满足下列要求：

（1）石灰石采用铁路运输进厂，当电厂设有专门的铁路卸煤装置时，可不另设石灰石的铁路卸煤设施。

铁路运输进厂的石灰石可利用电厂翻车机系统卸煤的间歇时间或在缝式煤槽卸煤装置端部增设专门的石灰石接卸货位进行卸车，并经带式输送机运输到厂内石灰石棚。

（2）石灰石采用铁路运输进厂，当电厂无专门的铁路卸煤装置时，可在石灰石棚内设置栈台-地槽进行接卸。

（3）石灰石采用公路运输进厂，当发电厂年石灰石耗量在 $30×10^4t$ 及以下时，可将石灰石堆场内某一个或几个区域作为受卸场地，利用桥式抓斗起重机、装载机、推煤机等机械清理货位。

（4）石灰石采用公路运输进厂，当发电厂年石灰石耗量在 $30×10^4t$ 以上时，采用多个地下料斗串联布置作为石灰石接卸设施。

（5）石灰石采用水路运输进厂，可利用卸煤码头卸船机接卸，并经带式输送机运输到厂内石灰石棚。

2. 石灰石储存设施应满足的要求

（1）石灰石堆场的容量不应小于对应机组 7d 的石灰石耗量。

（2）石灰石不宜露天存放，宜采用桥式抓斗起重机石灰石棚方案。

（3）石灰石堆场的堆高不宜大于 7m。

3. 桥式抓斗起重机石灰石棚的设计应满足的要求

（1）桥式抓斗起重机形成的石灰石堆场的形状近似为四棱台体，按四棱台进行体积计算。

（2）石灰石料堆堆积角与煤堆相同，石灰石块堆积密度可取 $1.6\sim1.8t/m^3$。

（3）石灰石棚的堆料高度一般按 $7\sim9m$ 设计。采用推煤机辅助作业时，石灰石棚柱距不得小于 7m。

（4）石灰石棚内受料斗应处于抓斗行程范围内。料斗中心线应考虑当抓斗达到水平运行极限位置时，也能保证被卸物料有效送入煤斗内。

（5）受料斗上口尺寸应与抓斗张开后的尺寸相适应，并装设算子。算孔尺寸应符合料斗下部给料机的工作要求。

（6）在布置料场和卸车线时，抓斗最大运行高度应低于极限高度 $0.3\sim0.5m$。此时，抓斗下限与料斗面、料堆顶面的距离不应小于 0.5m。对于起重量为 5t 的桥式抓斗起重机，其轨面应高于石灰石棚内铁路轨道 8m 以上，高于料堆顶面 5m 以上，高于石灰石棚地面 $12\sim15m$。

（7）同一轨道上设装两台以上桥式抓斗起重机时，每台桥式抓斗起重机沿大车走行方向的平均作业长度不宜小于 40m。每台桥式抓斗起重机应能单独切断电源。

（8）石灰石棚采用半封闭结构时，可采取防止雨水由侧面进入棚内的措施。石灰石棚屋架下弦与桥式抓斗起重机顶部之间的净空宜为 0.30m，大车端面与柱子内边净空不得小于 0.10m。

（9）大车两侧均需设置步道，步道宽度不小于 600mm。步道外侧应设置栏杆和护脚板。

（10）石灰石棚两端应设置供运行人员从地面进入司机室的扶梯和平台，如石灰石棚较长，在中部也可设扶梯和平台。应尽量避免司机必须从大车轨道及桥架平台绕行进入司机室的做法。

（11）桥式抓斗起重机的动力电源开关应设在司机上下桥式抓斗起重机的附近。

（12）大车轨道两端应设置限位开关和止挡器。止挡器的位置应保证限位开关动作后大车有不小于 2m 的滑行距离。

（13）桥式抓斗起重机的起重量包括抓斗自重。

（14）桥式抓斗起重机的普通抓斗适用于抓取块度小于 100mm 的物料；当抓斗抓取块度大于 200mm 物料时，需选用带齿抓斗。

（15）振动给料机如用于配料、定量给料时，为保证给料均匀稳定、防止物料自流应水平安装。如进行一般物料连续给料，可下倾 10° 安装，对于黏性物料及含水量较大的物料可以下倾 15° 安装。安装后的给料机应留有 20mm 的游动间隙，横向应水平，悬挂装置采用柔性连接。

（三）常用设计方案

1. 接卸设施

（1）栈台-地槽。当电厂无专门的铁路卸煤装置时，可在石灰石棚内设置栈台-地槽设施进行接卸。卸车线和卸料栈台通常在石灰石棚内沿长度方向设置，栈台靠堆场内侧设置地槽作为接卸货位，并利用桥式抓斗起重机作为卸车和清空货位设备。

1）栈台-地槽配桥式抓斗起重机的接卸装置特点如下：

a. 桥式抓斗起重机可以进行卸料、上料、料场堆取等综合作业。

b. 系统布置简单、紧凑，运行灵活、可靠，设备利用率高。

c. 地下工程量小，施工方便。

2）栈台-地槽接卸装置的一般布置方式如图 9-11 所示。

3）栈台-地槽配桥式抓斗起重机的接卸装置设计应注意如下事项：

a. 铁路中心线距石灰石棚立柱边沿的距离不应小于 3000mm。当轨道中心线与道边建筑物的距离小于 6m 时，应在石灰石棚的进、出车端设置安全栏和安全警示，卸车作业时应禁止人员通行。

b. 地槽的宽度一般应大于桥式抓斗起重机抓斗宽度 2000mm。

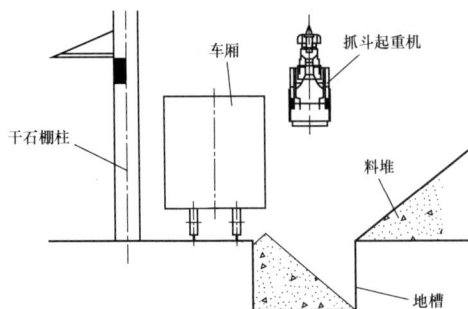

图 9-11 栈台-地槽接卸装置一般布置方式

　　c. 地槽深度应使地槽的货位容积满足一次或多车卸车的要求。

　　d. 栈台和地槽侧壁应成 90° 垂直砌筑，以便于抓斗作业。

　　（2）地下料斗。当电厂石灰石采用汽车运输进厂且年石灰石接卸量在 $30×10^4t$ 以上时，可在石灰石棚内设置多个地下料斗串联布置作为石灰石接卸装置。

　　地下料斗接卸装置的设计可参见《电力工程设计手册　火力发电厂运煤设计》中第二章的相关内容。

　　2. 储存设施

　　石灰石长期经受日晒雨淋容易风化变质，且吸水后易板结，从而造成石灰石筛分、破碎、制粉和气力输送等系统的堵塞，因此，石灰石粉制备系统对石灰石的含水率控制要求较严，一般要求水分含量小于或等于 1%。因为石灰石颗粒较细易对周围环境造成污染，所以石灰石不宜露天存放。储存设施通常采用桥式抓斗起重机石灰石棚方案。

　　桥式抓斗起重机石灰石棚的特点如下：

　　（1）桥式抓斗起重机大车在石灰石棚两侧立柱支撑的轨道梁上行走，小车在轨道以内的抓取行程内工作。

　　（2）桥式抓斗起重机可进行卸车、堆料、取料和料场整理等综合作业，大车、小车可同时运行，效率较高。

　　（3）根据进厂石灰石运输方式不同，石灰石棚可配地斗、栈台地槽等布置方式，满足火车、汽车直接进场卸车。

　　（4）石灰石棚可采用半封闭或全封闭设计，防止石灰石堆场经受日晒雨淋和对环境造成污染。

　　由于车辆接卸方式、上料方式不同，桥式抓斗起重机石灰石棚常见有栈台-地槽、地下料斗和地上料斗三种布置形式。

　　桥式抓斗起重机石灰石棚形式比较见表 9-2。

表 9-2　　　　　桥式抓斗起重机石灰石棚形式比较表

序号	类别	栈台-地槽	地下料斗	地上料斗
1	形式简图			
2	厂外运输方式	铁路运输进厂	汽车运输进厂	汽车运输进厂
3	卸车作业方式	铁路车辆进厂后停靠在石灰石棚内卸料栈台，分组将石灰石卸到地槽内，利用桥式抓斗起重机腾空地槽货位或桥式抓斗起重机直接抓取卸到石灰石棚内的石灰石堆场。桥式抓斗起重机固定式司机室宜布置在靠近铁路栈台一侧	汽车进厂后在石灰石棚内地下料斗区域卸车，利用桥式抓斗起重机、装载机、推煤机等设备清理货位	汽车进厂后在石灰石棚内某一区域卸车，利用桥式抓斗起重机、装载机、推煤机等设备清理货位
4	上料作业方式	桥式抓斗起重机抓取堆场内的石灰石向设置于石灰石棚内的地下料斗或地上料斗供料，并通过料斗下的给料机进入后续系统。当石灰石棚内配地下料斗设计方案时，也可采用推煤机向地下料斗供料	通过桥式抓斗起重机、装载机、推煤机等设备向地下料斗供料，并通过料斗下的给料机进入后续系统。汽车也可直接卸车到地下料斗，并向后续系统供料	通过桥式抓斗起重机向地上料斗供料，并通过料斗下的给料机进入后续系统。与地下料斗方案相比，节省了地下部分工程量，但料斗只能供上料作业，不能兼顾卸车作业

　　（四）设备选型

　　1. 桥式抓斗起重机

　　（1）结构形式。桥式抓斗起重机是以抓斗为吊具，在室内或露天的固定跨间内，依靠大车沿厂房轨道方向纵向移动，小车横向移动，抓斗升降、开闭运动来从事矿石、石灰石、炉渣、矿粉、煤、砂等散状物料的搬运工作的桥式起重机械。

整机由箱型桥架、大车运行机构、小车、抓斗、电气设备五部分组成。全部机构均在司机室内操纵。

司机室有固定式与移动式两种，移动式司机室与小车构成一体，随小车运行。司机室入口方向有端面、侧面和顶面。

抓斗可在任意高度张开和闭合，抓斗开闭方向有平行与垂直大车行走方向两种。

（2）规格参数。桥式抓斗起重机的规格参数见第八章第三节的相关内容。

2. K 型往复式给料机

（1）结构形式。往复式给料机是一种采用可调节偏心机构通过底板的往复运动将物料从贮仓或卸料斗中均匀地输送给运输机械、筛选设备、储存装置的给料设备；K 型往复式给料机利用曲柄连杆机构拖动下倾 5° 的底板在辊上做直线往复运动，当电动机开动后，经弹性联轴器、减速器、曲柄连轩机构拖动倾斜

的底板在插辊上作直线往复运动，将物料均匀地卸到受料设备中。

K 型往复式给料机由机架、底板（给料槽）传动平台、漏斗闸门、托辊等组成，如图 9-12 所示。

图 9-12　K 型往复式给料机

K 型往复式给料机根据需要有带漏斗和不带漏斗两种类型，设有带调节闸门和不带调节闸门两种结构。

（2）规格参数。K 型往复式给料机主要规格参数见表 9-3。

表 9-3　　　　　　　　　　　　　K 型往复式给料机主要规格参数表

规格型号	曲柄		底板行程（mm）	出力（t/h）	最大粒径（mm）		电动机功率（kW）	质量（kg）		料仓尺寸（mm）		外形尺寸（mm）		
	转速（r/min）	位置			10% 以下	10% 以上		带漏斗	不带漏斗	长	宽	长	宽	高
K-0	57	1	50	40	250	200	4	1164	1082	750	500	3100	1180	1019
		2	100	80										
		3	150	120										
		4	200	160										
K-1	57	1	50	60	350	300	4	1258	1162	750	750	3100	1180	1019
		2	100	120										
		3	150	179										
		4	200	242										
K-2	57	1	50	88	400	350	4	1426	1290	1000	750	3590	1180	1267
		2	100	181										
		3	150	272										
		4	200	360										
K-3	62	1	50	133	500	450	7.5	1983	1834	1250	1000	3954	1372	1344
		2	100	264										
		3	150	395										
		4	200	528										
K-4	62	1	60	237	700	550	15	2880	2676	1500	1250	4700	1634	1537
		2	120	472										
		3	180	704										
		4	240	944										

注　1. 表中所列出力为调节闸门调至最大位置（相当于不带调节闸门时）的出力。

　　2. 表中出力按比重 1.6t/m³ 计算。

3. ZG 系列电动机振动给料机

（1）结构形式。ZG 系列电动机振动给料机是一种新型、节能、通用给料设备，主要用于块状、粒状及粉状物料的给料。具有结构简单、紧凑，使用及维修方便，给料连续均匀，料槽磨损小，使用寿命长等优点。

ZG 系列电动机振动给料机利用新型振动电动机驱动，采用相同的两台振动电动机反方向自同步旋转，使槽体沿激振力方向做周期性往复运动来实现均匀、定量给料。

ZG 系列电动机振动给料机由槽体、振动电动机、减振装置组成，如图 9-13 所示。

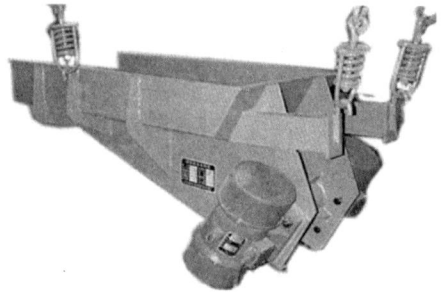

图 9-13　ZG 系列电动机振动给料机

（2）规格参数。ZG 系列电动机振动给料机主要规格参数见表 9-4，外形尺寸见表 9-5 和图 9-14。

表 9-4　　　　　　　　　ZG 系列电动机振动给料机主要规格参数

型号	入料粒径（mm）	出力（t/h）	振动电动机型号	功率（kW）	振频（Hz）	双振幅（mm）	激振力（kN）	参考质量（kg）	单点最大动负荷（N）
ZGF-35-75	0～60	25	YZO-2.5-4	0.25×2	25	2～4	2.5×2	190	150
ZGF-40-90	0～60	30	YZO-5-4	0.4×2	25	2～4	5×2	226	150
ZGF-45-90	0～100	50	YZO-5-4	0.4×2	25	2～4	5×2	260	210
ZGF-70-100	0～150	100	YZO-8-4	0.75×2	25	4～6	8×2	403	210
ZGF-80-120	0～150	200	YZO-17-4	0.75×2	25	4～6	17×2	520	255
ZGF-90-150	0～150	300	YZO-17-4	0.75×2	25	4～6	17×2	780	300
ZGF-95-150	0～150	400	YZO-20-4	2.0×2	25	4～6	20×2	810	300
ZGF-140-180	0～150	750	YZO-30-4	2.5×2	25	4～6	30×2	1250	350
ZGF-160-180	0～150	1000	YZO-50-4	3.7×2	25	4～6	50×2	1450	395

注　1. 表中所列出力为调节闸门调至最大位置（相当于不带调节闸门）时的出力。

　　2. 表中出力按比重 $1.6t/m^3$ 计算。

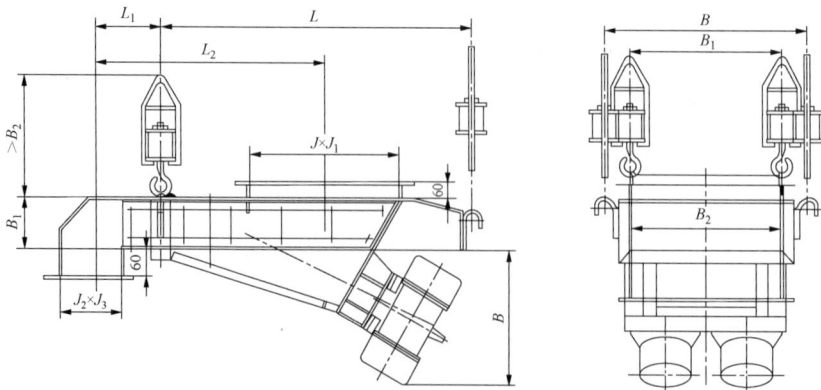

图 9-14　ZG 系列电动机振动给料机安装尺寸附图

表 9-5

ZG系列电动机振动给料机主要安装尺寸表 （mm）

型号	L	L_1	L_2	B	B_1	B_2	H		H_1	H_2	$J \times J_1$	$J_2 \times J_3$
							自振源	振动电动机				
ZGF-35-75	1050	280	750	550	355	350	460	400	150	220	300×300	300×350
ZGF-40-90	1200	280	900	600	405	400	480	400	200	280	400×400	400×400
ZGF-45-90	1245	305	900	592	592	450	480	450	260	420	450×450	400×350
ZGF-70-100	1197	262	1000	908	706	700	532	535	200	442	280×700	220×700
ZGF-80-120	1396	400	1200	1024	812	800	516	634	300	506	450×750	300×800
ZGF-90-150	1800	429	1500	1118	906	900	580	650	300	506	400×850	300×900
ZGF-95-150	1652	638	1500	1300	956	950	708	650	380	506	720×720	650×650
ZGF-140-180	1776	550	1800	1446	1446	1400	—	760	400	700	600×1300	600×1400
ZGF-160-180	1776	550	1800	1746	1746	1600	—	832	400	700	600×1500	600×1600

二、输送系统

（一）系统说明

石灰石输送系统指石灰石破碎磨制之前的石灰石块的输送，其设计范围为自石灰石堆场给料设备起，至石灰石破碎（磨制）车间料斗止的输送系统，包括输送设备、给料机、除铁器等，其中输送设备根据实际情况可选用普通带式输送机、刮板输送机、斗式提升机、波状挡边带式输送机等。

（二）设计原则

（1）石灰石输送系统的设计出力不应小于对应机组在最大连续蒸发量时燃用设计煤种与校核煤种两个条件下石灰石耗量较大值的200%。

（2）石灰石输送系统的设置路数，应与石灰石破碎（磨制）系统设备台套数相匹配。

（三）常用设计方案

1. 方案一

干石棚内的石灰石通过桥式抓斗起重机取料送入地上或半地上料斗，经料斗下的往复式给料机以及石灰石（埋刮板）输送机，进入石灰石制备间。在石灰石制备间内再经斗式提升机转运到石灰石料仓，从而进入石灰石的破碎系统。

典型布置方案一的总平断面布置如图9-15和图9-16所示。

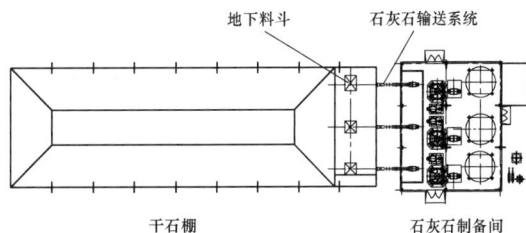

图 9-15 方案一平面布置图

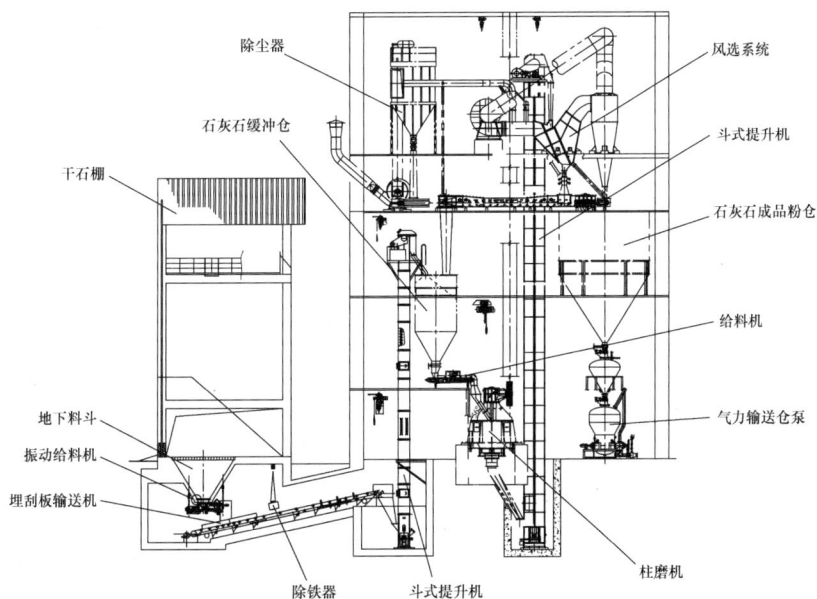

图 9-16 方案一断面布置图

2. 方案二

干石棚内的石灰石通过推料机送入地下料斗，经料斗下的振动给料机以及石灰石（大倾角）输送机，进入石灰石制备间。在石灰石制备间内再经输送机转运进入石灰石的破碎系统。

典型布置方案二的总平断面布置如图9-17和图9-18所示。

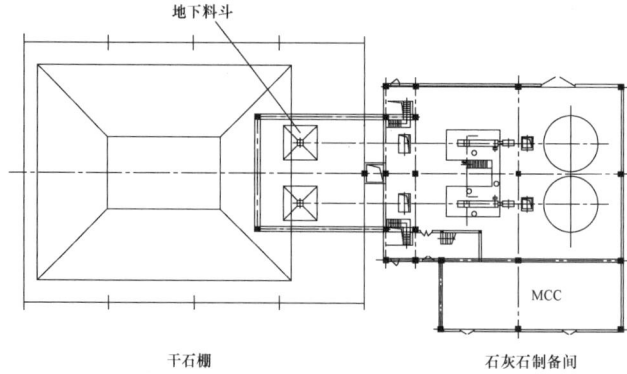

图 9-17　方案二平面布置图

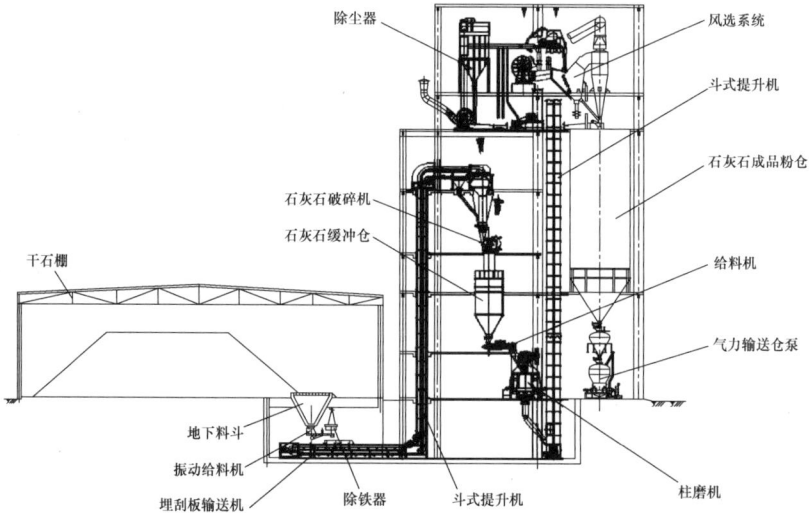

图 9-18　方案二断面布置图

（四）设计计算

石灰石输送系统的设计出力可按照式（9-1）计算，即

$$Q = \frac{B_{ls}}{n} \times 200\% \qquad (9\text{-}1)$$

式中　Q——系统出力，t/h；

　　　B_{ls}——机组最大石灰石耗量，t/h；

　　　n——石灰石输送系统设计套数。

（五）设备选型

石灰石输送系统常用的输送设备有普通带式输送机、刮板输送机、斗式提升机、波状挡边带式输送机等，其中普通带式输送机设备由于在运煤系统中经常使用，其选型可参见《电力工程设计手册火力发电厂运煤设计》中第四章的相关内容。

1. 刮板输送机

（1）结构形式。刮板输送机是一种以链条作牵引构件，应用固定在链条上的刮板沿着料槽运动来输送物料的运输机械。

刮板输送机由输送机头部、尾部、加料段、中间加（卸）料段、驱动装置、刮板链条及支架组成，如图9-19所示。

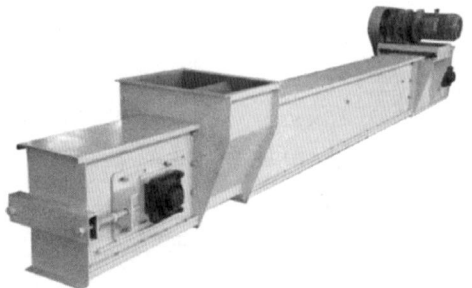

图 9-19　刮板输送机

刮板输送机的运送过程是在封闭的矩形断面箱体内进行，沿槽底运送的刮板链条带走一层物料往前运动，物料受到刮板链条在运动方向的推力，使物料受到积压，同时由于物料的自重，在物料之间的摩擦力大于物料与槽壁间的摩擦力时，物料随着刮板链条以均匀的速度连续、整体地向前移动，实现物料的运输。

刮板输送机有如下特点：

1）设备结构简单、质量轻、体积小、密封性能较好、安装维修比较方便。

2）以水平输送为主，也可倾斜输送，其最大倾角小于或等于 20°，水平输送时可单层或双层输送，可多点受料和卸料。

3）可单机布置，也能组合布置串联输送。

（2）规格参数。刮板输送机主要规格参数见表9-6，主要安装尺寸见表9-7和图9-20。

表9-6　刮板输送机主要技术参数表

槽宽（mm）		160	200	250	320	400	500
槽高（mm）		160	200	250	320	360	400
输送能力（t/h）							
链速（m/s）	0.16	15	23	36	59	83	115
	0.20	18	29	45	74	104	144
	0.25	23	36	56	92	130	180
	0.32	29	46	72	118	166	230

注　1. 输送能力按输送机水平布置计算。
　　2. 表中出力按比重 1.6t/m³ 计算。

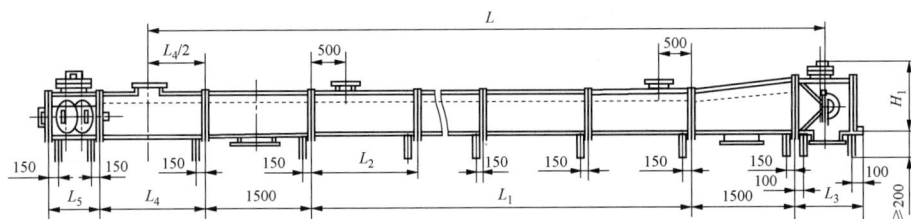

图 9-20　刮板输送机安装尺寸附图

表9-7　刮板输送机主要安装尺寸表　　（mm）

槽宽	L	L₁	L₂	L₃	L₄	L₅	H₁
160			1500	894	1500	700	433
200			1500	1030	1500	920	493
250	由具体设计确定	由具体设计确定	1500	1034	1500	1080	593
320			2000	1358	2000	1145	735
400			2000	1365	2000	1145	735
500			2000	1500	2000	1400	842

（3）出力。刮板输送机的设计出力可按照式（9-2）计算，即

$$Q = 3600 \times A \times v \times \psi \times \rho \qquad (9\text{-}2)$$

式中　Q——出力，t/h；

　　　A——输送机中间槽槽体端面面积，m²；

　　　v——链速，满足输送量需要的条件下选低值，输送物料粒径较大、水分较大时选低值，m/s；

　　　ψ——充满系数（输送物料粒径较大、水分较大时选低值）；

　　　ρ——物料松散密度，石灰石取 1.6～1.8t/m³。

当倾斜向上运输时，出力 Q 应按倾斜修正系数进行折减，$Q=Q_{max}C$，倾斜修正系数见表9-8。

表9-8　倾斜修正系数

输送机倾角 α	5°	10°	15°	20°
修正系数 C	0.90	0.82	0.76	0.70

2. 斗式提升机

（1）结构形式。斗式提升机是采用链斗来垂直输送粉末状、颗粒状或小块状物料的连续输送机械。具有横断面尺寸小、占地面积小、系统布置紧凑、提升高度大、密封性良好等优点。

斗式提升机在布置上通常采用垂直提升，当垂直提升布置不能满足工艺要求时也可作倾角大于 65° 的倾斜布置，但由于倾斜布置需增设牵引构件的支承装置而使设备结构复杂，因此不予推荐。

斗式提升机由传动部分主动轮、牵引链、料斗、从动轮、拉紧器及外壳等部分组成，如图9-21所示。

图 9-21　斗式提升机

斗式提升机的料斗固定在牵引链上，传动部分通过主动轮带动牵引链及料斗上、下循环运输。物料从下部装料口进入料斗，从上部卸料口排除，完成提升过程。

斗式提升机有如下特点：

1）斗式提升机装有制动器以防止倒转。

2）斗式提升机受到料斗尺寸的限制，只适应小块物料，物料表面水分超过 8%、黏结性较强的物料会严重影响斗式提升机的出力，选型时应注意。

3）斗式提升机对过载比较敏感，料斗及牵引构件易损坏。

4）为满足不同物料的需要，料斗有深浅两种形式，传动装置分左、右两种安装形式。

斗式提升机的分类和特点见表 9-9。

表 9-9　　　　　　　　　　　　斗式提升机的分类和特点表

分类方式	类别	结构或原理	适应物料	特点
牵引机构形式	带式	料斗固定在胶带上，以胶带滚筒传动	适用输送容重小于 1.5t/m³ 的粉状、粒状物料，温度一般不超过 60℃	自重小、运行平稳、成本低。但料斗在胶带上固定较薄弱，故提升高度和输送量受到限制
	链式	料斗固定在链条上，以链条传动	适用输送容重小于 2.5t/m³ 的粒状、块状、中块状物料，温度一般不超过 300℃	料斗的固定强度大，提升高度和输送量都较大，但其运行不太稳定，噪声大
卸料方式	离心式	运行速度较高，在卸料时依靠物料的离心力，在头部转向处将物料抛出料斗	适用于容重小于 1.5t/m³ 的粉状、粒状物料	料斗间距较大，以防止在卸料时后边斗的物料卸在前边的斗上
	重力式	运行速度低于离心式提升机，当料斗运行至顶部传动轮后，料斗转向斗口向下，物料依靠其自重卸出料斗	适用于容重小于 1.5t/m³ 的粉状、粒状、块状物料	料斗比较密集，斗与斗的间隔小，在卸料时后斗的物料部分会卸在前边的斗上洒落，有少量回料现象
	导向重力式	在料斗外侧有导向槽，后边斗的物料卸出时，刚好落在前边一个斗的背侧导料槽，并将物料导出机壳排料口	适用于容重小于 2.5t/m³ 的粉状、粒状、块状、中块状物料	料斗比较密集，斗与斗的间隔小，几乎连续
装料方式	舀取式	首先将物料送入底部机壳内，运转时料斗从底部舀取	适用于容重小于 1.5t/m³ 的粉状、粒状物料	消耗的动力大，料斗磨损严重。对于块度较大、较硬的物料，不宜采用这种装料方式
	流入式	物料直接流入料斗内，这种方式必须配以连续的给料设备，否则物料容易落入料斗外	适用于容重小于 2.5t/m³ 的粉状、粒状、块状、中块状物料	磨损小、阻力小、电耗小

（2）规格参数。TH 系列斗式提升机主要规格参数见表 9-10，主要安装尺寸见表 9-11 和图 9-22。

表 9-10　　　　　　　　　　TH 系列斗式提升机主要规格参数表

	型号	TH315		TH400		TH500		TH630	
	料斗形式	浅斗	深斗	浅斗	深斗	浅斗	深斗	浅斗	深斗
	输送量（t/h）	35	59	58	94	73	118	114	185
料斗	斗容（L）	3.75	6	5.9	9.5	9.3	15	14.5	23.6
	斗距（mm）	516				688			
链条	圆钢直径×节距（mm）	$\phi22\times86$							
	单根链条破断强度（kN）	≥320				≥480			
	料斗运行速度（m/s）	1.4				1.5			
	传动链轮速度（r/min）	42.5		37.6		35.8		31.8	
	输送物料最大块度（mm）	35		40		50		60	
	提升机最大轴距（mm）	39.971		39.584		40.002		40.212	

表 9-11　　　　　　　　　　　　TH 系列斗式提升机主要安装尺寸表　　　　　　　　　　　　（mm）

型号	L	S	A_2	A_3	A_4	A_5	A_6	B_2	B_4	B_5	B_6
TH315	C+1643	250	1267	770	1250	1396	1416	443	475	621	641
TH400	C+1743	250	1394	840	1400	1546	1566	498	560	706	726
TH500	C+2024	250	1545	920	1600	1768	1808	579	670	838	878
TH630	C+2384	250	1706	1010	1800	1968	2008	644	800	968	1008

注　C 值由具体设计确定。

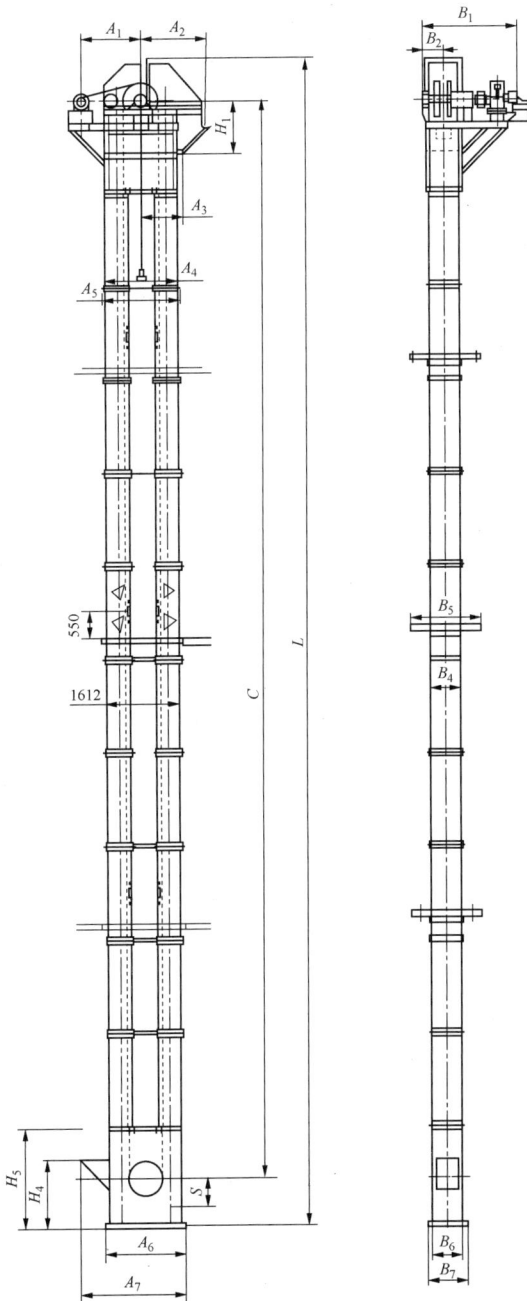

图 9-22　TH 系列斗式提升机安装尺寸附图

（3）出力。斗式提升机的设计出力可按照式（9-3）计算。

$$Q = \frac{3600 \times V \times v \times \psi \times \rho}{L} \qquad (9-3)$$

式中　Q——出力，t/h；

　　　V——料斗容积，m³；

　　　v——提升速度，m/s；

　　　ψ——料斗充满系数，见表 9-12；

　　　ρ——物料松散密度，石灰石取 1.6～1.8t/m³；

　　　L——料斗间距，m。

表 9-12　　　料斗充满系数

料斗形式 / 物料粒度	深斗	浅斗	锐角型密料斗			
			提升机倾角			
			60°～70°	70°～75°	75°～82°	90°
粉末物料	0.85	0.75				
物料粒径 <40mm	0.7～0.8		0.93～0.98	0.85～0.95	0.75～0.9	0.7～0.75
物料粒径 >60mm	0.5～0.7		0.93～0.98	0.85～0.95	0.75～0.9	0.6～0.7

料斗充满系数不仅与装料方式有关，与物料粒径和提升速度也有关系。在连续给料的情况下，根据不同的速度，选择适当的提升速度也是很重要的。不同物料粒径的合理提升速度可参照表 9-13 选择。

表 9-13　　　物料粒径与提升速度

物料粒径（mm）	提升速度（m/s）
≤40	≤2.5
40～50	≤2.0
50～70	≤1.55
>70	≤1.25

3. 波状挡边输送机

（1）结构形式。波状挡边输送机又叫裙边隔板输送带，是由基带、挡边、横隔板 3 部分组成。挡边起防止物料测滑撒落的作用。为便于绕过滚筒，挡边设计成波纹状；横隔板的作用是承托物料，为了实现大倾角输送，一般采用 T 型或 TC 型。挡边和横隔板是用二次硫化的方法与基带连接的，具有很高的连接强度。

波状挡边输送机为一般用途的散装物料连续输送设备，但采用的是具有波状挡边和横隔板的输送带，可适用于倾角 0°～90° 散装物料的输送，解决了普通带和花纹带所不能达到的输送角度。

为保证波状挡边输送机能够获得较好的受料和卸料条件，以及节省占地空间，推荐采用 S 形布置形式，即设有上水平段、下水平段和提升段，提升段布置角度为 90°。在下水平段受料，在上水平段卸料，如图 9-23 所示。

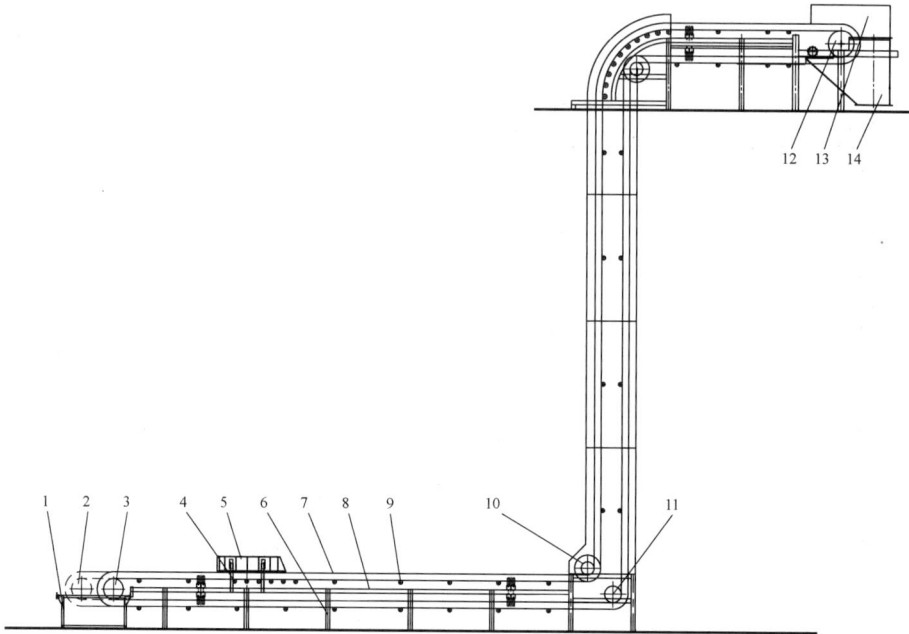

图 9-23　波状挡边输送机 S 形布置

1—尾部支架；2—拉紧装置；3—尾部滚筒；4—缓冲托辊；5—导料槽；6—支腿；7—胶带；8—中部支架；9—承载托辊；
10—改向压轮；11—改向滚筒；12—头部滚筒；13—头部护罩；14—头部漏斗

（2）规格参数。

1）波状挡边输送机。波状挡边输送机主要规格参数见表 9-14。

表 9-14　波状挡边输送机主要规格参数表

带宽（mm）	挡边高（mm）	带速（m/s）	倾角（°）	最大输送能力（t/h）	功率（kW）
500	80	0.8～2.5	30～90	78	1.5～22
	120			104	
	160			130	
650	80	0.8～2.5	30～90	118	1.5～30
	120			156	
	160			210	
800	120	0.8～2.5	30～90	248	1.5～55
	160			340	
	200			370	
	240			520	

续表

带宽（mm）	挡边高（mm）	带速（m/s）	倾角（°）	最大输送能力（t/h）	功率（kW）
1000	160	0.8～4.0	30～90	465	4.0～90
	200			518	
	240			708	
1200	160	0.8～4.0	30～90	702	5.5～110
	200			788	
	240			1077	
	300			1292	

注　表中最大输送能力按倾角为 30° 前提下，允许最大带速、最小隔板间距计算所得。

2）波状挡边。S 形波状挡边的主要技术参数见表 9-15 和图 9-24。

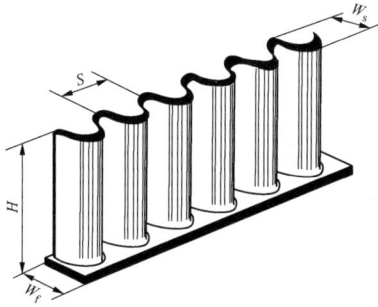

图 9-24　S 形波状挡边

表 9-15　　**波状挡边主要参数**

挡边高 H (mm)	80	120	160	200	240	300	400
波幅 W_s (mm)	44	44	65	70	80	90	90
波形距 S (mm)	42	42	65	72	72	72	86
波底宽 W_f (mm)	50	50	80	85	90	95	112
每米质量 q_s (kg/m)	1.89	2.51	4.49	5.61	6.73	12.02	16.02

3）波状挡边输送带。波状挡边输送带的基本参数见表 9-16。

表 9-16　　**挡边输送带基本参数**　　　　（mm）

带宽 B	挡边高 H	横隔板高 h	有效带宽 B_f	空边宽 B_k
500	80	75	260	70
	120	110	260	70
	160	150	200	70
650	80	75	360	95
	120	110	360	95
	160	150	300	95
800	120	110	450	125
	160	150	390	125
	200	180	380	125
	240	220	370	125
1000	160	150	540	150
	200	180	530	150
	240	220	520	150
1200	160	150	620	210
	200	180	610	210
	240	220	600	210
	300	280	590	210

（3）出力。波状挡边输送机设计出力的计算方法推荐采用水平截面计算其有效的输送能力，不考虑物料堆积角对出力的影响。

波状挡边输送机的隔板目前常用的有 TC 形和 T 形两种形式，如图 9-25 所示。

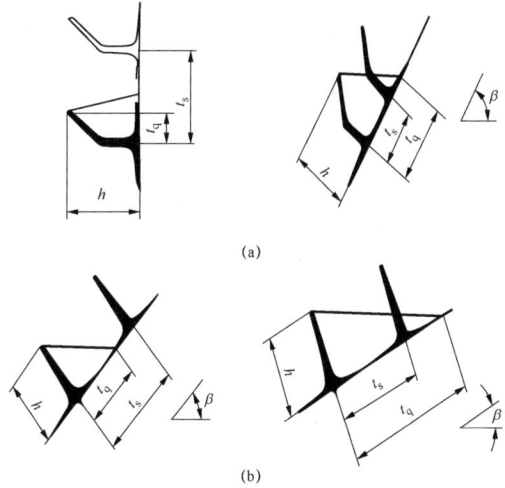

(a)

(b)

图 9-25　隔板形式

（a）TC 形隔板；（b）T 形隔板

根据物料在输送带上的装载情况，出力分别按照如下公式计算。

1）TC 形隔板。

当 $t_q \leqslant t_s$ 时为

$$Q = 3600 \times \psi \times v \times \rho \times h \times B_f \times t_q / 2 + 0.123\ 2 \times h / t_s \tag{9-4}$$

当 $t_q > t_s$ 时为

$$Q = 1800 \times \psi \times v \times \rho \times h \times B_f \times (2 - t_s / t_q + 0.024\ 26 \times h / t_s) \tag{9-5}$$

2）T 形隔板。

当 $t_q \leqslant t_s$ 时为

$$Q = 1800 \times \psi \times v \times \rho \times h \times B_f \times t_q / t_s \tag{9-6}$$

当 $t_q > t_s$ 时为

$$Q = 1800 \times \psi \times v \times \rho \times h \times B_f \times (2 - t_s / t_q) \tag{9-7}$$

$$t_q = h \times [0.364 + \tan(90° - \beta)] \tag{9-8}$$

式中　Q——出力，t/h；

t_q——物料与基带理论接触长度，m；

t_s——横隔板间距，通常为 3～6 倍波形距，m；

ψ——充满系数；

v——带速，m/s；

ρ——物料松散密度，石灰石取 1.6～1.8t/m³；

h——横隔板高度，m；

B_f——有效带宽，m；

β——输送机倾角，（°）。

第四节 粗 碎 系 统

一、系统说明

当石灰石来料粒度大于 30mm 时，石灰石粉制备系统应设置两级破碎，第一级的破碎流程即为粗碎系统，其碎后粒度宜小于或等于 30mm。当石灰石来料粒度小于或等于 30mm 时，石灰石粉制备系统工艺流程中不考虑设置粗碎系统。

粗碎系统的设计范围为自输送系统出口起至细碎系统的入口止的设施和设备，包括粗碎机、管道以及连接附件等，必要时还应包括输送系统和粗碎系统之间的石灰石料仓，以及给料机、斗式提升机等转运设备。

二、设计原则

粗碎系统主要功能是采用破碎机设备来实现的，经粗碎后的石灰石粒径应综合考虑破碎比及细碎设备进料粒径的要求后确定，常规粗碎后的粒径按照不超过 30mm 考虑。

三、设备选型

石灰石的粗碎设备应用较多的主要有三种形式的破碎机：环锤式、反击式和齿辊式。

1. 环锤式破碎机

（1）结构形式。环锤式破碎机是一种带有环锤的冲击转子式破碎机。当物料进入破碎机后，首先受到高速旋转的环锤的冲击而被初碎，初碎的物料撞击到破碎板后进一步被破碎。当初碎物料落到筛板及环锤之间时又受到环锤的剪切、滚碾和研磨等作用被破碎到规定的粒径后从筛板栅孔中排出，而少量不能被破碎的杂物在离心力的作用下经拨料板被抛到杂物收集箱后定期清除。环锤式破碎机的结构形式如图 9-26 所示。

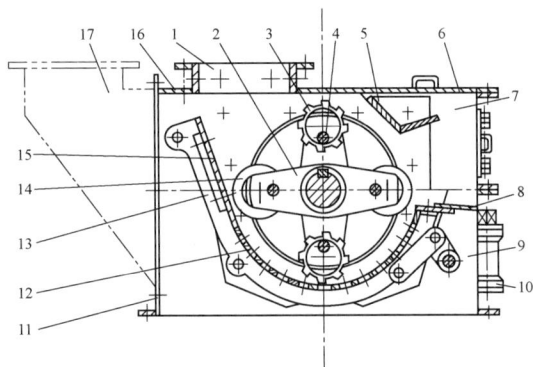

图 9-26 环锤式破碎机结构示意图

1—进料口；2—转子；3—环锤；4—锤销；5—反击板；6—活动盖板；7—杂物收集箱；8—活动板；9—机体；10—调节机构；11—下机壳；12—筛板；13—托板；14—环锤；15—破碎板；16—上机壳；17—旁路溜槽

（2）规格参数。环锤式破碎机主要规格参数见表 9-17。

表 9-17　　　　　　　　　　　　环锤式破碎机主要规格参数表

出力 (t/h)	转子直径 (mm)	转子长度 (mm)	进料粒径 (mm)	出料粒径 (mm)	转子转速 (r/min)	电动机功率 (kW)	外形尺寸 长×宽×高（mm×mm×mm）
45	φ600	400	≤200	≤30	970	18.5	866×1265×870
60	φ600	600	≤200	≤30	970	30	1100×1265×870
160	φ800	800	≤200	≤30	740	75	1622×1620×1080
400	φ1000	1000	≤300	≤30	740	110	1822×2000×1395
900	φ1000	1600	≤300	≤30	740	220	2520×2000×1395
1000	φ1200	1600	≤400	≤30	740	355	3300×3200×1950
1200	φ1200	1800	≤400	≤30	740	400	3300×3400×1950

注　1. 本表所指物料为堆密度为 1.5～1.6t/m³、抗压强度不大于 120MPa 的石灰石。

2. 出力是指设备达到上述条件，且合理粒度不小于 90%的工况下的量值。

2. 反击式破碎机

（1）结构形式。反击式破碎机是一种利用冲击能来破碎物料的破碎机械。当物料进入板锤作用区时，受到板锤的高速冲击而破碎，并被抛向安装在转子上方的反击板上再次破碎，然后又从反击板上弹回到板锤作用区重新破碎。此过程重复进行，直到物料被破碎至所需粒径，由机器下部排出为止。调整反击架与转子架之间的间隙可达到改变物料粒径和物料形状的目的。本机在反击板后采用弹簧保险装置，当非破碎物进入破碎腔后，前后反击架后退，非破碎物从机内排出。

反击式破碎机的结构形式如图 9-27 所示。

（2）规格参数。反击式破碎机主要规格参数见表 9-18 和表 9-19。

3. 齿辊式破碎机

（1）结构形式。齿辊式破碎机是利用两齿辊的相向差速旋转实现物料破碎的。当物料进入破碎机后，

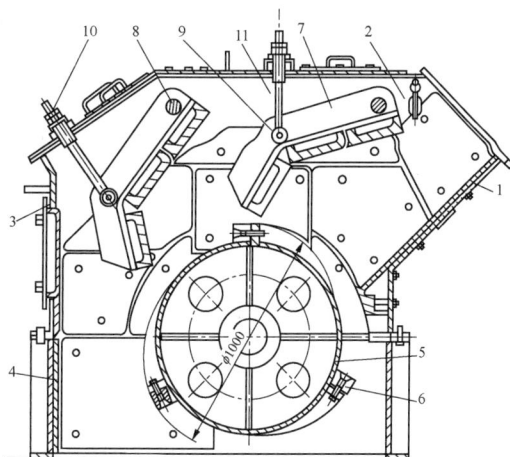

图 9-27 反击式破碎机结构示意图

1—进料口；2—链幕；3—机壳；4—机体；5—转子体；
6—板锤；7—一级反击板；8—二级反击板；
9—螺母；10—调整装置；11—悬挂装置

表 9-18 两腔反击式破碎机主要技术参数表

出力（t/h）	转子直径（mm）	转子长度（mm）	进料粒径（mm）	出料粒径（mm）	进料口尺寸（mm）	电动机功率（kW）	外形尺寸长×宽×高（mm×mm×mm）
130～200	ϕ1150	1400	≤500	≤30	1100×1430	132	2400×2310×2550
180～320	ϕ1300	1500	≤600	≤30	1200×1530	160	2700×2570×2800
240～400	ϕ1300	1800	≤700	≤30	1200×1830	200	2700×2870×2800
240～450	ϕ1400	1500	≤800	≤30	1450×1530	200	3000×2700×3070

表 9-19 三腔反击式破碎机主要技术参数表

出力（t/h）	转子直径（mm）	转子长度（mm）	进料粒径（mm）	出料粒径（mm）	进料口尺寸（mm）	电动机功率（kW）	外形尺寸长×宽×高（mm×mm×mm）
90～170	ϕ1150	1400	≤250	≤30	570×1430	132	2550×2310×2100
180～270	ϕ1300	1500	≤300	≤30	625×1530	160	2960×2570×2380
220～300	ϕ1300	1800	≤300	≤30	625×1830	200	2960×2870×2380
280～350	ϕ1400	1500	≤350	≤30	800×1530	200	3120×2650×2660

注 1. 本表所指物料为堆密度为 1.5～1.6t/m³、抗压强度不大于 150MPa 的石灰石。

2. 出力是指设备达到上述条件，且合理粒径不小于 90%的工况下的量值。

小于齿辊间隙的较小物料直接从两齿辊的中间间隙通过，避免了较小物料的再次破碎而产生过粉碎现象，大于两齿辊间隙的较大物料在齿辊上翻滚，从而选择物料的脆弱方向进行破碎，能尽可能地节省能量，物料在齿辊和边齿板之间被劈、挤、拉破成所需要的粒径。此种工作方式集筛分和破碎功能于一体，在充分节能的同时，又最大限度地减少了物料的过粉碎等损耗。

齿辊式破碎机的结构形式如图 9-28 所示。

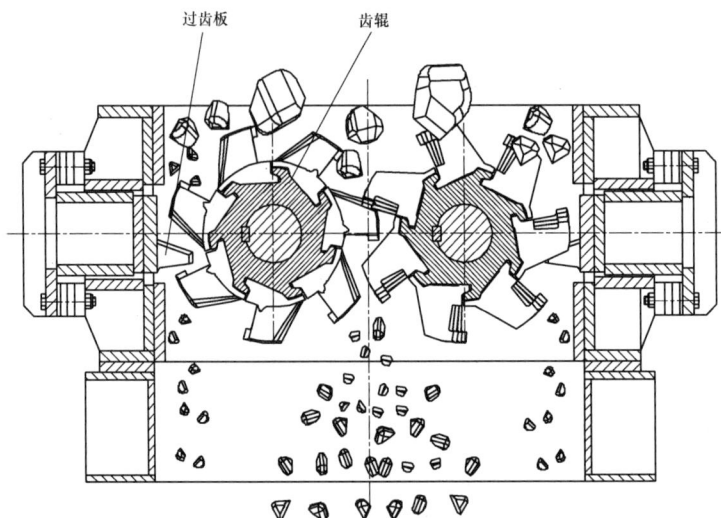

图 9-28 双齿辊破碎机结构示意图

（2）规格参数。齿辊式破碎机主要规格参数见表 9-20。

表 9-20   双齿辊破碎机主要规格参数表

出力 （t/h）	进料粒径 （mm）	出料粒径 （mm）	转速 （r/min）	电动机功率 （kW）	外形尺寸 长×宽×高（mm×mm×mm）
200			82/92	90	4660×2020×1310
300	300～400	30～80	82/92	132	5230×2020×1310
600			82/92	160	5700×2020×1310
800			82/92	200	3350×2710×1318

注 1. 本参数表所指物料为堆密度为 1.5～1.6t/m³、抗压强度不大于 150MPa 的石灰石。

2. 出力是指设备达到上述条件，且合理粒径不小于 90% 的工况下的量值。

第五节 细 碎 系 统

细碎系统的设计范围为自粗碎系统出口起至石灰石粉仓入口止的设施和设备，包括细碎机、磨煤机、筛分机、分选机、输送机、给料机、斗式提升机、管道以及连接附件等。

当细碎系统采用破碎设备时，宜采用机械筛分设备；采用磨制设备时，宜采用气力分选设备。

一、破碎机+机械筛分系统

（一）系统说明

破碎机+机械筛分系统是一种将物料破碎，并通过筛分设备的机械运动，将破碎后的物料进行粗细分离的闭式循环系统。物料在筛上获得加速度而与筛面进行相对运动，当其经过筛网时，小于筛网孔径的物料透过筛网掉入下方，大于筛网孔径的物料则在筛面上继续向前移动，对筛面上方和筛面下方的物料分别进行收集，从而实现物料分级，达到分选的目的。

经粗碎系统破碎到小于或等于 30mm 的石灰石（或入厂粒径小于或等于 30mm 的石灰石）进入到细碎机进行破碎之后经斗式提升机进入机械筛分设备，小于合格粒径的石灰石粉进入石灰石粉仓，大于合格粒径的石灰石经输送设备再次返回到细碎机重新进行破碎。

典型的系统工艺流程如图 9-29 所示。

就目前的技术来看，机械筛分对小于 1mm 粒度的大宗物料进行分选较为困难。主要原因是筛网孔径在做到 1mm 以下时，开孔率急剧衰减，筛分面积需要比常规面积大几倍甚至于几十倍，筛分机械结构大幅放大后，在各种应力作用下框架结构将快速开裂、解体；其次，筛面宽度达到一定程度后，布料的难度加大，筛面不能全宽受料，筛分效率急剧减小；再次，为保证筛网最低开孔率，筛丝直径下降较大，甚至降到 0.5mm 以下，在大宗物料的冲制下，筛网在短时间内就被磨穿；筛分机械结构放大后其能耗也大幅增大。此外，分选物料粒径太小后，物料不易下沉、着床，筛分困难。

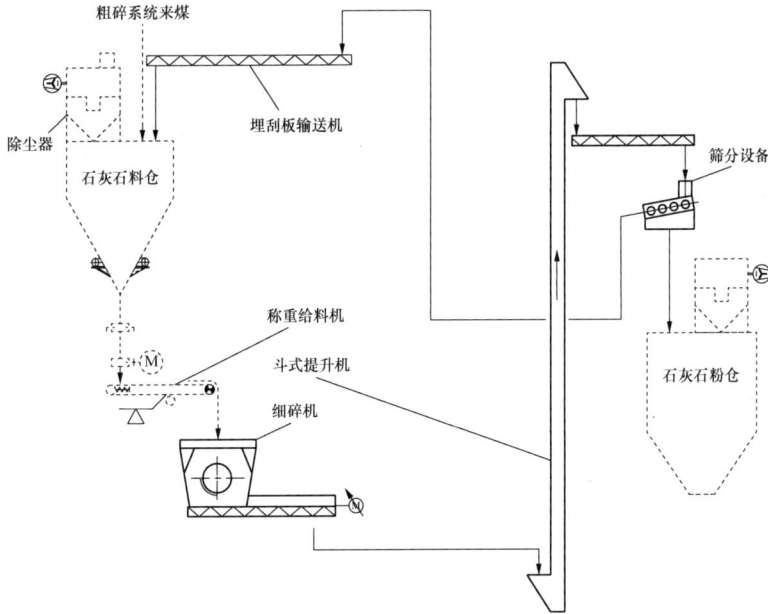

图 9-29　典型破碎+筛分系统工艺流程图

（二）控制要求

以某电厂 600MW 循环流化床机组炉内脱硫用石灰石粉制备系统为例，说明石灰石粉制备系统的运行控制要求。

该厂石灰石进厂粒度不超过 30mm，制备系统未设置粗碎系统。

设备启动/停止流程顺序如图 9-30 和图 9-31 所示。

（1）石灰石粉仓和石灰石料仓的启动或停止是指仓上的料位计、破拱装置等设备的启停作业。

（2）石灰石通过桥式抓斗起重机作业送至地下料斗，再经过料斗下方的振动给料机进入石灰石粉制备系统，但桥式抓斗起重机为不连续运行，不纳入控制系统中。

（三）设备选型

1. 锤击式破碎机

（1）结构形式。当物料进入锤头作用区时，受到锤头的高速冲击而破碎，并被抛向破碎板上再次破碎，然后又从破碎板上弹回到锤头作用区重新破碎。并且，

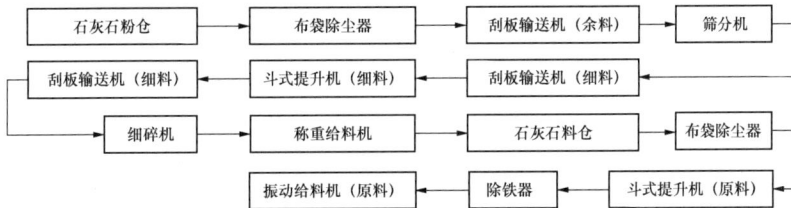

图 9-30　启动流程顺序示意框图

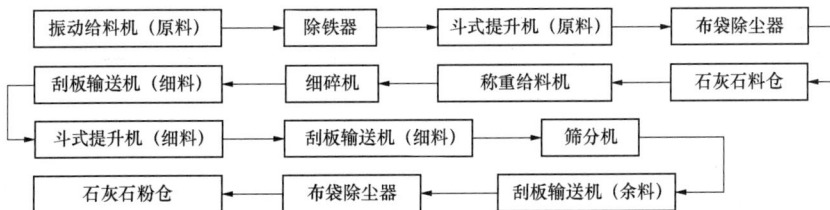

图 9-31　停止流程顺序示意框图

物料同时受到物料与物料之间的相互碰撞而破碎。此过程在破碎腔内重复进行，直到物料被破碎至所需粒径，由设备下部经筛板排出为止。调整破碎板与锤头之间的间隙可达到改变物料粒径和物料形状的目的。同时，细碎机底部的筛板保证达到合格粒度的物料经筛板排出，不合格的物料在破碎腔内继续破碎至合格后排出。设置了异物收集装置，当非破碎异物进入破碎腔后，会自动进入异物收集箱，避免设备损坏。异物收集箱只需按时清理即可。

锤击式破碎机主要由转子、机架、锤臂、锤头、破碎板、筛板和调节装置等部分组成，如图 9-32 所示。

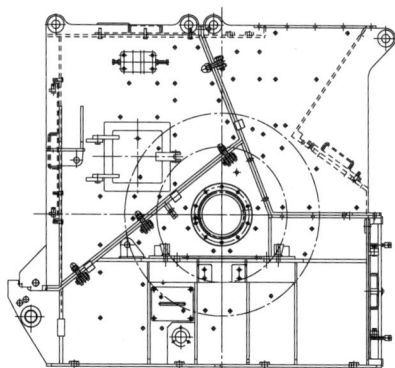

图 9-32　锤击式破碎机结构示意图

（2）规格参数。锤击式破碎机主要规格参数见表 9-21。

表 9-21　锤击式破碎机主要规格参数表

出力 （t/h）	进料粒径 （mm）	出料粒径 （mm）	电动机功率 （kW）	外形尺寸 （长×宽×高， mm×mm×mm）
20～30	≤30	0～1.5	250	2800×2500×2020
30～40	≤30	0～1.5	300	3000×2500×2020
40～50	≤30	0～1.5	350	3200×2500×2020

2. 滚筒筛

（1）结构形式。滚筒筛又叫圆筒回转筛、圆筒筛、回转筛等，是一种传统经典的筛分筛选机械，其工作截面有圆柱形、圆锥形、角锥形。滚筒筛适宜筛分的粒径级别大到几十毫米，小到 100 目以下。滚筒装置倾斜安装于机架上。电动机及减速机与滚筒装置通过联轴器连接在一起，驱动滚筒装置绕其轴线转动。当物料从进料溜槽进入滚筒装置后，滚筒装置在电动机、联轴器、减速器的带动下做圆周转动，并且滚筒装置

本身也有一个倾角，一般来说圆柱形和角柱形滚筒筛回转倾角通常为 4°～7°，从而使得筛面上的物料不断地翻转与滚动，在离心力、重力、冲击力、筛网的共同作用下，使合格物料（筛下产品）经滚筒外圆的筛网排出，不合格的物料（筛上产品）经滚筒末端出料溜槽排出。

滚筒筛主要由进料溜槽、支腿、连接架、张紧装置、传动平台、底托、上托、筒体、落料斗、电动机支架、电动机、出料溜槽、支撑轮、挡轮、挡圈、夹具和落料斗支撑等部分组成，如图 9-33 所示。

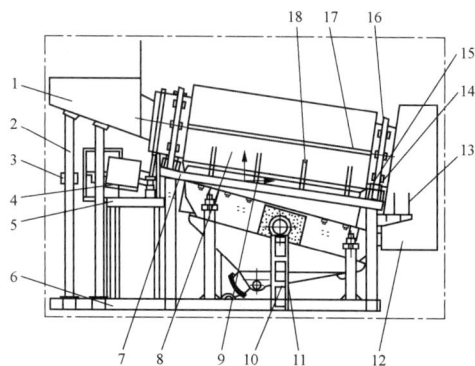

图 9-33　滚筒筛结构示意图
1—进料溜槽；2—支腿；3—连接梁；4—张紧装置；
5—传动平台；6—底托；7—上托；8—筒体；9—落料斗；
10—电动机支架；11—电动机；12—出料溜槽；13—料槽支撑；
14—支撑轮；15—挡轮；16—挡圈；17—夹具；18—落料斗支撑

（2）规格参数。滚筒筛主要规格参数见表 9-22。

表 9-22　滚筒筛主要规格参数表

出力 （t/h）	外筛直径 （mm）	出料粒径 （mm）	功率 （kW）	外形尺寸 （长×宽×高， mm×mm×mm）
2～5	φ1200	≤1	3	3580×1590×1675
4～8	φ1500	≤1	5.5	3980×1790×1975
8～15	φ1800	≤1	7.5	4150×1870×2240
13～20	φ2000	≤1	11	4230×1950×2950

3. 直线振动筛

（1）结构形式。直线振动筛采用双振动电动机或普通电动机驱动激振器振动，当两台振动电动机做同步、反向旋转时，其偏心块所产生的激振力在平行于电动机轴线的方向相互抵消，在垂直于电动机轴线的

方向上重叠为一合力，因此筛分机的运动轨迹为一直线。两电动机轴相对于筛面有一个倾角，在激振力和物料自重的合力作用下，物料在筛面上不断被抛起跳跃式向前做直线运动，从而达到对物料的筛选和分级。筛网最高筛分目数达 400 目，可筛分出 7 种不同粒径的物料。适用于粒径在 0.074～5mm、含水量小于 70%、无黏性的各种干式粉状物料的筛分，最大给料粒径不大于 10mm。具有耗能低、产量高、结构简单、易维修特点。其无粉尘溢散、自动排料，更适合于流水线作业。

直线振动筛主要结构部件由落料斗、周边铁角、筛箱、弹簧支撑、减振弹簧、高支腿、电动机、激振器、电动机支架、底托吊挂、落料斗、筋板支撑、低支腿、筛板、密封罩和传振体等部分组成，如图 9-34 所示。

（2）规格参数。直线振动筛主要规格参数见表 9-23。

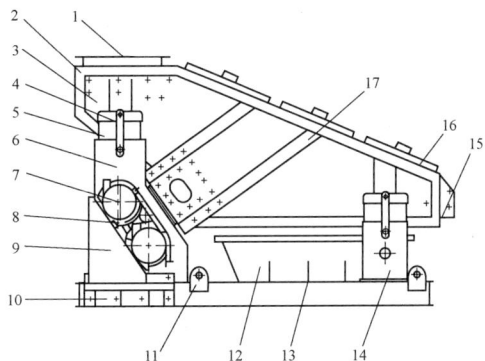

图 9-34 直线振动筛结构示意图

1—落料斗；2—周边铁；3—筛箱；4—弹簧支撑；
5—减振弹簧；6—高支腿；7—电动机；8—激振器；
9—电动机支架；10—底托；11—吊挂；12—落料斗；
13—筋板支撑；14—低支腿；15—筛板；
16—密封罩；17—传振体

表 9-23　　　　直线振动筛主要技术参数表

出力 （t/h）	进料粒径 （mm）	出料粒径 （mm）	功率 （kW）	筛面面积 （mm）	振幅 （mm）	外形尺寸 （长×宽×高，mm×mm×mm）
10～25	≤200	≤1	2×15	10.8	8～11	6000×1800×3710
20～30	≤200	≤1	2×15	12	8～11	6000×2000×3800
25～40	≤200	≤1	2×18.5	18.75	8～11	7500×2500×3800
35～50	≤300	≤1	2×22	21	8～11	7000×3000×4000
45～60	≤300	≤1	2×22	23.25	8～11	7500×3100×4200
55～70	≤300	≤1	2×37	27	8～11	9000×3000×4000

4. 圆运动振动筛

（1）结构形式。圆运动振动筛因其运动轨迹近似于圆故又简称为圆振筛。圆振筛采用筒体式偏心轴激振器及偏心块调节振幅，物料筛涮线长，筛分规格多。圆振筛是利用普通电动机拖动偏心轴，使筛体沿激振力方向做周期性往复振动的，物料在筛面做圆运动，从而达到筛分目的。圆振筛采用筒体式偏心轴激振器及偏心块调节振幅，激振力强，使用维修方便；圆振筛采用弹簧钢编织筛网或冲孔筛板等，使用寿命长，不易堵孔；圆振筛采用橡胶隔振弹簧，使用寿命长，噪声小，过共振区平稳；其也可以采用小振幅，高频率，大倾角结构，使该机筛分效率高、处理量大、寿命长、电耗低、噪声小。

圆振筛主要由进料口、筛体装配、减振弹簧、弹簧支撑、落料斗、底托、电动机支架、筛板、密封盖、电动机、联轴器和激振器等部分组成，如图 9-35 所示。

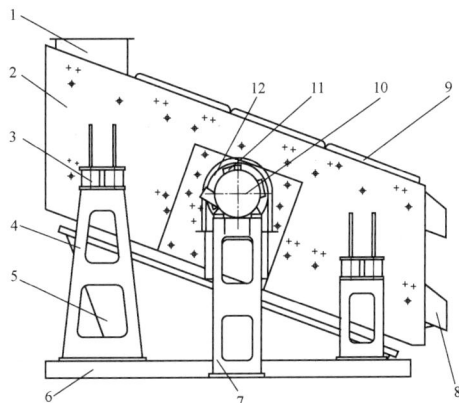

图 9-35 圆运动振动筛结构示意图

1—进料口；2—筛体装配；3—减振弹簧；4—弹簧支撑；5—落料斗；6—底托；7—电动机支架；8—筛板；9—密封盖；10—电动机；11—联轴器；12—激振器

（2）规格参数。圆运动振动筛主要规格参数见表 9-24。

表 9-24　　　　　　　　　　　　　　圆振筛主要技术参数表

出力 （t/h）	进料粒径 （mm）	出料粒径 （mm）	振动频率 （kW）	筛面面积 （mm）	振幅 （mm）	外形尺寸 （长×宽×高，mm×mm×mm）
6～18	≤200	≤1	800～970	3.7	8	3000×1200×2810
10～90	≤200	≤1	970	6.1	8	4200×1500×3800
10～38	≤200	≤1	970	7.1	8	4800×1500×3800
10～40	≤300	≤1	970	7.1	8	4800×1500×4000
16～64	≤300	≤1	850	10.8	8	6000×1800×4500
20～66	≤300	≤1	850	12.8	8	6000×2100×4200

5. 旋振布料组合筛

（1）结构形式。旋振布料组合筛采用布料筛分相结合的工艺技术，物料从进料口进入布料器，布料器直线运动，物料在运动的过程通过筛下溜槽均匀地向多个筛分单元布料，筛分单元做上下、左右，圆周、高频振动，物料在圆形筛网上快速运动，只需 300～500mm 的长度就可以完全透筛。

旋振布料组合筛由于采用了组合技术，可以将多个筛分单元组合在一起，从而实现筛机的大型化。与之相对应，在相同处理量下能耗、载荷、噪声均大大降低。因为筛分机采用多点布料每个筛分单元的料层相对较薄，所以筛分效率得到极大提高。

旋振布料组合筛是针对大宗小于 1mm 细物料的专用筛型，主要由布料器、溜管组合、密封装置、旋振筛分单元、托架组合等部分组成，如图 9-36 所示。

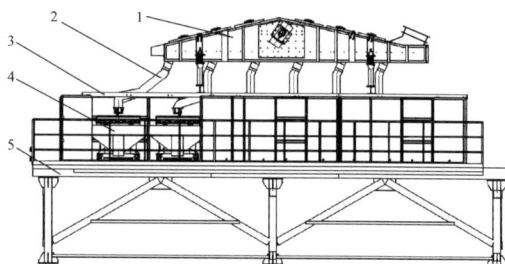

图 9-36　旋振布料组合筛结构示意图
1—布料器；2—溜管组合；3—密封装置；
4—旋振筛分单元；5—托架组合

（2）规格参数。旋振布料组合筛的主要规格参数见表 9-25。

表 9-25　　　　　　　　　　旋振布料组合筛主要技术参数表

出力 （t/h）	进料粒径 （mm）	出料粒径 （mm）	功率 （kW）	筛面层数 （层）	外形尺寸 （长×宽×高，mm×mm×mm）
20	≤5	≤1	4.4	1～3	1800×1800×1300
40	≤5	≤1	7.5	1～3	2900×1800×2000
60	≤50	≤1	11	1～3	2900×2600×2000
80	≤5	≤1	13.2	1～3	5000×2600×3200

二、柱磨机+气力分选系统

（一）系统说明

柱磨机+气力分选系统是一种将物料破碎，并利用气力方式进行粗细分离的系统。柱磨机用于物料破碎，主要利用物料间的相互挤压来实现破碎（详见本小节下述（五）设备选型 1.中柱磨机相关内容）。气力分选设施用于物料分级，利用气流实现物料粗细分离，合格物料被收集进入成品料仓中，不合格的物料将返回柱磨机再进行粉碎，形成下一个循环，直至物料粉碎至合格粒径，分级气流由分级风机提供。采用一级制备系统时，宜设计为粒径不大于 30mm 的石灰石经称重皮带机输送至磨制设备，气力分选系统中的返料

石灰石经刮板输送机也一同输送至磨制设备，石灰石破碎后通过斗式提升机输送至气力分选系统。

1. 系统功能

将小于或等于 30mm 粒径的石灰石破碎至符合入炉粒径要求（≤1mm）的石灰石粉。

2. 系统范围

从石灰石棚物料输送设备出口（对应为磨制设备入口）起至粉仓系统入口止。

3. 系统组成

由石灰石料仓、称重皮带机、柱磨机、斗式提升机、瀑流分级机、分级风机、刮板输送机、布袋除尘器、抽尘风机、管道及连接附件等组成，含控制系统，典型系统图如图 9-37 所示。

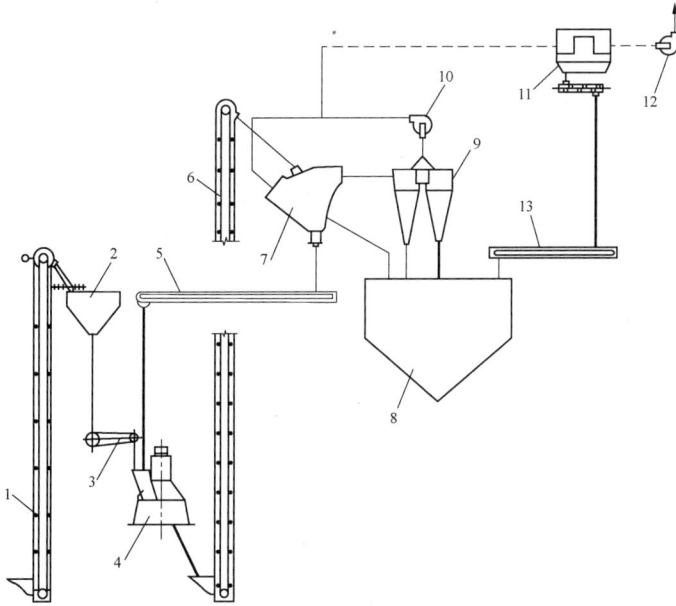

图 9-37 气力分选系统图

1—石灰石输送设备；2—石灰石料仓；3—称重皮带机；4—柱磨机；5—刮板输送机（返料）；6—斗式提升机；7—瀑流分级机；
8—石灰石粉仓；9—旋风分离器；10—分级风机；11—布袋除尘器；12—抽尘风机；13—刮板输送级（除尘器细粉）

（二）设计方案

1. 设计原则

（1）石灰石粉制备系统宜采取全厂统一规划、集中设计的方式。

（2）系统中各输送设备的设计出力应与磨制系统出力、磨制设备破碎比和气力分选系统出力相匹配，系统进料的石灰石水分宜在 3%以下。单套系统的设计出力不宜大于 50t/h。

（3）在选择磨制设备时，宜优先选用柱磨机，在入口前应设置除铁器。

（4）瀑流式分级机的分级效率宜大于或等于 85%。

（5）瀑流式分级机、旋风除尘器及离心风机等与粉尘接触的通流部件应采用耐磨材质。

（6）分级风机的总排气量不宜小于气力分选系统设计出力时计算风量的 110%，分级风机出口压力不宜小于气力分选系统计算阻力的 120%。

（7）石灰石粉制备站的设计应满足下列要求：

1）全厂应设置集中的石灰石粉制备站，制备站应采用独立构建筑物，宜尽量靠近锅炉房布置。

2）制备站各层应设负压收尘接口，将各设备内部扬尘收集至石灰石粉仓。

3）制备站内各套系统宜采用并行布置，每套系统宜采用分层布置的紧凑型布置方式。

4）制备站内通道宽度应根据设备操作、拆装、

检修维护和运输条件等确定。设备机组间通道的净距不宜小于表 9-26 中的规定。

表 9-26　　设备机组间通道的净距　　（m）

制备系统出力 Q（t/h）	$Q \leq 15$	$15 < Q \leq 30$	$30 < Q \leq 50$	$Q \geq 50$
机组之间、机组与辅助设备之间	1.0	1.2	1.2	1.5
设备与墙柱之间	0.8	1.0	1.0	1.2

5）柱磨机、分级风机、吸尘风机应采取减振措施，并应在进、出口风管上设置耐磨伸缩节。

6）制备站内应设检修起吊设施。

2. 常用设计方案

典型布置以某厂 600MWCFB 机组石灰石粉制备系统为例。

该厂单台炉石灰石粉耗量为 86.41t/h，石灰石粉制备系统设计总出力为 100th，全厂共设 3 套（2 台运行、1 台备用）石灰石粉制备系统，单套系统出力为 50t/h，采用柱磨机+气力分选系统，气力分选系统为瀑流式分级系统。

（1）总平面布置。石灰石制备站总平面布置如图 9-38、图 9-39 所示。

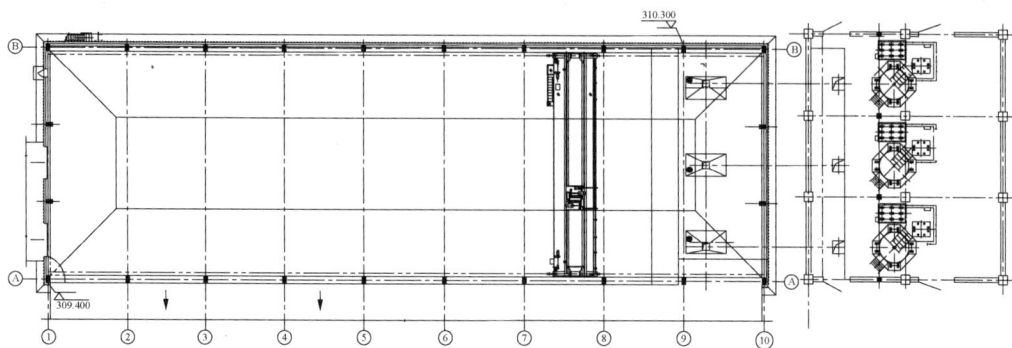

图 9-38　石灰石制备站平面图

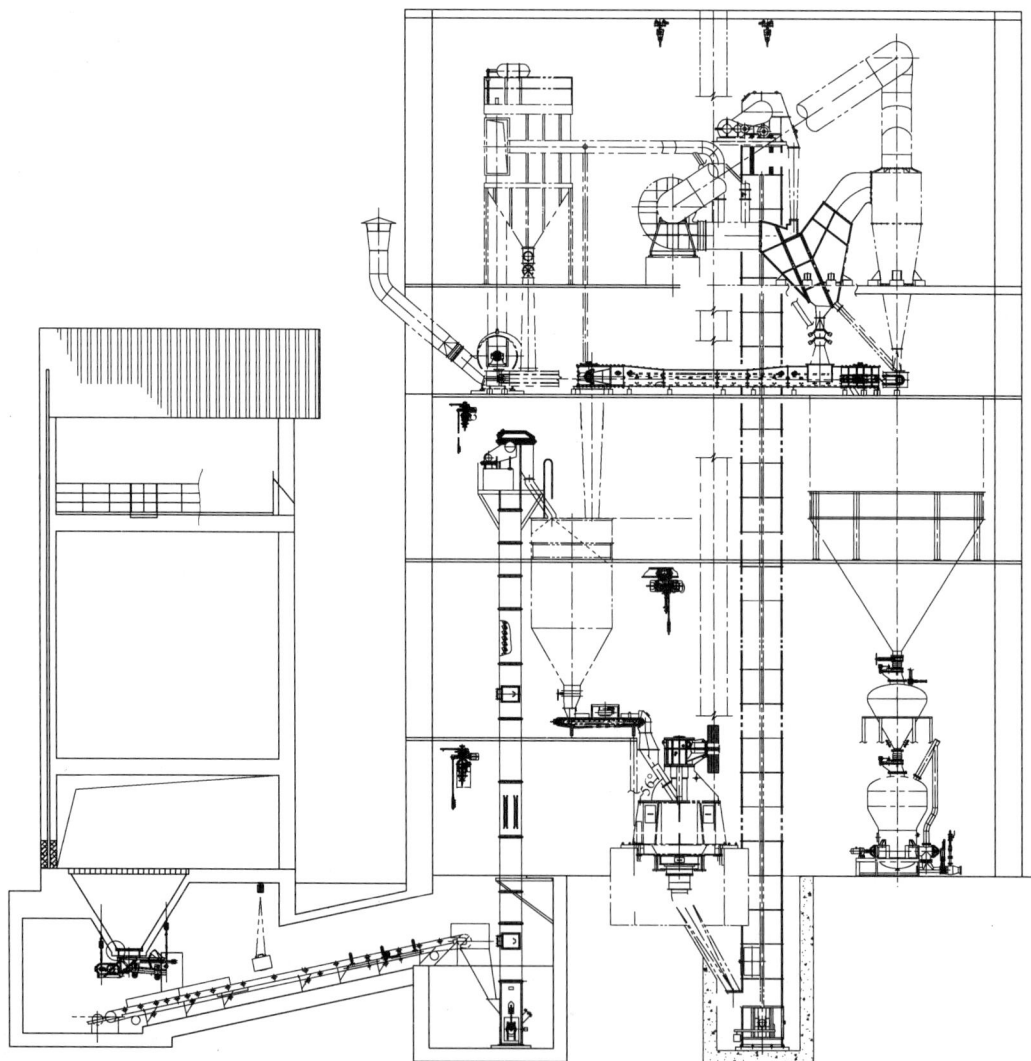

图 9-39　石灰石制备站立面图

（2）车间布置。制备车间占地 27m×22m，高 31.5m，布置有 3 套磨制系统。

每套系统主要设备包括 1 座石灰石料仓，$V=30m^3$；1 台柱磨机，成品粉出力为 50t/h；1 台斗式提升机，

出力为 185t/h；1 套气力风选系统，成品粉出力为 50t/h；布袋除尘器 1 台，过滤面积约为 465m²；1 座石灰石粉仓，有效容积为 160m³。

布置格局如图 9-40～图 9-47 所示。

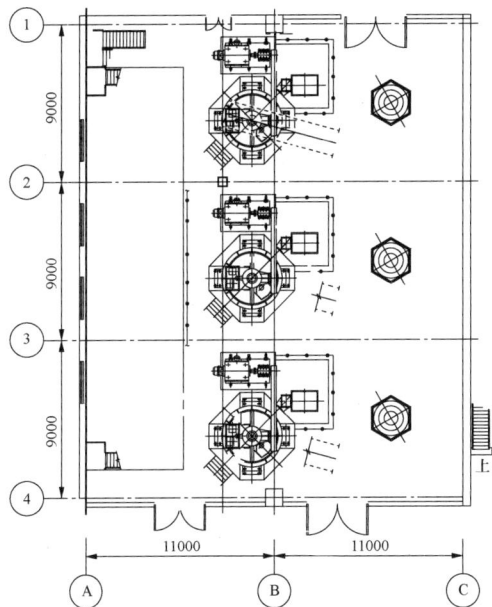

图 9-40 制备车间 0.00m 层图

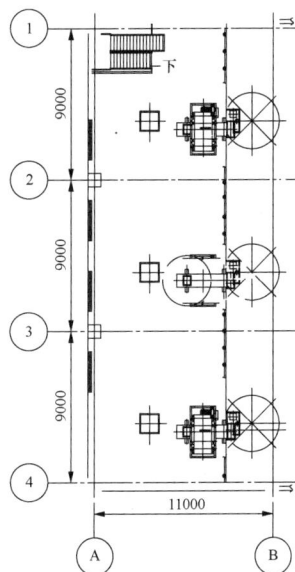

图 9-41 制备车间 5.00m 层图

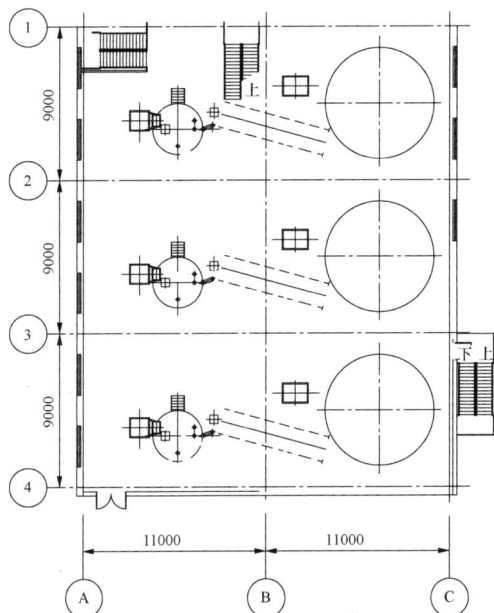

图 9-42 制备车间 11.50m 层图

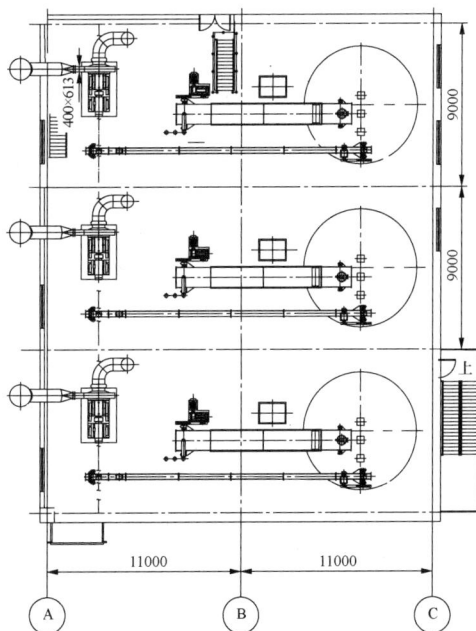

图 9-43 制备车间 17.50m 层图

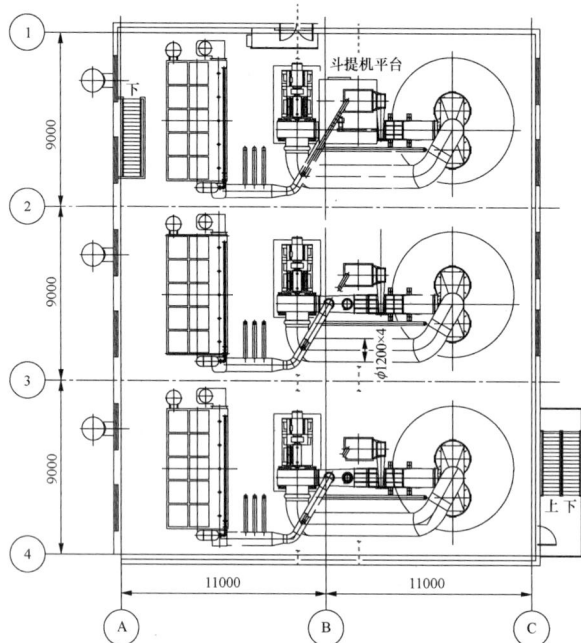

图 9-44　制备车间 21.50m 层图

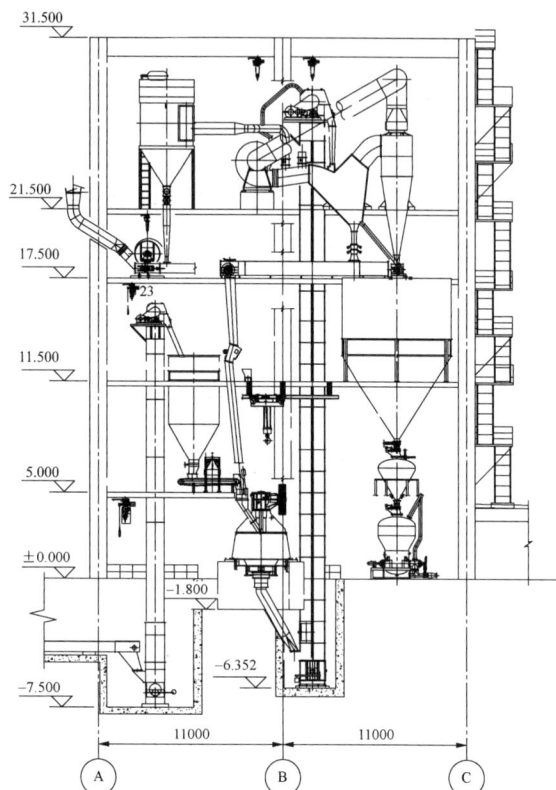

图 9-45　制备车间　剖视图一

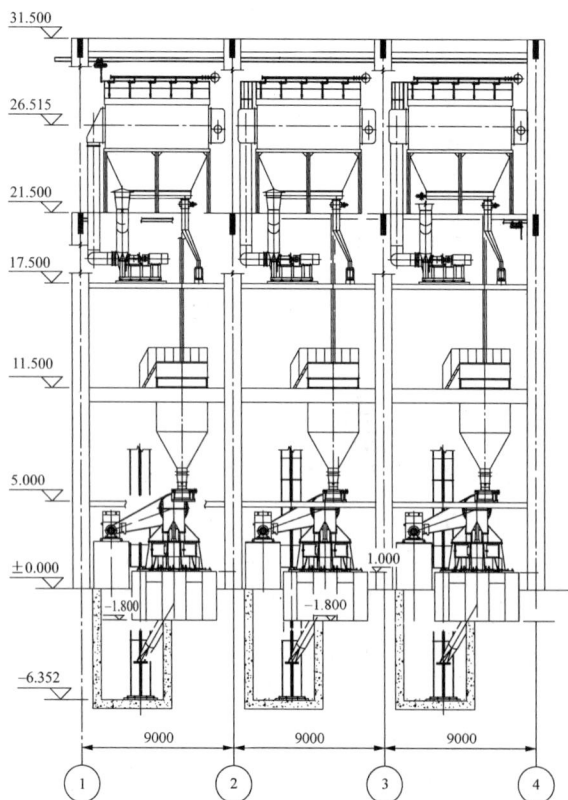

图 9-46　制备车间　剖视图二

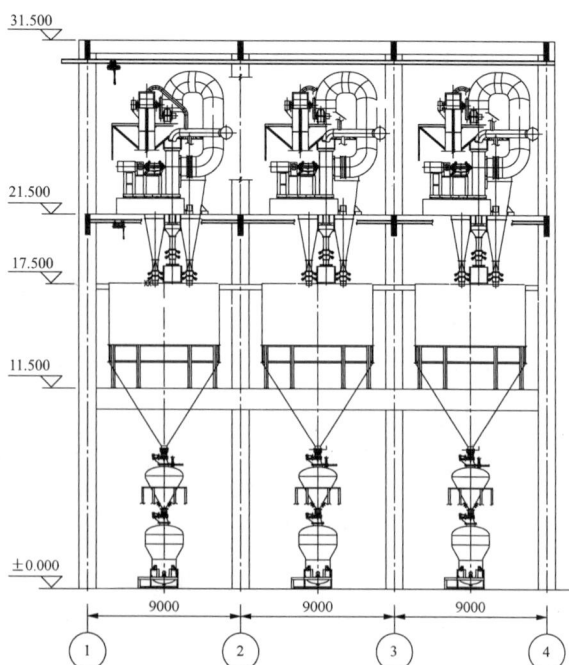

图 9-47　制备车间　剖视图三

（三）控制要求

以某电厂 600MW 循环流化床机组炉内脱硫用石灰石粉制备系统为例，说明该系统运行控制要求。该厂石灰石粉制备系统采用 3 套柱磨机+气力分选系统，2 台运行、1 台备用。当石灰石耗量变化（减小）时，宜通过调整称重皮带机平均减小 2 条制备线的出力；当 2 条线减小量之和达到一条线的出力时，停运 1 条线，变为 1 条制备线运行 2 条制备线备用的模式；反

之，则为 2 条制备线运行 1 条制备线备用。该厂石灰石粉制备系统各设备的启动和停止的流程顺序如图 9-48 和图 9-49 所示。

当机组煤质、负荷发生变化，引起烟气 SO_2 排放指标发生变化，需要在线调节石灰石粉输送系统，相应石灰石粉制备系统进行以上联锁控制；而石灰石接卸、储存及输送系统由于是定期运行，不进行联锁控制。

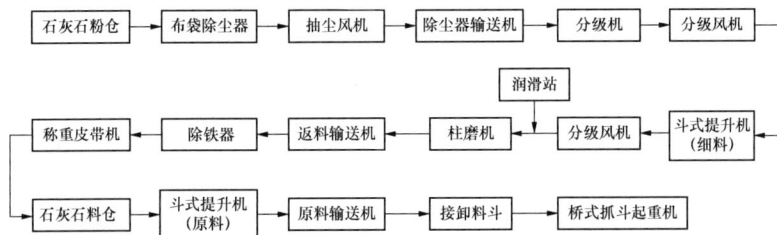

图 9-48　石灰石粉制备系统启动顺序流程图

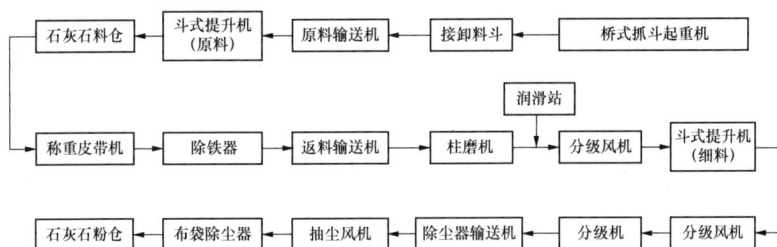

图 9-49　石灰石粉制备系统停止顺序图

（四）设计计算

1. 制备系统

石灰石粉一级制备系统的设计总出力可按式（9-9）计算，即

$$G = mkB_{ls} \qquad (9-9)$$

式中　G——制备系统设计总出力，t/h；

m——锅炉台数；

k——设计裕度系数，取值宜为 1.05～1.2；

B_{ls}——锅炉最大连续蒸发量工况下每炉最大石灰石粉耗量，t/h。

石灰石粉一级制备系统的设计单套出力可按式（9-10）计算，即

$$G_1 = \frac{G}{n - n_1} \qquad (9-10)$$

式中　G_1——单套系统的设计出力，t/h；

n——系统总套数，n 不应小于 2；

n_1——系统备用套数，当 $n<7$，宜取值 1；当 $n>7$，宜取值为 2。

2. 气力分选系统

系统总压损计算式为

$$\Delta p = \frac{\lambda_1 v^2 \rho l}{2D_1} + \frac{2v^2 \rho}{2g} \times \frac{16ab}{d_e^2} + \frac{\lambda_2 v^2 \rho}{2D_2} + \frac{\lambda_3 v^2 \rho}{2} \times \frac{\alpha}{90} \qquad (9-11)$$

式中　Δp——系统总压损，Pa；

λ_1——瀑流分级机阻力系数，取 2.9；

v——空气流速，m/s；

ρ——空气密度，kg/m³；

l——瀑流分级机的行程长度，m；

D_1——瀑流分级机空气流道当量直径，m；

g——重力加速度，m/s²；

a——旋风分离器入口截面长度，m；

b——旋风分离器入口截面宽度，m；

d_e——旋风分离器入口上出风口直径，m；

λ_2——输送管路直管阻力系数，取 0.1；

D_2——旋风分离器空气流道当量直径，m；

λ_3——输送管路弯头阻力系数取 0.5；

α——弯头角度，（°）。

空气流量计算见式（9-12），即

$$Q = \frac{G_1}{60\rho\mu} \times 10^3 \qquad (9-12)$$

式中　Q ——空气流量，m^3/min；

　　　G_1 ——单套制备系统的设计出力，t/h；

　　　ρ ——空气密度，kg/m^3；

　　　μ ——料气比，kg/kg，取值 1～2 [通常破碎比小、堆积密度大、含水率高、管道（送粉）长 μ 取小值；反之，取大值]。

旋风分离器进、出口如图 9-50 所示。

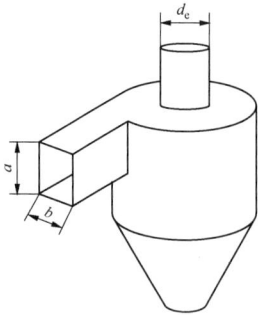

图 9-50　旋风分离器

（五）设备选型

1. 柱磨机

（1）结构形式。柱磨机内部结构如图 9-51 所示。

柱磨机为立式结构，由传动机构、进料盘、机架、碾辊、衬板、卸料筒、弹簧支撑机构组成。柱磨机采用上部传动、上部给料、连续反复碾压的原理。上部

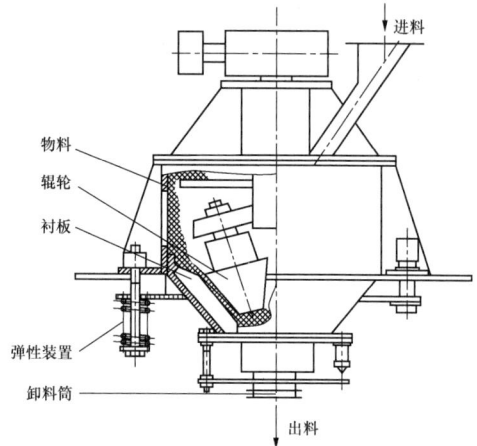

图 9-51　柱磨机结构示意图

传动机构带动主轴旋转，使辊轮在环锥形内衬中转动（辊、衬之间间隙可调），物料从上部给入之后，靠自重下落，由于上部推料和下部堵料相互作用，物料在辊轮与衬板之间形成料层，料层受到辊轮的反复滚动碾压而成粉末，粉末从柱磨机的下部自动排出。柱磨机出料粒径主要调节方式有辊、衬板间隙调整和卸料筒高度调整。

（2）规格参数。柱磨机参数如表 9-27、表 9-28 及图 9-52 所示。

表 9-27　　　　　　　　　　　　　　　某柱磨机技术参数表

序号	出力（t/h）	给料口尺寸（mm）	进料粒径（mm）	电动机功率（kW）	电动机转速（r/min）	成品粉细度（mm）	总重（不含电动机、油站，kg）	外形尺寸（直径×高，mm×mm）
1	8～10	275×680	≤30	75	590	0～1.5	18000	2100×2900
2	15～20	435×880	≤30	110	740	0～1.5	32000	2500×4710
3	25～30	600×1200	≤30	185	740	0～1.5	48000	2900×5050
4	40～45	700×1280	≤30	250	740	0～1.5	68000	3500×5480
5	80～90	880×1685	≤30	450	740	0～1.5	168000	4400×6500

表 9-28　　　　　　　　　　　　　　某柱磨机安装外形尺寸　　　　　　　　　　　　　　（mm）

序号	D	H	R	L	L_1	L_2	K	F
1	2100	2900	2560	2360	1450	2100	275	680
2	2500	4710	2380	2900	1300	1700	435	880
3	2900	5050	2650	3350	1300	1900	600	1200
4	3500	5480	3750	3990	2100	3200	700	1280
5	4400	6500	3300	4950	3200	5800	880	1685

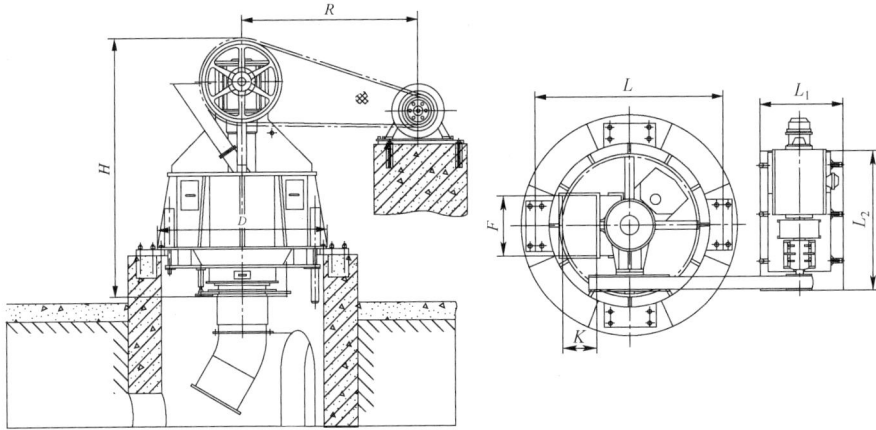

图 9-52 某柱磨机安装外形尺寸

2. 瀑流分级机

（1）结构形式。瀑流分级机结构形式如图 9-53 所示。

瀑流分级机是一种静态选粉机，内部无转动部件，主要是由呈梯形状排列的栅板构成。物料进入选粉机后被重力牵引向下运动，被机内阶梯式导流板冲散；气流进入分级机后通过导流板间隙将细粉选出，并将其输送到细粉出口。

出料粒径主要调节方式有调节分级进风压力和流量和调节栅板角度。

（2）规格参数。常用瀑流分级机参数见表 9-29。

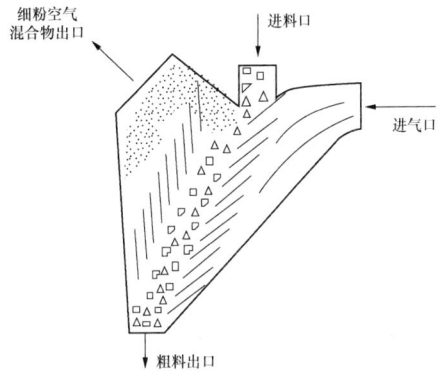

图 9-53 瀑流分级机结构原理示意图

表 9-29　　　　　某瀑流分级机技术参数表

序号	成品粉出力（t/h）	进料粒径（mm）	出料粒径（mm）	配套风机功率（kW）	外形尺寸（长×宽×高，mm×mm×mm）
1	18	≤30	≤1.5	45	2250×720×2320
2	25	≤30	≤1.5	55	3220×850×3150
3	35	≤30	≤1.5	90	3280×900×3420
4	60	≤30	≤1.5	132	3620×1000×4530
5	100	≤30	≤1.5	200	5400×1320×5720

3. 分级风机

（1）结构形式。离心风机结构形式如图 9-54 所示。

分级风机为离心风机，由机壳、叶轮、集流器等组成。其工作原理根据动能转换为势能，利用高速旋转的叶轮将气体加速，然后减速、改变流向，使动能转换成势能（压力），以提供选粉机分级物料所需。风机的出口压力和流量采用变频调节。

（2）规格参数。常用 G6-51 系列离心风机的参数见表 9-30。

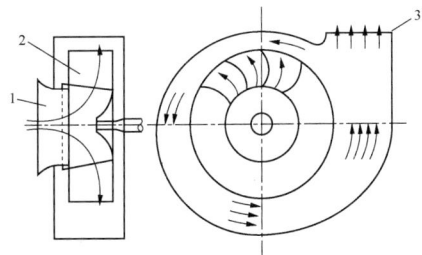

图 9-54 离心风机结构原理示意图
1—进口（集流器）；2—叶轮；3—机壳

表 9-30   G6-51 系列离心风机技术参数表

机号 No.	转速 （r/min）	序号	全压 （Pa）	流量 （m³/h）	轴功率 （kW）	所需功率 （kW）	电动机功率 （kW）
11D	960	1	2275	18900	16.3	18.7	22
		2	2238	22700	18.5	21.2	
		3	2614	26500	20.1	23.1	30
		4	2055	30300	21.3	24.5	
		5	1944	34000	22.8	26.3	
		6	1834	37800	24.6	28.2	
		7	1688	41600	25.8	29.7	
		8	1541	45400	26.8	30.8	
12D	960	1	2707	24600	25.2	28.9	37
		2	2664	29500	28.6	32.8	
		3	2576	34300	30.9	35.6	45
		4	2445	39300	32.8	37.7	
		5	2314	44200	35.4	40.7	
		6	2183	49100	38	43.7	
		7	2008	54100	40	46	55
		8	1834	59000	41.4	47.7	
13D	960	1	3177	31200	37.5	43.1	55
		2	3126	37500	42.6	49	
		3	3023	43700	46.2	53.2	
		4	2870	50000	49	56.4	
		5	2716	56200	53	61	
		6	2563	62400	56.1	65	75
		7	2357	68700	59.6	69	
		8	2152	74900	61.7	71	
14D	960	1	3685	39000	54	62	75
		2	3825	46900	61	70	
		3	3506	54500	67	77	90
		4	3328	62300	71	81	
		5	3149	70200	76	88	
		6	2972	78100	82	95	
		7	2734	86100	87	100	110
		8	2496	93400	89	103	
15D	960	1	4230	48100	77	88	110
		2	4162	57700	87	100	
		3	4025	66900	94	108	
		4	3821	76800	100	115	132
		5	3616	86100	108	124	
		6	3412	96000	116	133	
		7	3138	105000	121	139	160
		8	2865	115000	126	145	

续表

机号 No.	转速 (r/min)	序号	全压 (Pa)	流量 (m³/h)	轴功率 (kW)	所需功率 (kW)	电动机功率 (kW)
15D	730	1	2446	36600	33.8	33.9	45
		2	2470	43900	39.4	45.3	
		3	2327	50900	41.4	47.7	55
		4	2209	58400	44.1	50.7	
		5	2091	65500	47.3	54.4	75
		6	1973	73000	51	58.7	
		7	1814	79800	53.3	61.3	
		8	1657	87400	55.5	63.8	
16D	960	1	4813	58300	106	122	160
		2	4735	70200	121	139	
		3	4579	81400	130	150	
		4	4347	92700	138	158	185
		5	4114	105000	149	172	
		6	3881	117000	161	185	
		7	3571	128000	168	193	200
		8	3260	140000	175	201	

G6-51 系列离心风机的外形尺寸见图 9-55 以及表 9-31。

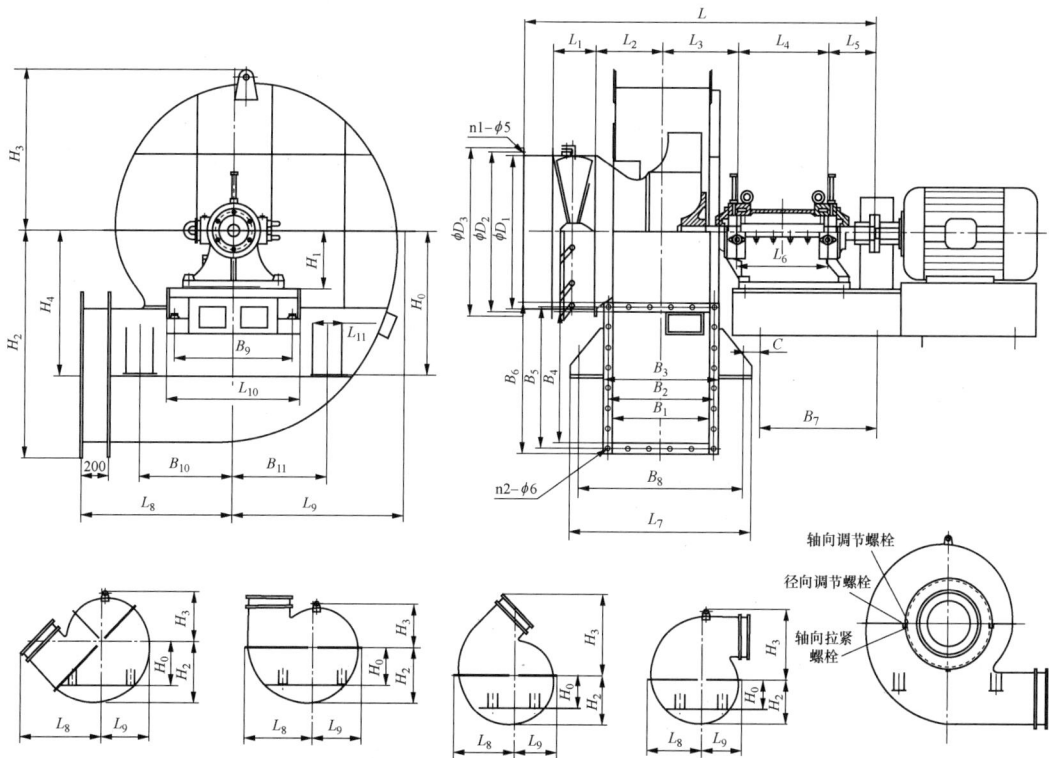

图 9-55 GY6-51 外形及安装尺寸图

表 9-31　　　　　　　　　　　　　　GY6-51 系列离心风机外形及安装尺寸表

机号	进口尺寸						出口尺寸												
	ϕD_1	ϕD_2	ϕD_3	ϕD_4	$n_1 \times \phi 5$	δ_1	B_1	B_2	B_3	B_4	B_5	B_6	B_7	B_8	B_9	B_{10}	B_{11}	$n_2 \times \phi 6$	δ_2
11	900	909	960	1010			554	566	616	666	721	741	792	841	920	650	650	20×15	
12	1000	1009	1070	1110	16×15	6	605	617	665	717	786	806	858	906	920	650	650	22×15	12
13	1000	1009	1070	1110			655	667	730	787	852	872	938	992	920	650	650	24×19	
14	1100	1112	1170	1210			706	718	780	838	917	937	1001	1057	1220	800	800	26×19	
15	1200	1212	1270	1310	24×15	8	756	772	834	892	983	1007	1072	1127	1220	800	800	28×19	14
16	1200	1212	1270	1310			806	822	882	942	1048	1072	1136	1192	1220	800	800	28×19	

机号	基础尺寸															外形尺寸					
	L_7	L_2	L_3	L_4	L_5	L_6	L_1	L_8	L_9	L_{10}	L_{11}	$\phi 7$	δ_3	$\phi 8$	δ_4	H_0	H_1	H_2	H_3	H_4	C
11	1000	54	.							140	1100		14			820		1178	896	927	54
12	1080	35.5	70		650	650	410	410	920		1200		18		16	900	675	1279	969	992	65.5
13	1130	31.5		100						180	1250	36				950		1391	1040	1057	71.5
14	1180	91									1300			16	16	1000		1493	1113	1122	91
15	1230	87	900		800	800	560	560	1220	200	1350		20			1050	800	1596	1207	1189	97
16	1280	83									1400					1150		1697	1280	1240	103

4. 刮板输送机及斗式提升机

根据实际运行经验，返料用刮板输送机、斗式提升机出力与制备系统入料粒径、磨机形式、出力等因素有关，目前尚无计算公式。根据某工程实际运行经验，返料刮板机出力宜不小于 1.7 倍制备系统进料量，斗式提升机出力宜不小于 2.7 倍制备系统进料量。详细的选型参阅本手册第十二章第二节中的相关内容。

5. 其他设备

系统内其他设备如称重皮带机、除铁器、制备间负压吸尘系统选型，参照《电力工程设计手册　火力发电厂供暖通风与空气调节设计》《电力工程设计手册火力发电厂运煤设计》的相关内容。

三、炉内外一体化系统

（一）系统说明

炉内外一体化系统，就是同时制备满足炉内脱硫用和炉外脱硫用石灰石粉的系统。在制备石灰石粉过程中会产生一部分不适合炉内脱硫用的超细粉（粒径不大于 0.045mm），该超细粉适合炉外烟气湿法脱硫，典型的一体化系统由一级细碎、两级分级系统组成。

系统范围从石灰石棚物料输送设备出口（对应为磨制设备入口）起至粉仓系统入口止。包括石灰石料仓、称重皮带机、柱磨机、斗式提升机、瀑流分级机、涡流分级机、刮板输送机、瀑流分级风机、布袋除尘器、抽尘风机、管道及连接附件，以及控制系统。

一体化制备系统如图 9-56 所示。

（二）设计方案

1. 设计原则

（1）当循环流化床锅炉机组同时采用炉内脱硫和炉外烟气湿法脱硫时，宜设计石灰石粉制备一体化系统，同时提供炉内和炉外脱硫所需的石灰石粉。

（2）炉内用成品粉系统的设计原则详见第九章第五节中设计原则内容。

（3）炉外用成品粉系统应满足下列要求：

1）气力分选系统应采用闭式系统。

2）涡流式分级机的分级效率不宜小于 85%。

3）涡流式分级机、旋风除尘器及离心风机的通流部件应采用耐磨材质。

（4）石灰石粉制备站应满足下列要求：

1）全厂的石灰石粉制备站应采用独立构建筑物，且集中布置，宜尽量靠近锅炉房布置。

2）瀑流分选系统和涡流分选系统宜集中布置，其设备数量协调一致。

3）瀑流分选系统和涡流分选系统宜合并设置布袋除尘器。

4）涡流分选系统分选风机应采取减振措施，并应在进、出口风管上设置耐磨伸缩节。

2. 常用设计方案

以某厂 300MW CFB（循环流化床）机组石灰石粉制备系统为例，用于炉内脱硫的石灰石粉为 40t/h，

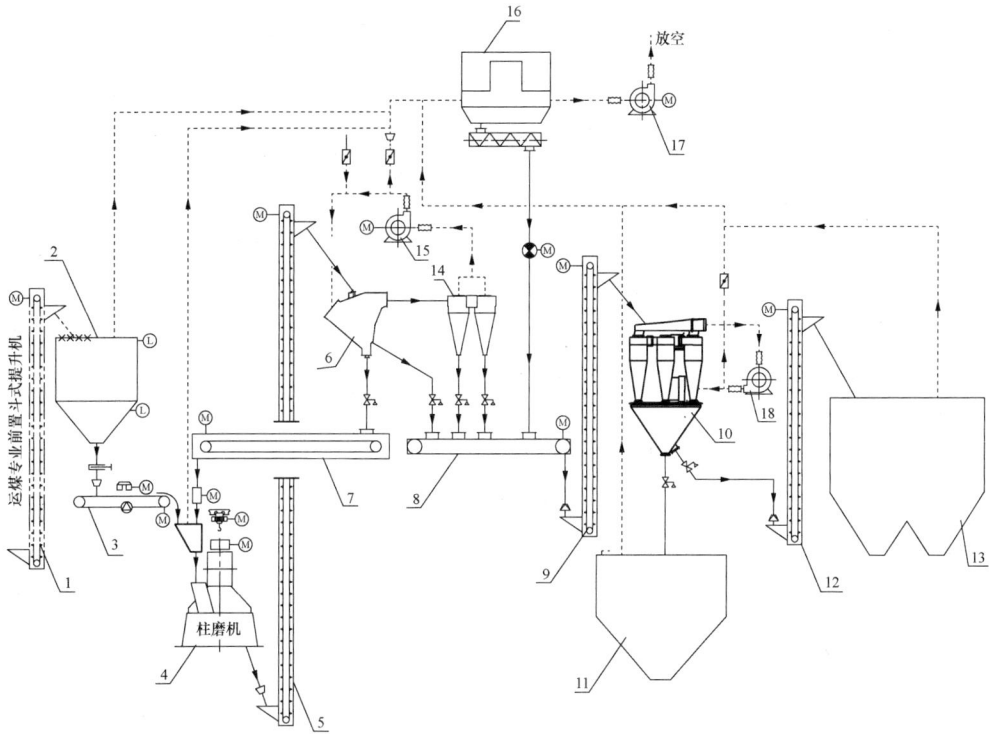

图 9-56 一体化制备系统图

1—石灰石输送设备；2—石灰石料仓；3—称重皮带机；4—柱磨机；5—斗式提升机；6—瀑流分级机；7—刮板输送机（返料）；
8—刮板输送机；9—斗式提升机；10—涡流分级机；11—石灰石粉仓（炉内用）；12—斗式提升机；13—石灰石超细粉仓（炉外用）；
14—旋风分离器；15—瀑流分级风机；16—布袋除尘器；17—抽尘风机；18—涡流分级风机

用于烟气脱硫的石灰石粉为 2.5t/h。炉内脱硫用石灰石粒度要求：最大粒径 d_{max}=1.5mm，中位径 d_{50}=0.45mm；烟气脱硫用石灰石粒度要求：d_{max}=0.044mm，90%通过 325 目。两台炉石灰石粉制备系统合并设计，按 2 套系统拟定，1 套制备系统运行 1 套制备系统备用；

石灰石制粉系统采用国产柱磨机+瀑流式气力分选+涡流分选系统；制粉系统单套设计总出力 50t/h，其中用于炉内脱硫的占 90%，用于烟气脱硫的占 10%。系统布置如图 9-57～图 9-59 所示。

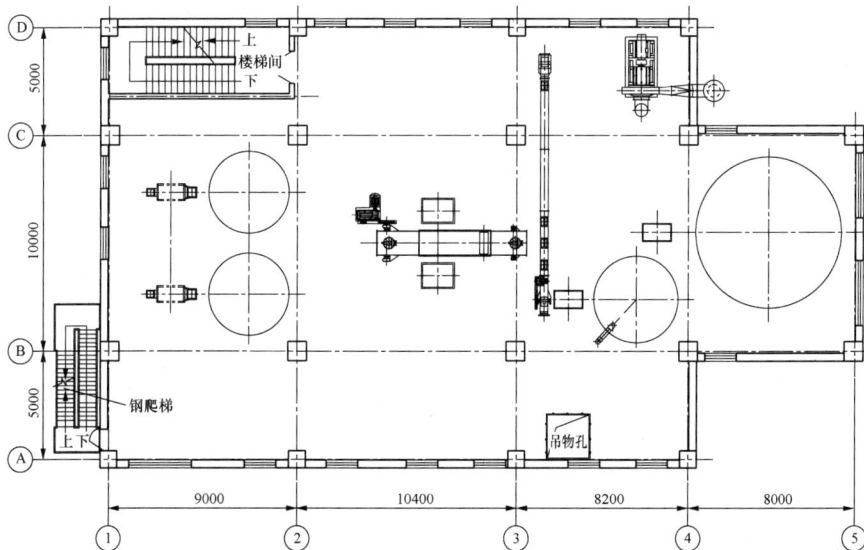

图 9-57 13.000m 层平面布置图

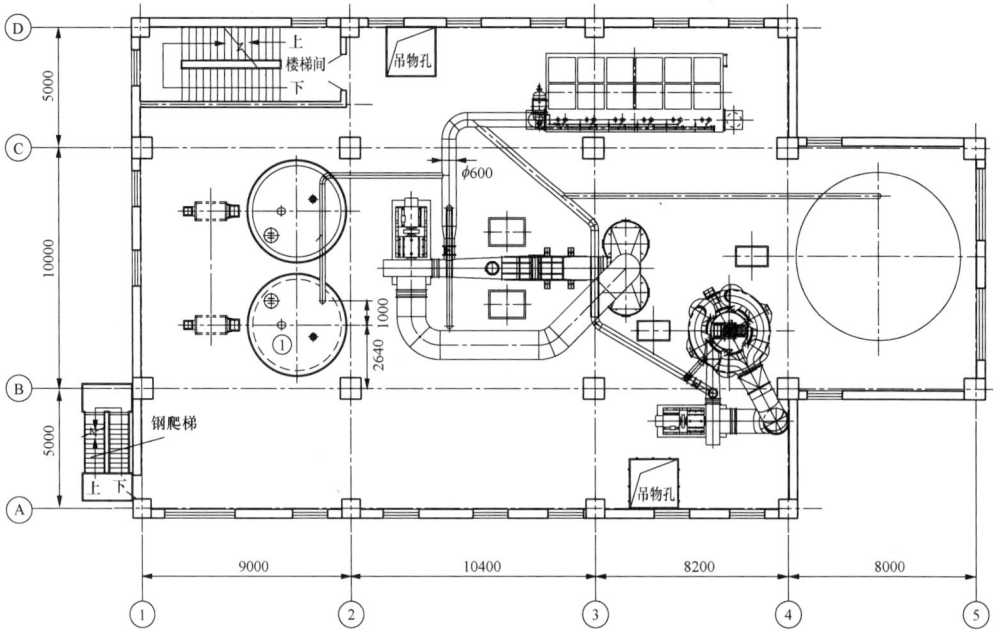

图 9-58　18.000m 层平面布置图

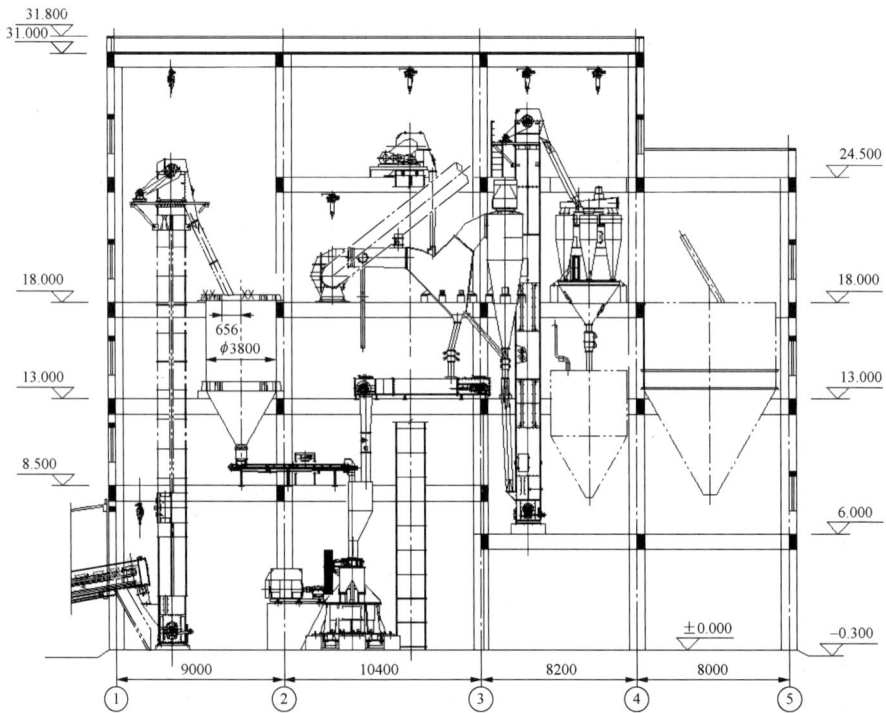

图 9-59　剖视图

（三）设计计算

涡流式分级机总压损的计算式为

$$\Delta p = \Delta p_1 + \Delta p_2 \qquad (9-13)$$

式中　Δp ——系统总压损，Pa；

　　　Δp_1 ——涡流分级机腔体流道部分压损，参见式
　　　（9-11）；

Δp_2 ——涡流分级机转子部分压损，取 700～
　　　900Pa。

空气流量计算参见式（9-12）。

（四）设备选型

涡流分级机内部结构如图 9-60 所示。

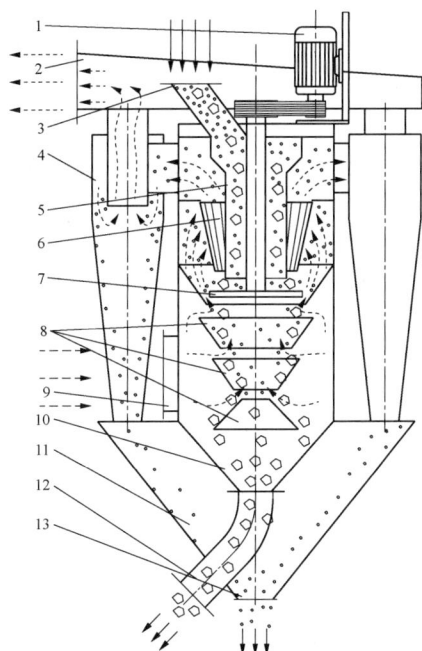

图 9-60 涡流分级机内部结构图

1—调速电动机；2—出风管；3—进料斗；4—旋风筒；
5—料筒；6—撒料盘细粉出口；7—撒料盘；8—滴流环；
9—进风筒；10—粗粉锥斗；11—细粉锥斗；
12—粗粉卸料法兰；13—细粉卸料法兰

涡流分级机是结合了涡流器和旋风分离器的一体机。其中涡流器是一种强制动态分级设备，内部有转动部件，主要部件有撒料盘、转子，撒料盘和转子同轴，撒料盘位于中下部，转子位于撒料盘上方。物料由分级机顶部进料口喂入，经过下料斗落入高速旋转

的撒料盘上，物料受离心力作用均匀甩出。涡流分级风机提供的循环风由进风口切向进入分级机内部，物料在气流上升力作用下形成螺旋，混合气固两相流形成强烈的涡旋气流，细颗粒物料在上升气流的推动下，进入旋风筒内，沉降后从超细粉出口排出分级机进入超细粉仓；粗颗粒物料在重力作用下，经粗粉出口排出分级机进入石灰石粉仓。出料粒径主要调节方式有调节分级进风压力和流量和调节转子转速。

涡流分级机参数见表 9-32。

涡流分级机外形尺寸见表 9-33、图 9-61。

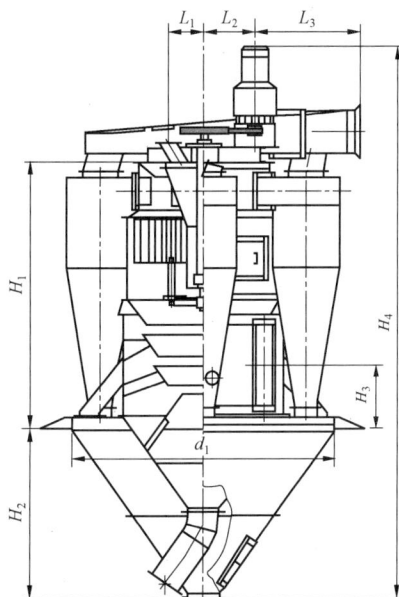

图 9-61 某涡流分级机外形尺寸图

表 9-32　　　　　　　　　　　　　某涡流分级机技术参数表

序号	出力（t/h）	进料粒径（mm）	出料粒径（mm）	电动机功率（kW）	配套风机功率（kW）	总重（不含风机，kg）	外形尺寸（直径×高，mm×mm）
1	8	≤30	≤0.044	7.5	22	5400	1800×3680
2	15	≤30	≤0.044	11	30	10500	2590×5500
3	25	≤30	≤0.044	15	45	11600	2720×5930
4	40	≤30	≤0.044	22	55	18000	3260×7150
5	60	≤30	≤0.044	30	90	26000	3960×8960

表 9-33　　　　　　　　　　　　某涡流分级机安装外形尺寸　　　　　　　　　　　　（mm）

序号	H_1	H_2	H_3	H_4	L_1	L_2	L_3
1	2200	1300	560	3680	300	420	1360
2	2900	1650	700	5500	350	500	1500
3	3180	1750	750	5930	400	515	1650
4	4100	2000	930	7150	500	525	1925
5	4750	2700	1050	8960	600	700	2850

柱磨机、瀑流分级机、分级风机参见本章第五节中设备选型内容，刮板输送机及斗式提升机参见第十二章第二节的相关内容。

四、石灰石料仓和石灰石粉仓

（一）系统说明

石灰石料仓、粉仓系统为利用空间容积存储石灰石粉料的设施。

1. 系统功能

（1）石灰石料仓的功能。石灰石接卸、储存及输送系统、粗碎系统（如果有）通常采用定期运行方式，而石灰石细碎系统通常是采用连续运行方式。石灰石料仓设置在石灰石细碎系统前端，起中转、缓冲作用。

（2）石灰石粉仓的功能。石灰石粉仓设置在细碎系统的末端，石灰石粉气力输送系统的前端，用做存储石灰石粉料，缓冲细碎系统和气力输送系统的出力差，提供足够的存储时间，满足石灰石粉气力输送的需要。

2. 系统范围

从粉（料）仓进料出口至粉（料）仓排出口止。系统包括粉（料）仓本体、排气设施、人孔门、安全阀、钢支架、平台楼梯、阀门、管道及连接附件。

石灰石粉仓系统如图 9-62 所示，石灰石料仓系统如图 9-63 所示。

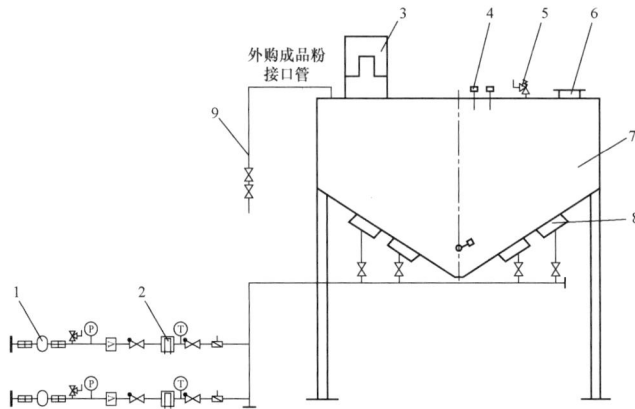

图 9-62　石灰石粉仓系统图
1—气化风机；2—电加热器；3—排气设施；4—料位计；5—安全阀；
6—人孔门；7—仓体；8—气化板；9—外购成品粉接口

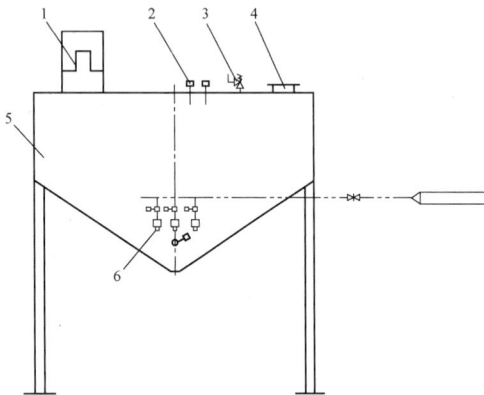

图 9-63　石灰石料仓系统图
1—排气设施；2—料位计；3—安全阀；4—人孔门；
5—仓体；6—空气炮

（二）设计方案

1. 设计原则

（1）石灰石料仓应满足下列要求：

1）当石灰石棚、卸料和转运设备采用两班制运行时，石灰石料仓的有效容积宜满足锅炉最大连续蒸发量工况下燃用设计燃料时 12～14h 的石灰石耗量；当石灰石棚、卸料和转运设备采用三班制运行时，石灰石料仓的有效容积宜满足锅炉最大连续蒸发量工况下燃用设计燃料时 8～10h 的石灰石耗量。

2）石灰石料仓宜采用钢结构仓，直筒部分宜为圆柱体，锥体部分宜为圆锥体，锥体宜设置助流装置，可采用振打装置或空气炮。

3）石灰石料仓的排气宜接至制备站负压集尘系统。

4）石灰石料仓的数量应与制备系统的数量一致。

5）石灰石料仓宜与石灰石粉制备站集中布置。

（2）石灰石粉仓应满足下列要求：

1）石灰石粉仓的有效容积宜满足锅炉最大连续蒸发量工况下燃用设计燃料时 8～12h 的石灰石粉耗量。

2）制备系统应独立设置粉仓，其数量应根据制备系统和输送系统设备的布置情况确定，多个粉仓时，仓顶宜设置相互切换进料的输送设备。

3）石灰石粉仓宜选择钢结构仓，直筒部分宜为圆柱体，锥体部分宜为圆锥体。仓底宜设置助流装置，可采用气化风系统、振打装置或空气炮。

4）石灰石粉仓应设置排气过滤器，粉尘排放量应满足国家、地方环保排放要求。

（3）石灰石粉仓的布置应满足下列要求。

1）顶层布置应满足下列要求：

a. 顶层布置的设备、管道、控制箱等要求布局合理，布置美观，方便运行通及检修等。

b. 室外布置时，仓顶需考虑雨水因素，各设备管道接口处焊接严密，防止雨水进入，需设有散水坡，必要时可设局部或整体防雨棚。

c. 粉仓采用封闭结构，室外布置的粉仓，一般仓顶设防雨雪棚，寒冷地区，运转层封闭，仓体设保温；严寒地区，全封闭并采暖。

d. 周围须设防护栏杆等防止人员跌落的措施，所有升降口、大小孔洞、楼梯和平台必须装设不低于1050mm高的栏杆和不低于100mm高的脚部护板。离地高度高于20m的平台、通道及作业场所的防护栏杆不应低于1200mm。

e. 如果物料主要由重力落入下部料仓，进料口尽量位于料仓中心区域；如果物料由气力输送系统进入料仓，进料口的布置位置还应考虑料仓内气流对物料堆积的影响。

2）贮料层布置应满足下列要求：

a. 贮料层布置的设备、管道、楼梯等要求布局合理，布置美观，方便运行及检修。

b. 锥体部分材料需考虑耐磨，常用耐磨手段有加厚钢板、内衬耐磨材质以及不锈钢内衬等。工程应用中，应综合物料特性、耐磨要求和经济性因素等确定。

c. 侧壁料位计和人孔门应设检修平台和爬梯。

d. 粉仓/料仓下部卸料口设计根据下游设备确定，保证落料顺畅、均匀。

e. 锥体部分宜均匀设置助流或破拱设施，当同时采用多种助流设施时，宜错层布置。

3）零米层布置相应的中转设备，如仓泵、连续输送器等。这些设备的布置应满足安装、运行和检修的要求。此时的运转层兼作设备检修平台。

2. 常用设计方案

典型的粉仓/料仓顶部布置如图9-64所示。

典型的粉仓/料仓贮料层布置如图9-65所示。

（三）设计计算

1. 仓体存储容积

已知设备外形几何尺寸，计算仓体容积，参考《电力工程设计手册 火力发电厂除灰设计》第六章第二

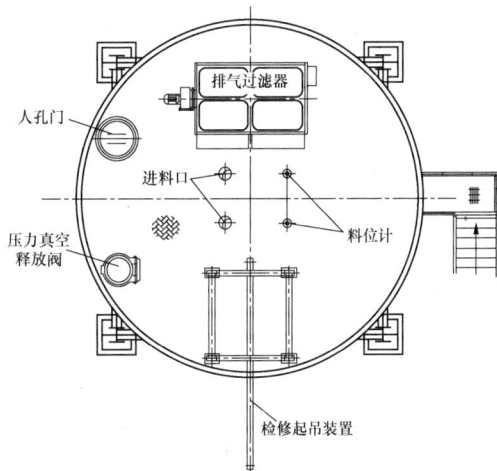

图9-64 顶层布置图

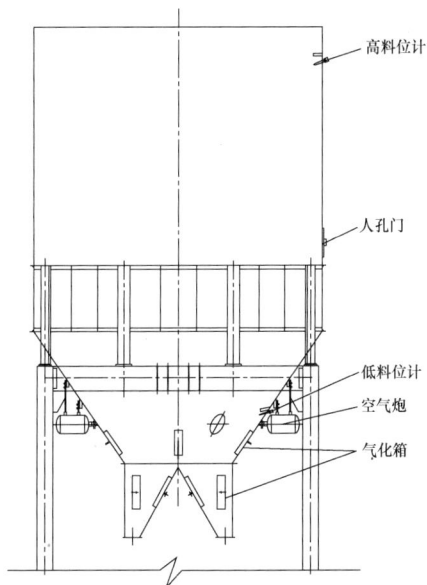

图9-65 贮料层布置图

节二、（二）设计计算的内容。

已知前后级设备出力，运行班次的前提下，求解单台料仓所需的储存容积，这时，可按式（9-14）计算，即

$$V=\frac{(t_2-t_1)\times G_2}{\beta\rho} \qquad (9\text{-}14)$$

$$t_1=\frac{24}{n}\times\frac{G_2}{G_1} \qquad (9\text{-}15)$$

$$t_2=2\times\frac{24}{n+1} \qquad (9\text{-}16)$$

式中 V——料仓储存总容积，m^3；

t_1——每班内前级设备连续平均运行时间，h；

t_2——前级设备最长停运时间，h；

G_2——后级设备运行出力，t/h；

β ——料仓有效充满系数；

ρ ——物料堆积密度，实验测得，部分物料可查阅表 9-1；

G_1 ——前级设备运行出力，t/h；

n ——每日运行班次，二班制取值 2，三班制取值 3；石灰石耗量大、设备出力大时宜设计为三班制；反之，宜设计为二班制。

（1）二班制：每班运行不超过 8h，一天不超过 16h；三班制：每班运行不超过 6h，一天不超过 18h。石灰石耗量大、设备出力大时，宜设计三班制；反之，宜设计二班制。

（2）料仓充满系数取值，一般分中心进料和偏心进料 2 种情况，可参见《电力工程设计手册 火力发电厂除灰设计》第六章第二节的相关内容进行计算后取得。

2. 气化风系统

气化风系统相关计算参考《电力工程设计手册 火力发电厂除灰设计》第六章第二节二、（四）的相关内容。

（四）设备选型

1. 石灰石粉仓/料仓结构形式

石灰石粉仓/料仓由顶板、侧板、底板、钢支架、楼梯扶手、人孔门、安全阀、排气设施等部件组成。

石灰石粉吸潮性强，易搭桥起拱，易板结，为了保证下料顺畅，避免物料在料仓里出现死区，推荐采用锥底库（仓），仓筒体宜为圆柱形，底部为圆锥形，并配辅助卸料装置。

石灰石粉仓/料仓结构如图 9-66 所示。

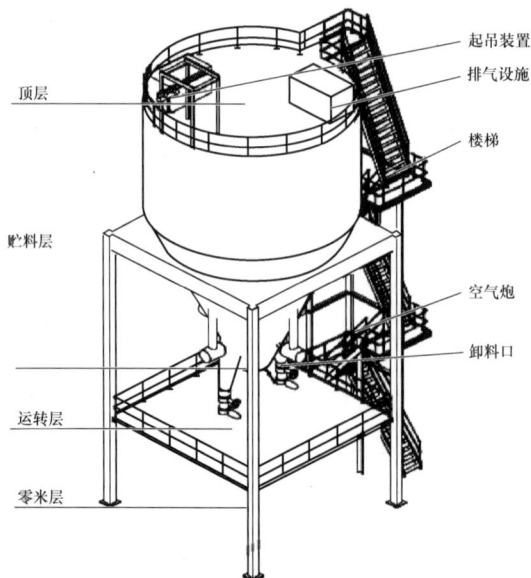

图 9-66 石灰石粉仓/料仓

2. 石灰石粉仓/料仓规格参数

石灰石粉仓粉仓/料仓参数见图 9-67 和表 9-34。

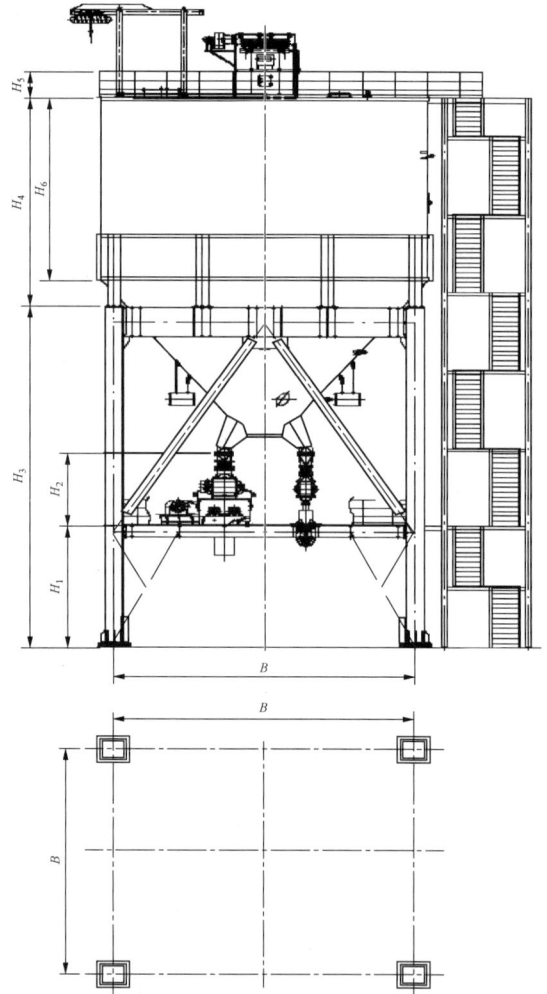

图 9-67 部分规格锥底石灰石粉仓/料仓

表 9-34 部分规格锥底粉仓/料仓参数表

规格（mm）		$\phi 5000$	$\phi 6000$	$\phi 8000$	$\phi 10000$	$\phi 12000$
总容积（m³/仓）		98	160	350	650	780
仓壁振打装置	仓壁振动器型号	CZ1000	CZ1000	CZ1000	CZ1000	CZ1000
	数量（只/仓）	2	2	3	3	3
	电源	220V，50Hz				
	功率（kW/只）	0.22				
空气炮		V=100L，气压：0.4～0.8MPa，数量：2～4只/仓				
气化箱		型号：300×150，流量：0.17m³/min，气压：>50kPa				

续表

仓顶起吊装置	电动葫芦；起吊重量：1t；数量：1台（根据布置情况确定是否单列）				
仓顶料位指示器	根据用户要求可选配雷达射频式、音叉式、重锤式等				
仓顶配套设备	根据用户进料方式选定				
仓底卸料设备	根据用户卸料方式选定				
设备外形 mm	H_1	5000	5000	5000	5000	5500
	H_2	2250	2250	2820	2820	2820
	H_3	10598	11463	13227	15400	17485
	H_4	4400	4800	5005	7100	6350

续表

设备外形 mm	H_5	1200	1200	1200	1200	1200
	H_6	3600	4000	4205	5700	5100
	B	4619	5553	7400	9248	11095
设备总重（t/套）		68	98	130	210	255
基础荷重（t/支墩）		60	95	195	350	425

3. 布袋除尘器、罗茨风机、空气电加热器

参考《电力工程设计手册 火力发电厂除灰设计》第六章第二节二、（五）选取。

第十章

石灰石粉输送系统

第一节　系　统　说　明

循环流化床锅炉石灰石粉输送系统是向锅炉提供石灰石粉的重要辅助系统。通常采用管道气力输送的方式将符合锅炉粒径和级配要求的石灰石粉送至炉膛，通过煅烧产生的 CaO 与烟气中 SO_2 或 SO_3 反应，达到脱除硫氧化物的目的。气力输送石灰石粉是目前主流的输送方式，本章所述为石灰石粉气力输送系统。

第二节　设　计　方　案

常用的气力输送石灰石粉设计方案，一般分为低压气力输送系统、一级正压气力输送系统和二级正压气力输送系统。

一、设计原则

（1）石灰石粉气力输送系统的设计应充分掌握石灰石粉物料特性，并结合工程具体要求，如锅炉厂对石灰石粉要求、系统出力、输送条件等，进行多方案的技术经济比较后，最终确定输送系统。未取得成熟运行经验时，宜进行物料基本特性、输送特性的试验研究和技术论证。

（2）当石灰石粉输送距离不大于 100m 时，可采用低压气力输送系统将石灰石粉送至炉膛。

（3）当石灰石粉输送距离不大于 350m 时，可采用一级正压气力输送系统将石灰石粉送至炉膛。

（4）当输送距离大于 350m 时，可采用二级正压气力输送系统。第一级输送系统和第二级输送系统间应设中转粉仓。

（5）输送炉外超细石灰石粉宜采用二级正压气力输送系统的第一级系统。

（6）石灰石粉仓/中转仓宜靠近锅炉房布置；当外购成品粉时，粉仓高度不宜高于 20m，粉仓周边应考虑足够的汽车转运场地；石灰石粉仓进料管道数量和管径的配置，应与密封罐车卸料的出力相匹配，管道

接口处应设置快速接头和快速开关阀。

石灰石粉仓的其他设计要求见本手册第九章第五节四的相关内容。

上述输送距离指当量输送距离。

二、常用设计方案

1. 低压气力输送

低压气力输送方案适用于石灰石粉仓布置在锅炉附近，采用罗茨风机作为输送气源，利用连续可调的石灰石粉喷射器或混合器输送，典型流程图如图 10-1 所示。

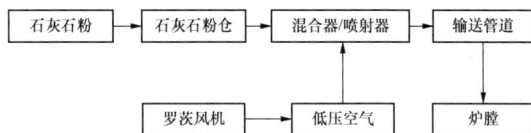

图 10-1　典型石灰石粉低压气力输送系统流程图

2. 一级正压气力输送

一级正压气力输送方案既适用于厂内制备石灰石粉，也适用于外购石灰石粉的情况。采用压缩空气作为输送气源，利用连续可调的石灰石粉输送器（如仓式螺旋输送泵）输送，典型流程图如图 10-2 所示。

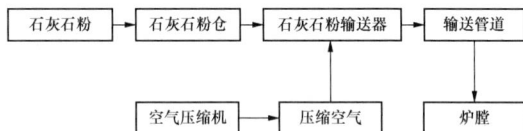

图 10-2　典型石灰石粉一级正压气力输送系统流程图

3. 二级正压气力输送

二级正压气力输送方案适用于厂内石灰石粉制备、粉仓远离锅炉房布置的情况。第一级输送系统利用石灰石粉输送罐，通过输送管道将石灰石粉输送至炉前石灰石粉中转仓，中转仓下采用第二级输送系统将石灰石粉输送至炉膛。对于第二级输送，可采用低压或一级正压气力输送系统将石灰石粉送至炉膛。

第二级采用低压系统输送时，典型流程图如图 10-3 所示；第二级采用正压系统输送时，典型流程

图如图 10-4 所示。

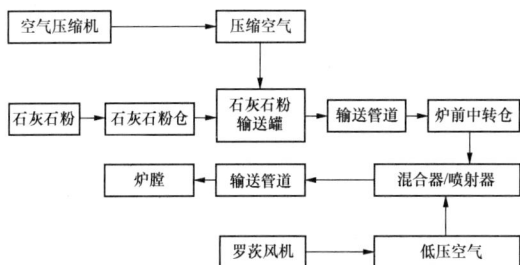

图 10-3 典型石灰石粉二级气力输送系统流程图一

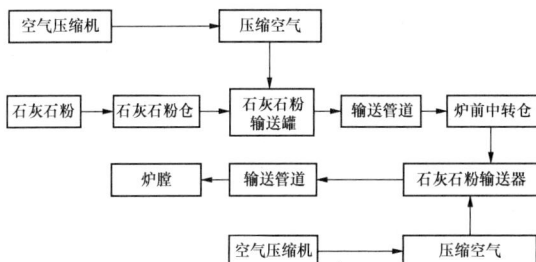

图 10-4 典型石灰石粉二级气力输送系统流程图二

第三节 低压气力输送系统

一、系统说明

1. 系统功能

低压气力输送系统用于石灰石粉的近距离输送：利用混合器或喷射器等输送设备将石灰石粉与罗茨风机提供的低压空气混合后送入输送管道，在管道内利用大风量的气体流动将石灰石粉携带输送至炉膛。该系统可根据锅炉对石灰石粉耗量变化的要求，实现系统运行连续可调。

2. 设计范围

从石灰石粉仓入口至锅炉石灰石粉接口。主要由石灰石粉仓、脉冲布袋除尘器、气化装置（空气炮）、螺旋计量给料机、电动锁气器、缓冲斗、混合器/喷射器、输送管道、分配器、罗茨风机、空气电加热器、密封风系统和控制系统组成。

3. 典型系统

典型低压气力输送系统如图 10-5 所示。

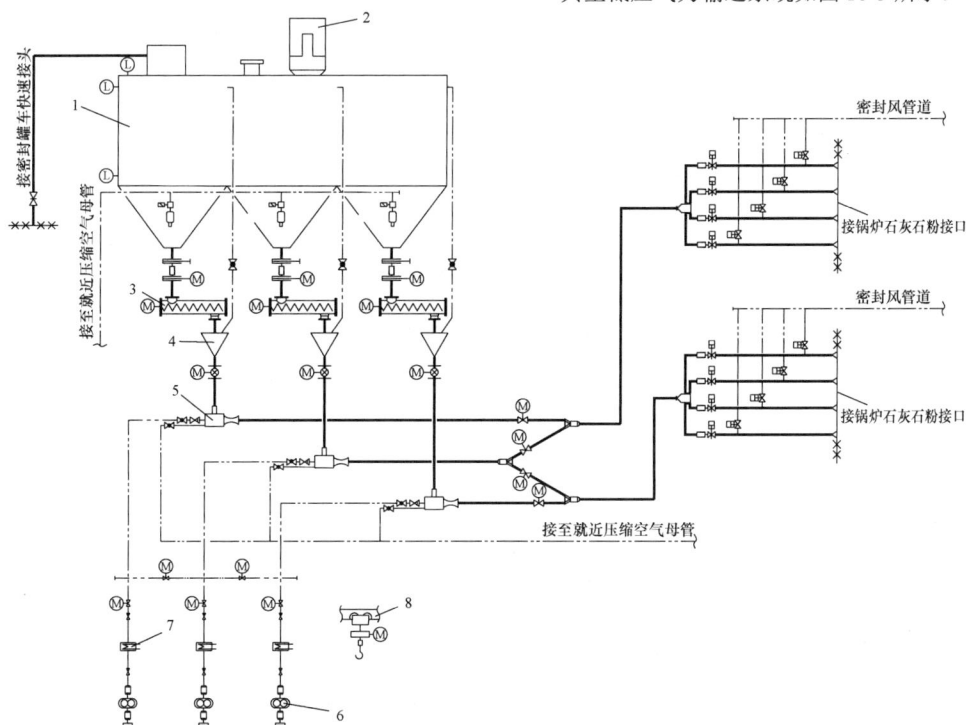

图 10-5 典型低压气力输送系统图

1—石灰石粉仓；2—脉冲布袋除尘器；3—螺旋计量给料机；4—缓冲斗；5—混合器/喷射器；
6—罗茨风机；7—空气电加热器；8—电动葫芦

二、设计方案

1. 设计原则

（1）低压气力输送系统宜采用每炉单元制设计，单套系统出力不宜大于 25t/h；应采用连续可调输送方式。

（2）石灰石粉仓与石灰石粉输送器之间应设手动隔离阀及调速电动给料装置。

（3）低压气力输送管道宜设自动防堵措施，同时宜根据输送功能设置分配器和管路切换阀；输送管道与锅炉炉膛接口之间应设置手动关断阀、气动或电动关断阀和耐温耐磨膨胀节，炉膛接口处宜设置密封风。

（4）管道布置宜尽量减少弯头和长度。低压气力输送管道宜全程采用耐磨材料，管道膨胀吸收宜按自补偿型式设计。从分配器至炉膛接口的各条输送支管的输送压损允许偏差应为±2.5%。

（5）罗茨风机、卸料点与石灰石粉入炉接口宜尽量减少布置高差。

2. 常用设计方案

典型的某450t/h CFB电厂机组石灰石粉低压气力输送系统布置图如图10-6所示。

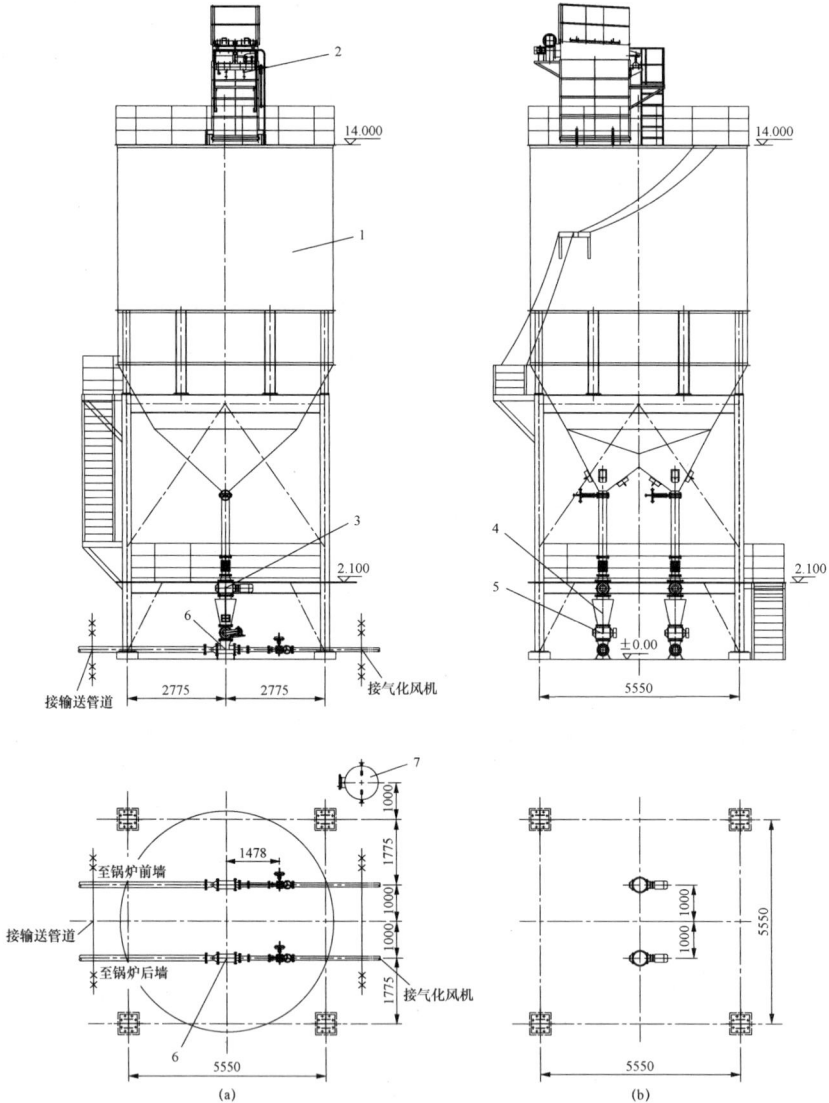

图10-6 典型石灰石粉一级低压气力输送设备布置图

（a）±0.000m层布置图；（b）运转层布置图

1—石灰石粉仓；2—布袋除尘器；3—旋转给料机；4—缓冲斗；5—旋转密封阀；6—喷射器（混合器）；7—储气罐

三、控制要求

1. 设备启停顺序

（1）设备启动顺序如图10-7所示。

（2）设备停运顺序如图10-8所示。

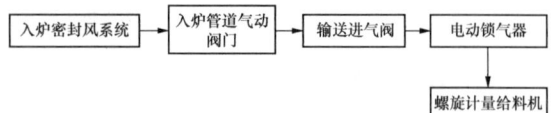

图10-7 低压气力输送系统设备启动顺序框图

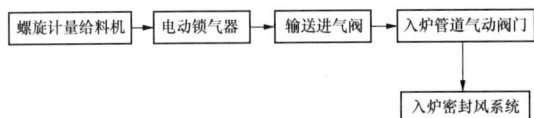

图 10-8　低压气力输送系统设备停运顺序框图

2. 联锁要求

低压气力输送系统运行控制应符合下列要求：

（1）石灰石粉低压气力输送系统应采用连续运行方式，系统出力应能根据二氧化硫排放浓度实现无级调节，调节时各条输送线出力应同时变化。

（2）系统中任一输送线故障停运时，备用输送线应能自动投入。

（3）石灰石粉低压气力输送系统的防堵等信号应与系统运行控制联锁。

（4）石灰石粉仓的排气过滤器、高低料位与系统运行控制联锁。

四、设计计算

石灰石粉输送计算与石灰石粉输送量、石灰石粉的物理特性、工程当地气象条件和输送条件等诸多因素有关，尚未有统一的计算方法，行业内目前可按下列经验进行估算，具体工程需与供应商配合后完成。

1. 系统出力

石灰石粉低压气力输送系统的设计出力可按式（10-1）和式（10-2）计算，即

$$G = kB_{Ls} \qquad (10\text{-}1)$$

$$G_1 = \frac{G}{n - n_1} \qquad (10\text{-}2)$$

式中　G——系统设计出力，t/h；

k——裕度系数，取值 1.2；

B_{Ls}——锅炉最大连续蒸发量工况下每炉最大石灰石粉耗量，t/h；

G_1——单套系统出力，t/h；

n——系统总套数，n 不应小于 2；

n_1——系统备用套数，当 $n<4$，宜取值 1；当 $n>4$，宜取值 2。

2. 耗气量

石灰石粉低压气力输送系统的耗气量可按式（10-3）估算，即

$$Q = \frac{G}{60\rho\mu} \times 10^3 \qquad (10\text{-}3)$$

式中　Q——系统耗气量，m³/min；

G——系统设计出力，t/h；

ρ——标准状态下的输送空气密度，kg/m³；

μ——粉气比，对于石灰石粉低压气力输送系统，取 2～8，当输送距离近、高差小、石灰石粉堆积密度小时取大值，输送距离远、高差大、石灰石粉堆积密度大时取小值，kg/kg。

3. 管道荷载

管道荷载计算参见《电力工程设计手册　火力发电厂除灰设计》第二章的相关内容。

五、设备选型

石灰石粉低压气力输送系统的喷射器（混合器）外形如图 10-9 所示，喷射器（混合器）常用设备选型表见表 10-1。

石灰石粉仓的选型参见本手册第九章第五节四的相关内容，罗茨风机及关键阀门选型参见《电力工程设计手册　火力发电厂除灰设计》第五章的相关内容。

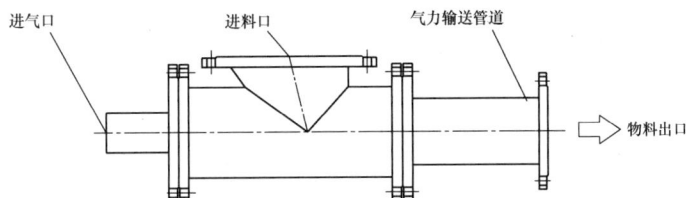

图 10-9　喷射器（混合器）外形图

表 10-1　石灰石粉喷射器（混合器）常用设备选型表

序号	设计出力（t/h）	进出料口管径（mm）	输送气源压力（kPa）
1	5	DN200/DN125	70
2	10	DN200/DN150	70
3	15	DN200/DN200	98
4	20	DN200/DN250	200

第四节　一级正压气力输送系统

一、系统说明

1. 系统功能

一级正压气力输送系统利用空气压缩机提供的压缩空气与石灰石粉输送器内的石灰石粉混合后，将石灰石粉送入输粉管道并输送至炉膛。

2. 设计范围

一级正压气力输送系统设计范围从石灰石粉仓出口至锅炉石灰石粉接口。由中间仓、石灰石粉输送器（带连续定量出料装置）、输粉管道、分配器、密封风系统和控制系统等组成。

3. 典型系统

典型的一级正压气力输送系统如图 10-10 所示。

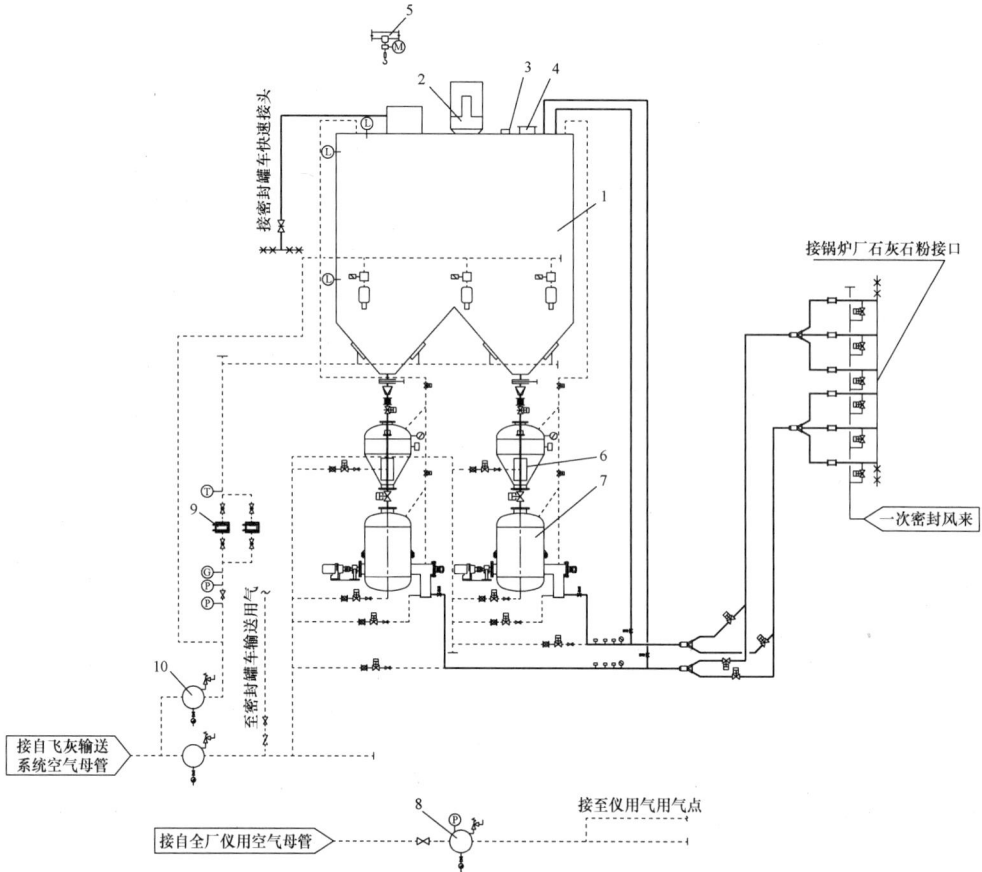

图 10-10　典型石灰石粉一级气力输送系统图

1—石灰石粉仓；2—脉冲布袋除尘器；3—压力真空释放阀；4—人孔门；5—电动葫芦；6—中间仓；
7—仓式螺旋输送泵；8—输送用储气罐；9—空气电加热器；10—仪用储气罐

二、设计方案

1. 设计原则

（1）一级正压气力输送单套系统出力不宜大于50t/h，应采用连续可调输送方式。

（2）一级正压气力输送气源系统宜统一与全厂集中空压机站合并设计。

（3）石灰石粉输送器应设气动平衡阀、气动排气阀。

（4）石灰石粉一级正压气力输送管道的设计参见本章第三节二的设计规定。

2. 常用设计方案

典型的某 600MW CFB 电厂仓式螺旋输送泵布置图如图 10-11 所示，该电厂石灰石粉输送系统输送当量距离约为 386m，单管最大出力为 55t/h。

典型的某 135MWCFB 电厂注料泵布置图如图 10-12 所示。

三、控制要求

以某电厂 660MW CFB 机组仓式螺旋输送泵（简称仓螺体）为石灰石粉输送设备的一级正压气力输送系统为例，系统图参见图 10-10，对控制要求进行说明。

（一）启停要求

1. 启动控制

以仓螺体为石灰石粉输送设备的一级正压气力输送系统启动控制流程如图 10-13 所示。

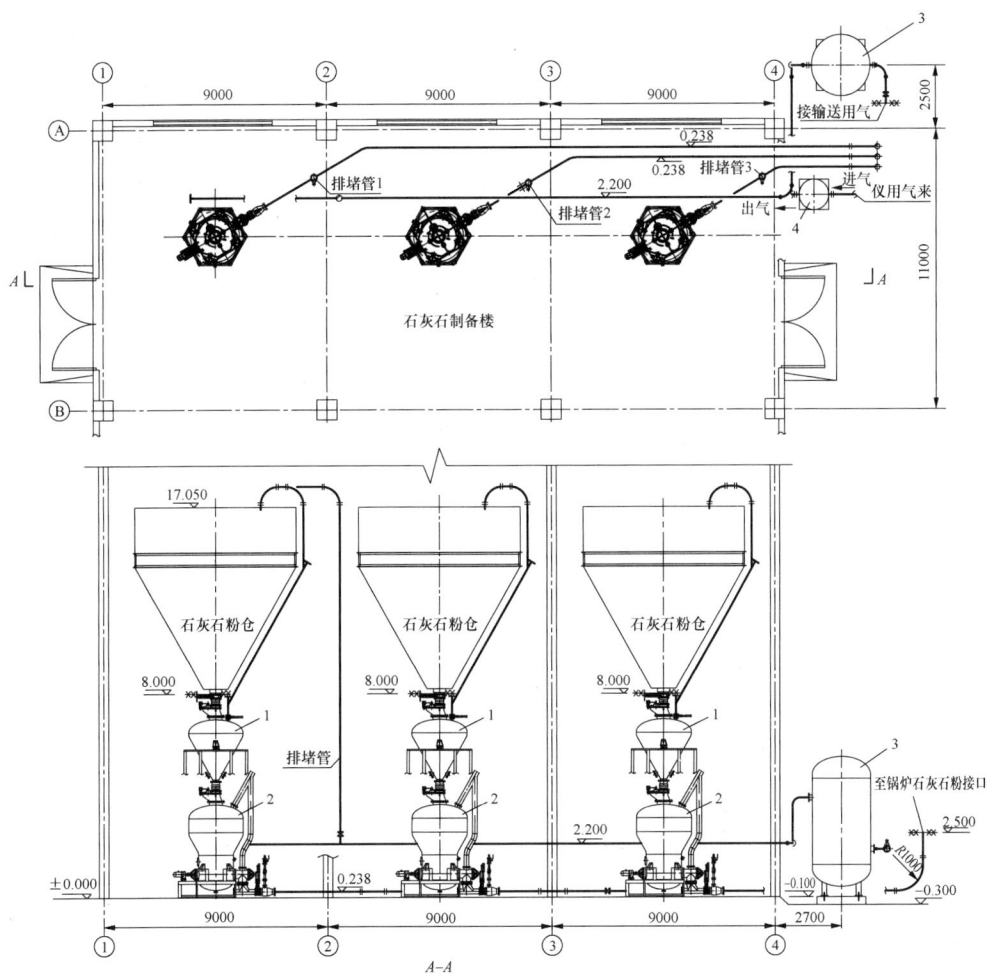

图 10-11 典型仓式螺旋输送泵布置图
1—中间仓；2—仓式螺旋输送泵；3—输送用气储气罐；4—仪用储气罐

2. 停止控制

以仓式螺旋输送泵为石灰石粉输送设备的一级正压气力输送系统输送停止控制流程框图如图 10-14 所示。

（二）联锁要求

（1）压缩空气母管压力与输送器单元组联锁。确认空气母管压力不小于最低设定值后，输送单元组方能运行。

（2）石灰石粉输送母管上的压力变送器与排堵阀联锁。当监测到输送母管压力高于设定值时开启排堵阀进行排堵，当母管压力恢复正常值时关闭排堵阀。

（3）当输送管道堵管且启动自动清堵程序后仍堵管或者变频电动机故障时，启用备用输送设备及管线。

（4）输送系统的运行逻辑与中间仓和仓式螺旋输送泵的料位联锁。当监测到中间仓高料位报警时停止受料过程，当监测到仓式螺旋输送泵低料位报警时从中间仓取料。

（5）输送器的旋转给料机与炉膛含硫量的反馈值联锁，要求根据该反馈值及时调整变频给料机转速，调节石灰石粉输送量，满足锅炉脱硫要求。

（6）实际运行中，当石灰石粉实际耗量低于系统设计出力时，应保持各输送管道均匀调节出力。

（7）以上条件实现还得考虑制备系统与粉仓，以及粉仓与输送器的运行和联锁控制。❶

（8）凡能联锁的设备，均应能解除联锁。

❶ 1. 当前级系统为制备系统时，还应要求制备系统，尤其是细碎系统进行调节运行和联锁控制。
2. 当前级系统为外购成品粉时，外购运输（含喂料入仓系统）应保证石灰石粉的足量供应，粉仓容积能满足全天的供应量。
3. 当粉仓低料位出现时，前级系统要求及时补充石灰石粉或自动切换到另一个满仓的石灰石粉仓系统，输送线也要求自动切换。

石灰石粉仓

石灰石粉仓

石灰石粉仓

17.000

11.200

7.500

4.400

±0.000

地坪

10000

10000

A

B

C

石灰石粉仓

栏杆

50°

松动风

流化风

输送用压缩空气

地坪

14000

±0.000

2500

1

2

3

①

②

(a)

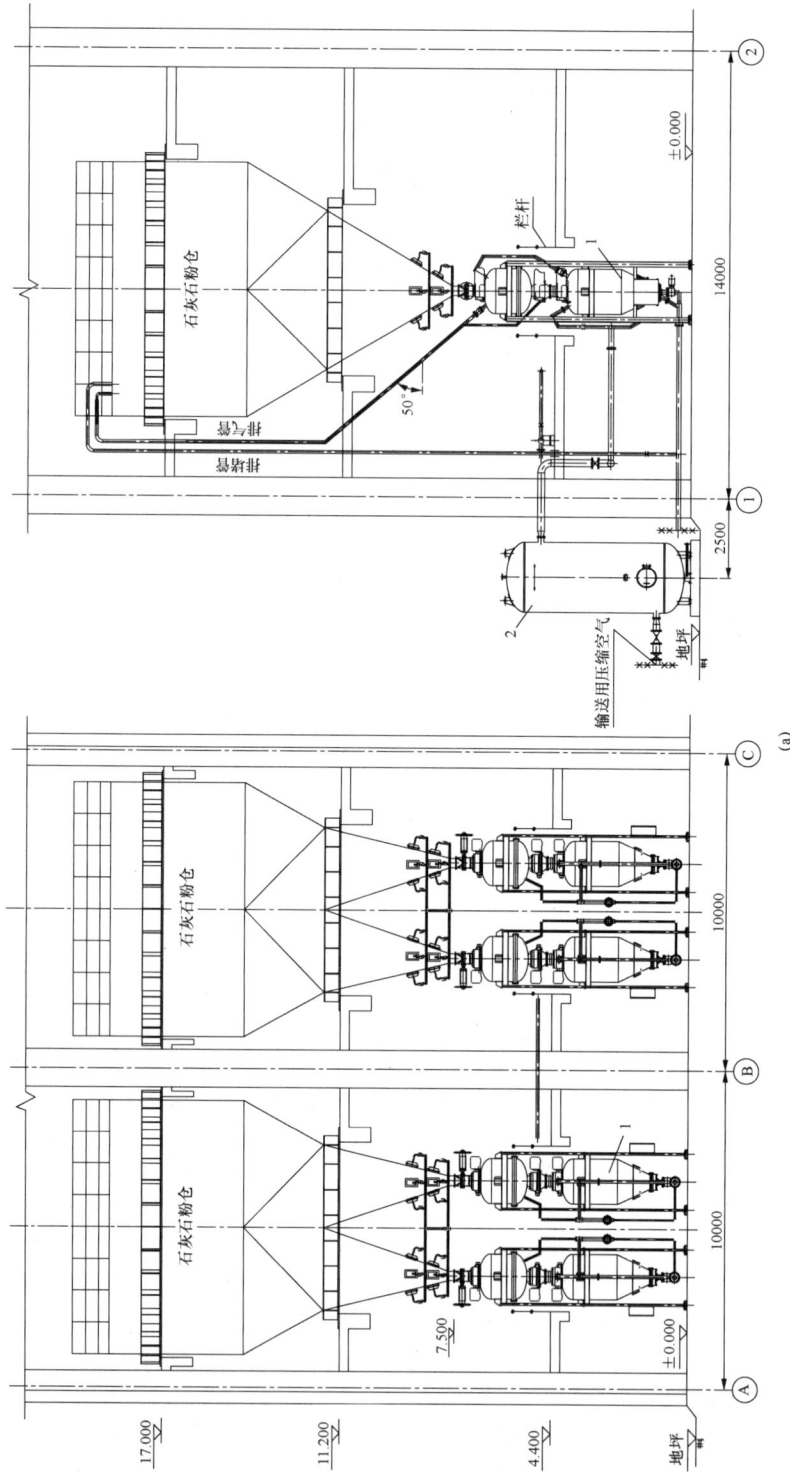

图 10-12　典型注料泵布置图（一）

(a) 典型注料泵立面布置图

1—注料泵；2—输送用气储气罐；3—仪用储气罐

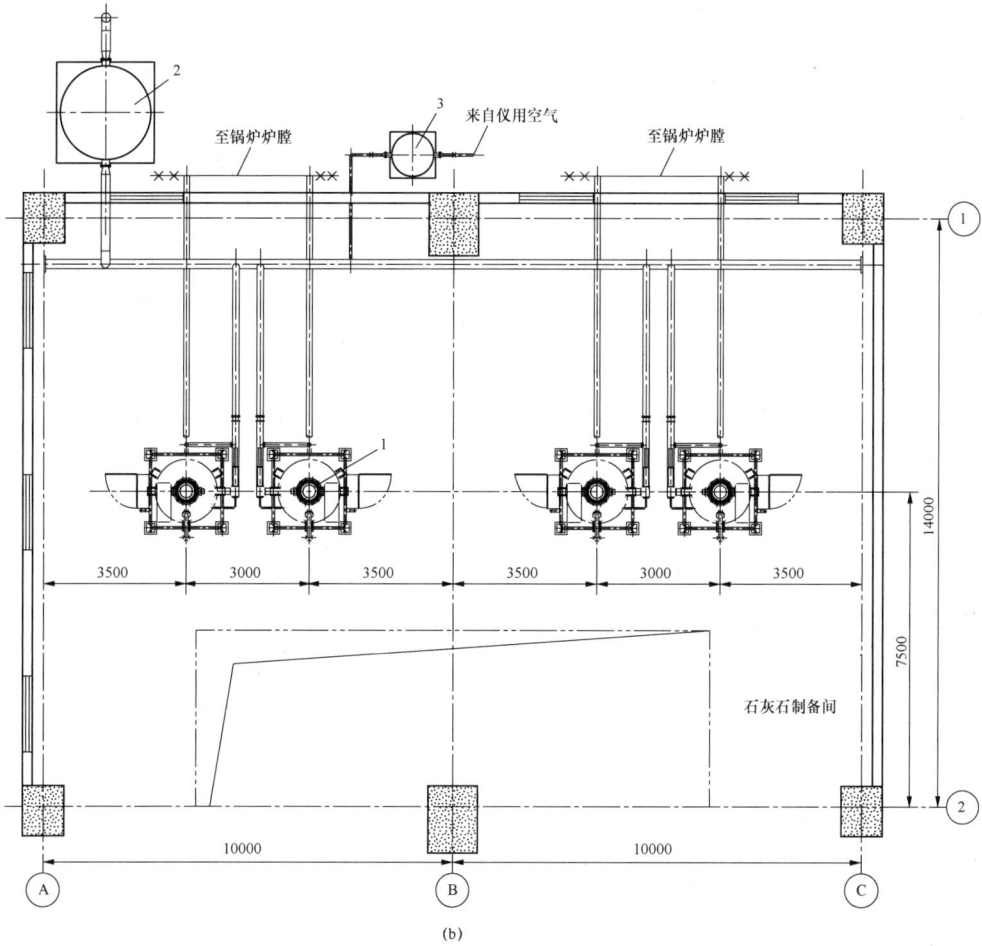

(b)

图 10-12 典型注料泵布置图（二）

（b）典型注料泵平面布置图（±0.000m 层平面布置图）

1—注料泵；2—输送用气储气罐；3—仪用储气罐

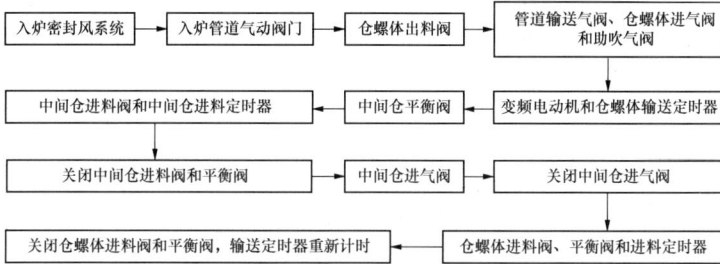

图 10-13 典型石灰石粉一级正压气力输送系统启动流程框图

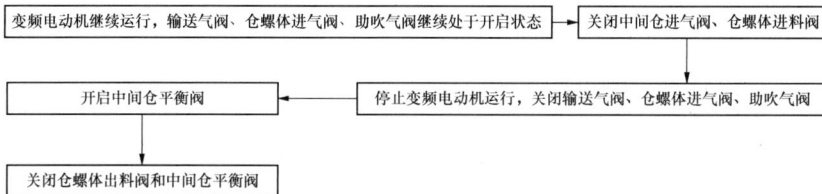

图 10-14 典型石灰石粉一级正压气力输送停止控制流程框图

四、设计计算

1. 系统出力

石灰石粉输送系统设计出力及单套系统出力参见式（10-1）和式（10-2）。

2. 管道当量长度

当气力添加系统中输送管道上装有各种管道附件时，为简化计算，可将各种管道附件折合成当量长度，管道的总当量长度按式（10-4）计算，即

$$L_{eq} = L + 2H + \sum nL_r \qquad (10-4)$$

式中　L_{eq}——管道的总当量长度，m；
　　　L——水平输送管道总长度，m；
　　　H——垂直输送管道总长度，m；
　　　n——各类管道附件数量，个；
　　　L_r——各类管道附件的当量长度，可参照表10-2选用。大小头的当量长度与其出入口管径的比值 D_b/D_a 有关，参照表10-3选用，m。

表 10-2　弯管、阀门的当量长度表

输送物料	弯管当量长度（m）					阀门（m）
	90°	60°	45°	30°	15°	
石灰石粉	5	4	3	2	1.25	10~20

注　对于一般闸阀取表中小值，球阀取表中大值。

表 10-3　大小头的当量长度表

D_b/D_a	1.10	1.20	1.30	1.40	1.50	1.60	1.70	1.80	1.90	2.00
当量长度（m）	3	6	9	12	14	16	19	20	22	23

3. 耗气量

气力输送系统的耗气量一般根据物料气力输送料气比 μ 进行估算。料气比是气力输送系统的一个重要参数，与物料特性、输送方式、输送距离及输送速度等因素有关，尤其是物料特性和输送距离对料气比的影响较大。准确的料气比应通过物料输送试验取得。

对于石灰石粉气力输送系统的耗气量，可根据石灰石粉的输送试验取得料气比或根据类似工程的经验数据选取料气比后，按式（10-5）进行估算。

当地自由状态下（空气压缩机进气状态）的耗气量按式（10-5）计算，即

$$Q = 1.1 \times \frac{(273 + t_a) \times 12.89 G p_0}{273 \mu p_a} \qquad (10-5)$$

式中　Q——耗气量，m³/min；
　　　t_a——当地平均气温，℃；
　　　G——系统出力，按式（10-1）计算，t/h；
　　　p_0——标准状态下的大气压，取101.325kPa；
　　　μ——输送料气比，可按式（10-6）估算，kg/kg；
　　　p_a——当地平均气压，kPa。

4. 料气比

根据有关资料和工程的经验数据，在工程前期设计中，石灰石粉气力输送系统的料气比可按式（10-6）进行估算，即

$$\mu = \frac{K_q}{\sqrt{L_{eq}}} \qquad (10-6)$$

式中　μ——料气比；
　　　K_q——石灰石粉特性值，对于石灰石粉，可取90~120。当石灰石粉堆积密度大时取小值，堆积密度小时取大值。

石灰石粉的实际输送距离不宜超过300m；当石灰石粉输送距离在100~300m时，石灰石粉气力输送系统的料气比可取值范围为 12~5。当输送距离大时取小值，输送距离小时取大值。

5. 管道荷载

管道荷载计算见《电力工程设计手册　火力发电厂除灰设计》第二章第二节二的相关内容。

五、设备选型

常用石灰石粉一级正压气力输送主要有仓式螺旋输送泵、注料泵和中间仓+下引式仓泵等气力输送技术，以下介绍仓式螺旋输送泵和注料泵的气力输送技术和主要设备选型，下引式仓泵气力输送技术和设备介绍见本章第五节二、四，阀门选型号见《电力工程设计手册火力发电厂除灰设计》第二章第二节二的相关内容。

（一）石灰石粉仓式螺旋输送泵气力输送设备

石灰石粉气力输送设备主要采用仓式螺旋输送泵。仓式螺旋输送泵是一种集仓体和螺旋机为一体的气力输送设备，与中间仓配合使用，通过螺旋给料机变频电动机改变石灰石粉输送量，可以实现连续可调节输送。

1. 设备结构形式

仓式螺旋输送泵主要由仓体、螺旋给料机、料气混合室、支架等组成。仓体用于储料、流化物料；螺旋给料机起定量给料作用；料气混合室把物料与压缩空气混合后送入石灰石粉输送管道。不同容积的仓式螺旋输送泵外形参见图10-15。

2. 选型参数规格表

仓式螺旋输送泵常用设备选型表参见表10-4。

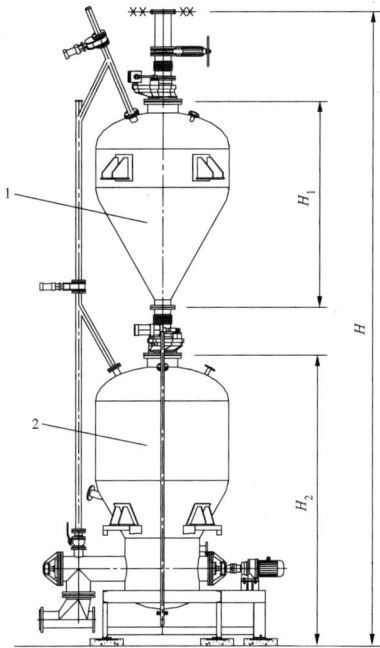

图 10-15　仓式螺旋输送泵外形图
1—中间仓；2—仓式螺旋输送泵

表 10-4　仓式螺旋输送泵常用设备选型表

序号	仓式螺旋输送泵（m³）	中间仓（m³）	设计出力（t/h）	进料阀	中间仓安装高度 H_1（mm）	仓式螺旋输送泵安装高度 H_2（mm）	总安装高度 H（mm）
1	0.5	0.25	0.5~2.5	DN250	1255	2024	4359
2	1	0.5	1~5	DN250	1544	2124	4748
3	1.25	0.75	1.25~7	DN250	1750	2270	5100
4	1.5	1	2~10	DN250	1890	2385	5355
5	2	1.25	2.5~12.5	DN250	1950	27500	30530
6	2.5	1.5	3~15	DN250	2000	2600	5680
7	3	1.75	3.5~17.5	DN250	2100	2700	5880
8	3.5	2	4~20	DN250	2200	2750	6030
9	4	2.5	5~25	DN250	2300	2820	6200
10	6	4	8~40	DN250	2500	2925	6505
11	8	5	10~50	DN250	2650	3150	6880

（二）石灰石粉注料泵气力输送设备

石灰石粉注料泵输送技术的气力输送设备主要包含收料泵和给料泵。

1. 设备结构形式

注料泵输送系统主要由两个压力仓泵、给料器组件和压缩空气主进气组件组成。给料器通过 1 台变频电动机控制给料器的旋转速度，从而实现连续定量给料。泵体采取垂直布置方式，收料泵位于给料泵上方，泵入口由入料阀控制落料。

在给料过程中，给料泵内加压保持一定压力，收料泵分别通过、给料泵以及石灰石粉仓中的交替压力平衡，实现为给料泵周期性补充石灰石粉的功能。

注料泵的外形参见图 10-16 和图 10-17。

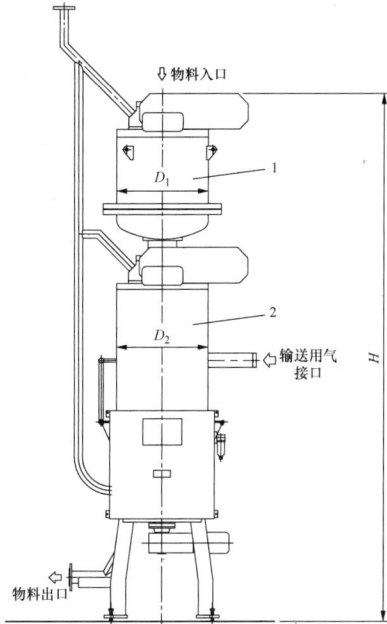

图 10-16　典型注料泵外形图一
1—收料泵；2—给料泵

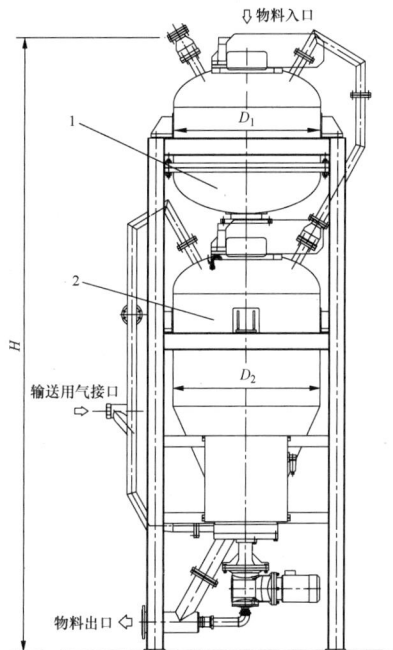

图 10-17　典型注料泵外形图二
1—收料泵；2—给料泵

2. 规格参数

注料泵常用设备选型表参见表 10-5。

表 10-5   注料泵常用设备选型表

序号	设备总高 H（mm）	收料泵入口尺寸（mm）	收料泵壳体直径 D_1（mm）	收料泵容积（m³）	给料泵入口尺寸	给料泵壳体直径 D_2（mm）	给料泵容积（m³）	设备外形
1	3834	DN200	686	0.17	DN200	686	0.34	见图 10-16
2	5285	DN200	838	0.51	DN200	838	1.02	见图 10-16
3	5075	DN300	1100	0.71	DN300	1200	1.42	见图 10-17
4	5742	DN300	1400	1.08	DN300	1400	2.15	见图 10-17
5	7452	DN300	1500	1.98	DN300	1500	3.96	见图 10-17

第五节　二级正压气力输送系统

一、系统说明

1. 系统功能

二级正压气力输送系统通常分为锅炉房外石灰石粉仓至中转仓的第一级输送和中转仓至锅炉炉膛的第二级输送两个部分，其中第一级输送采用一级正压气力输送系统进行定量间断输送；第二级输送可采用低压气力输送系统，也可采用一级正压系统进行连续可调的气力输送。

2. 设计范围

二级正压气力输送系统设计范围从第一级输送的石灰石粉仓出口至锅炉石灰石粉接口。

当第二级输送采用低压气力输送系统时，第一级输送系统主要由石灰石粉仓、石灰石粉上料管、脉冲布袋除尘器、真空压力释放阀、气化装置、空气电加热器、石灰石粉输送器等组成，第二级系统设备组成同低压/一级正压气力输送系统。

3. 典型系统

当第二级输送采用低压气力输送系统时，典型系统如图 10-18 所示。

当第二级输送采用一级正压气力输送系统时，典型系统如图 10-19 所示。

当采用石灰石粉炉内外脱硫一体化系统时，炉外脱硫部分通常采用单独的石灰石粉输送器，利用压缩空气经输粉管道将石灰石粉送至 FGD 区石灰石粉中转仓，制浆后送入脱硫吸收塔，该系统为间断运行系统，系统设计同二级正压气力输送的第一级输送系统。

二、设计方案

1. 设计原则

（1）二级输送系统中第一级正压气力输送系统宜全厂集中设计，设计出力宜为锅炉最大连续蒸发量工况下最大石灰石粉耗量的 150%，单套系统出力不宜大于 50t/h。系统备用套数可根据锅炉台数和容量确定。

（2）第二级石灰石粉中转仓的有效容积宜满足锅炉最大连续蒸发量工况下燃用设计燃料时 8～10h 的石灰石粉耗量。

（3）第二级正压气力输送系统的设计参见本章第三节二和第四节二的设计要求。

（4）气力输送管道的设计参见本章第三节二的设计要求。

2. 常用设计方案

典型的采用下引式输送罐作为石灰石粉第一级气力输送设备的系统布置图如图 10-20 所示。

三、控制要求

（一）设备启停顺序

1. 设备启动顺序

第一级气力输送系统设备启动顺序如图 10-21 所示。

第二级气力输送系统的设备启动顺序同低压气力输送系统和一级正压气力输送系统。

2. 设备停运顺序

第一级气力输送系统设备停运顺序如图 10-22 所示。

第二级气力输送系统的设备停运顺序同低压气力输送系统和一级正压气力输送系统。

（二）联锁要求

二级正压气力输送系统石灰石粉气力输送系统运行控制应符合下列要求：

（1）石灰石粉二级正压气力输送系统中的第一级系统宜采用间断运行方式。

（2）系统中任一输送线故障停运时，备用输送线应能实现投入。

（3）石灰石粉气力输送系统的防堵等信号应与系统运行控制联锁。

（4）石灰石粉仓和中转仓的排气过滤器、高低料位与系统运行控制联锁。

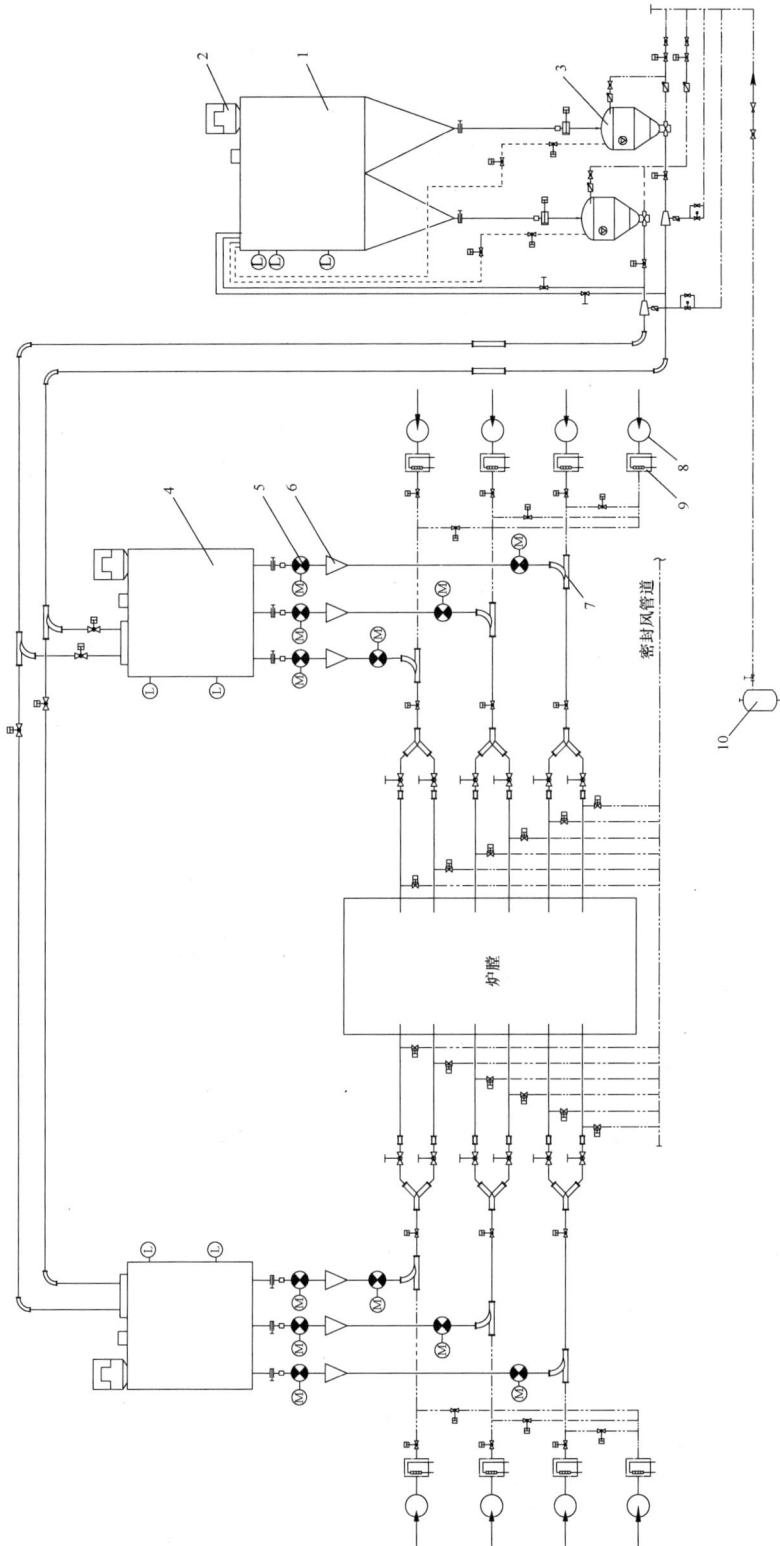

图 10-18 典型石灰石粉二级气力输送系统流程图一

1—石灰石粉仓；2—脉冲布袋除尘器；3—仓式输送泵；4—炉前石灰石粉中转仓；5—电动给料机；6—缓冲斗；
7—混合器；8—罗茨风机；9—空气电加热器；10—储气罐

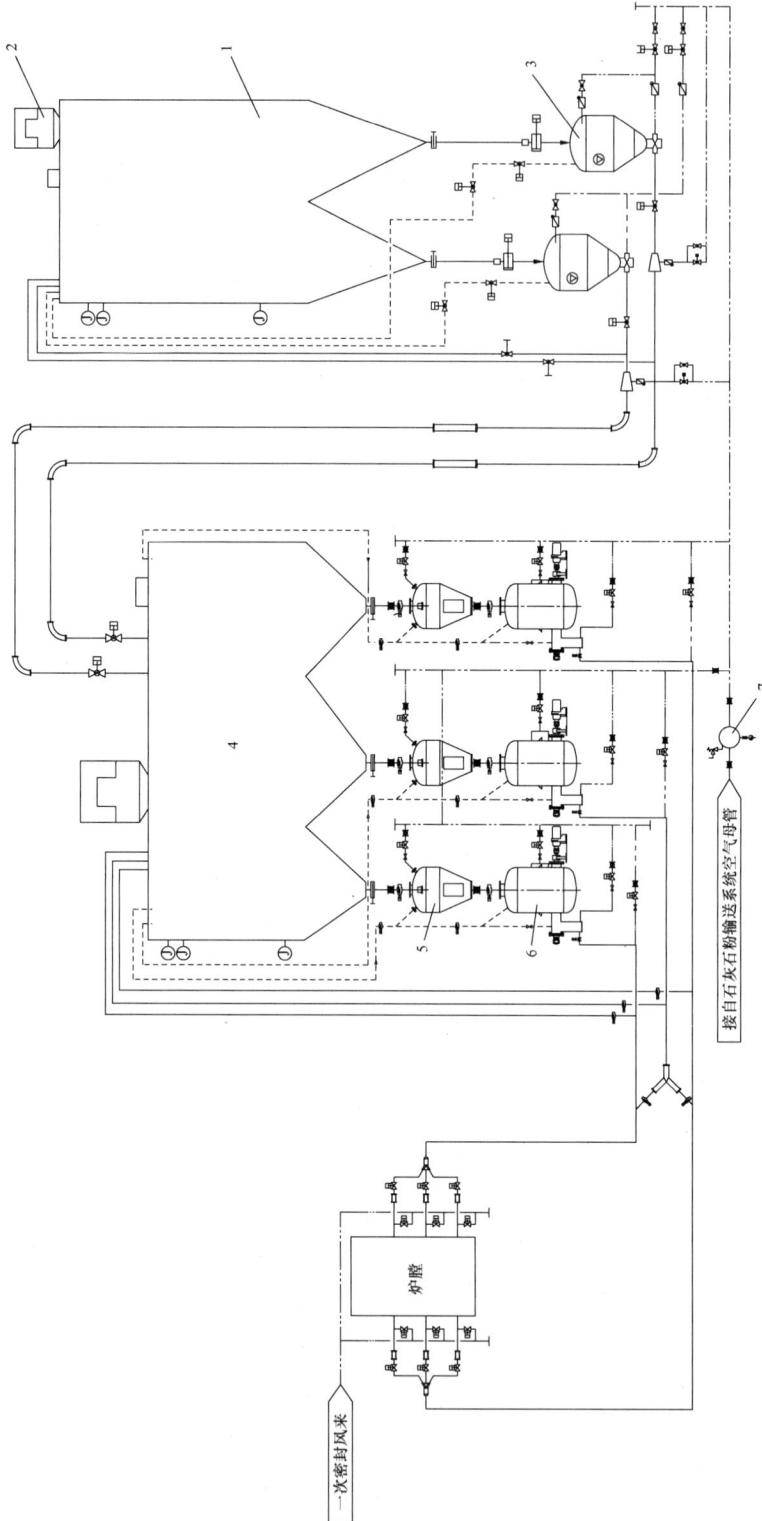

图 10-19　典型石灰石粉二级气力输送系统流程图二

1—石灰石粉仓；2—脉冲布袋除尘器；3—仓式输送罐；4—炉前石灰石粉中转仓；5—中间仓；6—仓式螺旋输送泵；7—储气罐

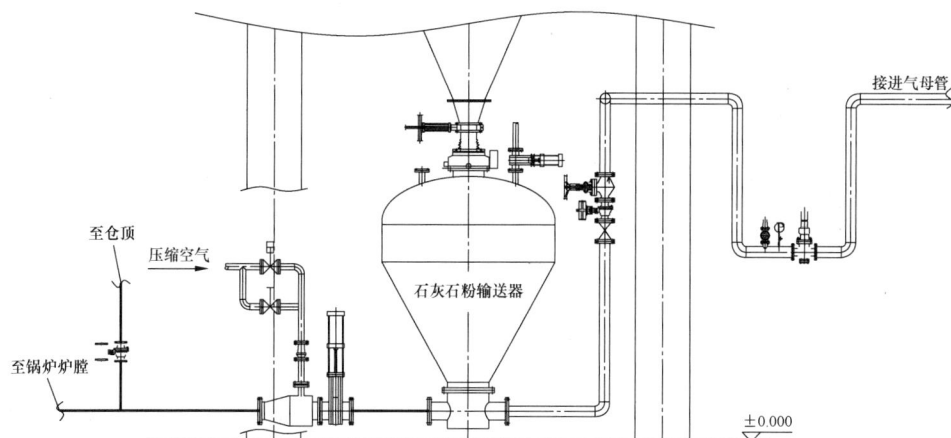

图 10-20 典型石灰石粉第一级气力输送系统布置图

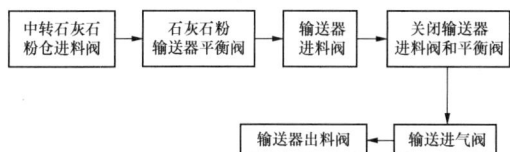

图 10-21 第一级气力输送系统设备启动顺序框图

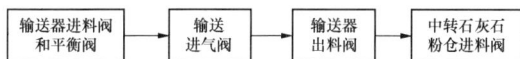

图 10-22 第一级气力输送系统设备停运顺序框图

其他联锁要求同低压气力输送系统和一级正压气力输送系统。

四、设备选型

1. 设备结构形式

二级正压气力输送系统中第一级石灰石粉输送设备通常采用下引式输送罐作定量输送,第二级输送可参考低压/一级正压输送系统进行设备选型。

下引式输送罐主要的结构特点是物料从罐体的底部排出,它由罐体、排气阀、进料阀和供气管等部件组成。输送罐设置专用进、出料阀,排气阀和料位计。下引式输送罐外形如图 10-23 所示。

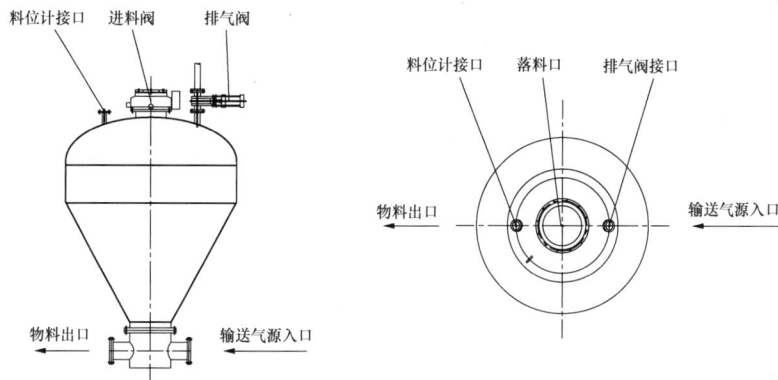

图 10-23 下引式输送罐外形图

2. 选型参数表

石灰石粉下引式输送罐常用设备选型表见表 10-6。

石灰石粉气力输送系统的进料阀、出料阀和管道切换阀等选型号见《电力工程设计手册 火力发电厂除灰设计》第二章第二节二。

表 10-6 石灰石粉输送罐常用设备选型表

序号	设计出力 (t/h)	输送罐容积 (m³)	进出料口管径	设计压力 (MPa)
1	20	2.5	DN200/DN150	0.8
2	40	4.0	DN200/DN200	0.8

第十一章

床 料 系 统

床料添加系统作为循环流化床锅炉的独有系统，起着建立和维持炉内流化床层高度不变，保证锅炉稳定燃烧的作用。

第一节 床 料 特 性

床料主要采用满足锅炉厂粒径级配要求的炉底渣、粗石灰石或石英砂等。对于初次启动调试的机组，启动床料可采用粗石灰石、石英砂；对于检修后启动的机组，也可采用筛分后的锅炉底渣。

不同形式的锅炉厂家和不同的床料添加方式对床料粒径级配要求不同，通常要求床料粒径为0～3mm，最大可至8mm。

不同形式的锅炉运行床压不同，对启动床料料层高度和添加量的要求不同。具体工程见锅炉具体要求，当无资料时，可参见表11-1。

表11-1 不同形式锅炉对启动床料料层高度和添加量的要求

序号	锅炉形式	床压（kPa）	布风板上床料堆积高度	床料添加量
1	形式一	9～10	300MW 及600MW CFB 锅炉均为800～1000mm	300MW CFB 锅炉为130～140t；600MW CFB 锅炉总添加量约为560t，其中炉膛添加约为325t，外置床添加约为235t
2	形式二	7～8	300MW CFB 锅炉为600～800mm	300MW CFB 锅炉带外置床时添加量为240～250t；600MW CFB 锅炉添加量约为900t，其中炉膛添加约300t，外置床添加约为600t
3	形式三	7～8	300MW CFB 锅炉为600～800mm	300MW CFB 锅炉带外置床时添加量为240～250t；600MW CFB 锅炉，带外置床时添加量约为670t，其中炉膛添加约为350t，外置床添加约为320t。不带外置床时约为350t

第二节 设 计 方 案

按系统分类和功能，床料系统通常分为机械、气力和人工添加床料系统。

一、机械添加床料系统

机械添加床料系统用于锅炉启动床料的添加，根据不同锅炉厂的要求，通常用于煤质折算灰分大于12%时的工况。机械添加系统常用方案有两种，如图11-1所示。

二、气力添加床料系统

当锅炉床料系统的设置需同时满足启动和在线添加床料的要求时，通常采用气力添加系统。

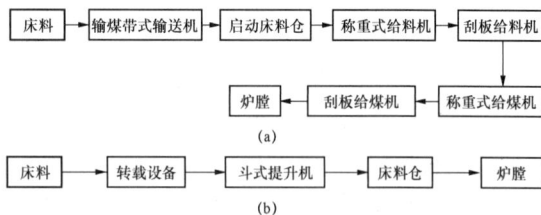

图11-1 机械添加床料系统流程图
（a）流程图一；（b）流程图二

（1）当煤质中折算灰分在5%～12%时，通常采用断续输送方式，如图11-2所示。

（2）当煤质中折算灰分小于5%时，通常采用连续可调添加系统，如图11-3所示。

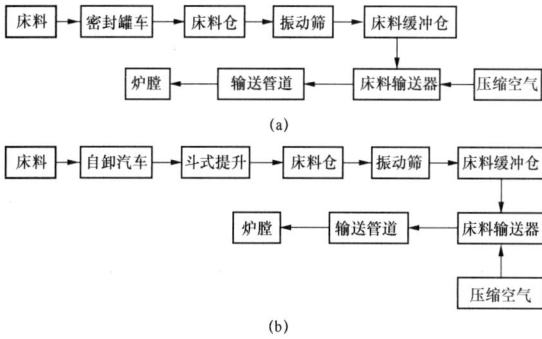

图 11-2 断续气力添加床料系统流程图

（a）流程图一；（b）流程图二

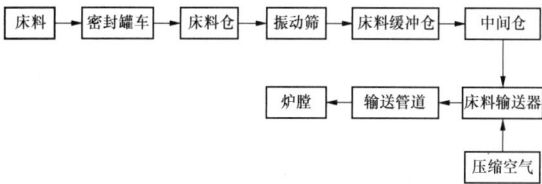

图 11-3 连续可调气力添加系统流程图

三、人工添加床料系统

人工添加床料系统通常由人工床料转运设备、电动单轨起重机等构成，由人工方式将启动床料经电动单轨起重机或电梯运输至运行层，再通过锅炉床料添加口向炉膛底部添加床料，系统流程图如图 11-4 所示。

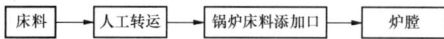

图 11-4 人工添加床料系统流程图

四、其他

在线添加床料量很小时，要维持床料层高度不变，可考虑下列几种手段而不单独设置床料添加系统：

（1）输煤线直接添加。

（2）连续少量排渣。

（3）燃烧褐煤时，可在燃料粒度上根据运行情况进行适当放大。

以上折算灰分范围的划分仅供参考，具体工程以锅炉厂资料为准。

第三节 机 械 添 加 系 统

机械添加系统通常分为通过给煤机机械输送和重力自流机械输送两种方案。

一、给煤机机械输送方案

（一）系统说明

1. 系统功能

给煤机机械输送系统借助输煤系统将床料输送至启动床料仓，用于启动添加床料。一般在输煤栈桥外部设置专门用于堆放床料的区域，床料由输煤带式输送机送至布置在煤仓间的床料仓后，再由后续系统设备输送至锅炉给煤口。

2. 设计范围

床料通过给煤机机械输送方案的设计范围通常从床料仓入口至锅炉炉膛入口，与锅炉给煤系统共用给煤装置；主要由床料仓、称重式给料机、刮板给料机、称重式给煤机、链式给煤机等设备和控制系统组成。

3. 典型系统

通常在细碎煤机室出来的带式输送机上布置床料的受料点。当受料带式输送机布置在地下时，一般采取装载机配置地斗方案将床料转运至带式输送机；当受料带式输送机布置在地面以上时，可采取高位料斗配装载机方案或单轨抓斗起重机配高位料斗方案。

其典型系统流程为床料经输煤带式输送机送至启动床料仓，锅炉启动时，床料仓内床料依次经称重式给料机和刮板式给料机转运至煤仓出口称重式给煤机，再经刮板给煤机（如果有），送入锅炉侧落煤口，并最终进入炉膛。典型系统流程图如图 11-5 所示。

（二）设计方案

1. 设计原则

（1）每台锅炉宜设置 1 套机械添加床料系统，不设备用。系统故障时，可利用原煤仓给煤机系统加料；系统出力可满足 4h 内添加完床料量的需要。

（2）床料仓宜布置在煤仓间；每炉宜设置 1 台，不应设备用；有效储料量宜等于锅炉启动床料量。

（3）第一级给料机宜选用耐压称重式给料机，第二级给料机应选用耐压刮板给料机。

2. 常用设计方案

典型的床料机械添加系统布置如图 11-6 所示。

（三）控制要求

床料机械添加系统流程见图 11-5。

1. 设备启停顺序

（1）设备启动顺序如图 11-7 所示。

（2）设备停止顺序如图 11-8 所示。

2. 联锁要求

（1）机械添加系统与启动床料仓的料位联锁运行。

（2）凡能联锁的设备，均应能解除联锁。

（四）设计计算

床料机械添加系统出力 G_m 可按式（11-1）进行计算，即

$$G_m = \frac{m_m}{t} \qquad (11-1)$$

式中 G_m——系统出力，t/h；

       m_m——锅炉启动时需添加的床料量，t；

       t——添加时间，$\geq 4h$。

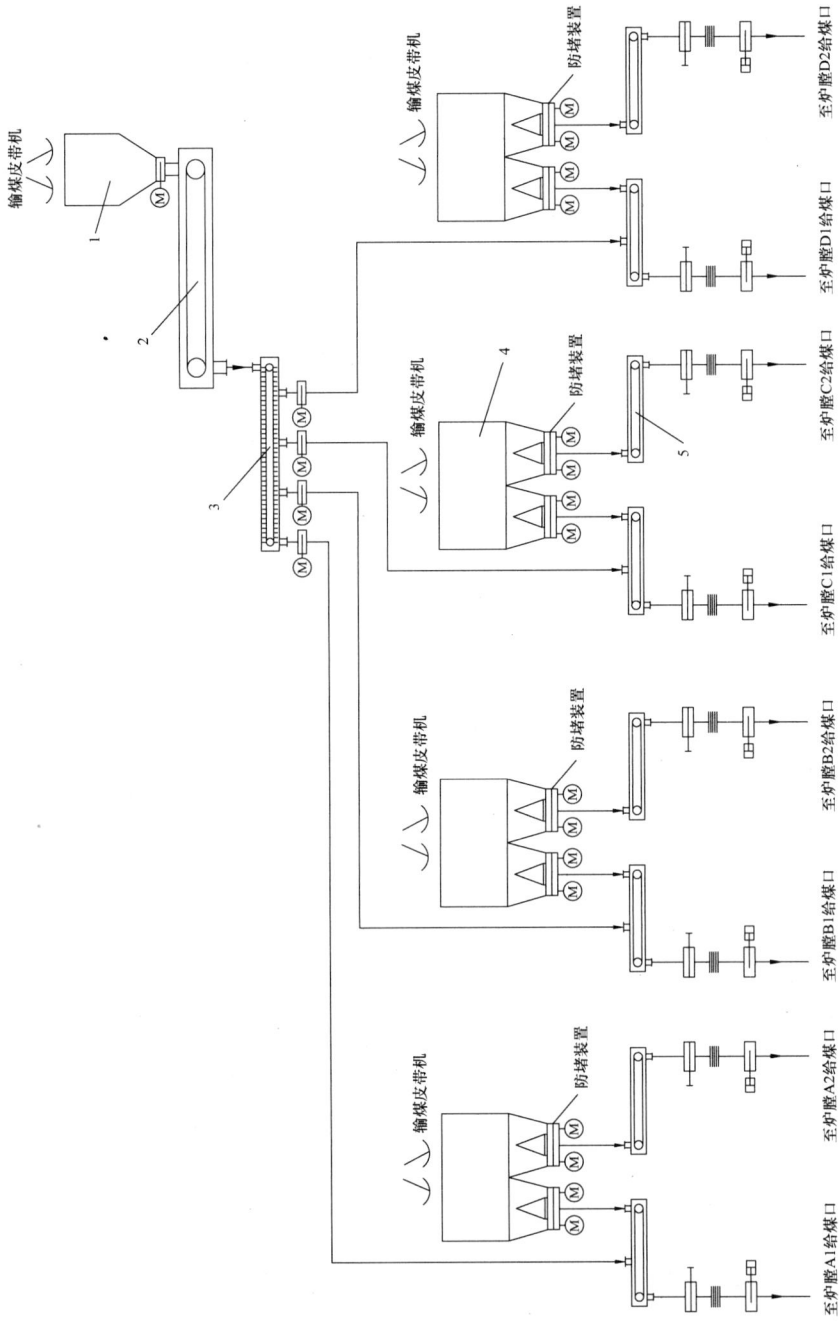

图 11-5 典型启动床料机械添加系统流程图

1—启动床料斗；2—称重式给料机；3—埋刮板输送机；4—原煤斗；5—称重式给煤机

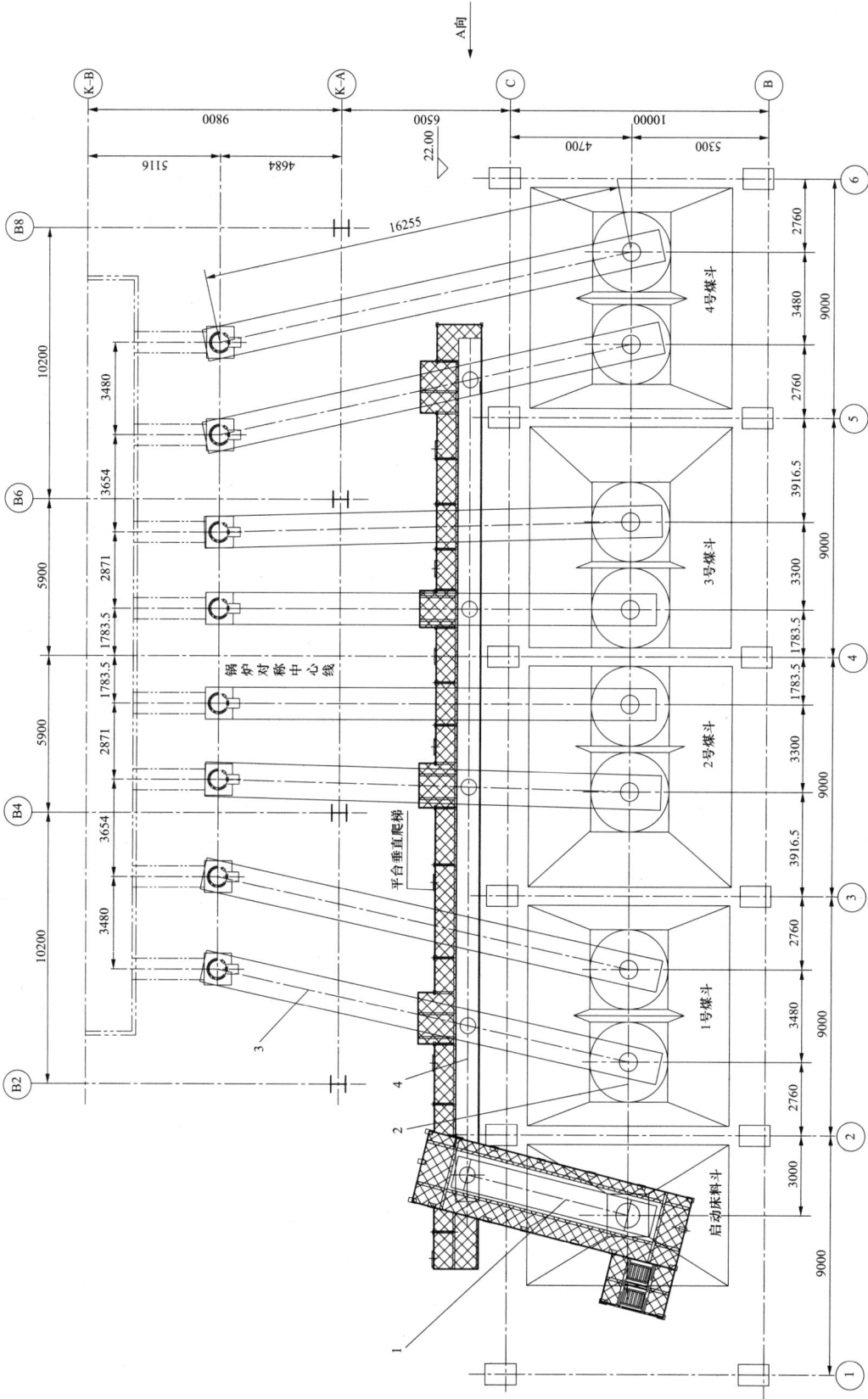

图 11-6 典型床料机械添加系统布置图（一）

(a) 平面图

1—称重式计量给料机；2—中心给料机；3—称重式计量给煤机；4—刮板给料机；

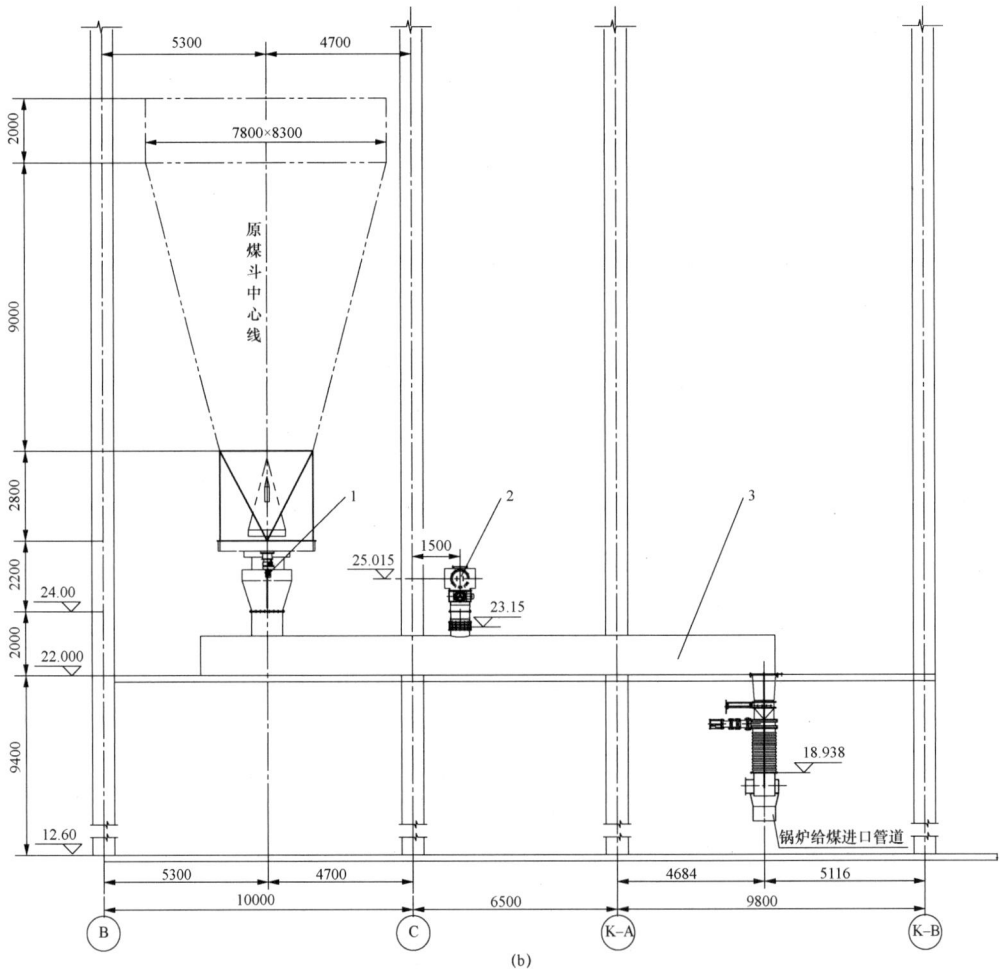

图 11-6 典型床料机械添加系统布置图（二）

（b）A 向

1—中心给料机；2—称重式计量给煤机；3—刮板给料机

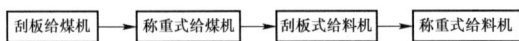

图 11-7 典型床料机械添加系统启动顺序框图

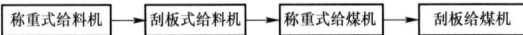

图 11-8 典型床料机械添加系统停运顺序框图

（五）设备选型

对于床料机械添加系统，给煤机的设计选型见本手册第七章第五节二，振动筛的设计选型见本手册第九章第五节一。

二、重力自流机械输送方案

（一）系统说明

1. 设计范围

床料通过重力自流机械输送方案的设计范围通常从斗提机入口至锅炉炉膛入口，主要由斗式提升机、高位布置的（启动）床料仓、连接管道及阀门和控制系统等组成。

2. 典型系统

床料经自卸汽车转运至锅炉房床料储坑内，利用斗提机将储坑内床料送至布置于锅炉构架内高于锅炉床料接口的（启动）床料仓，通过床料仓出口阀门及倾斜管道依靠床料自身重力流入锅炉床料接口，自流管道入口辅以压缩空气，必要时起到助流作用。

重力自流机械输送系统设置相对独立，可用于启动床料的添加，也可满足运行中床料在线添加的要求，其典型系统流程图如图 11-9 所示。采用通过重力自流机械输送床料系统时，锅炉床料添加点一般设在旋风分离器回料腿上。

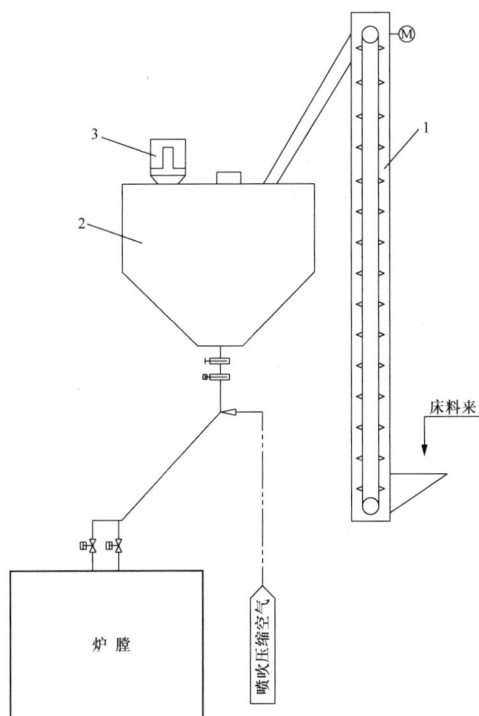

图 11-9 重力自流机械输送系统流程图
1—斗式提升机；2—启动床料仓；3—布袋除尘器

（二）设计要求

采用床料重力自流机械输送方案对锅炉构架范围内其他设备和管道的布置有一定影响，要求锅炉厂在设计之初整体考虑该系统的布置。

（三）设备选型

斗提机的选型参见本手册"底渣输送系统"相关内容。

第四节 气力添加系统

一、系统说明

（一）系统功用

气力添加系统利用空气压缩机提供的压缩空气与床料输送器内的床料混合后，将床料送入输送管道并输送至炉膛，系统运行方式为断续或连续输送。

（二）设计范围

气力添加床料系统的设计范围通常从床料仓入口至锅炉床料接口，主要由床料仓、振动筛（或无）、床料缓冲仓（或无）、中间仓（或无）、床料输送器、输送管道、排气/排堵系统、入炉密封风系统和控制系统等组成。

（三）典型系统

1. 典型系统 I

床料由自卸汽车转运至床料储坑内，利用斗提机将储坑内床料送至床料仓。床料仓内床料经振动筛除杂后卸入床料缓冲仓，振动筛筛上杂质可卸至地面或利用容器接收。除杂后的床料经缓冲仓卸入床料输送器，利用压缩空气将输送器内床料经输送管道送至炉膛，输送管道与炉膛接口设密封风。系统流程图如图 11-10 所示。

2. 典型系统 II

床料由自卸汽车经斗提机卸入床料仓，经振动筛除杂后卸入床料缓冲仓。除杂后的床料经缓冲仓卸入中间仓泵，再进入床料输送器，利用压缩空气将输送器内床料经输送管道送至炉膛。系统流程图如图 11-11 所示。

床料也可由密封罐车送至床料仓；有的电厂也利用底渣作为（或部分）床料，此时将底渣仓兼作床料仓，自卸汽车将床料卸至底渣仓旁，可利用原机械输渣系统的提升设备，将床料输送至底渣仓。

采用气力添加床料系统时，锅炉床料添加点一般设在旋风分离器回料腿上。

二、设计方案

1. 设计原则

（1）气力添加床料系统宜采用单元制，单套系统出力不大于 40t/h；气源系统统一与全厂集中空气压缩机站合并设计。

（2）床料输送器入口设置振动筛。

（3）床料仓每炉设 1 座，床料仓的有效容积满足锅炉最大连续蒸发量工况下燃用设计燃料时 20～24h 的添加床料量。

（4）床料仓靠近锅炉房布置，仓底部宜设置空气炮或振打等助流装置，顶部应设置排气过滤器，粉尘排放量应满足国家、地方环保排放要求；周围应设计汽车中转场地。

（5）北方寒冷区域，床料仓应封闭采暖，顶层设置防雨（雪）棚，严寒地区床料仓应全封闭并采暖。

（6）床料仓的进料系统及设计出力根据床料量、交通运输条件、床料仓布置等条件，选择气力或机械输送方式，不设备用。

（7）气力添加床料管道设计符合下列规定：

1）锅炉炉膛接口与床料气力输送管道之间应设置手动关断阀、气动或电动关断阀和耐温耐磨膨胀节，炉膛接口处宜设置密封风。

2）从分配器至炉膛接口的各条气力输送床料支管的输送压损允许偏差应为 2.5%。

3）气力输送床料管道宜全程采用耐磨材料。

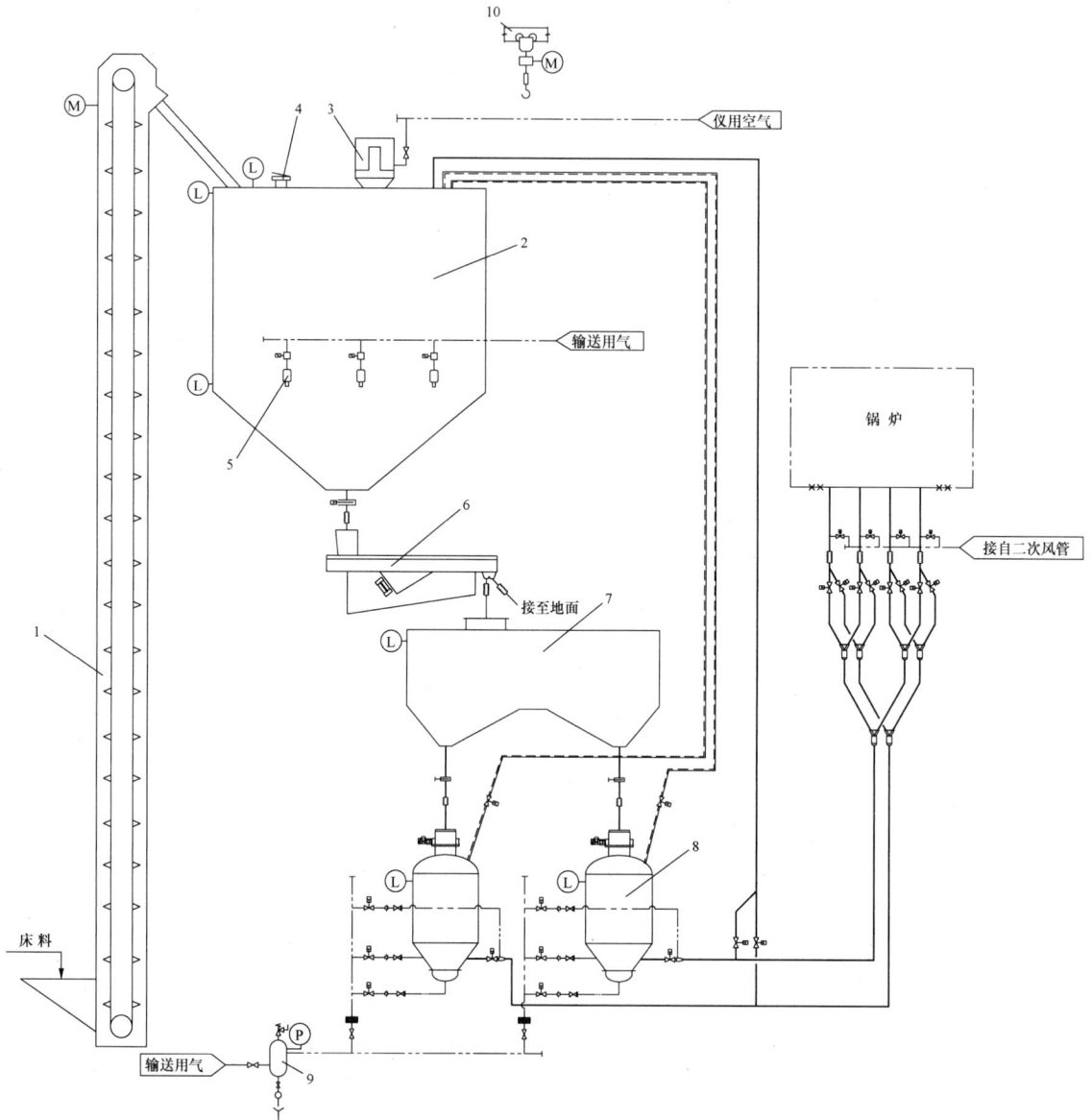

图 11-10 典型断续气力添加床料系统流程图

1—斗式提升机；2—床料仓；3—布袋除尘器；4—人孔门；5—空气炮；6—振动筛；

7—缓冲仓；8—床料输送器；9—储气罐；10—电动葫芦

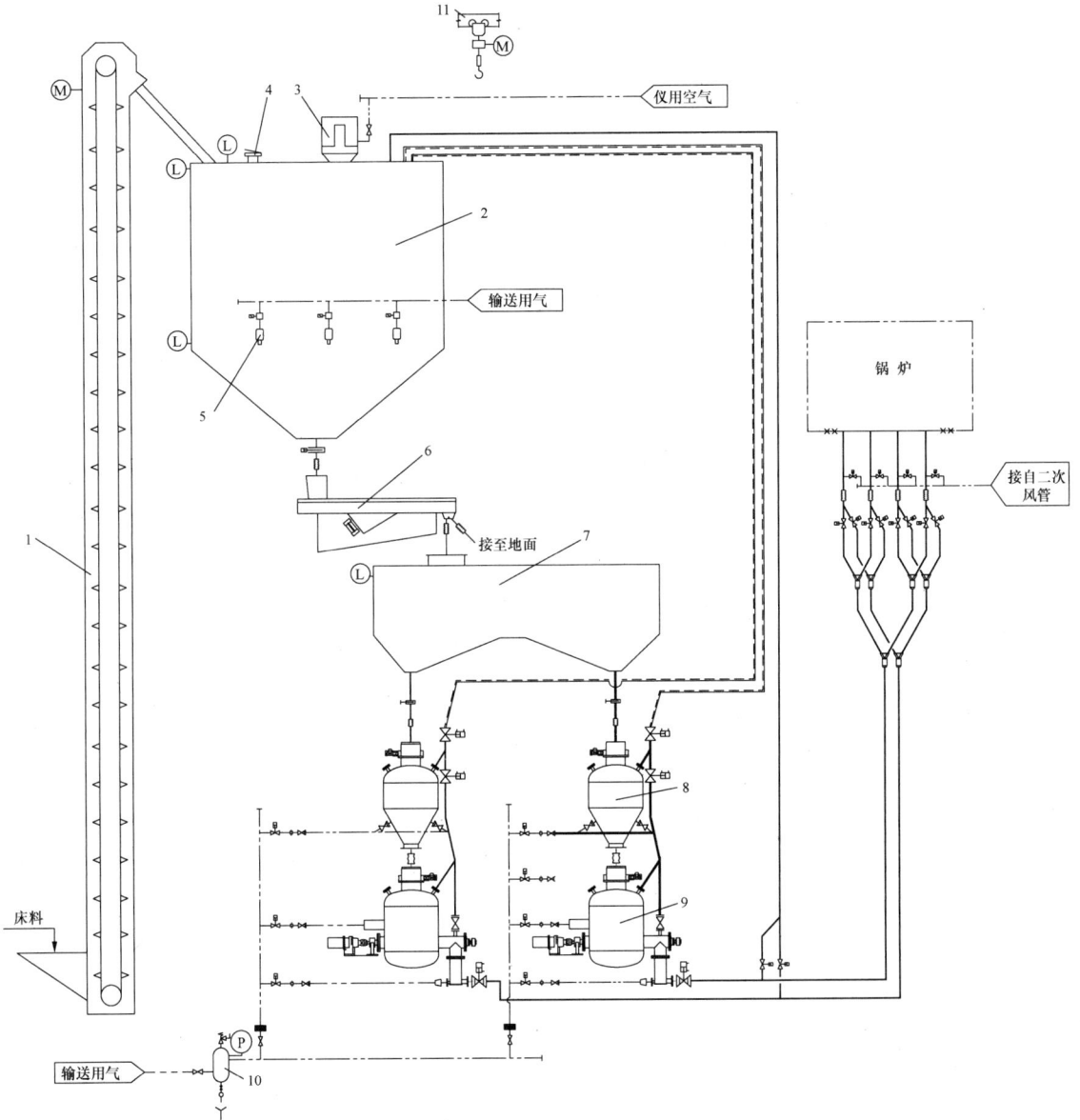

图 11-11　典型连续可调气力添加床料系统流程图

1—斗式提升机；2—床料仓；3—布袋除尘器；4—人孔门；5—空气炮；6—振动筛；7—缓冲仓；

8—中间仓；9—床料输送器；10—储气罐；11—电动葫芦

2. 常用设计方案

当采用满足锅炉粒度要求的成品床料，无需筛分 时，某 300MW CFB 电厂典型连续可调气力添加床料 系统布置如图 11-12 和图 11-13 所示。

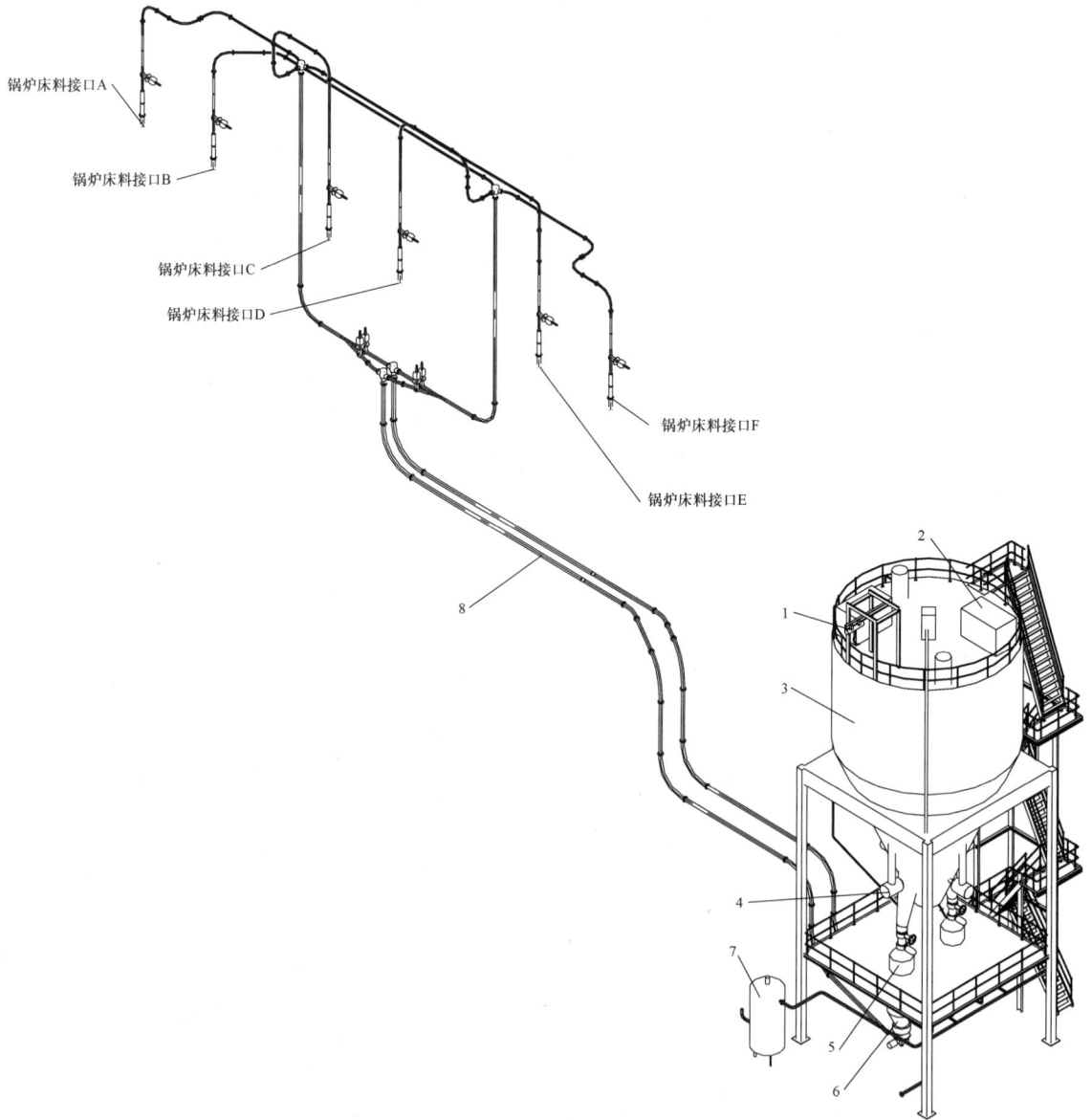

图 11-12　典型连续可调气力添加床料系统布置图

1—电动葫芦；2—布袋除尘器；3—床料仓；4—空气炮；5—中间仓泵；

6—床料输送器；7—储气罐；8—床料输送管道

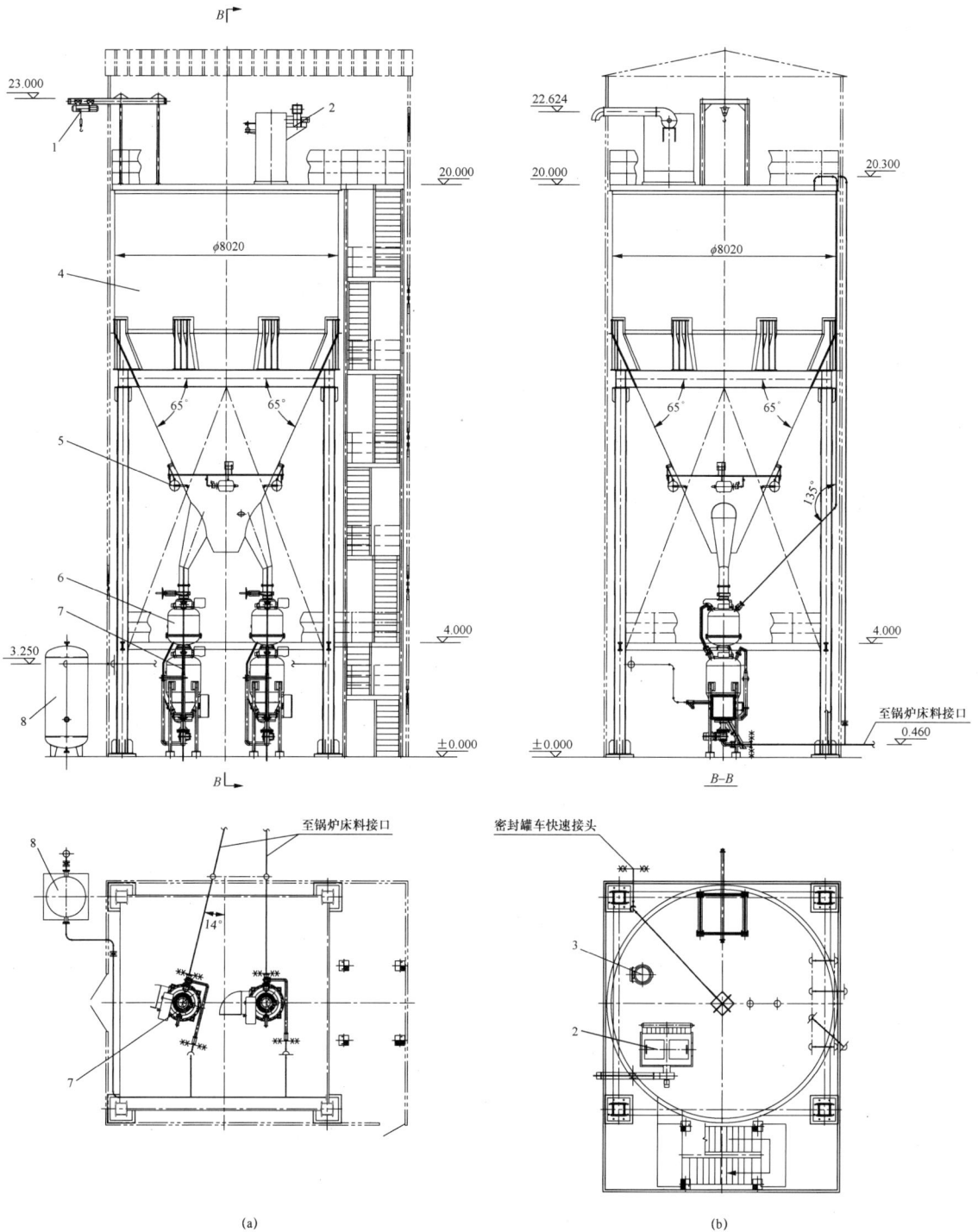

图 11-13 典型连续可调气力添加床料系统平面布置图

（a）±0m 层平面布置图；（b）20m 层平面布置图

1—电动葫芦；2—布袋除尘器；3—人孔门；4—床料仓；5—空气炮；6—中间仓泵；7—床料输送器；8—储气罐

三、设计计算

1. 系统出力

气力添加床料系统设计出力按式（11-2）和式（11-3）计算，即

$$G = kB_m \qquad (11-2)$$

$$G_1 = \frac{G}{n - n_1} \qquad (11-3)$$

式中　G——气力床料添加系统设计出力，t/h；

k——裕度系数，断续输送时取值 1.5，连续输送时取值 1.2；

B_m——锅炉最大连续蒸发量工况下最大添加床料量，t/h；

G_1——单套系统出力，t/h；

n——系统总套数，不宜小于 2；

n_1——系统备用套数，宜取值 1。

2. 耗气量

气力添加床料系统的耗气量可按式（11-4）估算，即

$$Q = \frac{G}{60 \rho \mu} \times 10^3 \qquad (11-4)$$

式中　Q——系统耗气量，m³/min；

G——系统设计出力，t/h；

ρ——空气密度，kg/m³；

μ——料气比，对于气力添加床料系统，取 5～12；当输送距离近、床料堆积密度小时取大值，输送距离远、床料粉堆积密度大时取小值，kg/kg。

四、控制要求

锅炉运行床料的需求信号应与气力输送系统运行联锁控制。气力添加系统控制要求同本手册第十章第四节三的控制要求。

五、设备选型

（一）典型系统 I

该系统通常采用单独的下引式仓泵进行定量输送，其常用设备结构和选型参见本手册第十章第五节四。

（二）典型系统 II

该系统与石灰石粉一级正压气力输送系统相同，主要有仓式螺旋输送泵输送技术、注料泵输送技术和中间仓+下引式输送罐输送技术三种。

1. 仓式螺旋输送泵输送技术

仓式螺旋输送泵输送技术主要采用仓式螺旋输送泵，床料仓内床料经振动筛除杂后卸入中间仓泵，然后进入仓式螺旋输送泵，利用压缩空气将泵内床料经管道连续送至炉膛。仓式螺旋输送泵的结构特点及设备选型介绍详见第十章第四节五。

2. 注料泵输送技术

注料泵输送技术主要采用注料泵，可实现床料定量及连续输送，其结构特点及设备选型介绍详见第十章第四节五。

3. 中间仓+下引式输送罐输送技术

中间仓+下引式输送罐输送技术主要采用一种下引式输送罐，配合中间仓的使用，实现床料的连续计量输送，床料输送管道采用双套管。下引式输送罐结构特点及设备选型介绍详见第十章第五节四。

第十二章

底 渣 系 统

循环流化床锅炉在燃烧中，灰渣一部分飞出炉膛参与循环或进入尾部烟道，剩余部分在炉膛内循环。为保证锅炉正常运行，沉积于炉床底部较大粒径的底渣需要排除，或者控制床压时也需要从炉床底部排除一定量的底渣，因此，需要设置底渣系统。底渣系统是循环流化床锅炉的重要系统，如果底渣系统不能正常运行，循环流化床锅炉机组只能被迫减负荷甚至停机。底渣系统主要包含底渣冷却和底渣输送两个系统。

第一节　底渣冷却系统

循环流化床锅炉的底渣量较大。一方面，大量的高温底渣会带走大量的物理热，如果不经冷却回收热量，灰渣物理热损失较大；另一方面，由于排渣温度与床温接近，在 900℃ 左右，如果不经冷却，炽热的

底渣很难输送和处理。循环流化床锅炉底渣冷却系统用于冷却底渣，既回收了热量，又降低了底渣温度便于机械输送。

一、系统说明

（一）系统功能

循环流化床锅炉底渣冷却系统将炉膛底部排出的热渣通过冷渣器冷却至150℃以下后进入底渣输送系统。炉内底渣根据炉膛背压通过炉膛排渣口自流进入冷渣器，通过调节转速（滚筒式）或灰渣控制阀（风水联合）控制进入冷渣器的渣量，同时系统可根据锅炉排渣量对冷却介质（冷却介质可采用水或风水联合）的量进行自动调节，将底渣冷却至满足底渣输送系统的要求。循环流化床锅炉底渣冷却原则性系统示意如图12-1所示。

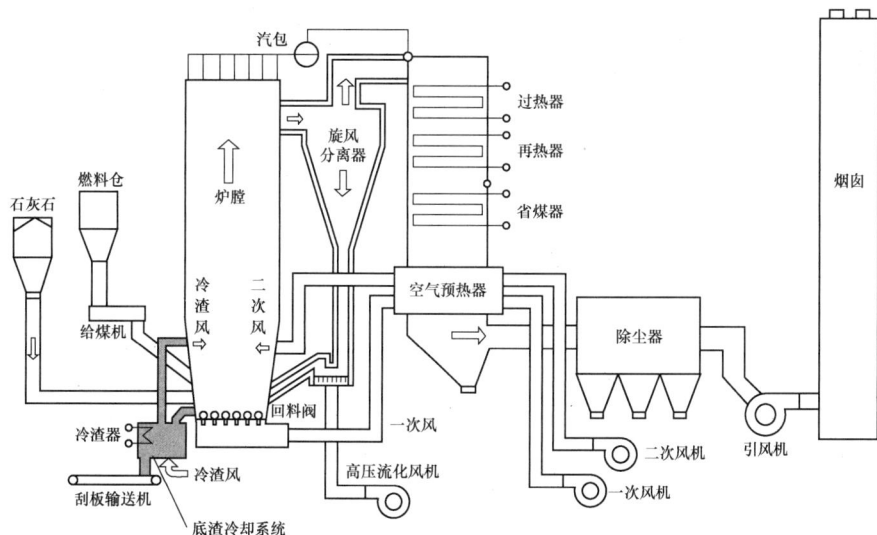

图 12-1　循环流化床锅炉底渣冷却原则性系统示意图

锅炉底渣冷却系统主要功能如下：

（1）通过排出炉膛底渣来控制床内存料量，从而控制锅炉床压，使锅炉保持良好的流化状态。

（2）在运行中出现床压较高、床温偏低且难以控制时，可加大排渣量使床压降低，通过床温和床压的综合调节，使床温控制得到改善。

（3）炉膛两侧床压（仅双布风板形式）出现剧烈波动时，可以通过调整炉膛两侧的冷渣器的排渣量，控制床压，避免翻床现象的发生。

（4）当床温偏低时，可适当降低炉膛上部的灰浓度，使炉膛上部的传热系数减少，使床温升高。对于设有外置床的循环流化床锅炉机组，锅炉外置床下部设有至冷渣器的放灰口，在低负荷的工况下，可以通过放灰，调整炉内灰浓度分布，从而控制床温。

（5）对冷却介质（水或风水联合）的量进行自动调节，将底渣冷却至150℃以下。

（二）设计范围

循环流化床锅炉底渣冷却系统设计范围从锅炉排渣口和外置床（如有）排渣口至底渣输送系统入口，主要包含冷渣器、进渣管及阀门、排渣管及阀门、补偿器以及相关的冷却水和冷却风（如有）系统等。由于冷渣器形式不同，循环流化床锅炉底渣冷却系统也有所差别，目前常用的滚筒式和风水联合冷渣器底渣冷却系统示意详见图12-2和图12-3。

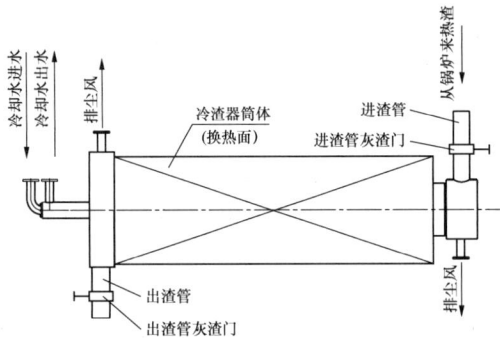

图12-2 滚筒式冷渣器底渣冷却系统示意图

（三）系统主要设备

循环流化床锅炉底渣冷却系统主要设备为冷渣器，目前大型流化床锅炉常用的冷渣器主要有滚筒式冷渣器和风水联合冷渣器。

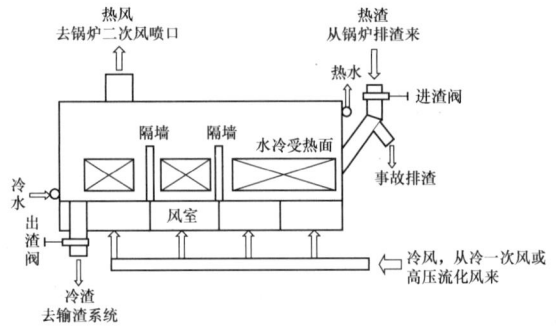

图12-3 风水联合冷渣器底渣冷却系统示意图

（四）系统设计内容

循环流化床底渣冷却系统的设计内容包括：

（1）系统拟定。

（2）设备选型。

（3）系统设备布置。

二、设计方案

（一）设计原则

底渣冷却系统的设计方案与锅炉炉型、锅炉排渣口的位置及数量、冷渣设备形式及整体布置密切相关，需要结合在一起综合考虑。

1. 锅炉排渣口位置及数量

目前125MW及以上循环流化床锅炉的锅炉排渣口的位置主要有两种：炉膛底部布风板底或炉膛水冷壁上，其中排渣口布置在炉膛水冷壁，还可根据锅炉的水冷壁方位分为布置在侧墙或后墙两种方式。

由于锅炉容量及煤质的不同，所以锅炉排渣口数量差异较大。通常锅炉采用多点排渣，以保证排渣及炉内床压的均匀性。

部分125MW及以上的锅炉形式、锅炉排渣位置及数量见表12-1。

表12-1 125MW及以上的锅炉形式、锅炉排渣位置及数量表

序号	锅炉容量	项目	锅炉形式	排渣口位置及数量	燃煤	冷渣器形式	冷渣器数量	单台冷渣器容量	锅炉渣量（t/h）	冷渣器出力（t/h）
1	135MW级	某135MW电厂	单布风板	后墙2个	褐煤	滚筒	2	100%	约28	约28
		某150MW电厂	单布风板	布风板底4个	褐煤	滚筒	4	约50%	约45.5	25
2	300MW级	某300MW电厂	双布风板	侧墙，每侧2个，共4个	烟煤及煤泥	风水联合	4	约47%	约64	30
		某330MW电厂	双布风板	侧墙，每侧3个，共6个	烟煤及煤泥	滚筒	6	约45%	约56	25
		某350MW电厂	单布风板	后墙4个	烟煤	滚筒	4	约48%	约52	25
		某300MW电厂	单布风板	布风板底8个	无烟煤	滚筒	4	约43%	约58	25
		某350MW电厂	单布风板	布风板底6个	烟煤及煤泥	滚筒	6	约58%	约43	25
3	600MW级	某600MW电厂	双布风板	侧墙，每侧3个，共6个	贫煤	滚筒	6	约30%	约134	40

2. 底渣冷却系统设计方案拟定

冷渣器不论是采用滚筒式还是风水联合冷渣器形式，锅炉排渣口与冷渣器基本上是一对一的方式，个别项目锅炉排渣口与冷渣器采用的是二对一的方式。

（1）滚筒式冷渣器底渣冷却系统。底渣从锅炉排渣口通过进渣管进入冷渣器，在冷渣器中与冷却水交换热量后经排渣管进入底渣输送设备。滚筒式冷渣器中热渣与冷却水为间接换热。

1）滚筒式冷渣器渣侧。冷渣器进渣管及排渣管上均应设置关断门，排渣管上还应设置事故排渣口及关断门。

由于锅炉炉膛下部为正压，所以部分高温烟气随着底渣进入冷渣器。冷渣器应设置排尘风系统，将随炉渣从锅炉泄漏至冷渣器的烟气抽吸至除尘器入口烟道，保证冷渣器内保持负压状态，以免烟气及其携带的粉尘泄漏。

2）滚筒式冷渣器水侧。滚筒式冷渣器的冷却水可采用工业水、闭式水或凝结水。推荐采用凝结水，以便回收热量；在不宜采用凝结水时也可采用闭式冷却水或工业水。冷渣器冷却水如采用凝结水，则宜从轴封加热器出口凝结水管道引出，经冷渣器后仍返回凝结水主管。

冷渣器冷却水进水母管或每个冷渣器的冷却水管道建议设置调节阀，以便调节冷渣器进口水量以控制冷渣器出口渣温。每台冷渣器冷却水回水管设有流量测量装置或流量开关等流量显示装置，确保冷渣器内有冷却水通过。冷渣器水侧还设置有安全阀，防止冷渣器中的冷却水汽化超压。

（2）风水联合冷渣器底渣冷却系统。风水联合冷渣器中冷却风与渣直接接触，而冷却水与渣为间接换热。

1）风水联合冷渣器系统渣侧。风水联合冷渣器进渣管上应设置进渣电动或气动控制阀，用于调节进口渣量。冷渣器排渣管上设置有排渣关断阀，并设有事故排渣口及相应的关断阀。

2）风水联合冷渣器系统水侧。风水联合冷渣器的冷却水可采用工业水、闭式水或凝结水。推荐采用凝结水，以便回收热量；在不宜采用凝结水时也可采用闭式冷却水或工业水。单个冷渣器的冷却水进水管上建议设置调节阀，以便调节冷渣器进口水量以控制冷渣器出口渣温。冷却水回水管应设有流量测量装置或流量开关等流量显示装置，确保冷渣器内有冷却水通过。冷渣器水侧还应设置安全阀，防止冷渣器中的冷却水汽化超压。

3）风水联合冷渣器系统风侧。风水联合冷渣器冷却风通常采用一次冷风或高压流化风，加热后的热风经二次风口进入炉膛。冷却风进风母管上应设置电动调节风门和流量装置，以便调节风量以控制渣的正常流化。由于冷却风回风中含尘量较高，设计中应注意

烟尘对管道的冲刷磨损问题。

3. 底渣冷却设备布置原则

（1）冷渣器标高应结合锅炉排渣口位置、冷渣器进排渣管的布置以及下级输渣设备布置情况等综合确定。冷渣器的高度应满足输渣机布置在地面以上的要求。

（2）滚筒式冷渣器周边应设置检修维护平台。

（3）冷渣器的进渣管尽量垂直布置。如倾斜布置，则管道与水平面的夹角不宜小于70°。

（4）冷渣器进渣口要尽量远离给煤口，避免发生煤"短路"情况，造成底渣含碳量升高。

（二）常用设计方案

本节将结合以下多个不同等级的循环流化床锅炉介绍典型的底渣冷却系统设计方案。

1. 125MW级锅炉

（1）方案一。某135MW电厂循环流化床锅炉为单布风板形式，燃用褐煤，后墙排渣。每台锅炉配置2台100%容量的滚筒式冷渣器，布置在锅炉后墙外侧。

锅炉排渣和回料器排灰通过进渣管进入冷渣器。从锅炉至冷渣器的进渣管上设置了一个电动灰渣门，从回料器至冷渣器的进渣管上设置了电动灰渣门和手动灰渣门各一个。冷渣器排渣分两路接至两条埋刮板输送机，每路排渣管上各设一个手动灰渣门。冷渣器上还设置有至除尘器入口烟道的排尘风管。

滚筒式冷渣器冷却水采用闭式冷却水。每台冷渣器进水管上均设置一个调节阀组和一个冷却水流量开关，调节阀旁路管上设置了电动关断阀。

冷渣器渣侧系统图、冷却水系统以及布置如图12-4～图12-7所示。

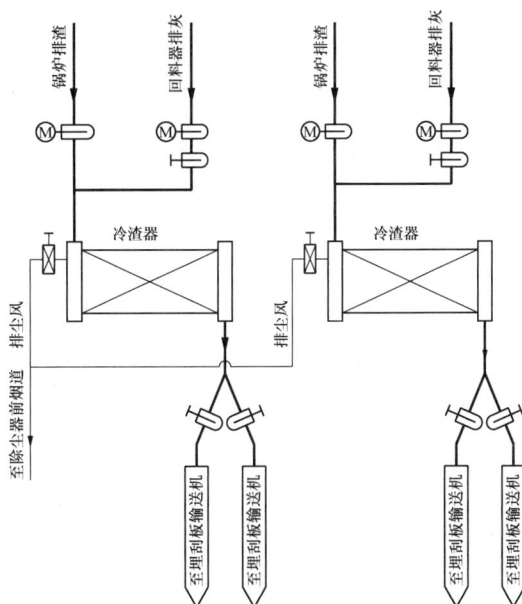

图12-4 125MW级循环流化床锅炉底渣
冷却方案一冷渣器渣侧系统图

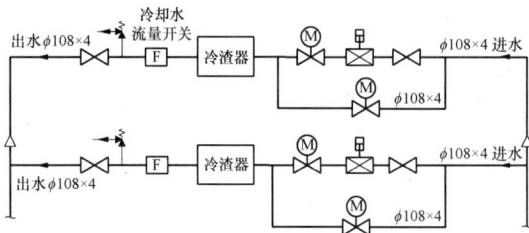

图 12-5　125MW 级循环流化床锅炉底渣冷却
方案一冷渣器冷却水系统图

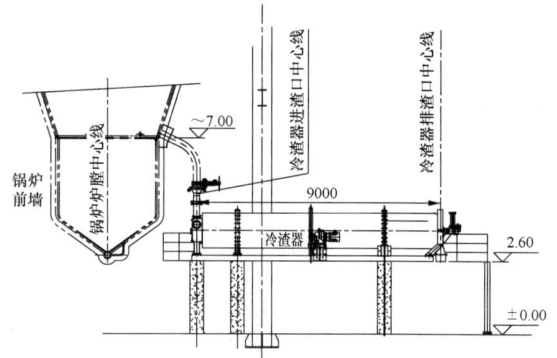

图 12-7　125MW 级循环流化床锅炉底渣冷却
方案一冷渣器断面布置图

（2）方案二。某 150MW 电厂循环流化床锅炉为单布风板形式，燃用低热值烟煤，炉底排渣。每台锅炉配置 4 台 50%容量的滚筒式冷渣器，布置在锅炉前墙外侧。

冷渣器的进渣管上设置了气动灰渣门和手动灰渣门各一个，排渣管上设置了气动灰渣门和手动灰渣门各一个。冷渣器排渣分两路接至两条埋刮板输送机，每路出渣管上均设置了气动灰渣门和手动灰渣门各一个。冷渣器上还设置有至除尘器入口烟道的排尘风管。

滚筒式冷却水采用凝结水。每台冷渣器进水管上均设置一个电动关断阀和一个流量测量装置，出水管上设置了一个可调电动阀，以便调节冷渣器冷却水流量。

冷渣器渣侧系统图、冷却水系统图以及平面布置详见图 12-8～图 12-11。

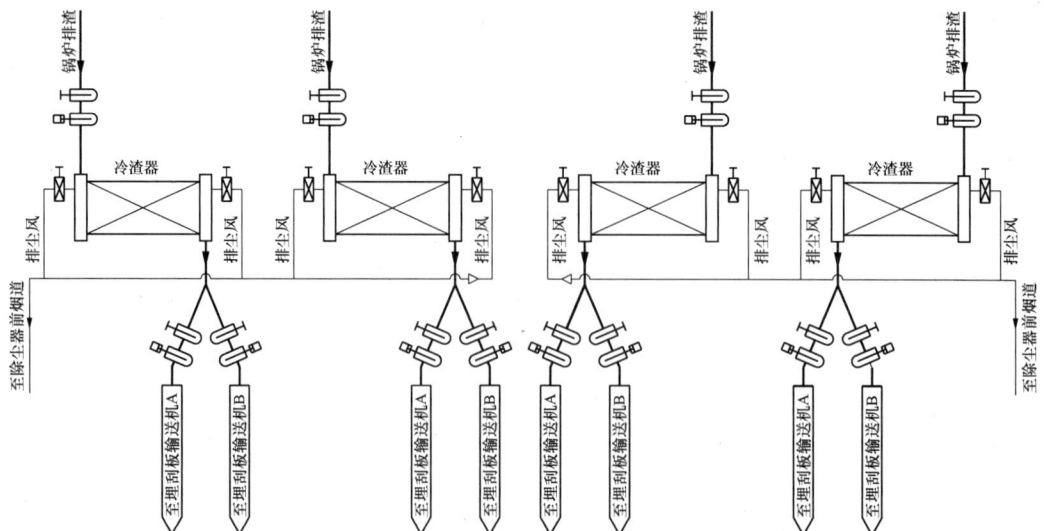

图 12-6　125MW 级循环流化床锅炉底渣冷却
方案一冷渣器平面布置图

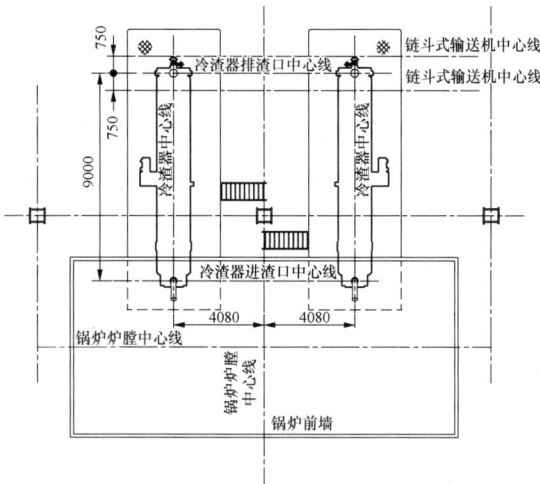

图 12-8　125MW 级循环流化床锅炉底渣冷却方案二冷渣器渣侧系统图

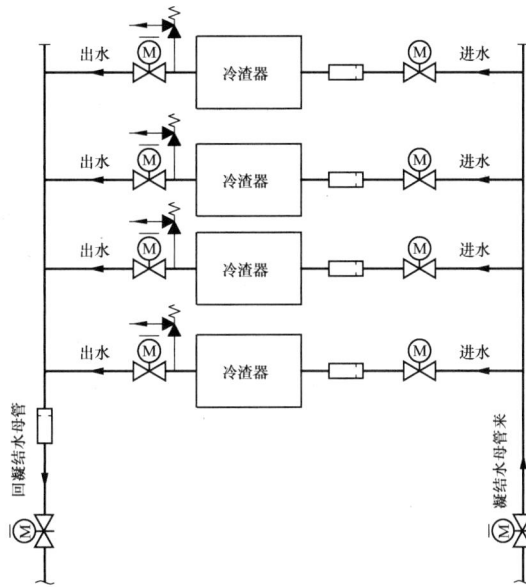

图 12-9 125MW 级循环流化床锅炉底渣冷却方案二冷渣器冷却水系统图

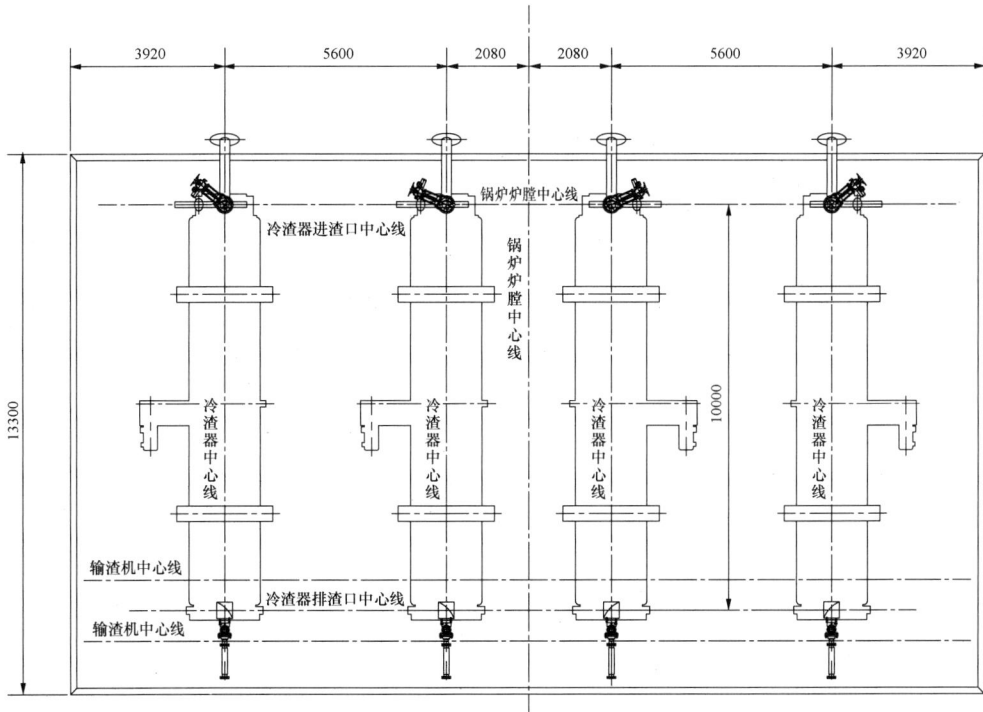

图 12-10 125MW 级循环流化床锅炉底渣冷却方案二冷渣器平面布置图

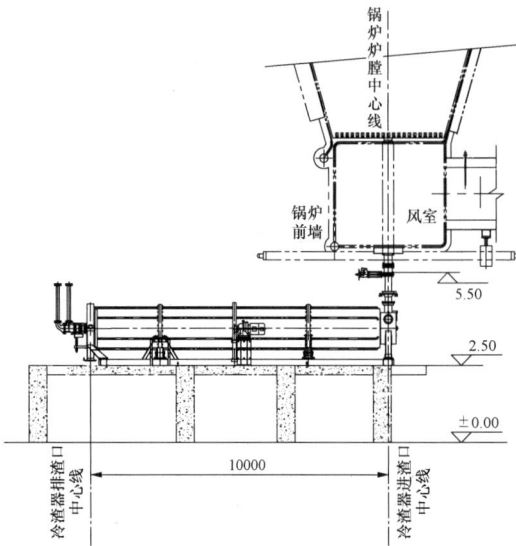

图 12-11　125MW 级循环流化床锅炉底渣冷却
方案二冷渣器断面布置图

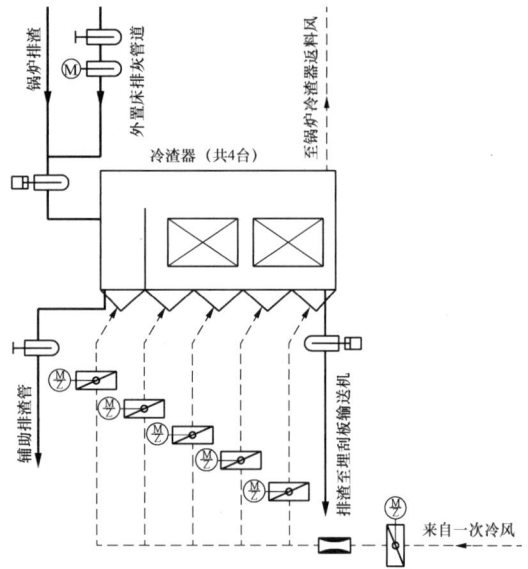

图 12-12　300MW 级循环流化床锅炉底渣冷却
方案一冷渣器渣侧系统图

2. 300MW 级锅炉

（1）方案一。某 300MW 电厂循环流化床锅炉为带有外置床的双布风板形式，燃用低热值煤和煤泥，炉侧排渣。每台锅炉配置 4 台约 47%容量的风水联合冷渣器，布置在锅炉侧墙外侧，每侧两台。

锅炉排渣和外置床排灰通过进渣管进入风水联合冷渣器。锅炉至冷渣器的进渣管上设置了一个气动灰渣控制阀，用于调节进渣量。外置床至冷渣器的进渣管上设置了电动灰渣门和手动灰渣门各一个。冷渣器排渣接至埋刮板输送机，排渣管上设一个气动灰渣门。冷渣器进口侧还设有辅助排渣管，用于排出大颗粒的底渣。

风水联合冷渣器的冷却风来自冷一次风。每台冷渣器的冷一次风母管上均设有电动调节风门和流量测量装置，用于调节总的冷却风量；进冷渣器总共有 5 根支管，每根支管上均设有电动调节风门；加热后的冷却风接至锅炉炉膛二次风口，用于辅助燃烧。

风水联合冷渣器的冷却水采用闭式水。每台冷渣器进水支管上均设有电动调节阀和流量测量装置，以便调节冷却水流量。

冷渣器渣侧系统图、冷却水系统图以及平面布置如图 12-12～图 12-15 所示。

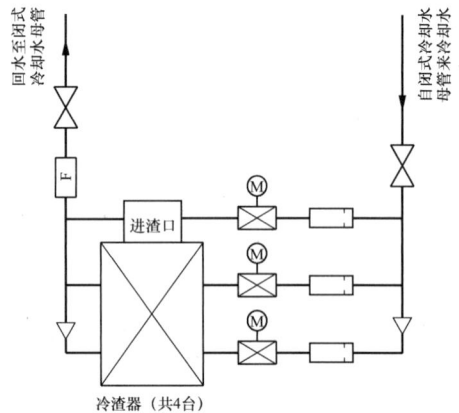

图 12-13　300MW 级循环流化床锅炉底渣冷却
方案一冷渣器冷却水系统图

（2）方案二。某 330MW 电厂循环流化床锅炉为带有外置床的双布风板形式，燃用低热值煤，炉侧排渣。每台锅炉配置 6 台 45%容量的滚筒式冷渣器，布置在锅炉侧墙外侧，每侧 3 台。

锅炉至冷渣器的进渣管上设有手动灰渣门。冷渣器至埋刮板输送机的排渣管上设有手动灰渣门，排渣管上还设有事故排渣管和相应的手动灰渣门。冷渣器上还设置有至除尘器入口烟道的排尘风管。

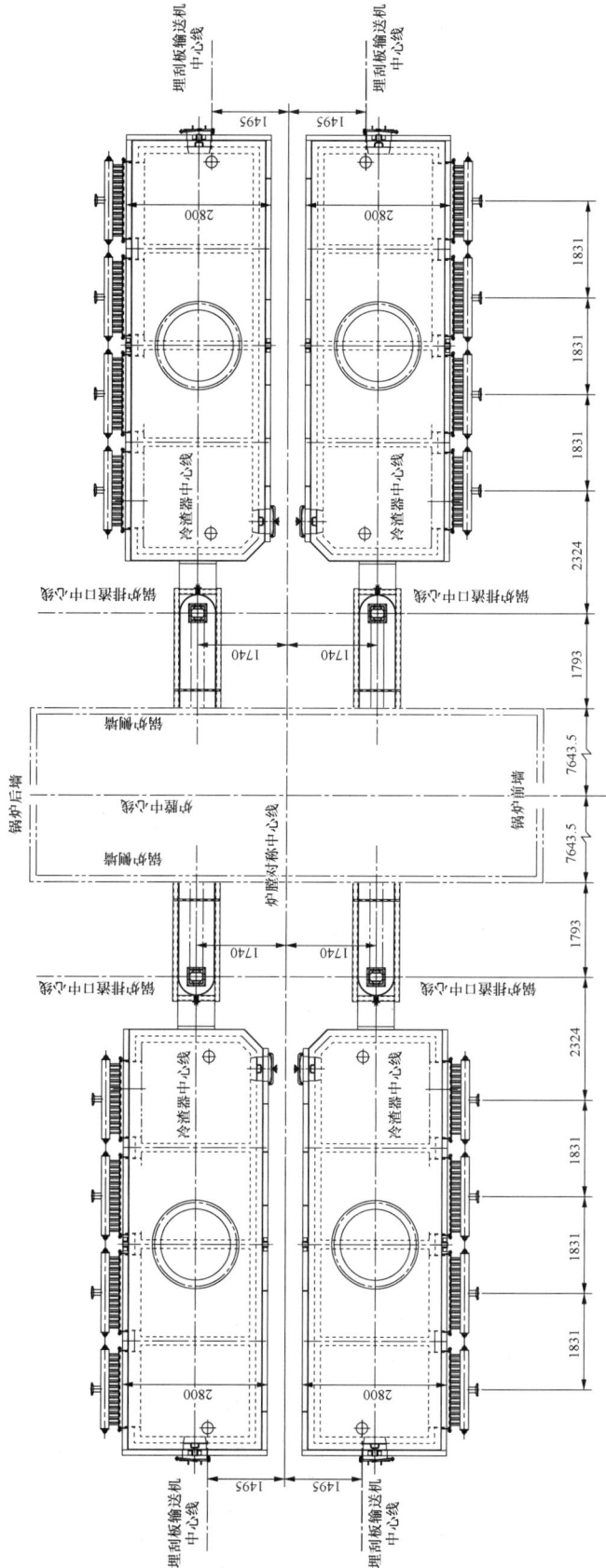

图 12-14 300MW 级循环流化床锅炉底渣冷却方案一冷渣器平面布置图

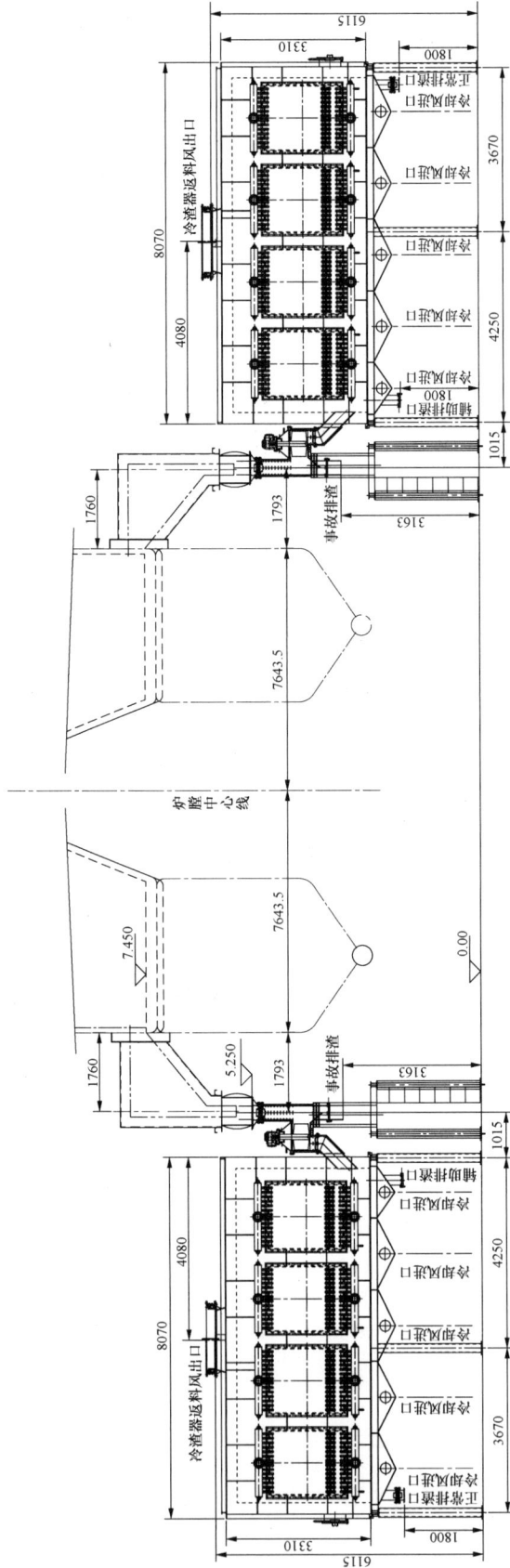

图 12-15　300MW 级循环流化床锅炉底渣冷却方案一冷渣器断面布置图

滚筒式冷渣器冷却水采用凝结水。冷渣器母管设置了电动调节阀和电动旁路关断阀；每台冷渣器进水管上设置了电动关断阀，出水管上设置了可调电动阀和流量测量装置，以便调节冷渣器冷却水流量。

冷渣器渣侧系统图、水侧系统图以及布置图如图 12-16～图 12-19 所示。

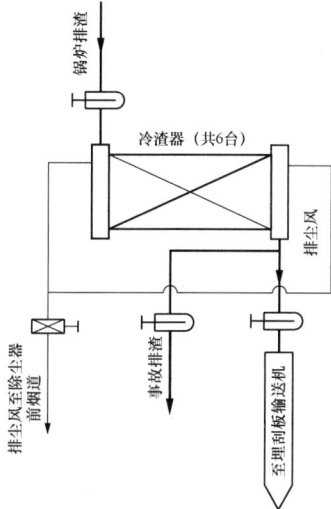

图 12-16　300MW 级循环流化床锅炉底渣
冷却方案二冷渣器渣侧系统图

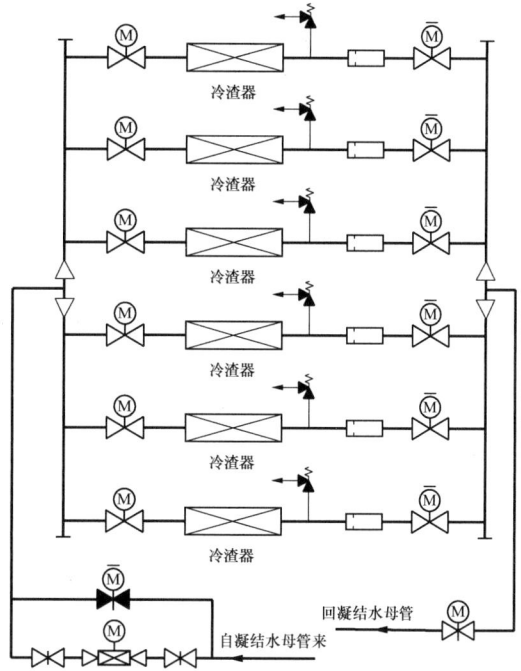

图 12-17　300MW 级循环流化床锅炉底渣
冷却方案二冷渣器冷却水系统图

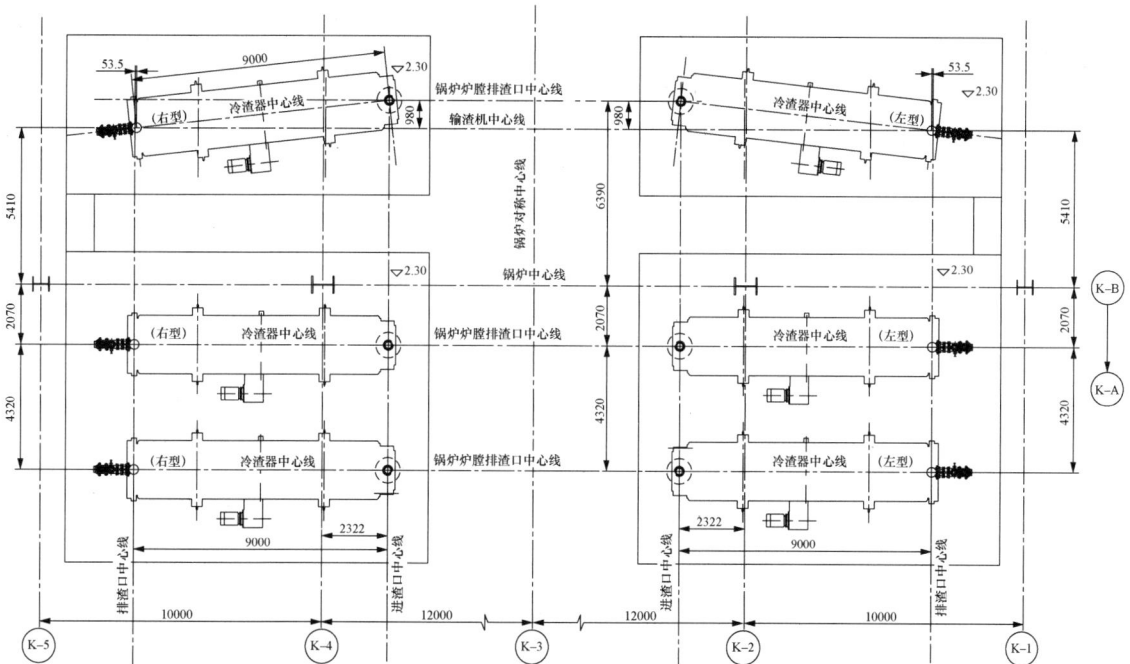

图 12-18　300MW 级循环流化床锅炉底渣冷却方案二冷渣器平面布置图

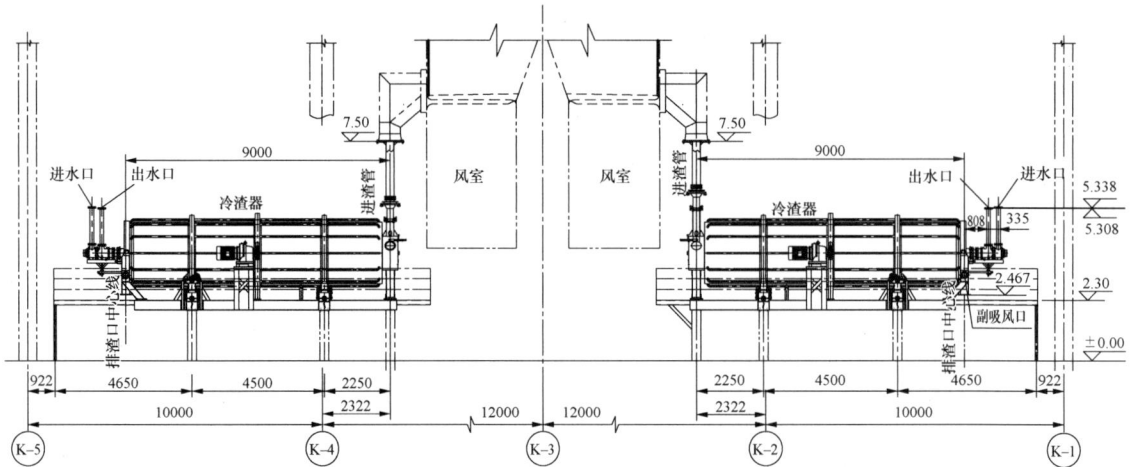

图 12-19　300MW 级循环流化床锅炉底渣冷却方案二冷渣器断面布置图

（3）方案三。某 350MW 电厂循环流化床锅炉为单布风板形式，燃用烟煤，后墙排渣。每台锅炉配置 4 台约 48%容量的滚筒式冷渣器，布置在锅炉后墙。

锅炉排渣和回料器排灰通过进渣管进入冷渣器。锅炉至冷渣器的进渣管上设有电动灰渣门和手动灰渣门，回料器至冷渣器的进渣管上设有电动灰渣门和手动灰渣门。排渣管上设有事故排渣管及电动灰渣门。冷渣器排渣分两路接至两条埋刮板输送机，每路排渣

管上各设手动灰渣门和气动灰渣门。冷渣器上还设置有至除尘器入口烟道的排尘风管。

冷渣器冷却水采用凝结水。冷却水进水母管设置了电动调节阀和电动旁路关断阀，以便调整总的冷渣器冷却水量；每台冷渣器进水管上设置了电动关断阀，出水管上设置了可调电动阀和流量测量装置，以便调节单个冷渣器的冷却水流量。

冷渣器渣侧系统图、冷却水系统图以及平面布置如图 12-20～图 12-23 所示。

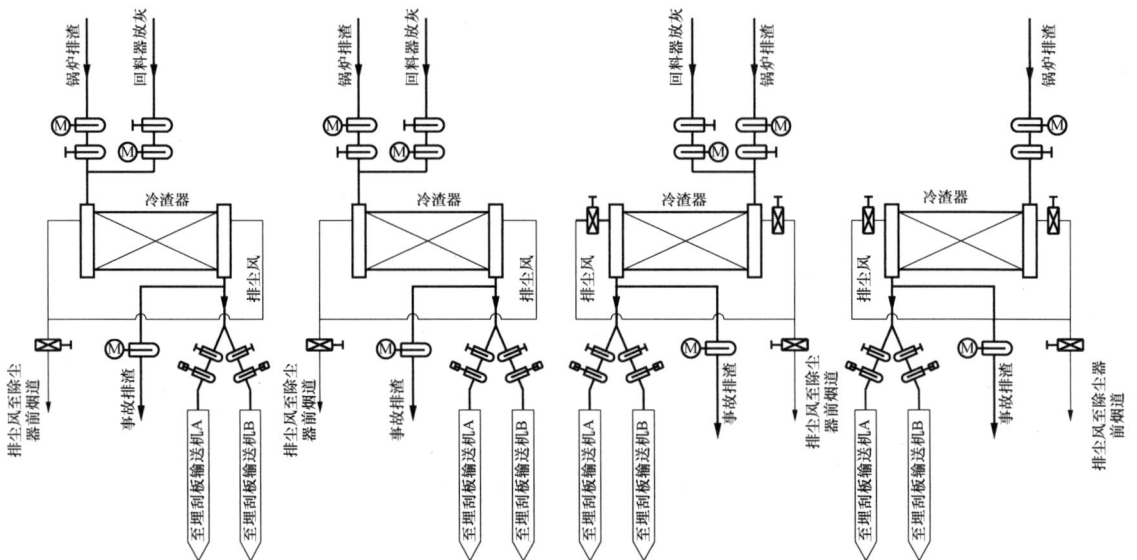

图 12-20　300MW 级循环流化床锅炉底渣冷却方案三冷渣器渣侧系统图

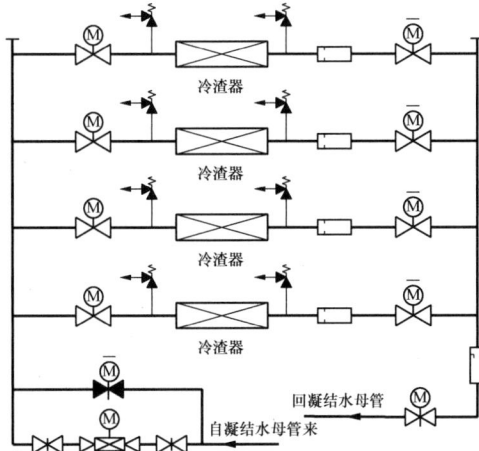

图 12-21 300MW 级循环流化床锅炉底渣冷却方案三冷渣器冷却水系统图

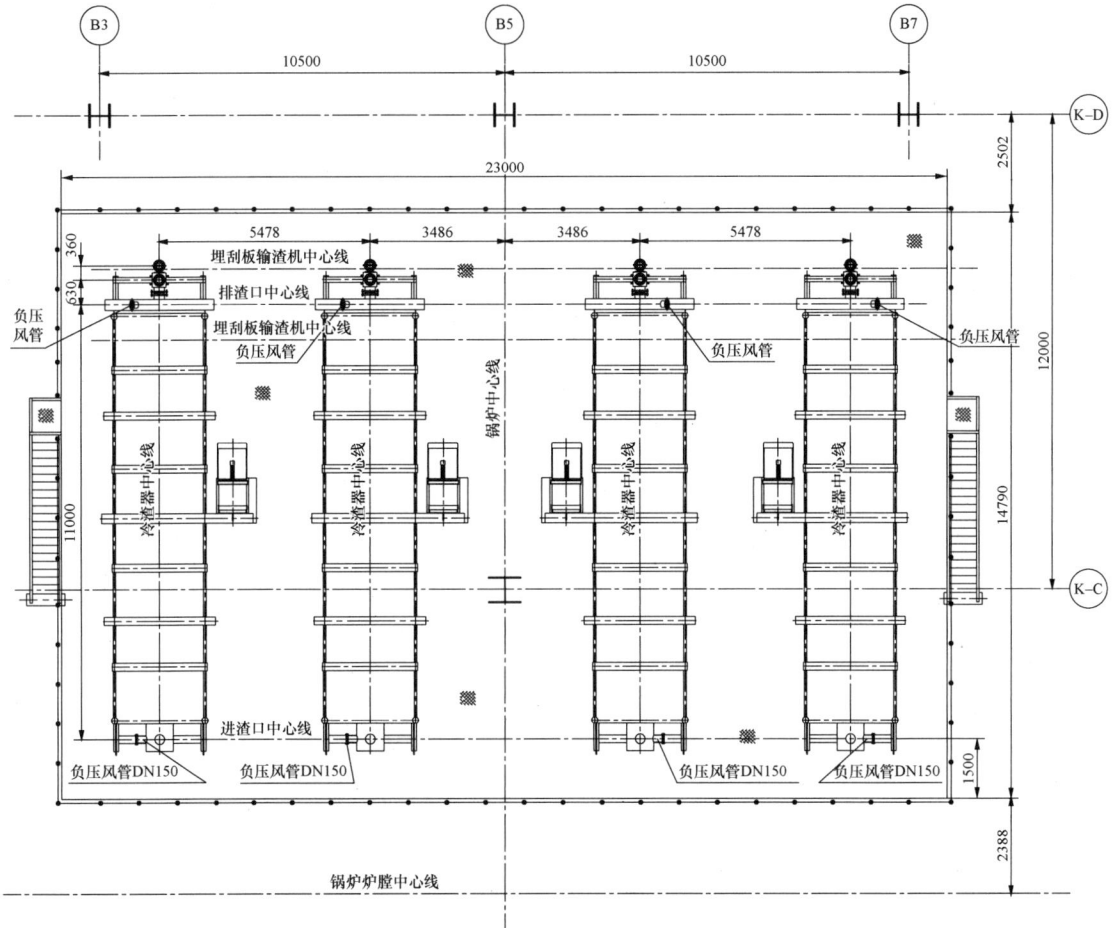

图 12-22 300MW 级循环流化床锅炉底渣冷却方案三冷渣器平面布置图

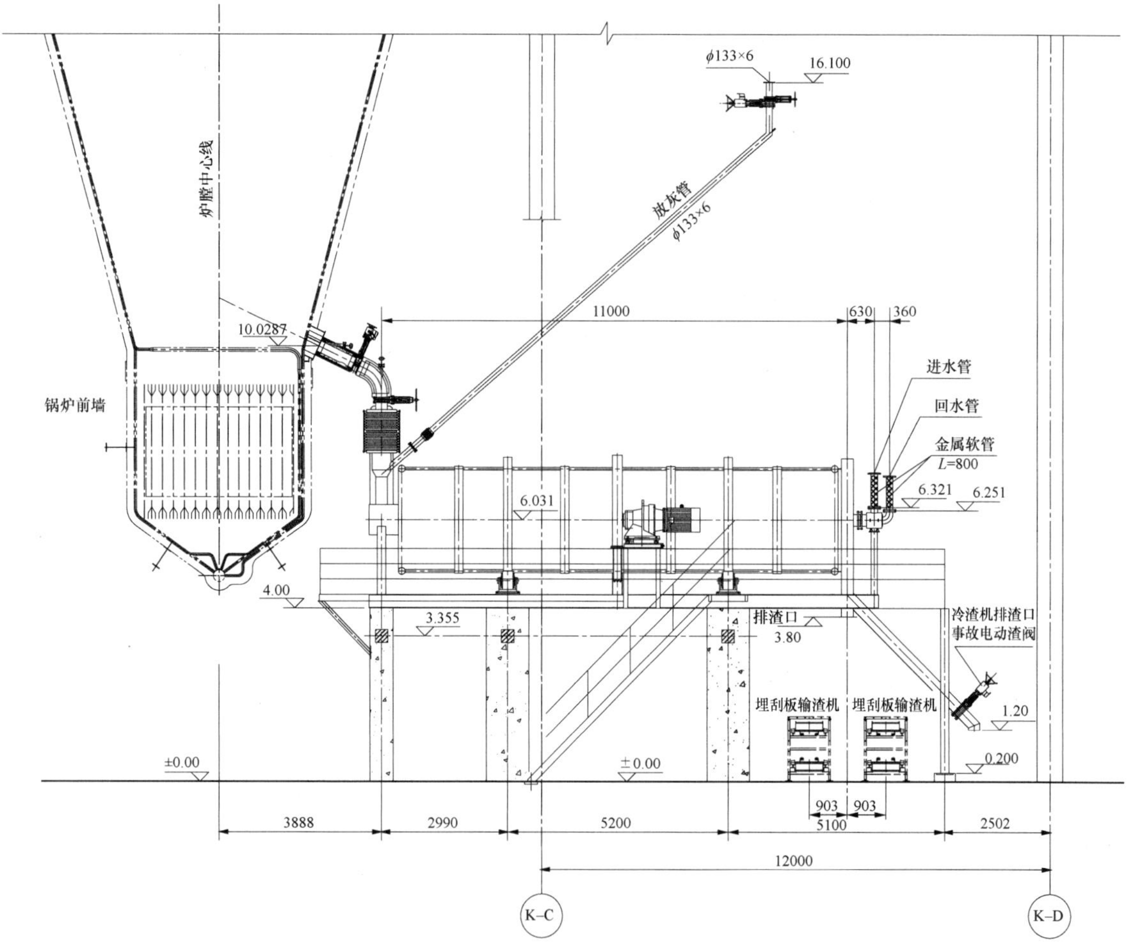

图 12-23 300MW 级循环流化床锅炉底渣冷却方案三冷渣器断面布置图

（4）方案四。某 300MW 电厂循环流化床锅炉为单布风板形式，燃用低热值煤，炉底排渣。每台锅炉配置 4 台约 43%容量的滚筒式冷渣器，布置在锅炉后墙。

锅炉炉底布置 8 个排渣口，每两个排渣口合并后接至 1 台冷渣器。锅炉的每路排渣管上均设有气动灰渣门和手动灰渣门。冷渣器排渣分两路接至两条埋刮板输送机，每路排渣管上均设有气动灰渣门和手动灰渣门。冷渣器上还设置有至除尘器入口烟道的排尘风管。

滚筒式冷却水采用凝结水。冷渣器母管上设置了电动调节阀和电动旁路关断阀，用以调节冷渣器水量；每台冷渣器进水管上设置了电动关断阀，出水管上设置了可调电动阀和冷却水流量开关，以便监测并调节单台冷渣器冷却水流量。

冷渣器渣侧系统图、冷却水系统图以及平面布置

如图 12-24～图 12-27 所示。

（5）方案五。某 350MW 电厂循环流化床锅炉为单布风板形式，燃用低热值煤，炉底排渣。每台锅炉配置 6 台约 58%容量的滚筒式冷渣器，布置在锅炉前墙。

锅炉排渣通过进渣管进入冷渣器。锅炉至冷渣器的进渣管上设有手动灰渣门。冷渣器排渣分两路接至两条埋刮板输送机，每路排渣管上均设有电动灰渣门。冷渣器上还设置有至除尘器入口烟道的排尘风管。

滚筒式冷却水采用凝结水。在凝结水主管上冷渣器冷却水进回水接口之间设置了气动调节阀和电动旁路阀，以便调整冷渣器的冷却水量；每台冷渣器进水管上设置了手动关断阀和电动关断阀，出水管上设置了手动关断阀和冷却水流量开关。

冷渣器渣侧系统图、冷却水系统图以及平面布置如图 12-28～图 12-31 所示。

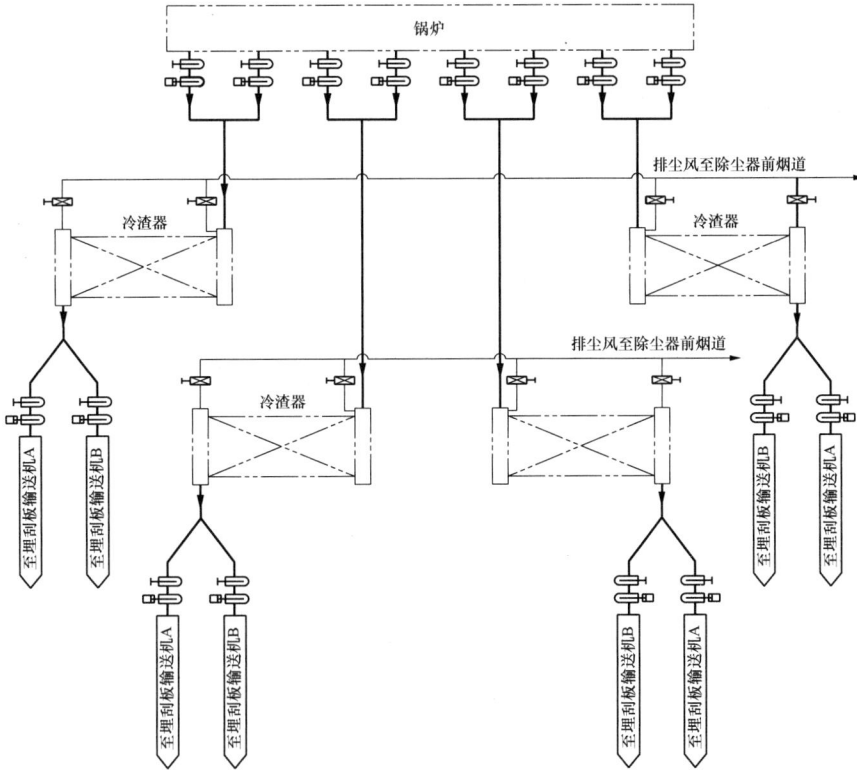

图 12-24　300MW 级循环流化床锅炉底渣冷却方案四冷渣器渣侧系统图

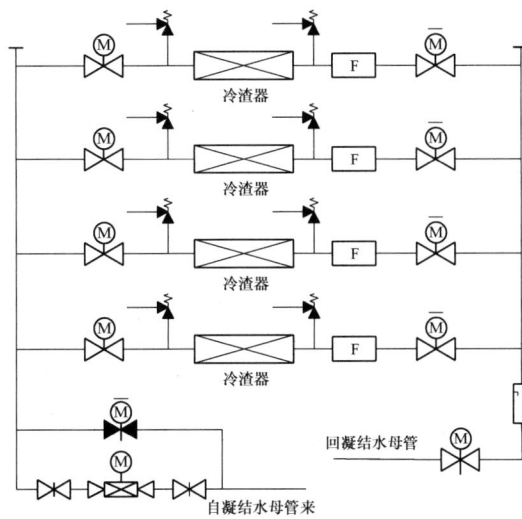

图 12-25　300MW 级循环流化床锅炉底渣冷却方案四冷渣器冷却水系统图

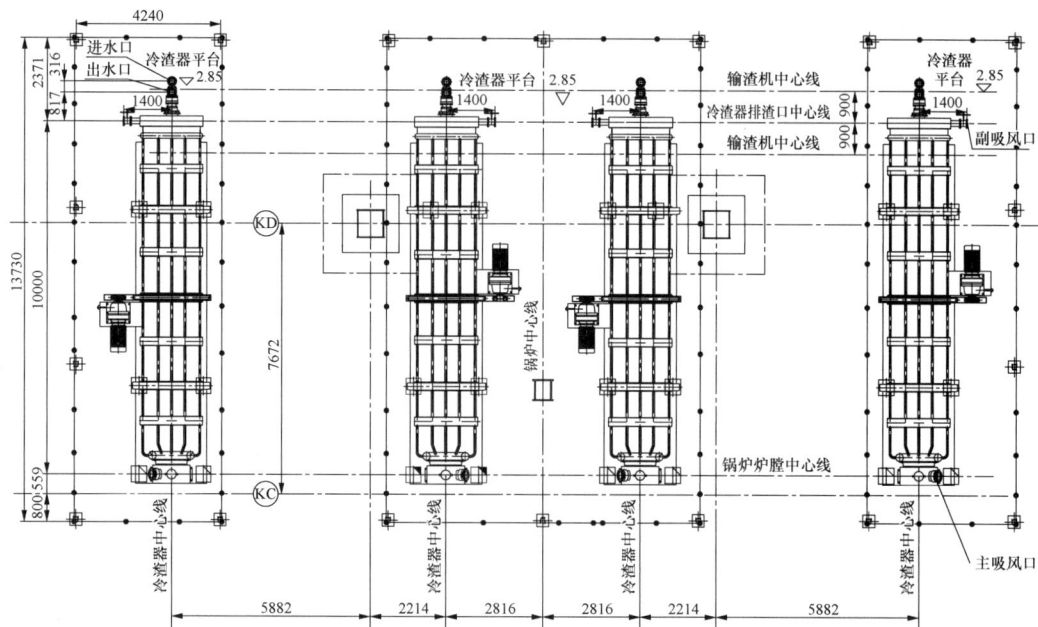

图 12-26　300MW 级循环流化床锅炉底渣冷却方案四冷渣器平面布置图

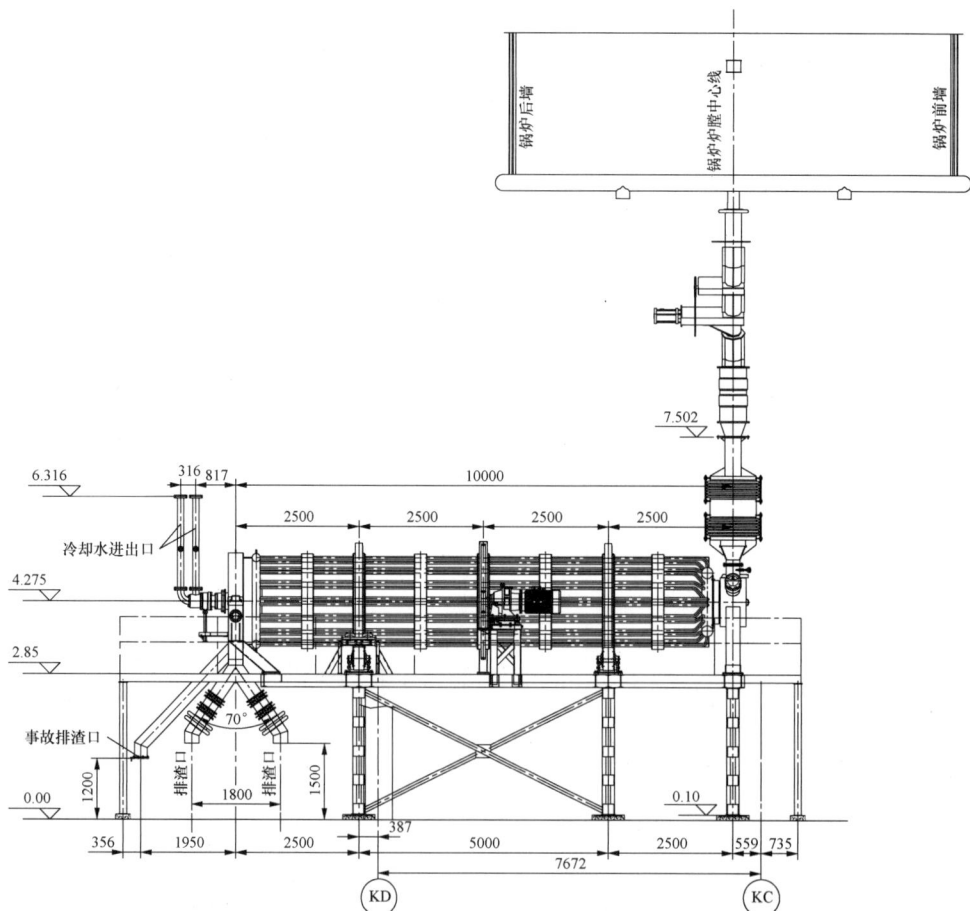

图 12-27　300MW 级循环流化床锅炉底渣冷却方案四冷渣器断面布置图

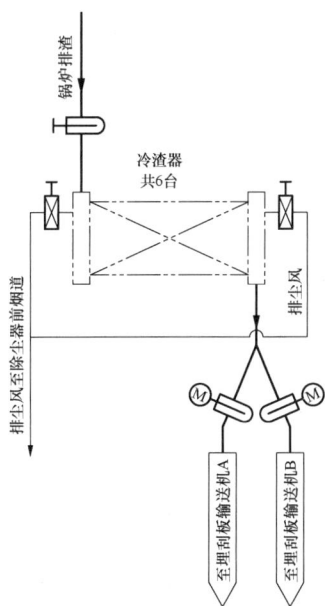

图 12-28 300MW 级循环流化床锅炉
底渣冷却方案五冷渣器渣侧系统图

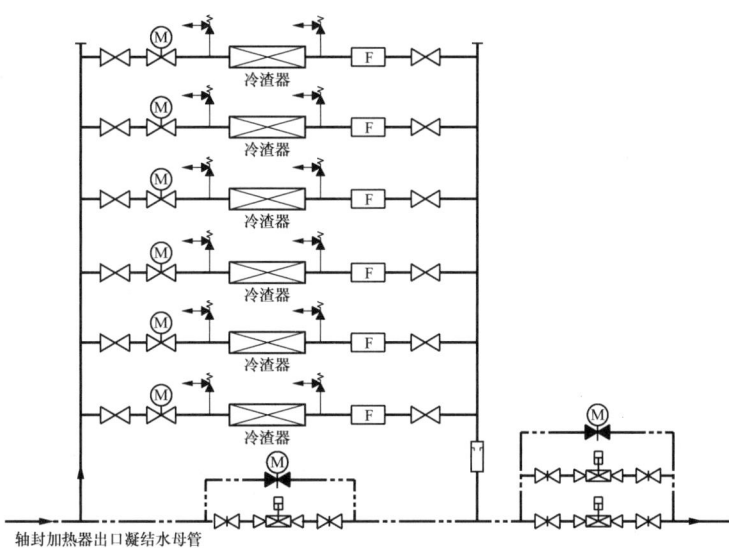

图 12-29 300MW 级循环流化床锅炉底渣冷却
方案五冷渣器冷却水系统图

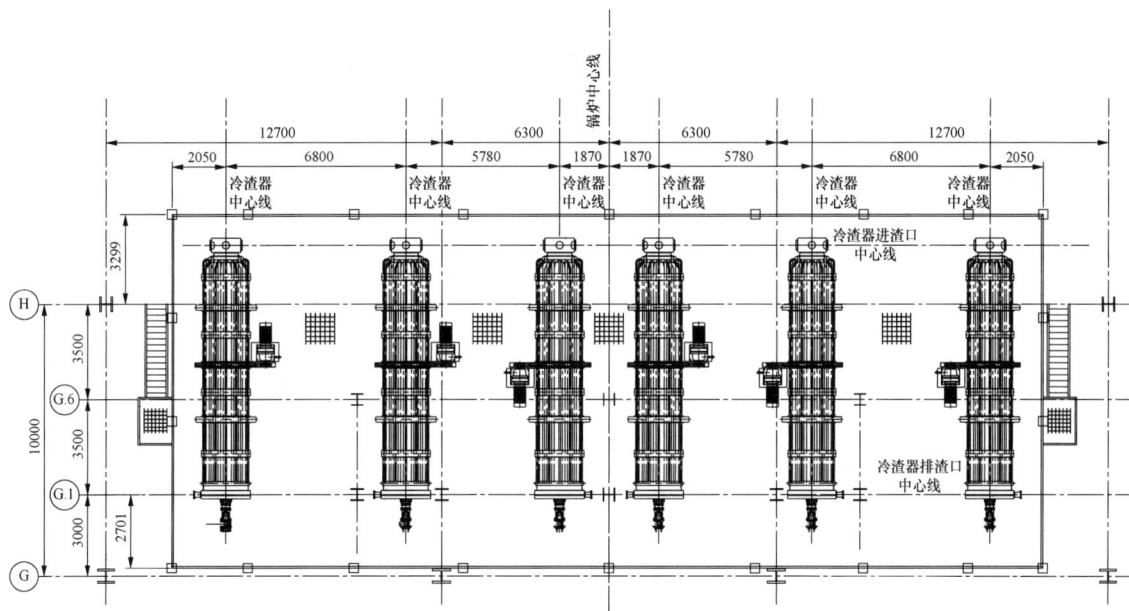

图 12-30 300MW 级循环流化床锅炉底渣冷却方案五冷渣器平面布置图

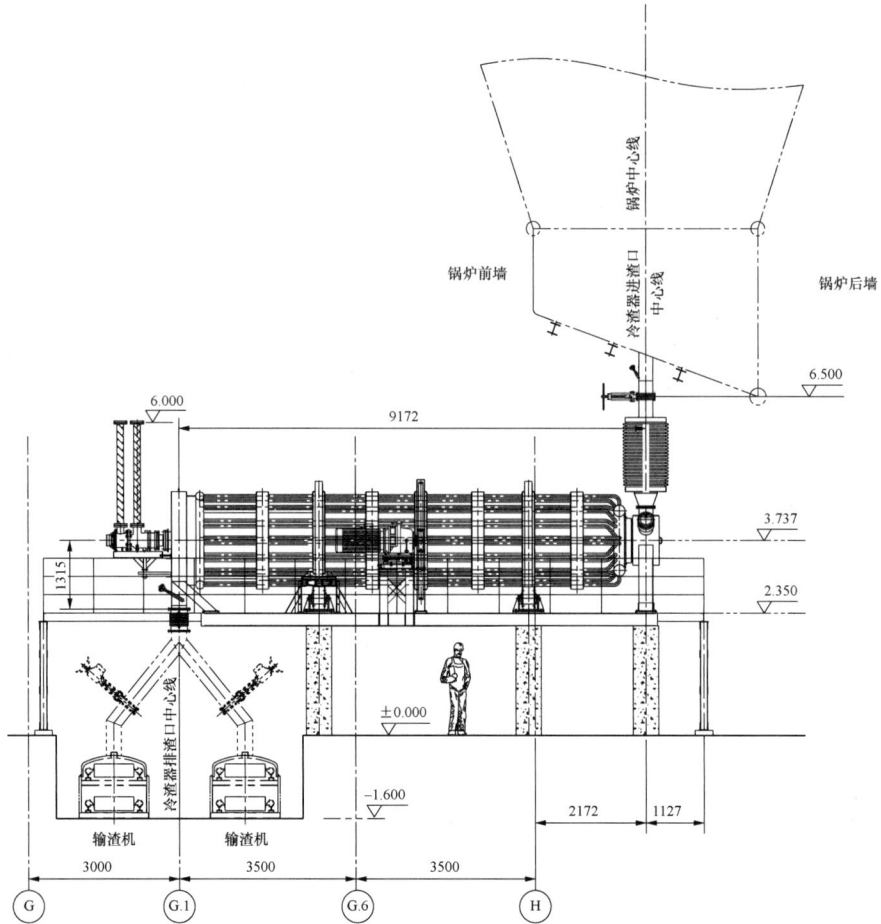

图 12-31 300MW 级循环流化床锅炉底渣冷却方案五冷渣器断面布置图

3. 600MW 级锅炉

某 600MW 电厂循环流化床锅炉为带有外置床的双布风板形式,燃用贫煤,炉侧排渣。每台锅炉配置 6 台约 30%容量的滚筒式冷渣器,布置在锅炉侧墙外侧。

锅炉排渣和外置床排灰通过进渣管进入冷渣器。锅炉至冷渣器的进渣管上设有电动灰渣门和手动灰渣门。外置床至冷渣器的进渣管上设有电动灰渣门和手动灰渣门。冷渣器排渣至埋刮板输送机,排渣管上设置了手动灰渣门。冷渣器上还设置有至除尘器入口烟道的排尘风管。

滚筒式冷却水采用凝结水。冷渣器母管上设置了电动调节阀和电动旁路阀;每台冷渣器进水管上设置了电动关断阀,出水管上设置了可调电动阀和冷却水流量开关,以便调节冷渣器冷却水流量。

冷渣器渣侧系统图、冷却水系统图以及平面、断面布置如图 12-32~图 12-36 所示。

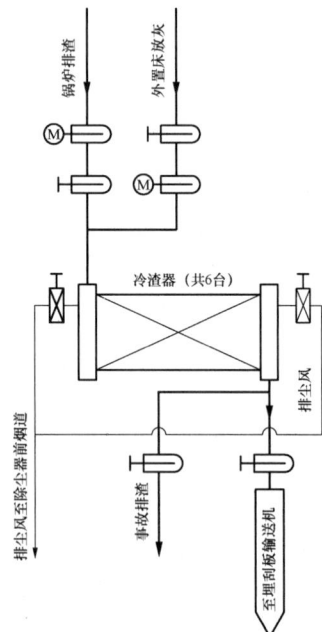

图 12-32 600MW 级循环流化床锅炉底渣冷却方案冷渣器渣侧系统图

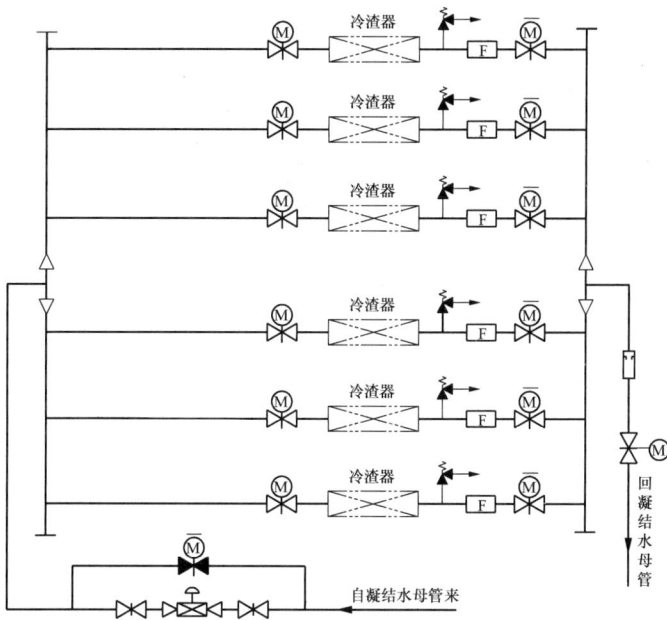

图 12-33 600MW 级循环流化床锅炉底渣冷却方案冷渣器冷却水系统图

三、控制要求

底渣冷却系统主要是根据锅炉和外置床（如有）的床压及床温的要求调节锅炉排渣量，以满足锅炉燃烧需求。下面将就滚筒式冷渣器和风水联合冷渣器底渣冷却系统对底渣冷渣系统的控制要求分别说明。

（一）采用滚筒式冷渣器

滚筒式底渣冷却系统应纳入 DCS 监控，可按设备及配置要求，设置联锁和远方控制。

对应不同的工况，控制要求如下：

1. 启动工况

锅炉启动初期，滚筒式冷渣器不投入运行。根据锅炉床压情况逐步启动冷渣器排渣。在冷渣器投入时，应先投入冷却水系统。冷渣器投入时，应以低转速启动滚筒式冷渣器电动机，然后再把冷渣器转速缓慢增加到所需排渣量的转速。

2. 正常运行工况

锅炉正常运行时，滚筒式底渣冷却系统自动控制，底渣冷却系统能根据床压自动调整锅炉排渣量。

3. 停运工况

滚筒式冷渣器正常或事故停运时，先停止冷渣器

转动，在冷却水回水温度低于 50℃ 后再关闭冷渣器进回水隔离阀。

（二）采用风水联合冷渣器

风水联合冷渣器底渣冷却系统应纳入 DCS 监控，可按设备及配置要求，设置联锁和远方控制。

对应不同工况，控制要求如下。

1. 启动工况

锅炉启动初期，风水联合冷渣器不投入运行，燃油或天然气等作为锅炉启动燃料。在锅炉投煤稳定且床压达到设定值后将风水联合冷渣器投入运行。在冷渣器投运时，应先投入冷却风和冷却水系统，再依次开启冷渣器出口关断阀和入口进渣控制阀。

2. 正常运行工况

锅炉正常运行时，风水联合冷渣器底渣冷却系统自动控制，底渣冷却系统能根据锅炉床压自动调整冷渣器入口进渣控制阀的开度，从而调整锅炉排渣量。

3. 停运工况

风水联合冷渣器正常或事故停运时，应先关闭冷渣器入口进渣控制阀，在冷却水回水温度低于 50℃ 后再关闭冷渣器进、回水关断阀。

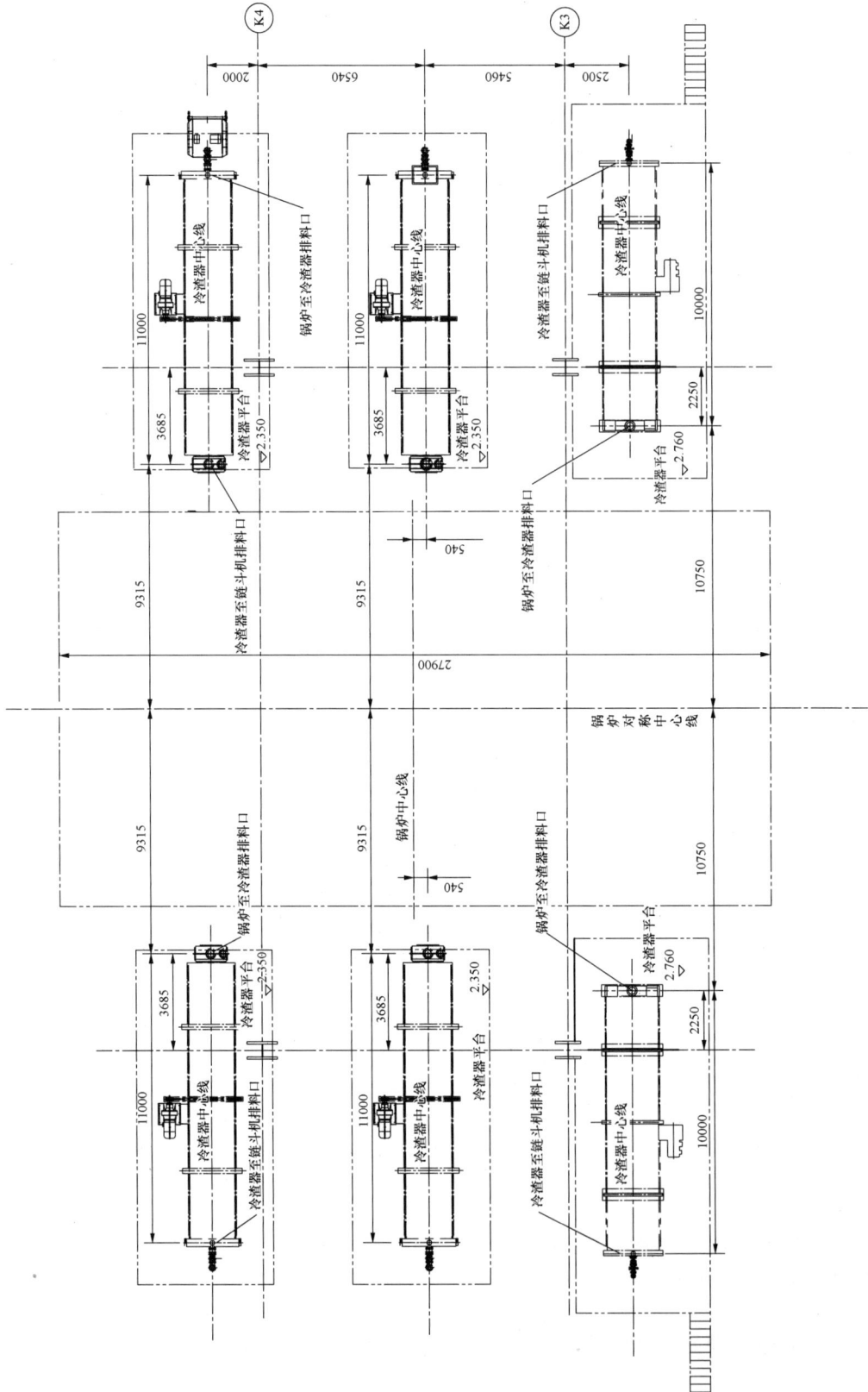

图 12-34　600MW 级循环流化床锅炉底渣冷却方案冷渣器平面布置图

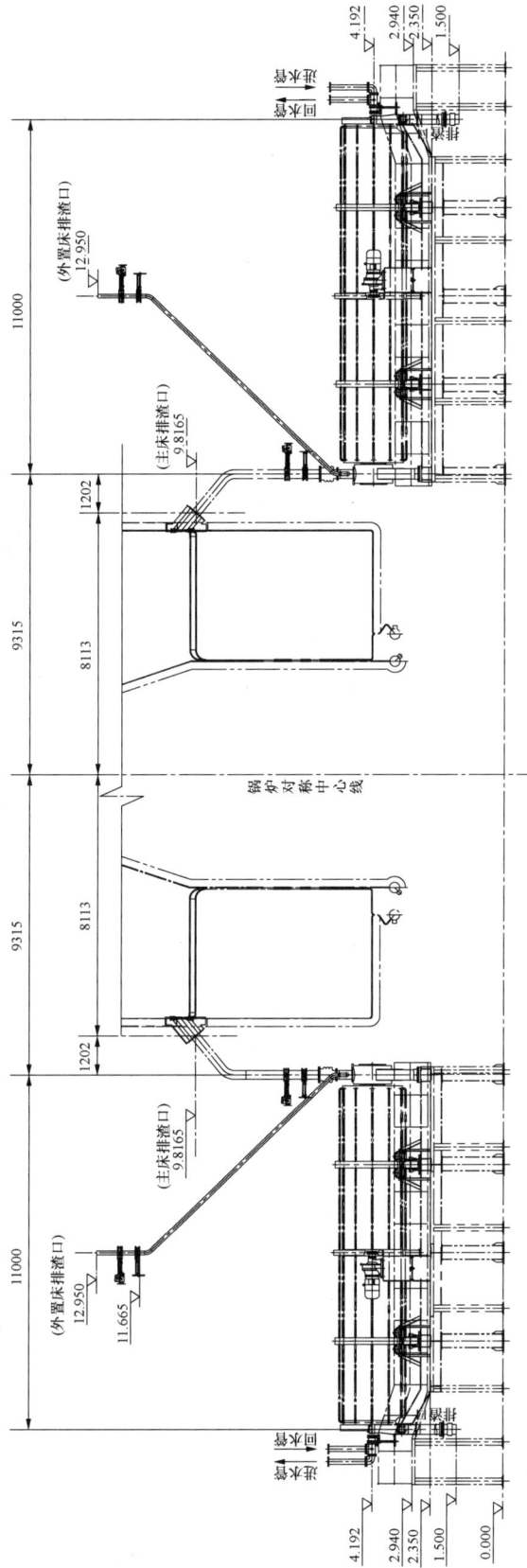

图 12-35 600MW 级循环流化床锅炉底渣冷却方案冷渣器断面布置图 1

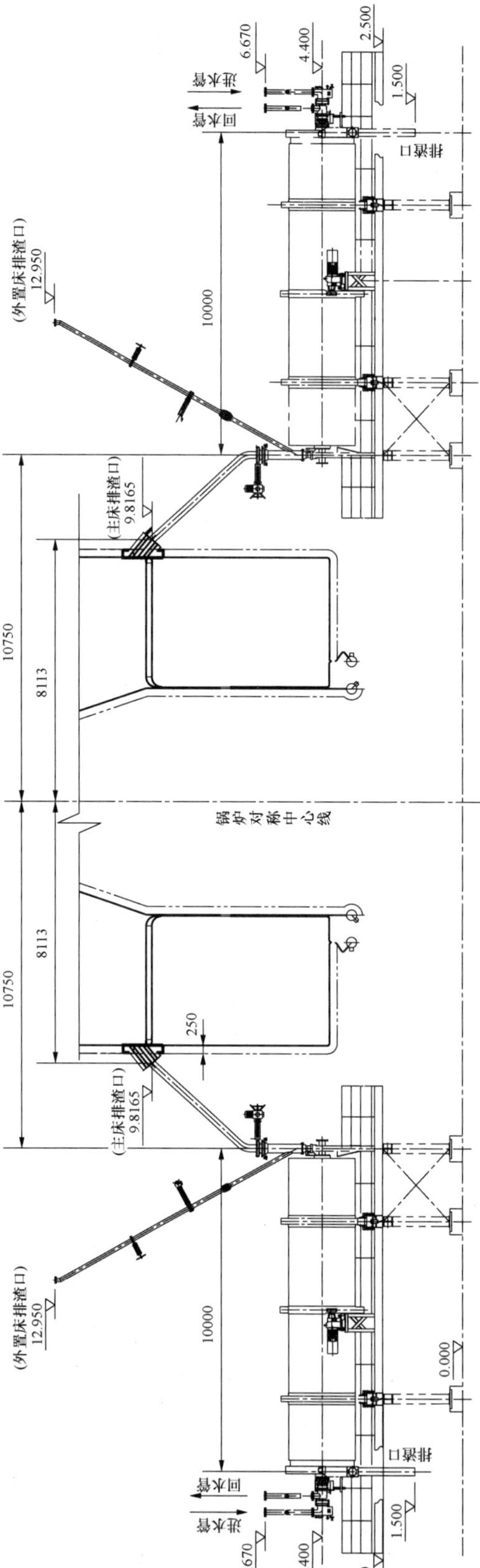

图 12-36 600MW 级循环流化床锅炉底渣冷却方案冷渣器断面布置图图 2

四、设计计算

（一）锅炉底渣量

循环流化床锅炉总渣量按式（12-1）计算，即

$$B_{sl} = K_s B_c \times$$
$$\left(3.125 K_{mol} S_{ar} \times \left(\frac{1}{K_p} - 0.44 K_D \right) + 0.025 S_{ar} \eta_s + A_{ar} \right)$$
$$(12-1)$$

式中　B_{sl}——锅炉最大连续蒸发量时排渣量，t/h；

K_s——锅炉底渣占锅炉总灰渣量的份额，锅炉厂通常会根据锅炉燃用实际煤质提供该数值，但由于实际运行该数值会有偏差，需要锅炉厂提供偏差范围，所以计算时K_s建议按考虑偏差后的数值考虑；

B_c——锅炉最大连续蒸发量时实际耗煤量，t/h；

K_{mol}——炉内设计脱硫效率下的 Ca/S 摩尔比；

S_{ar}——锅炉燃煤收到基含硫量；

K_p——脱硫石灰石中 $CaCO_3$ 的含量；

K_D——脱硫石灰石的分解率；

η_s——炉内设计脱硫效率，%；

A_{ar}——锅炉燃煤收到基含灰量。

（二）冷渣器出力

通常锅炉排渣口与冷渣器为一对一关系，冷渣器数量与排渣口数量相同。冷渣器的容量按式（12-2）计算，即

$$Q_{BAC} = \frac{B_{sl}}{n - n'} \qquad (12-2)$$

式中　Q_{BAC}——单台冷渣器的出力，t/h；

B_{sl}——锅炉最大连续蒸发量时排渣量，t/h；

n——冷渣器总数量，对于裤衩腿双布风板形式锅炉应为偶数；

n'——冷渣器故障数量，取值见表 12-2。

表 12-2　　冷渣器故障数量

锅炉类型	单布风板		双布风板	
冷渣器总数量 n	<4	≥4	4	>4
冷渣器故障数量 n'	1	2	2	2

注　双布风板形式的循环流化床锅炉，两侧布风板需要分别排渣，同时考虑到冷渣器可能会出现故障，因此冷渣器数量应为偶数，且每台炉的冷渣器数量不得低于 4 台，以保证单台冷渣器故障时单侧还有冷渣器在运行。

（三）滚筒式冷渣器相关计算

滚筒式冷渣器是采用水间接冷却锅炉底渣。底渣进入冷渣器后，主要是通过辐射和传导两种方式把热量传递给冷却水。

冷渣器所需冷却水量可按式（12-3）计算，即

$$G_{cw} = \frac{Q_{sl} c_{sl} (t_{sl} - t'_{sl})}{c_{cw} (t_{cw} - t'_{cw})} \qquad (12-3)$$

式中　G_{cw}——单台冷渣器所需的冷却水量，t/h；

Q_{sl}——单台冷渣器的出力，t/h；

c_{sl}——底渣的比热容，计算时可按0.9~1kJ/（kg·℃）取值，也可根据底渣成分和排渣温度确定；

t_{sl}——进口底渣温度（根据锅炉排渣温度确定），℃；

t'_{sl}——出口底渣温度，一般取 120~150℃；

c_{cw}——冷却水的定压比热容，取 4.2kJ/（kg·℃）；

t_{cw}——进口冷却水温度，℃；

t'_{cw}——出口冷却水温度，一般不超过 100℃。

冷渣器理论换热面积一般由冷渣器制造厂家进行。当需要进行核算时可参照式（12-4）~式（12-6），即

$$A_{sl} = \frac{C_{sl}}{k_{sl} \Delta t_m} \qquad (12-4)$$

$$C_{sl} = Q_{sl} c_{sl} (t_{sl} - t'_{sl}) \qquad (12-5)$$

$$\Delta t_m = \frac{(t_{sl} - t'_{cw}) - (t'_{sl} - t_{cw})}{\ln \frac{(t_{sl} - t'_{cw})}{(t'_{sl} - t_{cw})}} \qquad (12-6)$$

式中　A_{sl}——冷渣器换热面积，m²；

C_{sl}——冷渣器吸收的总热量，kJ/h；

k_{sl}——冷渣器传热系数，kJ/（m²·h·℃）；

Δt_m——对数平均温压，℃。

五、设备选型

冷渣器主要有滚筒式冷渣器和流化床式风水联合冷渣器。我国循环流化床锅炉主要燃用劣质煤，且煤质变化较大，入炉煤粒度难以控制，较多电厂反映流化床式风水联合冷渣器运行情况不理想。根据目前情况来看，对于煤质变化频繁、入炉煤粒度难以控制的情况宜优先选择滚筒式冷渣机；煤质比较稳定且入炉煤粒度控制较好的情况下可选择风水联合冷渣器。

（一）滚筒式冷渣器

1. 形式和种类

滚筒式冷渣器是由我国企业和研究机构在水冷绞龙冷渣器的基础上自主研发设计的。与流化床式风水联合冷渣器相比，滚筒式冷渣器具有结构简单、对炉渣粒度适应范围广、冷渣效果好、负荷调节方便及运行可靠等优点，逐渐取代风水联合冷渣器，成为目前

应用最为广泛的循环流化床锅炉冷渣器。

滚筒式冷渣器的工作原理：冷却水通过旋转水接头进入旋转筒体内与筒体内的灰渣做逆向流动进行热交换，通过筒壁和内部肋片将灰渣热量带走，从而使热态炉渣冷却。热态底渣通过进料装置进入筒体内，底渣在筒体内叶片的携带作用下运转至滚筒顶部然后落下，同时在肋片作用下被缓慢推向出渣口。滚筒式冷渣器工作原理见图12-37。

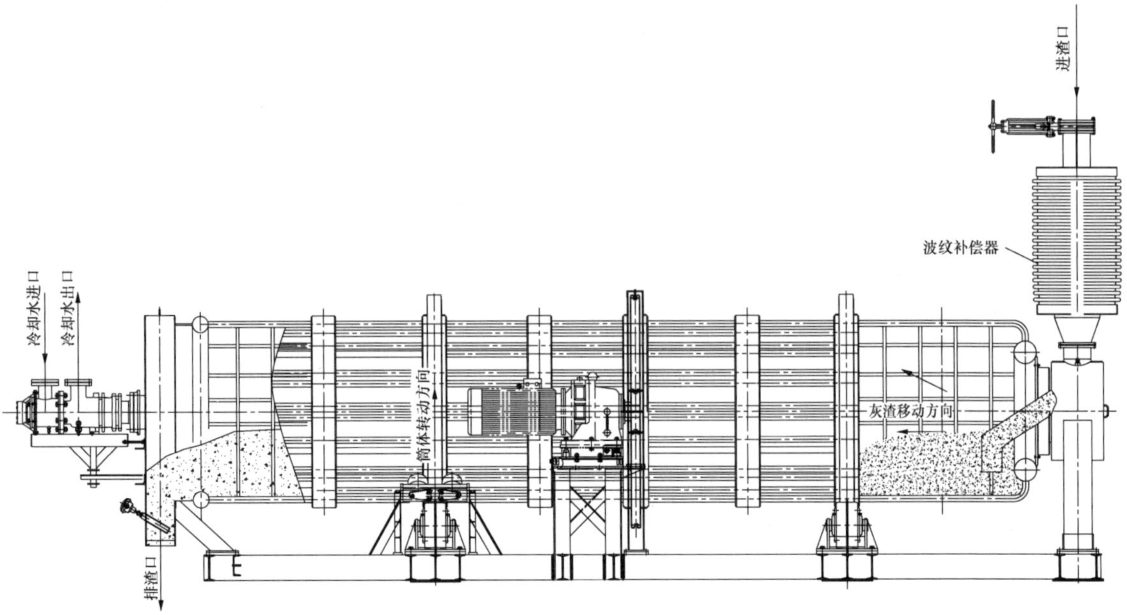

图 12-37　滚筒式冷渣器工作原理图

滚筒式冷渣器的出力调节原理：炉内高温底渣经冷渣器进渣管自流进入冷渣器，热渣进入冷渣器被快速冷却后，流动性下降，在冷渣器未转动时底渣在进渣口处形成了积渣锥体，当锥体与进渣管内的底渣流动平衡时，进渣将被阻滞。冷渣器转动后，积渣将被持续送往冷渣器尾部，积渣锥体将被破坏，炉膛内的底渣又重新开始进入冷渣器。冷渣器转速越高，冷渣器内底渣输送能力越大，排入冷渣器的底渣就越多，从而实现排渣量的可调节。

根据结构形式来分，目前运用较广的滚筒式冷渣器可以分为夹套式滚筒冷渣器和膜式滚筒冷渣器。两者的结构类似，主要在于滚筒的结构不同。

（1）夹套式滚筒冷渣器。夹套式滚筒冷渣器由夹套式滚筒、转动系统、驱动机构、进渣装置、出渣装置、进回水装置和电控装置等组成，其主要结构及功能如下：

1）夹套式滚筒：由内筒、外筒套装一起构成。内筒内壁焊有呈螺旋状分布的螺旋肋片及纵向肋片，能将灰渣的热量通过传导、对流、辐射等多种形式传递到内外筒之间的冷却水中。

2）转动系统：由支承圈、支承轮、挡轮等组成，支承圈套装在滚筒外，在驱动机构驱动下带动滚筒在支承轮上旋转。通过支承轮的调整可实现滚筒高度的调整，应对支承圈磨损后滚筒高度的下降。挡轮可限制滚筒轴向位移。

3）驱动机构：由电动机、减速机支架、摆线针轮减速机、主动链轮、被动链轮和套筒滚子链等组成。主要功能是驱动滚筒旋转，推动灰渣向出口流动。

4）进渣装置：由进渣口、进渣管、进渣箱体、封渣装置等组成。锅炉底渣经进渣口通过进渣管流入冷渣机滚筒内，进渣箱体设负压风口，封渣装置通过反螺旋防止灰渣泄漏。

5）出渣装置：由出口密封罩、出渣口等组成。按需要设负压风口、放灰口等，密封罩分可方便拆卸的上下两部分，方便检修。

6）进回水装置：由旋转接头及金属软管等组成。旋转接头部分将进水、回水均置于出口端。进回水装置还装设有压力表、热电阻、安全阀等安全附件。

7）电控装置：主要指电控箱和相关控制仪表等，为冷渣机工作提供动力和控制信号，能输出远方信号，便于远方控制。

夹套式滚筒冷渣机的结构示意见图12-38和图12-39。

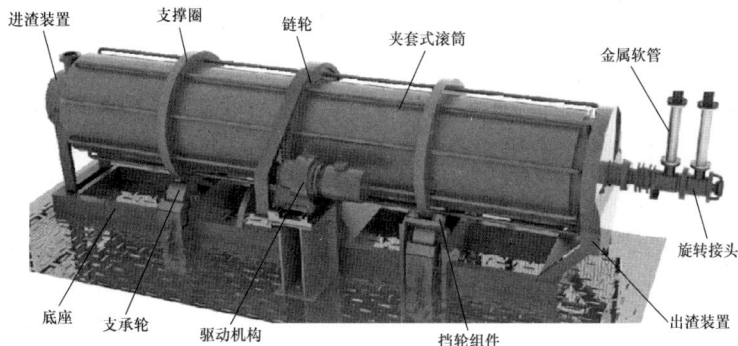

图 12-38 夹套式滚筒冷渣器的结构示意图 1

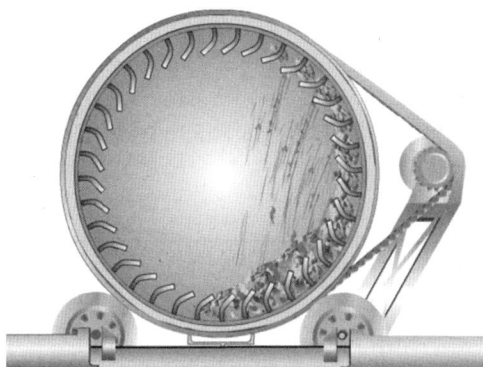

图 12-39 夹套式滚筒冷渣机的结构示意图 2

（2）膜式滚筒冷渣器。早期滚筒冷渣器冷却水源一般为除盐水（闭冷水），但随着循环流化床锅炉容量的不断增大，单台锅炉灰渣量大幅度增加，需要的除盐水水量也大幅增加，同时使用闭冷水来冷却冷渣器，排渣热量也不能够很好地得到回收，因此，大容量循环流化床锅炉需要使用压力较高的凝结水作为冷却水，这就要求冷渣器能适应更高的压力。由于夹套式滚筒是由内筒、外筒套装一起构成的封闭水腔，随着冷却水压力的提升，夹套式滚筒的内、外筒壁厚迅速

增加。另外，由于出力的提高，滚筒冷渣机筒体的直径也越来越大。随着筒体直径和筒内压力的提高，带来了以下问题：

1）筒体壁厚的增加，将成倍增大机体质量和窜动，造成冷渣器故障率增大；

2）对大直径内外筒体的封头加工工艺要求也更高，制约了夹套式滚筒式冷渣器的发展；

3）由于冷渣器质量增加较多，大容量的冷渣器成本直线上升。

膜式滚筒冷渣器结构与夹套式滚筒式冷渣器基本相当，两者最大的区别在膜式滚筒式冷渣器采用膜式密封套筒取代了夹套式内外筒，即采用鳍片管焊接成筒体。鳍片管的承压能力较好，且其管道壁厚基本不受筒体直径的影响。与夹套式滚筒冷渣器相比，对于大容量的滚筒冷渣器，膜式滚筒冷渣器在安全性及经济性两方面均有优势。在此种情况下，膜式滚筒式冷渣器得到了大力发展。

膜式滚筒式冷渣器其余的转动系统、驱动机构、进渣装置、出渣装置、进出水装置和电控装置等组成与夹套式滚筒冷渣器基本相同。膜式滚筒冷渣器的结构示意见图 12-40 和图 12-41。

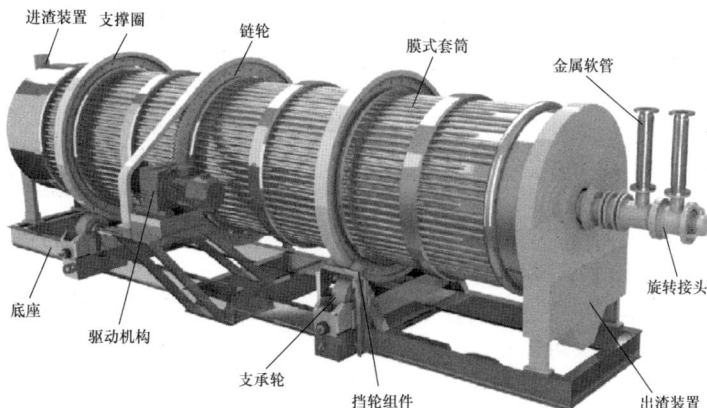

图 12-40 膜式滚筒冷渣器结构示意图 1

图 12-41　膜式滚筒冷渣器结构示意图 2

2. 主要技术要求

（1）滚筒冷渣器承压部件应按 TSG R0004《固定式压力容器安全技术监察规程》的要求设计，安全附件齐全。

（2）滚筒冷渣机本体的设计压力不低于最高工作压力。

（3）滚筒冷渣机出渣采用链斗式或刮板式输送机输送时，出渣温度应小于 150℃；采用气力输渣或高温皮带输送机输送时，出渣温度应小于 120℃。

（4）滚筒冷渣机应采取有效措施，保证筒体膨胀畅通。

（5）筒体在制作过程中采取合理工艺，消除筒体的焊接应力。

（6）托轮及限位轮应进行热处理，筒体高度可调，托轮须能承受滚筒冷渣机的轴向窜动力。

（7）驱动机构主动链轮与被动链轮轮齿对称中心面应在同一平面内，其相互间错位不大于 1mm。

（8）冷却水系统进、出口管道上应装设压力和温度测点，出口管道上还应装设安全阀和流量计或流量开关。

3. 选型表

目前国内常见的膜式滚筒式冷渣器的出力及主要参数见表 12-3。

表 12-3　膜式滚筒式冷渣器出力及主要参数表

项目	系列参数												
额定出力（t/h）	5	5～10	15			20			25			40		
筒体直径（mm）	1250	1500	1750	1200	1650	1750	1500	1800	2000	1800	1800	2500	2000	2200
分仓数（个）	—	—	3	—	3	3	—	3	3	—	4	3	—	4
筒体管层数（层）	1	1	1	1	1	2	1	1	1	1	1	2	1	2
电动机功率（kW）	11	15	18.5	15	15	22	18.5	18.5	37	22	22	55	30	30
本体质量（t）	6～9	11～18	18～23	15	20	20～28	20	22	35	30	26	52	45	36

4. 进渣管形式

目前国内滚筒式冷渣器进渣管主要有内衬浇注料进渣管、外保温进渣管及水冷进渣管等多种形式。

内衬浇注料进渣管在钢管内侧浇筑保温浇注料，保温性能好，外壁温度低，但安装所需空间较大，且进渣管如发生堵渣，处理较为困难。

外保温进渣管采用耐高温材料，在钢管外壁设置保温材料。但由于进渣管温度高达 900℃，对保温材料性能要求高。

水冷进渣管采用水冷形式，常见的有水冷夹套、蛇形盘管或膜式壁管等。水冷进渣管外壁温度较低，但系统复杂，存在漏水风险。

（二）流化床式风水联合冷渣器

流化床式风水联合冷渣器顾名思义是流化床形式，且采用风、水两种介质联合冷却底渣。目前大型的流化床式风水联合冷渣器均是采用多床式，风与灰渣直接接触换热，而水与灰渣间接接触换热。

目前大型循环流化床锅炉的流化床式风水联合冷渣器主要有 A 型、B 型和 C 型 3 种形式。

1. A 型

图 12-42 所示为 A 型风水联合冷渣器，此冷渣器以风冷为主，水冷为辅。

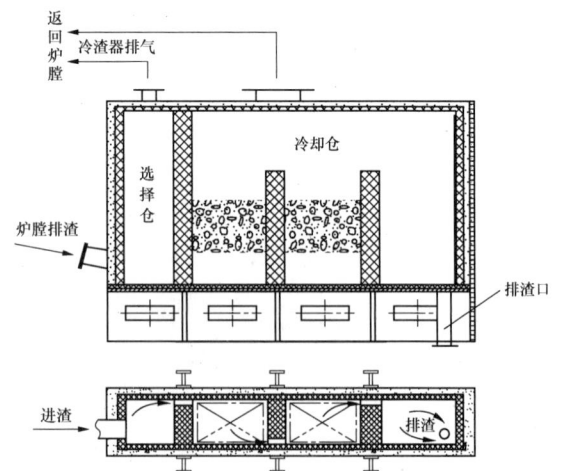

图 12-42　A 型风水联合冷渣器

循环流化床排渣通过位于每个侧墙上的排渣管输

送到冷渣器选择仓，在每个进渣管上布置导向风帽，通过风帽的定向布置保证渣从炉膛至冷渣器顺利输送。该冷渣器的主体为箱式结构，冷渣器设有 4 个仓（1 个选择仓和 3 个冷却仓）、1 个进渣口、1 个排渣口和两个排风口。沿排渣走向，分别布置选择仓和 3 个冷却仓。每个小室采用隔墙隔开，隔墙墙体左侧或者右侧设有开孔，在进入下一小仓之前，渣体绕墙流过，延长了停留时间。各小室分别有各自独立的布风装置，冷渣器布风装置为钢板式，为防止大渣沉积和结焦，在布风板上布置定向风帽。

A 型风水联合冷渣器第二、三冷却仓流化风来自一次风机出口的冷风，其余仓流化风来自一次热风。中间两级冷却仓中布置有可回收热量的水冷管束，4 个小仓中均设有事故自动喷水系统，用于紧急状态下的灰渣冷却。送入冷渣器选择仓的热风可将未燃尽的碳颗粒继续燃尽，并分选出炉渣中的细颗粒，以及未反应完的石灰石颗粒，从水冷壁侧墙送回炉膛上部，以提高燃烧效率和石灰石的利用率。

2. B 型

图 12-43 所示为 B 型风水联合冷渣器，其以水冷为主，风冷为辅。

B 型风水联合冷渣器共分 3 个分室，第一个分室为进口空仓，第二、第三个分室为水冷仓，布置埋管受热面与灰渣进行热交换。每个分室均设有独立的布风板和风箱，布风板为钢板式结构，在其上面布置有大直径钟罩式风帽，同时布风板上敷设有耐磨耐火材料，布风板倾斜布置，更有利于渣的定向流动。在各仓之间和最后一个水冷仓下部设有排大渣管，用于定

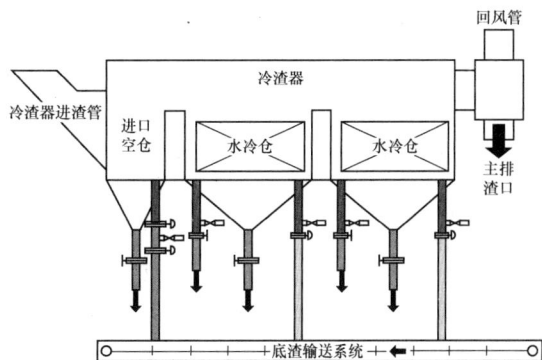

图 12-43 B 型风水联合冷渣器

期排出不易流化的大渣。在最后一个水冷仓还布置有溢流灰管作为主排渣管。3 个分室的配风均来自流化风机。冷渣器埋管受热面内工质为除盐水，来自回热系统，完成换热后再送至回热系统中。根据锅炉排渣量的多少及冷却情况，可适当调整进入冷渣器的冷却水量。

3. C 型

图 12-44 所示为 C 型风水联合冷渣器，其以水冷为主，风冷为辅。

C 型风水联合冷渣器共分 3 个热交换室，分别为高温床、中温床、低温床。每个室均布置有水冷受热面，热渣直接排到高温床，并经中、低温床冷却后排放到出渣设备。该冷渣器各室之间不设置翻墙式的分隔墙结构，大颗粒不需翻墙即可由热端流到冷端。冷风经过风室，穿过布风板、风帽进入流化床室，冷却风吸收渣的部分热量后变成热风去锅炉二次风口。冷渣器内部采用喷动床（变截面）设计，以提高床底部的颗粒流速，利于大颗粒渣的输送。

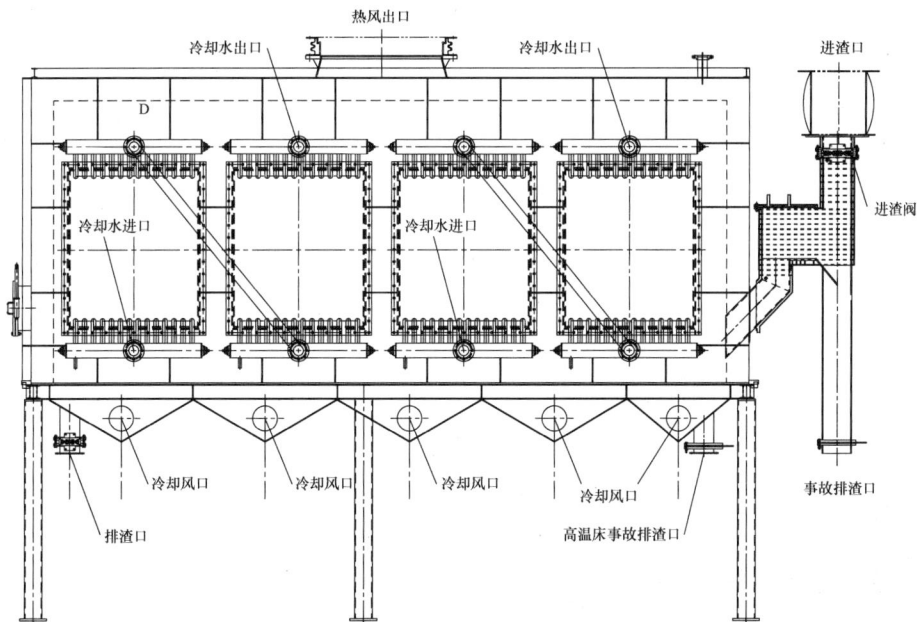

图 12-44 C 型风水联合冷渣器

第二节　底渣输送存储系统

一、系统说明

1. 系统功能

底渣输送存储系统是一种将底渣收集、输送、存储和卸料的系统。其功能是将冷渣器排出的底渣收集并外送至底渣仓进行存储。

2. 系统范围

系统范围包括从冷渣器排渣口至底渣仓卸料设备排放口之间的所有部分。

二、设计方案

（一）设计原则

（1）底渣输送储存系统设计方案应根据工程条件、物料特性以及环保要求等进行技术、经济性比较后确定。必要时（如无成熟业绩）应进行相关实验研究和分析论证。

（2）底渣输送宜优先采用机械输送方案。

（3）尽量为灰渣综合利用创造条件。

（4）输送部分的设计应满足下列要求：

1）底渣输送设备的最高工作温度宜按不低于200℃设计。

2）刮板输送机链条宜选择模锻链，链速宜为0.04～0.08m/s。

3）链斗输送机链条宜选用套筒滚子链，链速宜为0.1～0.25m/s。

4）斗式提升机链条宜选用套筒滚子链，链速宜为0.20～0.33m/s。

5）刮板输送机或链斗输送机、斗式提升机宜配置变频调速装置。

6）设备的转动设备应设置防护罩。

7）在链斗机头部、斗式提升机头部宜设起吊设施。

8）刮板输送机单机最大输送距离一般控制在45m以内。

9）皮带输送机选用耐高温皮带。

（5）存储部分的设计应满足下列要求：

1）底渣仓的数量应根据渣量、储存时间、输送线的布置情况和运输道路等确定，每台锅炉配置的底渣仓数量宜不大于2台。

2）当底渣仓作为储存渣仓设计时，总有效储量宜为储存锅炉最大连续蒸发量工况燃用设计煤种时14～24h的排渣量；作为中转渣仓设计时，总有效储量宜不小于储存锅炉最大连续蒸发量工况燃用设计煤种时8h的排渣量。

3）底渣仓宜为钢结构仓，直筒部分宜为圆柱体，

锥体部分宜为圆锥体。底渣仓锥部宜设置助流装置，可采用振打装置或空气炮。

4）底渣仓最高工作温度宜按不低于200℃设计。

5）底渣仓顶部应设置排气过滤器，最高工作温度宜按不低于150℃设计，粉尘排放浓度应满足国家、地方环保排放要求。

6）底渣仓下卸料设备的形式、出力、数量等设计，应根据渣量、底渣仓结构布置、外部干、湿渣需求、运输设备以及运输条件等因素确定。

7）卸料设备应采取抑尘措施。

8）渣仓顶部宜设起吊设施。

（6）布置设计应满足下列要求：

1）刮板输送机和链斗输送机宜地上布置。

2）当采用刮板输送机方案时，斗式提升机进料段布置在地下时，斗式提升机基坑应设置防雨和排污措施；当采用链斗输送机方案时，斗式提升机宜地上布置。

3）输送系统事故排渣口四周应设置防护栏杆，悬挂"小心烫伤"警示牌。

4）底渣仓宜靠近锅炉房布置，汽车通道宜采用贯通布置。

5）北方寒冷区域，底渣仓运转层及以下部分应封闭采暖，顶层设置防雨（雪）棚；严寒地区底渣仓应全封闭并采暖。

（二）常用设计方案

1. 机械输送系统

机械输送系统由输送设备、底渣仓、卸料设备、连接管道、阀门及连接附件等组成。其中输送设备常采用刮板输送机、链斗输送机和皮带输送机，这种方案国内采用最多，流程见图12-45～图12-47。

冷渣器 → 输送设备 → 底渣仓 → 卸料设备

图 12-45　单级底渣机械输送系统流程图

冷渣器 → 输送设备 → 中转渣仓 → 卸料设备 → 输送设备 → 终端渣仓 → 卸料设备

图 12-46　两级底渣机械输送系统流程图

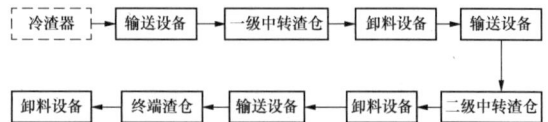

冷渣器 → 输送设备 → 一级中转渣仓 → 卸料设备 → 输送设备 → 二级中转渣仓 → 卸料设备 → 输送设备 → 终端渣仓 → 卸料设备

图 12-47　三级底渣机械输送系统流程图

（1）刮板输送机输送系统典型布置一。某 1×600MW CFB 机组底渣系统炉膛下布置有 6 台滚筒式冷渣器，在锅炉两侧布置，每侧 3 台，锅炉每侧各取 1 台冷渣器排放至 1 条刮板输送机内，再由后续的斗式提升机输送至炉侧的底灰库内。1 台炉共配置 3 条

刮板输送机、3 条斗式提升机和 2 座底渣仓。

紧靠锅炉房布置，底渣仓下设 1 个湿灰卸料口和

1 个干灰卸料口。布置见图 12-48、图 12-49。

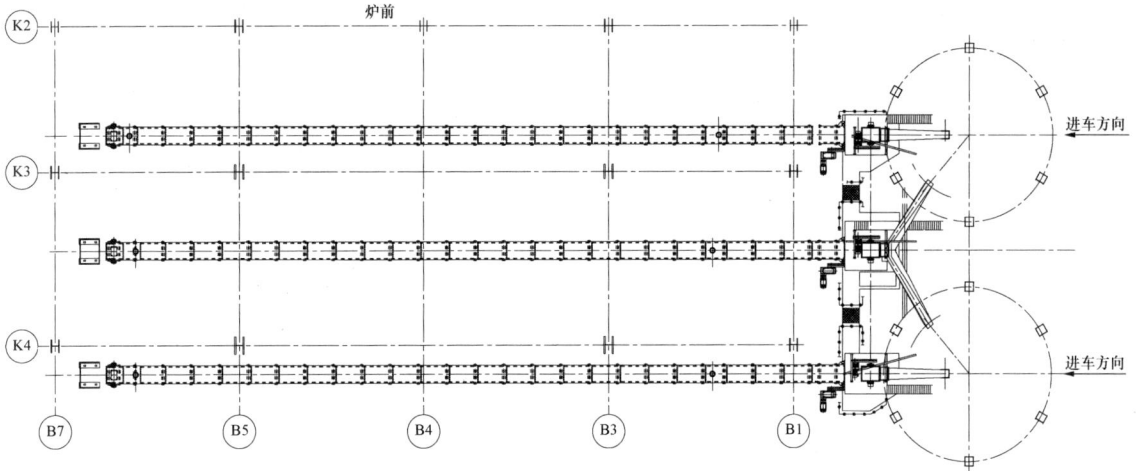

图 12-48　刮板机输送系统布置图 1

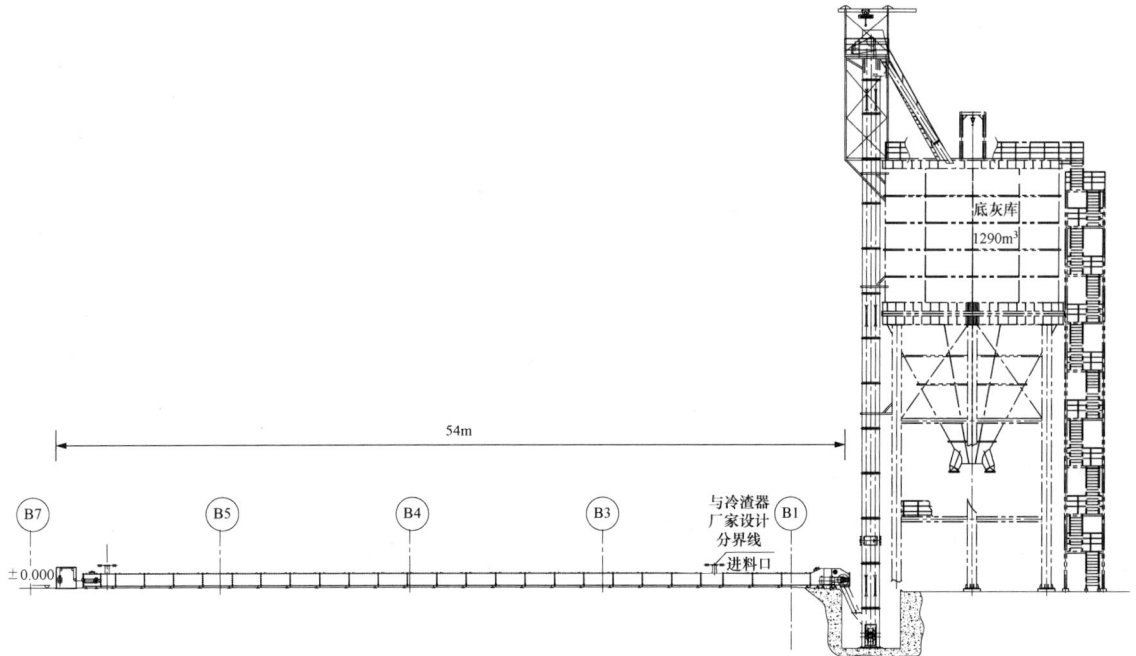

图 12-49　刮板机输送系统布置图 2

（2）刮板输送机输送系统典型布置二。某 2×300MW CFB 机组炉膛下布置 10 台滚筒式冷渣器，在锅炉两侧布置，每侧 5 台。锅炉每侧各取 1 台冷渣器排放至 1 条刮板输送机内，再由后续的斗式提升机输送至炉侧的底灰库内。1 台炉共配置 5 条刮板输送机、5 条斗式提升机和 2 座底渣仓。

紧靠锅炉房布置，底渣仓下设 1 个湿灰卸料口和 1 个干灰卸料口。布置见图 12-50、图 12-51。

（3）链斗输送机输送系统典型布置。某 2×300MW CFB 机组炉膛下同一轴线上布置 4 台冷渣器，4 台冷渣器下方共配置 2 条链斗输送机、2 条斗式提升机和 1 座底渣仓。每台冷渣器出料通过三通可切换至任何一台链斗输送机中，再由后续的斗式提升机输送至炉侧的底灰库内。

紧靠锅炉房布置，底渣仓下设 1 个湿灰卸料口和 1 个干灰卸料口。布置见图 12-52、图 12-53。

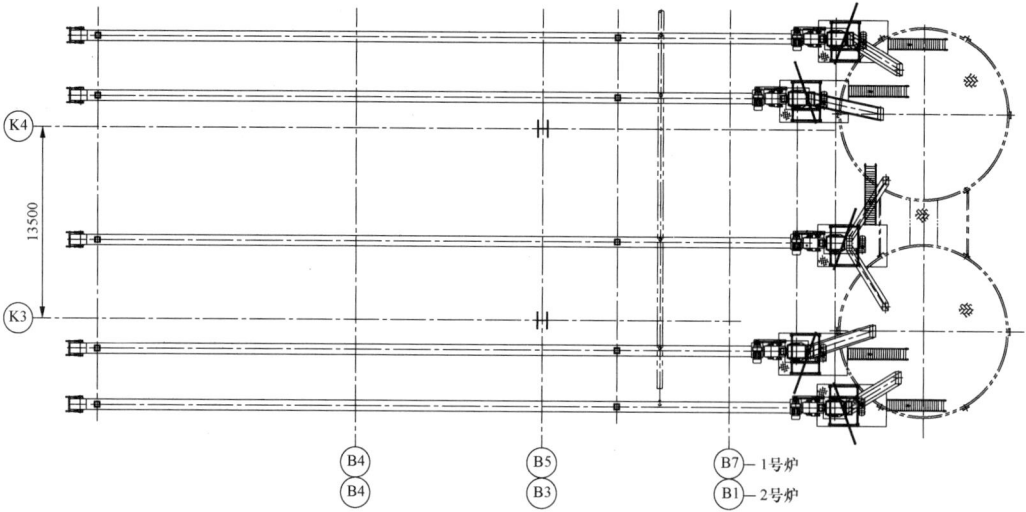

图 12-50　刮板机输送系统布置图 3

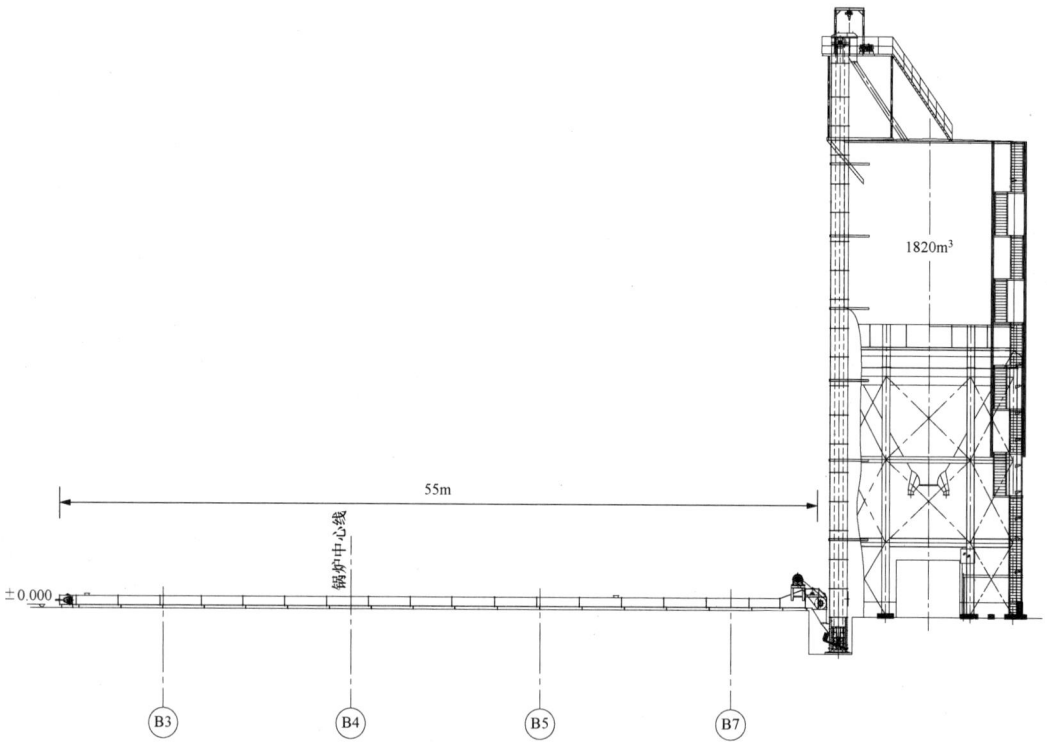

图 12-51　刮板机输送系统布置图 4

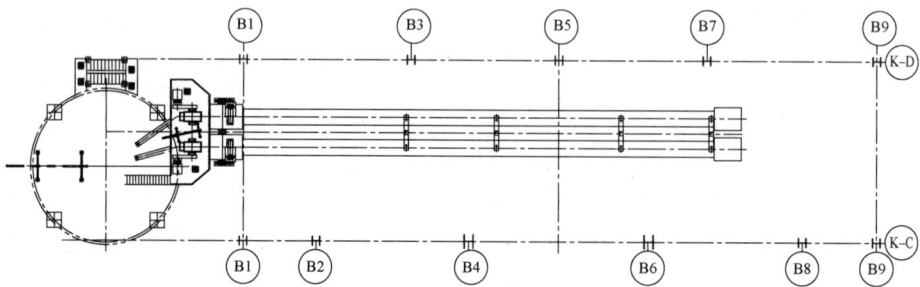

图 12-52　链斗机输送系统布置图 1

680m³

36000

接冷渣器排渣口

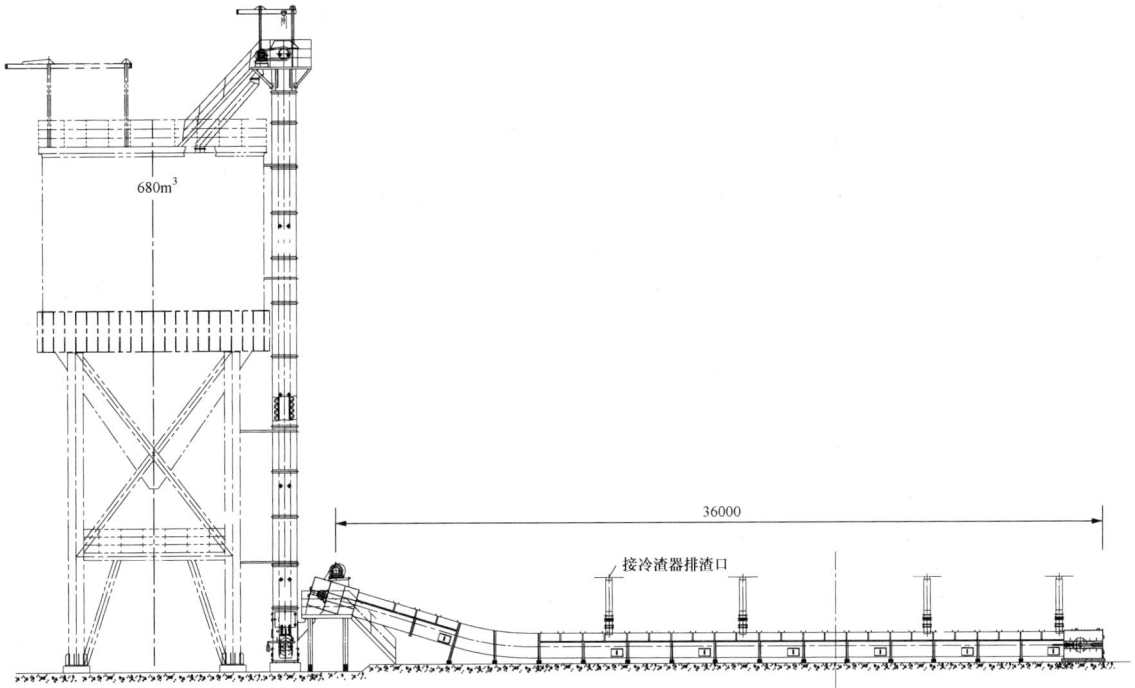

图 12-53　链斗机输送系统布置图 2

其他布置方式见图 12-54～图 12-57。

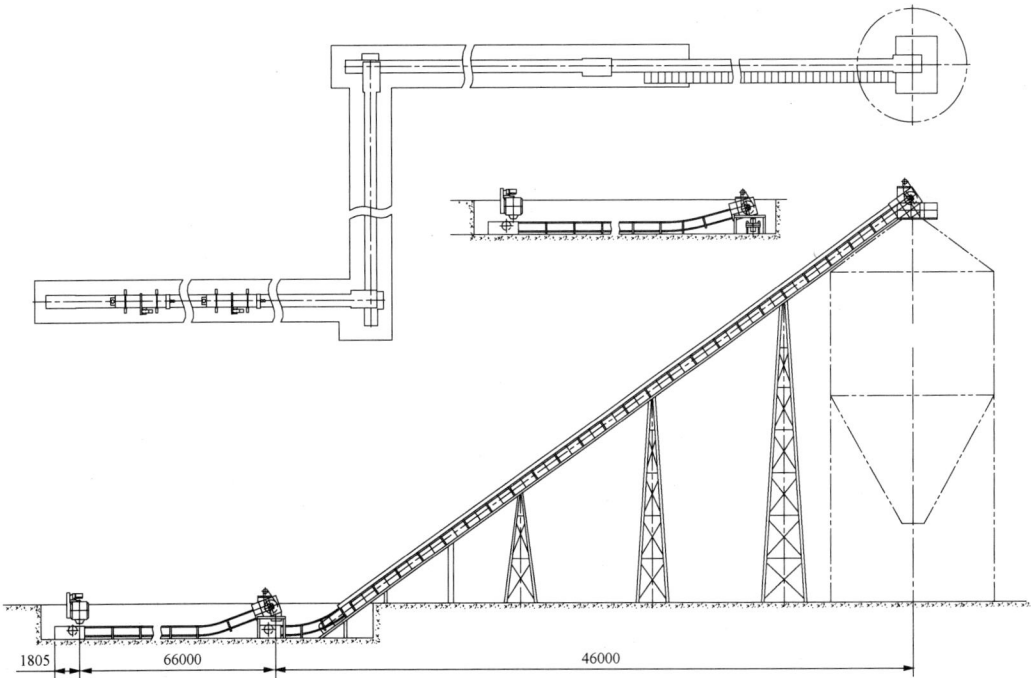

1805　66000　46000

图 12-54　链斗机输送系统布置图 3

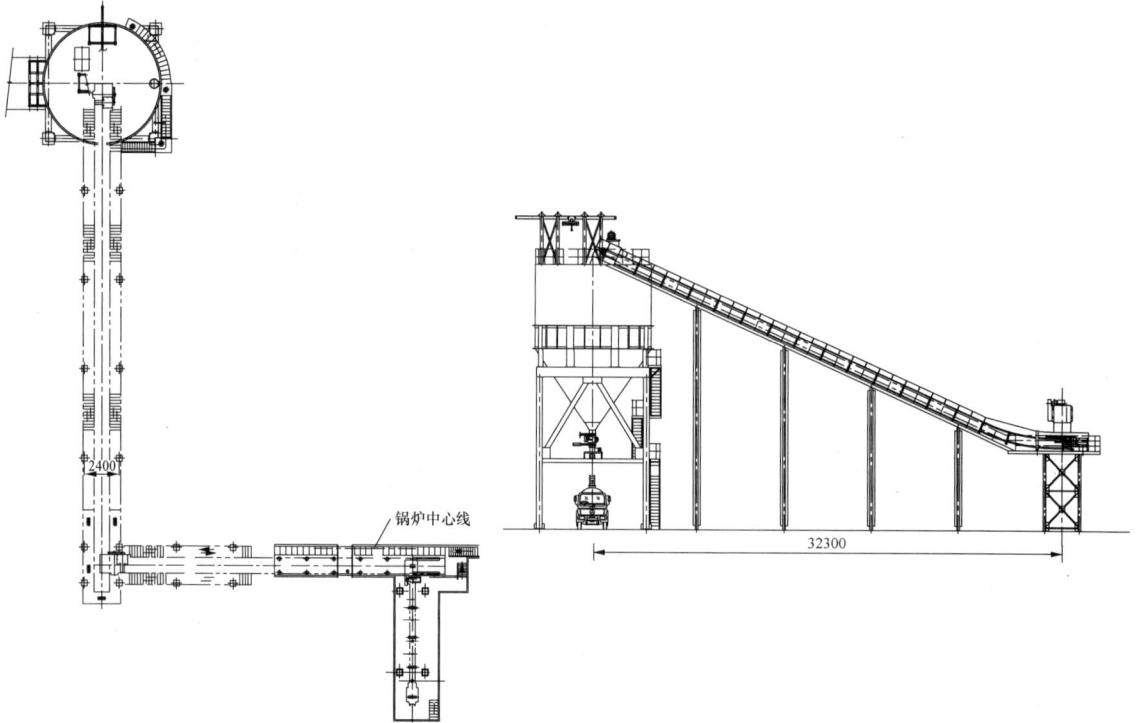

图 12-55 链斗机输送系统布置图 4

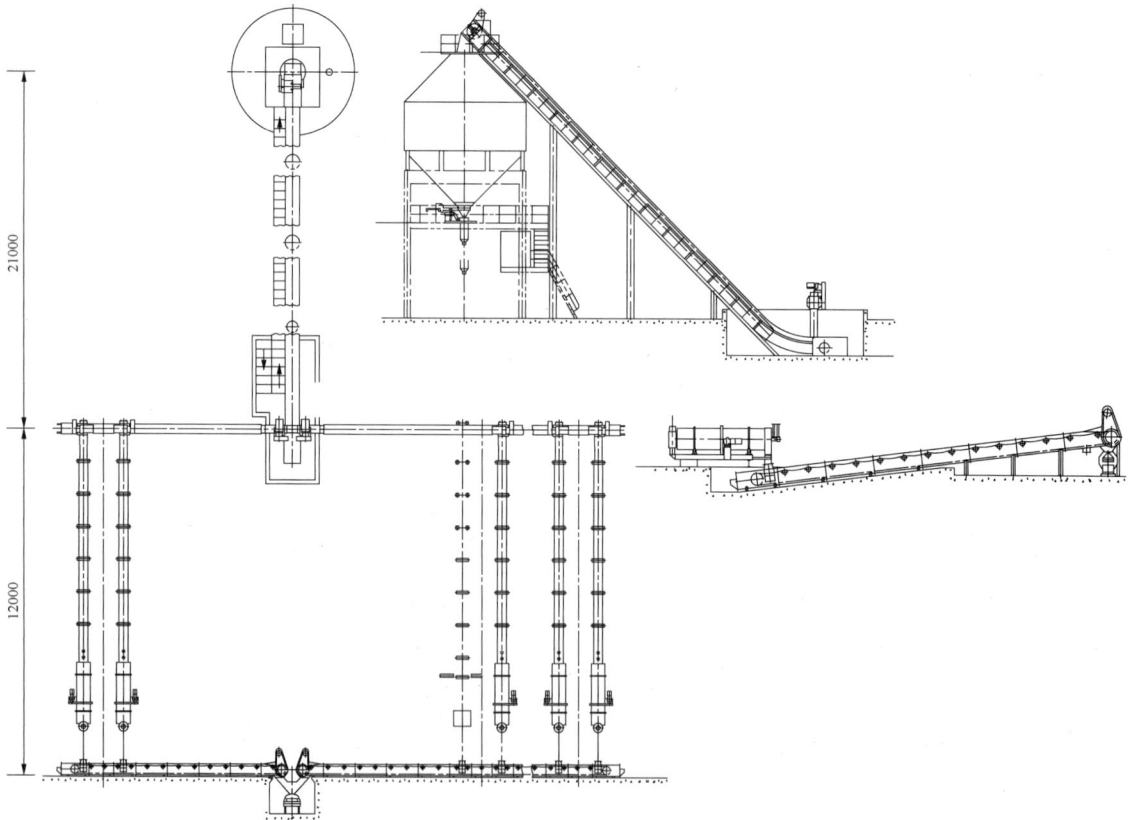

图 12-56 链斗机输送系统布置图 5

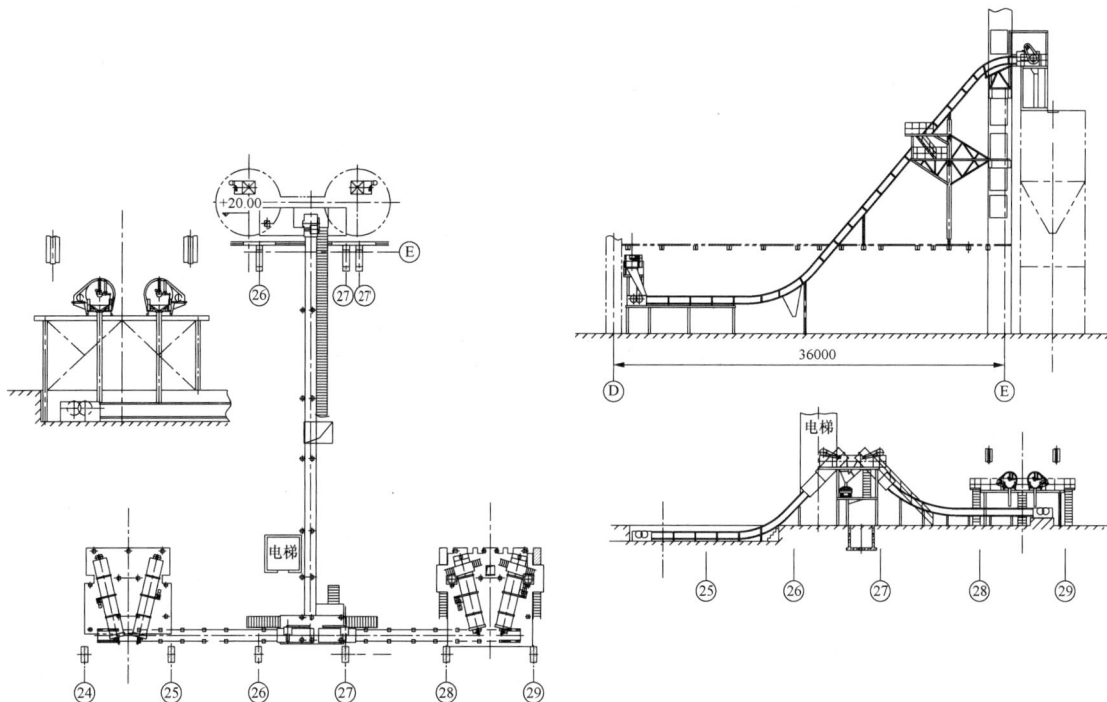

图 12-57　链斗机输送系统布置图 6

2. 机械和气力组合系统

机械和气力组合系统由输送设备、中转仓、碎渣机、仓泵、底渣仓、连接管道、阀门及连接附件等组成。国外部分地区采用机械和气力组合系统，流程见图 12-58。

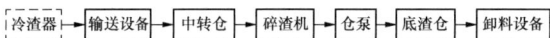

图 12-58　机械和气力组合系统流程图

底渣气力输送系统输渣存在适应性较差、运行能耗高、检修维护工作量较大的缺点，工程设计中不推荐采用。若工程需采用气力输送系统，可参照本书第十章进行设计选型。

三、控制要求

以某电厂 600MW 循环流化床机组底渣输送系统为例，说明联锁控制要求。

底渣输送系统采用刮板输送机+斗式提升机+底渣仓的方案，1 台炉共配置 3 条刮板输送机、3 条斗式提升机和 2 座底渣仓。

（一）启停顺序

1. 启动顺序

启动顺序见图 12-59。

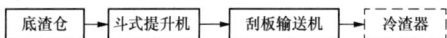

图 12-59　底渣输送系统启动顺序

2. 停止顺序

停止顺序见图 12-60。

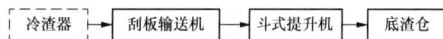

图 12-60　底渣输送系统停止顺序

（二）联锁要求

（1）底渣输送系统为连续运行。

（2）所有输送线应自动联锁控制，当一条输送线故障停运时，其余输送线宜平均调整，增大出力。

（3）输送设备应具备 0～100% 负荷连续调节控制功能。

（4）正常运行时，2 号线切换至 1 号底渣仓。当 1 号线故障时，2 号线应优先切换至 1 号底渣仓；当 3 号线故障时，2 号线应优先切换至 2 号底渣仓。

（5）当 1 号底渣仓故障（布袋除尘器故障）或者高料位报警、高温报警时，1 号线应停运，2 号线切换至 2 号底渣仓；当 2 号底渣仓故障（布袋除尘器故障）或者高料位报警、高温报警时，3 号线应停运，2 号线切换至 1 号底渣仓。

（6）当底渣仓高温报警时，除停运相应的输送线外，应立即启用卸料和外运系统，排空底渣仓后，再恢复相应输送线正常运行。

（7）底渣仓卸料设施采用就地控制；卸料时，根据卸料顺畅情况决定辅助卸料设备是否投运。

四、设计计算

底渣输送系统的设计总出力宜按式（12-7）计算，即

$$G=k\frac{n}{n-n_1}B_{sl} \qquad (12\text{-}7)$$

式中　G——底渣输送系统设计出力，取设计燃料和校核燃料计算较大值，t/h；

k——设计裕度系数，设计燃料取值 1.25，校核燃料取值 1.1；

n——底渣输送线总数，n 不小于 2；

n_1——故障线数，当 $n<6$ 时取值为 1，当 $n>6$ 时取值为 2；

B_{sl}——锅炉最大连续蒸发量时排渣量，按设计燃料和校核燃料分别取值，t/h。

底渣输送系统的设计单条线出力按式（12-8）计算，即

$$G_1=\frac{G}{n} \qquad (12\text{-}8)$$

式中　G_1——单条输送线的设计出力，t/h；

G——底渣输送系统设计出力，取设计燃料和校核燃料计算较大值，t/h；

n——底渣输送线总数，n 不小于 2。

刮板输送机、链斗输送机、斗式提升机出力计算参见《电力工程设计手册　火力发电厂除灰设计》第四章相关内容，注意链速应按本章设备选型中的参数选取，皮带输送机出力计算参见《电力工程设计手册　火力发电厂除灰设计》第四章相关内容，渣仓容积计算参考第九章第五节的计算内容。

卸料设备出力计算参考《电力工程设计手册　火力发电厂除灰设计》第六章第三节二的内容。

五、设备选型

（一）刮板输送机

1. 结构形式

刮板输送机剖视图见图 12-61 和图 12-62。

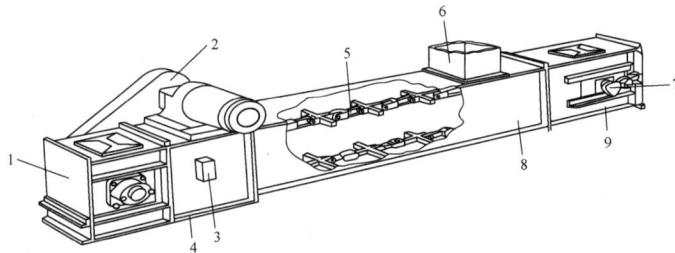

图 12-61　板链式刮板输送机剖视图

1—头部；2—驱动装置；3—堵料探测器；4—卸料口；5—刮板链条；6—加料口；7—断链指示器；8—中间段；9—尾部

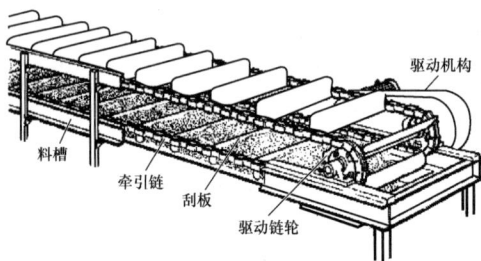

图 12-62　环链式刮板输送机剖视图

刮板输送机由头部驱动装置、中间机壳、尾部拉紧装置及刮板链条等部件组成。头部是刮板输送机驱动部件，由壳体、头轮及头轮轴、轴承及轴承座、脱链器等零部件构成，根据需要可在头部安装防堵探测器。刮板输送机尾部主要是改向和张紧部件，由壳体、尾轮及尾轮轴、轴承及轴承座、机械张紧部件组成，根据需要可在尾部安装断链指示器。

刮板输送机水平输送时靠刮板链条移动产生空间，由物料不停地填充带来物料的移动。刮板输送机倾斜输送物料时受到刮板在运动方向上推力后，使物料产生横向侧压力，刮板不断对物料产生推力迫使物料向上。在倾斜输送时，物料相对于链条会产生滞后，对输送效率和速度会有一定程度影响。

2. 规格参数

常用 MSM 型刮板输送机的主要技术参数见表 12-4。

表 12-4　　　　　　　　　　刮板输送机主要技术参数表

设备型号	MSM20	MSM25	MSM32	MSM40	MSM50	MSM63	MSM80	MSM100
机槽宽度（mm）	200	250	315	400	500	630	800	1000
输送量（m³/h）	15	24	35	50	70	100	150	200
最大输送距离（m）	75	75	75	50	50	50	50	50
运行速度（m/s）	0.04～0.08							

（二）斗式提升机

1. 结构形式

斗式提升机内部见图 12-63。

斗式提升机主要由尾部组件（含张紧装置等）、进料口、中间段壳体、料斗及链条总成、头部组件、头部护罩、头部落料斗等组成。斗式提升机可实现垂直方向物料输送。物料由料斗承载，料斗固定在链条上，在驱动装置的作用下，实现由低→高→低的循环运动。

2. 规格参数

常用 TB 和 TH 系列斗式提升机主要技术参数见表 12-5。

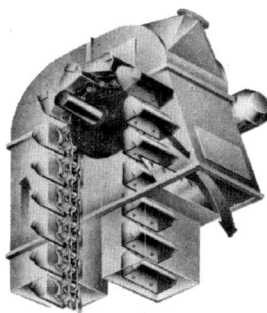

图 12-63　斗式提升机剖视图

表 12-5　　　　　　　　　　　　　TB 系列斗式提升机主要技术参数选型表

设备型号	TB250	TB315	TB400	TB500	TB630	TB800	TB1000
输送量（m³/h）	17	30	50	79	125	205	317
最大提升高度（m）	50						
斗速（m/s）	0.2～0.33						
链条数量	1	2					

（三）链斗输送机

1. 结构形式

链斗输送机结构见图 12-64。

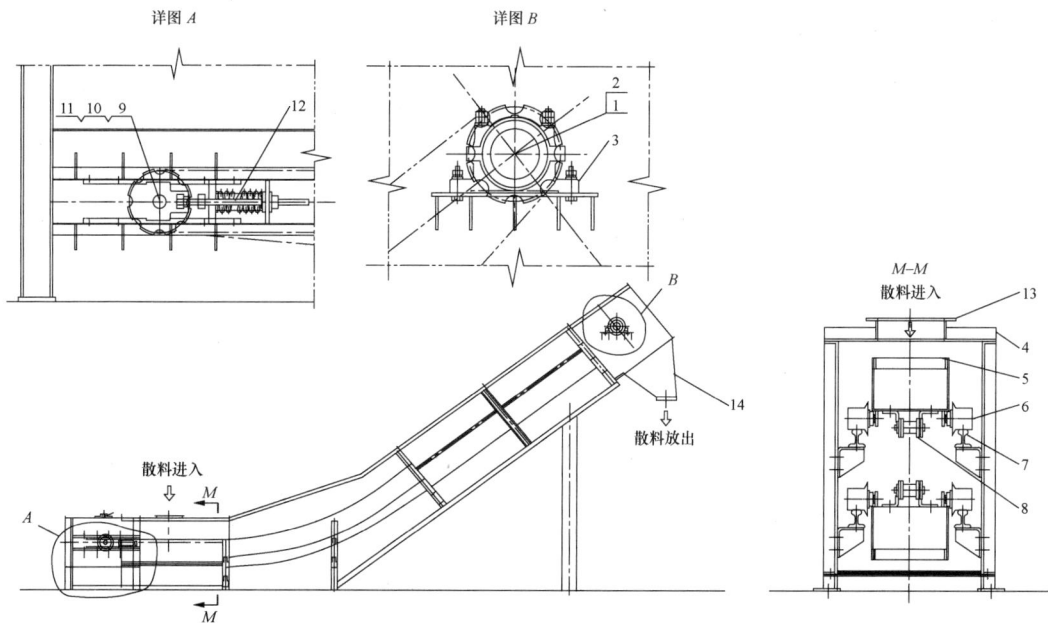

图 12-64　链斗输送机布置结构及部件图

1—主轴及电动机；2—主动链轮；3—主动轮轴承座；4—机壳；5—盛料斗；6—料斗支撑滚动轮；7—支撑轨道；8—传动链板；
9—从动轴；10—从动链轮；11—从动轮轴承支座；12—张紧装置；13—进料装置；14—出料装置

链斗输送机由尾部组件（含张紧装置等）、尾部护罩、进料口、中间段壳体（含弯曲段壳体、倾斜段壳体等）、链斗及链条总成（含支撑轨道等）、头部组件、头部护罩、头部落料口等部件组成。链斗输送机工作原理是驱动机构链条牵引装有物料料斗沿轨道进行水平或倾斜输送。它适用于输送非黏性、干性松散颗粒或粉末粒状物料。

2. 规格参数

常用链斗输送机的主要技术参数见表 12-6。

表 12-6   链斗式输送机主要技术参数表

输送机型号		LD400	LD500	LD630	LD800	LD915	LD1000
斗宽	mm	400	500	630	800	915	1000
输送量 250（节距）	m³/h	30～96	37.5～120	47.3～151	60～192	68.6～219.6	75～240
输送量 315（节距）	m³/h	26.5～84.8	33.1～106	41.7～133.5	53～169.5	60.6～193.8	66.2～211.8
输送量 360（节距）	m³/h	27.7～88.6	34.6～110.6	43.6～139.5	55.4～177.2	63.3～202.6	69.2～221.4
链斗运行速度	m/s	0.1～0.25					
输送距离	m	≤60					

（四）底渣仓

底渣仓参见本手册第九章第五节四中设备选型部分内容。

（五）双轴搅拌机、汽车散装机

参考《电力工程设计手册 火力发电厂除灰设计》第六章第三节三的内容。

第十三章

点火助燃油系统

第一节　系　统　说　明

循环流化床锅炉的点火助燃油系统利用燃烧器产生的热量加热床料，提高炉内循环物料的温度，进而达到炉内投煤温度，并在锅炉低负荷时助燃。

循环流化床锅炉无需像常规煤粉炉一样由燃烧器直接点燃煤粉燃烧，加热床料达到的温度也远远低于煤粉炉产生火焰的温度。循环流化床锅炉的点火用油量远低于煤粉炉，不再另外配置节油点火燃烧器。

本章锅炉点火助燃油系统仅指锅炉油燃烧器以及燃油储存和输送系统中有别于煤粉炉的部分。

采用天然气作为点火助燃的燃料时，锅炉应配置天然气燃烧器。

一、系统功能

循环流化床锅炉点火助燃油系统将送至锅炉房的燃油通过油燃烧器产生热量，加热床料至投煤温度，维持煤的燃烧；在炉内负荷低于最低稳燃负荷时，提供热量助燃，以满足锅炉燃烧的需要。

点火助燃油系统主要功能：

（1）启动时通过风道燃烧器加热一次风，在炉膛底部直接加热床料。

（2）启动时通过床上启动燃烧器加热床料。

（3）启动过程中循环物料温度达到一定值时，通过床枪提供燃油加热床料。

（4）在炉内负荷低于最低稳燃负荷时，通过床上启动燃烧器或床枪提供燃油加热床料，提高炉内温度，直至锅炉不投油负荷稳定。

二、设计范围

循环流化床锅炉点火助燃油系统设计范围从厂区燃油储存至锅炉油燃烧器，厂区燃油储存和输送范围中与常规煤粉炉设计不同的部分主要包括锅炉油燃烧器、油罐、油泵、油管道、阀门等。

三、系统主要设备

系统主要设备有油燃烧器、油罐、油泵。

1. 油燃烧器

循环流化床锅炉的油燃烧器是点火助燃油系统的核心设备。

2. 油罐

循环流化床锅炉油罐的功能与煤粉炉相同，用作储存和脱水容器，油罐总容积可相对较小。

3. 油泵

燃油储存和输送系统中的卸油泵及供油泵（或输送油泵）的设计及其选型与煤粉炉基本相同。

基于循环流化床锅炉的特点，采用轻油作为启动和助燃燃料时，锅炉在正常运行时无需打油循环，当需要助燃时再启动油泵即可，无需油泵再循环。采用重油作为启动和助燃燃料时，油循环管路仅需保证重油的黏度维持重油流动性即可，再循环油泵的扬程可取低值。

四、设计内容

设计内容主要有：

（1）系统拟定。确定油燃烧器、油罐及油泵的配置等。

（2）设备选型。包括油燃烧器、油罐、油泵的选型。

（3）相关计算。包括油燃烧器出力计算、油罐容积选择、重油系统低压再循环泵的选型计算。

第二节　锅　炉　油　燃　烧　器

一、形式

循环流化床锅炉点火设备主要有风道燃烧器、床枪和床上启动燃烧器3种，燃料为轻柴油或重油。

循环流化床锅炉点火用油量远低于煤粉炉，通常不再考虑配置节油点火燃烧器。

当点火助燃的燃料为天然气时，锅炉应配置天然气专用的燃烧器。

（一）风道燃烧器

风道燃烧器主要由油枪、点火器、火焰检测器、配风器、燃烧室和温控室组成。布置在布风板下方的一次风道处，与一次风室相接。

风道燃烧器典型流程图和布置示意图见图13-1和图13-2。

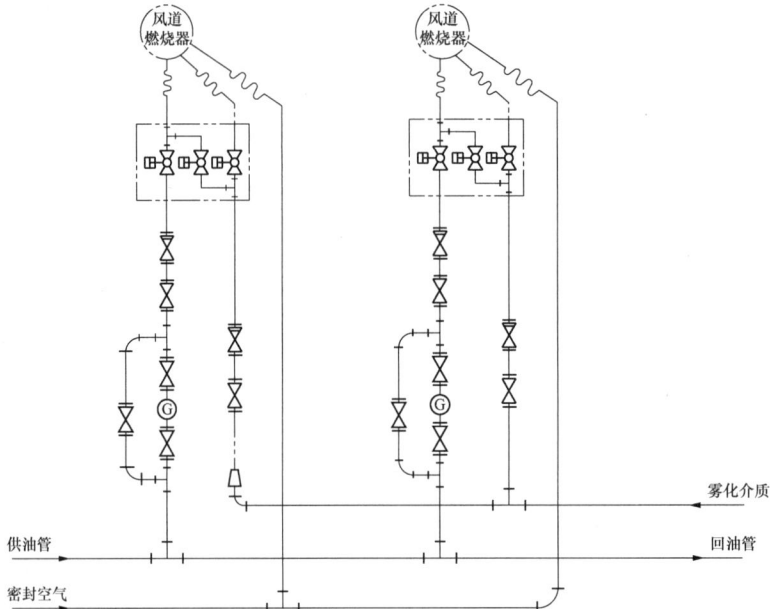

图13-1　风道燃烧器典型流程图

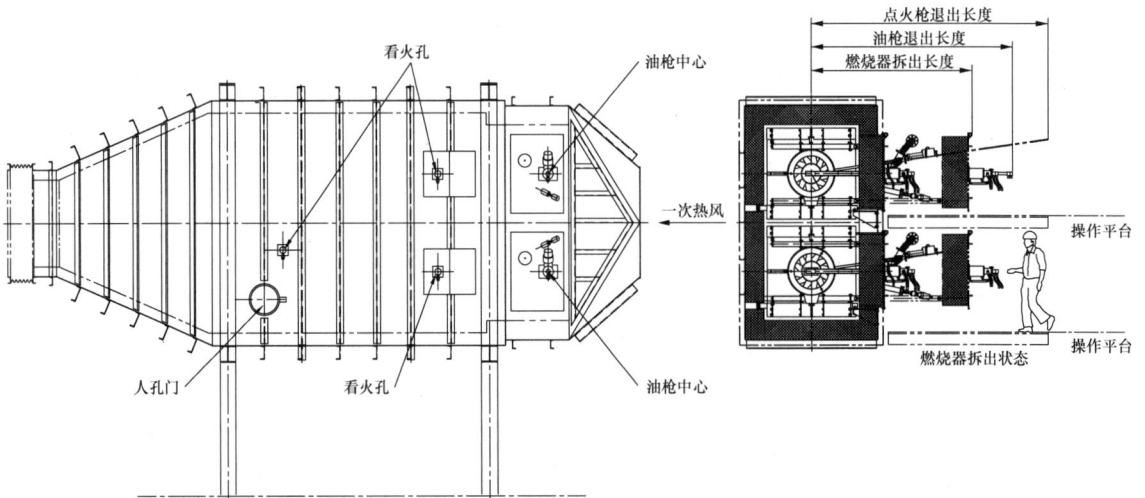

图13-2　风道燃烧器布置示意图

（二）床枪

床枪即油枪，无点火器和火焰检测器。布置在布风板上方的密相区。

床枪典型流程图和布置图见图13-3和图13-4。

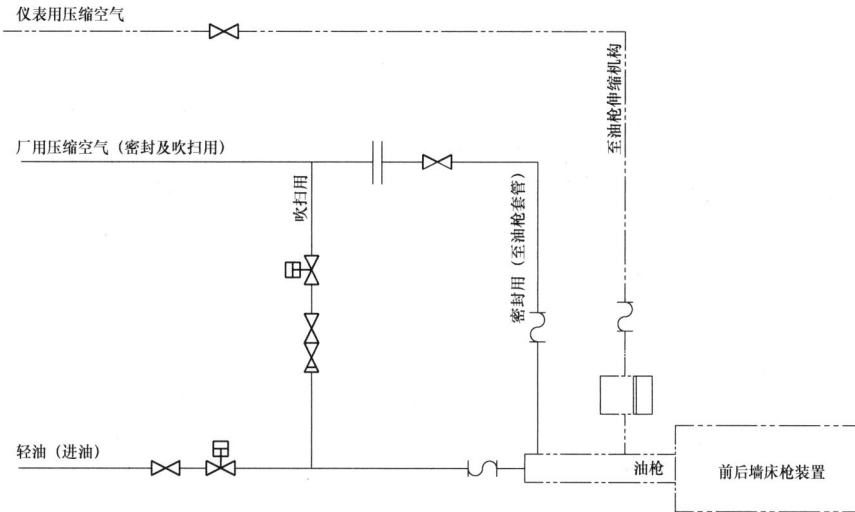

图 13-3 床枪典型流程图

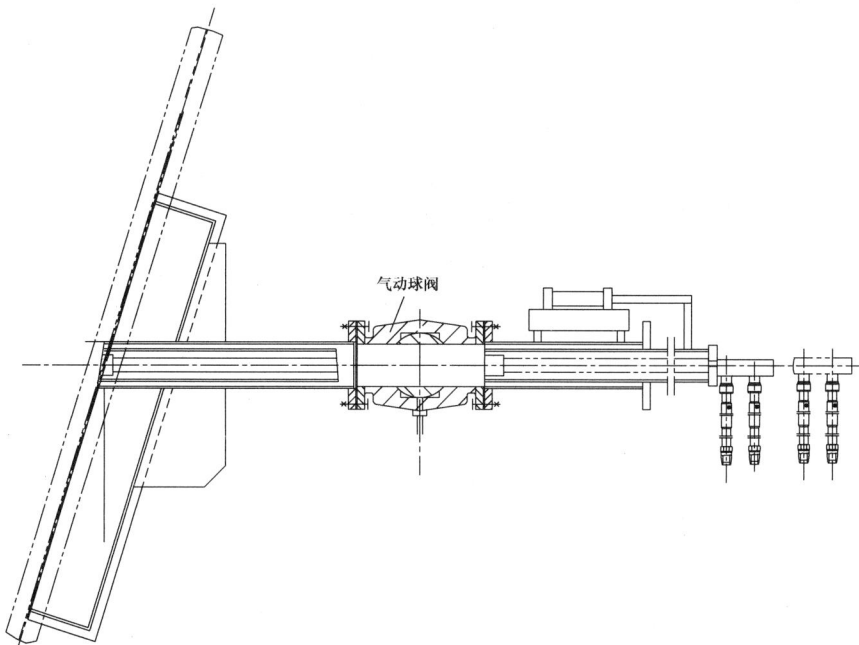

图 13-4 床枪典型布置图

（三）床上启动燃烧器

床上启动燃烧器主要由油枪、点火器、伸缩机构、火焰检测器和配风器组成。布置在布风板上方，用于床上点火。

床上启动燃烧器典型流程图和布置图见图13-5和图13-6。

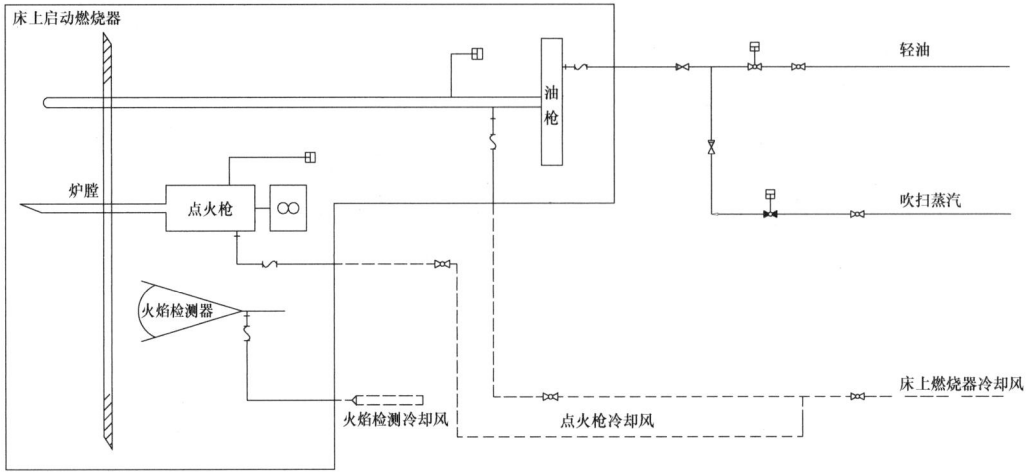

图 13-5　床上启动燃烧器典型流程图

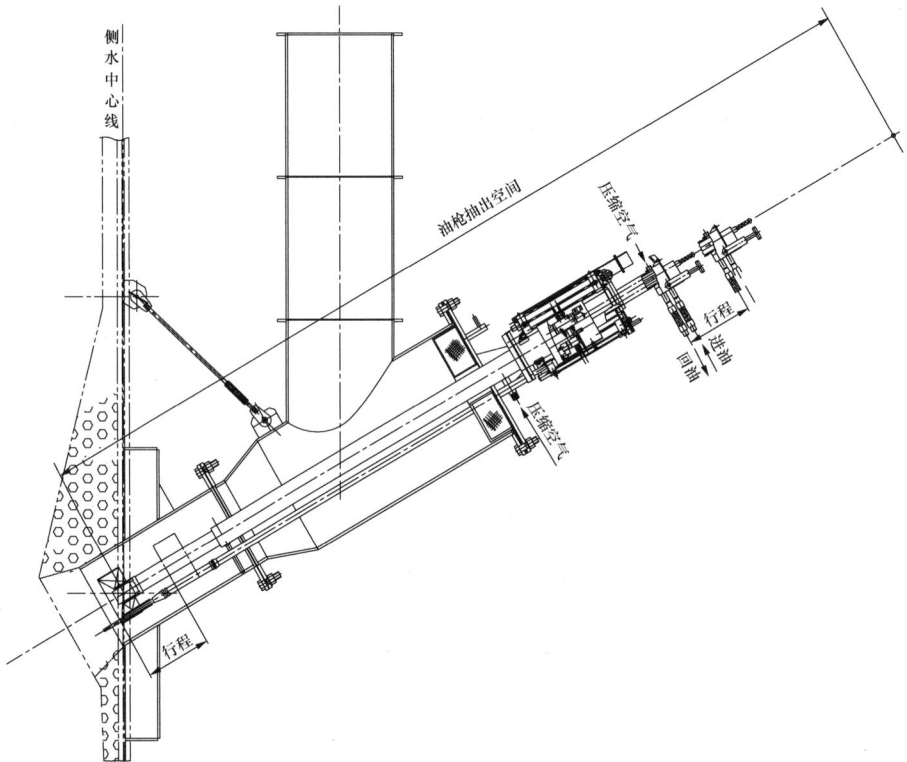

图 13-6　床上启动燃烧器典型布置图

（四）天然气燃烧器

天然气燃烧器与油燃烧器类似，分为床上启动燃烧器和风道燃烧器两种形式，均配有天然气点火器和足够多的排空管道和控制阀门。天然气燃烧器更注重防爆安全，不宜设置天然气喷枪，且需设置惰性气体置换系统。天然气进气压力约为 0.2MPa（表压）。

床上天然气启动燃烧器流程图和床下天然气风道燃烧器流程图见图 13-7 和图 13-8。

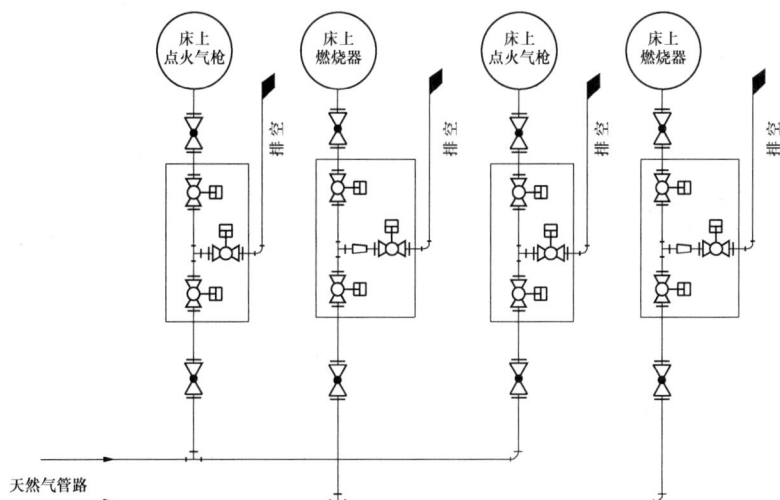

图 13-7 床上天然气启动燃烧器流程图

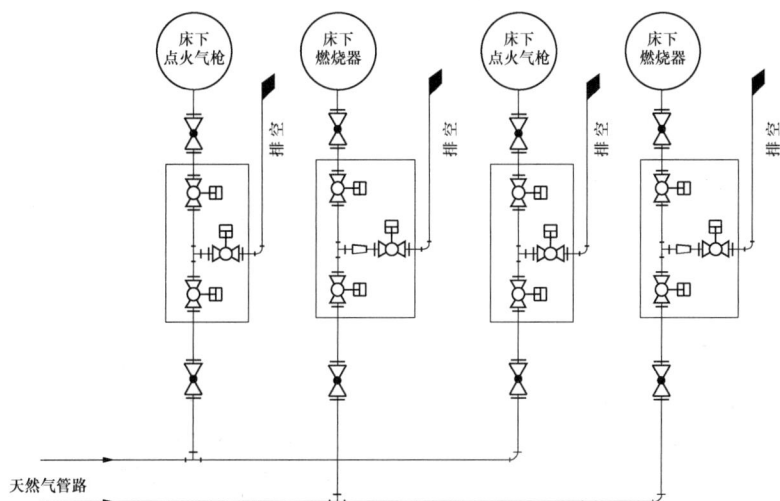

图 13-8 床下天然气风道燃烧器流程图

二、特点

油燃烧器首先投用的是风道燃烧器和床上启动燃烧器，只有当床温达到一定温度时才能投入床枪。风道燃烧器和床上启动燃烧器均可作为启动和助燃用，而床枪仅能用作助燃。

（一）风道燃烧器

利用燃烧器产生的火焰和高温烟气先加热一次风，热烟气经布风板穿过床料层并与床料换热，加热床料。由于风道燃烧器产生的热烟气经布风板穿过床料接触并进行热交换，与床上启动燃烧器相比，风道燃烧器具有加热均匀性好、速度快及热利用率高的特点，可缩短启动时间。

风道燃烧器点火方式为高能电火花-轻油。风道燃烧器带有点火器和火焰检测装置，点火器可伸缩，油枪一般为固定式，不可伸缩。锅炉点火完成后，风道

燃烧器内的通流热风温度通常为200～300℃，在油枪可耐受的温度区间内，故油枪无需退回。

对于采用重油作为启动或助燃油，如重油杂质较多、雾化效果不佳或燃烧不充分，可能会带来堵塞风帽或污染床料的问题。

通常情况下，风道燃烧器能将BMCR工况下一次风量的70%从环境温度加热至约900℃。

系统中常用高压流化风作为冷却风来源，在计算高压流化风机容量时应计入冷却风量。如采用压缩空气作为冷却风来源，则需核实冷却风通道的部件能否承受压缩空气的压力，如不能则需要通过节流组件或减压阀门降低冷风压力。

风道燃烧器的阻力应计入一次风机压力计算中。

风道燃烧器内的一次风应尽量流动平稳。

由于床下点火采用高温烟气，烟气温度可达700～900℃，风道燃烧器内部应敷设足够的耐火材料，

经烘炉后消除水分和局部应力,防止耐火材料脱落。

风道燃烧器应注意火焰长度和直径,避免冲刷风道壁。

（二）床枪

床枪均匀布置于炉膛底部直接加热床料,只有当床温达到一定温度时才能投入,不能单独使用,必须与风道燃烧器或床上启动燃烧器配合使用。仅当循环物料的温度高于设定值时才允许投运。

床枪的热利用率介于风道燃烧器和床上启动燃烧器之间。

床枪不带点火器和火焰检测装置,油枪可伸缩。

床枪通常布置在布风板上1m。

由于床枪的位置在密相区,距布风板较近,单只床枪的负荷不宜过大,避免结渣或烧坏风帽。

（三）床上启动燃烧器

床上启动燃烧器均匀布置于炉膛底部床层以上、二次风口处,可在启动阶段投入使用。依靠燃烧器产生的火焰和高温烟气来加热启动床料。

启动燃烧器应具有较好的负荷调节性能,避免耐磨耐火材料因升温过快而脱落。同时,为避免炉膛局部温度过高和结焦,单只启动燃烧器的负荷不宜过大,一般单只燃烧器的输入热量不超过40MW。

床上启动燃烧器带有点火器和火焰检测装置。点火器和油枪均可伸缩。炉内温度过高易造成油枪损坏,故床上油枪须能退出炉膛进行保护。

床上启动燃烧器通常布置在布风板上方约2.5m处,与水平面的倾角为25°,所需的布置空间较大。应注意避免火焰长度过长而刷墙。

由于床上启动燃烧器距离床料较远,大部分烟气向上流动未与床料进行热交换,热烟气利用率较低,仅采用床上点火方式时,所需油量较大,燃烧器数量也多。如燃用煤质着火特性差,则这一缺点更加突出。

三、布置方式

燃烧器的布置方式与布风板形式及尺寸、燃烧器形式及数量密切相关。

（一）风道燃烧器

风道燃烧器布置于点火风道（位于水冷风室入口的一次热风道上）内,布置方式根据锅炉布风板结构、点火风道引入炉膛的位置确定。风道燃烧器常用布置方式见表13-1。

表13-1　风道燃烧器常用布置方式

序号	锅炉容量	锅炉类型	引入位置	燃烧器数量
1	135MW级CFB锅炉	单布风板	炉膛侧墙	2个点火风道,共4只燃烧器
			炉膛底部	
			炉膛后墙	
2	300MW级CFB锅炉	单布风板	炉膛侧墙	2个点火风道,共4只燃烧器
			炉膛后墙	4个点火风道,共4只燃烧器
		双布风板	炉膛后墙	2个点火风道,共4只燃烧器
3	600MW级CFB锅炉	双布风板	炉膛后墙	2个点火风道,共8只燃烧器

1. 单布风板炉膛

点火风道引入炉膛的位置可在炉膛侧墙、底部和后墙。每个点火风道内布置1只或2只风道燃烧器,见图13-9~图13-12。

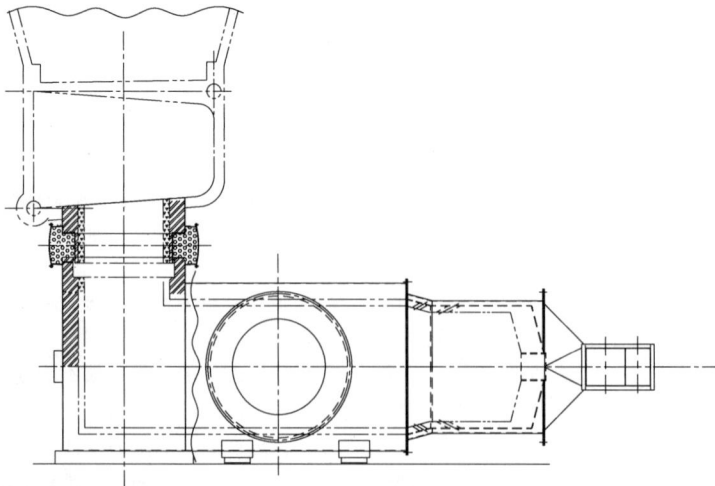

图13-9　炉底引入点火风道（侧视图）

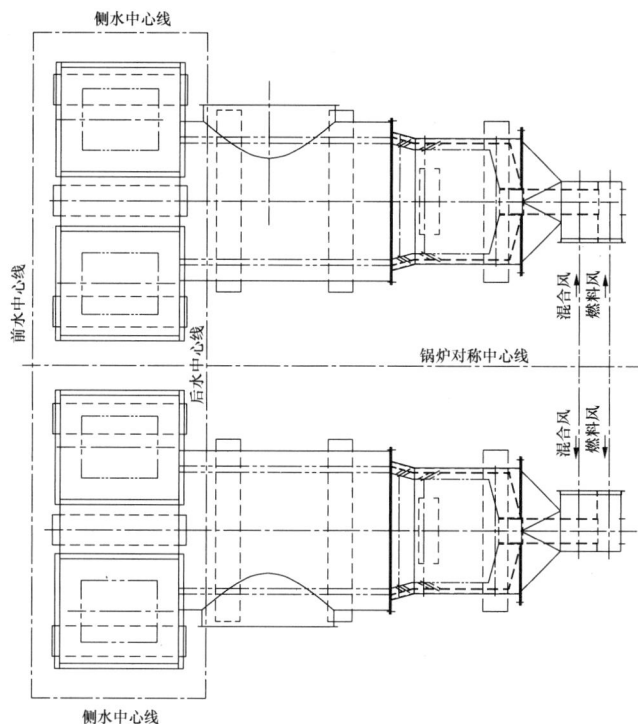

图 13-10 炉底引入点火风道（俯视图）

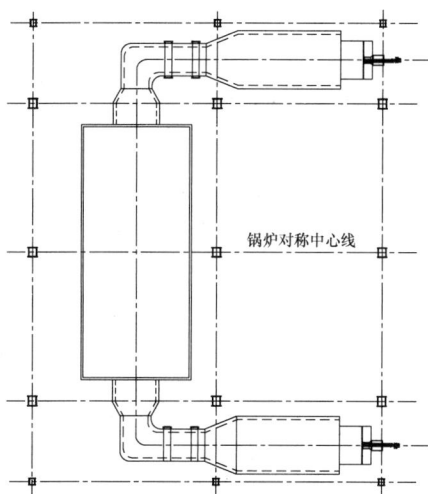

图 13-11 侧墙引入点火风道
（俯视图）

2. 双布风板炉膛

当采用双布风板时，点火风道引入炉膛的位置为后墙，见图 13-13。

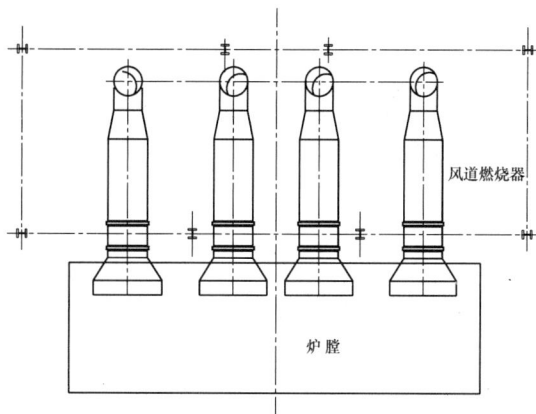

图 13-12 后墙引入点火风道（俯视图）

300MW 级 CFB 锅炉的风道燃烧器数量共 4 只，布置于 2 个点火风道内，每个点火风道内设 2 只燃烧器。

600MW 级 CFB 锅炉的风道燃烧器数量共 8 只，布置于 2 个点火风道内，每个点火风道内设 4 只燃烧器。

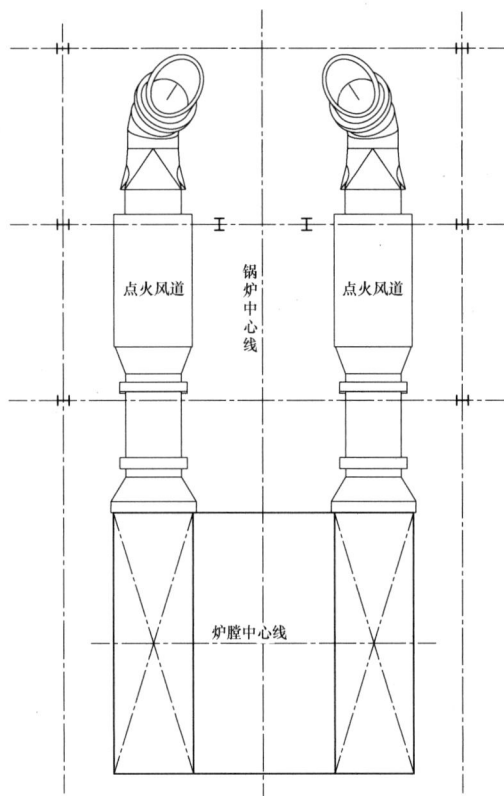

图 13-13 双布风板炉膛后墙
引入点火风道（俯视图）

（二）床枪

床枪的布置方式与炉膛形式（单、双布风板）和尺寸、床枪数量密切相关。床枪常用布置方式见表 13-2。

表 13-2 床枪常用布置方式

序号	锅炉容量	锅炉形式	床枪数量	布置方式	参考图号
1	135MW 级 CFB 锅炉	单布风板	6 只	后墙 2 只，两侧墙各 2 只	图 13-14
2	300MW 级 CFB 锅炉	单布风板	8 只	前后墙各 4 只	图 13-15
		双布风板	12 只	前后墙各 1 只，内侧墙各 4 只	图 13-16
3	600MW 级 CFB 锅炉	双布风板	16 只	前后墙各 1 只，内侧墙各 6 只	图 13-17

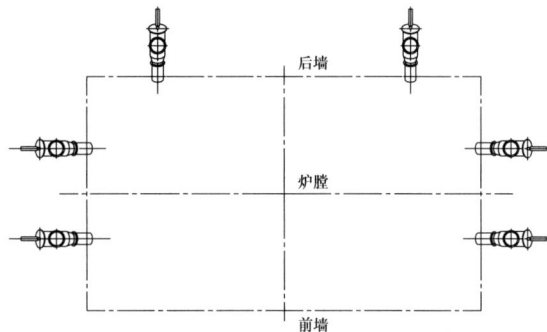

图 13-14 135MW 床枪布置——单布风板、
后墙和两侧墙布置 6 只
（后墙 2 只，两侧墙各 2 只）

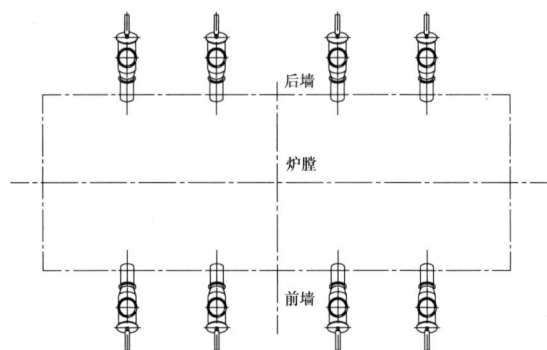

图 13-15 300MW 床枪布置——单布风板、
前后墙布置 8 只（前后墙各 4 只）

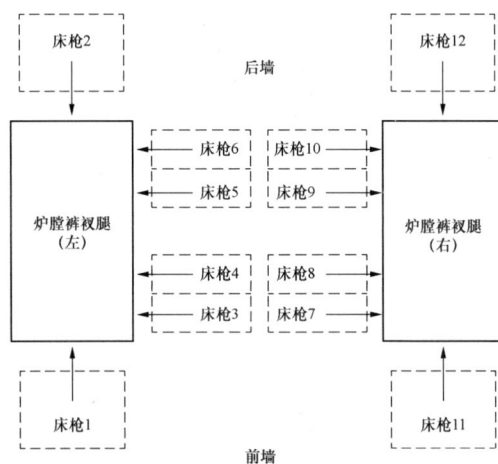

图 13-16 300MW 床枪布置——双布风板、
前后墙和内侧墙布置 12 只
（前后墙各 1 只，内侧墙各 4 只）

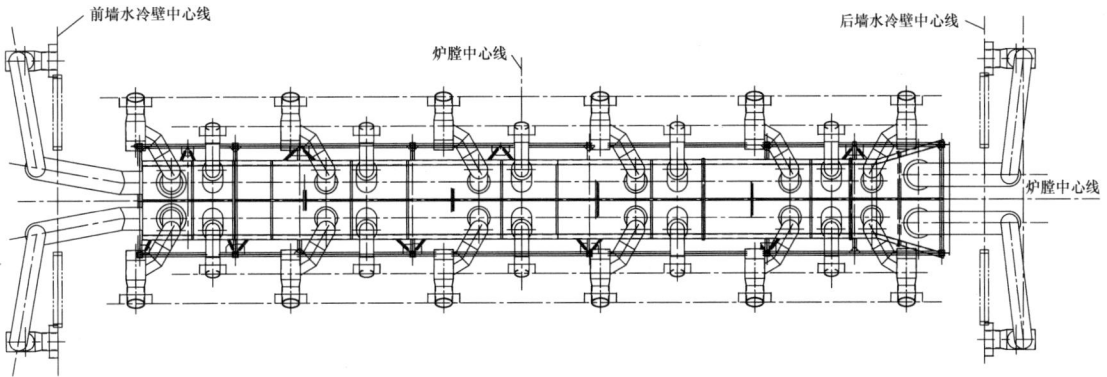

图 13-17　600MW 床枪布置——双布风板、前后墙和内侧墙布置 16 只（前后墙各 1 只，内侧墙各 6 只）

（三）床上启动燃烧器

床上启动燃烧器通常布置在布风板上方 2.5m 处，与水平面的倾角为 25°，所需的布置空间较大，见

图 13-18。床上启动燃烧器的布置方式与炉膛形式（单、双布风板）和尺寸、燃烧器数量相关。床上启动燃烧器常用布置方式见表 13-3。

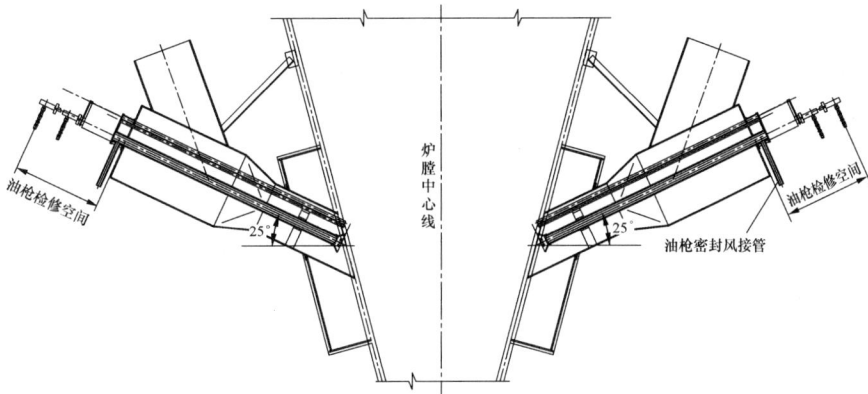

图 13-18　床上启动燃烧器布置——单布风板、前后墙布置（侧视图）

表 13-3　床上启动燃烧器常用布置方式

序号	锅炉容量	锅炉类型	床上启动燃烧器数量	布置方式	参考图号
1	135MW 级 CFB 锅炉	单布风板	2	两侧墙各 1 只	图 13-19
2	300MW 级 CFB 锅炉	单布风板	6 只	前墙 4 只，后墙 2 只	图 13-20
			8 只	前后墙各 4 只	图 13-21
			8 只	前墙 4 只，两侧墙各 2 只	图 13-22
		双布风板	8 只	前后墙各 1 只，外侧墙各 2 只	图 13-23
3	600MW 级 CFB 锅炉	双布风板	—	暂无 600MW 级 CFB 床上启动燃烧器的设计	—

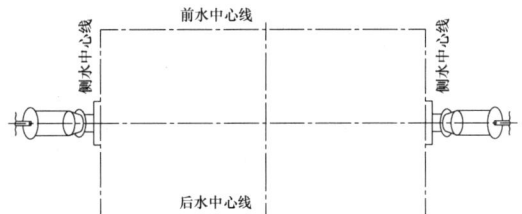

图 13-19　135MW 床上启动燃烧器布置——单布风板、两侧墙布置 2 只（两侧墙各 1 只）

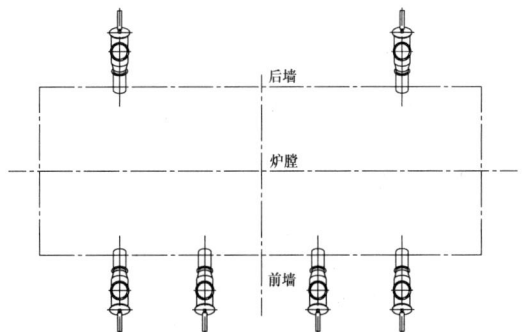

图 13-20　300MW 床上启动燃烧器布置——单布风板、前后墙布置 6 只（前墙 4 只，后墙 2 只）

循环流化床锅炉附属系统设计

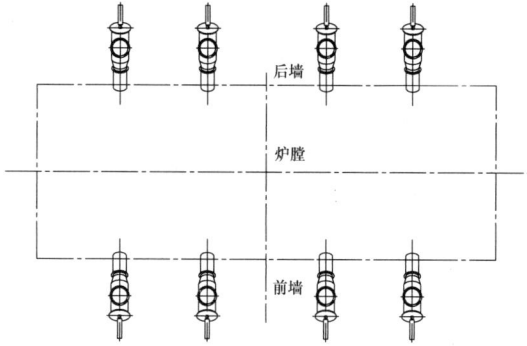

图 13-21　300MW 床上启动燃烧器布置——单布风板、前后墙布置 8 只（前后墙各 4 只）

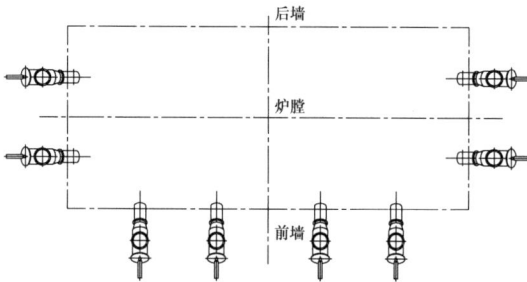

图 13-22　300MW 床上启动燃烧器布置——单布风板、前墙和两侧墙 8 只（前墙 4 只，两侧墙各 2 只）

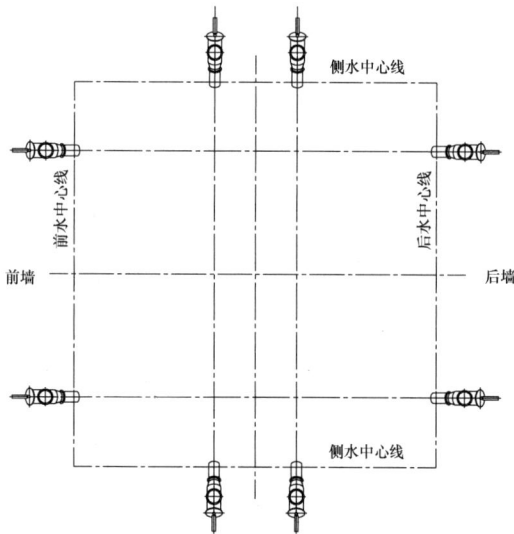

图 13-23　300MW 床上启动燃烧器布置——双布风板、前后墙和外侧墙布置 8 只（前后墙各 1 只，外侧墙各 2 只）

四、雾化方式

雾化方式一般分为机械雾化、空气雾化和蒸汽雾化方式三种。

（一）机械雾化

机构雾化多用于轻柴油。系统简单，无需引接雾化介质；回油式调节比为 1:4，燃烧器负荷低时雾化效果不稳定，油粒较粗；易堵塞；进油压力要求高。

（二）空气雾化

空气雾化多用于轻柴油。雾化介质多用压缩空气，也可采用 3~10kPa 的低压空气。回油式调节比可达到 1:5 以上，燃烧器负荷低时雾化效果好，稳定性好；不易堵塞；进油压力要求不高，可降低油泵扬程，进油压力约为 1.6MPa。需消耗压缩空气，空气管路复杂。

（三）蒸汽雾化

蒸汽雾化可用于轻柴油和重油，油品适应性好，在一定范围内黏度与雾化特性关系不大。雾化介质为辅助蒸汽。回油式调节比可达到 1:5 以上，燃烧器负荷低时雾化效果好，稳定性好；不易堵塞；进油压力要求不高，可降低油泵扬程，进油压力约为 1.6MPa。噪声大，需消耗雾化蒸汽，蒸汽和疏水回收管路系统复杂。

（四）雾化方式对比

各种雾化方式特点对比见表 13-4。

表 13-4　雾 化 方 式 对 比

项目	机械雾化	空气雾化	蒸汽雾化
油品	轻柴油	轻柴油	轻柴油、重油
进油压力	高	不高	不高
雾化介质	无	压缩空气或低压空气	蒸汽
雾化效果	低负荷时雾化效果不稳定，油粒较粗；易堵塞	低负荷时雾化效果好，稳定性好；不易堵塞	低负荷时雾化效果好，稳定性好；不易堵塞
调节比	1:4	1:5 以上	1:5 以上

五、清扫方式

GB 13348《液体石油产品静电安全规程》的预防静电危害的技术措施中规定，不应使用压缩空气对汽油、煤油、苯、轻柴油等产品的管线进行清扫。锅炉点火助燃油系统清扫方式宜采用蒸汽清扫。

第三节　设　计　方　案

一、设计原则

（一）设计相关因素

循环流化床锅炉的点火助燃油系统设计方案与以下因素相关：

（1）锅炉容量。
（2）锅炉炉型。
（3）锅炉主燃料特性。
（4）锅炉启动时间。

· 314 ·

（5）锅炉点火助燃辅助燃料特性。

（6）锅炉启动床料特性。

（7）锅炉启动床料用量。

（8）锅炉 BMCR 所需输入热量。

（二）燃烧器常用配置方式

燃烧器的形式主要根据燃用煤质来选择。国内 CFB 机组的燃用煤质多为劣质煤，包括褐煤、贫煤、无烟煤、煤矸石、煤泥及各种混煤。燃用混煤的锅炉燃烧器按混合后的煤质特性参照选取。

燃烧器配置方式有五种：风道燃烧器、风道燃烧器+床枪、床上启动燃烧器、风道燃烧器+床上启动燃烧器及风道燃烧器+床枪+床上启动燃烧器三种燃烧器全结合的方式，配置特点及应用见表 13-5。

表 13-5　　　燃烧器常用配置方式

序号	燃烧器配置方式	配置特点	135MW	300MW	600MW
1	风道燃烧器	启动时间长，耗油量小，适宜对启动时间要求不高或启动耗油量要求严格的工程。电厂设计中较少用到。适用于挥发分高的煤种			
2	风道燃烧器+床枪	启动时间短，启动燃油消耗量相对较少	√	√	√
3	床上启动燃烧器	启动时间较长，启动燃油耗量高，需较大的布置空间，适用于对启动时间和启动燃油耗量要求不高且有较大布置空间的项目	√	√	
4	风道燃烧器+床上启动燃烧器	适用于贫煤和无烟煤。缩短启动时间	√	√	
5	风道燃烧器+床枪+床上启动燃烧器	适用于挥发分低的贫煤和无烟煤。较少采用，根据工程情况选配			√

注　√表示有该种配置。

（三）燃烧器出力选择

燃烧器的容量根据不同的煤质和不同的燃烧器系统配置确定。

1. 双布风板带外置床锅炉

300MW 等级双布风板带外置床的循环流化床锅炉，燃烧器配置多采用风道燃烧器+床枪的组合，也有采用床上启动燃烧器的方式。按照煤质来分，燃烧器出力选择遵循表 13-6 的要求。

表 13-6　　　燃烧器出力选择

煤种	300MW 等级双布风板带外置床的循环流化床锅炉燃烧器配置	
	风道燃烧器+床枪	床上启动燃烧器
褐煤	不小于21%BMCR	不小于30%BMCR
烟煤、高挥发分贫煤	不小于26%BMCR	不小于35%BMCR
无烟煤、低挥发分贫煤	不小于33%BMCR	不小于45%BMCR

2. 单布风板不带外置床锅炉

与双布风板带外置床的 CFB 锅炉相比，单布风板不带外置床结构的 CFB 锅炉启动床料量较小，床料加热所需热量和燃烧器的容量均相应减小。通过大量的工程实例验证，燃烧器出力呈现逐步降低的趋势。

锅炉燃烧器设计逐渐减少了床枪的配置，多按风道燃烧器+床上启动燃烧器或仅床上启动燃烧器的配置。

风道燃烧器+床上启动燃烧器的设计与风道燃烧器+床枪相比，运行更为灵活，缩短启动时间，对燃用挥发分低煤种的项目和有启动时间要求的项目尤为适用。

风道燃烧器+床上启动燃烧器的容量可参考风道燃烧器+床枪的设计，燃烧器总出力为 20%～30%BMCR。

（四）锅炉冷态点火油耗量

不同容量和形式的锅炉冷态点火油耗量见表 13-7。

表 13-7　　　锅炉冷态点火油耗量

序号	锅炉容量	布风板形式	燃煤特性	点火燃料	冷炉点火一次耗油量理论值（t）
1	135MW	单布风板	烟煤/褐煤/无烟煤	轻柴油	15～20
2	300MW	单布风板	烟煤	轻柴油	20～30
		单布风板	褐煤	轻柴油	20～30
		单布风板	无烟煤/贫煤	轻柴油	约40
		双布风板	无烟煤/贫煤	轻柴油	约40
		单布风板	无烟煤/贫煤	重油	约40
3	600MW	双布风板	贫煤	轻柴油	约40

表 13-7 的冷炉点火一次耗油量数据均为理论值，实际调试运行过程中的耗油量与机组煤质、点火系统配置以及调试运行人员水平密切相关。

式，主要采用风道燃烧器+床枪、风道燃烧器+床上燃烧器、床上启动燃烧器三种方式。135MW 级循环流化床锅炉点火助燃油系统常用设计方案分类对比见表 13-8。

二、常用设计方案

（一）135MW 级锅炉

135MW 级循环流化床锅炉均采用单布风板形

表 13-8　135MW 级循环流化床锅炉点火助燃油系统常用设计方案分类对比

项目	燃煤特性	点火燃料	风道燃烧器	床枪	床上启动燃烧器	油燃烧器的总输入热量
方案一	烟煤 V_{daf}=36.03%	轻柴油	2 个风道燃烧器，共 2 只油枪，单只额定出力为 1500kg/h	无	2 只，单只出力为 1250kg/h	27%BMCR
方案二	褐煤 V_{daf}=50.8%	轻柴油	2 个风道燃烧器，共 4 只油枪，单只额定出力为 1300kg/h	6 只，单只出力 1500kg/h	无	45%BMCR
方案三	褐煤 V_{daf}=47.6%	轻柴油	4 个风道燃烧器，共 4 只油枪，单只额定出力为 1000kg/h	无	4 只，单只出力为 1200kg/h	23%BMCR
方案四	褐煤 V_{daf}=65.6%	轻柴油	无	无	7 只，单只出力为 161MW	40%BMCR

1. 方案一

该项目锅炉共设置了 2 只风道燃烧器和 2 只床上启动燃烧器，油燃烧器总输入热量为 27%BMCR，见图 13-24。

2. 方案二

该项目锅炉共设置了 4 只风道燃烧器和 6 只床枪，油燃烧器总输入热量为 45%BMCR，见图 13-25 和图 13-26。

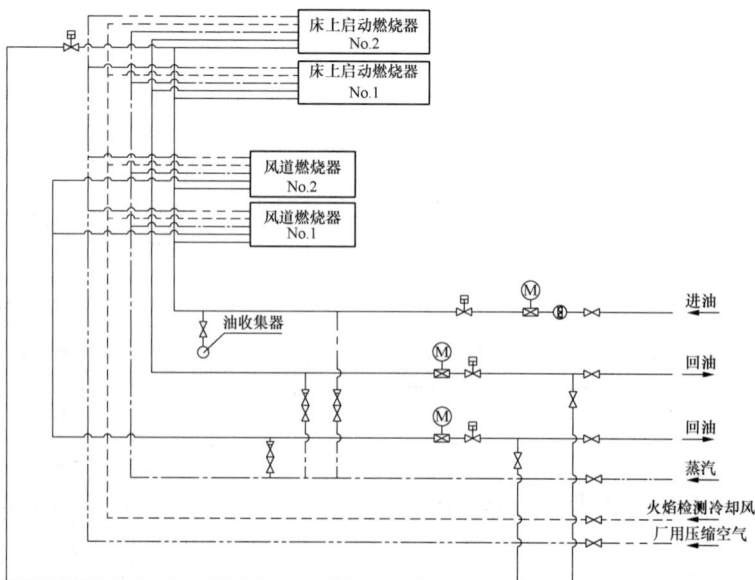

图 13-24　135MW 循环流化床锅炉常用设计方案一

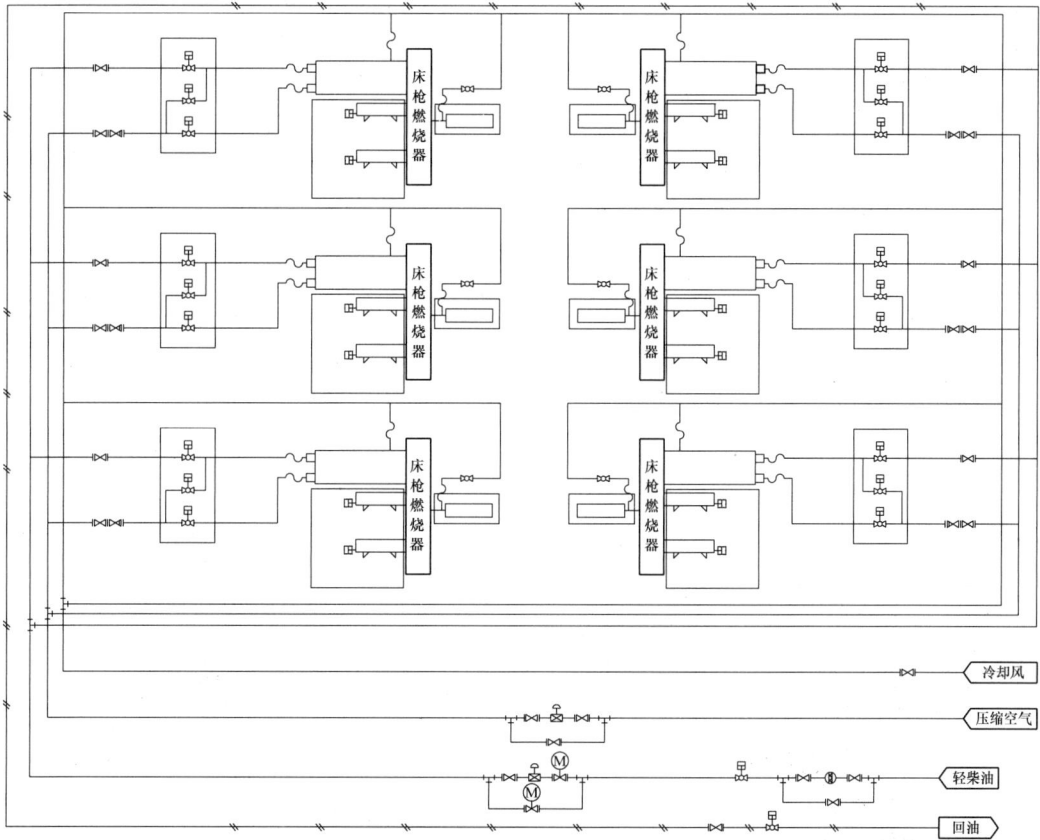

图 13-25　135MW 循环流化床锅炉常用设计方案二（床枪）

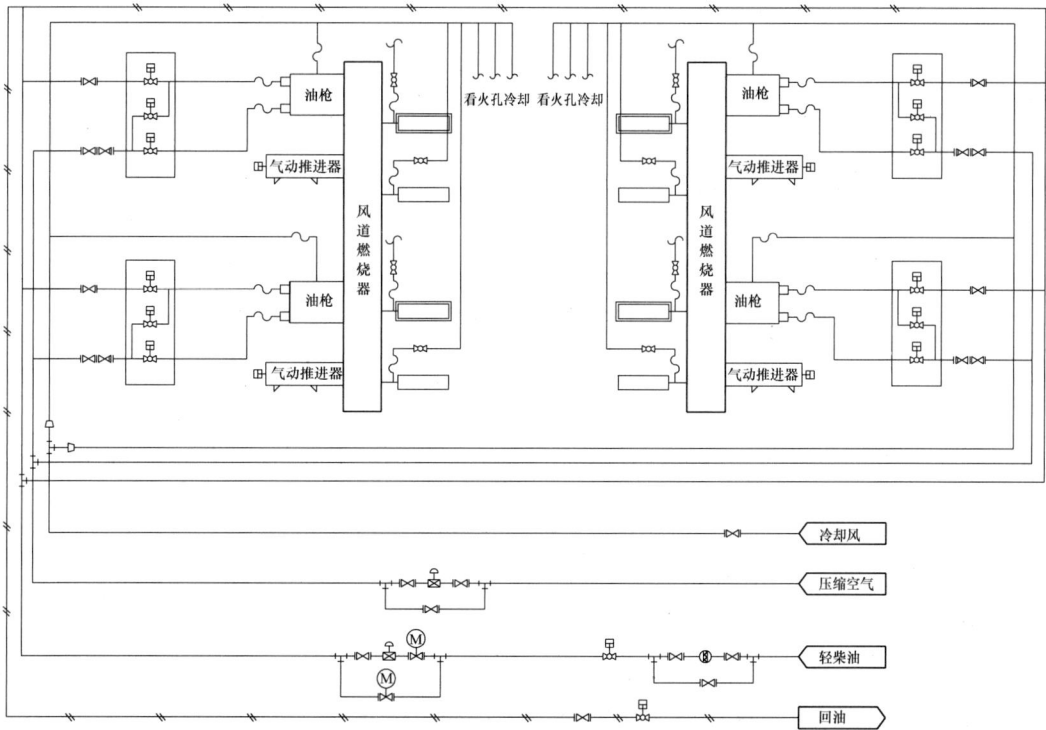

图 13-26　135MW 循环流化床锅炉常用设计方案二（风道燃烧器）

3. 方案三

该项目锅炉共设置了 4 只风道燃烧器和 4 只床上启动燃烧器，油燃烧器总输入热量为 23%BMCR，见图 13-27。

4. 方案四

该项目锅炉共设置了 7 只床上启动燃烧器，油燃烧器总输入热量为 40%BMCR，见图 13-28。

（二）300MW 级锅炉

300MW 级循环流化床锅炉点火助燃油系统常用设计方案分类对比见表 13-9。

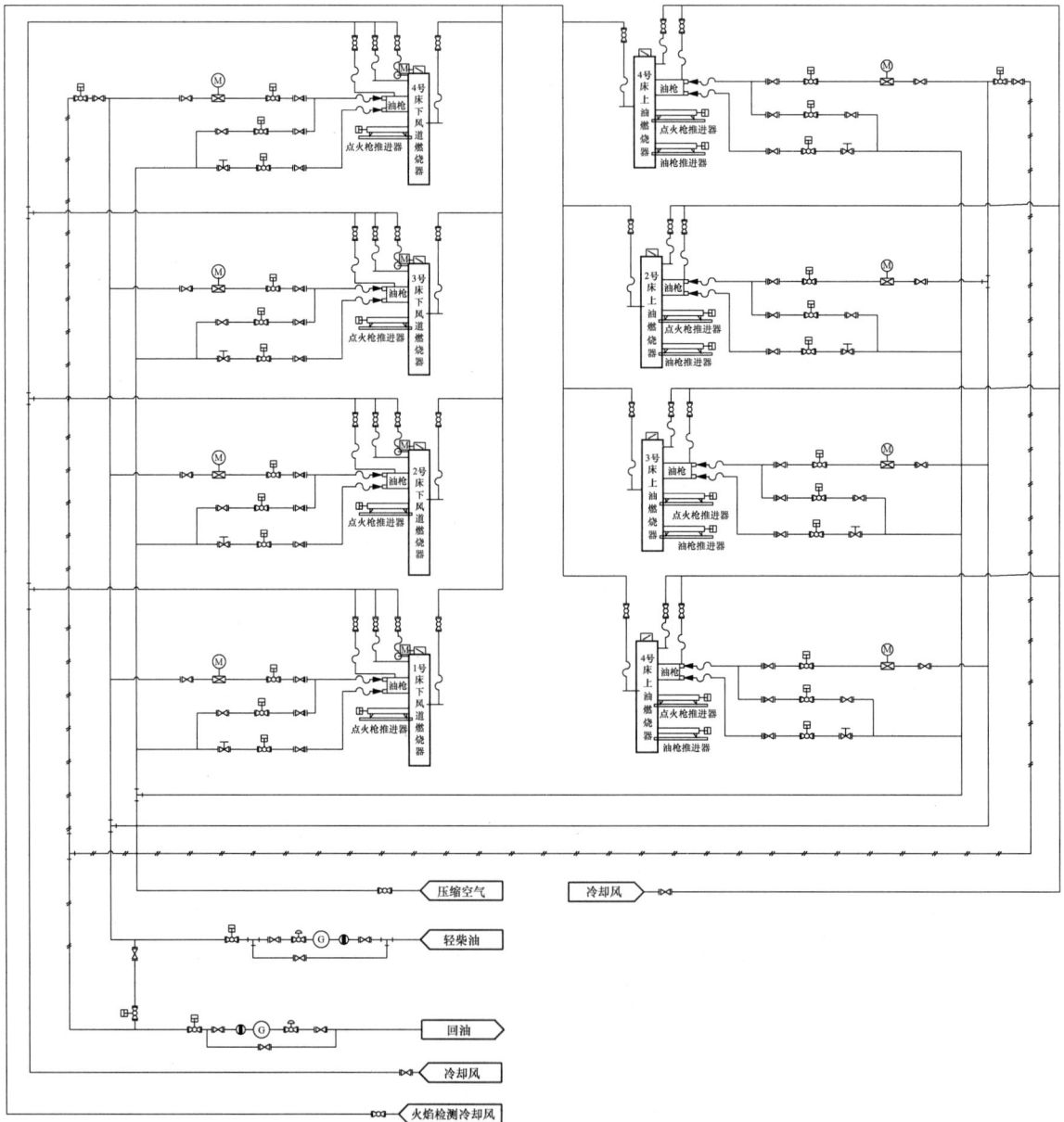

图 13-27　135MW 循环流化床锅炉常用设计方案三

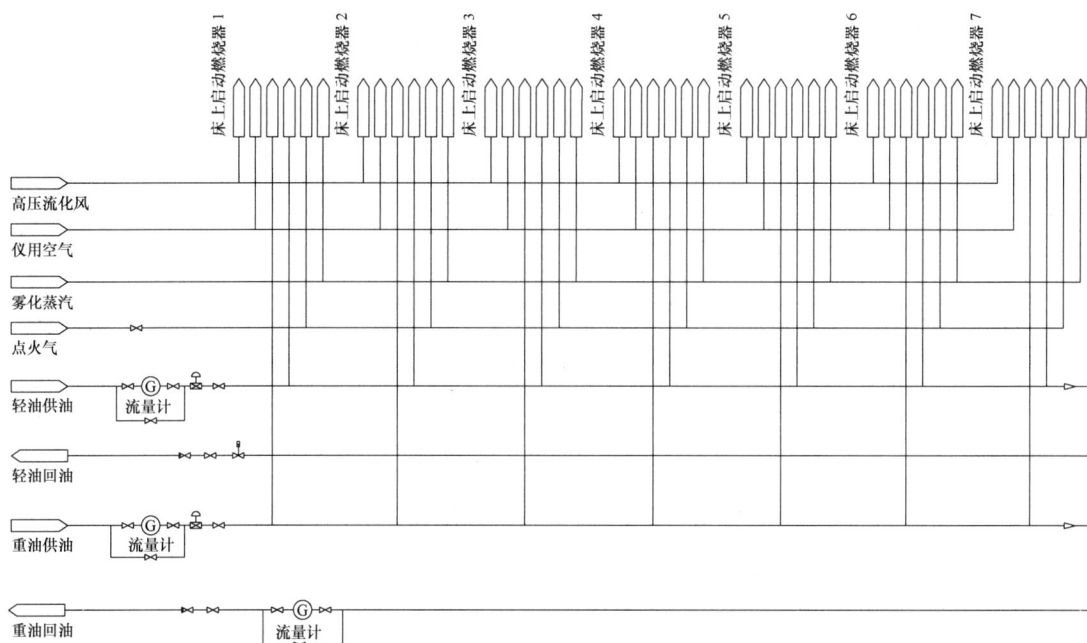

图 13-28　135MW 循环流化床锅炉常用设计方案四

表 13-9　　　　　　　　　　**300MW 级循环流化床锅炉点火助燃油系统常用设计方案**

项目	锅炉形式	燃煤特性	点火燃料	风道燃烧器	床枪	床上启动燃烧器	油燃烧器的总输入热量
方案一	双布风板	低挥发分贫煤 V_{daf}=14.99%	轻柴油	两个风道燃烧器，共 4 只油枪，单只额定出力为 1750kg/h，10%BMCR 负荷	12 只，单只出力为 1700kg/h	无	39%BMCR
方案二	双布风板	褐煤 V_{daf}=52.70%	轻柴油	两个风道燃烧器，共 4 只油枪，单只额定出力为 2000kg/h	8 只，单只出力为 1000kg/h	无	23%BMCR
方案三	单布风板	无烟煤 V_{daf}=3.8%	轻柴油	两个风道燃烧器，共 4 只油枪，单只额定出力为 1900kg/h	4 个助燃油枪，单台容量为 1900kg/h	床上 4 个启动燃烧器	34%BMCR
方案四	双布风板	越南无烟煤	轻柴油	床下燃烧器 4 只，每只额定出力为 2000kg/h	8 只，单只出力为 1500kg/h	床上 4 个启动燃烧器，单只出力为 2100kg/h	11%+29%=40%BMCR
方案五	单布风板	褐煤 V_{daf}=60%	轻柴油	两个风道燃烧器，共 4 只油枪，单只额定出力为 1900kg/h	无	床上 8 个启动燃烧器，单只出力为 1800kg/h	11%+15%=26%BMCR
方案六	单布风板	褐煤 V_{daf}=50%	轻柴油	无	无	床上 8 个启动燃烧器	30%BMCR
方案七	单布风板	烟煤 V_{daf}=32.34%	轻柴油	两个风道燃烧器，共 4 只油枪，单只额定出力为 2100kg/h	6 只，单只出力为 1400kg/h	无	20%BMCR
方案八	单布风板	原煤、矸石及煤泥的混合物 V_{daf}=43.7%	轻柴油	床下燃烧器 4 只，每只额定出力为 500kg/h	无	床上 6 个启动燃烧器，单只出力为 2500kg/h	20%BMCR

续表

项目	锅炉形式	燃煤特性	点火燃料	风道燃烧器	床枪	床上启动燃烧器	油燃烧器的总输入热量
方案九	单布风板	越南无烟煤	重油	无	无	床上 9 只启动燃烧器，单只出力为 2800kg/h	40%BMCR
方案十	单布风板	低挥发分贫煤 V_{daf}=15.85%	轻柴油	4 只油枪，单只额定出力为 1900kg/h	8 只，单只出力为 1900kg/h	无	20%BMCR

1. 方案一

该项目锅炉共设置了 4 只风道燃烧器和 8 只床枪，油燃烧器总输入热量为 20%BMCR，见图 13-29。

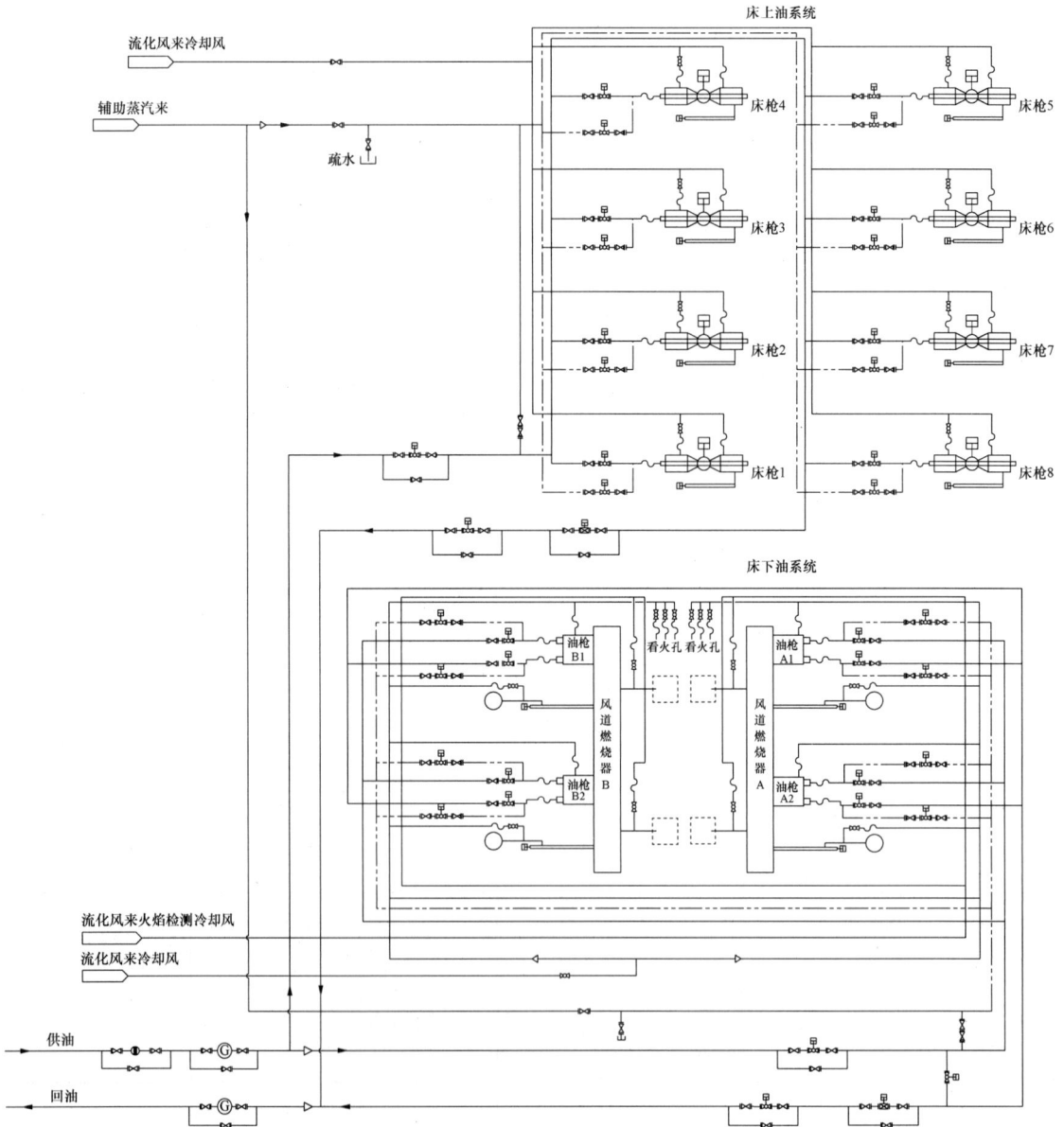

图 13-29　300MW 循环流化床锅炉常用设计方案一

2. 方案二

该项目锅炉共设置了 4 只风道燃烧器和 8 只床上启动燃烧器，油燃烧器总输入热量为 26%BMCR，见图 13-30。

3. 方案三

该项目锅炉共设置了 8 只床上启动燃烧器，油燃烧器总输入热量为 30%BMCR，见图 13-31。

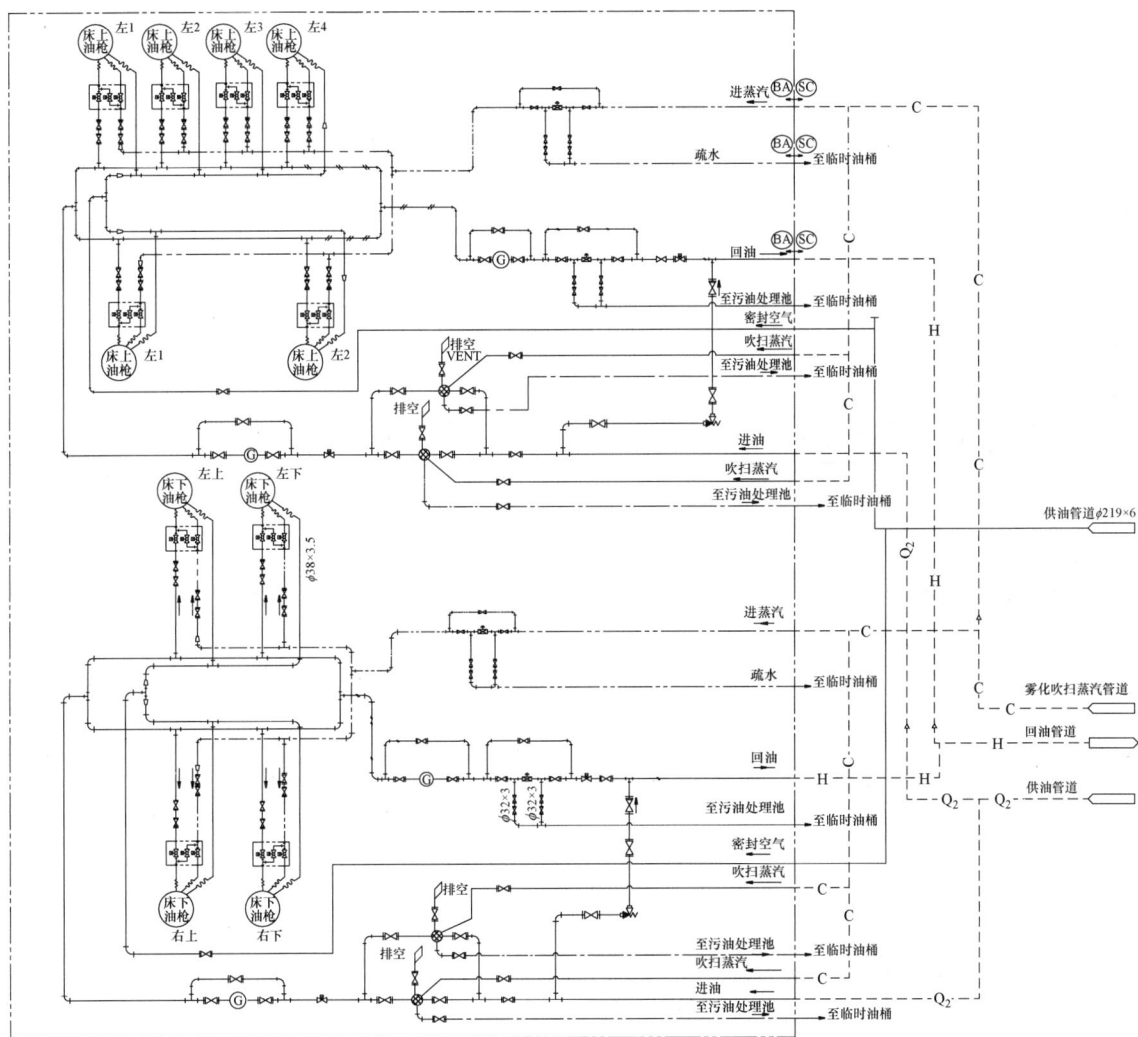

图 13-30　300MW 循环流化床锅炉常用设计方案二

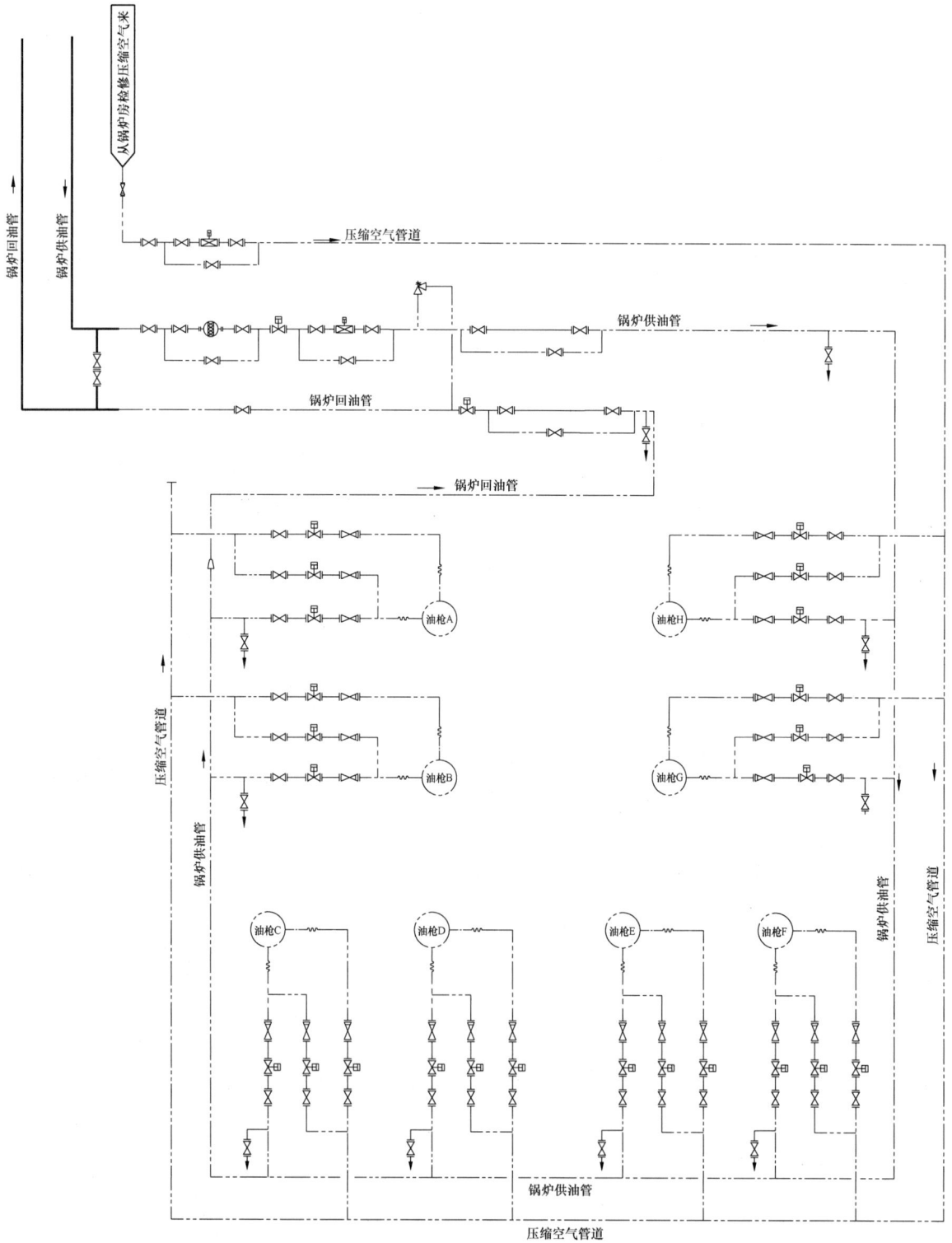

图 13-31　300MW 循环流化床锅炉常用设计方案三

4. 方案四

该项目锅炉共设置了 9 只床上启动燃烧器，油燃烧器总输入热量为 40%BMCR，见图 13-32。

5. 方案五

该项目锅炉共设置了 4 只风道燃烧器、8 只床枪以及 4 只床上启动燃烧器，油燃烧器总输入热量为 40%BMCR，见图 13-33。

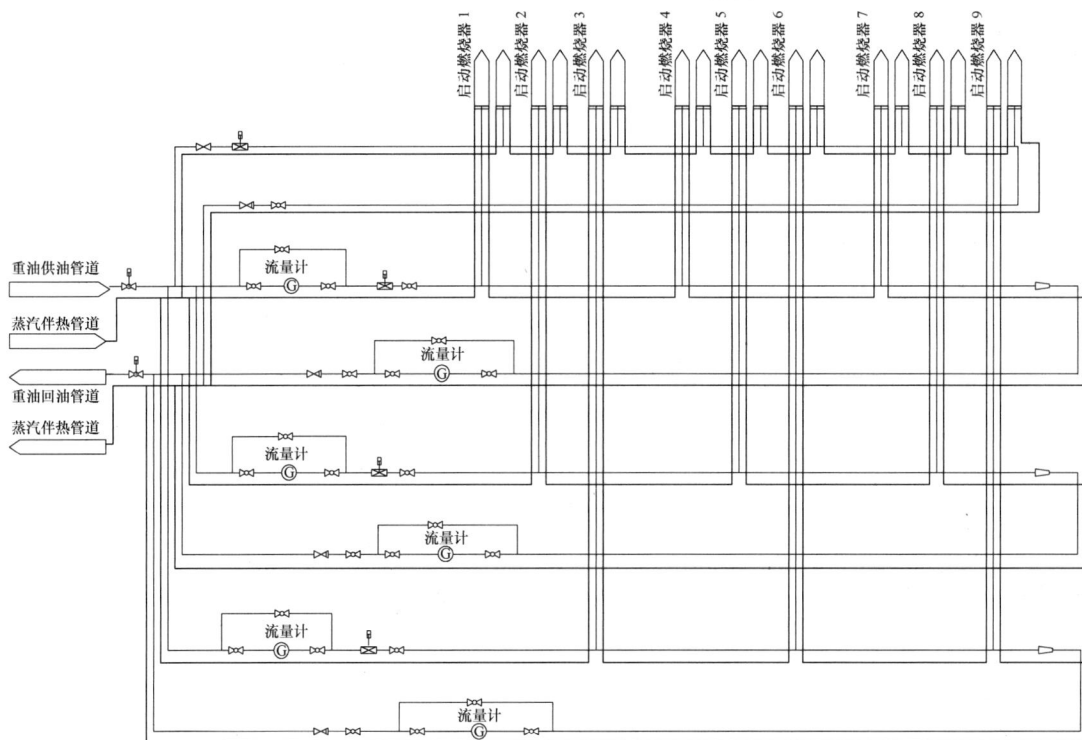

图 13-32　300MW 循环流化床锅炉常用设计方案四

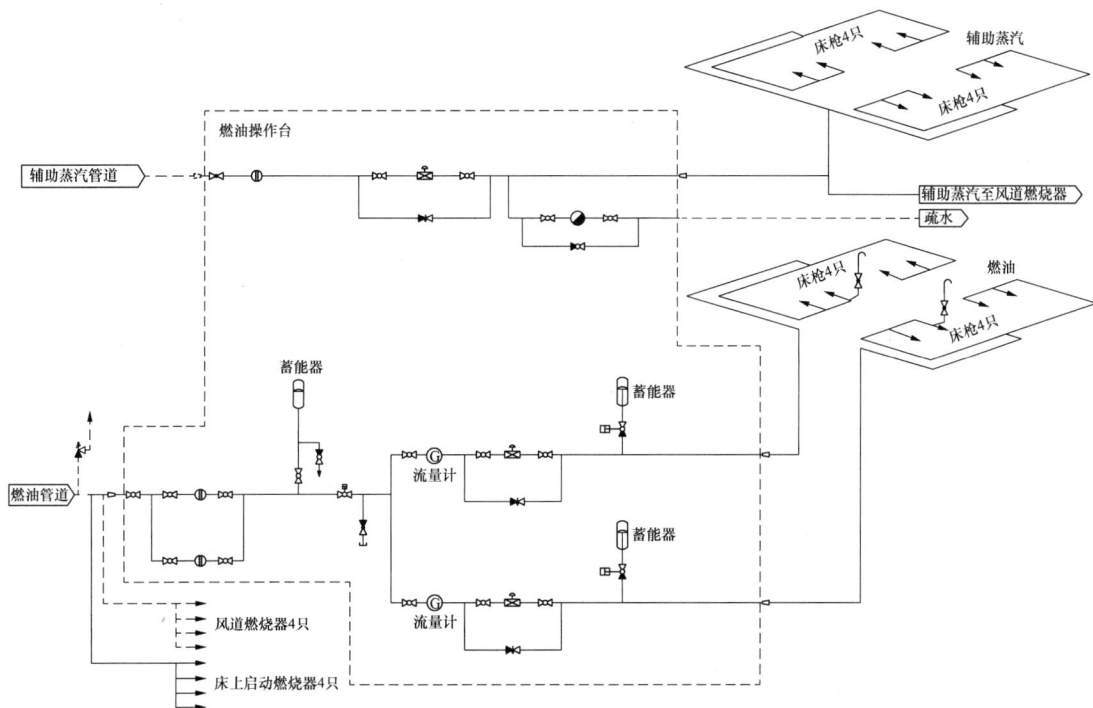

图 13-33　300MW 循环流化床锅炉常用设计方案五

（三）600MW 级锅炉

600MW 级循环流化床锅炉点火助燃油系统常用设计方案分类对比见表 13-10。

方案二锅炉共设置了 8 只风道燃烧器和 16 只床枪，油燃烧器总输入热量为 32.4%BMCR，见图 13-34 和图 13-35。

表 13-10　　　　　600MW 级循环流化床锅炉点火助燃油系统常用设计方案

项目	燃煤特性	点火燃料	风道燃烧器	床枪	床上燃烧器	油燃烧器的总输入热量
方案一	贫煤 $V_{daf}=14.67\%$	轻柴油	两个风道燃烧器，共 8 只油枪，单只额定出力为 1800kg/h	16 只，单只出力为 1150kg/h	无	26%BMCR
方案二	洗混煤和煤矸石的混煤 $V_{daf}=48.19\%$	轻柴油	两个风道燃烧器，共 8 只油枪，单只额定出力为 1800kg/h	16 只，单只出力为 1900kg/h	无	10.4%+22%=32.4%BMCR

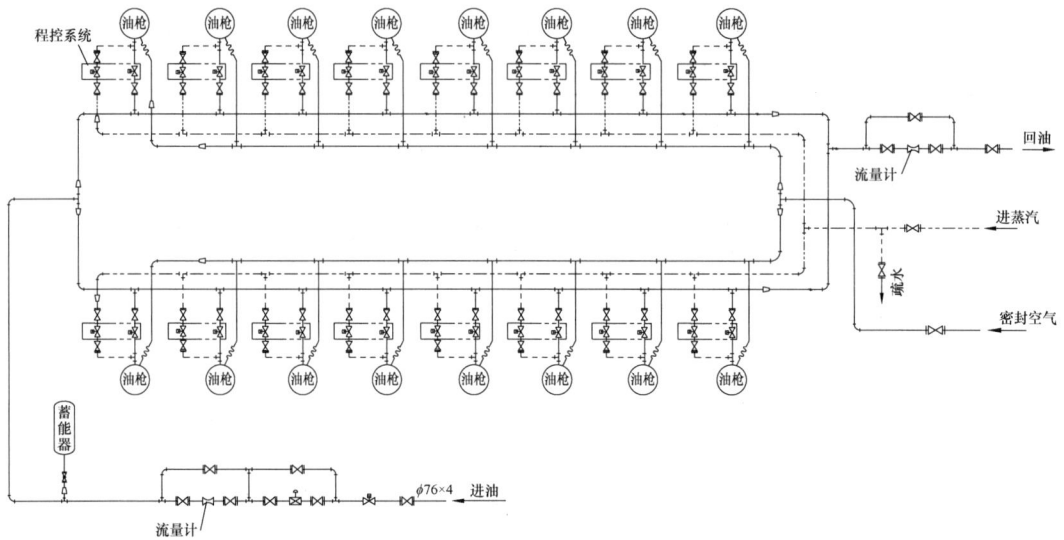

图 13-34　600MW 级循环流化床锅炉床枪设计方案

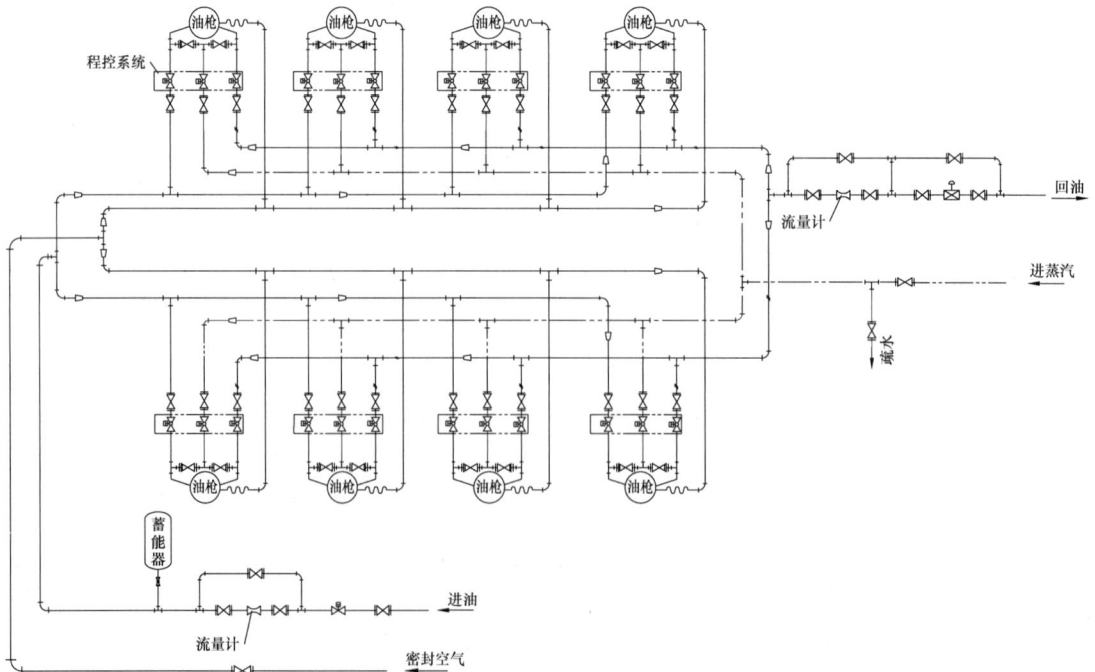

图 13-35　600MW 级循环流化床锅炉风道燃烧器设计方案

（四）天然气点火助燃

有部分循环流化床锅炉采用天然气作为点火助燃燃料，天然气燃烧器的配置与油燃烧器类似。采用天然气点火助燃的常用设计方案分类对比见表 13-11。

表 13-11 采用天然气点火助燃的常用设计方案分类对比

项目	燃煤特性	点火燃料	风道燃烧器	床上燃烧器	燃烧器的总输入热量
方案一	高挥发分贫煤 V_{daf}=19.94%	天然气	床下燃烧器 4 只，每只额定出力为 2600m³/h（标准状态）	床上燃烧器 6 只，每只额定出力为 2050m³/h（标准状态）	25%BMCR
方案二	百色本地商品煤掺印尼褐煤 V_{daf}=44.72%	天然气	床下燃烧器 4 只，每只额定出力为 2080m³/h（标准状态）	—	9%BMCR
方案三	褐煤 V_{daf}=58%	天然气	床下燃烧器 8 只，每只额定出力为 2200m³/h（标准状态）	床上燃烧器 12 只，每只额定出力为 2050m³/h（标准状态）	11%+15%=26%BMCR

典型的天然气燃烧器流程设计方案见图 13-36。

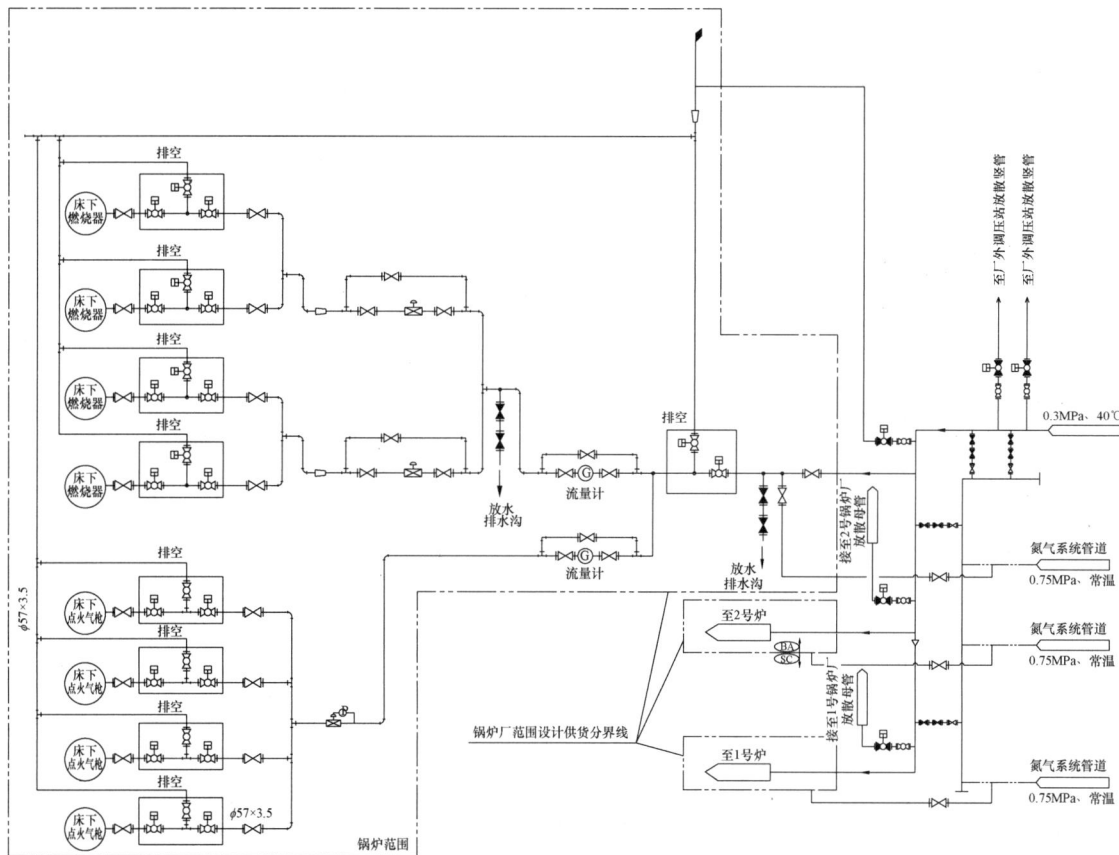

图 13-36 天然气燃烧器流程设计方案

第四节 设 计 计 算

一、油罐设计计算

（一）油罐设计数量和容积

循环流化床锅炉配置的油罐的个数和容积宜根据单台锅炉容量、煤种、燃油耗量以及来油方式和来油周期等因素综合确定。

（1）油罐的个数主要取决于油种。轻柴油宜设 2 个油罐，一个用于进油和脱水，一个用于运行。重油宜设 3 个油罐，一个进油，一个脱水，一个运行。

（2）200MW 及以下机组宜为 2×500m³。

（3）300MW 级机组宜为 2×800m³。来油条件较好时可采用 2×500m³ 的轻柴油油罐。

（4）国内现行投运的 600MW 级机组，采用 2×500m³ 的轻柴油油罐，同时为 600MW 机组锅炉和 300MW 机组锅炉提供点火和助燃油。

（5）当机组负荷率较高时，油罐运行时间少，仅一台锅炉的电厂可考虑采用 1 个油罐。

（6）当运输距离较近、交通便利以及机组负荷率较高时，可考虑减小油罐容积，但油罐总容积不宜小于全厂月平均耗油量。某电厂 2×660MW 机组锅炉采用 2×300m³ 的轻柴油油罐，基于电厂运输条件较好，运行人员经验丰富，根据工程条件减小油罐容积。

（7）当油罐区距主厂房较远或锅炉台数较多时，可在主厂房设置日用油罐。日用油罐每炉可设置 1 个，也可数台锅炉共用 1 个。

（二）油罐容积计算

除以上因素，当需要估算油罐容积时，可按照一定时间段内多次启动的耗油总量来确定。

油罐总容积计算公式为

$$V = B_{oil} \times \frac{N}{\rho} \qquad (13-1)$$

式中　V——油罐总容积，m³；

　　B_{oil}——单次启动油耗量，t/h；

　　N——一定时间段内机组启动次数；

　　ρ——燃油密度，t/m³。

二、重油系统低压再循环设计计算

（一）低压再循环设计

燃用轻柴油时，锅炉正常运行时无需打油循环，而燃用重油时也仅需小流量的油循环保证中有的黏度满足锅炉燃烧器喷嘴的要求即可，运行的是再循环油泵。

再循环油泵的形式与供油泵一致，宜设一台，不设备用。流量和扬程根据工程条件经技术经济比较确定。

为降低能耗，再循环油泵的压头可仅考虑克服管路系统的沿程阻力，即设置低压循环泵。泵的流量也仅要求满足各炉前油系统的最低循环油量，实现燃油系统热备用的功能，在允许的迟延内满足及时向锅炉投油的要求，保障锅炉的安全运行即可。

低压循环泵系统流程图见图 13-37。

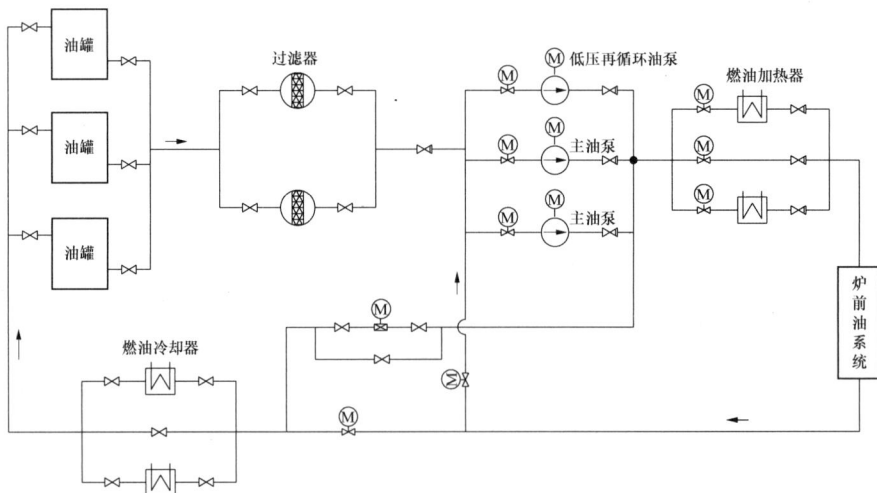

图 13-37　低压循环泵系统流程图

如图 13-37 所示，再循环油泵出口的重油，经过燃油加热器的阀门旁路和炉前油系统后，回油至泵组进油母管，形成再循环回路。

系统流程：系统启动初期，锅炉点火需要用油，首先需由一台主油泵向锅炉供油并建立油循环。待锅炉供油点火结束需要切换至打油循环模式时，关闭回至油罐的回油母管上的关断阀，联锁打开回油至供油泵进口的旁路阀，切换至低压循环油泵运行，燃油加热器投旁路，由低压循环泵维持高温高压油的循环，回路中所有阀门全开，低压循环泵只需克服循环回路中的沿程阻力。既节省了电动机功耗也节省了加热蒸

汽消耗。当系统需要再次投油时，提前启动一台主供油泵，同时关闭低压循环泵，投入燃油加热器和冷却器，打开回油母管电动关断阀、关闭回油至进油旁路阀的同时适当关小炉前回油调节阀，防止循环油压骤然下降。

当低压循环泵故障时，可联锁启动一台主供油泵接替打循环。

（二）低压再循环油泵参数计算

1. 流量选择

低压循环泵的流量取全厂各锅炉的最低循环油量，按照锅炉厂要求，锅炉油系统的最低循环量即为

系统的最大出力减去其额定出力，选型流量宜再考虑10%裕量。

2. 扬程选择

低压循环泵的扬程取值为重油油温建立后，回油经过油罐的大循环油管路沿程阻力，选型扬程宜再考虑30%裕量。

3. 工程示例

例题：某电厂配置 4 台锅炉，点火助燃油为重油。锅炉的炉前油系统由床下燃烧器和床枪组成。床下 4 支油枪，单只油枪额定出力为 1.9t/h，系统进油量为 8.74t/h；床上 8 支油枪，单只油枪额定出力为 3t/h，系统进油量为27.6t/h。计算低压循环泵的选型流量和扬程。

低压循环泵选型流量为

$$4×（27.6-3×8+8.74-1.9×4）=21.5（t/h）$$

低压循环泵选型流量：考虑取 10%裕量，选型流量为

$$1.1×21.5=23.65（t/h）$$

低压循环泵选型扬程：沿程阻力×1.3。

第十四章

锅炉紧急补水系统

循环流化床锅炉容量和形式较多，是否设置紧急补水系统需根据循环流化床锅炉技术流派和要求、参数、电网可靠性以及工程的具体情况综合分析确定。当循环流化床锅炉确需设置紧急补水系统时，设计方案、控制要求及设备选型等可参考本章。

第一节 系 统 说 明

一、系统功能

在全厂失电或者其他原因引起锅炉给水中断的情况下，循环流化床锅炉由于炉内床料及耐火材料的大量蓄热，使炉内的工质不断被加热，通过汽轮机旁路等蒸发，主给水泵不能投运使损失的水得不到补充。随着时间的增加，锅炉内存水（包括汽水混合物）将不断减少。缺乏水和蒸汽介质的冷却，锅炉受热面和受辐射热较强的受热面管子材料将可能因为超温而损坏甚至烧毁。

锅炉紧急补水系统是在循环流化床锅炉发生给水中断事故时，为保护受热面而设置的锅炉补水系统。

二、设计范围

如图 14-1 所示，紧急补水系统主要由紧急补水箱、补水泵组、补水管道及阀门组成。泵组将水箱中的除盐水送至锅炉省煤器前的给水管道上，向锅炉受热面供水，补水泵中间抽头引出至外置床回料灰控阀冷却水。泵出口设有自动三通阀，当泵出口压力高于设定值时，将部分补水回至紧急补水箱，同时作为补水泵每周试运行时的循环回路使用。设计范围从紧急补水箱到锅炉高压给水管道及外置床回料灰控阀冷却水管道之间的设备、管道、相关阀门等。

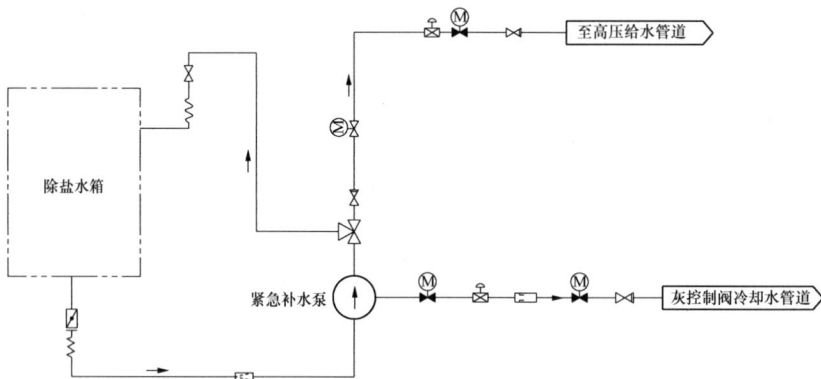

图 14-1 紧急补水系统

三、系统主要设备

紧急补水系统的主要设备有紧急补水箱和紧急补水泵组。

四、设计内容

（1）系统拟定，包括确定系统容量、紧急补水箱和紧急补水泵组的配置等。

（2）紧急补水箱和紧急补水泵组选型参数计算、管径设计计算等。

（3）紧急补水箱和紧急补水泵组的选型。

（4）设备和管道布置。

（5）提出系统运行控制要求。

第二节 设 计 方 案

一、设计原则

（1）紧急补水的水质为除盐水。

（2）多台机组的紧急补水系统宜采用母管制。

（3）一台或两台锅炉宜设置一个紧急补水箱。

（4）紧急补水泵不设备用泵。

（5）紧急补水泵应选用柴油机驱动的定速泵。

（6）对于单独设置紧急补水箱的系统，应定期清洗水箱和重新注水维护，防止水箱内水变质。

（7）紧急补水泵再循环管道宜设置自力式三通阀。

（8）考虑全厂失电工况，系统相关的控制门应接入备用保安电源。

（9）紧急补水管道应接至高压给水管道省煤器入口处，接入点应位于给水流量计及高压旁路减温水接口的上游位置，紧急补水系统向锅炉补水时可以同时提供高压旁路减温水，避免单独设置高旁紧急减温水管道；当高旁减温水从高压加热器前的给水管道引出时，紧急补水应在高压给水管道阀门操作台的止回阀前接入（见图 14-2），确保紧急补水工况下，紧急补水可以通过给水管道（给水管道相关控制阀门开启）提供高压旁路减温水。

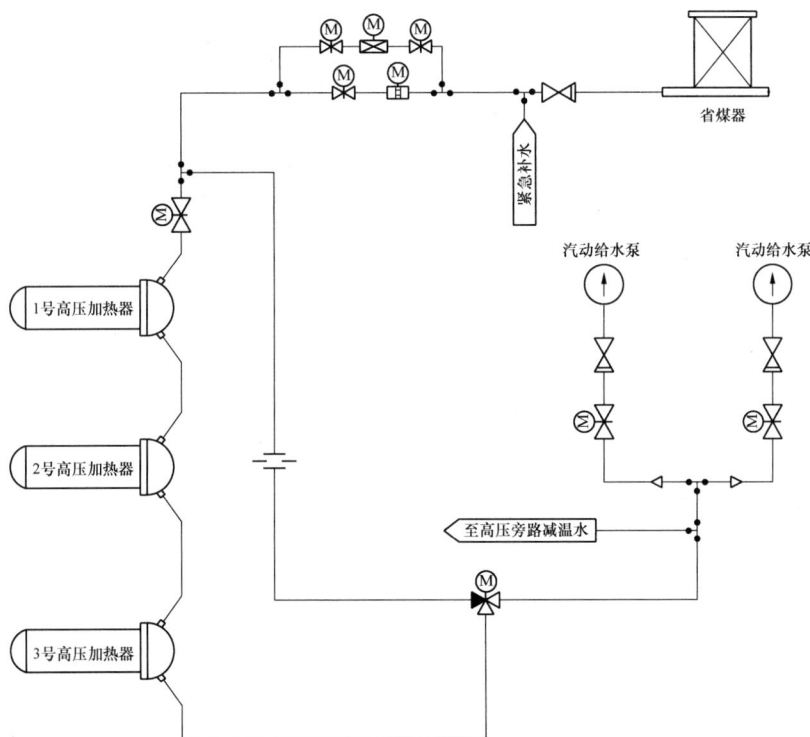

图 14-2 紧急补水接入位置示意图

（10）柴油机整套应包括完整的燃油、润滑油、冷却、调速、启动、排气、预热、增压系统设备及其附件以及就地控制柜。

（11）紧急补水泵组采用自润滑油系统和自冷却水系统，其动力须由柴油机自身带动，无需外接电源、水源和润滑油。

（12）柴油机配置容量不小于机组连续满载运行 4h 用油量的日用燃油箱，全厂失电时难以向油箱补油，确保柴油机的可靠用油。日用油箱须配备必要的

进口燃油滤网、排气管、紧急放油管和排污管、排气管接口设带阻火器的呼吸阀。

（13）柴油机房外应设置事放油池。

（14）紧急补水泵、柴油机及其油箱可采用集装布置或分散布置。集装布置时机房应考虑设备及房间的通风要求（包括柴油机所需的吸气、排汽开孔和日用油箱的放气要求），集装布置图见图 14-3 和图 14-4。

（15）紧急补水箱和紧急补水泵宜靠近锅炉布置，以满足给水中断时及时向锅炉补水。

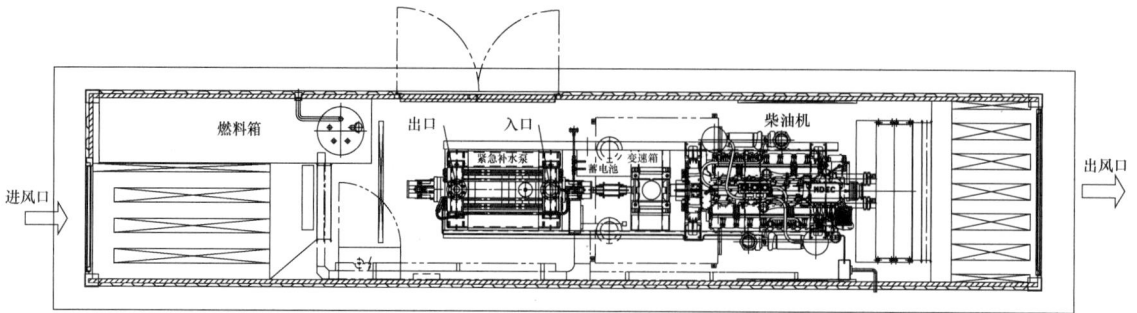

图 14-3　紧急补水泵组集装布置平面图

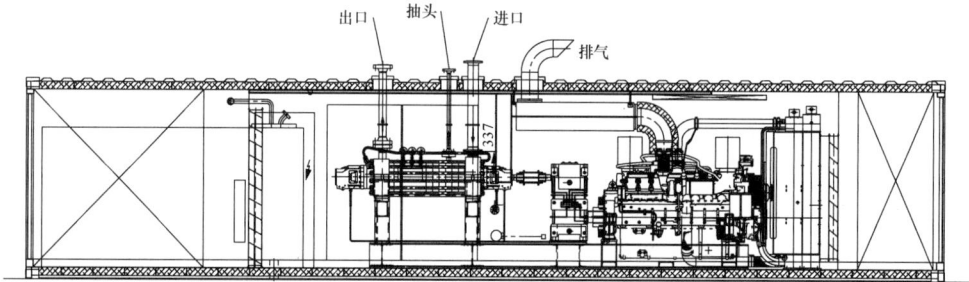

图 14-4　紧急补水泵组集装布置断面图

（16）当两台锅炉设置一个紧急补水箱时，紧急补水箱容积应能满足两台锅炉同时紧急补水最小冷却水量的要求。

（17）紧急补水泵的布置标高必须满足泵必须汽蚀余量的要求。

（18）紧急补水系统管道布置和安装设计应满足 DL/T 5054《火力发电厂汽水管道设计规范》的要求。

二、常用设计方案

紧急补水系统常用设计方案有单元制系统和母管制系统两种，特点如表 14-1 所示。

表 14-1　　　　　　　　　　　　　紧急补水系统常用设计方案

方案	锅炉炉型	方案特点	方案说明	炉型影响
方案一	有外置床	母管制系统	两台及以上锅炉配一套紧急补水系统，包括一个紧急补水箱、一台紧急补水泵，紧急补水泵出口向多台锅炉补水	对于有外置床的循环流化床锅炉，紧急补水泵中间抽头还需向锅炉外置床回料灰控阀补水
方案二	无外置床			
方案三	无外置床	单元制系统	一台锅炉配一套紧急补水系统，包括一个紧急补水箱（可共用）、一台紧急补水泵，紧急补水泵出口向单台锅炉补水	
方案四	有外置床			

1. 方案一

母管制有外置床循环流化床锅炉紧急补水系统如图 14-5 所示，紧急补水泵将紧急补水箱中的除盐水送至两台锅炉省煤器前的给水管道上，向锅炉供水，补水泵中间级引出供两台锅炉外置床回料灰控阀的冷却水。泵出口设有最小流量阀（带止回功能），当泵出口压力高于设定值时，将部分补水回至紧急补水箱，同时作为紧急补水泵每周试运行时的循环回路使用。紧急补水系统与高压给水和外置床回料灰控阀正常冷却水管道之间分别设置有止回阀和关断阀进行隔离。本示例系统两台炉配置一台紧急补水泵，共用一台紧急补水箱。

母管制有外置床循环流化床锅炉紧急补水布置如图 14-6 所示，本方案系统紧急补水箱和紧急补水泵布置在锅炉房固定端，紧急补水泵和驱动柴油机采用集装式布置。

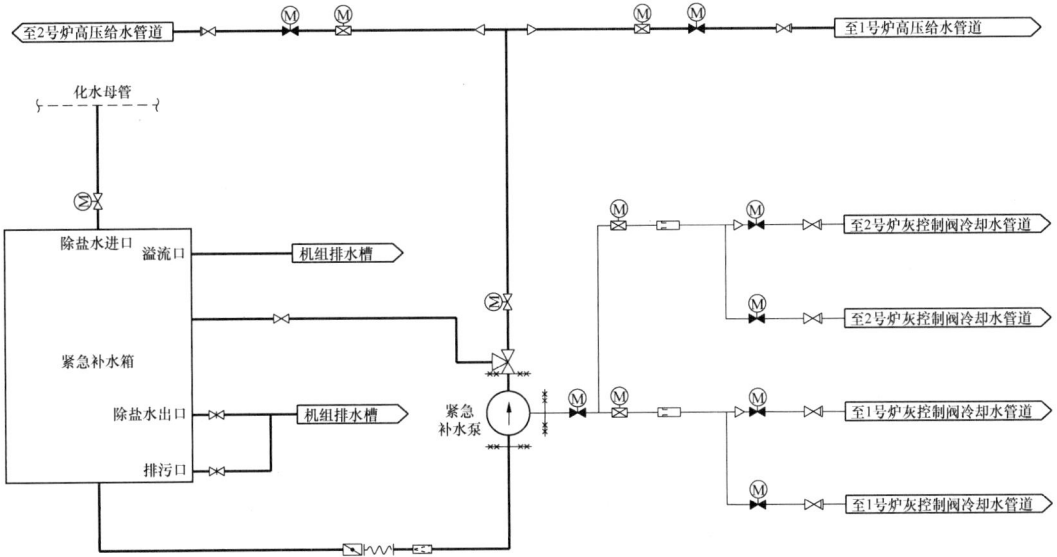

图 14-5 母管制有外置床循环流化床锅炉紧急补水系统图

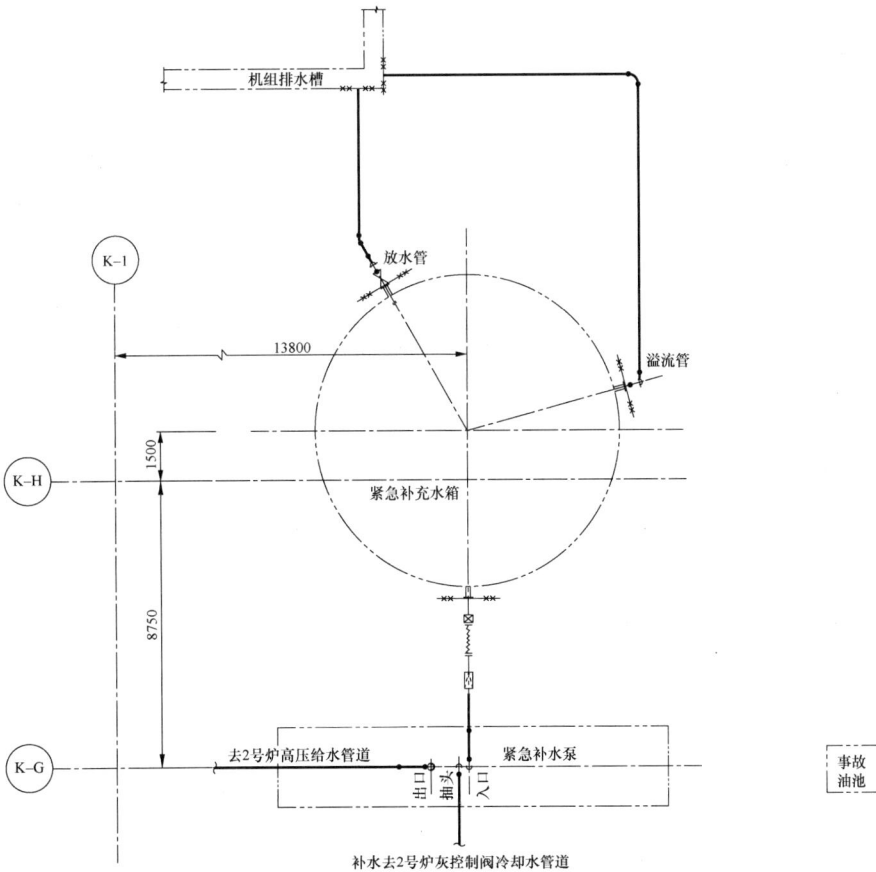

图 14-6 母管制有外置床循环流化床锅炉紧急补水布置图

2. 方案二

母管制无外置床循环流化床锅炉紧急补水系统如图 14-7 所示，无外置床循环流化床锅炉没有外置床回料灰控阀及冷却水，紧急补水系统无补水泵中间抽头管道。本方案系统两台炉配置一台紧急补水泵，共用一台紧急补水箱。系统布置与方案一相似。

3. 方案三

单元制无外置床循环流化床锅炉紧急补水系统

循环流化床锅炉附属系统设计

如图 14-8 所示，本方案系统紧急补水箱为两台炉共用。每台炉配置一台紧急补水泵组及管道系统，泵出口接至相应锅炉的高压给水管道。无补水泵中间抽头管道。

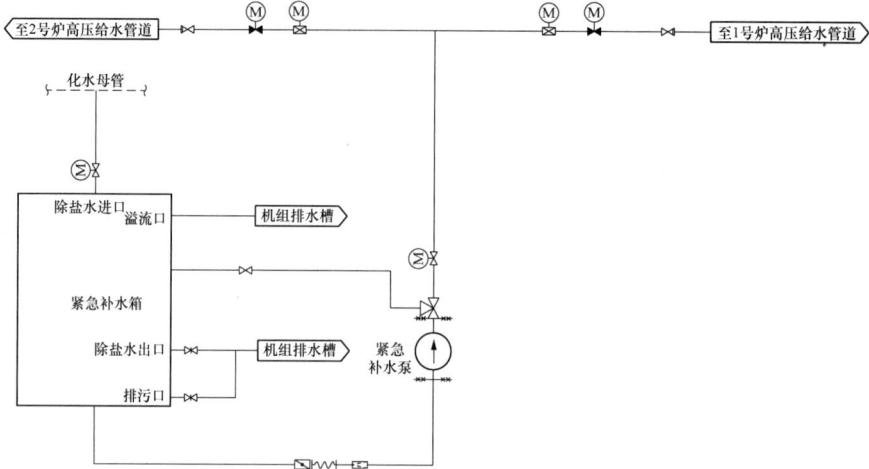

图 14-7 母管制无外置床循环流化床锅炉紧急补水系统图

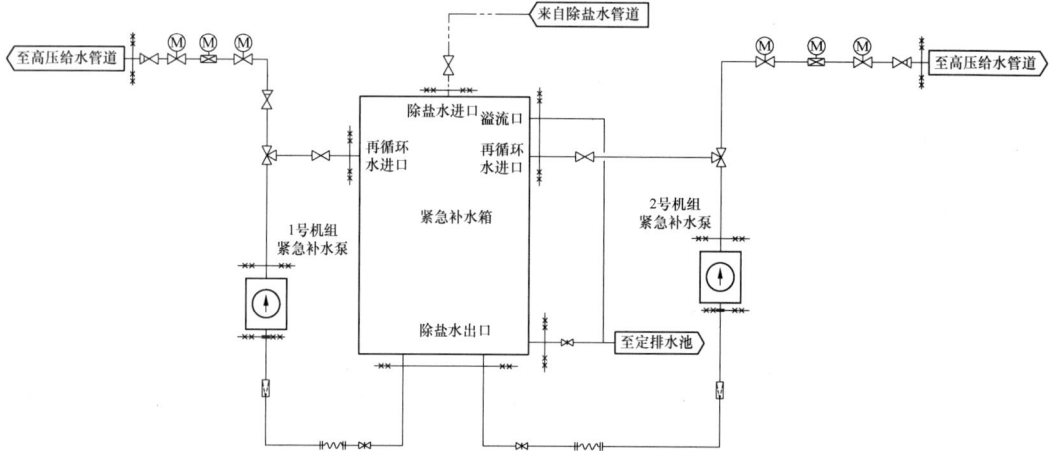

图 14-8 单元制无外置床循环流化床锅炉紧急补水系统图

单元制无外置床循环流化床锅炉紧急补水系统布置如图 14-9 所示，两台炉共用紧急补水箱时，紧急补水系统相关设备一般布置在两台炉之间。

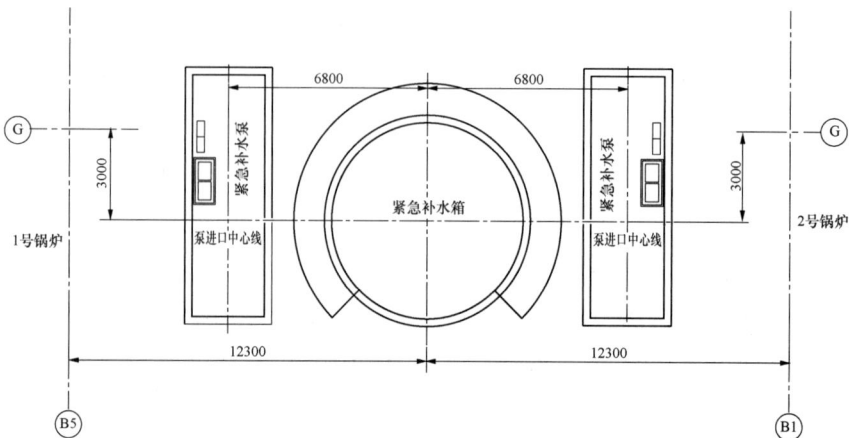

图 14-9 单元制无外置床循环流化床锅炉紧急补水系统布置图

• 332 •

4. 方案四

单元制带外置床循环流化床锅炉紧急补水系统如图 14-10 所示，当化学水箱与锅炉房靠近布置时，推荐采用紧急补水箱与化水除盐水箱合并设置方案，与单独设置紧急补水箱的系统相比，可以简化系统，并可减少定期更换水箱内除盐水的维护工作。

化学水箱距离锅炉房较远时，紧急补水箱不宜与化水除盐水箱合并设置，否则会增加泵出口高压管道材料量。

单元制带外置床循环流化床锅炉紧急补水系统布置图如图 14-11 所示。

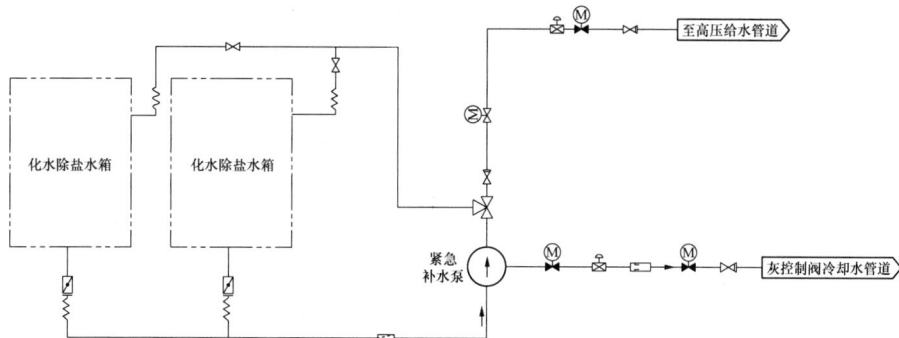

图 14-10 单元制带外置床循环流化床锅炉紧急补水系统图

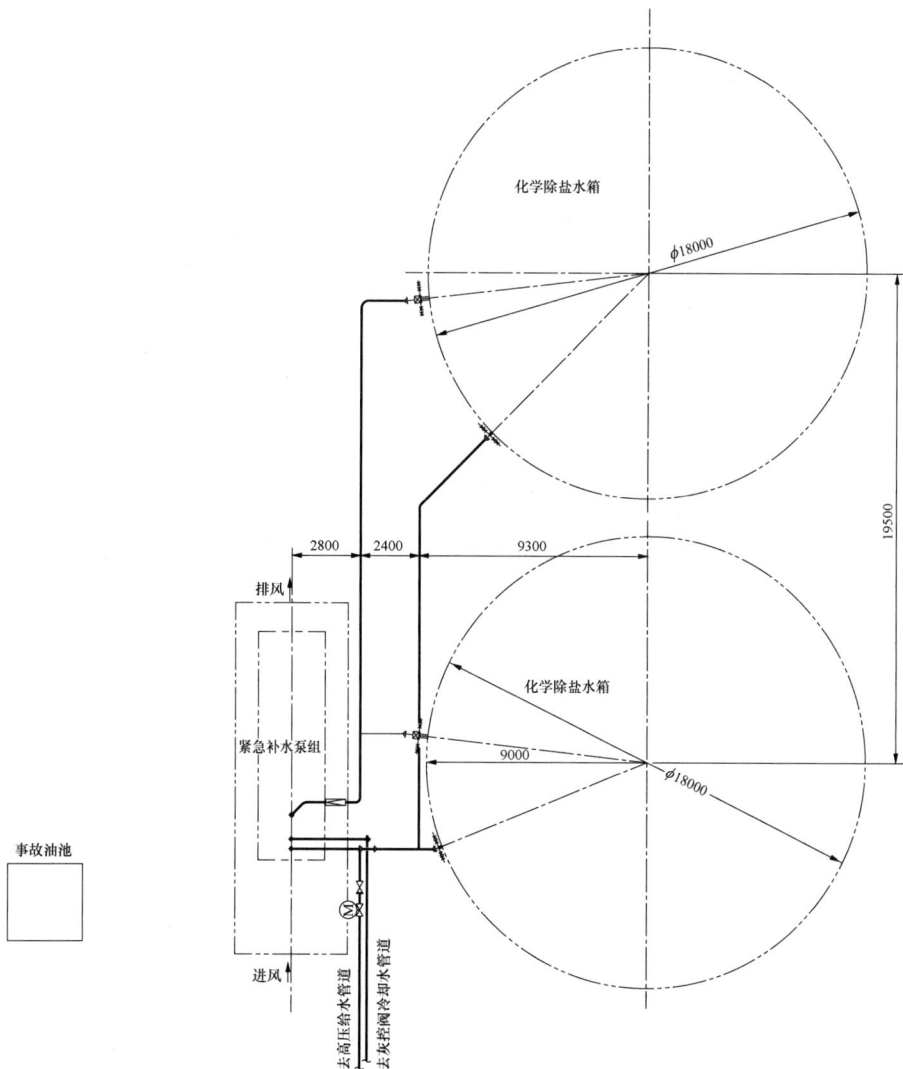

图 14-11 单元制带外置床循环流化床锅炉紧急补水系统布置图

第三节 控 制 要 求

紧急补水系统主要对紧急补水的流量、压力进行自动控制，以满足锅炉受热面和外置床回料灰控阀补水冷却的要求。

紧急补水系统应纳入 DCS 控制系统进行监控，控制机柜布置在电子设备间内。考虑全厂失电时需对紧急补水系统进行控制，控制电源应接入备用保安电源。

紧急补水泵组的正常启动、正常停机均在就地和控制室操作，控制室优先于就地。

对应不同工况，控制要求如下：

1. 备用工况

当锅炉正常投运期间，要求紧急补水系统处于备用工况，紧急补水箱水量满足紧急补水最小水量的要求，柴油机供油箱液位正常，各阀门无故障。

2. 试运工况

紧急补水系统的试运工况应在一周内进行 2h，试验时应注意：

（1）试验只能通过就地控制装置启动，远方/就地开关切至就地状态送至 DCS 报警，然后才可以开始试验。

（2）除了就地紧急停止按钮外，从控制室来的紧急给水指令总是优先的；如果控制室有紧急补水信号，紧急补水系统就不能通过就地组控关闭。

（3）试运工况下，紧急补水箱水量满足紧急补水最小水量的要求，紧急补水泵及驱动装置投运，再循环管路作为试运时的工质回路。

3. 运转工况

当正常给水或外置床回料灰控阀冷却水不能保证时，紧急补水泵运转。

（1）当出现所有给水泵跳闸、汽包/汽水分离器下储水箱水位非常低且给水流量非常低、汽包/汽水分离器下储水箱水位非常低延时 3min 或其他正常给水不能保证的情况时，紧急补水泵运转，紧急补水去高压给水系统的隔离门打开。

（2）当外置床回料灰控阀冷却水不能保证时，紧急补水泵运转，紧急补水中间抽头去外置床回料灰控阀冷却水系统的隔离门打开。

（3）当锅炉和外置床回料灰控阀同时需要补水时，紧急补水泵运转，紧急补水系统去高压给水系统和外置床回料灰控阀冷却水系统的隔离门均打开。

4. 停运工况

当紧急补水箱水位或柴油机油箱油位低于设定值时、紧急补水泵轴承温度或振动超过设定值时、汽包或分离器下储水箱水位高于设定值时，紧急补水泵停运。

5. 水量调节

紧急补水系统通常需在补水主路和中间抽头主路设置水量调节阀。

（1）补水主路水量调节阀：根据汽包/汽水分离器下储水箱水位自动调节锅炉紧急冷却水量，以维持汽包/汽水分离器下储水箱的正常水位。

（2）中间抽头主路水量调节阀：根据外置床回料灰控阀出口的回水温度自动调节外置床回料灰控阀的紧急冷却水量，以控制外置床回料灰控阀出口的回水温度在正常范围内。

第四节 设 计 计 算

一、系统容量

紧急补水箱的有效容量不应小于锅炉的紧急补水量，单台锅炉的紧急补水量应按式（14-1）计算，即

$$V_e = 0.18V_b + 0.35V_t + 0.13V_g + V_c \quad (14\text{-}1)$$

式中 V_e ——锅炉紧急补水量，m^3；

V_b ——锅炉最大连续蒸发量 1h 的量，m^3；

V_t ——锅炉水容积，m^3；

V_g ——总蒸发受热面容积，m^3；

V_c ——锅炉锥形阀最小冷却水流量的 4h 耗量，m^3。

二、紧急补水泵选型参数

（一）进出口参数

紧急给水泵的压力首先要保证当水泵启动时，即使锅炉压力处于低于出口安全阀启座压力（安全阀开启），水泵也能够立即启动，提供冷却水给锅炉的水冷系统；第二要保证当所有安全阀都处于关闭状态时水泵能够提供给锅炉足够的冷却水量。

当锅炉跳闸后，蒸汽流量迅速下降，这就意味着锅炉过热器的压降迅速下降直至几乎可以忽略不计，因此当紧急补水泵投运时，由于锅炉减压引起锅炉压力降低，结合水泵的特性曲线，水泵的流量将随之上升。

因此，单台锅炉紧急补水泵的出力应满足以下两个工况的要求：工况一为锅炉给水中断后初期工况；工况二为给水中断一定时间后的工况，充分计入旁路减温水量，此时锅炉过热器蒸汽大幅减少，扣除其压降。

1. 工况一

紧急补水泵出口流量按式（14-2）计算，即

$$G_{out1} = iD_b \quad (14\text{-}2)$$

式中 G_{out1}——工况一紧急补水泵出口流量，t/h；

i——系数，当锅炉为水冷后包墙时取 0.1，当锅炉为汽冷后包墙时取 0.075；

D_b——锅炉最大连续蒸发量，t/h。

紧急补水泵入口流量按式（14-3）计算，即

$$G_{in1} = G_{out1} + G_c \times n \quad (14-3)$$

式中 G_{in1}——工况二紧急补水泵入口流量，t/h；

G_c——锅炉单台锥形阀最小冷却水流量，t/h；

n——灰控阀的台数。

紧急补水泵的出口压力按式（14-4）计算，即

$$p_1 = 1.2\Delta p_p + \Delta p_h + \Delta p_w \quad (14-4)$$

式中 p_1——工况一紧急补水泵出口压力，MPa；

Δp_p——补水泵到省煤器进口介质流动总阻力，MPa；

Δp_h——省煤器进口与紧急补水箱水位的静压差，MPa；

Δp_w——省煤器入口给水压力，MPa。

2. 工况二

紧急补水泵出口流量按式（14-5）计算，即

$$G_{out2} = 1.15 G_{out1} \times n \quad (14-5)$$

式中 G_{out1}——工况一紧急补水泵出口流量，t/h；

G_{out2}——工况二紧急补水泵出口流量，t/h。

紧急补水泵入口流量按式（14-6）计算，即

$$G_{in2} = G_{out2} + G_c \quad (14-6)$$

式中 G_{in2}——工况二紧急补水泵入口流量，t/h。

紧急补水泵的出口压力按式（14-7）计算，即

$$p_2 = p_1 - \Delta p_s \quad (14-7)$$

式中 p_1——工况一紧急补水泵出口压力，MPa；

p_2——工况二紧急补水泵出口压力，MPa；

Δp_s——锅炉最大连续蒸发量工况下过热器压降，MPa。

（二）中间抽头参数

紧急补水泵两个工况下中间抽头的流量和压力均应满足外置床回料灰控阀冷却水参数的要求。

中间抽头流量按式（14-8）计算，即

$$G_{tr} = nG_c \quad (14-8)$$

式中 G_{tr}——中间抽头流量，t/h；

n——灰控阀的台数。

中间抽头压力按式（14-9）计算，即

$$p_{tr} = p_{cw} + \Delta p_{cp} \quad (14-9)$$

式中 p_{tr}——中间抽头压力，MPa；

p_{cw}——外置床回料灰控阀冷却水接入点压力，MPa；

Δp_{cp}——中间抽头到外置床回料灰控阀冷却水接入点管道阻力，MPa。

三、案例计算

以某 600MW 超临界循环流化床锅炉为例，紧急补水系统计算示例见表 14-2 所示。

表 14-2　　　　　　　　　　　　紧急补水系统计算示例

序号	项　目	代号	公式	单位	BMCR 工况	工况一	工况二
一	基础数据						
1	BMCR 蒸发量	D_b		t/h	1900	1900	1900
2	系数	i	汽冷后包墙		0.075	0.075	
3	水密度	ρ		kg/m³	1000		
4	锅炉最大连续蒸发量 1h 的量	V_b	$\dfrac{1 \times D_b}{\rho}$	m³	1900		
5	锅炉水容积			m³	174		
6	总蒸发受热面容积			m³	77		
7	锥形阀		6 个，每个最小冷却水量为 4t/h				
（1）	最小冷却水量	$n \times G_c$	6×4	t/h		24	24
（2）	1h 水总耗量		$\dfrac{1 \times 4 \times 6}{\rho}$	m³		24	24

序号	项　目	代号	公式	单位	BMCR工况	工况一	工况二
（3）	4h水总耗量	V_c	$\dfrac{4\times4\times6}{\rho}$	m³		96	96
8	过热器总压降	Δp_s		MPa	2		
9	紧急补水泵到省煤器进口介质流动总阻力	Δp_p		MPa	1		
10	省煤器进口与紧急补水箱水位的静压差	Δp_h		MPa	0.4		
11	省煤器入口给水压力	Δp_w		MPa	29.5		
12	外置床回料灰控阀冷却水接入点压力	p_{cw}		MPa	2.2		
13	中间抽头到外置床回料灰控阀冷却水接入点管道阻力	Δp_{cp}		MPa	0.3		
二	单台锅炉的紧急补水量	V_e	$0.18V_b+0.35V_t+0.13V_g+V_c$	m³	511		
三	紧急补水泵参数						
（一）	工况一						
1	出口流量	G_{out1}	iD_b	t/h		142.5	
2	入口流量	G_{in1}	$G_{out1}+G_c\times n$	t/h		166.5	
3	出口压力	p_1	$1.2\Delta p_p+\Delta p_h+\Delta p_w$	MPa		31.1	
（二）	工况二						
1	出口流量	G_{out2}	$1.15G_{out1}$	t/h			164
2	入口流量	G_{in2}	$G_{out2}+G_c\times n$	t/h			188
3	出口压力	p_2	$p_1-\Delta p_s$	MPa			29.1
（三）	中间抽头参数						
1	抽头流量	G_{tr}	$6\times G_c$	t/h		24	24
2	抽头压力	p_{tr}	$p_{cw}+\Delta p_{cp}$	MPa		2.5	2.5

第五节　设　备　选　型

一、紧急补水箱

紧急补水箱有效容积应不小于计算容积。

紧急补水箱上应配备必要的仪表：至少包括一套用于检测水位的系统，以保证水箱中的容积能够满足紧急情况下所需水量；两套低水位计，一套用于报警，

一套用于紧急补水泵跳闸。

二、紧急补水泵组

（一）组成及原理

紧急补水泵组主要由紧急补水泵、传动装置（离合变速箱）、柴油机和配套附件组成，并且装配成一体，安装在公共底座上。配套附件主要包括启动用蓄电池组、配套燃油箱等。

驱动用柴油机组根据紧急补水泵组的功率进行

选型。

　　紧急补水泵因其小流量、高扬程的特点而有别于常规锅炉给水泵，通常采用多级离心泵。

（二）主要性能指标

（1）紧急补水泵出口压力等于计算值。

（2）紧急补水泵出口流量等于计算值。

（3）紧急补水泵中间抽头压力等于计算值。

（4）紧急补水泵中间抽头流量等于计算值。

（5）紧急补水泵流量与扬程的性能曲线（G-H曲线）应当变化平缓无驼峰，从额定流量（设计运行点）到零流量的扬程升高值应不超过额定流量时扬程的

20%；最小流量应不超过额定流量的25%。

（6）紧急补水泵驱动柴油机启动到满负荷时间不应大于10s，整套泵组应在45s内达到要求的工况投入运行。

（7）紧急补水泵润滑油系统和冷却水系统无需外接电源、水源和润滑油。

三、紧急补水系统参数参考表

　　各参数等级循环流化床锅炉的紧急补水系统参数如表14-3所示。

表 14-3　　　　　　　　　　紧急补水系统参数参考表

项目	单位	某135MW 超高压		某300MW 亚临界		某350MW 超临界		某600MW 超临界	
工况		工况一	工况二	工况一	工况二	工况一	工况二	工况一	工况二
进口流量	t/h	36	41	97	110	86	99	166.5	188
出口压力（表压）	MPa	16.4	15.1	20.6	19.4	31.5	29.3	31.1	29.1
中间抽头压力（表压）	MPa			2.5	2.5			2.5	2.5
中间抽头流量	t/h			20	20			24	24
单台锅炉最小冷却水量	m³	144		405		360		511	
柴油机功率	kW	350		1100		1600		2600	

注　设计者应根据设计工程具体情况计算系统各参数。

主要量的符号及其计量单位

量 的 名 称	符号	计量单位	量 的 名 称	符号	计量单位
长度	$L\ (l)$	m	时间	t	h
高度	$H\ (h)$	m	水流量	G	t/h
半径	$R\ (r)$	m	蒸汽流量	D	t/h
直径	$D\ (d)$	m	油耗量	B_{oil}	t/h
公称直径	DN	mm	煤耗量	B_c	t/h
厚度（壁厚）	δ	m	排渣量	B_{sl}	t/h
面积	A	m²	煤泥耗量	B_{sl}	t/h
体积、容积	V	m³	石灰石耗量	B_{ls}	t/h
速度	v	m/s	床料量	M	t
密度	ρ	kg/m³	效率	η	%
压力	p	Pa	空气（烟气）流量	Q	m³/h，m³/s，m³/min
压降（阻力）	Δp	Pa	设备出力	Q	t/h
摄氏温度	t	℃	热量	C	kJ
温升（温差）	Δt	℃	系统出力	G	t/h

参 考 文 献

[1] 罗必雄. 大型循环流化床锅炉机组工艺设计. 北京：中国电力出版社，2010.

[2] 蒋敏华. 大型循环流化床锅炉技术. 北京：中国电力出版社，2009.

[3] 路春美. 循环流化床锅炉设备与运行. 北京：中国电力出版社，2008.